食品科学与工程类系列教材

食品生物化学

（第二版）

辛嘉英　主编

U0296489

科学出版社

北 京

内 容 简 介

　　本书以人体和食品体系为中心，以生物化学过程为重点，以食品的化学组成及其在人体代谢与加工储藏过程中的变化为主线，对生物化学的基础理论进行了全面系统的介绍，同时完善了食品加工储藏中的生物化学和生物化学技术在食品中的应用等相关内容。为了加强对学生的科学素养和应用能力的培养，使书本知识与科研、生产、生活实际紧密联系，同时便于授课教师制作课件，书中穿插了生物化学技术方法版块和食品与生物化学版块，并随书附赠教学课件，方便授课教师参考，欢迎索取。

　　本书可作为食品科学与工程类及其相关学科的本科生教材，亦可作为食品领域相关专业的研究生、科研工作者和生产一线科技人员的参考资料。

图书在版编目（CIP）数据

食品生物化学 /辛嘉英主编. —2 版. —北京：科学出版社，2019.8
食品科学与工程类系列教材
ISBN 978-7-03-061049-2

Ⅰ．①食…　Ⅱ．①辛…　Ⅲ．①食品化学-生物化学-高等学校-教材
Ⅳ．①TS201.2

中国版本图书馆 CIP 数据核字（2019）第 072004 号

责任编辑：席　慧　马程迪 / 责任校对：严　娜
责任印制：吴兆东 / 封面设计：迷底书装

科学出版社 出版
北京东黄城根北街 16 号
邮政编码：100717
http://www.sciencep.com
北京厚诚则铭印刷科技有限公司印刷
科学出版社发行　各地新华书店经销

*

2013 年 8 月第　一　版　开本：787×1092　1/16
2019 年 8 月第　二　版　印张：25
2025 年 1 月第十七次印刷　字数：640 000
定价：89.80 元
（如有印装质量问题，我社负责调换）

《食品生物化学》（第二版）编写委员会

第二版前言

本书主要是为食品科学与工程类专业本科学生编写的教材。为了既全面地介绍生物化学的基础理论知识又尽可能以应用于食品行业为目的，紧扣食品主题，突出食品生物化学有别于生物化学和食品化学的特性，编者在编写内容上尽量压缩了遗传信息的传递、表达、调控及相关内容，删减了矿物质、水分、食品的色香味化学、食品添加剂及相关内容。本书共分14章，前12章重点介绍组成食品的化学成分（如糖、脂类、核酸、蛋白质、酶、维生素和辅酶等）的结构、功能和理化性质，以及这些物质在人体内的化学变化和调节规律，后2章分别介绍食品加工储藏中的生物化学和生物化学技术在食品中的应用。

本书由哈尔滨商业大学、东北林业大学和闽南师范大学生物化学课程组的教师联合编写。他们都是长期从事生物化学教学和科研工作、富有经验的一线教师。在本书的编写过程中，他们认真工作，付出了大量的劳动。具体编写分工如下。

绪论和第八章由哈尔滨商业大学辛嘉英编写；第一章由哈尔滨商业大学窦博鑫编写；第二章由哈尔滨商业大学陈林林编写；第三章和第十一章由哈尔滨商业大学王淑静编写；第四章由哈尔滨商业大学王艳编写；第五章和第九章由哈尔滨商业大学张帅编写；第六章和第十二章由哈尔滨商业大学刘晓飞编写；第七章由东北林业大学王金玲编写；第十章由闽南师范大学冷波编写；第十三章和第十四章继续延续第一版的内容。编写过程中进行了编委互审和主编复审工作，最后的全书统稿由辛嘉英完成。

为了使授课老师更好地完成教学，本书附赠教学课件以及大量与本书内容紧密结合的授课及备课资源，这些视频和动画文件以章为单位采用 AVI、MPEG、MOV、SWF、GIF等格式提供，可以单独使用或以 PowerPoint 为操作平台嵌入使用，欢迎授课老师索取。同时，书中每章后的复习思考习题内容均放在二维码中，每学期将更换习题内容，便于老师和学生灵活选择。习题由辛嘉英和张帅整理完成。

本书是在《食品生物化学》（第一版）的基础上，为适应科学和教育的发展而进行的改版。没有第一版编写同仁们的努力，就不可能有第二版的出版。在第二版出版之际，现列出第一版的作者名单，向因故未能参与第二版编写的同仁们表示深切谢意。

主编：辛嘉英；副主编：陈林林、檀建新、徐德昌、王金玲；其他编写者：刘璘、冷波、贡汉生、李海燕、张帅、刘晓飞、亢春雨、于宏伟、孙记录、裴家伟、代翠红。

在本书的编写过程中，得到了科学出版社的鼓励和支持，在此表示由衷的感谢。基于编者水平有限，书中难免有不当之处，敬请读者批评指正。

辛嘉英

2019 年 1 月于哈尔滨

第一版前言

《食品生物化学》是为食品类专业本科学生编写的教材。为了既较全面地介绍生物化学的基础理论知识又尽可能以应用于食品行业为目的，紧扣食品主题，突出食品生物化学有别于生物化学和食品化学的特性，在教材编写内容的取舍上尽量压缩了遗传信息的传递、表达、调控及相关内容，删减了矿物质、水分、食品的色香味化学、食品添加剂及相关内容。本书共分 14 章，前 12 章重点介绍组成食品的化学成分（如糖、脂类、核酸、蛋白质、酶、维生素和辅酶等）的结构、功能和理化性质，以及这些物质在人体内的化学变化和调节规律，后 2 章分别介绍食品原料加工储藏过程中的生物化学和生物化学技术在食品中的应用。

本教材由哈尔滨商业大学、哈尔滨工业大学、东北林业大学、河北农业大学、浙江工业大学、鲁东大学和漳州师范大学生物化学课程组的教师联合编写。他们都是长期从事生物化学教学和科研工作、富有经验的一线教师。在本教材的编写过程中，他们认真工作，付出了大量的劳动。具体编写分工如下：

绪论由哈尔滨商业大学辛嘉英编写；第一章由鲁东大学贡汉生、哈尔滨商业大学刘晓飞编写；第二章由哈尔滨商业大学陈林林、辛嘉英编写；第三章由哈尔滨工业大学代翠红、徐德昌编写；第四章由河北农业大学檀建新、孙记录、亢春雨、于宏伟，漳州师范大学冷波编写；第五章由浙江工业大学刘璘编写；第六章由哈尔滨商业大学张帅编写；第七章由东北林业大学王金玲、哈尔滨商业大学张帅编写；第八章由哈尔滨商业大学辛嘉英、陈林林编写；第九章由哈尔滨商业大学张帅编写；第十章由漳州师范大学冷波编写；第十一章由哈尔滨工业大学侯爱菊、徐德昌编写；第十二章由哈尔滨商业大学刘晓飞编写；第十三章第一节由鲁东大学贡汉生编写；第十三章第二节由河北农业大学裴家伟编写；第十三章第三节由哈尔滨商业大学陈林林编写；第十三章第四节、第五节由东北林业大学王金玲编写；第十四章第一节由哈尔滨工业大学徐德昌编写；第十四章第二节、第三节、第五节由鲁东大学李海燕编写；第十四章第四节由河北农业大学檀建新编写。

编写过程中进行了参编作者互审和主编复审，最后的全书统稿由辛嘉英完成。在本书的编写过程中，得到了科学出版社的鼓励和支持，在此表示由衷的感谢。

由于编者水平、经验有限，书中难免会有不当之处，敬请同行、专家和广大读者批评指正。

辛嘉英

2013 年 1 月于哈尔滨

目　　录

《食品生物化学》（第二版）课件索取单

凡使用本书作为教材的主讲教师，可获赠课件一份（其中的视频和动画文件以章为单位采用多种格式，可以单独使用或嵌入 PPT 中使用）。欢迎通过电话、邮件与我们联系。本活动解释权在科学出版社。

姓名：		职称：		职务：	
电话：		QQ：		电邮：	
学校：		院系：		本门课程学生数：	
地址：				邮编：	
您所代的其他课程及使用教材：（可填写多门）					
书名：		作者：		出版社：	
书名：		作者：		出版社：	
您对本书的评价及修改意见：					

扫码获取食品专业
教材最新目录

联系人：席慧　编辑　　　　咨询电话：010-64000815　　　　电子邮箱：xihui@mail.sciencep.com

绪　　论

　　生物化学（biochemistry）就是生命的化学，是运用化学的原理、技术和方法来研究生物体的化学组成及其化学变化规律，进而深入揭示生命活动的化学本质的一门学科。生物化学介于化学、生物学及物理学之间，其特点是在分子水平上探讨生命的化学本质，研究生物体的分子结构与功能、物质代谢与调节及其在生命活动中的化学变化规律。食物是被人体摄取的含有供给人体营养成分和能量的物料。食品是指经过加工后的食物。相对而言，食品生物化学是一门研究人与食品化学变化关系的科学，其任务是从分子水平来阐明食品成分的组成、结构、性质、功能及其在人体内代谢和储藏加工过程中的化学变化规律。食品生物化学是食品科学的一个重要分支，属于应用生物化学。食品生物化学的发展是以生物化学为基础，沿循着生物化学的演进历程不断发展完善的。

一、生物化学的研究进展

　　生物化学是在 18 世纪 70 年代以后，伴随着近代化学和生理学的发展逐步兴起的一门年轻的学科，尽管最早出现 "biochemistry"（生物化学）一词是在 1882 年，但人们普遍认为 "生物化学" 是由德国化学家纽伯格（Carl Neuberg）于 1903 年正式提出并成为一门独立学科的。纵观生物化学的发展史，可将其粗略地划分为静态生物化学、动态生物化学与机能或分子生物化学三个阶段。

（一）静态生物化学阶段（1770～1903 年）

　　静态生物化学阶段是生物化学发展的准备和酝酿阶段，其主要的工作是分析和研究生命物质的化学组成与理化性质，此阶段又称为叙述生物化学阶段。

　　生物化学发展的萌芽可以追溯到 18 世纪。1775 年前后，瑞典化学家舍勒（Carl Wilhelm Scheele）研究生物体各种组织的化学组成，分离分析出酒石酸、尿酸、柠檬酸、苹果酸、没食子酸和甘油等，奠定了生物化学的基础。1785 年，法国的拉瓦锡（Antoine Laurent Lavoisier）第一次提出动物身体的发热是由体内物质氧化所致，这种观点引发了人们对动物呼吸和生物体能量代谢的关注，是研究生物化学中生物氧化与能量代谢的开端。

　　19 世纪，生物化学现象已成为有机化学、生理学、营养学的研究重点，生物化学的发展也多依附于有机化学。1828 年，德国化学家维勒（Friedrich Wohler）在实验室中用化学方法将无机化合物氰酸铵合成了有机物尿素。

$$NH_4(OCN) \xrightarrow{\text{加热}} H_2N-\overset{\displaystyle O}{\overset{\|}{C}}-NH_2$$

　　人工合成尿素的成功，彻底地推翻了有机化合物只能在生物体内合成的错误观点，也为生物化学的进一步发展开辟了广阔的道路。很多科学家把人工合成尿素作为生物化学学科诞生的标志，这比大学中开始设立第一个生物化学专业足足早了 75 年。

　　1840 年，德国科学家李比希（Justus Von Liebig）提出了食物中主要营养物质——糖、蛋白质、脂类及其新陈代谢（metabolism）的概念。1857年和1860年，法国著名科学家巴斯德（Louis Pasteur）对乳酸和乙醇发酵进行了深入的研究，发现发酵是由微生物细胞中的活力成分"酵素"（ferment）引起的，并认为这种活力成分只有在细胞中才能发挥作用。

1897年，德国的化学家毕希纳（Eduard Buchner）发现磨碎的酵母细胞提取液仍能使糖发酵，否定了巴斯德等认为只有完整的微生物细胞所含的"活体酶"（vitalistic enzyme）才可以引起发酵作用的错误推断，开辟了采用离体方法进行生物化学研究的道路，他也因此获得了1907年的诺贝尔化学奖。生物催化剂概念的引进，成为酶学研究的开始，酶独立催化作用的发现打开了通向现代生物化学的大门，这是近代生物化学产生的标志和第一个里程碑。1903年德国化学家纽伯格正式提出了"生物化学"概念。所有这一切，都可以视为静态生物化学阶段。

（二）动态生物化学阶段（1903～1953年）

动态生物化学阶段是生物化学从建立到蓬勃发展的阶段，就在这一阶段，人们发现了一些重要的分子并基本上弄清了生物体内各种主要化学物质的代谢途径。

从20世纪初到20世纪40年代，生物化学进入迅速发展阶段，现代生物化学的基本框架已大致确立。伴随着分析鉴定技术的进步，特别是微量分析技术和放射性同位素示踪技术（radio isotope tracer technique）的应用，生化营养学、生物体的分子组成、物质代谢与能量代谢和代谢调节等均取得了显著成果，酶、人类必需氨基酸、必需脂肪酸、维生素和激素相继被发现。早在德国化学家纽伯格正式提出生物化学概念之前的1902年，美国生化学家及药学家阿贝尔（John Jacob Abel）就分离出肾上腺素并制成结晶。1905年，英国生理学家斯大林（Ernest Henry Starling）提出"hormone"（激素）一词。1911年，波兰科学家丰克（Casimir Funk）在结晶出治疗"脚气病"的抗神经炎维生素（实际上是复合维生素B）后，首次提出了"vitamine"一词（意为生命之胺）；后来发现许多维生素并非胺类，又改为"vitamin"（维生素）。1924年，瑞典化学家斯韦德贝里（Theodor Svedberg）制成了第一台超速离心机，开创了生化物质离心分离的先河，并准确测定了血红蛋白等复杂蛋白质的分子质量，获得了1926年的诺贝尔化学奖。1926年，美国科学家萨姆纳（James Batcheller Sumner）首次制备出了脲酶（urease）结晶，1937年又制备出了过氧化氢酶（catalase）结晶，证明了酶的化学本质是蛋白质。萨姆纳因此与另外两位科学家共同获得了1946年的诺贝尔化学奖。

在以往研究的基础上，许多科学工作者运用多种实验方法进一步研究生物体内各种组成物质的代谢变化及相互转换。从营养的角度研究了生物对蛋白质的需要，又深入地研究出酶、维生素、激素等生物活性物质在代谢中的作用。酶促反应动力学、糖代谢的各条反应途径、脂肪酸的β氧化分解、氨基酸的分解代谢与鸟氨酸循环、三羧酸循环等均是这一时期的突出贡献。1932年，英国科学家克雷布斯（Hans Krebs）在前人工作的基础上，用组织切片实验证明了尿素合成反应，提出了鸟氨酸循环［也称尿素循环（urea cycle）］。1937年他又提出了各种化学物质的中心环节——三羧酸循环（tricarboxylic acid cycle）途径。1940年，埃姆登（Gustave Embden）、迈耶霍夫（Otto Fritz Meyerhof）和帕那斯（Jakub Karol Parnas）提出了糖酵解代谢途径［又称为埃姆登-迈耶霍夫-帕那斯途径（Embden-Meyerhof-Parnas pathway），简称为EMP途径］。1949年，美国生化学家肯尼迪（Eugene Kennedy）和勒宁格尔（Albert Lehninger）等发现脂肪酸β氧化过程是在线粒体中进行的，并指出氧化的产物是乙酰CoA。至此，对糖、脂肪、蛋白质及其代谢中间产物在体内代谢的变化研究及它们之间的相互联系和转换的研究，已经构成一幅较为完整的代谢图。可以看出，这一时期的生物化学主要是研究物质的代谢变化，所以被视为动态生物化学阶段。生物体内主要物质代谢途径与调控机理的阐明是生物化学的第二个里程碑。

（三）机能或分子生物化学阶段（1953 年以后）

机能或分子生物化学阶段又称为现代生物化学阶段或分子生物学阶段，这一阶段的主要研究工作就是探讨各种生物大分子的结构与其功能之间的关系。

从 20 世纪 50 年代开始，生物化学迅猛发展，跨入了在分子水平上探讨生物分子的结构与功能之间关系的时期。在这期间，许多生物化学技术都得到了极大改进。例如，20 世纪 30年代在碳水化合物及类脂物质的中间代谢研究中建立起来的同位素示踪技术在 20 世纪 50 年代有了大的发展，为各种生物化学代谢过程的阐明起了决定性的作用；分离与鉴定化合物时使用的各种敏感而特异的层析（chromatography）、电泳和超速离心技术已发展成为分离生化物质的关键技术；氨基酸全自动分析仪在蛋白质测序中的使用，大大加快了蛋白质的分析工作。一些近代的物理方法，如红外光谱法、紫外光谱法、荧光光谱法、X 射线（X-ray）衍射法、核磁共振光谱（NMR）法等已应用于测定生物分子的结构和功能。生物化学的分离、纯化和鉴定的方法已向微量、快速、精确、简便和自动化的方向发展。借助于这些手段，科学家将蛋白质、核酸、胆固醇、某些固醇类激素、血红素等的生物合成和分解过程研究得更加清楚，不但测出了某些有生物化学活性的重要蛋白质结构，包括一级结构和高级结构，而且测出了一些 DNA 和 RNA 的结构。

这一时期的主要标志是 1953 年沃森（James Dewey Watson）和克里克（Francis Harry Compton Crick）的 DNA 双螺旋结构模型的建立。这是 20 世纪自然科学中的重大突破之一，为进一步阐明遗传信息的贮存、传递和表达，揭开生命的奥秘奠定了结构基础。接下来 1955 年英国生物化学家桑格（Frederick Sanger）完成了结晶牛胰岛素一级结构的测定，从此开始了以核酸和蛋白质等生物大分子的结构与功能为研究焦点的阶段。随着生物化学在这一阶段的发展，以及物理学、微生物学、遗传学、细胞学等其他学科的渗透，分子生物学应运而生，并成为生物化学的主体，它全面地推动了生命科学的发展。克里克于 1958 年提出分子遗传的中心法则（central dogma），从而揭示了核酸和蛋白质之间的信息传递关系，又于 1961 年证明了遗传密码的通用性。1966 年美国生化遗传学家尼伦伯格（Marshall Nirenberg）、分子生物学家霍利（Robert Holly）和生物化学家科拉纳（Har Gobind Khorana）合作破译了遗传密码，三人共同获得 1968 年诺贝尔生理学或医学奖。至此遗传信息在生物体由 DNA 到蛋白质的传递过程已经弄清，对基因传递与表达的调控的研究也取得了可喜的成果。1961 年法国生物学家雅各布（François Jacob）和莫诺德（Jacpues Lucien Monod）阐明了基因通过控制酶的生物合成来调节细胞代谢的模式，提出了操纵子学说（operon theory）。布伦纳（Sydney Brenner）获得信使 RNA（mRNA）存在的证据，阐明其碱基序列与染色体中 DNA 互补，并假定 mRNA 将编码在碱基序列上的遗传信息带到蛋白质的合成场所——核糖体，在此翻译成氨基酸序列。1962 年，瑞士生物学家阿尔伯（Wemer Arber）提出限制性内切核酸酶存在的第一个实验证据；1967 年，美国国立卫生研究院的盖勒特（Martin Gellert）从大肠杆菌中发现了 DNA 连接酶；1973 年，美国斯坦福大学的伯格（Paul Berg）和美国加利福尼亚大学旧金山分校的博耶（Herbert Boyer）等创建了 DNA 重组技术（基因克隆技术），使分子遗传学与蛋白质化学紧密地结合起来，开辟了基因工程这个崭新的领域。它打破了种属的界限，使人们改造生物物种和使用微生物生产人类所需的蛋白质成为可能。在此基础上，衍化出了转基因技术、基因剔除技术及基因芯片技术等，大大地开阔了人们有关基因研究的视野。

近二三十年来，生物化学研究成果日新月异，几乎每年都有从事生物化学和分子生物学研究的科学家获得诺贝尔生理学或医学奖或诺贝尔化学奖。生化科学家对生物大分子的分解代谢、生物合成途径及相互之间的关系了解得更加清楚。科学家在 DNA 分子的双螺旋结构假说被证实的基础上完善了 DNA、RNA 和蛋白质三者之间关系的"中心法则"；发现了在 DNA 位点上能够进行切割的限制性内切核酸酶；由 DNA 链中的核苷酸顺序所决定的遗传密码的破译及多种酶结构的发现催生了生物工程的诞生和迅速发展。科学家还测定了许多蛋白质中氨基酸的排列顺序并且以此为基础测定数以百计的蛋白质的空间结构和一些酶活性部位的结构；测定了许多核酸分子的结构，人工合成了多种具有生物化学活性的蛋白质和基因。2000 年，参与人类基因组计划（human genome project, HGP）的科学家宣布人类基因草图绘制完毕，这表明从 1990 年开始的人类基因组计划已完成对人类基因组的测序工作，标志着人类生命科学的发展进入了一个新纪元。继之而来的后基因组计划，将在基因组多样性，遗传疾病产生的原因，基因表达调控的协调作用，以及蛋白质产物的功能方面进行深入研究。这些庞大工程的完成，将对生命的本质、进化、遗传、变异，疾病的发病机制，疾病的预防、治疗，延缓衰老和新药的开发，以及整个生命科学产生深远的影响。同时，随着结构基因组学、功能基因组学、蛋白质组学、转录组学、糖组学、脂组学、代谢组学等新兴学科的不断涌现，生物化学的发展前景将更加广阔。

近代生物化学的研究在我国起步较晚。我国生物化学的主要先驱是吴宪教授（1893～1959 年），他早年留学美国哈佛大学，回国后于 1924～1942 年担任私立北平协和医学院（现"北京协和医学院"）的生物化学教授，兼生物化学系主任，在国际上负有盛名。他在血液分析方面，创立了血滤液制备与血糖测定等方法；1936 年提出了蛋白质的变性理论；在免疫化学上，首先采用定量分析方法，研究出抗原抗体反应的机制等，这些成果为当时的生物化学界所赏识。

我国在生物化学研究中最突出的成就是王应睐和邹承鲁等于 1965 年首次人工合成了具有生物活性的结晶牛胰岛素，接下来在 1983 年又用有机合成和酶促反应相结合的方法人工合成了酵母丙氨酸转移核糖核酸，这标志着我国在多肽和核酸的人工合成方面已居于世界先进行列。此外，我国在酶的作用机理、血红蛋白变异、生物膜结构与功能等方面都取得了国际先进水平的研究成果。

进入 21 世纪以后，我国生物化学工作者出色地完成了人类基因组计划中 1%的测序工作，为世界人类基因组计划的完成贡献了力量；率先完成了水稻的基因组精细图，为水稻的育种和防病研究奠定了基因基础。我国在生物化学的许多领域均已达到国际先进水平，与全世界的科技工作者一道，攀登生命科学的顶峰。

二、生物化学与食品科学及其他学科的关系

生物化学是介于生物学与化学之间的一门交叉学科，它与生物学和化学的许多分支学科有密切的关系。有机化学、分析化学、无机化学及物理化学的基本原理、方法在生物化学中都得到了广泛的应用。例如，生物体的基本组成可以用有机化学和分析化学的有关理论、方法得到解决；生物分子的反应服从于非生命界的化学定律，生物分子间的相互作用、结构与其功能间的关系，酶促反应的机理及反应过程中的能量变化关系等可以利用物理化学的相关理论和方法进行研究和阐明，而生物化学的发展也必将进一步丰富物理化学的研究内容。

生物化学的研究对象是生物体，它是在分子水平上对生物学的各个领域进行探索，属于生物学的分支学科，同时也是生物学各分支学科的基础和领头学科。生物化学的理论与技术已渗透到生物学的各个领域，与生物学的其他学科如细胞学、微生物学、遗传学、生理学等领域有着密切联系，如生物化学在研究生命物质的化学组成、结构及生命活动过程中各种化学变化时，常采用微生物作为研究对象，微生物的代谢、遗传变异等都是生物化学讨论的焦点；而微生物学在研究微生物的种类、结构、功能、分类、代谢及生理时也无时无刻不渗透着生物化学的理论和技术方法。生物化学作为生物学和物理学之间的桥梁，将生物学领域所提出的重大而复杂的问题展示在物理学面前，产生了生物物理学、量子生物化学等交叉学科，从而丰富了物理学的研究内容，促进了物理学和生物学的发展。

生物化学同样是食品科学的重要基础学科，是食品科学发展的重要理论依据和技术基础，它使人们对食品的化学组成、食品在人体中代谢及加工储藏中变化的认识提高到了分子水平，奠定了包括食品资源开发、食品营养、食品加工工艺研究、食品储藏技术完善等方面的分子基础。尤其是食品的概念由农业食品、工业食品发展到转基因食品，必将为21世纪食品科学的发展带来新的突破。

三、食品生物化学研究的主要内容

食品生物化学（food biochemistry）不同于以研究生物体的化学组成、生命物质的结构与功能、生命过程中物质变化和能量变化的规律、一切生命现象的化学原理为基本内容的普通生物化学，它不涉及基因的贮存、传递、表达及其调控的生命自我复制部分，也不涉及调节机体的生长、增殖、分化、衰老等生命过程的细胞内信号转导部分。同时，食品生物化学也不同于以研究食品的组成特性及其产生的化学变化为基本内容的食品化学，它注重于食品成分在人体内的变化规律及转化过程中的能量转换问题研究。食品生物化学是将生物化学和食品化学的基本原理有机地结合起来，应用于食品科学的研究中所产生的一门交叉学科。作为生物化学的一门应用性分支学科，其内容还包括与食品储藏加工有关的生物化学原理和技术应用。食品生物化学研究的主要内容包括如下几点。

（1）研究生物体和食品成分的化学组成、结构、理化性质及生理功能。

简单元素构成各种含碳有机化合物等生物小分子，组成基本生物分子，再合成生物大分子。研究生物大分子、基本生物分子和生物小分子的结构、性质和功能，也称为静态生物化学。

（2）以代谢途径为中心，研究食品在人体内的变化规律及伴随其发生的能量代谢与代谢调节。

研究食品的动态生化过程，包括食品营养素在加工中的变化，糖、脂类、蛋白质、核酸等大生物分子在体内的分解、合成、转化及转化过程中的能量转换问题，也称为动态生物化学。

（3）运用生物化学原理和方法，研究作为食品成分的相关物质在加工、储藏等条件下的变化，研究食品储藏、加工新技术。

（4）开发新产品和新的食物资源。

现代生物化学技术，特别是基因工程技术的出现，从本质上改变了食品的性能，越来越受到食品科学领域的重视，并使得食品的概念从农业食品、工业食品发展到了基因工程或生物技术食品。以基因工程为核心的生物技术在21世纪必将给食品工业带来一场革命。例如，通过基因工程技术，将谷类植物基因导入豆类植物，开发甲硫氨酸含量较高的转基因大豆，可以解决豆类植物中甲硫氨酸含量低的难题。美国 DuPont 公司通过反义抑制油酸酯脱氢酶，成功开发了适合做煎炸油的具有良好氧化稳定性的高油酸大豆油。随着生物化学和分子生物学的进一步发展，新产品和新的食物资源将不断被开发，这将大大促进食品工业的发展，也为人类最终解决粮食短缺、消除饥饿带来希望。

四、学习食品生物化学的目的

食品生物化学是生物化学的分支学科，它主要研究食品的化学组成及结构，新鲜天然食品的代谢变化，食品在人体中的代谢及营养功能，以及加工过程对食品的影响。食品生物化学也是将生物化学基本理论应用于食品加工、保藏技术的重要基础课程，是食品科学与工程、食品加工、食品质量与安全、酿酒等专业必修的一门重要专业基础课，是各专业的主干课之一。通过食品生物化学的学习，我们能够充分掌握生命活动中重要组成成分——糖、脂类、蛋白质、酶、核酸的结构和性质，了解维生素、辅酶的结构和功能，对于生物体内分子水平上所发生的重要代谢反应原理、基本过程及部位等有较深入的认识，熟悉其中重要的生物化学反应过程及与代谢相关的基本概念；了解各种代谢反应与生产及生活的关系，从而进一步理解各种代谢反应；系统地掌握作为食品成分的这些物质在加工、储藏等条件下的变化，为从事食品科学与工程的研究和生产奠定良好的科学思维及解决实际问题的技能基础。

第一章 糖

糖是自然界中数量最多的有机化合物，约占自然界生物物质的 3/4。糖在自然界中分布广泛，微生物、植物和动物体内都含有糖，其中植物体内含量最为丰富，每年全球植物光合作用可将 1000 亿吨 CO_2 和 H_2O 转换成为纤维素和其他糖类。

糖在生物体内所起的作用主要有以下几个方面。

（1）氧化供能，如淀粉在体内氧化时，可产生大量能量。人体所需能量的 70% 来自糖的氧化。

（2）提供合成体内其他物质的原料，如糖可提供合成某些氨基酸、脂肪和胆固醇等物质的原料。

（3）作为生物体细胞组织的组成成分，如纤维素是植物组织中起支持作用的结构物质。糖是蛋白聚糖、糖脂、糖蛋白等的组成成分，蛋白聚糖是结缔组织如软骨、骨的结构成分；糖脂和糖蛋白在生物膜中占有重要位置，担负着细胞和生物分子相互识别的作用。此外，糖还可作为核酸类化合物的成分，构成核糖核酸（RNA）和脱氧核糖核酸（DNA）。

第一节 概　述

一、糖类化合物的概念及分布

糖是多羟基醛或多羟基酮及其缩聚物和衍生物的总称。主要由 C、H、O 组成，分子式常用 $C_n(H_2O)_n$ 来表示，其中氢和氧的原子比例是 2∶1，因此糖又称为碳水化合物。后来人们发现符合通式的不一定是糖，如 CH_3COOH（乙酸）、CH_2O（甲醛）、$C_3H_6O_3$（乳酸）；是糖的也不一定都符合通式，如 $C_5H_{10}O_4$（脱氧核糖）、$C_6H_{12}O_5$（鼠李糖），而且有些糖还含有氮、硫、磷等成分。所以碳水化合物这个名称并不确切，但因沿用已久，所以至今在西文中仍广泛使用。

糖广泛分布于各种生命机体中，其中植物中糖含量占其干重的 85%～90%。植物细胞壁、木质部等主要由纤维素构成，我们生活中应用的竹、木、棉、麻制品，也都是由纤维素构成的。甘蔗中含有蔗糖等，水果中含有果糖、葡萄糖和果胶等，谷物中含有大量的淀粉，这些纤维素、蔗糖、果糖、葡萄糖、果胶和淀粉等都属于糖类。微生物中糖含量占菌体干重的 10%～30%，它们以糖或与蛋白质、脂类结合成复合糖存在。人体和动物中糖含量较少，不超过干重的 2%。人体中，糖主要有以下存在形式：①以糖原形式储藏在肝脏和肌肉中，糖原代谢速度很快，对维持血糖浓度恒定，满足机体对糖的需求，有重要意义。②以葡萄糖形式存在于体液中。细胞外液中的葡萄糖是糖的运输形式，它作为细胞的内环境条件之一，浓度相当恒定。③存在于多种含糖生物分子中。糖作为组成成分直接参与多种生物分子的构成，如 DNA 分子中含脱氧核糖，RNA 和各种活性核苷酸中含有核糖，糖蛋白和糖脂中有各种复杂的糖结构。

二、糖类化合物的种类

根据能否被水解及其水解产物的情况，糖主要可分为以下几类。

（1）单糖：单糖是一类结构最简单的糖，是不能用水解方法再降解的糖及其衍生物，根据其所含碳原子的数目可分为丙糖、丁糖、戊糖和己糖，根据官能团的特点分为醛糖和酮糖。

（2）寡糖：也称低聚糖，指能水解生成 2～10 个单糖分子的糖，各单糖之间借脱水缩合的糖苷键相连。以双糖（二糖）存在最为广泛，蔗糖、麦芽糖和乳糖是重要代表。

（3）多糖：能水解为多个单糖分子的糖称为多糖，是聚合度很大的高分子物质，以淀粉、糖原、纤维素等最为重要。由相同的单糖基组成的多糖称为同聚多糖；由不相同的单糖基组成的多糖称为杂聚多糖。

（4）复合糖：糖与蛋白质、脂质等分子聚合而成的化合物称为复合糖或糖复合物，如糖蛋白和糖脂等。

三、糖类的作用

糖类物质的主要生物学作用是通过氧化而释放大量的能量，以满足生命活动的需要。淀粉、糖原是重要的生物能源，它也能转化为生命必需的其他物质，如蛋白质和脂类物质。其中，纤维素是植物结构糖。

第二节　食品中的糖类化合物

一、几种重要单糖的结构、物理性质和化学性质

（一）单糖的结构

1. 化学组成和链状结构

单糖是不能再被水解的多羟基醛或酮，是碳水化合物的基本单位。单糖一般分为醛糖和酮糖两类，最简单的醛糖是甘油醛，最简单的酮糖是二羟基丙酮。其他所有单糖都可以看作这两个单糖碳链的加长。葡萄糖可看作甘油醛碳链的加长，是醛糖的代表；果糖可看作二羟基丙酮碳链的加长，是酮糖的代表，这两种糖都能以链状形式存在。

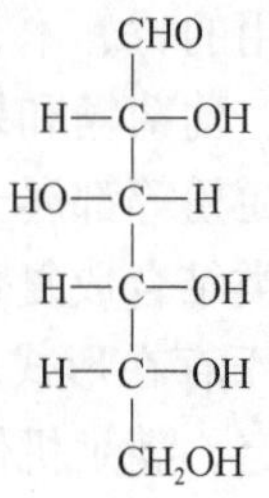

D-葡萄糖 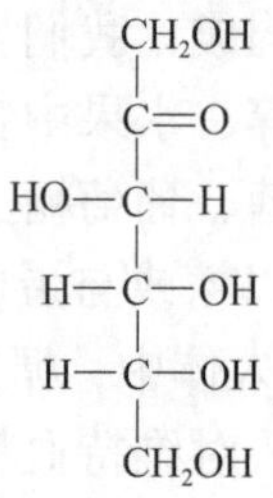　　　　　　　　D-果糖

糖的链状结构式可以简化表示，用"├"表示碳链及不对称碳原子羟基上的位置；"△"表示醛基"—CHO"；"—"表示羟基"—OH"；"○"表示第一醇基。

D-葡萄糖   D-甘露糖   D-半乳糖

  纯净的葡萄糖，其成分是碳、氢、氧，相对分子质量为 180，分子式为 $C_6H_{12}O_6$。有多种证据表明葡萄糖具有链状结构：葡萄糖可与费林（Fehling）试剂或醛试剂反应，说明葡萄糖中有游离的醛基；葡萄糖可以和乙酸酐结合，产生 5 个乙酰基的衍生物，说明葡萄糖中有 5 个羟基存在；葡萄糖可与钠汞齐（Na、Hg 的合金）作用，被还原为具有 6 个羟基的山梨醇，这些说明葡萄糖的 6 个碳是连成直链的结构分子。

  甘油醛分子中含有手性碳原子，它连接 4 个不同的原子或基团，在空间上形成两种不同的差向异构体（即 D-型和 L-型），立体构型呈镜面对称。甘油醛的 D-型或 L-型最初是随意规定的，甘油醛不对称碳原子上的—OH 在右边的称为 D-型，在左边的称为 L-型。单糖分子中也含有手性碳原子，判断单糖是 D-型还是 L-型是将单糖分子中离羰基最远的不对称碳原子上—OH 的空间排布与甘油醛比较，若与 D-甘油醛相同，即—OH 在不对称碳原子右边的为 D-型，若与 L-甘油醛相同，即—OH 在不对称碳原子左边的为 L-型。

D-甘油醛和 L-甘油醛呈镜面对称   D-葡萄糖   L-葡萄糖

  甘油醛可以通过延长碳链衍生出 2 个丁糖、4 个戊糖和 8 个己糖，人体中的单糖多为 D 构型系列，由 D-甘油醛衍生出来，从 L-甘油醛也可衍生出相同数目的 L-型单糖。同样，酮糖也可由二羟基丙酮衍生出来。

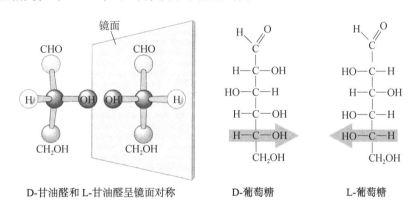

D-甘油醛

D-赤藓糖

CHO	CHO
H—C—OH	HO—C—H
H—C—OH	H—C—OH
H—C—OH	H—C—OH
CH₂OH	CH₂OH

D-核糖　　　　　　　D-阿拉伯糖

D-阿苏糖

CHO	CHO
H—C—OH	HO—C—H
HO—C—H	HO—C—H
H—C—OH	H—C—OH
CH₂OH	CH₂OH

D-木糖　　　　　　　D-来苏糖

CHO	CHO	CHO	CHO	CHO	CHO	CHO	CHO
H—C—OH	HO—C—H	H—C—OH	HO—C—H	H—C—OH	HO—C—H	H—C—OH	HO—C—H
H—C—OH	H—C—OH	HO—C—H	HO—C—H	H—C—OH	H—C—OH	HO—C—H	HO—C—H
H—C—OH	H—C—OH	H—C—OH	H—C—OH	HO—C—H	HO—C—H	H—C—OH	H—C—OH
CH₂OH	CH₂OH	CH₂OH	CH₂OH	CH₂OH	CH₂OH	CH₂OH	CH₂OH

D-阿洛糖　　D-安卓糖　　D-葡萄糖　　D-甘露糖　　D-古洛糖　　D-艾杜糖　　D-半乳糖　　D-塔洛糖

D 系醛糖的立体结构

CH₂OH	CH₂OH
C=O	C=O
CH₂OH	H—C—OH
	CH₂OH

二羟基丙酮　　→　赤藓酮糖

CH₂OH	CH₂OH
C=O	C=O
H—C—OH	HO—C—H
H—C—OH	H—C—OH
CH₂OH	CH₂OH

D-核酮糖　　　　　　　D-木酮糖

CH₂OH	CH₂OH	CH₂OH	CH₂OH
C=O	C=O	C=O	C=O
H—C—OH	HO—C—H	H—C—OH	HO—C—H
H—C—OH	H—C—OH	HO—C—H	HO—C—H
H—C—OH	H—C—OH	H—C—OH	H—C—OH
CH₂OH	CH₂OH	CH₂OH	CH₂OH

D-阿洛酮糖　　　D-果糖　　　　D-山梨糖　　　D-洛格酮糖

D 系酮糖的立体结构

　　D-葡萄糖与 D-甘露糖、D-葡萄糖与 D-半乳糖之间只有一个不对称碳原子上的—OH（分别是 C-2 和 C-4 上的—OH）位置不同，其余部分的结构完全相同，这种仅有一个不对称碳原子构型不同，两镜像非对映体异构物称为差向异构体。D-果糖和 L-山梨糖之间也只有一个不对称碳原子上的—OH（C-5 上的—OH）位置不同，称为 C-5 差向异构体。

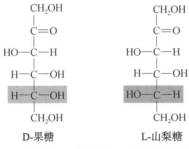

D-葡萄糖和 D-甘露糖 C-2 差向异构体及 D-半乳糖和 D-葡萄糖 C-4 差向异构体

D-果糖和 L-山梨糖 C-5 差向异构体

2. 环状结构

葡萄糖在水溶液中，只有极小部分以链式结构存在，大部分以稳定的环式结构存在。环式结构的发现是因为葡萄糖的某些性质不能用链式结构来解释，如以下几种情况。

（1）葡萄糖的醛基不能和 $NaHSO_3$ 发生加成反应，也不能和席夫（Schiff）试剂（品红-亚硫酸）发生紫红色反应。

（2）葡萄糖在无水甲醇中以氯化氢作催化剂时，即生成两种各含有一个甲基的 α-或 β-甲基葡萄糖苷，而不像简单的醛类那样得到二甲缩醛。

（3）一般醛类在水溶液中只有一个比旋光度，但新配制的葡萄糖水溶液比旋光度会发生变化。

（4）在红外光谱（IR）中，无羰基的特征吸收；在核磁共振光谱（NMR）中，无醛基中氢原子的特征吸收。

从羰基的性质可知，醛与醛或酮可以发生快速而可逆的亲核加成，形成半缩醛，如果羟基和羰基在一个分子内，可发生分子内亲核加成，形成环状半缩醛。单糖分子中既具有醛基也具有羟基，完全有可能形成环状结构。1893 年，Fischer 正式提出了葡萄糖分子的环状结构学说。

1）单糖的 α-型和 β-型　　葡萄糖分子中的醛基可以和 C-5 上的羟基缩合形成一个六元环的半缩醛。这样原来羰基的 C-1 就变成不对称碳原子，半缩醛羟基可有两种不同的排列方式，由此产生一对非对映旋光异构体。一般规定半缩醛碳原子上的羟基与决定单糖构型的碳原子（C-5）上的羟基在碳链同侧的称为 α-型葡萄糖，在异侧的称为 β-型葡萄糖。C-1 称为异头碳原子，α-型和 β-型葡萄糖互为端基异构体，也叫作异头物。

α-型和 β-型葡萄糖不是对映体，D-葡萄糖在水介质中达到平衡时，β-异构体占 63.6%，α-异构体占 36.4%。

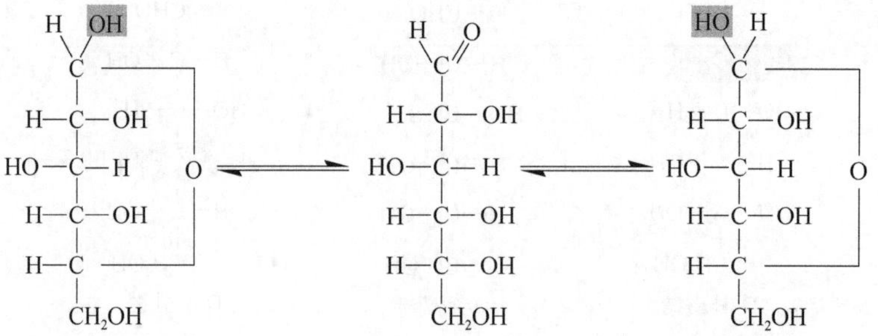

α-D-吡喃葡萄糖（36.4%）　　　D-葡萄糖（<0.024%）　　　β-D-吡喃葡萄糖（63.6%）
　（Fischer式）　　　　　　　　（Fischer式）　　　　　　　　（Fischer式）
　比旋+52.7°　　　　　　　　　比旋+112.2°　　　　　　　　　比旋+18.7°

2）哈沃斯（Haworth）式　　为了更好地表示糖的环式结构，哈沃斯（Haworth，1926）设计了单糖的透视结构式。规定：碳原子按顺时针方向编号，氧位于环的后方；环平面与纸面垂直，粗线部分在前，细线在后；将 Fischer 式中左右取向的原子或基团改为上下取向，原来在左边的写在上方，右边的写在下方；D-型糖的末端羟甲基在环上方，L-型糖在下方；半缩醛羟基与末端羟甲基同侧的为 β-异构体，异侧的为 α-异构体。

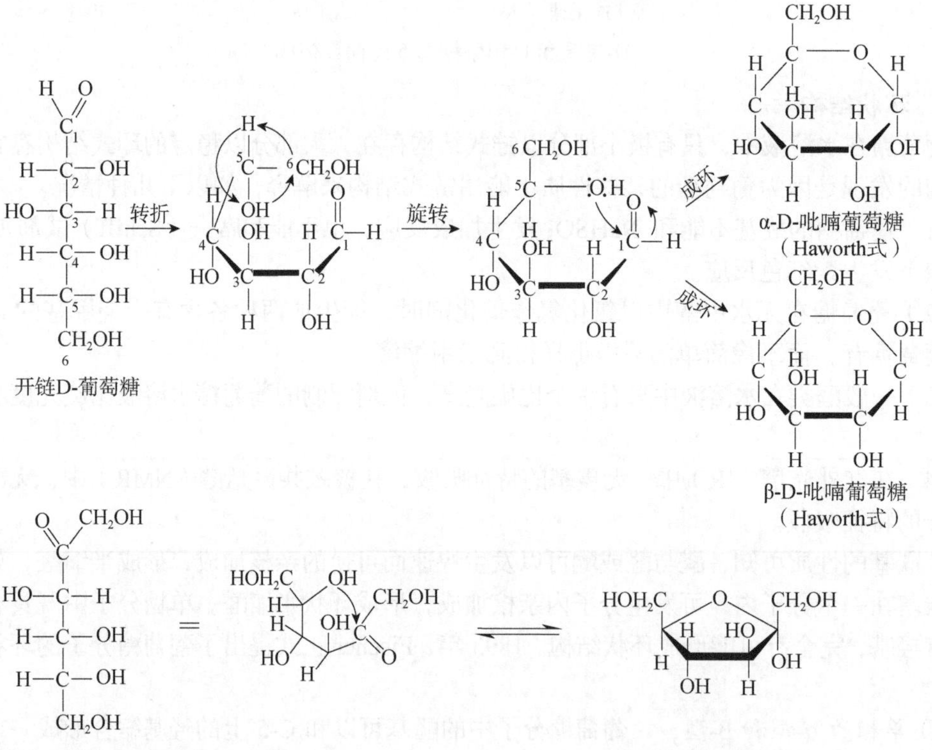

开链D-葡萄糖

α-D-吡喃葡萄糖
（Haworth式）

β-D-吡喃葡萄糖
（Haworth式）

开链 D-果糖　　　　　　　　　　　　　　　　　D-呋喃果糖（Haworth 式）

D-葡萄糖和 D-果糖由 Fischer 式改写为 Haworth 式的步骤

3）吡喃糖和呋喃糖　　葡萄糖的醛基除了可以与 C-5 上的羟基缩合形成六元环外，还可与 C-4 上的羟基缩合形成五元环。五元环化合物不是很稳定，天然的糖多以六元环的形式存在。五元环化合物可以看成呋喃的衍生物，称为呋喃糖；六元环化合物可以看成吡喃的衍生物，称为吡喃糖。因此，葡萄糖的全名应为 α-D（+）-吡喃葡萄糖或 β-D（+）-吡喃葡萄糖。D-果糖也以两种形式存在。

吡喃   α-D-吡喃葡萄糖   α-D-呋喃葡萄糖   呋喃

α-D-吡喃果糖   α-D-呋喃果糖

吡喃型和呋喃型的 D-葡萄糖和 D-果糖（Haworth 式）

以上各透视式均省略了构成环的碳原子。对于 D-葡萄糖来说，投影式中向右的羟基在透视式中处于平面之下的位置；投影式中向左的羟基在透视式中处于平面之上的位置。当直链葡萄糖 C-5 上的羟基与 C-1 上的醛基连成 1-5 型氧桥、形成环形的时候，为了使 C-5 上的羟基与 C-1 上的醛基接近，依照单链自由旋转不改变构型的原理，将 C-5 旋转 109°28′，D-葡萄糖的尾端羟甲基就在平面之上。在透视式中，D、L 和 α、β 的确定是以 C-5 上的羟基和半缩醛羟基在含氧环上的排布来决定的。如果含氧环上的碳原子按顺时针方向排列，羟甲基在平面之上为 D-型，在平面之下为 L-型。在 D-型中，半缩醛羟基在平面之下为 α-型，在平面之上为 β-型。

3. 构象

构象是一个有机物化合物分子中，不改变共价键结构，仅单键周围原子旋转所产生的原子的空间排布。一种构象改变为另一种构象时，不要求共价键的断裂和重新形成。由于糖分子中各原子之间都以单键连接，单键可自由旋转且键角有一定的柔性，因此具有相同结构和构型的糖分子在空间里可有多种构象。

X 衍射、红外光谱、旋光性数据表明，葡萄糖六元环中的 C—C 键不在一个平面上，保持正常四面体价键的方向，因此有船式和椅式两种构象。椅式构象比船式构象稳定，椅式构象中 β-羟基为平键，比 α-构象稳定，所以吡喃葡萄糖主要以比较稳定的 β-型椅式构象存在。

船式   椅式

α-D-吡喃葡萄糖   β-D-吡喃葡萄糖

（二）单糖的物理性质和化学性质

1. 物理性质

1）旋光性　　除二羟基丙酮外，所有的单糖都含有不对称碳原子，具有旋光性，能使偏振光的平面向左或向右旋转。一般用比旋光度（或旋光率）来衡量物质的旋光性。公式为

$$[\alpha]_D^t = \frac{\alpha_D^t \times 100}{L \times C}$$

式中，$[\alpha]_D^t$ 是比旋光度；α_D^t 是以钠光灯（D 线，λ：589.6nm 与 589.0nm）为光源，温度为 t 时所测得的旋光度；L 为旋光管长度（dm）；C 为物质的浓度（g/100mL）。在比旋光度数值前面加"+"表示右旋，加"−"表示左旋。旋光方向和程度是由整个分子的立体结构决定的，与人为规定的 D、L 构型无关。

糖的旋光性多数是在 20℃测定的，用 $[\alpha]_D^{20}$ 来表示，即在 1dm 长的旋光管里，20℃钠光灯下的旋光度数。一定温度和波长下测定的旋光性物质的比旋光度，是一个特征性物理常数，因此比旋光度是鉴定糖类物质的一项重要指标。

许多新配制的单糖溶液会发生比旋光度的改变，这种现象称为变旋。葡萄糖溶液有变旋现象，当新制的葡萄糖溶解于水时，最初的比旋光度是+112°，放置后变为+52.7°，之后不再改变。溶液蒸干后，仍得到+112°的葡萄糖。把葡萄糖浓溶液在 110°结晶，得到的是比旋光度为+18.7°的另一种葡萄糖。这两种葡萄糖溶液放置一定时间后，比旋光度都变为+52.7°。把+112°的叫作 α-D-（+）-葡萄糖，+18.7°的叫作 β-D-（+）-葡萄糖。变旋的原因是糖从一种构型变到另一种构型。变旋作用是可逆的，当 α-和 β-两种构型互变达到平衡时，比旋光度不再变化。常见单糖的比旋光度见表 1-1。

α-D-(+)-葡萄糖　　　　　　D-(+)-葡萄糖　　　　　　β-D-(+)-葡萄糖
$[\alpha]_D$ = +112° 占36.4%　　　开链结构占0.024%　　　$[\alpha]_D$ = +18.7° 占63.6%

平衡混合物 $[\alpha]_D$ = +52.7°

表 1-1　几种常见单糖的比旋光度（$[\alpha]_D^t$）

单糖	α-型	平衡	β-型
D-（+）-葡萄糖	+112°	+52.7°	+18.7°
D-（+）-半乳糖	+144°	+81.5°	−15.4°
D-（+）-甘露糖	+34°	+14.6°	−17°
D-（−）-果糖	−21°	−92.2°	−133.5°

2）甜度　　不同糖的甜味不同，甜味的高低称为甜度，是衡量甜味物质的重要指标。

目前还没有用物理或化学方法定量测定甜度的标准方法，只能凭人的味感来判断。通常是以水中较稳定的非还原糖蔗糖为基准物（如将 5% 或 10% 的蔗糖溶液在 20℃时的甜度作为 100），用以比较其他糖或甜味剂在同温同浓度下的甜度（表 1-2）。

表 1-2　几种糖的相对甜度比较

糖	溶液相对甜度	结晶相对甜度
β-D-果糖	100～175	180
蔗糖	100	100
α-D-葡萄糖	40～79	74
β-D-葡萄糖	—	82
α-D-半乳糖	27	32
β-D-半乳糖	—	21
α-D-甘露糖	59	32
β-D-甘露糖	苦味	苦味
α-D-乳糖	16～38	16
β-D-乳糖	48	32
β-D-麦芽糖	46～52	—
棉子糖	23	1
淀粉糖	—	10

"—" 表示未找到准确数值或范围

　　糖的甜度受各种因素的影响。一般来说，糖溶液的浓度越高，甜度越大。温度变化也对甜度有影响，果糖在低于 40℃时较甜，40℃时与蔗糖甜度相等，不同的糖混合后有增甜作用，并可改善甜味品质。糖的结晶越小甜度越大。

　　3）溶解度　　单糖分子中的多个羟基，增加了它的水溶性，除甘油醛微溶于水外，其他单糖都易溶于水，尤其在热水中溶解度极大。单糖微溶于乙醇，不溶于乙醚、丙酮等有机溶剂。

　　各种糖都能溶于水，但溶解度不同。果糖的溶解度最高，其次为蔗糖、葡萄糖、乳糖等。各种糖的溶解度，随温度升高而增大，如表 1-3 所示。

表 1-3　几种常见糖的溶解度

糖	20℃		30℃		40℃		50℃	
	质量分数/%	溶解度/(g/100g 水)	质量分数/%	溶解度/(g/100g 水)	质量分数/%	溶解度/(g/100g 水)	质量分数/%	溶解度/(g/100g 水)
果糖	78.94	374.78	81.54	441.70	84.34	538.63	86.63	665.58
蔗糖	66.60	199.4	68.18	214.3	70.01	233.4	72.04	257.6
葡萄糖	46.71	87.67	54.64	120.46	61.89	162.38	70.91	243.76

2. 化学性质

　　单糖的化学性质主要体现在多羟基醛或多羟基酮的化学结构特征上，具有一切羟基及多羟基的反应，如氧化、酯化、缩醛反应；也有醛基或羰基的反应；同时还有基团间相互影响而产生的一些特殊反应。单糖的重要化学性质如下。

1）酸的作用　　戊糖与强酸共热，可脱水生成糠醛（呋喃醛）。脱水是通过一系列 β-消去和环化形成的。己糖与强酸共热分解成甲酸、二氧化碳、乙酰丙酸及少量 5-羟甲基糠醛。

糠醛和羟甲基糠醛能与某些酚类作用生成有色的缩合物，利用这一性质可以鉴定糖。

西利万诺夫试验（Seliwanofs test）：酮糖与间苯二酚反应生成红色缩合物，醛糖反应慢很多，呈很浅的粉色，这一反应可以鉴别酮糖与醛糖。

莫利希试验（Molisch test）：α-萘酚与糠醛或羟甲基糠醛反应形成紫色，这一反应可用来鉴定糖的存在。

2）酯化作用　　单糖分子中的羟基与醇羟基类似，可与酸作用生成酯。生物化学上较重要的糖酯是磷酸酯，它们是糖代谢的中间产物。

α-D-葡萄糖-6-磷酸　　　　　　　　　　α-D-葡萄糖-1-磷酸

α-D-果糖-6-磷酸　　　　　　　　　　α-D-果糖-1,6-二磷酸

3）碱的作用　　醇羟基可解离，是弱酸。单糖的解离常数在 10^{-13} 左右。几种单糖在 18℃时的解离常数与弱酸的解离常数比较如表 1-4 所示。

表 1-4　几种单糖在 18℃时的解离常数与弱酸的解离常数比较

单糖	葡萄糖	果糖	半乳糖	甘露糖	乙酸	乳酸
解离常数	$6.6×10^{-13}$	$9.0×10^{-13}$	$5.2×10^{-13}$	$10.9×10^{-13}$	$1.8×10^{-5}$	$1.4×10^{-5}$

在弱碱作用下，葡萄糖、果糖和甘露糖三者可通过烯醇式而相互转化，称为烯醇化作用。在体内酶的作用下也能进行类似的转化。单糖在强碱溶液中很不稳定，可分解成多种不同的物质。

4）形成糖苷　　单糖分子上的半缩醛羟基易与醇或酚的羟基反应，失水而形成缩醛式衍生物，称为糖苷。糖苷分子中提供半缩醛羟基的糖部分称为糖基，非糖部分称为配基，如配基也是单糖，就形成二糖，也叫作双糖。糖苷有 α、β 两种形式，α- 与 β-甲基葡萄糖苷是最简单的糖苷。天然存在的糖苷多为 β-型。核糖和脱氧核糖与嘌呤或嘧啶碱形成的糖苷称核苷或脱氧核苷，在生物学上具有重要意义。

α-甲基-D-葡萄糖苷　　　　　　　　β-甲基-D-葡萄糖苷

5）糖的氧化作用　　单糖含有游离醛基，具有还原性，如碱性溶液中铜氧化物与单糖作用时，单糖的羰基被氧化，而氧化铜被还原成氧化亚铜。测定氧化亚铜的生成量，即可测定溶液中的糖含量。实验室常用的费林（Fehling）试剂和本尼迪克特（Benedict）试剂就是氧化铜的碱性溶液。

除羰基外，单糖分子中的羟基也能被氧化。在不同的条件下，可产生不同的氧化产物。

醛糖可用三种方式氧化成相同原子数的酸：①醛糖用弱氧化剂如溴水氧化，醛基被氧化形成相应的糖酸；②如用较强的氧化剂如硝酸氧化，除醛基被氧化外，伯醇基也被氧化成羧基，生成糖二酸；③在生物体内专一性酶的作用下，伯醇基被氧化成羧基，形成糖醛酸，如在氧化酶作用下，葡萄糖形成具有重要生理意义的葡萄糖醛酸。生物体中一些有毒的物质可以和D-葡萄糖醛酸结合成苷类随尿液排出体外，从而起到解毒作用；人体内过多的激素和芳香物质也能与葡萄糖醛酸生成苷类从体内排出。

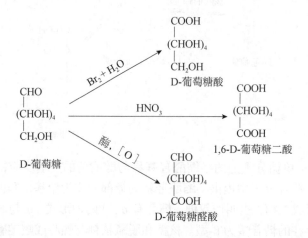

弱氧化剂——溴水不能氧化酮糖，因此可将酮糖与醛糖分开。在强氧化剂作用下，酮糖将在羰基处断裂，形成两个酸。

6）还原作用　　单糖有游离羰基，在适当的还原条件下，可被还原成多元醇。在钠汞齐及硼氢化钠类还原剂的作用下，醛糖被还原成糖醇，酮糖被还原成两个同分异构的羟基醇，如 D-葡萄糖被还原后生成 D-山梨醇（D-葡糖醇），D-果糖被还原成 D-山梨醇和 D-甘露醇。

7）糖脎作用　　单糖的游离羰基能与3分子苯肼作用生成糖脎，反应以葡萄糖为例，反应步骤表示如下。

（1）1分子葡萄糖与1分子苯肼缩合生成葡萄糖苯腙。

$$H-C=O \atop | \atop (CHOH)_4 \atop | \atop CH_2OH \quad + \quad H_2NNHC_6H_5 \quad \longrightarrow \quad H-C=N-NHC_6H_5 \atop | \atop (CHOH)_4 \atop | \atop CH_2OH \quad + \quad H_2O$$

D-葡萄糖　　　　　　苯肼　　　　　葡萄糖苯腙

（2）葡萄糖苯腙再被 1 分子苯肼氧化成葡萄糖酮苯腙。

$$H-C=N-NHC_6H_5 \atop | \atop H-C-OH \atop | \atop (CHOH)_3 \atop | \atop CH_2OH \quad + \quad H_2NNHC_6H_5 \quad \longrightarrow \quad H-C=N-NHC_6H_5 \atop | \atop C=O \atop | \atop (CHOH)_3 \atop | \atop CH_2OH \quad + \; C_6H_5NH_2 + NH_3$$

葡萄糖酮苯腙

（3）葡萄糖酮苯腙再与另一个苯肼分子缩合，生成葡萄糖脎。

$$H-C=N-NHC_6H_5 \atop | \atop C=O + H_2NNHC_6H_5 \atop | \atop (CHOH)_3 \atop | \atop CH_2OH \quad \longrightarrow \quad H-C=N-NHC_6H_5 \atop | \atop C=N-NHC_6H_5 \atop | \atop (CHOH)_3 \atop | \atop CH_2OH \quad + \; H_2O$$

葡萄糖脎

糖脎是黄色结晶，难溶于水。不同糖脎结晶形态不同，熔点不同，即使形成相同的糖脎，反应速度和析出时间也不相同，所以可用糖脎的生成来鉴定不同的糖。

8）氨基化作用　　单糖分子中的—OH（主要是 C-2、C-3 上的—OH）可被—NH2 取代而产生氨基糖，也称为糖胺。自然界中氨基糖多以乙酰氨基糖的形式存在，较重要的有如下几种。

N-乙酰-D-葡糖胺（NAG）　　*N*-乙酰胞壁酸（NAM）　　　*N*-乙酰神经氨酸（NAN）

（1）*N*-乙酰-D-葡糖胺（*N*-acetyl-glucosamine，NAG）（*N*-乙酰氨基葡萄糖）和 *N*-乙酰胞壁酸（*N*-acetylmuramic acid，NAM）。NAG 是乙酰基和葡糖胺的氨基结合形成的化合物，广泛分布在自然界，为多种糖肽或糖蛋白的组分。NAM 是乙酰基和胞壁酸结合的产物。NAG 和 NAM 是细胞壁中肽聚糖的组成成分。

（2）*N*-乙酰神经氨酸（NAN）是一种 3-脱氧-5-氨基糖酸，是神经氨酸与乙酰基结合形成的产物，又称为唾液酸。

除作为 NAG、NAM 和唾液酸的组成成分外，还有不少生物物质也含氨基糖。例如，乙酰-2-氨基半乳糖是软骨蛋白质的成分，3-氨基-D-核糖为碳霉素的成分。苦霉素、红霉素和黏多糖分子中都含有氨基糖。

9）脱氧作用　　单糖的羟基之一失去氧即成脱氧糖。最常见的脱氧糖有 D-2-脱氧核糖、L-鼠李糖和 L-岩藻糖。D-2-脱氧核糖是脱氧核糖核酸的组成部分，L-鼠李糖是植物细胞壁的组成成分，L-岩藻糖是藻类糖蛋白的成分。

$$
\begin{array}{ccc}
\text{H—C=O} & \text{H—C=O} & \text{H—C=O} \\
\text{H—C—H} & \text{H—C—OH} & \text{HO—C—H} \\
\text{H—C—OH} & \text{H—C—OH} & \text{H—C—OH} \\
\text{H—C—OH} & \text{HO—C—H} & \text{H—C—OH} \\
\text{CH}_2\text{OH} & \text{HO—C—H} & \text{HO—C—H} \\
& \text{CH}_3 & \text{CH}_3 \\
\text{D-2-脱氧核糖} & \text{L-鼠李糖} & \text{L-岩藻糖}
\end{array}
$$

（三）重要的单糖

1. 丙糖

含 3 个碳原子的糖称为丙糖。生物细胞中最简单的三碳糖是 D-甘油醛和二羟基丙酮。在细胞中这 2 个分子通常与磷酸基团结合，分别形成 3-磷酸甘油醛和磷酸二羟丙酮，是糖和脂肪酸代谢途径中的重要中间体。

$$
\begin{array}{cc}
\text{H—C=O} & \text{H—C—OH} \\
\text{H—C—OH} & \text{C=O} \\
\text{H—C—OH} & \text{H—C—OH} \\
\text{甘油醛} & \text{二羟基丙酮}
\end{array}
$$

2. 丁糖

含 4 个碳原子的糖称为丁糖。生物体中最常见的丁糖有 D-赤藓糖和 D-赤藓酮糖，常见于藻类等低等植物中。D-赤藓糖是出现于磷酸戊糖途径中的一种中间代谢物。D-赤藓酮糖是赤藓糖的酮糖形式。

$$
\begin{array}{cc}
\text{CHO} & \text{CH}_2\text{OH} \\
\text{H—C—OH} & \text{C=O} \\
\text{H—C—OH} & \text{H—C—OH} \\
\text{CH}_2\text{OH} & \text{CH}_2\text{OH} \\
\text{D-赤藓糖} & \text{D-赤藓酮糖}
\end{array}
$$

3. 戊糖

生物体中存在的戊醛糖主要有 D-核糖、D-2-脱氧核糖、D-木糖和 L-阿拉伯糖，它们大多以多聚戊糖或糖苷的形式存在。戊酮糖主要有 D-核酮糖和 D-木酮糖，均为糖代谢中间产物。

$$
\begin{array}{cc}
\text{CHO} & \text{CHO} \\
\text{H—C—OH} & \text{H—C—H} \\
\text{H—C—OH} & \text{H—C—OH} \\
\text{H—C—OH} & \text{H—C—OH} \\
\text{CH}_2\text{OH} & \text{CH}_2\text{OH} \\
\text{D-核糖} & \text{D-2-脱氧核糖}
\end{array}
$$

（1）D-核糖是所有活细胞的普遍成分之一，它是核糖核酸（RNA）的重要组成成分。在核苷酸中，核糖以其醛基与嘌呤或嘧啶的氮原子结合，而其 2、3、5 位的羟基可与磷酸连接。核糖在衍生物中以呋喃糖形式出现。它的衍生物核醇是某些维生素（如维生素 B_2）和辅酶的组成成分。D-核糖的比旋光度是−23.7°。

（2）D-2-脱氧核糖是脱氧核糖核酸（DNA）的组分之一。它和核糖一样，以醛基与含氮碱基结合，但因 2 位脱氧，只能以 3、5 位的羟基与磷酸结合。D-2-脱氧核糖的比旋光度是−60°。

（3）D-木糖和 L-阿拉伯糖存在于植物和细菌细胞壁中，一般结合成半纤维素、树胶及阿拉伯树胶等，酵母不能使其发酵。比旋光度分别为+18.8°和+104.5°。

（4）D-核酮糖和 D-木酮糖在动植物细胞中存在，均为糖代谢的中间产物。

4. 己糖

己糖在自然界中分布最广，与机体营养代谢最为密切。重要的己醛糖有 D-葡萄糖、D-半乳糖和 D-甘露糖，重要的己酮糖有 D-果糖和 L-山梨糖。

| D-葡萄糖 | D-半乳糖 | D-甘露糖 | D-果糖 | L-山梨糖 |

（1）D-葡萄糖是生物界分布最广泛、最丰富的单糖。它是人体内最主要的单糖，是糖代谢的中心物质。在绿色植物的种子、果实及蜂蜜中有游离的葡萄糖，蔗糖由 D-葡萄糖与 D-果糖结合而成，糖原、淀粉和纤维素等多糖也是由葡萄糖聚合而成的。在许多杂聚糖中也含有葡萄糖。D-葡萄糖的比旋光度为+52.7°，呈片状结晶，酵母可使其发酵。

（2）D-半乳糖仅以结合状态存在。乳糖、蜜二糖、棉子糖、琼脂、树胶、黏质和半纤维素等都含有半乳糖。D-半乳糖的比旋光度为+81.5°，熔点为 167℃，可被乳糖酵母发酵。

（3）D-甘露糖是植物黏质与半纤维素的组成成分。比旋光度为+14.2°，酵母可使其发酵。

（4）D-果糖在植物的蜜腺、水果及蜂蜜中大量存在。果糖的 C-2 上为一酮基，所以是酮糖。果糖可以形成半缩醛，所以有环状结构，也有变旋现象。它是单糖中最甜的糖类，比旋光度为−92.2°，呈针状结晶。游离的果糖为 β-吡喃果糖，结合状态呈 β-呋喃果糖，酵母可使其发酵。

（5）L-山梨糖存在于细菌发酵过的山梨汁中，是合成维生素 C 的中间产物，在制造维生素 C 工艺中占有重要地位。L-山梨糖的比旋光度为−43.4°，熔点为 159～160℃。其还原产物是山梨糖醇，存在于桃、李等果实中。

| D-景天庚酮糖 | D-甘露庚酮糖 |

5. 庚糖

庚糖在自然界中分布较少，主要存在于高等植物中。重要的庚糖有 D-景天庚酮糖和 D-甘露庚酮糖。前者存在于景天科及其他肉质植物的叶子中，以游离状态存在，是光合作用的中间产物，呈磷酸酯态，在碳循环中占重要地位。后者存在于鳄梨果实中，也以游离状态存在。

（四）单糖的重要衍生物

1. 糖醇

糖的羰基被还原（加氢）生成相应的糖醇，如葡萄糖加氢生成山梨醇。糖醇溶于水及乙醇，较稳定，有甜味，不能还原费林试剂。常见的有甘露醇、山梨醇和木糖醇。这 3 种糖醇广泛分布于各种植物组织中，有甜味，甘露醇的比旋光度为$-0.21°$，山梨醇的比旋光度为$-1.98°$，木糖醇无旋光性。3 种糖醇既是机体代谢产物，也是食品工业中重要的甜味剂。山梨醇氧化时可形成葡萄糖、果糖或山梨糖。

2. 糖醛酸

单糖的末端羟甲基被氧化成羧基时生成糖醛酸。重要的有 D-葡萄糖醛酸、半乳糖醛酸等。葡萄糖醛酸是肝脏内的一种解毒剂，半乳糖醛酸存在于果胶中。

3. 氨基糖

单糖的羟基可以被氨基取代，形成糖胺或称为氨基糖。自然界中存在的氨基糖都是氨基己糖。D-葡萄糖胺是几丁质的主要成分，几丁质是组成昆虫及甲壳类动物的结构多糖。D-半乳糖胺是软骨类动物的主要多糖成分。糖胺氨基上的氢原子被乙酰基取代时，可生成乙酰氨基糖。

4. 糖苷

糖苷是由单糖或低聚糖的半缩醛羟基和另一个分子中的—OH、—NH_2 和—SH（巯基）等发生缩合反应得到的化合物，主要存在于植物的种子、叶子及皮内。天然糖苷中的糖苷基有醇类、醛类、酚类、固醇和嘌呤等，这类糖苷大多有苦味或特殊香气，很多有剧毒，但微量糖苷可作药物。糖苷与糖的性质完全不同。苷是缩醛，糖是半缩醛。半缩醛很容易变成醛式，因此糖可显示醛的多种反应。苷需水解后才能分解为糖和配糖体，所以苷比较稳定，无还原性，不与苯肼发生反应，不易被氧化，也无变旋现象。糖苷对碱稳定，遇酸易水解。

二、几种重要寡糖（低聚糖）的结构、物理性质和化学性质

寡糖是由少数分子的单糖（2～6 个）缩合而形成的糖。与稀酸共煮，寡糖可水解成各种单糖。寡糖中以双糖分布最为普遍。

（一）双糖

双糖由两个单糖分子缩合而成，可以认为是一种糖苷，其中的配基是另外一个单糖分子。在自然界中，仅有 3 种双糖（蔗糖、乳糖和麦芽糖）以游离状态存在，其他多以结合状态存在（如纤维二糖）。

1. 蔗糖

存在： 蔗糖是植物光合作用的主要产物，广泛分布于植物体内，特别是甜菜、甘蔗和水果中含量极高。蔗糖也是植物储藏、积累和运输糖分的主要形式。

结构： 蔗糖由 1 分子 α-D-葡萄糖和 1 分子 β-D-果糖通过 1,2-糖苷键连接而成。

性质： 蔗糖为白色晶体，有甜味，极易溶于水、苯胺、氮苯、乙酸乙酯、乙醇与水的混合物；不溶于汽油、石油、无水乙醇、三氯甲烷（氯仿）、四氯化碳（CCl_4）。具有旋光

性，比旋光度为+66.5°，但无变旋现象。蔗糖不具有还原性，容易被酸水解，水解后产生等量的 D-葡萄糖和 D-果糖，水解过程中由于逐渐释放出 D-果糖，旋光性逐渐由右旋变为左旋。

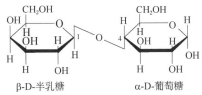

蔗糖分子结构（葡萄糖α,β-1,2果糖苷）

2. 乳糖

存在：乳糖是在哺乳动物乳汁中存在的双糖，牛乳中约含乳糖4%，人乳中含量为5%～7%。工业乳糖从乳清中提取，用于制造婴儿食品、糖果、人造牛奶等。

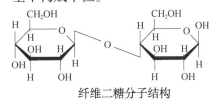

乳糖分子结构（葡萄糖β,α-1,4-半乳糖苷）

结构：乳糖由 1 分子 β-D-半乳糖和 1 分子 α-D-葡萄糖通过 β-1,4-糖苷键连接而成。有两种端基异构体：α-乳糖和 β-乳糖，在水溶液中可互相转化。α-乳糖很容易结合 1 分子结晶水。

性质：乳糖为白色晶体，味微甜，易溶于水，不溶于乙醇、三氯甲烷或乙醚。乳糖为右旋糖，有变旋现象，水溶液中最终比旋光度为+55.3°。乳糖分子中有游离醛基，具有还原性，能成脎，乳糖能被稀酸或乳糖酶水解生成葡萄糖和半乳糖。

3. 麦芽糖

存在：麦芽糖最初由含淀粉酶的麦芽水解淀粉制得。麦芽糖是淀粉、糖原、糊精等大分子多糖类物质在 β-淀粉酶催化下的主要水解产物。

结构：麦芽糖是由 2 个 D-葡萄糖分子以 α-1,4-糖苷键连接构成的二糖，经 α-葡萄糖苷酶水解可生成 2 分子 α-D-葡萄糖。

性质：麦芽糖为白色针状结晶，粗制者呈稠厚糖浆状，甜度约为蔗糖的 1/3。溶于水，微溶于乙醇，几乎不溶于乙醚。麦芽糖有旋光性和变旋现象，比旋光度为+136°。

麦芽糖分子结构

麦芽糖分子结构中有游离醛基，具有还原性。能与苯肼成脎，易被酵母水解，生成 2 分子葡萄糖。

4. 纤维二糖

存在：在自然界不存在游离的纤维二糖，可通过水解纤维素得到。纤维二糖是纤维素的基本构成单位。

纤维二糖分子结构

结构：纤维二糖由 2 分子 D-葡萄糖通过 β-1,4-糖苷键连接而成。

性质：纤维二糖有旋光性和变旋现象，比旋光度为+36.4°。纤维二糖分子有一个半缩醛羟基，具有还原性。纤维二糖与纤维素的关系和麦芽糖与淀粉的关系相似，水解后也得到 2 分子 D-葡萄糖，不同的是，水解麦芽糖的酶为 α-葡萄糖苷酶，而水解纤维二糖的酶为 β-葡萄糖苷酶。

5. 龙胆二糖

存在：龙胆二糖最初从龙胆属植物的根和根状茎中提取出来，主要作为多种糖苷化合物的糖基部分而存在，如苦杏仁苷的糖基。

结构：龙胆二糖由 2 分子 D-葡萄糖通过 β-1,6-糖苷键连接而成。

性质：龙胆二糖晶型分 α-和 β-型，α-型异构体易吸潮，可溶于水和热的甲醇。β-型异构体的

龙胆二糖分子结构

结晶在乙醇中制得，可溶于水及热的甲醇。龙胆二糖具有旋光性和变旋现象。龙胆二糖分子结构中有游离醛基，具有还原性。

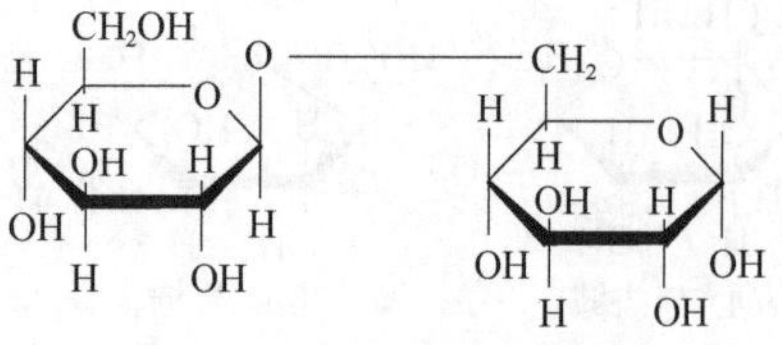

6. 蜜二糖

存在：蜜二糖是在植物中广泛存在但含量较低的一种二糖，锦葵的抽提液中存在蜜二糖。

结构：蜜二糖是由 D-葡萄糖和 D-半乳糖通过 α-1,6-糖苷键连接形成的二糖。

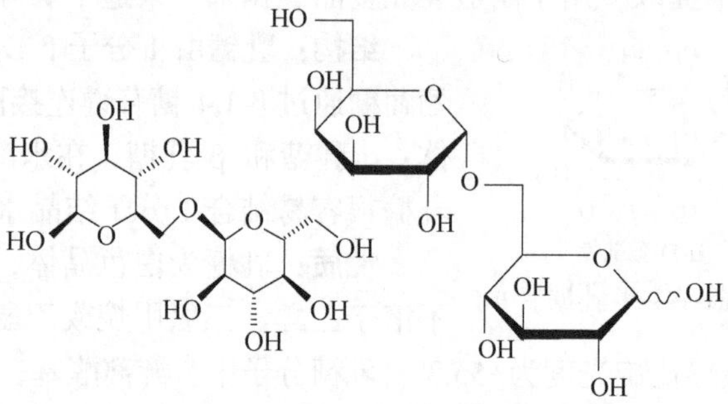

蜜二糖分子结构

7. 海藻二糖

存在：海藻二糖即海藻糖，1832 年，Wiggers 首次从黑麦的麦角菌中将其提取出来，随后研究发现海藻糖在自然界中许多可食用动植物及微生物体内都广泛存在，如蘑菇类、海藻类、豆类、虾、面包、啤酒及酵母发酵食品中都含有较多的海藻糖。

结构：海藻二糖由 2 个葡萄糖分子以 α-1,1-糖苷键连接而成，有 3 种异构体，即海藻糖（α,α）、异海藻糖（β,β）和新海藻糖（α,β）。

性质：海藻糖甜度约为蔗糖的一半，溶解性与麦芽糖相仿。海藻糖无还原性，与氨基酸和蛋白质共热时不发生美拉德反应，对多种生物活性物质具有非特异性保护作用。

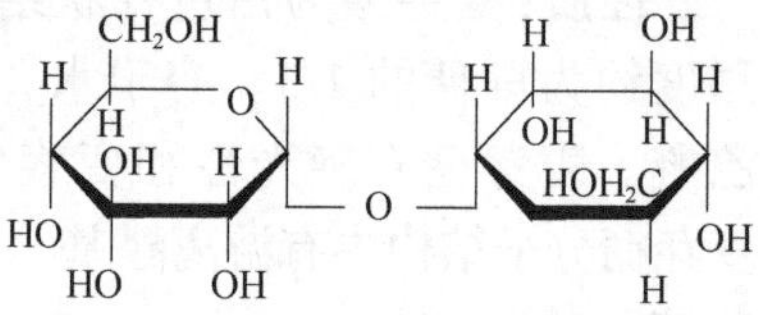

海藻二糖分子结构

（二）三糖

1. 棉子糖

存在：棉子糖也称为蜜三糖、蜜里三糖，在多种植物中广泛存在，尤其是棉籽与桉树的干性分泌物（甘露蜜）中。棉子糖是人体肠道中多种有益菌的营养源和有效的增殖因子。

结构：棉子糖是蔗糖的衍生物，在蔗糖葡萄糖残基的 C-6 位羟基上以 α-1,6-糖苷键连接一个半乳糖分子。

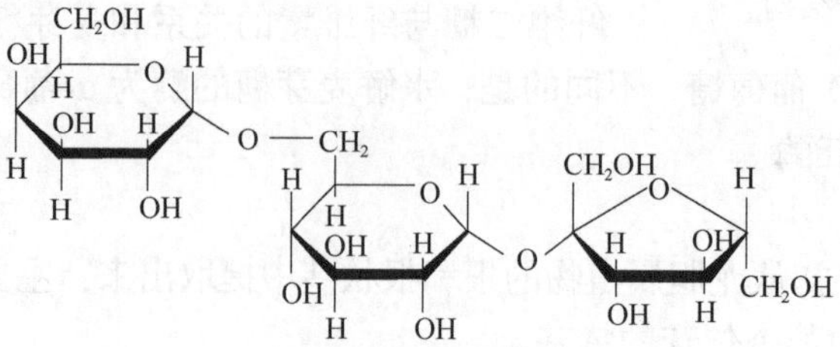

棉子糖分子结构

性质：棉子糖为白色结晶粉末，从水溶液结晶时带有 5 分子结晶水，缓缓加热至 100℃时失去结晶水。棉子糖溶于水，极微溶于乙醇。具有旋光性，水溶液中比旋光度为+105.2°。

2. 松三糖

存在：存在于多种植物中，特别是松树和椴木的分泌物中。

结构：结构式为 D-吡喃葡糖基 α-1,3-D-呋喃果糖基 β-2,1-D 葡萄糖。

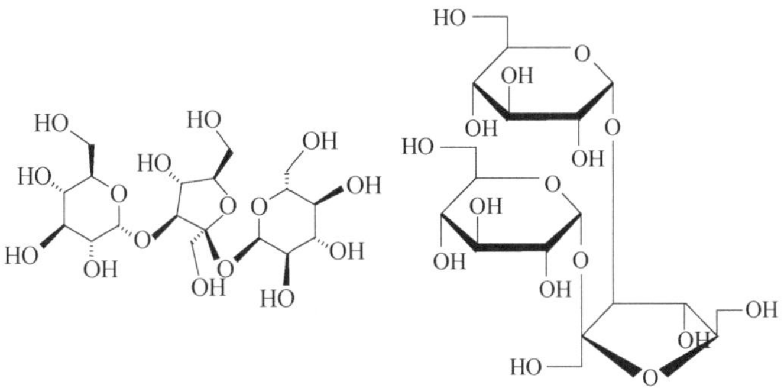

松三糖分子结构

性质：松三糖可以部分水解为葡萄糖和松二糖。

（三）四糖

存在：水苏糖是天然存在的一种非还原四糖，存在于大豆、豌豆、洋扁豆等的种子内，可从天然植物中精制提取。

结构：由 2 分子半乳糖、1 分子 α-葡萄糖和 1 分子 β-果糖构成。结构式为 D-吡喃半乳糖基 α-1,6-D-吡喃半乳糖基 α-1,6-D-吡喃葡糖基 α-1,2-β-D-呋喃果糖苷，属于蔗糖的衍生产物，是棉子糖的同系物，在棉子糖的半乳糖 C-6 位羟基上以 α-1,6-糖苷键再连接一个半乳糖。

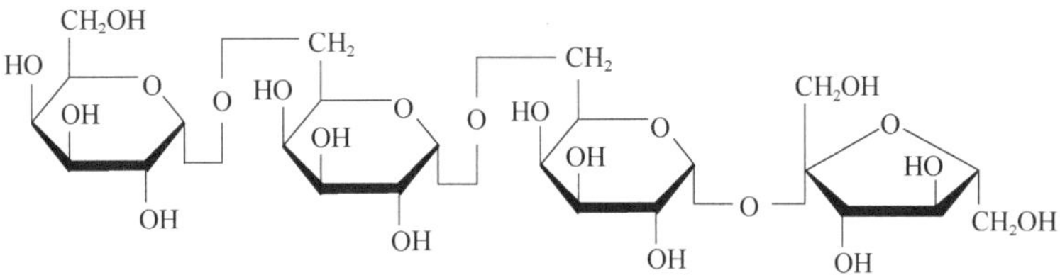

水苏糖分子结构

性质：纯品为白色粉末，味稍甜，甜度为蔗糖的 22%，味道纯正，无任何不良口感或异味。

（四）环糊精

存在：环糊精又名沙丁格糊精或环状淀粉，是芽孢杆菌属的某些种中的环糊精转葡糖基转移酶作用于淀粉（以直链淀粉为佳）生成的。

结构：环糊精由 D-葡萄糖通过 α-1,4-糖苷键首尾相连构成。由 6、7 和 8 个葡萄糖残基连接而成的分别称为 α-、β 和 γ-环糊精。由于连接葡萄糖单元的糖苷键不能自由旋转，环糊精是略呈锥形的圆环，葡萄糖残基 C-6 羟基在环的一个边缘围成锥形小口，C-2 和 C-3 在另一个边缘围成锥形的大口。

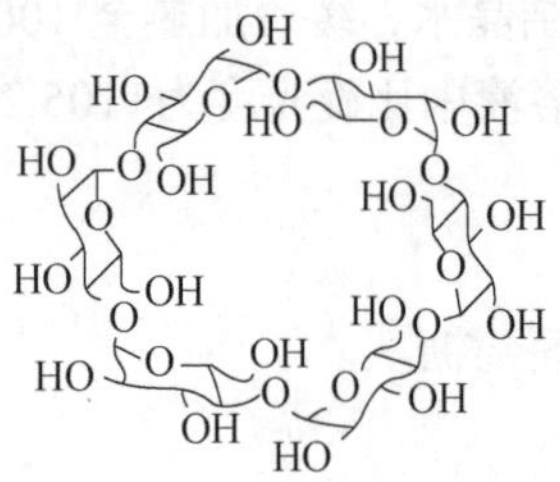

α-环糊精 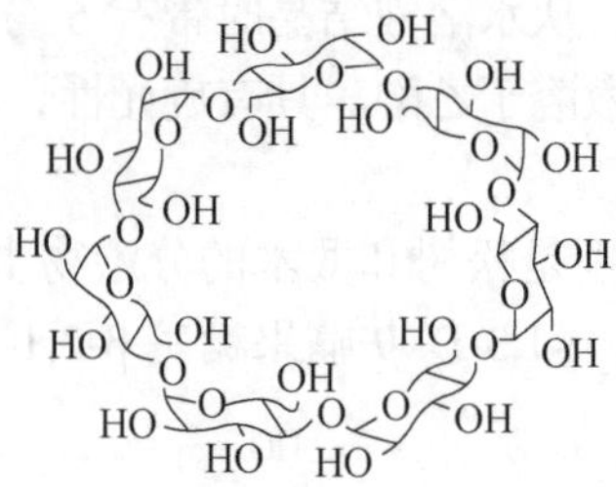　　　　　　β-环糊精 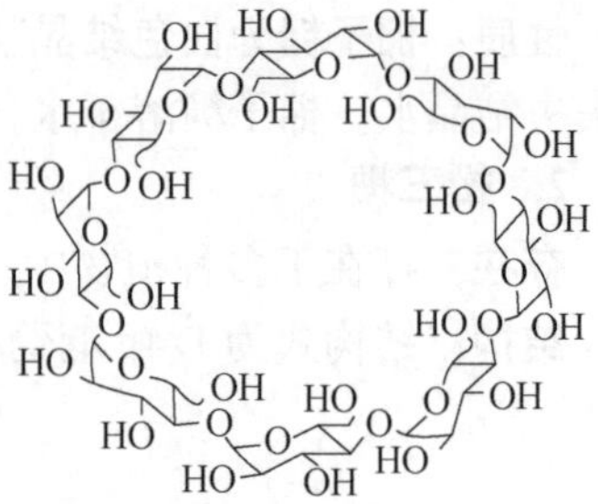　　　　　　γ-环糊精

性质：环糊精的物理性质见表 1-5。环糊精无还原性，对酸水解较慢，对 α-和 β-淀粉酶均有较大抗性。

表 1-5　环糊精的物理性质

	α-环糊精	β-环糊精	γ-环糊精
葡萄糖残基数	6	7	8
相对分子质量	972	1135	1297
水中溶解度/（g/100g 水，25℃）	14.5	1.85	23.2
旋光度 [α]	+150.5°	+162.5°	+174.4°
空穴内径 C/nm	0.45	0.78	0.85
空穴高/Å	6.7	7.0	7.0

环糊精为中空圆柱形结构，可包埋与其大小相适的客体分子，起到稳定缓释、提高溶解度、掩盖异味的作用。

三、几种重要多糖的结构、物理性质和化学性质

多糖是由多个单糖基以糖苷键相连形成的高聚物，包含 20 个以上的单糖分子，是一类结构复杂的大分子物质，广泛存在于动植物体内。

多糖可由一种单糖缩合而成，如戊糖胶、木糖胶、阿拉伯糖胶、己糖胶（淀粉、糖原、纤维素等），也可以由不同类型的单糖缩合而成，如半乳糖甘露糖胶、果胶等。一些多糖具有复杂的生理功能，如黏多糖、血型物质等，它们在动物、植物和微生物中起着重要的作用。多糖在水溶液中只能形成胶体。多糖有旋光性，但无变旋现象。

结构多糖为一些不溶性多糖，如植物的纤维素和动物的甲壳多糖，是构成植物和动物骨架的原料。

储存多糖是生物体内以储存形式存在的多糖（如淀粉和糖原等），在需要时可以通过生物体内酶系统的作用分解、释放单糖。

（一）淀粉

存在：淀粉是植物中最重要的储存多糖，在植物细胞内以颗粒状态存在，形状有球形、椭圆形和多角形等。淀粉是由麦芽糖单位构成的链状结构，可分为两类——直链淀粉和支链淀粉。热水处理 25min，能溶解的是直链淀粉，不能溶解的是支链淀粉。玉米淀粉和马铃薯淀粉分别含27%和20%的直链淀粉，其余为支链淀粉。有些淀粉如糯米淀粉全部为支链淀粉，而有的豆类淀粉则全部为直链淀粉。

结构：淀粉是由葡萄糖单位组成的链状结构。在偏光显微镜下可观察到淀粉粒有偏光十字，同时可看到有双折射现象，另外通过 X 射线衍射和小角中子扫描分析，淀粉粒具有半结晶结构。结晶区与非定型区交替排列，其中结晶区中主要是支链淀粉，非定型区中主要是直链淀粉。

直链淀粉是葡萄糖分子以 α-1,4-糖苷键连接而成的多糖链。直链淀粉平均相对分子质量约为 60 000，相当于 300～400 个葡萄糖分子缩合而成。由端基分析知道，每分子中只含一个还原性端基和一个非还原性端基，所以它是一条不分支的长链。它的分子通常卷曲成螺旋形，每一圈有 6 个葡萄糖分子。直链淀粉可溶于热水，以碘液处理产生蓝色。

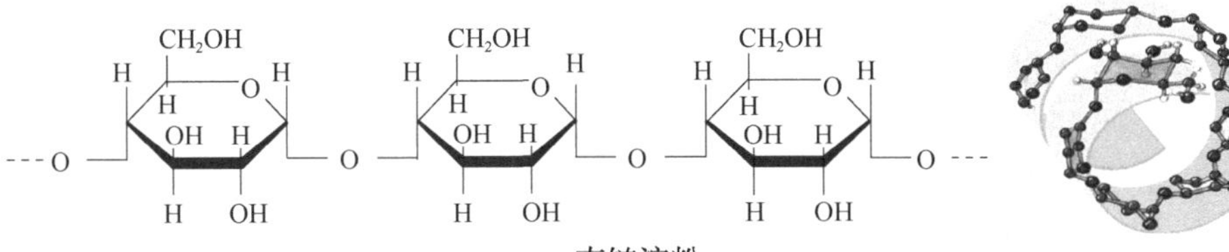

直链淀粉

支链淀粉是由 D-吡喃葡萄糖通过 α-1,4-和 α-1,6-糖苷键连接起来的带分支的复杂大分子，相对分子质量为 500 000～1 000 000。端基分析指出，每 24～30 个葡萄糖单位含有一个端基，所以它具有支链结构，每个直链是以 α-1,4-糖苷键连接的链，而每个分支是以 α-1,6-糖苷键连接的链。从其不完全水解产物中分离出以 α-1,6-糖苷键连接的异麦芽糖，证明了其分支结构。支链淀粉不溶于热水，以碘液处理产生紫色或红紫色。

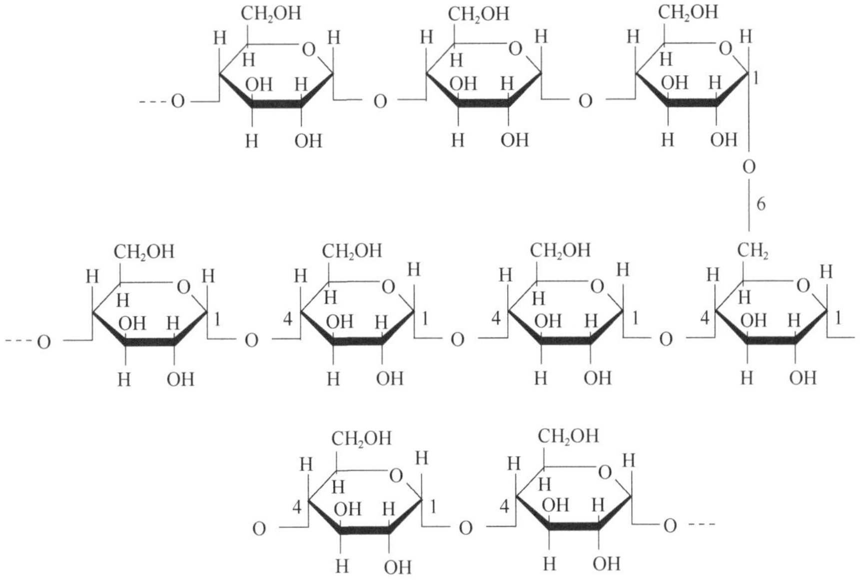

支链淀粉

性质：淀粉为白色粉末，遇碘呈蓝色，加热则蓝色消失，冷后又呈蓝色。淀粉可被酸和淀粉酶水解，酸水解淀粉可形成葡萄糖；酶水解淀粉可形成葡萄糖或麦芽糖，水解过程中出现相对分子质量不等的糊精（淀粉→蓝色糊精→红色糊精→无色糊精→麦芽糖）。

淀粉用酸或酶水解为葡萄糖的过程是逐步进行的：

$$淀粉 \xrightarrow{水解} 红色糊精 \xrightarrow{进一步水解} 无色糊精 \xrightarrow{进一步水解} 麦芽糖 \xrightarrow{进一步水解} 葡萄糖$$

　遇碘显蓝色　　　遇碘显红色　　　遇碘不显色　　　　遇碘不显色

（二）糖原

存在： 糖原是动物体内的储存多糖，是葡萄糖常见的储存形式。糖原主要储存在肝脏和骨骼肌中，在肝脏中浓度较高（图 1-1），但在骨骼肌中总量较多。

结构： 糖原也由 D-吡喃葡萄糖构成，连接方式与支链淀粉相同。糖原相对分子质量约为 5 000 000，端基含量为 9%，而支链淀粉为 4%，所以糖原的分支程度比支链淀粉高。平均链长只有 12～18 个葡萄糖单位。每个糖原分子有一个还原末端和很多非还原末端。糖原中的葡萄糖残基的大部分是以 α-1,4-糖苷键连接，分支是以 α-1,6-糖苷键结合，大约每 10 个残基中有一个 α-1,6-糖苷键（图 1-2）。

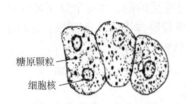

糖原颗粒 ——

细胞核 ——

图 1-1　肝脏中的糖原颗粒

图 1-2　糖原分子的部分结构示意图

性质： 糖原溶于沸水，与碘反应呈紫色。无还原性，不能与苯肼成脎，完全水解后产生 D-葡萄糖。

糖原的分支多，分子表面暴露出许多非还原末端，每个非还原末端既能与葡萄糖结合，也能分解产生葡萄糖，从而迅速调整血糖浓度，调节葡萄糖的供求平衡。所以糖原是储存葡萄糖的理想形式。糖原在细胞的胞液（细胞质基质）中以颗粒状存在，现在发现除动物外，在细菌、酵母、真菌及甜玉米中也有糖原存在。

（三）葡聚糖

存在： 葡聚糖，又称为右旋糖酐，存在于某些微生物生长过程中分泌的黏液中，是酵母和细菌的储存多糖。

结构： 葡聚糖主链由 D-吡喃葡萄糖以 α-1,6-糖苷键连接，支链点由 α-1,2、α-1,3 或 α-1,4 糖苷键连接。随微生物种类和生长条件的不同，其结构也有差别。

性质： 葡聚糖比旋光度很高，达到+199°；部分水解主要得到异麦芽糖。

部分水解获得的相对分子质量 50 000～100 000 的葡聚糖在输血过程中可代替一部分全血，作为血浆体积的扩充剂（称为代血浆）。葡聚糖经交联剂，如 1-氯-2,3-环氧丙烷处理可交联成具有立体结构的交联葡聚糖，它的珠状凝胶商品名为 Sephadex。通过控制葡聚糖与交联剂的比例可以得到不同网孔大小的交联凝胶，广泛用于生化分离。

（四）菊糖

存在：菊糖是一种果聚糖，在很多植物中代替淀粉作为储存多糖。菊科植物，如菊芋和大丽花的根部、蒲公英和橡胶草中都含有菊糖。

结构：菊糖由 31 个左右的果糖残基和 1 或 2 个葡萄糖残基聚合而成，其中果糖均以 D-呋喃果糖的形式存在，通过 β-2,1-糖苷键连接，一个葡萄糖残基位于果糖链的末端，如果还有另一个葡萄糖残基，则一般出现在链中。

性质：菊糖不溶于冷水而可溶于热水，因此可用热水提取，然后在低温中沉淀出来。菊糖与碘不发生反应，具有还原性。在稀酸作用下菊糖很快水解为果糖；霉菌、酵母和蜗牛中含有菊糖酶，可水解菊糖；人和动物体内缺乏水解菊糖的酶类，不能消化菊糖。

菊糖

（五）纤维素

存在：纤维素是植物细胞壁的主要结构成分，是自然界中分布最广、含量最多的一种多糖，占植物界碳含量的 50%以上。一般木材中，纤维素占 40%～50%，棉花的纤维素含量接近 100%，为天然的最纯纤维素来源。

结构：纤维素是 D-葡萄糖以 β-1,4-糖苷键连接而成的大分子多糖，相对分子质量为 50 000～250 000，相当于 300～15 000 个葡萄糖基。用 X 射线衍射法研究纤维素的细微结构，发现纤维素是由 60 多条纤维分子平行排列，局部形成片层结构，整体是相互间以氢键连接起来的束状物质，称为微纤维（图 1-3 和图 1-4）。由于纤维素微晶之间氢键很多，因此微纤维相当牢固。

纤维素

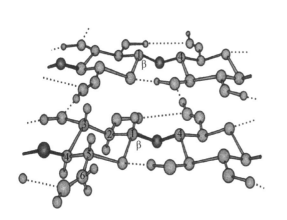

图 1-3　纤维素的片层结构示意图

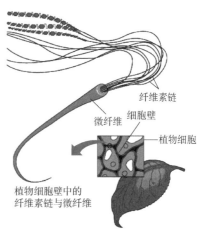

植物细胞壁中的
纤维素链与微纤维

图 1-4　植物细胞壁与纤维素的结构

性质：纤维素不溶于水；无还原性；水解比淀粉困难得多，需用浓酸或稀酸在一定压力下长时间加热水解；人体不能产生分解纤维素的酶，一些食草动物胃内含有的微生物产生分解纤维素的酶，可以消化纤维素。

虽然纤维素的消化吸收率低，无过多营养价值，但其会产生有益的作用：促进胃肠蠕动，使物质易于通过消化系统，提高肠的运动速度，因此能避免便秘；能较快地将不吸收的代谢产物排出体外，缩短脂肪停留时间；纤维素与胆汁酸相结合后减少了胆汁酸的再吸收，从而能降低血中胆固醇含量，另据推测，它能阻滞动脉粥样硬化，是很好的减肥食品。

（六）半纤维素

存在：半纤维素广泛存在于植物中，针叶树木含 15%～20%，阔叶树木和禾本科草类含 15%～35%，其分布因植物种属、成熟程度、细胞类型及其形态学部位的不同而不同。将植物细胞壁除去果胶物质后，用 15% NaOH 溶液提取出的多糖就是半纤维素，其是构成初生壁的主要成分。

结构：半纤维素是多糖基组成的杂聚糖，主要分为三类，即木聚糖类、葡甘露聚糖类和半乳葡甘露聚糖类。

木聚糖是由 D-木糖以 β-1,4-糖苷键连接成主链，以 4-氧甲基-吡喃型葡萄糖醛酸为支链的多糖。

葡甘露聚糖由 D-葡萄糖基和甘露糖基以 β-1,4-糖苷键连接成主链。

半乳葡甘露聚糖则是 D-半乳糖基以支链形式由 α-1,6-糖苷键连接到葡甘露聚糖若干 D-甘露糖基和 D-葡萄糖基上而形成的。

性质：半纤维素遇酸后比纤维素易于水解；可溶于碱溶液。半纤维素具有亲水性，这将造成细胞壁的润胀，可赋予纤维弹性。在纸页成型过程中有利于纤维构造和纤维间的结合力。因此，半纤维素的加入可影响表面纤维的吸附，对纸张强度有影响。

（七）果胶物质

存在：果胶物质是植物细胞壁的成分之一，存在于相邻细胞壁间的中胶层中，具有黏着细胞的作用。果胶物质广泛存在于植物中，尤其在水果蔬菜中含量较多：水果中以山楂含量较多，约为 6.6%，蔬菜中以南瓜含量较多，为 7%～17%。

结构：果胶物质的基本结构是 D-吡喃半乳糖醛酸，以 α-1,4-糖苷键结合成聚半乳糖醛酸；半乳糖醛酸中部分羧基被甲醇酯化，剩余部分被 Na^+、K^+ 或 NH_4^+ 全部中和。因此，果胶是不同程度酯化的 α-半乳糖醛酸以 1,4-糖苷键连接形成的聚合物。

果胶物质

果胶物质一般可分为以下三类。

1）原果胶　　原果胶是纤维素和半纤维素结合在一起的甲酯化聚半乳糖醛酸苷链，只存在于细胞壁中，不溶于水，水解后生成果胶。在未成熟果蔬组织中与纤维素、半纤维素黏结在一起形成较牢固的细胞壁，使整个组织变得比较坚硬。

2）果胶　　果胶是羧基不同程度甲酯化和中和的聚半乳糖醛酸苷链，存在于植物细胞汁液中，在成熟果蔬的细胞液内含量较多。

3）果胶酸　　果胶酸是完全未甲酯化的聚半乳糖醛酸苷链；在细胞液中与 Ca^{2+}、Mg^{2+}、K^+、Na^+ 等矿物质形成不溶于水或稍溶于水的果胶酸盐。当果蔬变成软疡状态时，含量较多。

性质：①水解和脱羧反应。果胶物质在酸性或碱性条件下，能发生水解，可使酯基水解和糖苷键裂解；在高温强酸条件下，糖醛酸残基发生脱羧作用。②溶解度的变化。果胶及果胶酸在水中的溶解度随聚合度增加而减小，在一定程度上还随酯化程度增加而加大。果胶酸的溶解度较小（<1%），但其衍生物如甲醇酯和乙醇酯溶解度较大。③胶凝能力。果胶溶液是高黏度溶液，黏度与链长成正比；果胶在一定条件下，具有胶凝能力。

（八）甲壳素和壳聚糖

存在：甲壳素又称为几丁质、壳多糖或甲壳质，存在于低等植物、菌类、藻类的细胞，虾、蟹和甲壳类昆虫等的外骨壳和高等植物的细胞壁中。在自然界中每年由生物体合成的甲壳素有数十亿吨之多，是十分丰富的自然资源。

结构：甲壳素化学名称是 2-乙酰氨基-2-脱氧-β-（1→4）-D-葡聚糖，是 *N*-乙酰氨基-2-脱氧葡萄糖通过 β-1,4-糖苷键连接形成的直链多糖。

甲壳素脱去分子中的乙酰基转变为壳聚糖，即氨基多糖。甲壳素在 40%～60% NaOH 溶液中加热，在 100～160℃时进行非均相脱乙酰基反应，可以得到脱乙酰化度在 80% 左右的壳聚糖，在 160℃时，壳聚糖在 50% NaOH 溶液中不分解。通过增加脱乙酰基反应的次数、降低反应温度、缩短反应时间的方法可得到脱乙酰化度高达 90% 以上的相对分子质量为 500 000～600 000 的壳聚糖。甲壳素和壳聚糖的结构与纤维素相似。

甲壳素　　　　　　　壳聚糖　　　　　　　纤维素

性质：甲壳素不溶于一般溶剂，加热时也不熔化，在 200℃时则开始分解。在酸性溶剂中受热溶解时发生降解。壳聚糖溶解性较大，也称为可溶性甲壳素。壳聚糖分子中带有游离氨基，在酸性溶液中易形成盐，呈阳离子性质。

功能：甲壳素和壳聚糖作为果蔬和新鲜肉类的保鲜剂，兼具杀菌和气调保鲜的功能；作为功能性食品成分，具有减肥、改善消化功能，强化人体免疫能力，抑制恶性肿瘤扩散与转移，降血压、降血脂和控制血清胆固醇，预防动脉硬化和心血管疾病功能，减少人体内重金属的积蓄和促进胃伤愈合的功能。

（九）黏多糖类

黏多糖类是含氨的多糖，它存在于软骨、肌腱等结缔组织中，构成组织间质。各种腺体分泌出来的起润滑作用的黏液多富含黏多糖，在组织成长和再生过程中、受精过程中及机体与许多传染源（细菌、病毒）的相互作用过程中都起着重要作用。其代表性物质有透明质酸、硫酸软骨素和肝素等。

1. 透明质酸

存在：透明质酸存在于动物的结缔组织、眼球的玻璃体、角膜、关节液中。1934 年，美国哥伦比亚大学眼科教授 Meyer 等首先从牛眼玻璃体中分离出透明质酸。

结构：透明质酸由 D-葡萄糖醛酸和 N-乙酰氨基葡萄糖交替排列组成。分子结构中葡萄糖醛酸与 N-乙酰氨基葡萄糖以 β-1,3-糖苷键连接组成二糖单位，后者再以 β-1,4-糖苷键同另一个二糖单位连接成线性结构。

功能：透明质酸广泛分布于人体各部位，具有润滑关节，调节血管壁通透性，调节蛋白质、水电解质扩散及运转，促进创伤愈合等功能。透明质酸具有特殊的保水作用，是目前发现的自然界中保湿性最好的物质，2%的纯透明质酸水溶液能牢固地保持98%的水分。

2. 硫酸软骨素

存在：硫酸软骨素是动物体内含量最高的黏多糖，是软骨的主要成分。

结构：硫酸软骨素是一类二糖的聚合物，分为 A、B、C 三种。硫酸软骨素 A 为葡萄糖醛酸-1,3-N-乙酰氨基半乳糖-4-硫酸酯；硫酸软骨素 B 为艾杜糖醛酸-1,3-N-乙酰氨基半乳糖-4-硫酸酯；硫酸软骨素 C 为葡萄糖醛酸-1,3-N-乙酰氨基半乳糖-6-硫酸酯。其中硫酸软骨素 B 是存在于皮肤的黏多糖，也称为硫酸皮肤素。

功能：硫酸软骨素具有降血脂和温和的抗凝血作用，临床用于冠心病和动脉粥样硬化的治疗。

3. 肝素

存在：肝素最早在肝脏中发现，但也存在于肺、血管壁、肠黏膜等组织中，是动物体内一种天然的抗凝血物质。

结构：肝素是由硫酸氨基葡萄糖、葡萄糖醛酸和 L-艾杜糖醛酸的硫酸酯组成。其结构中氨基葡萄糖苷为 α-型，糖醛酸糖苷为 β-型，肝素分子中四糖重复单位结构如下：

L-艾杜糖醛酸　　硫酸氨基葡萄糖　　葡萄糖醛酸　　硫酸氨基葡萄糖

功能：在临床上肝素用于体外血液循环时的抗凝剂，也用于防止脉管中血栓的形成。肝素能使细胞膜上的脂蛋白脂肪酶释放进入血液，该酶能水解极低密度脂蛋白所携带的脂肪，因而肝素具有降血脂的作用。经水解去除硫酸基制成的改构肝素，其抗凝血作用降低，但降血脂作用不改变，可以使降血脂过程中的溶血反应降低。

4. 硫酸角质素

存在：硫酸角质素与蛋白质形成结合体存在于哺乳动物的角膜、椎间板、软骨和动脉中，是以蛋白多糖形式存在的一种黏多糖。在多数情况下和硫酸软骨素共存，有时两者只有一个蛋白质部分。

结构：硫酸角质素是以 D-半乳糖和 N-乙酰葡糖胺-6-硫酸形成的双糖作为主要重复单位，

一部分半乳糖在 6 位上被硫酸化或分支成别的糖链。有的硫酸角质素也含有少量岩藻糖、硅铝酸，这种细微的不均一结构，是组织上的特异性。从与蛋白质结合的形式上来看，在角膜的硫酸角质素是 N-乙酰葡糖胺和天冬氨酸以 N-糖苷键相结合,而软骨等骨骼系统的硫酸角质素是 N-乙酰葡糖胺和丝氨酸、甲硫氨酸以 O-糖苷键相结合而彼此不同。无论哪一种情况，在结合区附近，均有多个甘露糖分子存在。

（十）细菌多糖

1. 肽聚糖
存在：肽聚糖又称为胞壁质，是构成细菌细胞壁基本骨架的主要成分。
结构：肽聚糖是一种多糖与氨基酸链相连接的多糖复合物，由于此类复合物中氨基酸链不如蛋白质组成中氨基酸残基长，因此该聚合物称为肽聚糖。肽聚糖的多糖链是由 N-乙酰葡糖胺和 N-乙酰胞壁酸以 β-1,4-糖苷键连接而成的二糖，此二糖为肽聚糖的重复单位。每一个二糖单位中的 N-乙酰胞壁酸与一个由 L-丙氨酸、D-谷氨酸、L-赖氨酸和 D-丙氨酸组成的四肽相连接。相邻多糖链上的四肽再通过由 5 个甘氨酸组成的五肽进一步交联形成肽聚糖。

2. 脂多糖
存在：革兰氏阴性细菌的细胞壁成分较复杂，除含有肽聚糖外，还含有复杂的脂多糖。
结构：脂多糖一般由外层低聚糖链、核心多糖及脂质三部分组成。外层低聚糖链由甘露糖-鼠李糖-半乳糖三糖为重复单位，此三糖还可以再接上其他单糖，如阿比可糖（即 3,6-二脱氧半乳糖）。核心多糖由葡萄糖、半乳糖、乙酰葡糖胺等组成，脂质是葡萄糖胺的 1,6-二聚物，它的氨基被 β-羟十四脂酸所取代，3 个羟基上连接着长链脂肪酸，还有一个羟基与核心多糖相连。菌脂多糖的外层低聚糖是能使人致病的部分，它的单糖组分随着菌株的不同而有所差异，但是各种细菌的核心多糖链都相似。

第三节　食品中糖类的功能

一、单糖与低聚糖的食品性质与功能

（一）物理性质与功能

1. 亲水性
糖分子中含有很多羟基，这些羟基通过氢键键合与水分子相互作用，使糖分子具有较强的亲水能力，因此具有一定的吸湿性或保湿性。吸湿性是指糖在空气湿度较高情况下吸收水分的性质，保湿性是指糖在空气湿度较低条件下保持水分的性质。
1）结构与吸湿性　虽然 D-果糖和 D-葡萄糖羟基数目相同，但前者的吸湿性比后者大很多。在 100%相对湿度中，蔗糖和麦芽糖的吸水量基本相同，而乳糖能结合的水则很少。单糖和低聚糖的吸湿性顺序为：果糖>高转化糖>低转化和中度转化的淀粉糖>无水葡萄糖>蔗糖>葡萄糖>乳糖，而保湿性顺序与吸湿性顺序正好相反。糖类的结构对水的结合速度与结合数量具有重要影响，见表 1-6。

表 1-6　糖在潮湿空气中吸收的水分　　　　　　　　（%，20℃）

糖	相对湿度与时间		
	60%（1h）	60%（9d）	100%（25d）
D-葡萄糖	0.07	0.07	14.5
D-果糖	0.28	0.63	73.4
蔗糖	0.04	0.04	18.4
麦芽糖，无水	0.08	7.0	18.4
麦芽糖，水化物	5.05	5.0	—
乳糖，无水	0.54	1.2	1.4
乳糖，水化物	5.05	5.1	—

2）纯度与吸湿性　　糖纯度越高，吸水越少，速度越慢，结晶很好的糖完全不吸水，因为它们大多数氢键键合位点已经形成糖-糖氢键，如无水结晶麦芽糖完全不吸水。纯度不高的糖或糖浆吸水多、速度也快，因为杂质可以干扰糖分子间的作用力，主要是妨碍糖分子间形成氢键，使糖的羟基更容易和周围的水分子发生氢键键合。

结合水的能力和控制食品水分活度是糖类最重要的性质之一。结合水的能力常被称为湿润性。是限制水进入食品还是将水控制在食品中，这要取决于特定的产品。例如，在糖果糕点的生产上，硬糖果要求吸湿性低，以避免吸收水分而溶化，所以采用低转化或中转化的淀粉糖浆作为生产原料。糕饼表层的糖霜在包装后不应结冰，需要采用吸水能力有限的糖，如乳糖或麦芽糖。在其他情况下，控制水分活度，特别是避免水分损失是极其重要的。糖果与焙烤食品就需要加入吸湿性较强的糖，如玉米糖浆、高果糖玉米糖浆或转化糖。

2. 甜味

相对分子质量较低的糖类的甜味最容易辨别和令人喜爱。人们感觉的甜味因糖的组成、构型和物理形态不同而不同。蔗糖甜味纯正而独特，果糖的甜感反应最快，甜度较高，持续时间短，而葡萄糖的甜感反应较慢，甜味较低。几种糖的相对甜度见表1-2。

食品与生物化学：果葡糖浆的生产与应用

淀粉经酸或酶完全水解可以得到葡萄糖，将精制的葡萄糖液流经葡萄糖异构酶柱，使其中一部分葡萄糖异构化为果糖，得到糖分组成主要为果糖和葡萄糖的糖浆，再经活性炭和离子交换树脂精制，浓缩得到无色透明的果葡糖浆产品。该产品糖分组成为果糖42%、葡萄糖53%、低聚糖5%，甜度相当于蔗糖，但风味更好。将这一产品用分子筛模拟移动床分离，得果糖含量达90%的糖液，称为高果糖浆。

果葡糖浆生产中一般先将淀粉在酸或淀粉酶的催化作用下水解为葡萄糖。现多采用双酶法制备葡萄糖，分为液化和糖化两步，首先利用液化酶使糊化淀粉水解到糊精和低聚糖，液化酶为α-淀粉酶，α-淀粉酶属于内酶，水解从分子内部进行，不能水解支链淀粉的α-1,6-糖苷键，但可越过α-1,6-糖苷键，得到异麦芽糖和含有α-1,6-键、聚合度为3～4的低聚糖和糊精；糖化是利用葡萄糖淀粉酶进一步将这些产物水解成葡萄糖。糖化液经过滤、脱色浓缩等工序制得高纯度葡萄糖浆，然后应用葡萄糖异构酶将部分葡萄糖异构化为果糖，得到果葡糖浆。生产工艺流程如下：

$$\text{淀粉} \xrightarrow{\text{α-淀粉酶}} \text{调浆（淀粉乳）} \rightarrow \text{液化}\left[\text{葡萄糖值（DE值）15～20}\right] \xrightarrow{\text{葡萄糖淀粉酶}} \text{糖化（DE值96～}$$

98）→脱色→压滤→离子交换→初浓缩（42%～45%）$\xrightarrow{\text{葡萄糖异构酶}}$异构化→脱色离子交换→再浓缩→果葡糖浆（果糖42%，葡萄糖53%）

果葡糖浆是淀粉糖中甜度最高的糖品，除可代替蔗糖用于各种食品加工外，还具有许多优良特性，如味纯、清爽、甜度大、渗透压高、不易结晶等，可广泛应用于糖果、糕点、饮料、罐头、焙烤食品等中，提高制品的品质。果葡糖浆具有强吸湿性，因此可以作为面包、糕点的保湿剂，使其质地松软。在生产甜酒和黄酒时，常在发酵液中添加适量的果葡糖浆，以加速胶木对糖的利用速度。

3. 溶解性

单糖、糖醇和低聚糖等一般都可溶于水，糖的溶解度随着温度的升高而增加（表1-7）。

表1-7　不同温度下，葡萄糖和蔗糖的溶解度　　　　　（单位：g/100g 水）

	0℃	10℃	20℃	30℃	40℃	50℃	60℃	70℃	80℃	90℃
葡萄糖	35	41.6	47.7	54.6	61.8	70.9	74.2	78	81.2	84.7
蔗糖	64.2	65	67.1	68.7	70.4	72.2	74.2	76.2	78.4	80.6

4. 结晶性

不同的糖具有不同的结晶特性。乳糖在一定条件下可结晶，温度大于 93.5℃时，β-脱水乳糖结晶，呈玻璃状，当温度维持在93.5℃时，α-水化乳糖结晶，形成无定形状态。蔗糖易结晶，且晶体生成很大；葡萄糖也容易结晶，但晶体生成细小；果糖和转化糖较难结晶。

5. 黏度

单糖和低聚糖都有一定的黏度，葡萄糖和果糖的黏度比蔗糖低，淀粉糖浆的黏度较高，但随转化程度增加而降低。用酸法或酶法生产淀粉糖浆，因为糖分组成有差别，所以黏度也不同。葡萄糖的黏度随温度升高而增大，而蔗糖的黏度则随着温度升高而降低。

6. 渗透性

糖溶于水进入食品中形成渗透压，浓度越高，分子数目越多，渗透压越大；渗透压越大对食品保存越有利。不同微生物对渗透压的耐受有差别：如一般细菌可耐受50%蔗糖溶液，霉菌可耐受60%蔗糖溶液，某些酵母可耐受80%蔗糖溶液。有时食品中有高渗酵母或霉菌存在时，具有高渗透压的蜂蜜也可能发生腐败。

7. 持味护色性

糖类在食品脱水过程中可以起到保持色泽和挥发性风味成分的作用，糖可以使糖-水相互作用转变成糖-风味成分相互作用。反应如下：

$$\text{糖-水+风味物质} \longrightarrow \text{糖-风味物质+水}$$

食品中双糖比单糖能更好地保留挥发性成分，其中风味成分包括多种羰基化合物（醛和酮）和羧酸衍生物（主要是酯类），双糖和相对分子质量较大的低聚糖是有效的风味结合剂。

环糊精由于能形成包合物结构，因此能非常有效地捕捉富集风味物与其他的小分子。

8. 褐变风味

糖的非酶褐变反应除了产生颜色很深的类黑精色素外，还形成各种挥发性的风味物质，这些物质常决定着热加工食品的不同风味。对风味起作用的褐变产物本身就可能具有特殊的风味和（或）增加其他风味的能力。焦糖化产物麦芽酚和乙基麦芽酚就是这种双功能的例子，这类化合物具有强烈的焦糖气味，同时也是甜味增强剂。麦芽酚将蔗糖甜味可检测的临界浓度值降低至正常值的一半；异麦芽酚作为甜味强化剂时，所产生的效果相当于麦芽酚的 6 倍。

麦芽酚　　　　　异麦芽酚　　　　　乙基麦芽酚

9. 冰点降低

糖溶液冰点降低的程度取决于它的浓度和糖的相对分子质量大小。溶液浓度高，相对分子质量小，则冰点降低得多。葡萄糖冰点降低的程度高于蔗糖；淀粉糖浆冰点降低的程度因转化程度而不同，转化程度增高，冰点降低得多。因为淀粉糖浆是多种糖的混合物，平均相对分子质量随转化程度增高而降低。

生产雪糕类冰冻食品，混合使用淀粉糖浆和蔗糖，冰点较单用蔗糖低。应用低转化度淀粉糖浆的效果更好，冰点降低不但能节约电能，还能促进冰晶颗粒细腻、黏稠度高、甜味温和等效果，使得雪糕口感更佳。

10. 抗氧化性

糖溶液具有抗氧化性，有利于保持水果的风味、颜色及维生素 C，不致因氧化反应而发生变化，这是因为氧气在糖溶液中的溶解量较水溶液中低很多，如在 20℃，60%蔗糖溶液中溶解氧的量仅为水溶液中的 1/6 左右。葡萄糖、果糖和淀粉糖浆都具有相似的抗氧化性，应用这些糖溶液（因糖浓度、pH 和其他条件不同）可使维生素 C 的氧化反应降低 10%～90%。

11. 代谢性质

胰岛素控制血液葡萄糖浓度，但对糖代谢无制约作用。能力与葡萄糖相同的糖有果糖、山梨醇和木糖醇，因此可应用于糖尿病患者的食品中。口腔细菌能作用于蔗糖，因此易发龋齿，而果糖和木糖醇则不能被口腔细菌所利用。

12. 发酵性

酵母能够发酵葡萄糖、果糖、麦芽糖和蔗糖，但不能发酵较大分子的低聚糖、糊精。葡麦糖浆的发酵糖含量随转化程度的升高而升高，生成面包类发酵食品以使用高转化糖浆为宜。

（二）化学性质与功能

1. 水解反应

低聚糖含有糖苷键，在酸或酶的作用下，可水解生成单糖。糖苷键与醚键类似，在弱碱性和碱性条件下稳定，在较强的酸溶液中易被水解。不同糖苷键被酸水解的难易程度不同，一般 1,6-糖苷键较难水解。蔗糖在酶或酸的水解作用下形成的产物叫作转化糖。所谓转化是指水解前后溶液的旋光度从左旋转化到右旋。用于生产转化糖的酸是盐酸，酶是 β-葡萄糖苷

酶和 β-果糖苷酶。

在食品加工过程中，必须考虑蔗糖对水解反应的不稳定性。在加热时，如焦糖化或生成糖果时，少量的食品酸或高温都能引起蔗糖的水解，生成 D-葡萄糖和果糖。这些还原糖经脱水反应最终产生期望的或不期望的特殊气味和颜色。当蛋白质存在时，其由于美拉德反应而部分失去营养价值。

2. 脱水反应

单糖在浓度大于12%的浓盐酸及热的作用下，易发生分子内脱水，生成环状结构或双键化合物。脱水反应是在酸、热条件下发生的，在室温下，稀酸对单糖的稳定性没有影响。戊糖脱水可形成糠醛，己糖脱水可形成 5-羟甲基糠醛。糠醛比较稳定，5-羟甲基糠醛进一步分解成甲酸、乙酰丙酯及聚合成有色物质，这些物质使糖果呈现黄色。

3. 复合反应

受酸和热的作用，一个单糖分子的半缩醛与另一个单糖分子的羟基缩合失水生成低聚糖的反应称为复合反应。糖的浓度越高，复合反应的程度越大，若复合反应进行的程度高，还能生成三糖和其他低聚糖。复合反应不是水解反应的逆反应，复合反应形成的糖苷键类型较多，使其产物很复杂。不同种类的酸对糖的复合反应催化能力也不同，如利用葡萄糖进行复合反应，盐酸催化能力最强，硫酸次之。

4. 焦糖化反应

糖类尤其是单糖在没有氨基化合物存在的情况下，加热到熔点以上（一般为140～170℃），会因发生脱水、降解等过程而发生褐变反应，这种反应称为焦糖化反应。焦糖化反应有两种反应方向，一是经脱水得到焦糖（糖色）等产物；二是经裂解得到挥发性的醛类、酮类物质，这些物质还可以进一步缩合、聚合最终也得到一些深颜色的物质。这些反应在酸性、碱性条件下均可进行，但在碱性条件下进行的速度要快得多。

某些热解反应产生了不饱和环体系，具有独特的味道与香味，如麦芽酚和异麦芽酚等使面包具有焙烤风味。2-氢-4-羟基-5-甲基呋喃-3-酮具有肉烤焦时产生的风味，用来增强各种调味品和甜味剂的效力。

2-氢-4-羟基-5-甲基呋喃-3-酮

5. 互变异构反应

单糖在稀碱溶液中不稳定，易发生异构化反应。该反应与溶液温度、糖种类和浓度、碱种类和浓度及作用的时间等因素有关。用碱处理淀粉糖浆，可使葡萄糖部分异构化生成果糖，从而形成果葡糖浆，此产物与蜂蜜的风味极为相似，但维生素的含量不及蜂蜜。

6. 糖精酸的生成

碱的浓度增高，加热或作用时间加长，糖便发生分子内氧化与重排作用生成羧酸，此羧酸的总组成与原来糖的组成没有差异，此酸称为糖精酸类化合物。糖精酸有多种异构体，因碱浓度不同，产生不同的糖精酸。

（三）保健低聚糖类

1. 低聚糖的保健作用

低聚糖可作为增殖因子促进肠道中有益菌的生长繁殖，具体作用如下：①调节肠道微生态系统，促进双歧杆菌和乳酸菌的增殖，间接抑制潜在的致病菌，减少机体有害因子的生成。②促进双歧杆菌在肠道内合成维生素 B_1、维生素 B_2、维生素 B_6、维生素 B_{12}、烟酸和叶酸等营养物质。③通过刺激有益菌生长，从而刺激肠道免疫器官生长，提高巨噬细胞的活性，提高机体免疫力。④很多低聚糖不能被变形链球菌利用，不会形成不溶性葡聚糖，可预防龋齿。⑤摄入功能性低聚糖后可降低血清胆固醇水平，改善脂质代谢。⑥低聚糖可降低粪便 pH，减少有毒代谢物，增加粪便体积和水分，加速肠腔蠕动，减轻便秘，具有可溶性膳食纤维的特性。⑦低聚糖类经微生物发酵后可降低肠道 pH，提高矿物质溶解性，从而促进大肠中钙、镁等矿物质的吸收。

2. 常见的低聚糖

1）低聚果糖

（1）存在：低聚果糖又称为寡果糖或蔗果三糖族低聚糖。1952 年，Whalley 等应用酵母转化酶作用于蔗糖，首次制得低聚果糖。低聚果糖多存在于天然植物中，如菊芋、芦笋、洋葱、香蕉和番茄中。

（2）结构：低聚果糖是指在蔗糖分子的果糖基上通过 β-1,2-糖苷键连接 1～3 个果糖（F）基变成蔗果三糖（GF$_2$）、蔗果四糖（GF$_3$）、蔗果五糖（GF$_4$）及其混合物。天然或用糖苷酶法生产的低聚果糖，其结构式表示为 G-F-F$_n$（G 为葡萄糖基，F 为果糖基，n=2～6），属于果糖与葡萄糖构成的直链低聚糖。

（3）性质：低聚果糖具有一定的甜度，甜味特性良好，易溶于水，不增加产品的黏度，物理性质稳定，易于添加在食品和饮料中。

（4）功能：低聚果糖功能主要表现在改善肠道菌群，润肠通便。低聚果糖在人体内不能被消化吸收，属于低相对分子质量的水溶性膳食纤维，因此可用它来缓解便秘。

2）低聚木糖

（1）存在：低聚木糖一般由富含木聚糖的植物，如玉米芯、糖渣、棉籽壳和麸皮等为原料，通过木聚糖酶水解，然后分离精制得到。

（2）结构：低聚木糖是由 2～7 个木糖以 β-1,4-糖苷键连接而成，分为木糖、木二糖、木三糖及少量木三糖以上的木聚糖，其中木二糖为主要有效成分，木二糖含量越高，则低聚糖产品质量越高。

（3）性质：低聚木糖的甜度为蔗糖的 40%，甜味类似于蔗糖。低聚木糖具有较高的耐热（100℃/1h）和耐酸性能（pH2～8）。

（4）功能：木二糖和木三糖是不消化但可发酵的糖，因此是双歧杆菌有效的增殖因子，它是使双歧杆菌增殖所需用量最小的低聚糖。除上述特性外，低聚木糖还具有黏度较低、代谢不依赖胰岛素（可作为糖尿病患者食用的甜味剂）和抗龋齿等特性。

3）甲壳低聚糖

（1）存在：甲壳低聚糖由甲壳素制得，甲壳素广泛分布于甲壳类动物（虾、蟹、昆虫等）的外骨壳中，一般脱乙酰基超过 55% 的甲壳素称为壳聚糖，聚合度在 20 以下的壳聚糖称为甲壳低聚糖。

（2）结构：甲壳低聚糖是一类由 N-乙酰-D-葡糖胺或 D-葡糖胺通过 β-1,4-糖苷键连接起来的低聚合度水溶性氨基葡萄糖。

（3）性质：甲壳低聚糖可溶于水，分子中带有游离氨基，在酸性溶液中易形成盐，呈阳离子性质。

（4）功能：①降低肝脏和血清中的胆固醇含量；②提高机体免疫功能，增强机体的抗病和抗感染能力；③具有抗肿瘤作用；④是双歧杆菌的增殖因子；⑤可使乳糖分解酶活性升高及用于防治胃溃疡，治疗消化性溃疡和胃酸过多症。

4）大豆低聚糖　　大豆低聚糖广泛分布于植物中，尤其以豆科植物最多，其工业制法是以制造大豆蛋白时生成的副产品——大豆乳清为原料，经分离精制而成。大豆低聚糖是从大豆籽粒中提取的可溶性寡糖的总称，主要成分为水苏糖、棉子糖、蔗糖等。其甜度为 70，而热值仅为蔗糖的一半，是一种低能量甜味剂，可用作糖尿病患者的甜味剂。它的酸、碱稳定性较好，在肠内不被消化吸收，可被肠道有益菌群利用。

二、多糖的食品性质与功能

（一）多糖的溶解性

多糖分子中含有大量羟基，因而具有较强的亲水性；但一般多糖的相对分子质量很大，其疏水性也随之增大，因此相对分子质量较小、分支程度低的多糖在水中有一定的溶解度，加热可促使其溶解；而相对分子质量大、分支程度高的多糖在水中溶解度很低。

（二）多糖的黏度

由于多糖在溶解性能上的特殊性，多糖的水溶液具有比较大的黏度甚至形成凝胶。多糖分子的结构情况有差别时，其水溶液的黏度也有明显的不同。多糖分子在溶液中以无规线团的形式存在，其紧密程度与单糖的组成和连接形式有关；当这样的分子在溶液中旋转时需要占有大量的空间，这时分子间彼此碰撞的概率提高，分子间的摩擦力增大，因此具有很高的黏度，甚至浓度很低时也有很高的黏度。带电荷的多糖分子由于同种电荷之间的静电斥力，导致链伸展、链长增加，溶液的黏度增加。

（三）凝胶

一些多糖能形成海绵状的三维网状凝胶结构，这种具有黏弹性的半固体凝胶具有多种用途，它可作为增稠剂、泡沫稳定剂、稳定剂和脂肪代用品等。多糖通过共价键、氢键、疏水相互作用、范德瓦耳斯力、离子桥连或缠结等构成三维网络结构，液相存在于网孔中。多糖在食品中形成凝胶可以改善产品的持水性、黏弹性、稳定性，并具有增稠作用。

三、淀粉的食品性质与功能

（一）淀粉的糊化和老化

1. 淀粉的糊化

生淀粉分子排列得很紧密，形成束状的胶束，彼此之间的间隙很小，即使水分子也很难浸透进去。具有胶束结构的生淀粉称为 β-淀粉。β-淀粉在水中经加热后，一部分胶束被溶解而形成空隙，于是水分子浸入内部，与一部分淀粉分子进行结合，胶束逐渐被溶解，空隙逐渐扩大，淀粉粒因吸水，体积膨胀数十倍，生淀粉的胶束即行消失，此现象称为膨润现象。继续加热胶束则全部崩溃，淀粉分子形成单分子，并被水所包围，而形成溶液状态。由于淀粉分子是链状或分支状，彼此牵扯，结果形成具有黏性的糊状溶液，这种现象称为糊化，处于这种状态的淀粉称为α-淀粉。

糊化作用可分为三个阶段：①可逆吸水阶段，水分进入淀粉粒的非晶质部分，体积略有膨胀，此时冷却干燥，可以复原，双折射现象不变；②不可逆吸水阶段，随温度升高，水分进入淀粉微晶间隙，不可逆大量吸水，结晶"溶解"；③淀粉粒解体阶段，淀粉分子全部进入溶液。

各种淀粉的糊化温度不同，即使用同一种淀粉在低温下糊化，因为颗粒大小不一，所以糊化温度也不一致。通常用糊化开始的温度和糊化完成的温度表示淀粉的糊化温度。几种淀粉的糊化温度见表1-8。

表1-8　几种淀粉的糊化温度　　　　　　　　（单位：℃）

淀粉	开始糊化温度	完全糊化温度	淀粉	开始糊化温度	完全糊化温度
粳米	59	61	玉米	64	72
糯米	58	63	荞麦	69	71
大麦	58	63	马铃薯	59	67
小麦	65	68	甘薯	70	76

同时值得注意的是，淀粉糊化、淀粉溶液黏度及淀粉凝胶的性质不仅取决于温度，还取决于共存的其他组分的种类和数量。在许多情况下，淀粉与糖、蛋白质、脂肪及水等物质共存。

2. 淀粉的老化

经过糊化后的α-淀粉在室温或低于室温下放置一段时间后，会变得不透明甚至凝结而沉淀，这种现象称为老化。这是由于糊化后的淀粉分子在低温下又自动排列成序，相邻分子间的氢键又逐步恢复形成致密、高度晶化的淀粉分子微束的缘故。

老化过程可以看作糊化的逆过程，但是老化不能使淀粉彻底复原到生淀粉（β-淀粉）的结构状态，它比生淀粉的晶化程度低。不同来源的淀粉，老化难易程度并不相同。这是由于淀粉的老化与所含直链淀粉及支链淀粉的比例有关，一般是直链淀粉较支链淀粉易于老化。直链淀粉越多，老化越快。支链淀粉几乎不发生老化，其原因是它的结构呈现三维网状空间分布，妨碍微晶束氢键的形成。

淀粉含水量为30%～60%时较易老化，含水量小于10%或在大量水中则不易老化。老化作用的最适宜温度为2～4℃，大于60℃或小于20℃都不发生老化。在偏酸（pH小于4）或偏碱的条件下也不易老化。

老化后的淀粉与水失去亲和力，并且难以被淀粉酶水解，因而也不易被人体消化吸收。淀粉老化作用的控制在食品工业中有重要意义。为防止老化，可将糊化后的α-淀粉，在80℃左右的高温迅速除去水分（水分含量最好达10%以下）或冷却至0℃以下迅速脱水，这样淀粉分子已不可能移动和相互靠近，成为固定的α-淀粉。α-淀粉加水后，因无胶束结构，水易浸入而将淀粉分子包住，不需加热，就易糊化。这就是制备方便食品的原理，如方便米饭、方便面条、饼干、膨化食品等。

（二）淀粉的水解

1. 淀粉水解的方法

工业上水解淀粉的方法有酸水解法、酶水解法和酸-酶水解法三种。①酸水解法，即以无机酸为催化剂使淀粉发生水解反应，转变为葡萄糖的方法。这个工序在工业上称为"糖化"。一般是用盐酸（约 0.12%）处理淀粉（30%～40%的淀粉糊），并将此混合物在 140～160℃下加热 15～20min 或达到所需要的葡萄糖值（DE 值）时为止，经离心、过滤和浓缩后获得纯的酸转化淀粉糖浆。②酶水解法。酶水解在工业上称为"酶糖化"。酶糖化经过糊化、液化和糖化等三道工序。淀粉颗粒的晶体结构抗酶作用力强，因此淀粉酶不能直接作用于淀粉，需要事先加热淀粉乳，使其糊化，破坏其晶体结构。糊化后的淀粉在液化酶（α-淀粉酶）的作用下水解成糊精和低聚糖，使黏度降低、流动性增大，为糖化创造条件，加快糖化速度。能作用于淀粉水解的酶统称为淀粉酶，主要为 α-淀粉酶、β-淀粉酶。③酸-酶水解法。这是酸水解法与酶水解法相结合的一种淀粉水解法。先用酸法水解淀粉至一定水解度，随后酶处理。在实际应用时，则取决于所需要的最终产物的性质。

2. 淀粉水解的产品

淀粉与水一起加热很容易发生水解反应，当与无机酸共热时，可彻底水解为 D-葡萄糖。根据淀粉水解的程度不同，工业上利用淀粉水解生产下列几种产品：①糊精。在淀粉水解过程中产生的多苷链片段，统称为糊精。糊精化程度低的淀粉，仍能与碘形成蓝色复合物，但较普通淀粉易溶于水，一般统称为可溶性淀粉。普通淀粉在 7%稀酸中于常温下浸泡 5～7d，即得化学实验室常用的可溶性淀粉指示剂。②淀粉糖浆。其是淀粉不完全水解的产物，为无色、透明、黏稠的液体，储存性好，无结晶析出，由葡萄糖、低聚糖和糊精等组成。淀粉糖浆可分为高、中、低转化糖浆三大类。工业上用葡萄糖值（DE 值）表示淀粉水解的程度。工业上生产最多的是中等转化糖浆，其 DE 值为 38～42。③麦芽糖浆。麦芽糖浆主要成分是麦芽糖，也称为饴糖，呈浅黄色，甜味温和，且具有特有的风味。工业上利用麦芽糖酶（β-淀粉酶）水解淀粉制得。④葡萄糖。其是淀粉水解的最终产物，经过结晶分离后，即得到结晶葡萄糖。结晶葡萄糖有含水 α-葡萄糖、无水 α-葡萄糖和无水 β-葡萄糖三种。

3. 淀粉在食品中的应用

淀粉在糖果制备中用作填充剂，可作为制造淀粉软糖的原料，也是淀粉饴糖的主要原料。豆类淀粉和黏高粱粉则利用其胶体的凝胶特性来制造高粱饴等软性糖果,具有很好的柔糯性。软糖成形时，为了防粘、便于操作，可使用少量淀粉以代替滑石粉。淀粉在冷饮食品中作为雪糕和冰棒的增稠稳定剂。淀粉在某些罐头食品生产中可作增稠剂，如制造午餐肉罐头和碎牛、羊肉罐头时，使用淀粉可增加制品的黏结性和持水性。在制造饼干时，由于淀粉有稀释面筋浓度和调节面筋膨润度的作用，可使面团具有适合于工艺操作的物理性质，因此在使用面筋含量太高的面粉生成饼干时，可以添加适量的淀粉来解决饼干收缩变形的问题。

第四节 多糖的分离与纯化

一、多糖的提取与分离

（一）多糖的提取

根据多糖的性质及来源不同，提取方法有所差异，可归纳为以下几类。

1. 水提法

易溶于温水、难溶于冷水的多糖，可采用热水抽提。

原料粉碎后加入甲醇、乙醚、乙醇、丙酮或 1：1 的乙醇乙醚混合液，水浴加热搅拌或回流 1～3h，脱脂后过滤得到的残渣用热水抽提，温度控制在 90～100℃，搅拌 4～6h，反复提取 2 或 3 次。得到的多糖提取液大多较黏稠，用抽滤法或离心法除去不溶性杂质，将滤液或上清液混合、浓缩，加入 2～5 倍低级醇（甲醇或乙醇）沉淀多糖；也可加入硫酸铵或溴化十六烷基三甲基铵等，与多糖物质结合生成不溶性络合物或盐类沉淀。然后依次用乙醇、丙酮和乙醚洗涤。将洗干后疏松的多糖真空干燥或冷冻干燥，可得到粉末状的粗多糖。

2. 酸碱提法

难溶于水、可溶于稀酸或稀碱的多糖可采用酸法或碱法。将水提法中的热水替换为 1% 乙酸和 1% 苯酚或 0.1～1mol/L NaOH 溶液。提取液中和后浓缩，用乙醇等洗涤后干燥即可得到粗多糖。由于稀酸、稀碱易使多糖发生糖苷键的断裂，部分多糖发生水解而使多糖的提取率减少，因而试验中尽量避免采用稀碱液浸提法和稀酸液浸提法。

3. 生物酶提取法

在动物组织中，黏多糖多与蛋白质以共价键结合，通常用蛋白酶（如木瓜蛋白酶或链霉蛋白酶）水解蛋白质部分，断裂黏多糖与蛋白质之间的结合键，使黏多糖释放出来，然后提取。

4. 超声波提取法

多糖可以采用超声波辅助提取，其原理是利用超声波的空化作用加速多糖的浸出，另外超声波的次级效应，如机械振动、乳化、扩散、击碎、化学效应等也能加速多糖的扩散释放并充分与溶剂混合，利于提取。超声波提取法与常规提取法相比，具有提取时间短、产率高、不需要加热等优点。

5. 微波提取法

微波提取是利用不同极性的介质对微波能的吸收程度不同，使基体物质中的某些区域和萃取体系中的某些组分被选择性加热，从而使萃取物质从基体或体系中分离出来，进入介电常数小、微波吸收能力较差的萃取剂中。由于微波能极大加速细胞壁的破裂，因而应用于多糖的提取能极大加快提取速度，增加提取产率。而且由于其选择性好，提取后多糖能保持良好的性状，提取液也较一般的提取方法澄清。

（二）多糖的分离

1. 除蛋白

应用上述方法提取出来的粗多糖，常混有较多的蛋白质，除去蛋白质的方法有多种。

（1）Sevag 法：根据蛋白质具有在氯仿等有机溶剂中变性而不溶于水的特点，将多糖溶液、氯仿、戊醇（或正丁醇）之比调为 25：5：1 或 25：4：1，混合物剧烈振摇 20～30min，蛋白质与氯仿-戊醇（或正丁醇）生成凝胶物而分离，然后离心，除去水层和溶剂层交界处的变性蛋白质。

（2）三氟三氯乙烷法：多糖溶液与三氟三氯乙烷等体积混合，低温下搅拌 10min，离心取上面水层，水层继续用上述方法处理几次，即得无蛋白质的多糖溶液，此法效率高，但溶剂沸点较低，易挥发，不宜大量应用。

（3）三氯乙酸法：在多糖溶液中滴加 5%～30% 三氯乙酸，直至溶液不再继续混浊为止，在 5～10℃放置过夜，离心除去沉淀即得无蛋白质的多糖溶液。此法会引起某些多糖的降解。

（4）酶解法：在样品溶液中加入蛋白质水解酶，如胃蛋白酶、胰蛋白酶、木瓜蛋白酶、链霉蛋白酶等，使样品中的蛋白质降解。通常将其与 Sevag 法综合使用，除蛋白质效果较好。

（5）盐酸法：取样品浓缩液，用 2mol/L 盐酸调节 pH 为 3.0，放置过夜，在 3000r/min 条件下离心，弃去沉淀，即脱去蛋白质。

2. 脱色

（1）活性炭脱色：活性炭属于非极性吸附剂，有较强的吸附能力，适合于水溶性物质的分离。它的来源充足，价格便宜，上柱量大，适用于大量制备性分离。一般情况下，多糖极少用活性炭脱色，因为活性炭会吸附多糖，造成多糖的损失。

（2）离子交换树脂脱色：对于植物来源的多糖，可能含有酚型化合物而颜色较深，这类色素大多呈现阴离子特性，不能用活性炭脱色，可用弱碱性树脂 DEAE-纤维素吸附色素。

（3）氧化脱色：若多糖与色素结合在一起，易被 DEAE-纤维素吸附，不能被水洗脱，这类色素可进行氧化脱色，以浓氨水或 NaOH 溶液调至 pH8.0，50℃以下滴加 H_2O_2 至浅黄色，保温 2h。

（4）其他方法：可依次用丙酮、无水乙醚和无水乙醇洗涤多糖，即可得到较为纯净的多糖。此法较为简单，便于操作，多糖损失也较小。也可用 4：1 的氯仿-正丁醇除色素，操作简单，多糖有一定损失。

3. 除小分子杂质

多糖去除小分子杂质一般采用透析法。利用溶液浓度扩散效应，将分子质量小的物质，如无机盐、低聚糖等从透析袋渗透到袋外的蒸馏水中，不断换水即可保持浓度差，从而除尽小分子杂质。

二、多糖的纯化

1. 分级沉淀法

根据各种多糖在不同浓度的低级醇或丙酮中具有不同溶解度的性质，逐次按比例由小到大加入甲醇、乙醇或丙酮，收集不同浓度下析出的沉淀，经反复溶解与沉淀后，直到测得的物理常数恒定（最常用的是比旋光度测定或电泳检查）。这种方法适合于分离溶解度相差较大的多糖。分级沉淀法是分离多糖混合物的经典方法，适用于大规模分离。

2. 季铵盐络合法

季铵盐及其氢氧化物是一类乳化剂，可与酸性糖形成不溶性沉淀，常用于酸性多糖的分离。通常季铵盐及其氢氧化物并不与中性多糖产生沉淀，但当溶液的 pH 增高或加入硼砂缓冲液使糖的酸度增高时，也会与中性多糖形成沉淀。常用的季铵盐有十六烷基三甲胺的溴化物及其氢氧化物和十六烷基吡啶，浓度一般为 1%～10%（m/V）。本法的优点是既适用于实验室又适用于生产。

3. 离子交换层析法

多糖可采用纤维素阴离子交换柱层析，最常见的交换剂为 DEAE-纤维素（硼酸型或碱型），洗脱剂可用不同浓度的碱溶液、硼砂溶液、盐溶液等。此法适用于分离各种酸性、中性多糖。在 pH 为 6 时，酸性多糖吸附于交换剂上，中性多糖不吸附，然后可用逐步提高盐浓度的洗脱液进行洗脱而达到分离的目的。此方法目前最为常用。它一方面可纯化多糖，另一方面还适于分离各种酸性多糖、中性多糖和黏多糖。

4. 制备型区带电泳

分子大小、形状及带电荷不同的多糖在电场的作用下迁移速率不同，故可用电泳将不同的多糖分开，电泳常用的载体是玻璃粉。具体操作是用水将玻璃粉拌成胶状、柱状，用电泳缓冲液（如 0.05mol/L 硼砂溶液，pH9.3）平衡 3d，将多糖加于柱上端，接通电源，上端为正极（多糖的电泳方向是向负极的），下端为负极，其每厘米的电压为 1.2～2V，电流为 30～35mA，电泳时间为 5～12h。电泳完毕后将玻璃粉载体推出柱外，分割后分别洗脱、检测。该方法分离效果较好，但只适合于实验室小规模使用，且电泳柱中必须有冷却夹层。

5. 固定化凝集素的亲和层析法

近年来根据凝集素能专一地、可逆地与游离的和复合糖类中的单糖或寡聚糖结合的性质，利用固定化凝集素（一般是蛋白质和糖蛋白）做亲和色谱来分离纯化糖蛋白。这一方法简单易行，在温和条件下进行时不破坏糖蛋白活性。

■ 关键术语表

糖类（carbohydrate）	单糖（monosaccharide）
寡糖（oligosaccharide）	多糖（polysaccharide）
醛糖（aldose）	酮糖（ketose）
旋光性（optical activity）	构象（conformation）
糖酯（sugar esters）	糠醛（furfural）
糖脎（osazone）	糖苷（glycoside）
N-乙酰胞壁酸（N-acetylmuramic acid，NAM）	D-甘油醛（D-glyceraldehyde）
N-乙酰-D-葡糖胺（N-acetyl-glucosamine，NAG）	D-赤藓糖（D-erythrose）
N-乙酰神经氨酸（N-acetyl-neuraminate，NAN）	D-核糖（D-ribose）
二羟基丙酮（dihydroxyacetone）	D-赤藓酮糖（D-erythrulose）
D-木糖（D-xylose）	D-2-脱氧核糖（D-2-deoxyribose）
D-核酮糖（D-ribulose）	L-阿拉伯糖（L-arabinose）
D-葡萄糖（D-glucose）	D-木酮糖（D-xylulose）
D-甘露糖（D-mannose）	D-半乳糖（D-galactose）
L-山梨糖（L-sorbose）	D-果糖（D-fructose）
D-甘露庚酮糖（D-mannoheptulose）	D-景天庚酮糖（D-sedoheptulose）
蔗糖（sucrose）	麦芽糖（maltose）
乳糖（lactose）	龙胆二糖（gentiobiose）
纤维二糖（cellubiose）	海藻二糖（trehalose）
蜜二糖（melibiose）	松三糖（melezitose）
棉子糖（raffinose）	环糊精（cyclodextrin）
水苏糖（stachyose）	直链淀粉（amylose）
淀粉（starch）	糖原（glycogen）
支链淀粉（amylopectin）	菊糖（synanthrin）
葡聚糖（dextran）	半纤维素（hemicellulose）
纤维素（cellulose）	低聚果糖（fructo-oligosaccharide）
果胶（pectic）	甲壳低聚糖（chitooligosacchairides）
低聚木糖（xylo-oligosaccharide）	壳聚糖（chitosan）
甲壳素（chitin）	硫酸软骨素（chondroitin sulfate）

肝素（heparin）　　　　　　　　　　　黏多糖（mucopolysaccharide）
硫酸角质素（keratin sulfate）　　　　　肽聚糖（peptidoglycan）
脂多糖（lipopolysaccharide）　　　　　糖醇（alditol/sugar alcohol）

单元小结

1. 糖是多羟醛或多羟酮及其缩聚物和衍生物的总称，根据能否水解及水解产物情况可分为单糖、寡糖、多糖和复合糖等几类。

2. 单糖是不能再被水解的多羟醛或酮，多具有链状结构和环状结构，能溶于水，有旋光性和甜味；单糖可发生氧化、还原、酯化、解离、成苷、成脎和脱氧等反应。

3. 单糖按所含碳原子数可分为丙糖、丁糖、戊糖、己糖和庚糖，可形成糖醇、糖苷等衍生物。

4. 食品中重要的双糖有蔗糖、麦芽糖、乳糖、纤维二糖和龙胆二糖等，重要的三糖有棉子糖、松三糖，另外还有常用的环糊精。

5. 直链淀粉和支链淀粉具有不同的性质，食品中还有糖原、葡聚糖、纤维素和果胶物质等多糖。

6. 单糖和低聚糖因具有亲水性、产生甜味、较高的溶解性、持味护色性和能产生焦糖化反应等性质在食品工业中被广泛应用。

7. 许多低聚糖具有保健功能，常见的低聚糖主要有低聚果糖、低聚木糖和甲壳低聚糖等。

8. 除淀粉外，甲壳素、壳聚糖、黏多糖和肽聚糖等也是十分重要的多糖。

9. 多糖可采用水提法、酸碱提法、生物酶提取法、超声波提取法和微波提取法等方法提取。经过除蛋白、脱色和除去小分子杂质等步骤可获得纯度较高的多糖。多糖可采用分级沉淀法、季铵盐络合法、离子交换层析法、制备型区带电泳和固定化凝集素的亲和层析法等纯化。

复习思考习题

（扫码见习题）

第二章　脂　　类

脂类（lipid）又称为脂质，是生物体内一大类不溶或微溶于水，能溶于乙醚、氯仿、苯等非极性溶剂的物质。脂类广泛存在于自然界中，一切生物，从高级动植物到微生物都普遍存在脂类。脂类是生物体内脂肪组织的主要成分，与糖类、蛋白质一起构成所有活细胞的主要结构成分，同时是能被机体利用的重要有机化合物。

脂类主要包括脂肪（甘油三酯）和类脂（磷脂、蜡、萜类、甾类）。脂肪又称为中性脂肪或甘油三酯，由 1 分子甘油和 3 分子脂肪酸构成。类脂主要包括磷脂、糖脂和胆固醇及其酯三大类。

第一节　概　　述

一、脂类的种类

脂类包括的范围广泛，其分类方法也有多种，如按照脂类能否皂化可以分为可皂化脂和不可皂化脂（图 2-1），按照脂类的极性可以分为中性脂（neutral lipid）和极性脂（polar lipid），按照脂类水解产物多少又可以分为简单脂质和复杂脂质（图 2-2）。

简单脂质（simple lipid）主要是由各种高级脂肪酸和醇构成的酯，如常说的油脂中的主要成分甘油三酯等。简单脂质的水解产物类别一般小于或等于两种。复杂脂质（complex lipid）则是除了含有脂肪酸和各种醇以外，还含有其他成分的酯，如结合了糖分子的称为糖脂（glycolipid），结合有磷酸的称为磷脂（phospholipid），还有脂蛋白（lipoprotein）等。复杂脂质的水解产物类别一般大于两种。复杂脂质往往兼有两种不同类别化合物的理化性质，因而具有特殊的生物学功能。脂类物质还包括萜类和类固醇及其衍生物。

可皂化脂 {
　脂肪酸
　甘油单酯及甘油二酯
　蜡
　甾醇酯及三萜醇酯
　磷酸酯：磷脂酸、卵磷脂、脑磷脂、肌醇磷脂、丝氨酸磷脂及神经磷脂
　醚酯
}

不可皂化脂：甾醇、维生素、色素、脂肪醇、烃类及个别油脂中含有的棉酚、芝麻酚等

图 2-1　可皂化与不可皂化脂类

二、脂类的理化性质

（一）水溶性

脂肪酸分子是由极性烃基和非极性烃基所组成，因此它具有亲水性和疏水性两种不同的性质。所以，有的脂肪酸能溶于水，有的不能溶于水。烃链的长度不同对溶解度有影响，

低级脂肪酸如丁酸易溶于水。碳链增加则溶解度减小。碳链相同，有无不饱和键对溶解度无影响。

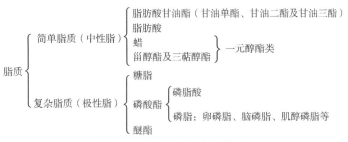

图 2-2　简单脂质与复杂脂质

脂肪一般不溶于水，易溶于有机溶剂如乙醚、石油醚、氯仿、二硫化碳、四氯化碳、苯等。由低级脂肪酸构成的脂肪则能在水中溶解。脂肪的密度小于 1g/mL，故浮于水面上。脂肪虽不溶于水，但经胆酸盐的作用而变成微粒，就可以和水混匀，形成乳状液，此过程称为乳化作用。

（二）熔点

饱和脂肪酸的熔点依其分子质量而变动，分子质量越大，其熔点就越高。不饱和脂肪酸的双键越多，熔点越低。纯脂肪酸和由单一脂肪酸组成的甘油酯，其凝固点和熔点是一致的。而由混合脂肪酸组成的油脂的凝固点和熔点则不同。

脂肪的熔点各不相同，所有的植物油在室温下都是液体，但几种热带植物油例外，如棕榈果、椰子和可可豆的脂肪在室温下是固体。动物性脂肪在室温下是固体，并且熔点较高。脂肪的熔点取决于脂肪酸链的长短及其双键数的多寡。脂肪酸的碳链越长，则脂肪的熔点越高。带双键的脂肪酸存在于脂肪中，能显著地降低脂肪的熔点。

（三）吸收光谱

脂肪酸在紫外和红外区显示出特有的吸收光谱，可用来对脂肪酸的定性、定量或结构进行研究。饱和酸和非共轭酸在 220nm 以下的波长区域有吸收峰。共轭酸中的二烯酸在 230nm 附近、三烯酸在 260～270nm、四烯酸在 290～315nm 各显示出吸收峰。测定此种吸光度，就能算出其含量。

红外线吸收光谱可有效地应用于决定脂肪酸的结构。它可以区别有无不饱和键、是反式还是顺式、脂肪酸侧链的情况及检出过氧化物等特殊原子团。

（四）皂化作用

脂肪内脂肪酸和甘油结合的酯键容易被 KOH 或 NaOH 水解，生成甘油和水溶性的肥皂。这种水解称为皂化作用。

皂化所需的碱量数值称为皂化价（SV）。皂化价为皂化 1g 脂肪所需的 KOH 的毫克数。通常从皂化价的数值即可计算脂肪酸或甘油三酯的平均相对分子质量，对于甘油三酯，其平均相对分子质量计算如下：

$$平均相对分子质量 = \frac{3 \times 56 \times 1000}{SV}$$

式中，56 是 KOH 的相对分子质量；由于中和 1mol 三酰甘油的脂肪酸需要 3mol 的 KOH，故乘以 3。

皂化价与脂肪（或脂肪酸）的相对分子质量成反比，脂肪的皂化价高表示含低相对分子质量的脂肪酸较多，因为同重量的低级脂肪酸皂化时所需的 KOH 数量比高级脂肪酸多，从表 2-1 实验数据中即可证明。

表 2-1　脂肪的相对分子质量与其皂化价的关系

脂肪	相对分子质量	皂化价/mg
三丁酰甘油	302.2	557.0
三辛酰甘油	554.4	303.6
三棕榈酰甘油	806.8	208.6
三硬脂酰甘油	890.9	188.9
三油酰甘油	884.8	190.2

（五）加氢作用

脂肪分子中如果含有不饱和脂肪酸，其所含的双键可因加氢而变为饱和脂肪酸。含双键数目越多，则吸收氢量也越多。

植物脂肪所含的不饱和脂肪酸比动物脂肪多，在常温下是液体。植物脂肪加氢后变为比较饱和的固体，它的性质也和动物脂肪相似，人造黄油就是一种加氢的植物油。

（六）加碘作用

脂肪分子中的不饱和双键可以加碘，每 100g 脂肪所吸收碘的克数称为碘化价。脂肪所含的不饱和脂肪酸越多，或不饱和脂肪酸所含的双键越多，碘化价越高。根据碘化价高低可以知道脂肪中脂肪酸的不饱和程度。

（七）氧化和酸败作用

脂肪分子中的不饱和脂肪酸可被空气中的氧或各种细菌、霉菌所产生的脂肪酶和过氧化物酶氧化，形成一种过氧化物，最终生成短链酸、醛和酮类化合物，这些物质能使油脂散发刺激性的臭味，这种现象称为酸败作用。

酸败过程能使油脂的营养价值遭到破坏，脂肪的大部分或全部变成有毒的过氧化物，蛋白质在其影响下发生变性，维生素也同时遭到破坏。酸败产物在烹调中不会被破坏。长期食用变质的油脂，机体会出现中毒现象，轻则会引起恶心、呕吐、腹痛、腹泻，重则使机体内几种酶系统受到损害，或罹患肝疾。有的研究报道还指出，油脂的高度氧化产物能引起癌变。因此，酸败过的油脂或含油食品不宜食用。

三、脂类的生物学功能

脂类物质的生物学功能可从如下几方面加以概括。

（1）储存能源：脂肪是机体的储存燃料。脂质本身的生物学意义在于它是机体代谢所需燃料的储存形式。如果摄取的营养物质超过了正常需要量，那么大部分要转变成脂肪并在适宜的组织中积累下来；而当营养不够时，又可以对其进行分解供给机体所需。

（2）结构组分：磷脂是生物膜的主要成分。磷酸甘油酯简称磷脂，是一类含磷酸的复合脂质。它广泛存在于动植物和微生物中，是一种重要的结构脂质。它具有降低表面张力的特性。生物膜所特有的柔软性、半通透性及高电阻性都与其所含的磷脂有关。

（3）溶剂：脂肪是一些活性物质的溶剂。

（4）为生物体提供脂质型活性成分。

第二节 脂 肪

一、脂肪的化学结构与种类

（一）脂肪的化学结构

脂肪（fat）又称为真脂或中性脂肪。它是甘油与 3 分子高级脂肪酸组成的脂肪酸甘油三酯，化学名称为甘油三酯或称为三脂酰甘油（triacylglycerol）。储存能量和供给能量是脂肪最重要的生理功能。甘油三酯具有多种形式，自然界存在的脂肪中的脂肪酸绝大多数含偶数碳原子，脂肪的形成过程如下。

甘油　　　　　脂肪酸　　　　　　甘油酯

R_1、R_2、R_3 代表脂肪酸的烃基，它们可以相同也可以不同。如果合成甘油酯中的 R_1、R_2 和 R_3 均相同，称此甘油酯为单纯甘油酯；三者中有 2 或 3 个不同者，称为混合甘油酯。通常 R_1 和 R_3 为饱和的烃基，R_2 为不饱和的烃基，如 α-软脂酸-β-油酸-α′-硬脂酸甘油酯。天然脂肪中由于甘油是三元醇，而且在一种脂肪成酯反应中至少有 3 种以上的脂肪酸参与反应，因此一般天然脂肪是甘油酯的混合物。人体脂肪主要是由软脂酸和油酸构成的混合甘油酯。一般在常温下为固态的脂，其脂肪酸的短基多数是饱和的；在常温下为液态的油，其脂肪酸的烃基多数是不饱和的。二脂酰（基）甘油及单脂酰（基）甘油在自然界也存在，但量极少。

三油酸甘油酯　　　　　α-软脂酸-β-油酸-α′-硬脂酸甘油酯

（二）脂肪酸

脂肪酸（fatty acid）是通式为 R-COOH 的单羧酸，R 代表碳氢链尾巴。从动植物和微生物中分离出来的脂肪酸已有百余种。所有脂肪酸都有一长的碳氢链疏水基团，其一端有一个羟基，是极性基团。碳氢链有的是饱和的，如软脂酸、硬脂等，有的含有一个或几个双键，如油酸等。不同脂肪酸之间的区别，主要在于碳氢链的长度、不饱和度（碳-碳双键的数目）和双键的位置。

根据国际纯粹与应用化学联合会（IUPAC）的命名标准，羟基碳被指定为 C-1，其余的碳依次编号。但在通常的命名中，常使用希腊字母标记碳原子，与羧基毗邻的碳（IUPAC 标准命名中的 C-2）被指定为 α 碳，其余的碳依次用 β、γ、δ、ω 等字母表示。字母 ω 常用于特指离羟基最远的碳原子，即无论烃链有多长，总是代表脂肪酸的末端碳。

脂肪酸又分为饱和与不饱和脂肪酸，它们的物理特性有很大的差别。饱和脂肪酸是只含有碳氢链的羧酸，在室温（22℃）下为固态。不饱和脂肪酸是指在碳氢链中含有一个或多个 C＝C 双键的脂肪酸，因此存在着几何异构体，或具有 *cis*（顺式）构型，或具有 *trans*（反式）构型。自然界中存在的绝大多数脂肪酸的构型都是双键具有 *cis* 构型的脂肪酸，只含有一个双键的不饱和脂肪酸称为单不饱和脂肪酸，带有两个以上双键的不饱和脂肪酸被称为多不饱和脂肪酸。

脂肪酸常用简写法表示，简写法的原则是先写出碳原子的数目，再写出双键的数目，最后标明双键的位置。例如，软脂酸 16：0，表明软脂酸为含 16 个碳原子的饱和脂肪酸；油酸 18：1（9）或 18：1$\triangle^9$，表明油酸具有 18 个碳原子，在第 9 和第 10 碳原子之间有一个不饱和双键；花生四烯酸 20：4（5、8、11、14）或 20：4$\triangle^{5,8,11,14}$，表明花生四烯酸具有 20 个碳原子、4 个不饱和双键，即在第 5 和第 6、第 8 和第 9、第 11 和第 12、第 14 和第 15 碳原子之间各有一个不饱和双键。表 2-2 列举了一些重要的饱和与不饱和脂肪酸，以及一些在结构上比较特殊的脂肪酸。

表 2-2　天然脂肪酸种类

名称	英文名	分子式	熔点/℃	存在
1. 饱和脂肪酸				
丁酸（酪酸）	butyric acid	C_3H_7COOH	−7.9	奶油
己酸（羊油酸）	caproic acid	$C_5H_{11}COOH$	−3.4	奶油、羊脂、可可油等
辛酸（羊脂酸）	caprylic acid	$C_7H_{15}COOH$	16.7	奶油、羊脂、可可油等
癸酸（羊蜡酸）	capric acid	$C_9H_{19}COOH$	32	椰子油、奶油
十二酸[①]（月桂酸）	lauric acid	$C_{11}H_{23}COOH$	44	鲸蜡、椰子油
十四酸[①]（豆蔻酸）	myristic acid	$C_{13}H_{27}COOH$	54	肉豆蔻脂、椰子油
十六酸[①]（棕榈酸）	palmitic acid	$C_{15}H_{31}COOH$	63	动植物油
十八酸[①]（硬脂酸）	stearic acid	$C_{17}H_{35}COOH$	70	动植物油
二十酸[①]（花生酸）	arachidic acid	$C_{19}H_{39}COOH$	75	花生油
二十二酸（山嵛酸）	behenic acid	$C_{21}H_{43}COOH$	80	山嵛、花生油
二十四酸[①]	lignoceric acid	$C_{23}H_{47}COOH$	84	花生油
二十六酸（蜡酸）	cerotic acid	$C_{25}H_{51}COOH$	87.7	蜂蜡、羊毛脂
二十八酸（褐煤酸）	montanic acid	$C_{27}H_{55}COOH$	—	蜂蜡
2. 不饱和脂肪酸				
十八碳-Δ^9-烯酸（油酸）	oleic acid	$CH_3(CH_2)_7CH＝CH—(CH_2)_7COOH$	13.4	动植物油脂（橄榄油、猪油含量较高）

续表

名称	英文名	分子式	熔点/℃	存在
十八碳-$\Delta^{9,12}$-二烯酸（亚油酸）[②]	linoleic acid	$CH_3(CH_2)_4CH=CH—CH_2—CH=CH$（$CH_2$）$_7COOH$	−5	棉籽油、亚麻仁油
十八碳-$\Delta^{9,12,15}$-三烯酸（亚麻酸）[②]	linolenic acid	$CH_3CH_2CH=CH—CH_2—CH=CH—CH_2—CH=CH—（CH_2）_7COOH$	−11	亚麻仁油
十八碳-$\Delta^{9,11,13}$-三烯酸（桐油酸）[②]	eleostearic acid	$CH_3（CH_2）_3—（CH=CH）_3—（CH_2）_7COOH$	49	桐油和苦瓜籽油
二十碳-$\Delta^{5,8,11,14}$-四烯酸（花生四烯酸）[②]	arachidonic acid	$CH_3(CH_2)_4CH=CH—CH_2—CH=CH—CH_2—CH=CH—CH_2—CH=CH（CH_3）_3—COOH$	−50	磷脂酰胆碱、磷脂酰乙醇胺
二十碳-$\Delta^{5,8,11,14,17}$-五烯酸[②]	eicosapentaenoic acid（EPA）	$CH_3CH_2（CH=CHCH_2）_5—（CH_2）_2COOH$		鱼油
二十二碳-$\Delta^{4,7,10,13,16,19}$-六烯酸[②]	docosahexenoic acid（DHA）	$CH_3CH_2（CH=CH—CH_2）_5—CH=CH—（CH_2）_2COOH$		鱼油

注：①是最常见的；②是动物的必需脂肪酸

在组织和细胞中，绝大部分的脂肪酸以结合形式存在，如甘油三酯、磷脂、糖脂等，但也有少量脂肪酸以游离状态存在于组织和细胞中。游离脂肪酸实际上是去污剂，高浓度的脂肪酸会破坏膜结构。有些脂肪酸与血液中的清蛋白结合在一起，但大多数脂肪酸都被酯化形成更复杂的脂分子。

天然脂肪酸的分子结构存在一些共同规律。

（1）一般都是碳数为偶数的长链脂肪酸，14～20个碳原子的占多数，最常见的是16或18碳原子酸，如软脂酸（16：0）、硬脂酸（18：0）和油酸（18：1$\triangle^9$）等。

（2）高等动植物的不饱和脂肪酸一般都是顺式结构（*cis*），反式（*trans*）的很少。

（3）不饱和脂肪酸的双键位置有一定的规律。一个双键者，位置在第9和第10碳原子之间，多个双键者，也常有9位的双键，其余双键在C-9与碳链甲基末端之间，两个双键之间有亚甲基隔，如油酸（18：1$\triangle^9$）、亚油酸（18：2$\triangle^{9,12}$）、亚麻酸（18：3$\triangle^{9,12,15}$）、花生四烯酸（20：4$\triangle^{5,8,11,14}$）。

（4）一般动物脂肪中含饱和脂肪酸多；而高等植物和在低温条件下生长的动物的脂肪中，不饱和脂肪酸的含量高于饱和脂肪酸。

二、脂肪酸及脂肪的性质

（一）物理性质

物质的物理性质，是其化学组成与结构的表现。天然动植物油脂的主要成分是各种高级脂肪酸的甘油三酯，在高级脂肪酸与高级脂肪酸甘油三酯的分子中，都存在非极性的长碳链和极性的—COOH与—COOR，碳链长短与不饱和键的多少各有差异，导致脂肪酸与甘油三酯的各种物理与化学性质的差异有的很小，有的很大，有时微小的差别显示出重大的意义。

1. 外观

纯净的脂肪酸及脂肪是无色、无臭、无味的，相对密度皆小于10。天然脂肪带有颜色是由于脂肪中含有脂溶性色素（如类胡萝卜素）。

2. 熔点和沸点

引入一个双键到碳链中会降低脂肪酸的熔点，双键越向碳链中部移动，熔点降低越大，顺式双键产生的这种影响大于反式的。双键增加，熔点下降，但共轭双键不在此列。经过氢化、反化或非共轭双键异构化成共轭烯酸等都会提高熔点。每一个奇数碳原子脂肪酸的熔点，小于与它最接近的偶数碳原子脂肪酸的熔点，如十七酸的熔点（61.3℃），既低于十八酸（69.6℃），也低于十六酸（62.7℃）。此现象不仅存在于脂肪酸中，也见于其他长碳链化合物。

由于天然脂肪是混合甘油酯的混合物，因此脂肪无固定的熔点和沸点。例如，三软脂酰甘油和三硬脂酰甘油在体温下为固态，三油酰甘油和三亚油酰甘油在体温下为液态。表 2-3 列出了几种食用油脂的熔点范围。脂肪的熔点随着组成中脂肪酸碳链的增长和饱和度的增大而增高。同样脂肪的沸点也随碳链的增长而增高，与脂肪酸的饱和度关系不大。

表 2-3　常用食用油脂熔点范围

油脂	大豆油	花生油	向日葵油	棉籽油	猪脂	牛脂
熔点/℃	−18~8	0~3	−19~−16	3~4	28~48	40~50

3. 溶解度

天然甘油三酯在水中的溶解度非常小，甚至比相应的脂肪酸在水中的溶解度更小。而甘油二酯和甘油单酯因有游离羟基，故有形成高度分散态的倾向，其形成的小微粒称为微团。甘油二酯和甘油单酯常用于食品工业，使食物更易均匀，便于加工，甘油二酯和甘油单酯都可以被机体利用。在有乳化剂如肥皂或胆汁酸盐存在时，油脂可和水混合成乳状液，这种作用可促进肠道内脂肪的吸收，有重要的生理意义，因为动物的胆汁可分泌到肠道，胆汁内的胆汁酸盐可使肠内脂肪乳化。脂肪能溶解脂溶性维生素（维生素 A、维生素 D、维生素 E、维生素 K）和某些有机物质（如香精）。

4. 折光指数

化合物的折光指数，随组成分子的原子种类、数量和分子结构——官能团和键的性质而变更。同系列化合物，相对分子质量越大，折光指数越大，但是，同系列的两个相邻化学物质的折光指数之差，却随相对分子质量的增加而逐渐缩小，双键增加，折光指数升高，而共轭双键的存在，却又比同样的非共轭的化合物具有更高的折光指数。

5. 甘油三酯的同质多晶体

高级脂肪酸甘油三酯一般都存在 3 或 4 种晶型。熔融的甘油三酯迅速冷却，即得玻璃质固体，缓缓加热玻璃质固体，甘油三酯倾向生成多晶变态。无论是简单酯还是混合酯，大部分均有 3 种多晶变态，用Ⅰ、Ⅱ、Ⅲ或 α、β、γ 命名。例如，三硬脂酰甘油：Ⅰ型（α型），稳定，熔点 72.5℃，密度最大，三斜形堆积；Ⅱ型（β型），稳定，熔点 64.3℃，密度中等，正交形堆积；Ⅲ型（γ型），不稳定，熔点 54.4℃，密度小，六方形堆积。

硬脂酰甘油二酯熔点为 23℃，3 种多晶型的熔点分别为 22.9℃、8.6℃和−1.5℃。其他甘油酯也有类似现象，最少为三晶型，并且属单晶体的多晶型。当熔融油脂冷却时，产生最不稳定易熔结晶型，以后渐渐变为最稳定型，此种转变当接近熔点时进行得最快。晶型对油脂的物理性质影响很大，油脂的塑性稠度受晶粒的大小及其总体积的影响。当晶粒的平均大小减少时，油脂逐渐变得坚硬；晶粒平均大小增加时，则变软，如猪脂的结晶粗大，影响其使用。结晶大小与温度涨落关系紧密，一般在接近熔点温度调温让其结晶，可得到均匀微小的晶体，这是可可脂生产过程中最重要的一环。

生物化学技术方法：甘油三酯的同质多晶体性质在巧克力生产中的应用

巧克力是一种以可可粉为主要原料制成的甜食，不但口感细腻甜美，而且具有一股特殊的浓郁香气。巧克力品种繁多，各种巧克力之间的区别在于其中巧克力浆、可可脂、糖、牛奶和其他成分的含量。工艺包括：可可豆处理、糖粉制备、巧克力料处理、巧克力的精炼、巧克力料调温、巧克力制品的成型、巧克力制品的包装等。

巧克力料调温是重要的过程，它的作用是控制巧克力物料在不同温度下相态的转变，从而达到调质的作用。巧克力调温过程是调节物料温度的变化，使物料产生稳定的晶型，并使稳定的结晶达到一定的比例，从而使巧克力产生一种稳定的质构状态。

巧克力的调温过程包含晶核形成和晶体成长的整个过程，需要一定的温度和时间才能完成。

调温的第一阶段，物料从 40℃冷却至 29℃，温度的下降是逐渐进行的，使油脂产生晶核，并转变成其他晶型。

调温的第二阶段，物料从 29℃继续冷却至 27℃，使稳定晶型的晶核逐渐形成结晶，结晶的比例增大。

调温的第三阶段，物料从 27℃再回升至 29～30℃。这一过程中物料内已经出现多晶型状态，提高温度的作用是使熔点低于 29℃的不稳定晶型重新熔化，而把稳定的晶型保留下来。

（二）化学性质

1. 由酯键产生的性质

1）水解和皂化 一切甘油三酯都能被酸、碱、蒸汽及脂酶所水解，产生甘油及脂肪酸。当用碱水解时称为皂化作用，皂化的产物是甘油和脂肪酸的钠盐，这种盐类称为皂，反应式如下：

$$
\begin{array}{ll}
H_2C-O-\overset{\displaystyle O}{\overset{\|}{C}}-C_{17}H_{35} & \\
HC-O-\overset{\displaystyle O}{\overset{\|}{C}}-C_{17}H_{35} & +\ 3NaOH \longrightarrow \begin{array}{l} CH_2OH \\ CHOH \\ CH_2OH \end{array} +\ 3C_{17}H_{35}COONa \\
H_2C-O-\overset{\displaystyle O}{\overset{\|}{C}}-C_{17}H_{35} &
\end{array}
$$

三硬脂酸甘油酯　　　　氢氧化钠　　　甘油　　　　硬脂酸钠

在有生命的动物组织的脂肪中不存在游离的脂肪酸。动物被宰杀后，在酶的作用下，脂肪水解出游离脂肪酸，从而降低了食用动物脂肪的质量，因此在提炼动物油脂时，要在动物被宰杀后立即进行，以保证质量。油料作物在成熟收获时，其中的油已有相当数量被水解，产生了大量的脂肪酸，因此提取植物油时，用碱中和以消除水解的影响。油炸食品时，油温高达 170℃以上，由于被油炸的食品湿度较大，如马铃薯含水量约为 80%，因此这时油脂发生水解产生大量的游离脂肪酸。当游离脂肪酸含量超过 0.5%时，水解速度就加快。大量游离脂肪酸会使油发烟点降低，很容易出现冒烟现象，影响油炸食品的风味和质量，故要常更换新油。脂肪水解有时也被用来加工独特风味的食品，如干酪、酸奶等。

2）酸酯取代及醇酯变换　　在一定条件下，脂肪酸和醇类可分别与甘油三酯发生酸酯取代和醇酯变换反应：

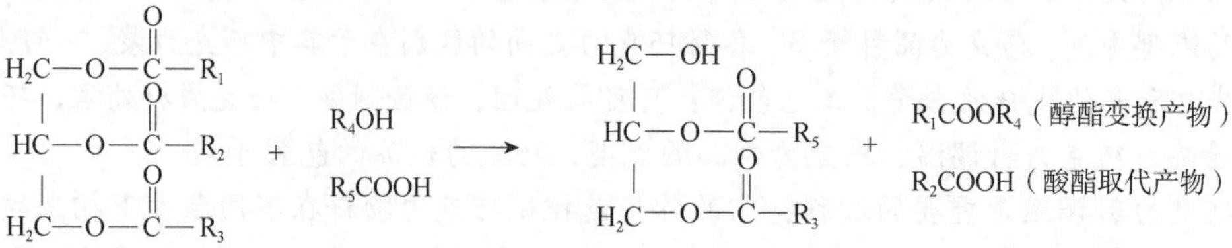

在熔点以上的温度，油脂可进行分子内重排和分子间重排反应，即酯酯重排，此时脂肪酸进行随机分布反应。利用酯酯重排反应可对原料油脂进行有效的改质，如将猪油改质后可加工成可塑性范围很大的起酥油；如为了减少棉子油冬化处理，用相对分子质量较低的脂肪酸取代部分棕榈酸，可达到降低浊点的目的。利用醇酯变换（醇解）反应则可制备各种单酯。

2. 由不饱和脂肪酸产生的性质

1）氧化　　天然的油脂暴露在空气中会因空气中的氧气、日光、微生物、酶等作用发生酸臭和口味变苦的现象，此现象叫作脂肪的酸败。酸败的化学本质是由于油脂水解放出游离的脂肪酸，后者再氧化成醛或酮，低分子脂肪酸（如丁酸）的氧化产物都有臭味。脂解酶或称脂酶可加速此反应，脂肪酸的双键先氧化为过氧化物，再分解成为醛或酮。油脂暴露在日光下可加速此反应。酸败的程度一般用酸值来表示。中和 1g 油脂中的游离脂肪酸所消耗的 KOH 毫克数称为酸值。

$$酸值 = \frac{V \times c \times 56.108}{m}$$

式中，c 为 KOH 的浓度（mol/L）；V 为滴定所耗用 KOH 溶液的体积（ml）；m 为油样质量（g）；56.108 为 KOH 的相对分子质量。

脂肪的酸败对食品的质量影响很大，不仅使味感变坏，还会降低脂肪的营养价值。此外，脂肪的酸败也能产生各种有毒的成分，如酮、环氧丙醛及低分子脂肪酸。长期食用酸败的脂肪对人体健康有害，轻者可引起呕吐、腹泻，重者会引起肝大等。因此，油脂及富含油脂的食品在加工和储藏中重点要防止酸败的发生。

2）氢化　　油脂中的不饱和键可以在金属镍的催化下发生氢化反应。氢化可防止酸败作用。

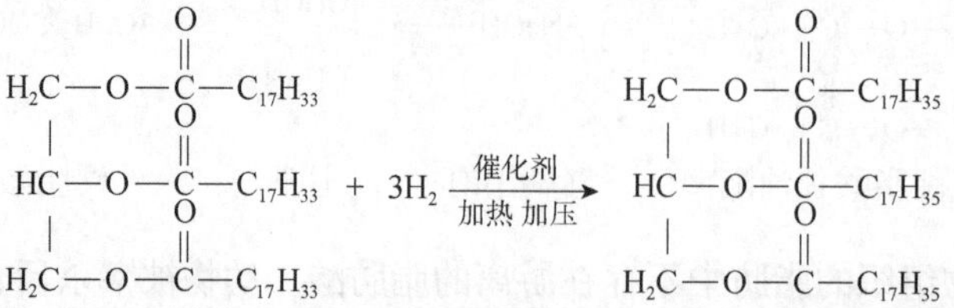

3）卤化　　油脂中不饱和键可与卤素发生加成反应，生成卤代脂肪酸，这一作用称为卤化作用。用加碘的方法可以测定甘油三酯中脂肪酸所含双键的多少。碘化价是每 100g 油脂所能吸收的碘的克数，也可用碘的百分数表示。碘化价越高，表示甘油三酯中双键越多。在实际测定中多用溴化碘或氯化碘。

4）脂肪的热变化　　当温度高于 300℃，油脂在无氧和有氧的条件下均会发生聚合而使油脂的黏度增大。此外，在发生聚合的同时，油脂在高温下还可以分解为酮、醛、酸等。发生热分解的油脂，除了味感变劣、丧失营养外，甚至还有毒性，所以食品加工工艺上要求油温控制在 180℃左右。

3. 由羧酸产生的性质

油脂中含羧基的脂肪酸可与乙酸酐或其他酰化剂作用形成相应的酯，这一作用称为乙酰化。乙酰化值是 1g 乙酰化的油脂所放出的乙酸用 KOH 中和时所需 KOH 的毫克数。

第三节 类 脂

类脂是复合脂类，是以脂肪酸、醇类和其他基团组成的酯，在细胞的生命功能上起重要作用。类脂主要包括磷脂（phospholipid）、糖脂（glycolipid）和胆固醇及其酯（cholesterol and cholesterol ester）三大类。在食品工业中广泛用作乳化剂、抗氧化剂和营养添加剂。

一、磷脂类

磷脂能和脂肪酸一样为人体供能，并且是组织细胞膜的重要构成成分；还能协助人体对脂类或脂溶性物质，如脂溶性维生素、激素等的消化吸收和利用；而卵磷脂能促进脂肪代谢，防止形成脂肪肝，促进胆固醇的溶解和排泄；脑磷脂则与血液凝固有关。按其结构不同可分为磷酸甘油酯和鞘氨醇磷脂两类。磷脂中较重要的卵磷脂和脑磷脂都属于磷酸甘油酯类。

（一）磷酸甘油酯

1. 磷酸甘油酯的组成

这类化合物中所含甘油的第 3 个羟基被磷酸酯化，而其他两个羟基被脂肪酸酯化。它的结构如下。

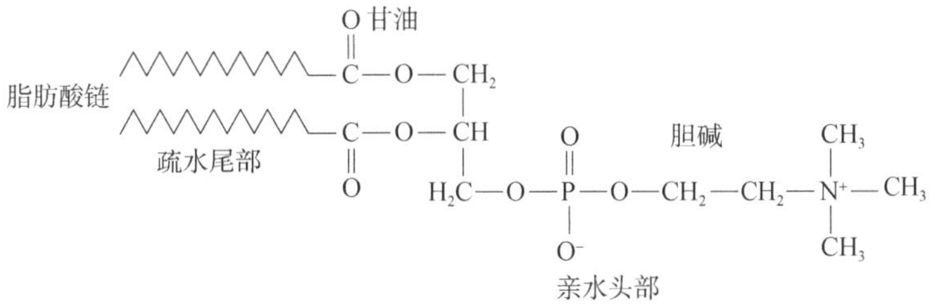

磷酸甘油酯所含的两个长的碳氢链，使整个分子的一部分带有非极性的性质。而甘油分子的第三个羟基是有极性的，这个羟基与磷酸形成酯键相连。我们把这个极性部分称为亲水头，把非极性的碳氢长链称为疏水尾。所以这类化合物又称为两性脂类，或称为极性脂类。不同类型的磷酸甘油酯的分子大小、形状、极性头部基团的电荷等都不相同，每一类磷酸甘油酯又根据它所含的脂肪酸的不同分为若干种。分子中一般含有 1 分子饱和脂肪酸和 1 分子不饱和脂肪酸，不饱和脂肪酸在第二个碳原子上。

2. 主要的磷酸甘油酯

1）磷脂酰胆碱（卵磷脂、胆碱磷脂） 磷脂酰胆碱（phosphatidylcholine）是白色蜡状物质，极易吸水，其不饱和脂肪酸能很快被氧化。各种动物组织、脏器中都含有相当多的磷脂酰胆碱，卵黄中含量达 8%～10%。动物卵磷脂（lecithin）1 位的脂肪酸完全是饱和脂肪酸，

2 位的是不饱和脂肪酸。水解得到胆碱与脂肪酸和甘油磷酸。胆碱的碱性甚强，与氢氧化钠相当，在生物界分布很广，且有重要的生物功能。磷脂酰胆碱有控制动物机体脂肪代谢、防止形成脂肪肝的作用。乙酰胆碱是一种神经递质，与神经兴奋的传导有关。在甲基移换作用中胆碱可提供甲基。

卵磷脂在焙烤食品生产中的应用

1. 普通焙烤食品

含化学膨松剂的焙烤制品，如蛋糕和饼干等，采用低蛋白质的面粉制成，含脂量很高，采用卵磷脂有助于脂肪均衡的分散，减少蛋白质的延展，防止面筋的形成，获得爽口、清脆、柔和的口感。在低水分含量的产品，如苏打饼、奶酥饼和冰淇淋蛋卷中，卵磷脂可降低焙烤过程中出现裂痕的概率，避免其在库存和运输时出现裂痕，减少产品的损坏率。对于那些表面面积与体积比例较高的产品，如松饼、脆饼和容易破裂的饼类等，卵磷脂有脱模离型的功用。

2. 酵母发酵焙烤制品

卵磷脂在面包、土司、馒头、包子及由高面筋面粉制成的产品中有一定的效用。主要是在发面过程中，帮助面筋的延展，降低机械能耗，便于面团从混合器中取出、切割和成型等。特殊卵磷脂与面筋的相互作用，有助于增加面团的发酵耐力。而且据研究证实，酶水解卵磷脂可与淀粉结合，形成可分散于水中的复合体，防止酵母发酵焙烤制品老化。

3. 低脂焙烤食品

减少焙烤食品中的脂肪含量，往往会引起质量问题，如较差的面团加工性，最终产品出现不均匀气孔、组织和口感较干等情况。采用卵磷脂能在降低产品脂肪含量的同时，有助于保持与全脂肪焙烤食品相同的优良特性——乳化性能，可恢复面团的润滑性，改进面团的处理和加工性质；其亲水特性能够保持水分，改进最终产品的组织和口感。另外，卵磷脂可促进低脂焙烤食品中配料特性的发挥和功能作用。

2）磷脂酰乙醇胺（乙醇胺磷脂甘油酯）　磷脂酰乙醇胺（phosphatidylethanolamine），俗称脑磷脂（cephalin），这也是一个广泛存在于动植物组织与细菌中的重要脂质之一，动物同一组织的磷脂酰乙醇胺比卵磷脂含的多烯酸更多一些，水解脑磷脂得到氨基乙醇、脂肪酸与磷酸甘油酯。脑磷脂与血液凝固有关，可能是凝血酶致活酶的辅基。

3）磷脂酸　磷脂酸（phosphatidic acid）在动植物组织中的含量极少，但在生物合成中极其重要，是所有磷酸甘油酯与脂肪酸甘油三酯的前体，和缓条件下，可水解脂肪酸部分，剩下的磷酸甘油酯，要在强酸性条件下才能水解。通常饱和脂肪酸连接在 1 位，多烯酸连接在 2 位。

4）心磷脂　心磷脂（cardiolipin）是双磷脂酰甘油酯，首先发现自牛的心脏，溶于丙酮或乙醇，不溶于水，动物来源的心磷脂含亚油酸相当多。

5）磷脂酰丝氨酸（丝氨酸磷脂）　磷脂酰丝氨酸（phosphatidylserine）是脑与红细胞中的主要脂质，略带酸性，常以钾盐形式被分离出来，但也发现有钠、钙、镁离子。带有负电荷的磷脂酰丝氨酸能引起损伤表面凝血酶原的活化。

6）磷脂酰肌醇　磷脂酰肌醇（phosphatidylinositol）存在于动植物与细菌脂质中。来源于动物磷脂酰肌醇的 1 位的脂肪酸，很多是硬脂酸，2 位的是花生烯酸。

3. 磷酸甘油酯的性质

磷酸甘油酯没有清晰的熔点，随着温度升高而软化成液滴，但在该温度，磷酸甘油酯很快即分解。磷酸甘油酯能溶于多种有机溶剂，一般不溶于丙酮。

1）氧化作用　　纯的磷酸甘油酯都是白色蜡状固体，暴露在空气中容易变黑，这是由于磷酸甘油酯中的不饱和脂肪酸在空气中被氧化，形成过氧化物，进而形成黑色过氧化物的聚合物。当在人体皮肤中富集时则可形成黄褐色斑、寿斑等。

2）溶解度　　磷酸甘油酯溶于含有少量水的多数非极性溶剂中，用氯仿-甲醇混合溶剂可以很容易地将组织和细胞中的磷酸甘油酯类萃取出来。但是磷酸甘油酯不易溶于无水丙酮。当将磷酸甘油酯溶在水中时，除极少数易形成真溶液外，绝大部分不溶的脂类形成微团。

3）电荷和极性　　所有的磷酸甘油酯在 pH7 时，其磷酸基团都带有负电荷。磷酸基团解离的 pK 值为 1～2。磷脂酰肌醇、磷脂酰甘油、磷脂酰糖类的极性头部不带电荷，但因含有羟基，所以是极性的。而磷脂酰乙醇胺和磷脂酰胆碱的极性头部在 pH7 时都带正电荷，因此这两种化合物本身是既带正电荷又带负电荷的兼性离子，而整个分子是电中性的。磷脂酰丝氨酸含有一个氨基（pK 为 10）和一个羧基（pK 为 3），因此磷脂酰丝氨酸分子在 pH7 时带有两个负电荷和一个正电荷，净剩一个负电荷。O-赖氨酸磷脂酰甘油有两个正电荷和一个负电荷，净剩一个正电荷。

4）水解作用　　在磷酸甘油酯分子中，成酯的键有 3 种，第一种是脂肪酸与多元醇成酯的键，第二种是磷酸与多元醇成酯的键，第三种是磷酸与胆碱成酯的键。这 3 种键都能被水解，但是水解的难易与条件各有不同。

在碱性溶液中（如用氢氧化钾的乙醇溶液），甘油与脂肪酸成酯的键很容易水解，析出脂肪酸和甘油的游离羟基；磷酸与胆碱成酯的键却水解较慢，显得比较困难；而甘油与磷酸成酯的键，在碱性溶液中却不发生水解作用。

在酸性溶液中（如用盐酸），磷酸与胆碱成酯的键水解很容易，首先释出胆碱；甘油与脂肪酸成酯的键，水解释出脂肪酸，但不像水解胆碱与磷酸成酯的键那样快；而甘油与磷酸成酯的键，却显得很难水解。因此，无论用酸还是用碱，都不能完全水解磷酸甘油酯。

磷脂可以用酶水解，但酶的作用是有选择性的。不同成酯的键，需要不同的磷脂酶，磷脂酶 A（有 A_1、A_2 之分）水解磷脂仅释出一个脂肪酸，这样剩下的含一个脂肪酸的磷脂，称为溶血磷脂，因为它有很强的溶血作用。

5）磷酸甘油酯的胶体性质　　磷酸甘油酯可以在水面上成单分子膜，其分子中亲水基团包括磷酰与氨基醇，比甘油三酯的极性强得多，磷脂接触水，疏水基团伸出水面，亲水基团投入水中的部分比甘油三酯多得多，显出磷脂的强亲水性。

磷酸甘油酯的强烈亲水性，表现在磷脂有强烈的吸湿性，遇水膨胀成胶状，然后形成乳胶体。磷脂在水油两相之间的乳化作用，以及油脂在净化过程中，用水化法除去磷脂，都是由于磷脂有强烈的亲水性。

（二）鞘氨醇磷脂

鞘氨醇磷脂简称鞘磷脂（sphingophospholipid），由（神经）鞘氨醇、脂肪酸、磷酸及胆碱（或胆胺）各 1 分子所组成。鞘磷脂与前述几种磷脂不同，它的脂肪酸并非与醇基相连，而是借酰胺键与氨基结合。在动植物中均存在，但大量存在于神经及脑组织中，在高等植物和酵母中，鞘氨醇磷脂含的是 4-羟二氢鞘氨醇。鞘氨醇磷脂是非甘油衍生物，但与甘油磷脂相似，它也有两个非极性尾部（其一为鞘氨醇的不饱和短链）和一个极性头部，也是构成生物膜的成分。

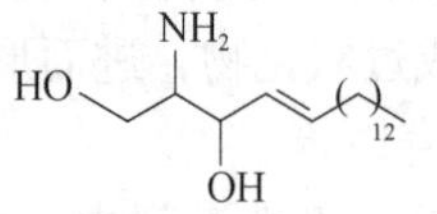

（神经）鞘氨醇（sphingosine）

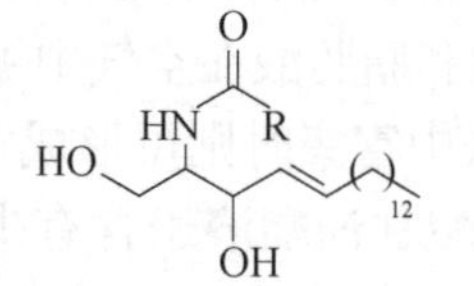

神经酰胺（ceramide）的典型结构

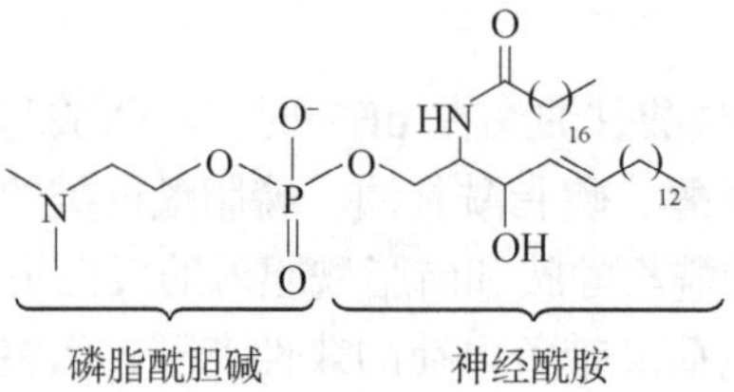

磷脂酰胆碱　　　神经酰胺

鞘氨醇磷脂

1. 鞘氨醇

鞘氨醇是鞘脂类所含有的氨基醇的一种，鞘氨醇因含有氨基故为碱性。已发现的鞘氨醇类有 30 余种，在哺乳动物的鞘氨醇脂类中主要含有鞘氨醇和二氢鞘氨醇，在高等植物和酵母中为 4-羟二氢鞘氨醇，又称为植物鞘氨醇。海生无脊椎动物常含有双不饱和氨基醇，如 4,8-二烯鞘氨醇。

葡萄糖（或半乳糖、岩藻糖、N-乙酰葡糖胺等）$\xrightarrow{\text{糖苷键}}$ 鞘氨醇 $\xrightarrow{\text{酰胺键}}$ 脂肪酸

2. 神经酰胺

神经酰胺是构成鞘脂类的母体结构，它的结构是由鞘氨醇和一长链脂肪酸（C_{18}～C_{26}）以鞘氨醇第二个碳上的氨基与脂肪酸的羧基形成的酰胺键相连。因此神经酰胺含有两个非极性的尾部。鞘氨醇第一个碳原子上的羧基是与极性头相连的部位。

二、糖脂

糖脂（glycolipid）是指糖通过其半缩醛羟基以糖苷键与脂质相连接的化合物，包括鞘糖脂和甘油糖脂两大类，鞘糖脂的脂质部分伸入膜的双分子层，而多糖部分暴露在细胞表面，作为细胞的标记，与细胞的识别有关。鞘糖脂包括脑苷脂类和神经节苷脂，其共同特点是含有鞘氨醇的脂，其头部含糖。它在细胞中含量虽少，但在许多特殊的生物功能中却非常重要，目前已引起生化工作者的极大重视。

1. 脑苷脂类

脑苷脂（cerebroside）是脑细胞膜的重要组分，由 β-己糖（葡萄糖或半乳糖）、脂肪酸（$C_{22～26}$，其中最普遍的是 2-羟基二十四碳烷酸）和鞘氨醇各 1 分子组成，因为是以中性糖作为极性头部，故属于中性糖鞘脂类。重要代表是葡萄糖脑苷脂、半乳糖脑苷脂和硫酸脑苷脂（简称脑硫脂）。

脑苷脂占脑干重的 11%，少量存在于肝、胸腺、肾、肾上腺、肺和卵黄中。天然存在的脑苷脂见表 2-4。

表 2-4　四种天然存在的脑苷脂

脑苷脂类	脂肪酸残基	相对分子质量	熔点/℃
角苷脂	二十四碳烷酸（24：0）	812	180
羟脑苷脂	2-羟基二十四碳烷酸	828	212
神经苷脂	二十四碳烯酸（24：1），即神经酸	810	180
羟神经苷脂	2-羟二十四碳烯酸，即 2-羟神经酸	—	—

2. 神经节苷脂

神经节苷脂（ganglioside）是一类最复杂的鞘糖脂类。它的极性头部含有唾液酸，即 N-乙酰神经氨酸，故带有酸性。神经节苷脂的组成如下：

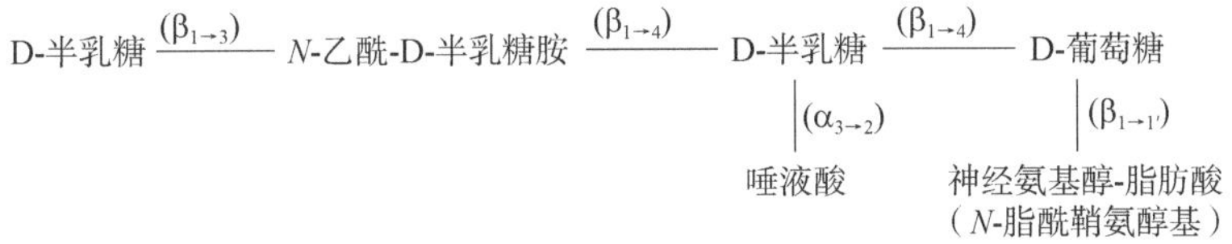

$$D\text{-半乳糖} \xrightarrow{(\beta_{1\to3})} N\text{-乙酰-}D\text{-半乳糖胺} \xrightarrow{(\beta_{1\to4})} D\text{-半乳糖} \xrightarrow{(\beta_{1\to4})} D\text{-葡萄糖}$$

$$\mid (\alpha_{3\to2}) \qquad\qquad\qquad\qquad \mid (\beta_{1\to1'})$$

唾液酸　　　　　　　　神经氨基醇-脂肪酸
　　　　　　　　　　　　（ N-脂酰鞘氨醇基）

神经节苷脂在脑灰质和胸腺中含量特别丰富，它也存在于红细胞、白细胞、血清、肾上腺和其他脏器中，是中枢神经系统某些神经元膜的特征性脂组分。它可能与通过神经元的神经冲动传递有关。它在一些遗传病［如泰-萨克斯病（Tay-Sachs 病）］患者脑中积累。神经节苷脂也可能存在于乙酰胆碱和其他神经介质的受体部位。细胞表面的神经节苷脂与血型专一性和组织器官专一性及组织免疫和细胞识别等都有关系。

三、类固醇

类固醇也称为甾类，其结构特点是都含有一个由 A、B、C、D 4 个稠环组成的环戊烷多氢菲的骨架，其中 3 个环是六碳环（A、B、C 环），一个环是五碳环（D 环）。骨架中 18,19 位的甲基称为角甲基，带有角甲基的环戊烷多氢菲称为甾核。根据其醇基数量及位置不同可分为固醇类（胆固醇和植物固醇）和固醇衍生物两类，其中胆固醇（cholesterol）是最重要的类固醇，在人体，胆固醇可以形成固醇类激素、胆汁、维生素 D 等。

（一）固醇类

固醇类是一类环状高分子一元醇，其结构特点是母核的 3 位上有一醇基和 17 位上有一分支的碳氢链，在生物体内或以游离态或以脂肪酸成酯的形式存在。按照来源，固醇可分为三类，即动物固醇（zoosterol）、植物固醇（phytosterol）和酵母固醇（zymosterol）。典型的固醇有动物的胆固醇，植物的豆固醇、谷固醇，菌类的麦角固醇。各种固醇的区别在于双键数目不同，支链长短不同。发现最早、研究最多的是胆固醇，其结构如右图。

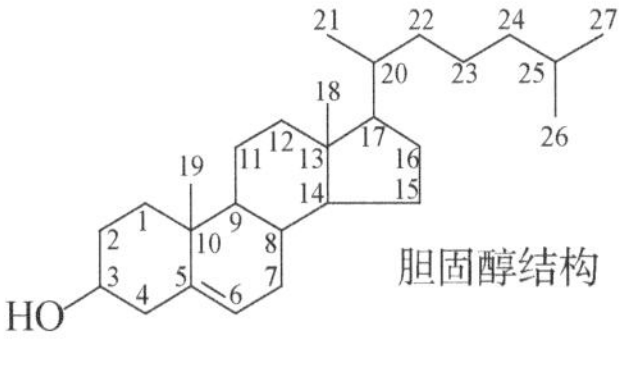

胆固醇在神经组织和肾上腺中含量特别丰富，约占脑组织固体物质的 17%。胆固醇是合成许多重要激素的前体，是胆汁酸的前体，是神经鞘绝缘物质，是维持生物膜的正常透过能力不可缺少的，同时还具有解毒功能。胆固醇呈弱两亲性，疏水部分可溶于膜的疏水内部。胆固醇易溶于氯仿、乙醚、苯及热乙醇中，不能皂化。它与洋地黄糖苷容易结合而沉淀。胆固醇在氯仿溶液中与乙酸酐及浓硫酸化合产生蓝绿色，这些性质常被用于胆固醇的含量测定。

7-脱氢胆固醇存在于动物皮下，它可以由胆固醇转化而来，在紫外线作用下形成维生素 D_3。

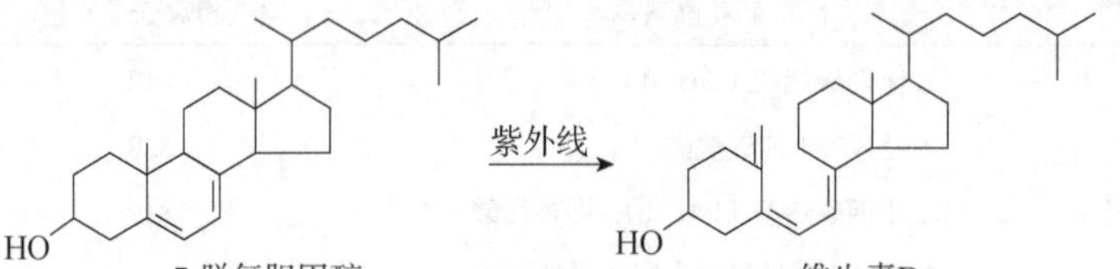

7-脱氢胆固醇　　维生素D_3

7-脱氢胆固醇转化为维生素 D_3

在植物中，含量最多的是豆固醇（stigmasterol）和谷固醇（sitosterol），它们均为植物细胞的重要组分，不能被动物吸收利用。

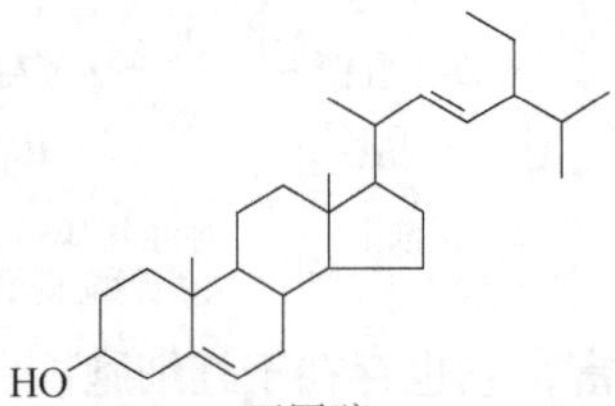

豆固醇

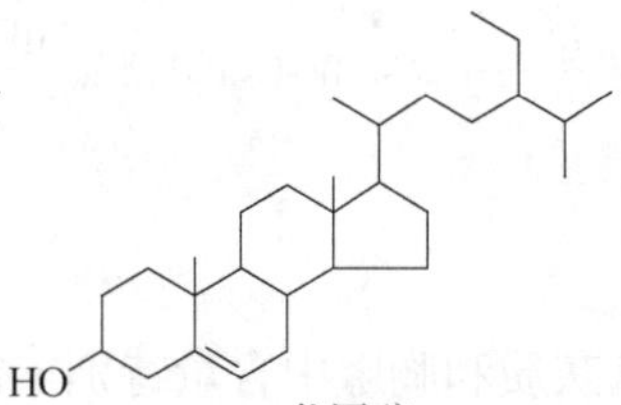

谷固醇

酵母固醇主要存在于酵母菌中，以麦角固醇为最多，它经紫外线照射也可转化为维生素 D_3。

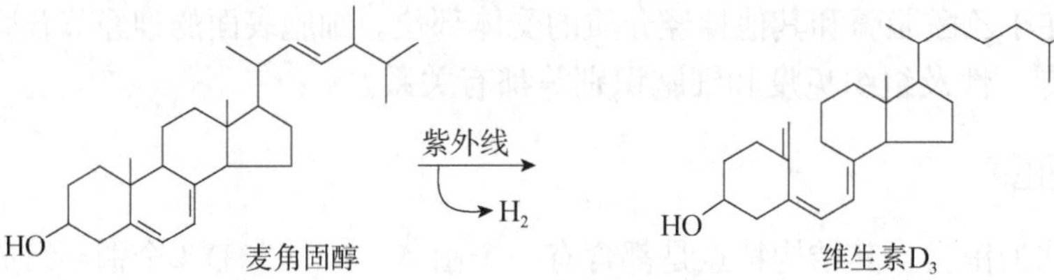

麦角固醇　　维生素D_3

麦角固醇转化为维生素 D_3

（二）固醇衍生物

固醇衍生物的典型代表是胆汁酸，其具有重要的生理意义。强心苷也是固醇衍生物，它是治疗心脏病的重要药物。另外，性激素睾酮、雌二醇、孕酮和维生素 D_2、维生素 D_3 也是固醇衍生物。

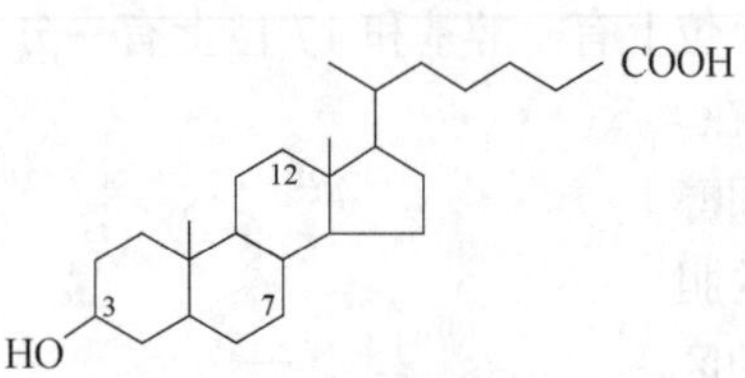

胆汁酸

胆汁酸（bile acid）在肝脏中合成，可从胆汁分离得出，人胆汁含有 3 种不同的胆汁酸，即胆酸（cholic acid，3,7,12-三羟基胆汁酸）、脱氧胆酸（deoxycholic acid，3,12-二羟胆汁酸）及鹅脱氧胆酸（chenodeoxycholic acid，3,7-二羟基胆汁酸）。

大多数脊椎动物的胆汁酸能以肽键与甘氨酸、牛磺氨酸结合，分别形成甘氨胆酸和牛磺胆酸两种胆盐。它们是胆苦的主要原因。胆盐是一种乳化剂，能降低水和油脂的表面张力，使肠腔内油脂乳化成微粒，以增加油脂与消化液中脂肪酶的接触面积，便于消化吸收。

四、蜡

蜡为高分子一元醇与长链脂肪酸形成的酯质。在化学结构上不同于脂肪，也不同于石蜡和人工合成的聚醚蜡，故也称为酯蜡。蜡在自然界分布很广，从来源来讲有动物蜡、植物蜡和矿物蜡。

蜡冷却至室温凝固，可以切割，有滑腻感，有光泽，比水轻，不溶于水，易溶于有机溶剂，形态从较硬的固态到膏状。蜡的凝固点都比较高，为 38~90℃；碘化价较低（1~15），说明不饱和度低于中性脂肪；熔点一般不高（100℃以下），熔点低的如蜂蜡，为 60~70℃，熔点高的如我国的虫蜡，为 82~86℃，巴西棕榈蜡为 78~84℃，加入惰性物质或油脂，可以改变蜡的稠度。其生物功能是作为生物体对外界环境的保护层，存在于皮肤、毛皮、羽毛、植物叶片、果实及许多昆虫的外骨骼的表面。

五、萜类

萜类也称为异戊烯脂质，是由异戊二烯的碳干骨骼相连构成链状物或环状化合物。

烯萜类化合物就是很多异戊二烯单位的缩合体。两个异戊二烯单位头尾连接就形成单萜；含有 4、6 和 8 个异戊二烯单位的萜类化合物分别称为二萜、三萜或四萜。异戊二烯单位以头尾连接排列的是规则排列；相反尾尾连接的是不规则排列。两个一个半单萜以尾尾排列连接形成三萜，如鲨烯；两个双萜尾尾连接形成四萜，如 β-胡萝卜素。还有些类萜化合物是环状化合物，有的遵循头尾相连的规律，也有的不遵循头尾相连的规律。

异戊二烯

植物中的萜类多数有特殊气味，是各类植物特有油类的主要成分。例如，柠檬苦素、薄荷醇、樟脑等分别是柠檬油、薄荷油、樟脑油的主要成分。维生素 A、维生素 E、维生素 K 等都属于萜类。多聚萜醇常以磷酸酯的形式存在，这类物质在糖基从细胞质向细胞表面转移的过程中，起类似辅酶的作用。

第四节 脂类的提取、分离与分析

脂类存在于细胞、细胞器和细胞外的体液，如血浆、胆汁、乳和肠液中。欲研究某一特定部分（如红细胞、脂蛋白或线粒体）的脂类，首先须将这部分组织或细胞分离出来。由于脂类不溶于水，从组织中提取和随后的分级分离都要求使用有机溶剂和某些特殊技术，这与纯化水溶性分子如蛋白质和糖是很不相同的。一般来说，脂类混合物的分离是根据它们的极性差别或在非极性溶剂中的溶解度差别进行的。含酯键连接或酰胺键连接的脂肪酸可用酸或碱处理，水解成可用于分析的成分。

一、脂类的提取与分离

非极性脂类（甘油三酯、蜡和色素等）用乙醚、氯仿或苯等很容易从组织中提取出来，在这些溶剂中不会发生因疏水相互作用引起的脂类聚集。膜脂（磷脂、糖脂、固醇等）要用极性有机溶剂如乙醇或甲醇提取，这种溶剂既能降低脂类分子间的疏水相互作用，又能减弱膜脂与膜蛋白之间的氢键结合和静电相互作用。常用的提取剂是氯仿、甲醇和水（1：2：0.8，$V/V/V$）的混合液。此比例的混合液是混溶的，形成一个相。组织（如肝脏）在此混合液中被匀浆以提取所有脂类，匀浆后形成的不溶物（包括蛋白质、核酸和多糖）用离心或过滤方法除去。向所得的提取液加入过量的水使之分成两个相，上相是甲醇/水，下相是氯仿。脂类留在氯仿相，极性大的分子如蛋白质、多糖进入极性相（甲醇/水）。取出氯仿相并蒸发浓缩，取一部分干燥，称重。

常用的分离方法是：①依靠各组分蒸汽压力不同的蒸馏法；②依靠衍生物或各组分溶解差别的沉淀法和溶质在两个互不相溶溶剂中分配系数不同的分离法；③依靠在不同温度下的部分结晶法；④脲包合物法；⑤色谱法。

二、脂类的分析

一种固定相，如固体吸附剂或液相固定液，对很多种类化合物有不同程度的作用力，主要是固体吸附剂或液相固定液因溶解度不同而导致的不同的分配能力。还有一种起洗脱作用的流动相，如溶剂或气体，对上面被吸附或溶解于固定相的化合物，有程度不同的解吸能力或溶解能力。具备以上两种条件就有可能将一定的混合物分开。以这样的基本原理进行的混合物分离法统称为色谱法（chromatography），也称为层析法，主要有液相色谱、薄层色谱、纸色谱及气相色谱等。

某些脂类对在特异条件下的降解特别敏感，如甘油三酯、甘油磷脂和固醇酯中的所有酯键连接的脂肪酸只要用温和的酸或碱处理就被释放。而鞘磷脂中的酯胺键连接的脂肪酸需要在较强的水解条件下被释放。专一性水解某些脂类的酶也被用于脂类结构的测定。磷脂酶 A_1、磷脂酶 A_2、磷脂酶 C 都能断裂甘油磷脂分子中的一个特定的键，并产生具有特别溶解度和层析行为的产物。例如，磷脂酶 C 作用于磷脂，释放一个水溶性的磷酰醇如磷酰胆碱和一个氯仿溶的二酰甘油，可以分别加以鉴定这些成分以确定完整磷脂的结构。专一性水解及其产物的薄层色谱（TLC）或气-液色谱（GLC）相结合的技术常可用来测定一个脂的结构。确定烃链长度和双键的位置，质谱分析特别有效。

▍关键术语表

脂类（lipid）	中性脂（neutral lipid）
极性脂（polar lipid）	简单脂质（simple lipid）
复杂脂质（complex lipid）	糖脂（glycolipid）
磷脂（phospholipid）	脂蛋白（lipoprotein）
甘油三酯（triacylglycerol）	脂肪酸（fatty acid）
丁酸（butyric acid）	己酸（caproic acid）
辛酸（caprylic acid）	癸酸（capric acid）
月桂酸（lauric acid）	豆蔻酸（myristic acid）
棕榈酸（palmitic acid）	硬脂酸（stearic acid）
花生酸（arachidic acid）	油酸（oleic acid）
亚油酸（linoleic acid）	亚麻酸（linolenic acid）
花生四烯酸（arachidonic acid）	二十五碳五烯酸（eicosapentaenoic acid, EPA）
二十二碳六烯酸（docosahexenoic acid, DHA）	必需脂肪酸（essential fatty acid）
胆固醇（cholesterol）	卵磷脂（lecithin）
脑磷脂（cephalin）	磷脂酸（phosphatidic acid）
心磷脂（cardiolipin）	丝氨酸磷脂（phosphatidylserine）
鞘磷脂（sphingophospholipid）	脑苷脂（cerebroside）
神经节苷脂（ganglioside）	动物固醇（zoosterol）

植物固醇（phytosterol）　　　　　酵母固醇（zymosterol）
豆固醇（stigmasterol）　　　　　　谷固醇（sitosterol）
胆汁酸（bile acid）　　　　　　　　地蜡（ozocerite）

单元小结

　　脂类是生物体中所有能够溶于有机溶剂的多种化合物的总称。它们在化学结构上本不属于一类化合物，但溶解性质相似，都不溶于水，易溶于有机溶剂，而且，它们在代谢上和生理功能上也存在着密切联系。脂类化合物存在一些共性：脂类都是由生物体产生的，并能被生物体所利用；在分子组成上大都是脂肪酸与醇所组成的酯，也有些不含脂肪酸的脂类化合物是异戊二烯的聚合物。

　　膳食脂肪中的脂肪酸根据其碳链上相邻的两个碳原子间是否含有不饱和双键，可分为饱和脂肪酸和不饱和脂肪酸两大类。以中链脂肪酸为主组成的甘油三酯，在营养学中有特殊的重要意义。一般来说，碳链越短，不饱和度越高，其熔点就越低，这也是脂和油的物理性质不同的物质基础。还有一些对人体有重要生理功能的脂肪酸是人自身不能合成的必需脂肪酸，如亚油酸和亚麻酸等。这些脂肪酸能由植物和海鱼合成，又是人类正常生长和维护健康所必需的。

　　类脂主要包括磷脂和固醇类等。磷脂中较重要的卵磷脂和脑磷脂，它们都属于磷酸甘油酯类。磷脂能和脂肪酸一样为人体供能，并是组成细胞膜的重要成分；其还能帮助脂类或脂溶性物质等消化吸收和利用。固醇类是一类含有多个环状结构的脂类化合物。

复习思考习题

（扫码见习题）

第三章　核　酸

核酸（nucleic acid）是以核苷酸为基本组成单位的生物信息大分子。核酸可以分为脱氧核糖核酸（DNA）和核糖核酸（RNA）两类，DNA 主要分布于细胞核，携带遗传信息，决定细胞和个体的基因型。RNA 分布于细胞核和细胞质，参与 DNA 遗传信息的表达，某些病毒RNA也可作为遗传信息的载体。核酸是通过磷酸二酯键相连形成的多聚核苷酸，由于核酸具有复杂的一、二、三级结构和重要的生物学活性，故本章将重点介绍核酸的结构、理化性质、分离及含量测定。

第一节　概　述

一、核酸的概念和重要性

核酸是以核苷酸为基本组成单位的生物信息大分子，具有储存、携带和传递遗传信息的作用。因最初从细胞核分离获得，又具有酸性，故称为核酸。一切生物都含有核酸，即使比细菌还小的病毒也含有核酸。核酸是构成基因与表达的物质基础，是合成蛋白质、组成细胞的重要生理活性物质，它支配着生命从诞生到死亡的全过程。

核酸可以分为脱氧核糖核酸（deoxyribonucleic acid，DNA）和核糖核酸（ribonucleic acid，RNA）两类。DNA 有 90%存在于细胞核，其余分布于核外，如线粒体、叶绿体、质粒等，是遗传的主要物质基础，具有储存和携带遗传信息的作用，决定细胞和个体的基因型（genotype）。RNA 是 DNA 的转录产物，存在于细胞质、细胞核和线粒体内，参与 DNA 遗传信息的表达和蛋白质合成，在某些病毒中，RNA 也可以作为遗传信息的载体。

核酸是传递生物遗传信息的载体，生物遗传信息储存在 DNA 中，通过 RNA 传递到蛋白质，决定生物的性状和发挥生物学功能；核酸是遗传和变异的物质基础，遗传是相对的，有了遗传的特征才能保持物种的相对稳定性，变异是绝对的，有变异才有物种的进化和生物发展的可能，生物遗传特征延续和生物进化都是由基因决定的；核酸具有信号转导功能，可通过信号调控调节基因的表达，与细胞生长繁殖、遗传变异、细胞分化等有着密切关系；核酸具有催化功能，核酶是具有催化活性的 RNA 分子，可定点切割 RNA，与抗病毒药物、抗癌药、基因工程药研发密切相关。核酸研究是现代生物化学、分子生物学与医药学发展的重要领域。

二、核酸的元素组成

构成核酸的主要元素有 5 种：C、H、O、N、P。与蛋白质的元素组成不同，核酸的元素组成一般不含有 S，而 P 含量较多并且含量相对稳定，P 占核酸含量的 9%～10%。因此可通过测定 P 含量进行核酸的定量分析，这也是测定核酸含量的经典方法。

三、核酸的水解产物

核酸是一种线性多聚核苷酸（polynucleotide）。20世纪20年代，德国生理学家Kossel、Johnew和Levene通过对核酸水解发现核酸的基本结构。核酸中可被水解的化学键有两种：磷酸酯键和N—C糖苷键。核酸在核酸酶的作用下水解磷酸酯键可得基本组成单位——单核苷酸。核苷酸（nucleotide）在酶的作用下进一步水解磷酸酯键，生成核苷和磷酸，核苷水解，打开N—C糖苷键，生成戊糖和含氮碱基。因此核酸由多个核苷酸构成，核苷酸由碱基、戊糖和磷酸构成。

第二节 核 苷 酸

核苷酸是构成核酸的基本结构单位，分为两种，一种是构成DNA的脱氧核糖核苷酸，另一种是构成RNA的核糖核苷酸。核酸就是由许多分子的核苷酸聚合而成的多聚核苷酸，核苷酸由核苷和磷酸构成，其中核苷又由碱基（base）、戊糖（pentose）构成，因此核苷酸主要由碱基、戊糖、磷酸3种基团组成。碱基根据结构不同分为两类：嘌呤碱（purine）和嘧啶碱（pyrimidine），构成核酸的嘌呤主要包括腺嘌呤（adenine，A）和鸟嘌呤（guanine，G），嘧啶碱主要包括尿嘧啶（uracil，U）、胸腺嘧啶（thymine，T）和胞嘧啶（cytosine，C）。戊糖分为两种：核糖和脱氧核糖。RNA和DNA的基本分子组成见表3-1。

表3-1　构成DNA和RNA的核苷酸的基本分子组成

	DNA	RNA
酸	磷酸	磷酸
戊糖	脱氧核糖	核糖
嘌呤碱基	腺嘌呤（A）	腺嘌呤（A）
	鸟嘌呤（G）	鸟嘌呤（G）
嘧啶碱基	胞嘧啶（C）	胞嘧啶（C）
	胸腺嘧啶（T）	尿嘧啶（U）

一、核苷酸的结构

1. 碱基

核酸中的碱基分为嘌呤碱和嘧啶碱。

1）嘌呤碱　嘌呤碱是由母体化合物嘌呤衍生而来的，核酸中常见的嘌呤碱有腺嘌呤（A）和鸟嘌呤（G），DNA和RNA中都含有这两种嘌呤碱。

2）嘧啶碱　嘧啶碱是母体化合物嘧啶的衍生物。核酸中常见的嘧啶碱有三类：胞嘧啶、尿嘧啶及胸腺嘧啶。除了DNA和RNA都含有胞嘧啶（C）外，DNA还含有胸腺嘧啶（T），RNA还含有尿嘧啶（U），但某些tRNA中也发现有极少量的胸腺嘧啶核糖核苷酸。植物组织的DNA中还有相当数量的5-甲基胞嘧啶。一些大肠杆菌噬菌体核酸中不含胞嘧啶，而由 5-甲基胞嘧啶所代替。

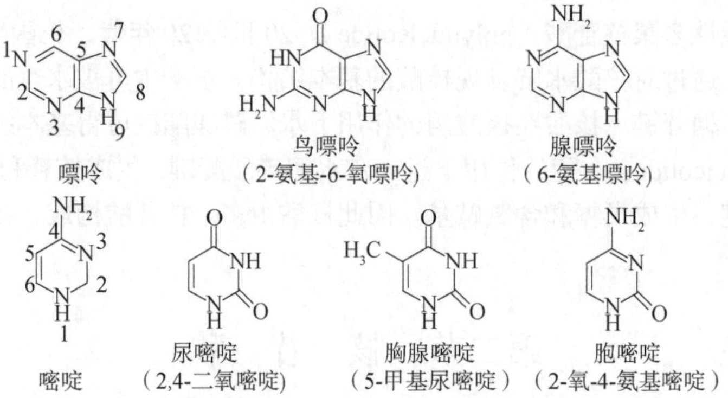

构成核苷酸的嘌呤和嘧啶的化学结构式

3）稀有碱基　　除表 3-1 所列核酸中的 5 种基本碱基外，核酸中还有一些含量甚少的碱基，称为稀有碱基，如 1-甲基腺嘌呤、1-甲基鸟嘌呤、1-甲基次黄嘌呤和次黄嘌呤、二氢尿嘧啶等。稀有碱基的种类很多，大多数是甲基化衍生物，在生物体内有重要的生理功能。核酸中稀有碱基含量一般不超过 5%。tRNA 中含有较多的稀有碱基，有的可达到 10%。

2. 戊糖

戊糖是构成核苷酸的另一基本组分，为了有别于碱基的原子，戊糖的碳原子标以 C-1′、C-2′、…、C-5′。构成核酸的戊糖有核糖和脱氧核糖，核糖存在于 RNA 中，其在 C-2′上有一个羟基，脱氧核糖存在于 DNA 中，其 C-2′上则没有羟基，两者都是呋喃型环状结构。糖环中的 C-1′是不对称碳原子，都是 β-型，因此 DNA 由 β-D-2′脱氧核糖构成，RNA 由 β-D-核糖构成。脱氧核糖的化学稳定性比核糖好，这使得 DNA 成为遗传信息的载体。

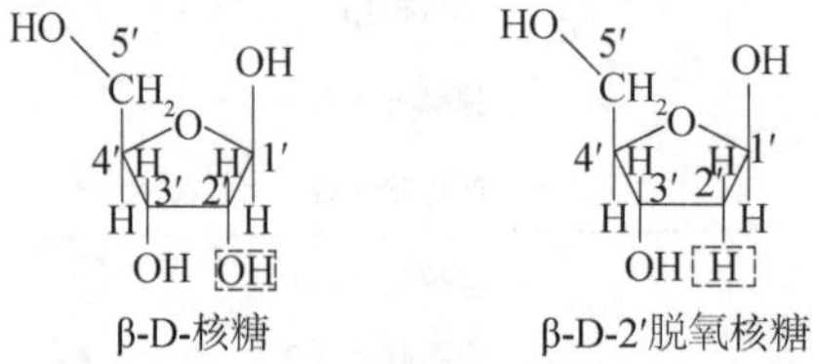

3. 核苷

戊糖和碱基通过糖苷键缩合而成的糖苷称为核苷（nucleoside）。嘧啶核苷是通过戊糖的第 1 位碳原子（C-1′）与嘧啶碱的第 1 位氮原子（N-1）通过 $C_{1'}$—N_1 键连接，嘌呤核苷是通过戊糖的第 1 位碳原子（C-1′）与嘌呤碱的第 9 位氮原子（N-9）通过 $C_{1'}$—N_9 键连接。戊糖和碱基之间的连接键是 N—C 键，一般称为 N-糖苷键。

根据核苷中所含戊糖的不同，将核苷分为核糖核苷和脱氧核糖核苷两类。对核苷进行命名时，先冠以碱基的名称，如腺嘌呤核苷、腺嘌呤脱氧核苷等。

RNA 中主要的核糖核苷有 4 种：腺嘌呤核苷（adenosine，A）、鸟嘌呤核苷（guanosine，G）、胞嘧啶核苷（cytidine，C）和尿嘧啶核苷（uridine，U）。其结构式如下。

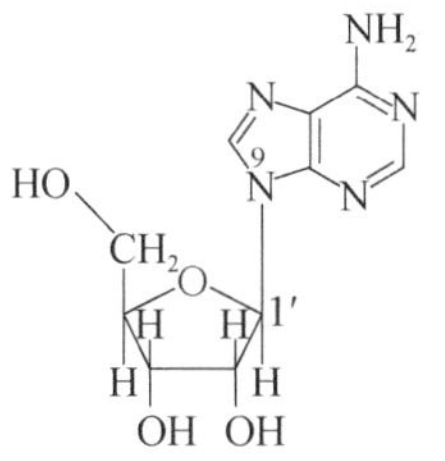

腺嘌呤核苷 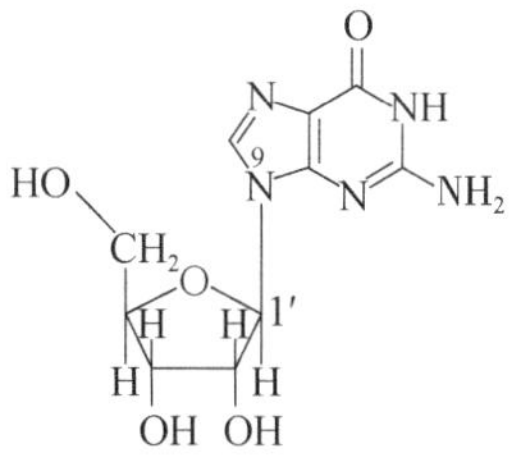　　　　　　　　　　　　　鸟嘌呤核苷

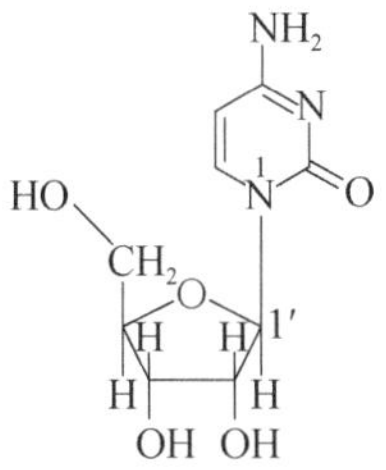

胞嘧啶核苷 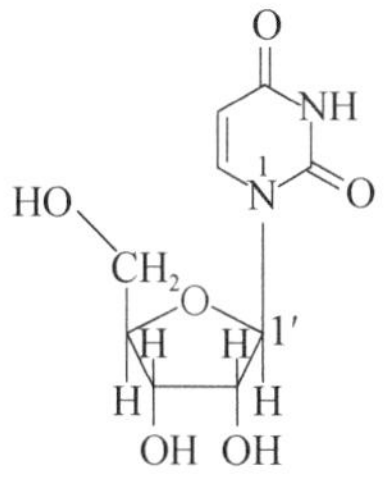　　　　　　　　　　　　　尿嘧啶核苷

DNA 中主要的脱氧核糖核苷也有 4 种：腺嘌呤脱氧核苷（deoxyadenosine，dA）、鸟嘌呤脱氧核苷（deoxyguanosine，dG）、胞嘧啶脱氧核苷（deoxycytidine，dC）、胸腺嘧啶脱氧核苷（deoxythymidine，dT）。其结构式如下。

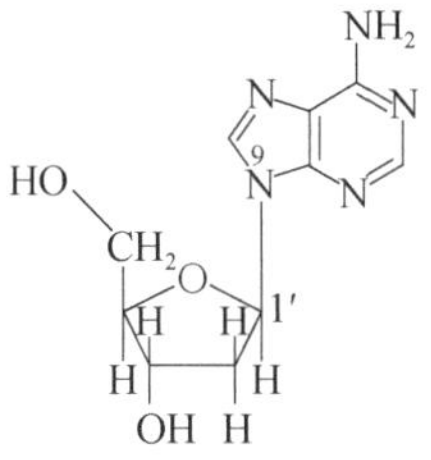

腺嘌呤脱氧核苷 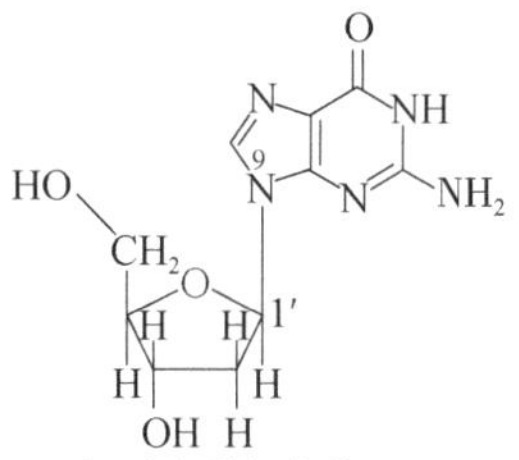　　　　　　　　　　　鸟嘌呤脱氧核苷

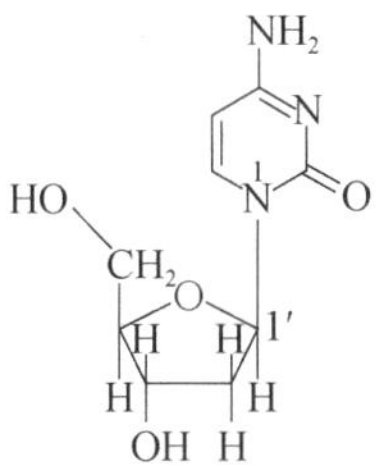

胞嘧啶脱氧核苷 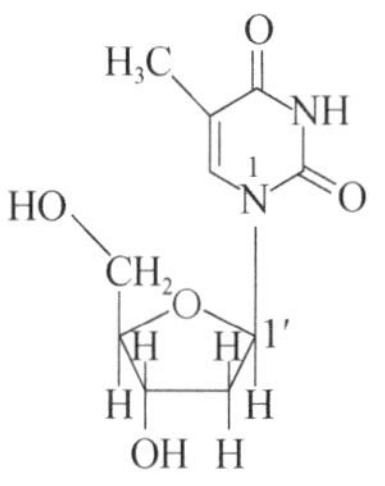　　　　　　　　　　　胸腺嘧啶脱氧核苷

转运 RNA（transfer RNA，tRNA）中含有少量假尿嘧啶核苷（pseudouridine），其结构特殊，它的核糖不是与尿嘧啶的 N-1 相连接，而是与嘧啶环的 C-5 相连接，结构式如右。

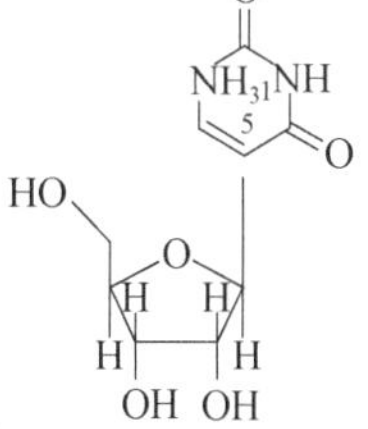

4. 核苷酸

核苷中戊糖的羟基磷酸酯化，就形成核苷酸，即核苷酸是核苷与磷酸基团通过磷酸酯键缩合而成的。由于核糖中有 3 个游离的羟基（2′、3′和 5′），因此核糖核苷酸有 2′-核糖核苷酸、3′-核糖核苷酸和 5′-核糖核苷酸 3 种。而脱氧核糖中有 2 个游离的羟基（3′和 5′），因此脱氧核糖核苷

假尿嘧啶核苷

酸只有 3′-脱氧核糖核苷酸和 5′-脱氧核糖核苷酸两种。自然界构成 DNA 和 RNA 的核苷酸为 5′-核苷酸，一般其代号可略去 5′。因此 DNA 由 4 种脱氧核糖核苷酸组成，即 dAMP、dGMP、dCMP、dTMP；RNA 由 4 种核糖核苷酸组成，即 AMP、GMP、CMP、UMP。核酸（RNA 或 DNA）是由许多单核苷酸分子以 3′,5′-磷酸二酯键连接而成的多核苷酸。具体名称和缩写如表 3-2 所示。

表 3-2　构成 DNA 和 RNA 的碱基及核苷酸种类

碱基	核糖核苷酸	脱氧核糖核苷酸
腺嘌呤	腺嘌呤核苷酸（AMP）	腺嘌呤脱氧核苷酸（dAMP）
鸟嘌呤	鸟嘌呤核苷酸（GMP）	鸟嘌呤脱氧核苷酸（dGMP）
胞嘧啶	胞嘧啶核苷酸（CMP）	胞嘧啶脱氧核苷酸（dCMP）
尿嘧啶	尿嘧啶核苷酸（UMP）	
胸腺嘧啶		胸腺嘧啶脱氧核苷酸（dTMP）

5. 多磷酸核苷酸

细胞内还有一些游离存在的多磷酸核苷酸，它们具有重要的生理功能。多磷酸核苷酸根据连接的磷酸基团的数目不同可分为 5′-二磷酸核苷酸（5′-NDP）及 5′-三磷酸核苷酸（5′-NTP）。腺苷三磷酸（ATP）的结构式如下。

腺苷三磷酸（ATP）

细胞内的 5′-NDP 是核苷的焦磷酸酯，5′-NTP 是核苷的三磷酸酯。核苷三磷酸的磷原子分别命名为 α、β 和 γ 磷原子，最常见的是腺苷二磷酸（5′-ADP）、腺苷三磷酸（5′-ATP）。ATP 含有两个高能磷酸酯键（～P），在细胞能量代谢中起极重要的作用。鸟苷三磷酸（GTP）、胞苷三磷酸（CTP）及尿苷三磷酸（UTP）也具有传递能量的作用，UDP 在多糖合成中还可作为携带葡萄糖的载体。CDP 在磷脂的合成中作为携带胆碱的载体。此外，各种三磷酸核糖核苷酸及三磷酸脱氧核糖核苷酸还是合成 RNA 与 DNA 的前体。

6. 环化核苷酸

生物体内核苷酸上的 5′磷酸基团在环化酶作用下，与自身戊糖上的 3′-羟基形成酯键，自身环化，这类核苷酸称为环化核苷酸。例如，ATP 在腺苷酸环化酶（adenylate cyclase）的催化下可生成 3′,5′-环腺苷酸（3′,5′-cyclic adenosine monophosphate，cAMP）；GTP 在鸟苷酸环化酶（guanylate cyclase）的催化下可以生成 3′,5′-环鸟苷酸（3′,5′-cyclic guanosine monophosphate，cGMP）。cAMP 和 cGMP 是一类广泛存在于生物体内的小分子高生物学活性物质，其作为多种激素在细胞内的第二信使，可调节生物体细胞内一系列生物学信号转导过程，如参与酶活性调节、基因表达、细胞增殖与分化、营养物质代谢等。

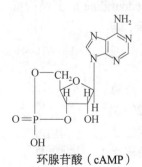

环腺苷酸（cAMP）

此外，在生物体内，核苷酸还会以其他衍生物的形式参与各种物质代谢的调控和多种蛋白质功能的调节，细胞内一些参与物质代谢的酶分子的辅酶结构中含有腺苷酸，如 NAD^+（烟酰胺腺嘌呤二核苷酸）、FAD（黄素腺嘌呤二核苷酸），它们是生物氧化体系的重要成分，在传递质子或电子的过程中具有重要的作用。

二、核苷酸的性质

1. 一般性质

核苷酸为无色粉末或结晶。易溶于水，不溶于有机溶剂，因此可以用有机溶剂进行核苷酸的提取和分离。戊糖含有不对称碳原子，所以核苷酸溶液具有旋光性。在保存和应用中，核苷酸主要以钠盐形式存在，多为核苷酸的二钠盐。

2. 紫外吸收性质

由于核酸和核苷酸分子都含有嘌呤碱和嘧啶碱，这两种碱基都具有杂环结构，含有大量的共轭双键，在 240～290nm 波段有较高的吸收峰，其最大吸收值在 260nm 附近，因此可以用紫外分光光度计进行核苷酸、核酸的含量测定，这种方法称为紫外吸收法。

3. 核苷酸的互变异构作用

通常核苷酸的每个杂环碱基都存在着两种互变异构形式，鸟嘌呤、胸腺嘧啶和尿嘧啶可以以酮式或烯醇式存在，而腺嘌呤和胞嘧啶可以以胺式或亚胺式存在。两种互变异构体常同时存在，并处于一定的平衡状态，但在大多数生物体内，酮式和胺式更为稳定，碱基多以这两种结构形式出现。碱基之间可形成氢键，这对核酸的生物学功能具有重要意义，由于酮式与烯醇式碱基形成氢键能力不同，因此当 DNA 复制时碱基发生互变异构作用，就可能引起突变。

几种碱基的互变异构形式

4. 碱基、核苷及核苷酸的解离

由于嘧啶和嘌呤化合物杂环中的氮及各种取代基具有结合和释放质子的能力，因此这些物质既有碱性解离又有酸性解离的性质。戊糖的存在，使碱基的酸性解离特性增强；磷酸的存在，则使核苷酸具有较强的酸性。应用离子交换柱层析和电泳等方法分级分离核苷酸及其衍生物，主要是利用它们在一定条件下具有不同的解离特性这一事实。核苷酸为兼性离子，所以核苷酸的等电点（pI）可以按下式计算：

$$pI = \frac{pK_1' + pK_2'}{2}$$

三、核苷酸类物质的制备及应用

1. 核苷酸类物质的制备

RNA 和 DNA 普遍存在于原核生物和真核生物中，经酸、碱、酶水解，生成核苷酸，然后提取分离制备。核苷酸的制备方法很多，目前国内使用的方法主要有化学法、酶解法、微生物发酵法和生物催化法。

（1）化学法生产核苷酸，包括酸解法和碱解法。酸解法是因为核酸中的糖苷键对酸不稳定，用酸水解可直接得到碱基。一般来说，脱氧核糖的 N-糖苷键较核糖的 N-糖苷键易被酸水解，而嘌呤碱的糖苷键又较嘧啶碱的糖苷键易被酸水解。因此，在常温下用稀盐酸处理 DNA，即可释放出腺嘌呤和鸟嘌呤，在较高温度下用浓酸作用，RNA 水解为胞嘧啶和尿嘧啶，但是在此条件下胞嘧啶会脱去氨基。碱解法是用碱降解 RNA，水解产生核苷的过程。RNA 降解是用 NaOH 溶液，在碱性条件下加热，如在温和的条件下（如常温下 0.3～1mol/L NaOH）用碱降解 RNA 时，要经过一个 2′,3′-环式核苷酸的中间阶段，而后生成 2′-及 3′-核苷酸的混合物，进一步水解可以得到腺苷、鸟苷、胞苷及尿苷。DNA 无 2′-羟基，不能形成环式中间物，所以 DNA 抗碱。化学法生产核苷酸的步骤多、路线长，立体选择性差，所涉及的试剂费用昂贵，并有一定毒性，且生产成本较高，因此一般仅限于实验室规模生产一些有特殊用途的核苷酸的衍生物，难以达到工业规模。

（2）酶解法生产核苷酸，是以从酵母中提取的核糖核酸为原料，利用橘青霉和金色链霉菌产生的 5′-磷酸二酯酶水解核糖核酸，获得 4 种 5′-单核苷酸。牛脾磷酸二酯酶可使核酸降解成 3′-核苷酸。酶解法提取分离纯化得到 4 种高纯度产品的难度大，然而综合考虑，由于该生产工艺简单、原料来源丰富、成本低廉，得率高，因此长期以来，往往都以此方法进行核苷酸的工业生产。

（3）微生物发酵法生产核苷酸，主要是利用微生物菌株的生物合成途径来生产核苷酸，所使用的菌种多为枯草芽孢杆菌（*Bacillus subtilis*）和产氨棒杆菌（*Corynebacterium ammoniagenes*）。前者主要用于生产核苷和嘌呤核苷酸，而后者是目前利用微生物工业化合成核苷酸及其高级衍生物的主要菌种。目前发酵法生产核苷酸已经具有生产规模，但只有 5′-腺苷酸和 5′-鸟苷酸可以实现发酵法生产。

（4）生物催化法生产核苷酸，就是利用微生物体内的酶，催化核苷酸的前体物质转化为核苷酸的过程，生物催化法生产周期短、产量高，且反应体系较为简单，一般只需要底物、表面活性剂、辅酶（基）及 pH 调节剂，这使得后续提取工艺相对于化学合成法和微生物发酵法简单容易。更重要的是，生物催化法可以通过偶联不同的基因工程菌株生产复杂核苷酸及寡聚核苷酸，这在核苷酸工业中是极其重要的一个环节。

2. 核苷酸物质的分离

核苷酸的分离方法有很多，目前国内外分离 5′-核苷酸的方法主要有毛细管电泳法、反相高效液相色谱法及离子交换法。

毛细管电泳法分离核苷酸是利用毛细管区带电泳分离，该方法虽然体系简单、分离速度快、分离效果好，但是这种仪器主要依靠进口，价格昂贵，生产使用受到了限制；反相高效液相色谱法分离核苷酸，既有色谱柱操作简便、分离柱效率高的优点，又能同时分离离子型和中性化合物的混合样品，此法快速、操作简单，多用在核苷酸的检测上；离子交换法分离效率较高，但需要对分离柱进行再生，分离时间较长。考虑到现实、可行性和经济效益，大多数工业化生产均采用离子交换柱层析分离法来分离核苷酸。

3. 核苷酸类物质的应用

核苷酸最主要的功能是：①作为合成核酸的原料，ATP、GTP、CTP、UTP 是构成 RNA 的底物，dATP、dGTP、dCTP、dTTP 是构成 DNA 的底物；②提供机体所需的能量，如 ATP 是细胞的能量贮存和利用中心，GTP、UTP 等也可以提供能量；③某些核苷酸或其衍生物是代谢和生理调节的重要分子，如 cAMP、cGMP 是多种细胞膜受体激素作用的第二信使，广泛参与酶活性调节、基因表达、细胞增殖与分化、营养物质代谢等过程；④参与多种代谢酶的辅酶构成，如腺苷酸可作为多种辅酶（NAD^+、FAD、CoA 等）的组成成分，与生物氧化过程密切相关；⑤可作为活化中间代谢物的载体，如 UDP-葡萄糖是合成糖原、糖蛋白的活性原料，CDP-二酰基甘油是合成磷脂的活性原料，S-腺苷甲硫氨酸是活性甲基的载体等，ATP 还可作为蛋白激酶反应中磷酸基团的供体。

此外，腺苷酸与鸟苷酸是强力助鲜剂，与谷氨酸钠（味精）混合后，可使味精的鲜味增加几十倍到一百多倍。5′-核苷酸有促进骨髓机能，升高白细胞的作用。5-氟尿嘧啶、6-巯基嘌呤、胞嘧啶阿拉伯糖苷等核苷酸类似物具有抗癌作用。阿糖胞苷、阿糖腺苷、5-碘尿苷等核酸类衍生物具有抗病毒作用。

第三节　核酸的分子结构

一、核酸的一级结构

核酸的一级结构是构成核酸的核苷酸的数目和排列顺序。由于核苷酸之间的差异在于碱基的不同，因此核酸的一级结构也就是构成核酸的碱基数目和排列顺序。

单链 DNA 和 RNA 分子的大小常用核苷酸（nucleotide，nt）数目表示，双链 DNA 则用碱基对（base pair，bp）或千碱基对（kilobase pair，kb）数目来表示。小的核酸片段（<50bp）常被称为寡核苷酸。自然界中的 DNA 和 RNA 的长度可以高达几十万个碱基。DNA 携带的遗传信息完全依靠碱基排列顺序变化。可以想象，一个由 n 个脱氧核苷酸组成的 DNA 会有 4^n 个可能的排列组合，这提供了巨大的遗传信息编码潜力。

DNA 分子的连接方式是：一个核苷酸的脱氧核糖的 5′位碳原子（C-5′）上的磷酸基与相邻的核苷酸的脱氧核糖的第 3′位碳原子（C-3′）上的羟基结合，脱水形成酯键。后者分子中的 C-5′上的磷酸基又可与另一个相邻核苷酸分子（C-3′）上的羟基结合形成酯键。如此通过 3′,5′-磷酸二酯键将许多核苷酸连接在一起，形成多核苷酸链。DNA 是由数量极其庞大的 4 种脱氧核糖核苷酸通过 3′,5′-磷酸二酯键彼此连接起来的直线形或环形分子，DNA 没有侧链。

与 DNA 相似，RNA 也是多个核苷酸分子通过了 3′,5′-磷酸二酯键连接形成的线性大分子，并且也具有 5′→3′的方向性。虽然核糖核酸的 C-2′原子也有一个羟基，但是多聚核苷酸分子的磷酸二酯键只能在 C-3′和 C-5′原子间形成。

多聚核苷酸链一端的 C-5′带有一个自由磷酸基，称为 5′-磷酸端（常用 5′-P 表示）；另一端 C-3′带有自由的羟基，称为 3′-羟基端（常用 3′-OH 表示），这条多聚脱氧核苷酸链只能从 3′-OH 端得以延长，因此，DNA 链具有了 5′→3′的方向性。当表示一个线型多聚核苷酸链时，必须注明它的方向是 5′→3′或是 3′→5′。

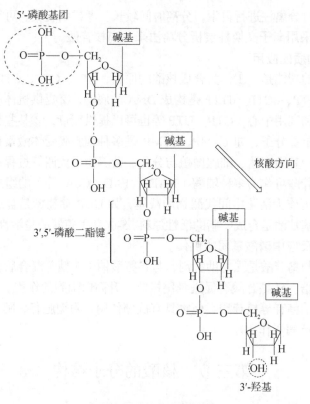

多聚核苷酸的化学结构式

核酸可用骨架式或文字式表示，下图（a）为骨架式缩写，竖线表示核糖的碳链，A、C、T、G 表示不同的碱基，P 和斜线代表 3',5'-磷酸二酯键。下图（b）为文字式缩写，下图的 DNA 片段，可缩写成 5'-pdApdGpdTpdGpdCpdT-3'（dT 代表脱氧胸苷酸，dG 代表脱氧鸟苷酸，p 代表磷酸基团）或简化为 5'AGTGCT3'。RNA 片段的文字式缩写可写成 5'-pApCpU-3'或简化为 5'ACU3'。当 p 写在碱基符号左边时，表示磷酸基团在 C-5'上，而当 p 写在碱基符号右边时，则表示磷酸基团与 C-3'相连。各种简化式的读向是从左到右，所表示的碱基序列是 5'→3'。

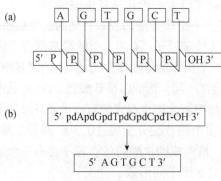

核酸的一级结构表示方法

不同 DNA 的核苷酸数目和排列顺序不同，生物的遗传信息就储存记录于 DNA 的核苷酸序列中，即 DNA 的一级结构。目前，大肠杆菌 DNA、果蝇 DNA、小鼠 DNA 和人类 DNA 等的一级结构测序工作均已完成。

二、DNA 的空间结构

构成 DNA 的所有原子在三维空间的相对位置关系是 DNA 的空间结构（spatial structure）。DNA 的空间结构可分为二级结构和高级结构。

（一）DNA 双螺旋结构的实验基础

20 世纪 50 年代初，美国生物化学家 Chargaff 利用层析和紫外吸收光谱等技术研究不同种属各种生物的 DNA 碱基组成，提出了 Chargaff 法则（夏格夫法则）：不同生物个体的 DNA 的碱基组成不同；同一个体不同器官或不同组织的 DNA 具有相同的碱基组成；对于一特定组织的 DNA，其碱基组分不随其年龄、营养状态和环境而变化；对于一特定生物体而言，腺嘌呤（A）与胸腺嘧啶（T）的物质的量相等，而鸟嘌呤（G）与胞嘧啶（C）的物质的量相等。

1951 年 11 月，英国 Wilkins 和 Franklin 获得了高质量的 DNA 分子 X 射线衍射照片，提示 DNA 是螺旋状分子。1953 年，Watson 和 Crick 根据 DNA 晶体的 X 射线衍射图谱和 Chargaff 法则，提出了著名的 DNA 双螺旋结构模型（图 3-1），并对模型的生物学意义做出科学的解释和预测，DNA 双螺旋结构揭示了 DNA 作为遗传信息载体的物质本质，为 DNA 作为复制模板和基因转录模板提供了结构基础。DNA 双螺旋结构的发现被认为是分子生物学发展史上的里程碑，具有划时代的意义。

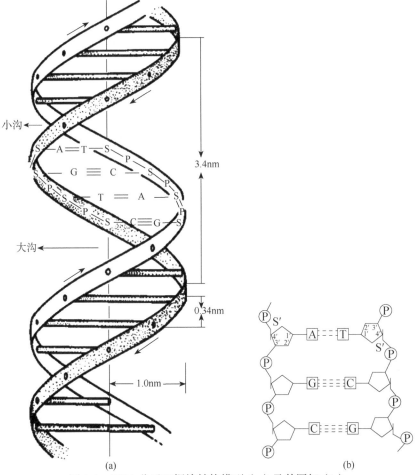

图 3-1　DNA 分子双螺旋结构模型（a）及其图解（b）

（二）DNA 双螺旋结构模型

1. DNA 双螺旋结构特点

由 Watson 和 Crick 提出的 DNA 双螺旋结构模型为 B 型 DNA（B-DNA），是天然 DNA 存在的主要形式，其结构具有下列特征。

（1）DNA 由两条反向平行的多聚脱氧核糖核苷酸链围绕一假想中心轴形成右手螺旋，一条链是 5′→3′方向，另一条链是 3′→5′方向，多核苷酸链的方向取决于核苷酸间磷酸二酯键的走向。

（2）由脱氧核糖和磷酸基团构成的亲水性骨架（backbone）位于双螺旋结构的外侧，彼此之间通过磷酸二酯键相连接，而疏水的碱基位于内侧，糖环平面与碱基平面相互垂直。

（3）DNA 一条链上的碱基通过氢键和另一条互补链上的碱基形成碱基对，G 与 C 配对，A 与 T 配对，G 和 C 之间形成 3 个氢键，A 和 T 之间形成 2 个氢键，这种碱基配对关系称为互补碱基对（complementary base pair），也称为 Watson-Crick 配对，DNA 的两条链则称为互补链（complementary strand）。

（4）碱基对平面与双螺旋的螺旋轴垂直，螺旋直径为 2.0nm，每一个螺旋有 10 个碱基对，每两个碱基对之间的相对旋转角度为 36°，螺距为 3.4nm。

（5）配对的碱基并不充满双螺旋的全部空间，由于碱基对的方向性，碱基对占据的空间不对称，因此在双螺旋的表面形成两个凹下去的槽，有的槽大些，有的槽小，从外观上看，DNA 双螺旋结构的表面存在大沟（major groove）和小沟（minor groove），其对 DNA 和蛋白质的相互识别非常重要。

2. DNA 双螺旋结构稳定性

主要有 3 种作用力使 DNA 双螺旋结构维持稳定。

（1）碱基堆积力。其是由杂环碱基的 π 电子之间相互作用引起的，DNA 分子中碱基层层堆积，在 DNA 分子内部形成一个疏水核心，几乎没有游离的水分子，这有利于互补碱基间形成氢键。碱基堆积力为 DNA 双螺旋纵向的维系力，也是 DNA 双螺旋结构稳定的主要作用力。

（2）互补碱基之间的氢键。DNA 互补链之间通过氢键连接，G 和 C 之间形成 3 个氢键，A 和 T 之间形成 2 个氢键，虽然氢键的能量很小，但氢键的数目比较多，形成了 DNA 双螺旋横向的维系力。互补链中如果 GC 含量高，氢键数目多，双链打开较为困难。

（3）磷酸基团的负电荷与介质中阳离子的正电荷之间形成离子键。DNA 双螺旋骨架中带有负电荷的磷酸基团的静电排斥力可能造成双螺旋的不稳定,然而通过磷酸基团与阳离子(特别是 Mg^{2+}) 或 DNA 结合蛋白之间的相互作用可以降低 DNA 分子内的静电斥力，因而对 DNA 双螺旋结构也有一定的稳定作用。与 DNA 结合的阳离子，如 Na^+、K^+、Mg^{2+}、Mn^{2+} 在细胞中很多。此外，在原核细胞中 DNA 常与精胺或亚精胺结合，真核细胞中的 DNA 一般与组蛋白结合。

（三）DNA 双螺旋结构模型的多样性

Watson 和 Crick 的 B 型 DNA 双螺旋结构是生理条件下最稳定的构象，但这种稳定不是绝对的。实验证明，即使在室温中，处于溶液中的 DNA 分子内也有一部分氢键被打开，而且打开的部位处于不断的变化之中。此外，碱基对氢键上的质子也不断地与介质中的质子发生交换。所有这些现象都说明 DNA 的结构处于不停的运动之中。由于结晶的相对湿度等其他条件不同，还存在 A 型 DNA（A-DNA）、Z 型 DNA（Z-DNA）（图 3-2）和 C 型 DNA（C-DNA）。

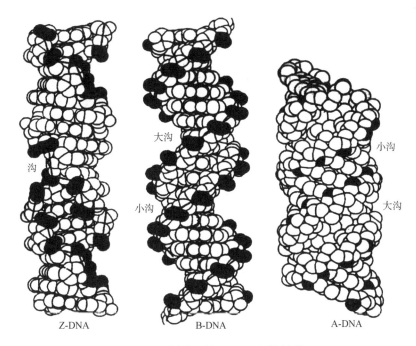

图 3-2 不同类型的 DNA 双螺旋结构

1. A 型 DNA 和 C 型 DNA

当相对湿度为 92%时，DNA 钠盐常为 B 型，当相对湿度为 75%时，DNA 钠盐变为 A 型，A 型 DNA 也是右手螺旋，它与 B 型 DNA 不同，其碱基平面不与纵轴相垂直，而呈 20°，螺距为 2.8nm，每圈螺旋含有 11 个碱基对。RNA 分子的双螺旋区及 RNA-DNA 杂交双链中具有与 A-DNA 相似的结构。当 DNA 纤维中的水分再减少时，就出现右手螺旋的 C 型 DNA，C 型 DNA 可能存在于染色体和某些病毒的 DNA 中。

2. Z 型 DNA

1979 年，美国麻省理工学院 Rich 等从 GCGCGC 晶体中通过 X 射线衍射发现左手螺旋 Z-DNA 模型。Z 型 DNA 也是双螺旋，直径约 1.8nm，螺距 4.5nm，每一圈螺旋 12 个碱基对，碱基对偏离中心轴并靠近螺旋外侧，螺旋表面只有小沟没有大沟。Z-DNA 也是天然 DNA 的一种构象，在一定条件下右旋 DNA 可转变为左旋，DNA 的左旋化可能与致癌、突变及基因表达的调控等重要生物功能有关。

3. 三股螺旋 DNA

三股螺旋 DNA 是在 Watson-Crick 双螺旋基础上形成的，是由 3 条脱氧核糖核苷酸链按一定的规律绕成的螺旋状结构，在三股螺旋 DNA 中 3 个碱基配对形成三碱基体：T-A-T、C-G-C。三股螺旋 DNA 可能在 DNA 重组复制、转录及 DNA 修复过程中出现。

（四）DNA 的超螺旋结构及其在染色质中的组装

1. DNA 的超螺旋结构

在 DNA 二级结构基础上，DNA 双螺旋再次盘旋缠绕就形成了 DNA 的三级结构。超螺旋是 DNA 三级结构的一种形式。超螺旋的形成与分子能量状态有关。

超螺旋分为正超螺旋（positive supercoil）和负超螺旋（negative supercoil）（图 3-3）。正

超螺旋是盘绕方向与双螺旋方向相同，分子内部张力加大，旋得更紧。负超螺旋是盘绕方向与双螺旋方向相反，可使二级结构处于松弛状态，分子内部张力减少，有利于 DNA 复制、转录和基因重组。自然界中，生物体内的超螺旋都呈负超螺旋形式存在，拓扑异构酶可实现 DNA 拓扑异构体之间的转变，原核细胞中的 DNA 因为是闭合环状双链结构，其高级结构就是环状 DNA 的进一步旋转形成超螺旋结构。而在真核细胞中，高级结构是在 DNA 线性双螺旋结构基础上进一步盘旋缠绕形成了染色质和染色体形式。

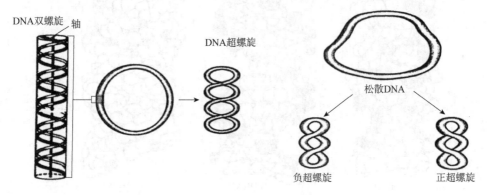

图 3-3　原核生物的 DNA 超螺旋结构

2. 染色质和染色体

真核生物的 DNA 以非常有序的形式组装在细胞核内，其三级结构主要是由 DNA 和组蛋白紧密结合而成，在细胞周期的大部分时间里以松散的染色质（chromatin）形式不定形、随机地分布在细胞核中，而在细胞分裂期，则凝集成高度致密的染色体（chromosome），不同物种的染色体数目和形状各异，DNA 要完成复制和转录等复杂的生物过程，而且还要随时能够对自身进行监测和修复，所以 DNA 在真核生物细胞核内是处在一种极为复杂的动态变化之中。

在电子显微镜下观察到的染色质呈现串珠样的结构。染色质的基本结构单位是核小体（nucleosome），它是由 DNA 和 H_1、H_2A、H_2B、H_3 和 H_4 5 种组蛋白（histone，H）共同构成的。2 分子的 H_2A、H_2B、H_3 和 H_4 形成一个八聚体的组蛋白核心，长度约 145bp 的 DNA 双链在核心组蛋白八聚体上盘绕 1.75 圈形成核小体的核心颗粒（core particle）。由 DNA（约 60bp）和组蛋白 H_1 构成连接区，核小体由核心颗粒和连接区连接起来形成串珠状的染色质细丝（图 3-4）。这是 DNA 在核内形成致密结构的第一层次折叠，使 DNA 的长度压缩至原来的 1/117～1/116。

核小体长链进一步卷曲，每 6 个核小体螺旋一圈，组蛋白 H_1 位于螺旋管的内侧，形成外径为 30nm、内径为 10nm 的中空螺旋管，这是 DNA 的第二层次折叠，使其长度又减少至原来的 1/6 左右。中空螺旋管进一步卷曲和折叠形成直径为 400nm 的超螺旋管纤维，使染色体的长度又压缩至原来的 1/40。染色质纤维再进一步压缩成染色单体，在核内组装成染色体，DNA 被压缩至原来的 1/10 000～1/8000（图 3-5）。人体每个细胞在分裂期形成染色体的过程中，DNA 被压缩至原来的 1/10 000～1/8000，从而将约 1.7m 长的 DNA 有效地组装在直径只有数微米的细胞核中。整个折叠和组装过程是在蛋白质参与的精确调控下实现的。

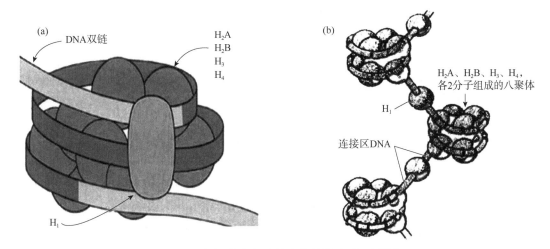

图 3-4　染色质（a）和核小体结构（b）示意图

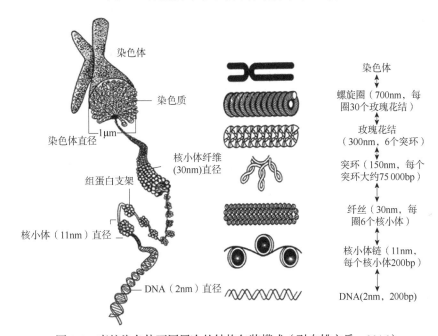

图 3-5　真核染色体不同层次的结构包装模式（引自姚文兵，2016）

（五）DNA 的功能

人们早在 20 世纪 30 年代就已经知道了染色体是遗传物质，也知道了 DNA 是染色体的主要组成部分。但是直到 1944 年，美国细菌学家 Avery 才首次证明了 DNA 是细菌遗传性状的转化因子。将有荚膜的致病的Ⅲ型肺炎球菌中提取的 DNA，注入另一种无荚膜的非致病性的Ⅱ型肺炎球菌细胞内，后者变为有荚膜的Ⅲ型肺炎致病菌，而且其后代仍保留合成Ⅲ型荚膜的能力。如果将 DNA 降解，则细菌失去转化功能，这进一步证明了 DNA 是携带生物体遗传信息的物质基础。

DNA 是生物遗传信息的载体，并为复制和转录提供模板，它是生命遗传的物质基础，也是个体生命活动的信息基础。DNA 的高度稳定性保证了生物体系遗传的相对稳定性；其高度复杂性保证了生物物种的进化，以便更好地适应环境，为自然选择提供机会。

三、RNA 的结构

根据结构、功能不同,动物、植物和微生物细胞的 RNA 主要有三类:信使 RNA（mRNA）、转运 RNA（tRNA）及核糖体 RNA（rRNA）。此外,还有一些小分子 RNA 与基因表达和细胞功能密切相关。

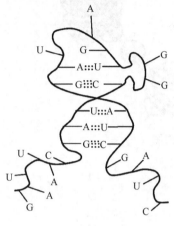

图 3-6　RNA 的二级结构

RNA 的结构特点主要有:①RNA 的基本组成单位是 AMP、GMP、CMP 及 UMP。一般含有较多种类的稀有碱基核苷酸,如假尿嘧啶核苷酸及带有甲基化碱基的多种核苷酸等。②每分子 RNA 中含有几十个至数千个 NMP,与 DNA 相似,彼此通过 3′,5′-磷酸二酯键连接而成多核苷酸链。③RNA 主要是单链结构,但局部区域可卷曲形成双链螺旋结构或称为发卡结构（hairpin structure）。双链部位的碱基一般也彼此形成氢键而互相配对,即 A-U 及 G-C,双链区有些不参与配对的碱基往往被排斥在双链外,形成环状突起（图 3-6）。具有二级结构的 RNA 进一步折叠形成 RNA 分子的三级结构（图 3-7）。④RNA 与 DNA 对碱的稳定性不同,RNA 易被碱水解,而 DNA 无 2′-羟基,则不易被碱水解。

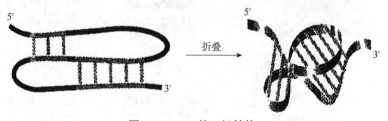

图 3-7　RNA 的三级结构

（一）信使 RNA 的结构与功能

信使 RNA（messenger RNA,mRNA）是传递 DNA 遗传信息,指导蛋白质合成的一类 RNA 分子。真核细胞在细胞核内新生成的 mRNA 的初级产物比成熟的 mRNA 大得多,称为不均一核 RNA（heterogeneous nuclear RNA,hnRNA）。hnRNA 经过一系列的剪接成为成熟的 mRNA。

1. mRNA 的结构

mRNA 在细胞中含量较少,占 RNA 总量的 3%~5%;mRNA 在代谢上很不稳定,半衰期一般较短,很容易降解;mRNA 的种类很多、分子质量大小不一,平均分子质量约为 500 000Da,因为 mRNA 是合成蛋白质的模板,每种多肽链都由一种特定的 mRNA 编码,而蛋白质的种类多样、分子质量大小不同;mRNA 由编码区和非编码区组成,从成熟 mRNA 的 5′端起的第一个 AUG（即为起始密码子）至终止密码子之间的核苷酸序列称为开放阅读框（open reading frame,ORF）,其决定多肽链的氨基酸序列,在 mRNA 的开放阅读框的两侧,还有非编码序列或称为非翻译序列（untranslated region,UTR）,与蛋白质合成调控有关;每分子 mRNA 可与几个至几十个核糖体结合成串珠样的多核糖体,可在同一时间合成多条多肽链,提高蛋白质合成效率。

原核细胞 mRNA 与真核细胞不同，其一般为多顺反子，即一个 mRNA 可以指导多种蛋白质肽链合成，因为没有细胞核结构，mRNA 转录和翻译同时进行，边转录边翻译。与原核细胞比较，真核细胞 mRNA 一般为单顺反子，即一个 mRNA 只能指导一种蛋白质肽链合成，mRNA 转录和翻译分开，先在细胞核中转录成 mRNA 前体，再在细胞质中进行加工和翻译合成蛋白质。大多数真核细胞 mRNA 的 5′端有一反式的 7-甲基鸟嘌呤-三磷酸核苷酸（m^7Gppp），称为 5′-帽子结构（5′-cap structure），在 mRNA 的 3′端，有一段由 80～250 个腺苷酸连接而成的多聚腺苷酸结构，称为多聚腺苷酸尾［poly(A)-tail］或多聚 A 尾（图 3-8）。3′-多聚 A 尾和 5′-帽子具有将 mRNA 从细胞核向细胞质转运的功能，防止 mRNA 被核酸酶降解、维持其稳定性，在蛋白质生物合成中促进核糖体和翻译起始因子的结合启动翻译功能。

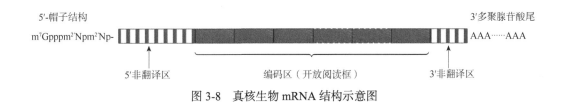

图 3-8　真核生物 mRNA 结构示意图

2. mRNA 的功能

mRNA 的功能是把 DNA 所携带的遗传信息，按碱基互补配对原则，抄录并传送至核糖体，用以决定其合成蛋白质的氨基酸排列顺序。

（二）转运 RNA 的结构与功能

1. 转运 RNA 的结构

（1）一级结构：tRNA 分子质量小，大多数 tRNA 由 70～90 个核苷酸组成，有较多的稀有碱基核苷酸，分子质量为 23 000～28 000Da。每一种氨基酸都有 2～6 种相应的 tRNA，3′端为 C-C-AOH，沉降系数都在 4S 左右。

（2）二级结构：呈三叶草式（clover），含有 4 个环 1 个臂，分为二氢尿嘧啶环、反密码子环、额外环、TψC 环和氨基酸臂 5 部分。

二氢尿嘧啶环（DHU 环）由 8～12 个核苷酸组成，含有二氢尿嘧啶；反密码子环由 7 个核苷酸组成，环的中间是反密码子（anticodon），由 3 个碱基组成，次黄嘌呤核苷酸常出现于反密码子中，反密码子可与 mRNA 上的遗传密码子进行互补配对，同时也决定了运载氨基酸的类型；额外环（extra loop）由 3～18 个核苷酸组成，不同的 tRNA，其环大小不一，是 tRNA 分类的指标；TψC 环由 7 个核苷酸组成，因环中含有 T-ψ-C 碱基序列而得名；氨基酸臂由 7 对碱基组成，富含鸟嘌呤，末端为 CCA，在蛋白质生物合成时用于连接活化的相应氨基酸。

（3）三级结构：在三维空间，tRNA 分子折叠成倒 L 形，氨基酸臂位于 L 形分子的一端，反密码子环则处于另一端（图 3-9）。

2. 转运 RNA 的功能

tRNA 的功能是活化、转运氨基酸，按照 mRNA 上遗传密码的顺序将特定的氨基酸运

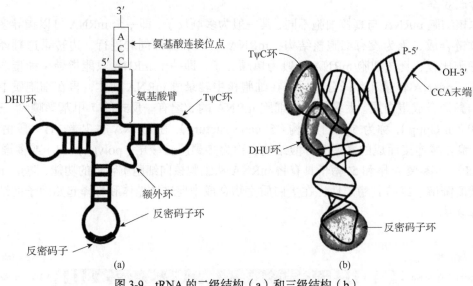

图 3-9 tRNA 的二级结构（a）和三级结构（b）

到核糖体进行蛋白质的合成。tRNA 一方面要识别 mRNA 上的密码子，另一方面它所负载的氨基酸正是密码子编码的氨基酸，它像配适器一样实现了遗传信息从核苷酸到氨基酸的转换。

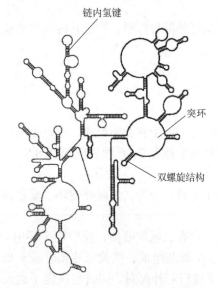

图 3-10 大肠杆菌的 16S rRNA 的二级结构

（三）核糖体 RNA 的结构与功能

核糖体 RNA（ribosomal RNA，rRNA）是细胞中主要的一类 RNA，rRNA 占细胞中全部 RNA 的 80% 左右，是一类代谢稳定、相对分子质量较大的 RNA，存在于核糖体内。rRNA 和核糖体蛋白质构成核糖体（ribosome），原核生物核糖体中蛋白质约占 1/3，rRNA 约占 2/3，真核生物核糖体中蛋白质和 rRNA 约各占一半。核糖体是蛋白质合成的场所，它为蛋白质生物合成所需要的 mRNA、tRNA 及多种蛋白因子提供了相互结合和相互作用的空间环境。原核生物的 rRNA 分 3 类：5S rRNA、16S rRNA 和 23S rRNA（图 3-10）。真核生物的 rRNA 分 4 类：5S rRNA、5.8S rRNA、18S rRNA 和 28S rRNA。rRNA 也是由部分双螺旋结构和部分突环相间排列组成的，rRNA 可与核糖体蛋白质结合构成核糖体的大亚基和小亚基，大、小亚基可进行动态结合与分离，与蛋白质合成的不同阶段有关。

除了上述 3 种 RNA 外，还有一些其他 RNA 在机体中也发挥了重要的作用，如核内小 RNA（small nuclear RNA，snRNA），其可与多种蛋白质形成复合体，参与真核细胞 hnRNA 的内含子加工剪接、rRNA 的加工和修饰。干扰小 RNA（small interfering RNA，siRNA）是具有特定长度（21～23bp）和特定序列的小片段 RNA，这些 siRNA 以单链形式与外源基因表达的 mRNA 相结合，并诱导相应 mRNA 降解，抵御外源侵入基因的表达。微 RNA （microRNA，miRNA）可通过结合 mRNA 而选择性调控基因的表达。

第四节　核酸的理化性质

核酸分为 DNA 和 RNA，由于两种分子在组成结构上有着较大差异，因此它们的理化性质也存在明显的差别。

一、一般物理性质

1. 核酸的分子大小

DNA 分子极大，可由成百上千甚至数亿个核苷酸分子构成，相对分子质量一般在 10^6 以上，但不同生物内 DNA 分子大小差异也很大。RNA 分子与 DNA 分子相比就小得多，为单链结构，一般只有几十个到几千个核苷酸，相对分子质量也较小。

2. 核酸的溶解度

RNA 和 DNA 都是极性化合物，都微溶于水，而不溶于乙醇、乙醚、氯仿等有机溶剂。DNA 和 RNA 在细胞中常以核酸-蛋白复合体（核蛋白）形式存在，DNA 核蛋白在高盐溶液中（1～2mol/L NaCl 溶液）溶解度较大，在低盐溶液中（0.14mol/L NaCl 溶液）溶解度较小；而 RNA 核蛋白在盐溶液中的溶解度和 DNA 正好相反，即在高盐溶液中溶解度较小，但在低盐溶液中溶解度较大。由于两种分子在不同溶液中的溶解度有着较大差异，因此可以利用这一性质分离 DNA 和 RNA。

3. 核酸的黏度

高分子溶液比普通溶液黏度要大得多，线性分子大于不规则线团分子，球形分子的黏度最小。由于天然 DNA 分子质量大，螺旋直径只有 2nm，可看成线性 DNA 分子，因此即使是极稀的 DNA 溶液，黏度也极大。RNA 分子比 DNA 分子短得多，不像 DNA 那样呈纤维状，RNA 的黏度比 DNA 的黏度小。当 DNA 溶液受到加热或在其他因素作用下发生螺旋向线团转变时，黏度降低。所以可用黏度作为 DNA 变性的指标。

二、核酸的酸碱性质

核酸是兼性离子，其碱基和磷酸基均能解离，所以核酸也具有两性解离性质。当核酸分子内的酸性解离和碱性解离相等，本身所带的正电荷与负电荷相等时，核酸溶液的 pH 即为核酸的等电点 pI，核酸在其等电点时溶解度最小。

核酸中两个单核苷酸残基之间的磷酸残基的解离具有较低的 pK' 值（pK'=1.5），所以当溶液的 pH>4 时，全部解离，呈多阴离子状态。因此，可以把核酸看成多元酸，具有较强的酸性，而碱基呈现弱碱性，所以核酸的等电点比较低。RNA 的等电点为 2.0～2.5，而 DNA 的等电点为 4.0～4.5。

由于碱基对之间氢键的性质与其解离状态有关，而碱基的解离状态又与 pH 有关，因此溶液中的 pH 直接影响核酸双螺旋结构中碱基对之间氢键的稳定性。对 DNA 来说，碱基对在 pH4.0～11.0 最为稳定。超出此范围，DNA 就会变性。

三、核酸的紫外吸收

由于核酸中含有的嘌呤与嘧啶碱基都含有共轭双键，具有紫外吸收性质，最大吸收值在

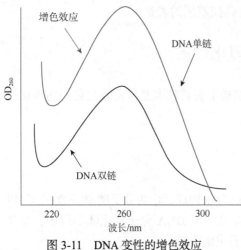

图 3-11　DNA 变性的增色效应

260nm 处。利用这一特性，可以进行核酸的含量测定，也可以鉴别核酸样品纯度。

天然的 DNA 在发生变性时，氢键断裂，双链发生解离，碱基外露，共轭双键更充分暴露，故变性的 DNA 在 260nm 处的紫外吸收值显著增加，该现象称为 DNA 的增色效应（hyperchromic effect）（图 3-11）。在一定条件下，变性核酸可发生复性，重新形成 DNA 双螺旋结构，由于堆积的碱基之间的电子相互作用，而降低了对紫外线的吸收，此时复性的 DNA 在 260nm 处的紫外吸收值降低，这一现象叫作减色效应（hypochromic effect）。紫外吸收值可作为核酸变性和复性的指标。

四、核酸的变性、复性及杂交

（一）核酸的变性

在某些理化因素作用下，核酸的空间结构改变，从而引起核酸理化性质改变和生物学功能丧失，这种现象称为核酸的变性。核酸变性时，其双螺旋结构解开，变成两条单链，但并不涉及核苷酸的一级结构的改变，不会引起磷酸二酯键的断裂，因此变性作用并不引起核酸分子质量降低，但会破坏氢键和碱基堆积力，改变核酸的空间结构。

多种因素可引起核酸变性，如加热、强酸或强碱、有机溶剂、酰胺和尿素等。加热是最常用的 DNA 变性方法，由加热引起的 DNA 变性称为热变性。将 DNA 的稀盐溶液加热到 80～100℃几分钟，双螺旋结构即被破坏，氢键断裂，两条链彼此分开，随着 DNA 变性和空间结构改变，其理化性质改变和生物活性丧失，如黏度降低，260nm 紫外吸收增加。DNA 热变性的过程不是随温度的升高缓慢发生的，而是在一个很狭窄的临界温度范围内突然引起并很快完成，就像固体的结晶物质在其熔点突然熔化一样。以温度为横坐标，OD_{260} 值为纵坐标，描述随温度变化，DNA 的变性程度的曲线称为 DNA 的解链曲线（melting curve）（图 3-12）。在解链过程中，将 DNA 紫外吸光度值达到最大值一半时所对应的温度称为 DNA 的解链温度（melting temperature, T_m）或融解温度。在此温度时，50%的 DNA 双链解离成为单链。DNA 的 T_m 值与 DNA 长短、碱基的 GC 含量及离子强度有关。GC 含量越高、离子强度越高，T_m 值也越高。小于 20bp 寡核苷酸片段的 T_m 值可用公式 $T=4(G+C)+2(A+T)$ 来估算，其中 G、C、A 和 T 是寡核苷酸片段中所含相应碱基的个数。

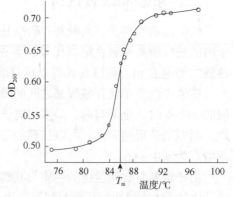

图 3-12　DNA 的解链曲线

DNA 的 T_m 值一般为 70～85℃，T_m 值与其分子中的 GC 含量成正比，通过测定 T_m 可推算 DNA 分子中 G-C 对的含量，其经验公式为

$$(G+C)\% = (T_m - 69.3) \times 2.44$$

T_m值还受介质中离子强度的影响，一般来说，离子强度较高时，DNA 的 T_m 值也较高。所以，DNA 制品一般在 1mol/L NaCl 溶液中保存较为稳定。

RNA 本身只有局部的双螺旋区，加热等变性因素可使 RNA 的局部双螺旋打开，发生变性，但 RNA 变性所引起的紫外吸收性质变化没有 DNA 那样明显，T_m 值较低。但 tRNA 具有较多的双螺旋区，所以具有较高的 T_m 值，变性曲线也较陡。RNA 变性后紫外吸收值约增加 1%。

（二）核酸的复性

变性 DNA 在适当条件下，两条彼此分开的链可重新形成天然的双螺旋结构，这个过程称为复性（renaturation）。

复性后 DNA 的一系列理化性质得到恢复，如紫外吸收值降低，黏度增高，生物活性部分恢复。通常以紫外吸收值的改变作为复性的指标。热变性 DNA 在缓慢冷却时，重新恢复双螺旋的复性过程称为退火（annealing）。有局部双链的 RNA 分子变性后，也可以像 DNA 一样发生复性。

（三）核酸的杂交

不同种类的 DNA 或 RNA 经变性后，放在同一溶液中进行复性，只要两种核酸单链之间存在着一定程度的碱基配对关系，它们就有可能形成杂化双链（heteroduplex）。这种杂化双链可以在不同的 DNA 单链之间形成，也可以在 RNA 单链之间形成，甚至还可以在 DNA 单链和 RNA 单链之间形成，这种现象称为核酸的杂交（nucleic acid hybridization）（图 3-13）。核酸分子杂交是分子生物学的常用实验技术。最常用的是以硝酸纤维素膜作为载体进行杂交。英国分子生物学家 Southern 创立的 Southern 印迹法（Southern blotting）就是将 DNA 样品经限制性内切核酸酶降解后，用琼脂糖凝胶电泳分离 DNA 片段，将经 NaOH 变性后 DNA 片段转移到硝酸纤维素膜上，与标记的变性 DNA 探针进行杂交，经放射自显影即可鉴定待分析的 DNA 片段。将 RNA 经电泳变性后转移至纤维素膜上再进行杂交的方法称为 Northern 印迹法（Northern blotting）。可用 [32]P 标记探针，也可用生物素标记探针，应用核酸杂交技术，可用来研究 DNA 片段在基因组中的定位、鉴定核酸分子间的序列相似性、检测靶基因在待检样品中存在与否等，斑点印迹、PCR 扩增、基因芯片等核酸检测手段也都是利用了核酸分子杂交的原理。

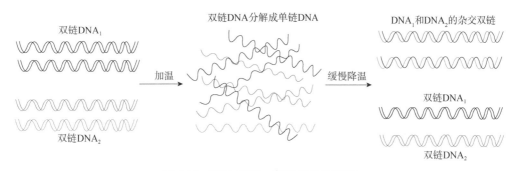

图 3-13　DNA 变性、复性与分子杂交

第五节　核酸的分离与含量测定

核酸是生物有机体中的重要成分，是现代分子生物学和基因工程的主要研究对象，核酸的分离、提取及含量测定是核酸研究中极为重要的技术，核酸样品的质量关系到实验的成败。

一、核酸的提取、分离和纯化

遗传信息全部储存在核酸的一级结构中，故完整的一级结构是保证核酸结构与功能研究的基础。从动植物组织和微生物中提取核酸的前提是要保证核酸一级结构的完整性和排除其他分子的污染。一般操作步骤是：先破碎细胞，将核蛋白与其他细胞成分分离；采用蛋白质变性剂（如苯酚或十二烷基硫酸钠等）或用蛋白酶处理除去核蛋白中的蛋白质、多糖、脂类等生物大分子；再沉淀核酸；去除盐类、有机溶剂等杂质，进行纯化干燥和溶解。要尽量简化操作步骤，缩短提取过程，以减少各种有害因素对核酸的破坏；减少化学物质对核酸酶的降解，避免过酸、过碱对核酸链中磷酸二酯键的破坏，应抑制核酸酶的活性防止核酸被降解，应在 pH4～10、低温（0℃左右）条件下进行；对于某特定细胞器中富集的核酸分子，应先提取细胞器后再提取目的核酸。

（一）DNA 的分离纯化

根据所提取的生物材料不同（细胞、细菌、植物组织、动物组织等），DNA 的分离也可采用不同的方法，虽然不同的提取方法使用的试剂不同，但提取的程序基本一致。

首先采用在液氮中研磨或匀浆器研磨或超声波破碎或加入溶菌酶等，破碎组织和细胞，进而使包括核酸在内的内容物都释放出来。真核细胞中 DNA 以核蛋白形式存在。DNA 蛋白（deoxyribonucleoprotein，DNP）在不同浓度的氯化钠溶液中溶解度显著不同，DNP 不溶于 0.14mol/L 氯化钠溶液，而 RNA 蛋白（ribonucleoprotein, RNP）溶于 0.14mol/L 氯化钠溶液，利用这一性质可将 DNP 从破碎后的细胞匀浆中分离出来，也可以使 DNP 和 RNP 分离。可用苯酚法、三氯甲烷-戊醇法、去污剂法（十二烷基硫酸钠 SDS）等方法使得 DNP 变性沉淀，离心去除，也可用广谱蛋白酶使蛋白质水解去除，绝大部分 RNA 则可通过经处理过的 RNase 降解，当除去杂质后，剩余的就是 DNA 溶液，通过调整盐离子浓度，加入有机试剂（如乙醇或异丙醇），可使 DNA 分子内脱水形成沉淀，再通过高速离心，获得较纯的 DNA 样品。

如果对 DNA 的纯度要求较高的话，如用于构建文库或是酶切鉴定，还可以结合氯化铯密度梯度离心法进一步纯化 DNA，羟甲基磷灰石和甲基清蛋白硅藻土柱层析也是常用的纯化 DNA 的方法。

（二）RNA 的分离纯化

总 RNA 的分离流程和 DNA 分离流程相似，使用的试剂稍有不同，RNA 分离纯化也可选用苯酚法、三氯甲烷法、去污剂法（十二烷基硫酸钠）。目前实验室常用 Trizol 抽提法，主要由苯酚和异硫氰酸胍组成，适用于任何生物材料的总 RNA 提取。RNA 分离时，首先研磨组织或细胞，使之裂解；加入 Trizol 后，可保持 RNA 的完整，同时进一步破碎细胞并溶解细胞成分；加入氯仿抽提，离心，水相和有机相分离，蛋白质、DNA 等大分子离心后缠绕在一起处于有机相中，RNA 保留在水相；收集含 RNA 的水相；通过异丙醇沉淀，即可获得 RNA 样品。还可选择合适的纤维素柱层析法对 RNA 样品进一步纯化。与其他方法相比，Trizol 法能迅速破碎细胞，抑制细胞释放出的核酸酶，可同时分离一个样品的 RNA、DNA、蛋白质，该法适用于从人类、动物、植物、微生物的组织或细胞中快速分离 RNA，样品量为几十毫克至几克。

如果想进一步纯化 RNA 制品，得到不同类型的 RNA 或者是 RNA 的降解产物，还可以选用蔗糖梯度区带超离心法、聚丙烯酰胺凝胶电泳法、甲基清蛋白硅藻土柱、羟基磷灰石柱、各种纤维素柱，得到均一的 RNA 制品。

如果想进一步提取 mRNA、rRNA、tRNA 和其他的 RNA，可先将细胞匀浆进行差速离心，制得细胞核、核糖体和线粒体等细胞器和细胞质。然后再从核糖体分离 rRNA，从多聚核糖体分离 mRNA，从线粒体分离线粒体 RNA，从细胞核分离核内 RNA，从细胞质分离各种 tRNA。

（三）核酸的纯度检测

由于核酸在波长 260nm 处有最大吸收峰，不仅可以作为核酸及其组分定性和定量测定的依据，同时可鉴定核酸样品的纯度。先测定核酸样品溶液的 OD_{260} 和 OD_{280} 值，然后计算 OD_{260}/OD_{280} 的值，纯的 DNA 样品的比值为 1.8，纯的 RNA 样品的比值为 2.0，核酸样品中如含有蛋白质或苯酚等杂质，比值显著降低。另外，可用定量核酸电泳的方法，即用已知分子质量的 Marker 与待检测的组分同时进行电泳来检测核酸样品的纯度。该方法较紫外分光光度法更为准确。

（四）核酸的保存

为了保持核酸的生物活性，防止核酸变性和降解，一般将其保存在低温、避光、高度消毒的环境中。如果以核酸形式存在，则要在高离子强度（大于 10^{-3}mol/L）的缓冲溶液中保存，一般把核酸存放在浓盐溶液中。

二、核酸含量测定的原理

（一）定磷法

RNA 和 DNA 中都含有磷酸，根据元素分析获知 RNA 的平均含磷量为 9.4%，DNA 的平均含磷量为 9.9%。因此，可从样品中测得的含磷量来计算 RNA 或 DNA 的含量。

具体方法为用强酸（如 10mol/L 硫酸）将核酸样品消化，使核酸分子中的有机磷转变为无机磷，无机磷与钼酸反应生成磷钼酸，磷钼酸在还原剂（如维生素 C、氯化亚锡等）作用下被还原成钼蓝，在 660nm 波长处有最大光吸收峰。在一定浓度范围内，颜色的深浅与磷含量呈正比关系。因此，可应用分光光度法进行磷的定量测定。

生物有机磷材料中有时含有无机磷杂质，故用定磷法来测定该有机磷物质的量时，必须分别测定该样品的总磷量，即样品经过消化以后所测得的含磷量，以及该样品的无机磷含量，即样品未经消化直接测得的含磷量。将总磷量减去无机磷含量才是该有机磷物质的含磷量。

（二）定糖法

RNA 含有核糖，DNA 含有脱氧核糖，根据这两种糖的颜色反应可对 RNA 和 DNA 进行定量测定。

1. 核糖的测定

RNA 分子中的核糖和浓盐酸或浓硫酸作用脱水生成糠醛。糠醛与某些酚类化合物缩合而生成有色化合物，如糠醛与地衣酚（3,5-二羟甲苯）反应生成深绿色化合物，当有高铁离子存在时，则反应更灵敏，反应产物在 660nm 有最大吸收，并且与 RNA 的浓度成正比。

2. 脱氧核糖的测定

DNA 分子中的脱氧核糖和浓硫酸作用，脱水生成 ω-羟基-γ-酮基戊醛，该化合物可与二苯胺生成蓝色化合物，该化合物在 595nm 处有最大吸收值，并且与 DNA 浓度成正比。

（三）紫外吸收法

核酸在 260nm 波长处有最大的光吸收值，所以对于纯的核酸样品只要读出 260nm 的 OD 值，即可算出核酸的含量，这也是实验室最常用的定量测定少量 DNA 和 RNA 的方法。

关键术语表

核酸（nucleic acid）	核苷（nucleoside）
核苷酸（nucleotide）	脱氧核糖核酸（deoxyribonucleic acid，DNA）
核糖核酸（ribonucleic acid，RNA）	环腺苷酸（cycle AMP，cAMP）
磷酸二酯键（phosphodiester linkage）	拓扑异构酶（topoisomerase）
核糖体核糖核酸（rRNA，ribosoma ribonucleic acid）	碱基对（base pair）
信使核糖核酸（mRNA，messenger ribonucleic acid）	
转运核糖核酸（tRNA，transfer ribonucleic acid）	夏格夫法则（Chargaff rule）
DNA 的双螺旋（DNA double helix）	增色效应（hyperchromic effect）
减色效应（hypochromic effect）	DNA 的变性（DNA denaturation）
DNA 的复性（DNA renaturation）	核酸的杂交（hybridization）

单元小结

1. 核酸是具有携带、贮存和传递遗传信息的生物大分子，分为脱氧核糖核酸（DNA）和核糖核酸（RNA）。

2. 核酸主要由 C、H、O、N、P 组成，其基本结构单位为核苷酸，而核苷酸又由戊糖、碱基和磷酸基团组成。DNA 和 RNA 在戊糖和嘧啶碱基中有所不同，DNA 含有脱氧核糖和 A、G、C、T，RNA 含有核糖和 A、G、C、U。

3. 核酸中核苷酸的数量和排列顺序构成了核酸的一级结构，连接键为 3′,5′-磷酸二酯键。

4. DNA 的二级结构主要是由 Watson 和 Crick 提出的 DNA 双螺旋结构，严格遵循碱基互补配对规律，稳定双螺旋结构的作用力是碱基堆积力、氢键、离子键。原核生物 DNA 三级结构形式为超螺旋结构，真核生物 DNA 三级结构形式为染色体和染色质。

5. 生物体内主要 RNA 有 rRNA、tRNA、mRNA，mRNA 能够把 DNA 上的遗传信息抄录并传送到核糖体，指导蛋白质合成，tRNA 具有转运氨基酸作用，rRNA 是蛋白质合成的装配场所。

6. 核酸因碱基含有大量的共轭双键，所以其在 260nm 处有最高的吸收峰值，具有紫外吸收性质。可用于核酸的含量、纯度、变性、复性的检测，不同来源的核酸分子在核酸变性后放在一起进行复性，不同核酸分子之间可形成杂化双链，也就是分子杂交。

复习思考习题

（扫码见习题）

第四章 蛋 白 质

> 蛋白质是生物体最重要的基本组成成分之一，是表达遗传性状的主要物质基础。蛋白质的分子结构、性质和功能贯穿于生物化学的始终，与发酵生产实践关系也很密切。蛋白质和核酸是构成细胞内原生质的主要成分，原生质是生命现象的物质基础，生命是物质运动的特殊形式，也是蛋白质的存在方式。氨基酸是构成蛋白质的基本单位，氨基酸通过脱水缩合连成肽链。蛋白质是由一条或多条多肽链组成的生物大分子，每一条多肽链有 20 至数百个氨基酸残基。蛋白质的不同在于其氨基酸的种类、数目、排列顺序和肽链空间结构的不同。

第一节 概 述

一、蛋白质的概念

生活中，人们普遍都具有一些关于蛋白质的常识，都知道蛋清、豆腐、奶、肉、鱼等食物中含有丰富的蛋白质。但是究竟什么是蛋白质，人们则难以给出简单明确的定义。

通常根据其分子组成、结构和功能等方面的特征将蛋白质定义为：蛋白质是一切生物体中普遍存在的，由天然氨基酸通过肽键连接而成的生物大分子；其种类繁多，各具有一定的相对分子质量、复杂的分子结构和特定的生物功能；是表达生物遗传性状的一类主要物质。

二、蛋白质的化学组成

1. 蛋白质的元素组成

根据蛋白质纯品的元素分析，发现蛋白质的元素组成除了主要的碳、氢、氧、氮和少量的硫外，有些蛋白质还有磷、铜、锰、钼、钴、铁、碘等微量元素。其中，主要元素的含量分别为碳 50%～55%，氢 6%～8%，氧 20%～23%，氮 15%～18%，硫 0～3%。

蛋白质元素组成中氮的含量是相对稳定的，无论哪种来源的蛋白质，其中氮的含量一般都为 15%～17%，平均为 16%。因此，氮成为区别蛋白质与糖和脂肪的特征性元素，也是蛋白质含量测定的主要依据。

将蛋白质中氮含量的平均值 16% 取倒数：100/16=6.25，即得蛋白质换算系数，其含义为样品中每存在 1g 元素氮，就说明含有 6.25g 蛋白质。通常通过凯氏定氮法测得样品中氮的含量，便可以计算出试样中粗蛋白的含量，其计算公式如下：

$$粗蛋白质(\%) = N(\%) \times 6.25$$

若某种生物材料蛋白质的含量是已知的，则其蛋白质换算系数就不用 6.25。某些生物材料的蛋白质换算系数如表 4-1 所示。

表 4-1　不同生物材料蛋白质换算系数

生物材料	换算系数	生物材料	换算系数
乳	6.30	大豆	5.71
蛋/肉/玉米	6.25	明胶	5.55
大米	5.95	花生	5.46
小麦/大麦/燕麦	5.83	棉籽/向日葵籽/芝麻籽//核桃/蓖麻	5.30

2. 蛋白质的分子组成

蛋白质就其化学结构来说，是由 20 种 L-型 α-氨基酸组成的长链分子。通过对样品完全水解分析证明，蛋白质的分子组成有两种类型。一类是单纯蛋白质，也称为简单蛋白质（simple protein），也就是完全水解后产物只有氨基酸，如核糖核酸酶、胰岛素等。另一类是结合蛋白质（conjugated protein），是由单纯蛋白质与耐热的非蛋白质物质结合而成的，其非蛋白质部分称为辅基（prosthetic group）或配基（ligand），如血红蛋白、核蛋白等。在细胞中作为结合蛋白质辅基的物质包括一些小分子化合物，如血红素、黄素核苷酸、尼克酰胺腺嘌呤二核苷酸、辅酶 A 等，还有一些无机离子，如磷酸根、Fe^{2+}、Cu^{2+}、Ca^{2+}、Mg^{2+}等也可以作为辅基。辅基虽然有限，但可以通用，即一种辅基可以分别与多种单纯蛋白质结合，构成不同的结合蛋白质分子。但是一种单纯蛋白质只能与特定的一种或几种辅基结合成一种结合蛋白质分子。

三、蛋白质的分类

每个细胞中蛋白质种类都很多，结构复杂，功能各异，即使结构简单的原核细胞，如大肠杆菌中也含有 3000 多种蛋白质。生物体的结构和机能越复杂，含蛋白质的种类越多。人体中的蛋白质种类估计达 10 万种以上。为了便于研究与理解，对蛋白质进行分类是十分必要的，根究研究的侧重点不同，目前蛋白质的分类方法有以下几种方法。

（一）根据分子形状分类

1. 球状蛋白质

球状蛋白质（globular protein）分子比较对称，接近球形或椭球形。多肽链折叠致密，疏水氨基酸侧链位于分子内部，亲水侧链在外部；溶解度较好，能结晶。大多数蛋白质属于球状蛋白质，如血红蛋白、肌红蛋白、酶、抗体等。

2. 纤维状蛋白质

纤维状蛋白质（fibrous protein）分子对称性差，类似于细棒状或纤维状。溶解性质各不相同，大多数不溶于水，在生物体内主要起结构作用，如胶原蛋白、角蛋白等。有些则溶于水，如肌球蛋白、血纤维蛋白原等。

（二）根据分子组成和溶解度分类

1. 简单蛋白质

简单蛋白质（simple protein）分子中只含有氨基酸，没有其他成分。常见的有如下几种：①清蛋白（albumin），又称白蛋白，分子质量较小，溶于水、中性盐类、稀酸和稀碱，可被饱和硫酸铵沉淀。清蛋白在自然界分布广泛，如小麦种子中的麦清蛋白、血液中的血清清蛋白和鸡蛋中的卵清蛋白等都属于清蛋白。②球蛋白（globulin），一般不溶于水而溶于稀盐溶液、稀酸或稀碱溶液，可被半饱和的硫酸铵沉淀。球蛋白在生物界广泛存在并具有重要的生物功能。大豆种子中的豆球蛋白、血液中的血清球蛋白、肌肉中的肌球蛋白及免疫球蛋白都属于这一类。③组蛋白（histone），可溶于水或稀酸。组蛋白是染色体的结构蛋白，含有丰富的精氨酸和赖氨酸，所以是一类碱性蛋白质。④精蛋白（protamine），易溶于水或稀酸，是一类分子质量较小、结构简单的蛋白质。精蛋白含有较多的碱性氨基酸，缺少色氨酸和酪氨酸，所以是一类碱性蛋白质。精蛋白存在于成熟的精细胞中，与DNA结合在一起，如鱼精蛋白。⑤醇溶蛋白（prolamine），不溶于水和盐溶液，溶于70%～80%的乙醇，多存在于禾本科作物的种子中，如玉米醇溶蛋白、小麦醇溶蛋白。⑥谷蛋白（glutelin），不溶于水、稀盐溶液，溶于稀酸和稀碱。谷蛋白存在于植物种子中，如水稻种子中的稻谷蛋白和小麦种子中的麦谷蛋白等。⑦硬蛋白（scleroprotein），不溶于水、盐溶液、稀酸、稀碱，主要存在于皮肤、毛发、指甲中，起支持和保护作用，如角蛋白、胶原蛋白、弹性蛋白、丝蛋白等。

2. 结合蛋白质

结合蛋白质（conjugated proteins）是由蛋白质部分和非蛋白质部分结合而成。主要的结合蛋白有下列几种：①核蛋白（nucleoprotein），非蛋白质部分为核酸，核蛋白分布广泛，存在于所有生物细胞中。②糖蛋白（glycoprotein），非蛋白质部分为糖类，糖蛋白广泛存在于动物、植物、真菌、细菌及病毒中。③脂蛋白（lipoprotein），非蛋白质部分为脂类，脂类和蛋白质之间以非共价键结合，脂蛋白广泛分布于细胞和血液中。④色蛋白（chromoprotein），蛋白质和某些色素物质结合形成色蛋白，非蛋白质部分多为血红素，所以又称为血红素蛋白。⑤金属蛋白（metalloprotein），是一类直接与金属结合的蛋白质，如铁蛋白含铁，乙醇脱氢酶含锌，黄嘌呤氧化酶含钼和铁等。⑥磷蛋白（phosphoprotein），分子中含磷酸基，一般磷酸基与蛋白质分子中的丝氨酸或苏氨酸通过酯键相连，如酪蛋白、胃蛋白酶等都属于这类蛋白质。

（三）根据功能分类

1. 活性蛋白质

活性蛋白质（active protein）是指除具有一般蛋白质的功能作用外，还具有某些特殊生理功能的一类蛋白质。

1）乳铁蛋白 乳铁蛋白晶体为红色，是一种铁结合蛋白，相对分子质量为77 100±1500。1分子乳铁蛋白中含有两个铁结合位点。广泛分布于哺乳动物乳汁和其他多种组织及其分泌液中（包括泪液、精液、胆汁、滑膜液等内、外分泌液和中性粒细胞），人乳中乳铁蛋白浓度为1.0～3.2mg/mL，是牛乳的10倍（牛乳中含量为0.02～0.35mg/mL），占普通母乳总蛋白的20%。乳铁蛋白有多种生理功效：①为消化道中天然抑菌剂；②具有传染病的防护作用；③改善发炎现象；④预防肿瘤发生与转移；⑤天然的抗氧化剂；⑥促进铁吸收。

2）金属硫蛋白 金属硫蛋白（metallothionein）是由微生物和植物产生的金属结合蛋白，为富含半胱氨酸的短肽，对多种重金属有高度亲和性。它是分子质量较低，半胱氨酸残基和金属含量极高的蛋白质，与其结合的金属主要是镉、铜和锌。其广泛地存在于各种生物中，结构高度保守。金属硫蛋白分子呈椭圆形，分两个结构域，分子质量为6～7kDa，含有

61 个氨基酸，其中 20 个氨基酸为半胱氨酸，这样每一个分子就可以结合 7～12 个金属离子。人体、动物、植物及微生物体内均含有金属硫蛋白，而且其理化特性基本一致，具有特殊的光吸收。金属硫蛋白构象较坚固，具有较强的耐热性。金属硫蛋白具有多种生理功能，如重金属解毒功能、清除体内自由基的功能和抗辐射功能。

3）免疫球蛋白　　免疫球蛋白（immunoglobulin）是指具有抗体活性的动物蛋白，主要存在于血浆中，也见于其他体液、组织和一些分泌液中。人血浆内的免疫球蛋白大多数存在于丙种球蛋白（γ-球蛋白）中。免疫球蛋白可以分为 IgG、IgA、IgM、IgD、IgE 5 类。其由两条相同的轻链和两条相同的重链组成，单体的分子质量为 150～170kDa，是一类重要的免疫效应分子。它是构成体液免疫作用的主要物质，其主要作用是与抗原起免疫反应，生成抗原-抗体复合物，从而阻断病原体对机体的危害，使病原体失去致病作用。因此，可以增强机体的防御能力。

4）大豆球蛋白　　大豆球蛋白（glycinin）分子质量约为 350kDa，为富含甘氨酸的一种球蛋白。大豆球蛋白是存在于大豆籽粒中的储藏性蛋白的总称，约占大豆总量的 30%。其主要成分是 11S 球蛋白（可溶性蛋白）和 7S 球蛋白（β-浓缩球蛋白与γ-浓缩球蛋白），其中，可溶性蛋白与 β-浓缩球蛋白两者约占球蛋白总量的 70%。大豆球蛋白营养价值极高，除婴儿外，其氨基酸组成还可满足 2 岁幼儿到成人所需的必需氨基酸，还具有降低血浆胆固醇或防止胆固醇升高的功能。

5）酶蛋白　　酶蛋白是一类具有生化反应催化剂功能的蛋白质，在维持机体正常的新陈代谢过程中发挥着极为重要的作用，如①超氧化物歧化酶（SOD）。其别名肝蛋白、奥古蛋白，能促使过氧化物游离基转化成过氧化氢和氧，可以清除体内过量的自由基，提高人体免疫力，延缓衰老；抗疲劳，调节女性生理周期，推迟更年期。②谷胱甘肽过氧化物酶（GSH-Px）。其是机体内广泛存在的一种重要的过氧化物分解酶。GSH-Px 的活性中心是硒半胱氨酸，其活力大小可以反映机体硒水平，是体内第一种含硒酶。谷胱甘肽过氧化物酶可以清除组织中的有机氢过氧化物和过氧化氢，可延缓细胞衰老，降低细胞突变的发生率。③溶菌酶（lysozyme）。其是一种能水解致病菌中黏多糖的碱性蛋白，广泛存在于禽类的蛋清中。主要通过破坏细胞壁中的 *N*-乙酰胞壁酸和 *N*-乙酰葡糖胺之间的 β-1,4-糖苷键，使细胞壁不溶性黏多糖分解成可溶性糖肽，导致细胞壁破裂内容物逸出而使细菌溶解。因此，该酶具有抗菌、消炎、抗病毒等作用。

2. 非活性蛋白质

非活性蛋白质包括一大类对生物体起保护或支持作用的蛋白质。主要种类有胶原、角蛋白和弹性蛋白。胶原是哺乳动物皮肤的主要成分；角蛋白的作用是保护或加强机械强度；弹性蛋白存在于韧带、血管壁等处，起支持与润滑作用。

四、蛋白质的分子大小与生物学功能

1. 蛋白质的大小与相对分子质量

蛋白质是相对分子质量很大的生物分子。蛋白质相对分子质量的变化范围很大，为 $6 \times 10^3 \sim 1 \times 10^6$，或更大一些。某些蛋白质是由两个或更多个蛋白质亚基（多肽链）通过非共价键结合而成的，称为寡聚蛋白质（oligomeric protein）。有些寡聚蛋白质相对分子质量可高达数百万甚至数千万，如烟草花叶病毒（TMV）是由许多蛋白质亚基和核糖核酸组成的超分子复合物，其相对分子质量约为 4×10^7。这些寡聚蛋白质虽然不是由共价键链接成的整体分子，在一定条件下可以解离成它们的亚基，但是它们在生物体内是相当稳定的，可以从细胞或组织中以均一的甚至结晶的形式分离出来，并且有一些蛋白质只有以这种寡聚蛋白质的形式存在时，其活性才能得到或充分得到体现。

蛋白质中 20 种氨基酸的平均相对分子质量约为 138，但在多数蛋白质中较小的氨基酸占优势，平均相对分子质量接近 128。而氨基酸残基平均相对分子质量约为 110。因此，对于那些不含辅基的简单蛋白质，用 110 除以它的相对分子质量即可粗略估计其氨基酸残基的数目。

2. 蛋白质的生物学功能

蛋白质种类繁多，结构各异，这决定了其性质和功能的多样性。蛋白质在生命体中的功能主要体现在以下 9 个方面。

（1）生物催化作用。酶在蛋白质中种类最多，国际生物化学会酶学委员会公布的酶有 3000 多种。酶在生物体新陈代谢过程中起催化作用，特异性强，催化效率极高，是非催化速率的 10^{16} 倍，它们几乎参与生物体内所有的化学反应，每种反应都有相应的酶参与，通过酶促反应来维持物质代谢和能量代谢的平衡，保证生命活动的正常进行，如糖酵解途径是原核生物和真核生物糖代谢的共同途径，从葡萄糖到丙酮酸的 10 个步骤中每一步都有相应的酶参与。

（2）代谢调节作用。有些蛋白质具有对新陈代谢的调节作用和对蛋白质表达的调控作用。前者如调节糖代谢的胰岛素、信号转导中的细胞因子等；后者如起激活转录作用的正调控因子——大肠杆菌的 CAP 和起转录抑制作用的乳糖操纵子的阻遏物。

（3）传递信息作用。信号转导中膜上的受体，如负责识别和结合病原微生物病原相关分子模式（pathogen-associated molecular patterns，PAMPs）的 Toll 样受体（Toll-like receptors，TLRs），以及它们所激活的信号转导中的细胞因子，如 TNF-α、IFN-γ、IL-6 和核转录因子 NF-κB 等，还有与细胞增殖和转化相关信号转导途径中的 G 蛋白和 G 蛋白受体偶联受体（GPCRs），它们可以激活腺苷酸环化酶系统、磷脂酶 C 系统和相关离子通道。

（4）转运和储存作用。转运蛋白是指在体内或膜上负责物质运输的蛋白质。体内具有负载和运输功能的蛋白质有运输氧气的血红蛋白，输送脂肪酸和胆红素的血清白蛋白。膜运输蛋白又分 3 类，即载体蛋白（carrier protein，如葡萄糖载体蛋白）、通道蛋白（channel protein，如水通道蛋白和离子通道蛋白）、离子泵（ion pump，如钠钾 ATP 酶）。储存蛋白是指具有储存营养物质特别是氮素的蛋白质，如卵清蛋白、酪蛋白等。

（5）收缩和运动作用。能够使器官收缩或使细胞、细胞器运动，如肌动蛋白和肌球蛋白负责肌肉的收缩运动；微管蛋白引起细胞分裂过程中纺锤体的形成和向细胞两极的运动；鞭毛、纤毛的运动等。

（6）结构和支持作用。许多蛋白质作为结构物质起支持作用，给生物结构以强度及保护，如韧带含弹性蛋白，具有双向抗拉强度；构成毛发、蹄、角、甲的角蛋白，构成皮肤、骨骼、肌腱的胶原蛋白等。

（7）免疫和保护作用。机体对病原体起防御作用的蛋白质，如抗体（免疫球蛋白）、补体、干扰素等细胞因子。

（8）控制生长和分化作用。细胞的分裂、生长和分化都受到蛋白质因子的调控。细胞周期蛋白（cyclin）控制细胞周期；有报道证明 Notch 蛋白对干细胞分化有调控作用；抗原提呈细胞（APC）的蛋白能控制 Skp2 和 p27，从而控制细胞的生长，缺乏这种蛋白质的肿瘤生长会受到抑制，这为抗肿瘤研究开辟了新的道路。

（9）生物膜功能。蛋白质以外周蛋白和内在蛋白的形式覆盖、贯穿或穿插于磷脂双分子层中，这些蛋白质除了作为膜结构蛋白，起到稳定膜系统，将细胞区域化、隔室化作用外，还有识别和结合细胞外配体引发信号转导的作用、细胞表面抗体与抗原的结合作用、作为运输蛋白转运物质进出细胞的作用、作为酶分子参与物质代谢和能量代谢的催化作用等。

第二节　氨基酸和肽

一、氨基酸

氨基酸（amino acid）是含有氨基和羧基的一类有机化合物的通称，是生物功能大分子蛋白质的基本组成单位，是构成动物营养所需蛋白质的基本物质。在四大类生物分子中，蛋白质是生物功能的主要载体；而氨基酸是蛋白质的基础结构，是含有一个碱性氨基和一个酸性羧基的有机化合物。氨基连在 α-碳上的为 α-氨基酸，天然氨基酸均为 α-氨基酸。

1. 氨基酸的结构与分类

根据是否参与蛋白质的合成可以将氨基酸分为蛋白质氨基酸和非蛋白质氨基酸。在目前已经发现的 180 多种氨基酸中大多数为非蛋白质氨基酸，仅有 20 种常见氨基酸参与蛋白质组成。这 20 种常见的蛋白质氨基酸又有 3 种分类方式：根据 R 基团的化学结构分为脂肪族、芳香族和杂环族氨基酸；根据 R 基团的酸碱性质分为中性、酸性和碱性氨基酸；根据 R 基团的电性质可分为疏水性 R 基团氨基酸、不带电荷 R 基团氨基酸和带电荷 R 基团氨基酸。

1）常见蛋白质氨基酸　　20 种常见的蛋白质氨基酸在结构上的共同特点是含有羧基，并在与羧基相连的碳原子上连有氨基，目前自然界中的蛋白质中尚未发现氨基和羧基不连在同一个碳原子上的氨基酸，而各种氨基酸的区别就在于 R 基（侧链）的不同。除甘氨酸外，其他氨基酸的 α-碳原子均为不对称碳原子（即与 α-碳原子键合的 4 个取代基各不相同），因此氨基酸可以有立体异构体，即可以有不同的构型（D-型与 L-型两种构型），如丙氨酸的结构通式如下：

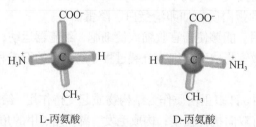

L-丙氨酸　　　　　　　　　D-丙氨酸

根据氨基酸分子中所含氨基和羧基数目的不同，氨基酸分为中性氨基酸、酸性氨基酸和碱性氨基酸，20 种常见氨基酸中有 15 种中性氨基酸、2 种酸性氨基酸和 3 种碱性氨基酸，具体如下。

（1）中性氨基酸：其是指在氨基酸分子中只有一个氨基和一个羧基的氨基酸，在中性氨基酸中又根据 R 基团的化学结构不同分为脂肪族中性氨基酸（甘氨酸、丙氨酸、缬氨酸、亮氨酸和异亮氨酸）、芳香族中性氨基酸（丝氨酸、苏氨酸、天冬酰胺和谷氨酰胺）和杂环族中性氨基酸（脯氨酸、苯丙氨酸、酪氨酸和色氨酸）和含硫氨基酸（半胱氨酸和甲硫氨酸），其

分子结构式如下:

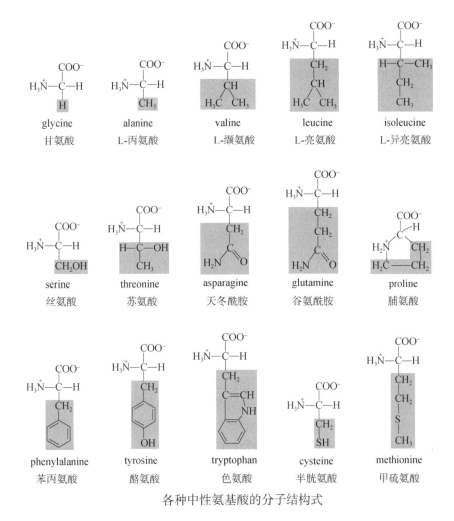

各种中性氨基酸的分子结构式

（2）酸性氨基酸：其是指氨基酸分子中含有 1 个氨基和 2 个羧基的氨基酸，如谷氨酸、天冬氨酸，二者的分子结构式如下：

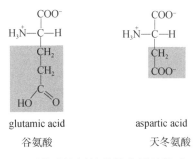

两种酸性氨基酸的分子结构式

（3）碱性氨基酸：这类氨基酸是指分子中含 2 个氨基和 1 个羧基的一类氨基酸，如组氨酸、精氨酸和赖氨酸。分子结构式如下：

arginine	histidine	lysine
精氨酸	组氨酸	赖氨酸

3种常见碱性氨基酸的分子结构式

2）稀有蛋白质氨基酸　　参加天然蛋白质分子组成的氨基酸，除了上述 20 种有遗传密码的基本氨基酸之外，在少数蛋白质分子中还有一些不常见的氨基酸，称为稀有氨基酸。它们都是在蛋白质分子合成之后，由相应的常见氨基酸分子经酶促化学修饰而成的衍生物。例如，在结缔组织的胶原蛋白中有 4-羟脯氨酸和 5-羟脯氨酸，肌球蛋白中有 *N*-甲基赖氨酸，凝血酶原中发现有 γ-羟基谷氨酸，弹性蛋白中存在的一种链锁素是赖氨酸的衍生物，由 4 分子赖氨酸的 R 基团组成一个吡啶环结构，甲状腺蛋白中分离出 3,5-二碘酪氨酸，是构成甲状腺素分子的前体，等等。

3）非蛋白质氨基酸　　在各种细胞及组织中已发现非蛋白质氨基酸 160 多种，这些氨基酸不存在于蛋白质中，以游离状态或者结合状态存在于细胞或组织中。非蛋白质氨基酸也大多是常见氨基酸的衍生物，即 α-氨基酸衍生物，也有少量的 β-氨基酸、γ-氨基酸、δ-氨基酸及 D-型氨基酸，如在细胞壁的肽聚糖层中发现有 D-谷氨酸和 D-丙氨酸。非蛋白质氨基酸虽然不组成蛋白质，但有些非蛋白质氨基酸是代谢过程中重要的前体物质和中间产物，如 β-氨基酸是泛酸的前体物，瓜氨酸及鸟氨酸是合成精氨酸的前体。除此之外，有些非蛋白质氨基酸，如高丝氨酸及刀豆氨酸，在氮素运转及储藏上具有一定作用。

为表达蛋白质或多肽结构的需要，氨基酸的名称常使用三字母的简写符号或单字母的简写符号表示，后者主要用于表达多肽链的氨基酸序列。这两套简写符号见表 4-2。

表 4-2　氨基酸的简写符号

名称	三字母符号	单字母符号	名称	三字母符号	单字母符号
丙氨酸	Ala	A	亮氨酸	Leu	L
精氨酸	Arg	R	赖氨酸	Lys	K
天冬酰胺	Asn	N	甲硫氨酸	Met	M
天冬氨酸	Asp	D	苯丙氨酸	Phe	F
半胱氨酸	Cys	C	脯氨酸	Pro	P
谷氨酰胺	Gln	Q	丝氨酸	Ser	S
谷氨酸	Glu	E	苏氨酸	Thr	T
甘氨酸	Gly	G	色氨酸	Trp	W
组氨酸	His	H	酪氨酸	Tyr	Y
异亮氨酸	Ile	I	缬氨酸	Val	V

2. 氨基酸的性质

1）物理性质　　一般构成蛋白质的 α-氨基酸为形态不同的无色晶体，其熔点一般为 200～300℃。氨基酸一般都能溶于水、稀酸和稀碱溶液，但不同的氨基酸在水中的溶解度并不相同，且一般不溶于乙醇、乙醚、氯仿等有机溶剂。除脯氨酸和羟脯氨酸外，大部分氨基酸都可以用醇将其从溶液中沉淀析出。一般在氨基酸的分子中均至少有一个手性碳原子，因此氨基酸是具有旋光性的，且不同的氨基酸，其旋光性不同，因此可以用α-氨基酸的比旋光度这个物理常数对氨基酸进行鉴别和纯度鉴定。但在20种常见氨基酸中，甘氨酸是不具有旋光性的。不同的氨基酸，其味不同，有的无味，有的味甜，有的味苦，谷氨酸的单钠盐有鲜味，是味精的主要成分。天然氨基酸的部分物理性质具体见表4-3。

表4-3 天然氨基酸的物理性质

氨基酸	溶解度（25℃）/%	旋光性			味感		
		比旋光度	质量分数/%	溶剂	阈值/（mg/100mL）	L 型	D 型
胱氨酸	0.011	−212.90°	0.99	1.02mol/L HCl	—	—	
酪氨酸	0.045	−7.27°	4.00	6.03mol/L HCl	—	微苦	甜
天冬氨酸	0.050	+24.62°	2.00	6.00mol/L HCl	3	酸（弱鲜）	—
谷氨酸	0.840	+31.70°	0.99	1.73mol/L HCl	30（5）	鲜（酸）	—
色氨酸	1.130	−32.15°	2.07	H_2O	90	苦	强甜
苏氨酸	1.590	−28.30°	1.10	H_2O	260	微甜	弱甜
亮氨酸	2.190	+13.91°	9.07	4.50mol/L HCl	380	苦	强甜
苯丙氨酸	2.960	−35.10°	1.93	H_2O	150	微苦	强甜
甲硫氨酸	3.380	+23.40°	5.00	3.00mol/L HCl	30	苦	甜
异亮氨酸	4.120	+40.60°	5.10	6.10mol/L HCl	90	苦	甜
组氨酸	4.290	−39.20°	3.77	H_2O	20	苦	甜
丝氨酸	5.020	+14.50°	9.34	1.00mol/L HCl	150	微甜	强甜
缬氨酸	8.850	+28.80°	3.40	6.00mol/L HCl	150	苦	强甜
丙氨酸	16.510	+14.47°	10.00	5.97mol/L HCl	60	甜	强甜
甘氨酸	24.990	0°	—	—	110	甜	甜
羟脯氨酸	36.110	−75.20°	1.00	H_2O	50	微甜	—
脯氨酸	62.300	−85.00°	1.00	H_2O	300	甜	—
精氨酸	易溶	25.58°	1.66	6.00mol/L HCl	10	微苦	弱甜
赖氨酸	易溶	+25.72°	1.64	6.03mol/L HCl	50	苦	弱甜
谷氨酰胺	—	—	—	—	250	弱甜鲜	
天冬酰胺	—	—	—	—	100	弱苦酸	

注：阈值为L-氨基酸的数据；谷氨酸和天冬氨酸呈酸味，其钠盐才呈鲜味；"—"表示无数据或性质不确定

2）化学性质

（1）两性解离及等电点：氨基酸分子是一种两性电解质。氨基酸在水溶液或结晶内基本上均以兼性离子或偶极离子的形式存在。因为氨基酸兼性离子上既带有能释放出质子的NH_3^+，也有能接受质子的 COO^-，所以氨基酸是两性电解质。氨基酸在水中的兼性离子既起酸（质子供体）的作用，也起碱（质子受体）的作用。氨基酸完全质子化时，可以看作多元酸，侧链不解离的中性氨基酸可看作二元酸，酸性氨基酸和碱性氨基酸可视为三元酸。

通过改变溶液的 pH 可使氨基酸分子的解离状态发生改变。在 pH<1.7 的条件下，混合液中各种氨基酸的可解离基团全部质子化，分子净带正电荷；在 pH>12.5 的条件下，各种氨基酸的可解离基团全部去质子化，分子净带负电荷；在其他 pH 条件下，酸性、碱性、中性氨基酸的解离状况和带电性质会有很大的差别。

例如，中性氨基酸随 pH 变化发生解离的反应过程为

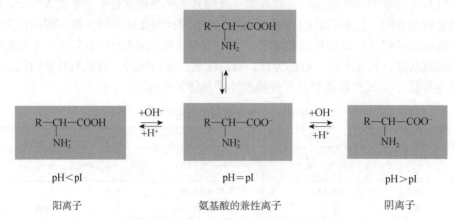

pH<pI　　　　　　　　　　pH=pI　　　　　　　　　　pH>pI

阳离子　　　　　　　　氨基酸的兼性离子　　　　　　阴离子

中性氨基酸随 pH 变化发生解离的反应过程

　　氨基酸分子正、负电荷相等时，溶液的 pH 称为该氨基酸的等电点（pI）。

　　以甘氨酸为例，从左向右是用 NaOH 滴定的曲线，溶液的 pH 由小到大逐渐升高；从右向左是用 HCl 滴定的曲线，溶液的 pH 由大到小逐渐降低。曲线中从左向右第一个拐点是氨基酸羧基解离 50%的状态，第二个拐点是氨基酸的等电点，第三个拐点是氨基酸氨基解离 50%的状态。

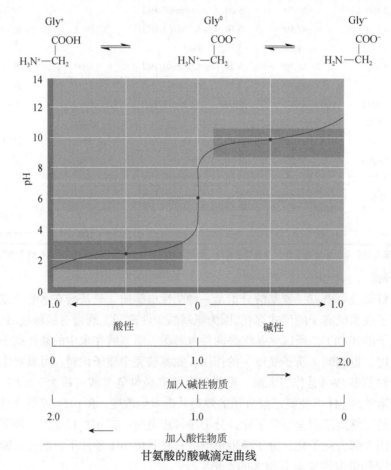

甘氨酸的酸碱滴定曲线

通过氨基酸的滴定曲线，可用以下 Henderson-Hasselbalch 方程求出各解离基团的解离常数（pK），根据 pK 值，可求出氨基酸的等电点，具体计算公式如下：

中性及酸性氨基酸：

$$pI=(pK_1+pK_2)/2$$

中性氨基酸：pK_1 为 α-羧基的解离常数，pK_2 为 α-氨基的解离常数。

酸性氨基酸：pK_1 为 α-羧基的解离常数，pK_2 为侧链羧基的解离常数。

碱性氨基酸：

$$pI=(pK_2+pK_3)/2$$

式中，pK_2 为 α-氨基的解离常数，pK_3 为侧链氨基的解离常数。

（2）氨基酸的化学反应。

a. α-氨基参加的反应。

i）酰基化反应：氨基酸的 α-氨基与酰氯或酸酐在弱碱溶液中发生作用时，氨基被酰基化。此反应常常用在多肽和蛋白质的人工合成中，被用作氨基的保护试剂。

（R′X=酰基）

DNS 反应：丹磺酰氯，一种酰化试剂，与氨基酸的 α-氨基反应，它能专一地与链 N 端 α-氨基反应生成丹磺酰-肽，后者水解生成的丹磺酰-氨基酸具有很强的荧光，可直接用电泳法或层析法鉴定出 N 端是哪种氨基酸。此反应常用于 N 端氨基酸的标记和微量氨基酸的测定。

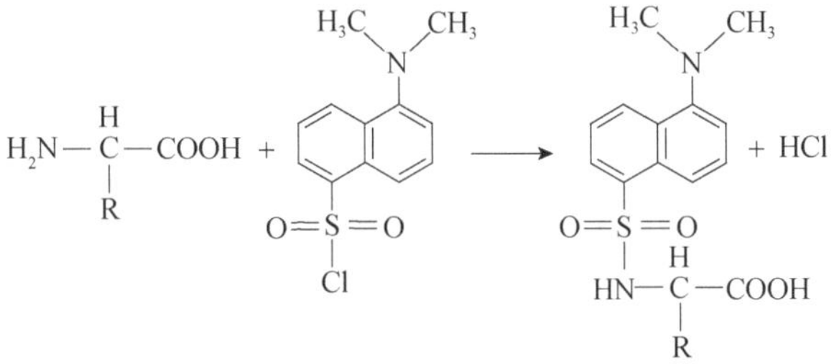

丹磺酰氯　　　　　　丹磺酰-氨基酸

ii）烃基化反应：氨基酸中 α-氨基的一个 H 原子被烃基取代的反应，比较有名的如 Sanger 反应及 Edman 反应等。

Sanger 反应：氨基酸的 α-氨基与 2,4-二硝基氟苯作用产生相应的二硝基苯基氨基酸（DNP-氨基酸，黄色）。此反应可用于鉴定多肽、蛋白质的 N 端氨基酸。

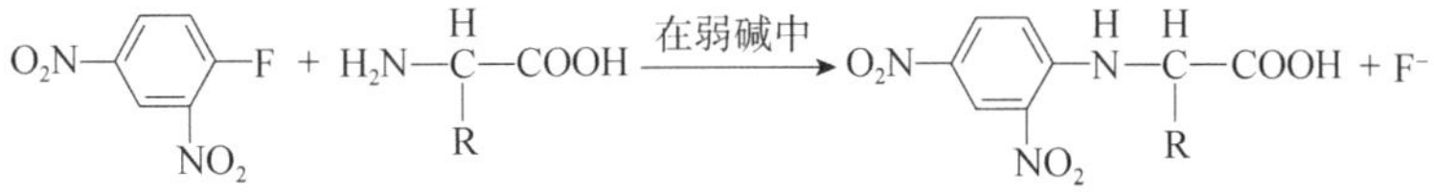

2,4-二硝基氟苯　　　　　　　　　　DNP-氨基酸（黄色）

Edman 反应：氨基酸的 α-氨基与异硫氰酸苯酯（PITC）作用形成相应氨基酸——苯氨基硫甲酰衍生物（生成 PTH-氨基酸）。此反应也可用于鉴定多肽、蛋白质的 N 端氨基酸。

异硫氰酸苯酯（PITC）　　　　　　　　PTC-氨基酸　　　　　PTH-氨基酸

b．α-羧基参加的反应。

氨基酸的α-羧基和其他有机酸的羧基一样，在一定条件下也可以发生成盐、成酯、成酰氯、成酰胺、脱羧及叠氮化反应等。

ⅰ）成盐和成酯反应：氨基酸与碱作用即生成盐，而氨基酸的羧基被醇酯化后，可形成相应的酯。

ⅱ）成酰氯反应：氨基酸中的氨基如果用适当的保护剂（如苄氧甲酰基）保护后，其羧基可与五氯化磷作用生成酰氯。

（式中 Y=酰基）

这个反应可使氨基酸的羧基活化，使它容易与另一氨基酸的氨基结合，因此在多肽的人工合成中常用到此反应。

ⅲ）脱羧基反应：在生物体内氨基酸经脱羧酶催化，放出二氧化碳并生成相应的氨基酸。

ⅳ）叠氮反应：氨基酸的氨基如果用适当酰基加以保护，羧基经酯化转变为甲酯，然后与肼和亚硝酸反应即生成叠氮化合物。这个反应可使氨基酸的羧基活化，因此也可用于多肽的人工合成中。

酰化氨基酸甲酯　　　　　　　　酰化氨基酸酰肼　　　　　　　酰化氨基酸叠氮
（Y=酰基）

c．由 α-氨基和 α-羧基共同参加的反应。

ⅰ）与茚三酮的反应：茚三酮在弱酸溶液中与α-氨基酸共热，引起氨基酸氧化脱氨、脱羧反应，茚三酮被还原，生成紫色物质。

氨基酸与茚三酮反应的过程

利用茚三酮显色可作为氨基酸定性鉴定；用分光光度法在 570nm 定量测定各种氨基酸，也可以在分离氨基酸时作为显色剂对氨基酸进行定性或定量分析。

脯氨酸和羟脯氨酸与茚三酮反应并不释放氨，而是直接生成（亮）黄色化合物，可在 440nm 比色。

ⅱ）成肽反应：一个氨基酸的氨基与另一个氨基酸的羧基可以缩合成肽，形成的键称为肽键。

二、肽

氨基酸能够彼此以酰胺键互相连接在一起，即一个氨基酸的羧基与另一个氨基酸的氨基形成一个取代的酰胺键，这个键称为肽键，这个化合物就称为肽。两个氨基酸分子所形成的肽称为二肽，三个氨基酸缩合成的肽称为三肽，以此类推。若一种肽含有氨基酸的个数不超过 10 个，称为寡肽。若氨基酸的个数大于 10 个，则为多肽。

1. 肽的结构

肽（peptide）是两个或两个以上氨基酸通过肽键连接而成的链状化合物，也称为肽链。肽链主链上的重复结构称为肽单位，它包括完整的肽键及一个 α-碳原子，即 C_α—CO—NH—，具体如下。

$$H—N—C_\alpha—C—N—C_\alpha—C—N—C_\alpha—C—OH$$

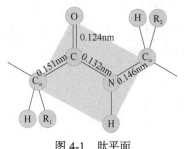

图 4-1　肽平面

2. 肽单位的特征

（1）由于酰胺氮上的孤对电子与相邻羧基之间的共振作用，肽键具有部分双键的性质，不能沿 C—N 轴自由旋转。肽键中 C—N 键长为 0.132nm，介于普通 C—N 单键（0.146nm）和 C=N 双键（0.125nm）之间。

（2）肽键和与之相连的 2 个 α-碳原子处于同一个平面内，此平面为刚性平面结构，称为肽平面或酰胺平面（图 4-1）。肽平面内各原子所构成键的键长和键角固定不变。

（3）大多数肽单元为反式构象，即羰基氧和氨基氢位于肽键两侧，这种构象有利于结构的稳定。

肽链中的每个氨基酸都参与肽键的形成，因而都不是原来完整的分子，故称为氨基酸残基。肽链的两端分别保留有游离的 α-氨基和 α-羧基，故这两端分别称为氨基端（N 端）和羧基端（C 端）。书写时，习惯将 N 端作为起始端，C 端作为结尾端，即从左至右为 N 端到 C 端。肽链命名可用某氨基酰……某氨基酸表示，也可用中文单字、英文三字母或英文单字母形式表示。例如，某肽链由半胱氨酸、甘氨酸、酪氨酸、丙氨酸和缬氨酸 5 个氨基酸组成，应命名为半胱氨酰甘胺酰酪氨酰丙氨酰缬氨酸，也可以简写为半胱-甘-酪-丙-缬、Cys-Gly-Tyr-Ala-Val、CGYAV。

三、肽的性质

肽与氨基酸一样也有游离的末端 α-氨基和 α-羧基及可解离的侧链 R 基，所以肽也具有酸碱性质。但与氨基酸不同的是，肽链末端的游离氨基和游离羧基之间的距离较远，它们之间的静电引力较弱，所以其可离子化程度较低。肽链 N 端 α-氨基的 pK 值减小，C 端的 α-羧基 pK 值增大，侧链 R 基的 pK 值变化不大。

每种肽都有等电点。其中小肽的计算方法与氨基酸相同，但复杂的多肽只能使用等电聚焦等手段进行测定。肽的游离 α-氨基、α-羧基及侧链 R 基也可以发生与氨基酸中相应基团类似的化学反应。此外，肽还可发生一些特殊反应，如双缩脲反应。

四、生物活性肽

以游离形式存在于生物体内且具有特殊生物学功能的小肽称为生物活性肽。这类肽在生物体的生长发育、细胞分化、免疫防御、生殖控制、肿瘤病变及延缓衰老等方面发挥着重要作用。

1. 谷胱甘肽

还原型谷胱甘肽（reduced glutathione，GSH）是谷氨酸、半胱氨酸和甘氨酸构成的三肽，结构式如下。

谷胱甘肽

还原型谷胱甘肽广泛存在于生物细胞中，红细胞中含量丰富。因其侧链中含有一个活泼的巯基，很容易被氧化生成氧化型谷胱甘肽（GSSG），所以它是生物体内重要的抗氧化剂，可以保护体内蛋白质或者酶分子中巯基不被氧化，使蛋白质或酶处于活性状态。

2. 脑啡肽

脑啡肽是 1975 年由英国 Hughes 等从猪脑组织中分离出来的一类活性肽，为五肽，它具有比吗啡更强的镇痛作用，有甲硫氨酸脑啡肽和亮氨酸脑啡肽两种存在形式。

甲硫氨酸脑啡肽 Tyr-Gly-Gly-Phe-Met

亮氨酸脑啡肽 Tyr-Gly-Gly-Phe-Leu

3. 肽类激素

生物体内的很多激素属于肽类，催产素具有收缩子宫和乳腺、促进排乳和催产的作用，为九肽，结构式如下。

$$\text{Cys—Tyr—Ile—Gln—Asn—Cys—Pro—Leu—Gly—}\overset{\overset{\textstyle O}{\|}}{C}\text{—NH}_2$$
$$|\underline{\qquad S\qquad S\qquad}|$$

再如，血管升压素具有促进血管平滑肌收缩、升高血压并减少排尿的作用。它也是九肽，结构与催产素相似，差别在于它的第 3 位氨基酸是苯丙氨酸，第 8 位氨基酸是精氨酸。

4. 抗菌肽

抗菌肽是由特定微生物产生的，为能抑制细菌和其他微生物生长和繁殖的肽或肽的衍生物。这类肽中经常存在一些特殊的氨基酸，或者存在一些异常的酰胺结合方式，如短杆菌肽 S、多菌素 E 和放线菌素等。

5. 大豆功能肽

大豆功能肽是指大豆蛋白经蛋白酶作用后，再经特殊处理而得到的蛋白质水解产物。它具有很多理想的食品加工特性，如应用到鱼、肉制品中，可突出制品的肉类风味，提高鲜香度，同时使产品质地柔软、口感良好；如应用到焙烤食品中，可增加面团的黏弹性，减少面包失水，使面包质地柔软、质构疏松、香气增加；如应用于糖果、巧克力生产中，可使产品甜度降低、香气增加，并降低成本。此外，它还有生理调节功能，如降低血清胆固醇、降低血压、消除疲劳、抗氧化、抗衰老、抗毒解毒、增强免疫力等。

第三节　蛋白质的分子结构与功能

蛋白质是具有特定构象的大分子，为研究方便，将蛋白质结构分为 4 个结构水平，包括一级结构、二级结构、三级结构和四级结构。一般将二级结构、三级结构和四级结构称为三维构象或高级结构。

一、蛋白质的一级结构

一级结构是指蛋白质多肽链中氨基酸的排列顺序。肽键是蛋白质中氨基酸之间的主要连接方式，即由一个氨基酸的 α-氨基和另一个氨基酸的 α-羧基之间脱去 1 分子水相互连接。肽键具有部分双键的性质，所以整个肽单位是一个刚性的平面结构。将多肽链的含有游离氨基的一端称为肽链的氨基端或 N 端，而另一端含有一个游离羧基的一端称为肽链的羧基端或 C 端。1969 年，国际纯粹与应用化学联合会（IUPAC）规定：蛋白质的一级结构是指蛋白质多肽链中氨基酸的排列顺序，包括二硫键的位置。其中最重要的是多肽链的氨基酸顺序，它是蛋白质生物功能的基础。

蛋白质的一级结构是高级结构的化学基础，也是认识蛋白质分子生物功能、结构与生物进化的关系、结构变异与分子病的关系等许多问题的有利条件。研究蛋白质一级结构需要阐明的内容包括：蛋白质分子的多肽链数目；每条多肽链的末端残基种类；每条肽链的氨基酸顺序；链内或链间二硫键的配置等。第一个被阐明一级结构的蛋白质是牛胰岛素，其分子的氨基酸序列如图 4-2 所示。牛胰岛素分子是由 51 个氨基酸残基分 A、B 两条链组成，相对分子质量为 5734，A 链有 21 个残基，N 端为 Gly，C 端为 Asn，A_6 与 A_{11} 间形成的二硫键。B 链有 30 个残基，N 端为 Phe，C 端为 Ala，A、B 链间有 A_7 与 B_7 之间和 A_{20} 与 B_{19} 之间形成的两个二硫键，将两条肽链连接在一起，构成完整的一级结构。

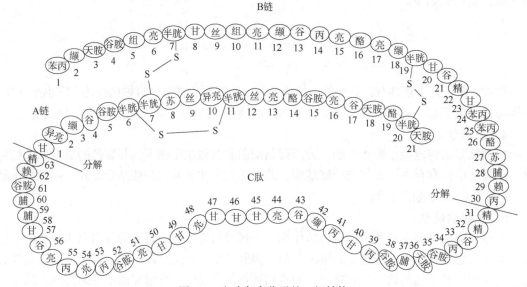

图 4-2　牛胰岛素分子的一级结构

二、蛋白质的二级结构

蛋白质的二级结构是指多肽链骨架盘绕折叠所形成的有规律性的结构。最基本的二级结构类型有 α 螺旋结构和 β 折叠结构，此外还有 β 转角和自由回转。右手 α 螺旋结构是在纤维蛋白和球蛋白中发现的最常见的二级结构，每圈螺旋含有 3.6 个氨基酸残基，螺距为 0.54nm，螺旋中的每个肽键均参与氢键的形成以维持螺旋的稳定。β 折叠结构也是一种常见的二级结构，在此结构中，多肽链以较伸展的曲折形式存在，肽链（或肽段）的排列可以有平行和反平行两种方式。氨基酸之间的轴心距为 0.35nm，相邻肽链之间借助氢键彼此连成片层结构。结构域是介于二级结构和三级结构之间的一种结构层次，是指蛋白质亚基结构中明显分开的紧密球状结构区域。

（一）α 螺旋结构

α 螺旋（α-helix）是蛋白质的二级结构（图 4-3）。它和 β 折叠一起被称为"规则二级结构"，因为它们都具有重复的 $\varPhi$ 和 $\varPsi$ 值（C_α-N 夹角和 C_α-C 夹角）。α 螺旋一般是右手螺旋。在 α 螺旋中，平均每个螺旋周期包含 3.6 个氨基酸残基，残基侧链伸向外侧，同一肽链上的每个残基的酰胺氢原子和位于它后面的第 4 个残基上的羰基氧原子之间形成氢键，即氨基酸残基的 N—H 与其氨基侧相间第 3 个氨基酸残基的 C═O 形成氢键，N—O 距离是 2.8Å，螺圈间距（螺距）为 5.4Å。这样构成的由一个氢键闭合的环，包含 13 个原子，这种氢键大致与螺旋轴平行。一条多肽链呈 α 螺旋构象的推动力就是所有肽键上的酰胺氢和羰基氧之间形成的链内氢键。在水环境中，肽键上的酰胺氢和羰基氧既能形成内部（α 螺旋内）的氢键，也能与水分子形成氢键。如果后者发生，多肽链呈现伸展构象，肽链结构易随水而发生结构变化，可能导致变性或活性中心的催化。α 螺旋中，氨基酸的 R 基团指向外和向下，这样就避免了与多肽链的主干部分之间的位阻影响。螺旋的核心部分紧密结合，原子之间以范德瓦耳斯力联系在一起。

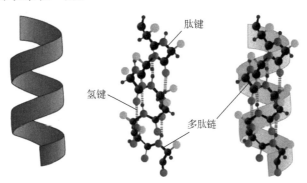

图 4-3　不同形式的 α 螺旋结构

　　螺旋的盘绕方式一般有右手旋转和左手旋转，在蛋白质分子中实际存在的是右手螺旋。α 螺旋是球状蛋白质构象中最为常见的螺旋盘曲形式，有些球状蛋白质具有较多的 α 螺旋区，如血红蛋白和肌红蛋白，多肽链中大约 75% 的长度形成 α 螺旋；有些球状蛋白质只含少量的 α 螺旋，如溶菌酶和糜蛋白酶，α 螺旋区只占 10% 和 5%；一些纤维状蛋白质也有 α 螺旋结构，α 螺旋可使肽链的长度大为缩短，即延伸性较大，如头发中的 α 角蛋白，几乎都呈 α 螺旋，多股 α 螺旋的多肽链拧成绳索状，并借许多二硫键交联起来，使毛发具有很强的韧性和伸缩性。α 螺旋并不是蛋白质构象中唯一的螺旋结构，如 3_{10} 螺旋，即每个氢键相隔 3 个氨基酸残基，在氢键封闭环内共有 10 个原子。

　　左手螺旋：胶原分子中的基本单位 α 链是不规则的左手螺旋。

　　多种因素影响 α 螺旋的稳定性：氢键是 α 螺旋稳定的主要原因，每一个氨基酸残基中的 N—H 和前面相邻的第 3 个氨基酸残基的 C═O 之间都形成氢键，使 α 螺旋十分牢固。一些因素不利于 α 螺旋稳定，如酸性或碱性氨基酸残基集中的区域，由于电荷相斥不利于肽链的盘绕；较大的 R 基集中的区域因空间位阻大不利于 α 螺旋的形成，如 Phe、Trp、Ile 等；脯氨酸是亚氨基酸，N 上没有供形成氢键的氢脯氨酸残基，另外，脯氨酸 α-碳原子组成五元环，结构不易扭转，多肽链走向转折，它出现的部位不能形成 α 螺旋；甘氨酸残基出现的部位，不利于 α 螺旋的形成，因为甘氨酸 R 基为 H，在形成三级结构时不能与其他侧链基团形成次级键，不利于 α 螺旋的稳定。

（二）β 折叠结构

　　β 折叠（β-sheet）结构又称为 β 折叠片层（β-plated sheet）结构和 β 结构等，是蛋白质中常见的二级结构，由伸展的多肽链组成（图 4-4）。折叠片的构象是通过一个肽键的羰基氧和

・104・ 食品生物化学（第二版）

位于同一个肽链或相邻肽链的另一个酰胺氢之间形成的氢键维持的。氢键几乎都垂直于伸展的肽链，这些肽链可以平行排列（走向都是N→C）；或者反平行排列（肽链反向排列）。β折叠结构的形成一般需要两条或两条以上的肽段共同参与，即两条或多条几乎完全伸展的多肽链侧向聚集在一起，相邻肽链主链上的氨基和羧基之间形成有规则的氢键，维持这种结构的稳定。β折叠结构的特点如下：①在β折叠结构中，多肽链几乎是完全伸展的，相邻的两个氨基酸之间的轴心距为0.35nm。侧链R交替地分布在片层的上方和下方，以避免相邻侧链R之间的空间障碍。②在β折叠结构中，相邻肽链主链上的C=O与N—H之间形成氢键，氢键与肽链的长轴近于垂直。所有的肽键都参与了链间氢键的形成，因此维持了β折叠结构的稳定。③相邻肽链的走向可以是平行式和反平行式两种。在平行的β折叠结构中，相邻肽链的走向相同，氢键不平行。在反平行的β折叠结构中，相邻肽链的走向相反，但氢键近于平行。从能量角度考虑，反平行式更为稳定。

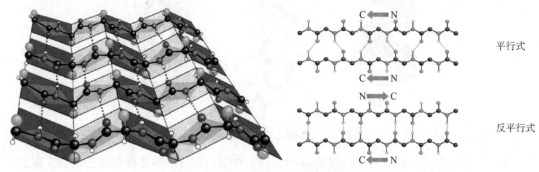

图4-4　蛋白质分子的β折叠结构

β折叠结构也是蛋白质构象中经常存在的一种结构方式，如蚕丝丝心蛋白几乎全部由堆积起来的反平行β折叠结构组成。球状蛋白质中也广泛存在这种结构，如溶菌酶、核糖核酸酶、木瓜蛋白酶等球状蛋白质中都含有β折叠结构。

（三）β转角结构

β转角（β-turn）结构又称为β弯曲（β-bend）、β回折（β-reverse turn）、发夹结构（hairpin structure）和U形转折等（图4-5）。蛋白质分子多肽链在形成空间构象时，经常会出现180°的回折，回折处的结构就称为β转角结构。其是多肽链中常见的二级结构，连接蛋白质分子

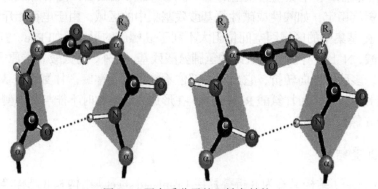

图4-5　蛋白质分子的β转角结构

中的二级结构（α螺旋和β折叠），使肽链走向改变的一种非重复多肽区，一般含有2~16个氨基酸残基。含有5个氨基酸残基以上的转角又常称为环（loop）。常见的转角含有4个氨基酸残基，有两种类型。在构成这种结构的4个氨基酸中，第1个氨基酸的羧基和第4个氨基酸的氨基之间形成氢键。甘氨酸和脯氨酸容易出现在这种结构中。在某些蛋白质中也有3个连续氨基酸形成的β转角结构，第1个氨基酸的羰基氧和第3个氨基酸的亚氨基氢之间形成氢键，第3个残基往往是甘氨酸。上述两种转角中的第2个氨基酸残基大多是脯氨酸。

（四）无规卷曲

无规卷曲又称为自由回转、自由绕曲，泛指那些不能被归入明确的二级结构折叠片或螺旋的多肽区段，即蛋白质肽链中没有规律的那部分肽段构象。其结构比较松散，与α螺旋、β折叠、β转角比较起来没有确定规律，但是对于一些蛋白质分子，无规卷曲特定构象是不能被破坏的，否则影响整体分子构象和活性。这些无规卷曲有明确而稳定的结构，它们受侧链相互作用的影响很大。这类有序的非重复性结构经常构成酶活性部位和其他蛋白质特异的功能部位。无规卷曲对围绕单键转动阻力极小，并且由于溶剂分子的碰撞而不断扭曲，因此不具独特的三维结构和最适构象。

三、超二级结构和结构域

超二级结构（super secondary structure）是指在多肽链内顺序上相互邻近的二级结构常常在空间折叠中靠近，彼此相互作用，形成规则的二级结构聚集体。目前发现的超二级结构有3种基本形式：α螺旋组合（αα）、α螺旋β折叠组合（βαβ）和β折叠组合（βββ），其中以βαβ组合最为常见（图4-6）。它们可直接作为三级结构的"建筑块"或结构域的组成单位，是蛋白质构象中二级结构与三级结构之间的一个层次，故称为超二级结构。αα是种α螺旋束，经常是由两股平行或反平行排列的右手螺旋段相互缠绕而成的左手卷曲螺旋或称为超螺旋。α螺旋束中还发现有三股和四股螺旋。卷曲螺旋是纤维状蛋白质，如α-角蛋白、肌球蛋白和原肌球蛋白的主要结构元件，也存在于球状蛋白质中。最简单的βαβ组合也称为βαβ单元（βαβ-unit），它是由两段平行的β折叠股和一段作为连接链的α螺旋组成，β股之间还有氢键相连；连接链反平行地交叉在β折叠片的一侧，即β折叠片的疏水侧，链面向α螺旋的疏水面，彼此紧密装配。作为连接的除了α螺旋还可以是无规卷曲。最常见的βαβ组合是由3段平行的β股和两段α螺旋构成，相当于两个βαβ单元组合在一起，称为Rossman折叠（βαβαβ）。由于L-氨基酸的伸展，多肽链（β股）倾向于采取右手扭曲结构，几乎所有实例中多种连接链都是右手交叉，这是种拓扑学现象。ββ就是反平行β折叠片在球状蛋白质中由一条多肽链的若干段β折叠股反平行组合而成，两个β股之间通过一个短回环（发夹）连接起来。最简单的ββ折叠花式是β发夹（β-hairpin）结构，由几个β发夹可以形成更大、更复杂的折叠片图案，如β曲折和希腊钥匙拓扑结构。β曲折（β-meander）是种常见的超二级结构，由氨基酸序列上连续的多个反平行β折叠股通过紧凑的β转角连接而成，含有与α螺旋相近数目的氢键，稳定性高。希腊钥匙拓扑结构（Greek key topology）也是反平行β折叠片中常出现的一种折叠花式，这种拓扑结构有两种可能的回旋方向，但实际上只存在其中一种。当折叠片的亲水面朝向观察者时，从N端到C端回旋几乎总是逆时针的。

$\alpha\alpha$　　　　　　　$\beta\beta$　　　　　　　$\beta\alpha\beta$

图 4-6　蛋白质的超二级结构

　　结构域（structural domain）是介于二级和三级结构之间的另一种结构层次。所谓结构域是指蛋白质亚基结构中明显分开的紧密球状结构区域，又称为辖区。多肽链首先是在某些区域相邻的氨基酸残基形成有规则的二级结构，然后，又由相邻的二级结构片段集装在一起形成超二级结构，在此基础上多肽链折叠成近似于球状的三级结构。对于较大的蛋白质分子或亚基，多肽链往往由两个或多个在空间上可明显区分的、相对独立的区域性结构缔合而成三级结构，这种相对独立的区域性结构就称为结构域。

　　按照结构域中二级结构单元的种类、数量及其排布，可将结构域粗略地划分成 5 类（图 4-7）。

　　（1）α 螺旋域：所含构象元件主要是 α 螺旋，如蚯蚓血红蛋白。

　　（2）β 折叠域：主要由 β 折叠股构成，如 lgG V_L 结构域。

　　（3）α+β 域：由 α 螺旋与 β 折叠股不规则堆积而成，如 3-磷酸甘油醛脱氢酶结构域 2。

　　（4）α/β 域：中央为 β 折叠片，周围是 α 螺旋，α 螺旋与 β 折叠股交替排布，如丙酮酸激酶结构域 1 和磷酸甘油酸激酶结构域 2。

　　（5）无 α 螺旋和 β 折叠股域：没有或只有少量 α 螺旋和 β 折叠股，如麦胚凝集素就没有 α 螺旋，只有 12% 的残基形成 β 折叠股。

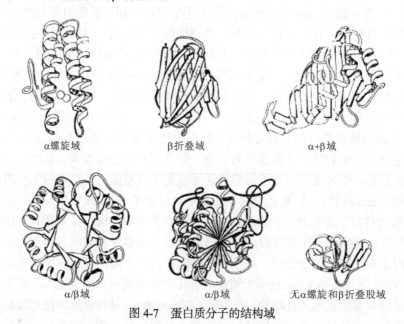

α螺旋域　　　　　　　β折叠域　　　　　　　α+β域

α/β域　　　　　　　α/β域　　　　　无α螺旋和β折叠股域

图 4-7　蛋白质分子的结构域

四、蛋白质的三级结构

　　蛋白质的三级结构是在二级结构的基础上借助各种次级键卷曲折叠成特定的球状分子结构的构象，是它天然折叠状态的三维构象。如图 4-8 所示，为溶菌酶分子的二、三级结构

及结构域。蛋白质三级结构中,肽链折叠卷
曲形成的球状、椭圆形等三级结构蛋白质分
子,往往形成一个亲水的分子表面和一个疏
水的分子内核,靠分子内部疏水键和氢键等
来维持其空间结构的相对稳定。有些蛋白质
分子的亲水表面上也常有一些疏水微区,或
在分子表面形成一些形态各异的"沟、槽、
洞穴"等结构,一些蛋白质的辅基或金属离
子往往就结合在其中。例如,上述肌红蛋
白分子亲水表面上,就有一个疏水洞穴,
其中结合着一个含 Fe^{2+} 的血红素辅基,起
着结合并储存氧的功能,当肌肉剧烈收缩,氧供应相对不足时,释放出氧。而结合了糖、
脂的蛋白质分子其三级结构就更复杂了。

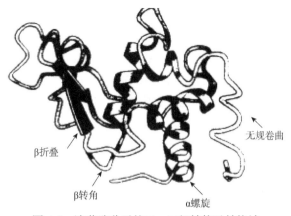

图 4-8 溶菌酶分子的二、三级结构及结构域

具备三级结构的蛋白质从其外形上看,有的细长(长轴比短轴长 10 倍以上),属于纤维
状蛋白质、如丝心蛋白;有的长短轴相差不多,基本上呈球形,属于球状蛋白质,如血浆清
蛋白、球蛋白、肌红蛋白。球状蛋白质的疏水基多聚集在分子的内部,而亲水基则多分布在
分子表面,因而球状蛋白质是亲水的,更重要的是,多肽链经过如此盘曲后,可形成某些发
挥生物学功能的特定区域,如酶的活性中心等。

蛋白质三级结构的稳定性主要靠次级键,包括氢键、疏水作用、离子键及范德瓦耳斯力
等。这些次级键可存在于一级结构序号相隔很远的氨基酸残基的 R 基团之间,因此蛋白质的
三级结构主要指氨基酸残基的侧链间的结合。次级键都是非共价键,易受环境中 pH、温度、
离子强度等的影响,有变动的可能性。二硫键不属于次级键,但在某些肽链中能使远隔的两
个肽段联系在一起,这对蛋白质三级结构的稳定性起着重要作用。

(1)氢键:是分子间作用力的一种,是一种永久偶极之间的作用力,氢键发生在已经以
共价键与其他原子键合的氢原子与另一个原子之间(X-H…Y),通常发生氢键作用的氢原子
两边的原子(X、Y)都是电负性较强的原子。氢键既可以是分子间氢键,也可以是分子内氢
键。其键能最大约为 200kJ/mol,一般为 5~30kJ/mol,比一般的共价键、离子键和金属键的
键能要小,但强于静电引力。氢键对于生物高分子具有极其重要的意义,它是蛋白质和核酸
的二、三和四级结构得以稳定的重要原因。

(2)离子键:又称为盐键,是化学键的一种,通过两个或多个原子或化学基团失去或获
得电子而成为离子后形成。带相反电荷的离子之间存在静电作用,当两个带相反电荷的离子
靠近时,表现为相互吸引,而电子和电子、原子核与原子核之间又存在着静电排斥作用,当
静电吸引与静电排斥作用达到平衡时,便形成离子键。因此,离子键是阳离子和阴离子之间
由于静电作用所形成的化学键。此类化学键往往在金属与非金属间形成。失去电子的往往是
金属元素的原子,而获得电子的往往是非金属元素的原子。

(3)范德瓦耳斯力:是存在于分子间的一种吸引力,它比化学键弱得多。一般来说,某
物质的范德瓦耳斯力越大,则它的熔点、沸点就越高。对于组成和结构相似的物质,范德瓦
耳斯力一般随着相对分子质量的增大而增强,其作用能的大小一般只有每摩尔几千焦至几十
千焦,比化学键的键能小 1 或 2 个数量级。它由 3 部分作用力组成:①当极性分子相互接近
时,它们的固有偶极将同极相斥而异极相吸,定向排列,产生分子间的作用力,叫作取向力。

偶极矩越大，取向力越大。②当极性分子与非极性分子相互接近时，非极性分子在极性分子的固有偶极的作用下，发生极化，产生诱导偶极，然后诱导偶极与固有偶极相互吸引而产生分子间的作用力，叫作诱导力，当然极性分子之间也存在诱导力。③非极性分子之间，由于组成分子的正、负微粒不断运动，产生瞬间正、负电荷重心不重合，而出现瞬时偶极。这种瞬时偶极之间的相互作用力，叫作色散力。分子质量越大，色散力越大。当然在极性分子与非极性分子之间或极性分子之间也存在着色散力。范德瓦耳斯力是存在于分子间的一种不具有方向性和饱和性，作用范围在几百个埃米之间的力。它对物质的沸点、熔点、汽化热、熔化热、溶解度、表面张力、黏度等物理化学性质有决定性的影响。

（4）疏水作用：是指水介质中球状蛋白质的折叠总是倾向于把疏水残基埋藏在分子内部的现象。疏水作用即疏水和亲水的平衡，在蛋白质结构与功能方面都起着重要的作用。严格来说，疏水作用不是一种作用力，它是指非极性分子不能和水发生相互作用，导致在非极性分子周围的水不能排列成一个稳定的晶格结构，迫使水分子远离非极性分子，发生一个有序排列，以降低水本身的极性从而适应非极性基团，以利于水分子自身的稳定。所以非极性分子与水接触在热力学上是不稳定的，非极性基团有聚集的趋势，以降低与水的接触面积，使熵值增加，而形成的非极性基团有彼此聚集的疏水作用。就一个球状蛋白质而言，它们的表面常被一层亲水残基包围，带有疏水侧链的残基原则上处于分子内部，但并不是绝对的。严格来说，整个蛋白质分子由里到外，疏水残基是逐渐减少，亲水残基则不断增多。比较而言，亲水残基出现在分子内部的概率大于疏水残基出现在分子表面的概率。因为很多带有电荷的残基通过正负电荷的相互作用而形成离子键，或者是一些残基的侧链参与氢键的形成，结果削弱了残基的亲水性，使某些侧链的疏水性质更为突出。由于大量的氨基酸疏水侧链以共价键形成了多肽，疏水基团的位置相对固定，迫使接近疏水基团的水分子以更为有序的方式排列，也会使熵值增加，而进一步加强侧链的疏水性。球状蛋白质表面也存在着一些疏水残基，从能量上看，其处于不稳定状态，它们有变得更为稳定的倾向。这些残基的侧链往往成为蛋白质的活性位点，参与和其他分子的相互作用；或是参与亚基和亚基的相互作用，形成蛋白质的四级结构，或是自身分子之间及与其他分子缔合。

五、蛋白质的四级结构

蛋白质的四级结构是指数条具有独立三级结构的多肽链通过非共价键相互连接而成的聚合体结构（图4-9）。在具有四级结构的蛋白质中，每一条具有三级结构的肽链称为亚基或亚单位。缺少一个亚基或亚基单独存在的形式都不具有活性。四级结构涉及亚基在整个分子中的空间排布和亚基之间的相互关系。

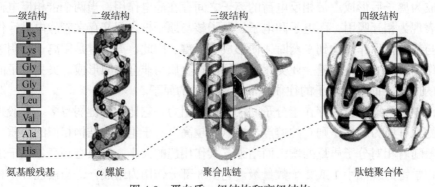

图 4-9　蛋白质一级结构和高级结构

由两个或两个以上亚基组成的蛋白质称为寡聚蛋白质（oligomer protein）；由几十个甚至上千个亚基组装而成的蛋白质称为多聚蛋白质（polymer protein）。这些蛋白质中亚基的种类、数目、空间排布及其间的相互作用就是四级结构，在这里不考虑亚基本身的构象。

由相同亚基组成的寡聚蛋白质称为同源寡聚体（homologous oligomer）；含不同亚基的寡聚蛋白质称为异源寡聚体（heterologous oligomer）。自然界寡聚蛋白质分子内亚基数多为偶数。除亚基外，文献中类似的名称还有原体（protomer）和单体（monomer）。在许多情况下，原体、单体与亚基含义相同，均指寡聚蛋白质中一条多肽链形成的结构单位。原体有时指异种亚基缔合成的寡聚体解聚后最小的结构与功能单位，如血红蛋白解聚成两个原体。单体通常指大分子复合物中的重复单位，有时指只有一条多肽链的蛋白质。

四级结构的形式具有以下优越性。

（1）四级结构赋予蛋白质更加复杂的结构，以便执行更为复杂的功能。例如，除功能简单的水解酶外，大多数酶均为寡聚体。

（2）通过亚基间的协同效应，可以对酶活性进行别构调节（详见第五章酶的相关内容）。

（3）中间代谢途径中有关的酶分子以亚基的形式组装成结构化多酶复合物，可避免中间产物的浪费，提高了催化效率。例如，大肠杆菌丙酮酸脱氢酶复合物由丙酮酸脱羧酶、二氢硫辛酸乙酰转移酶和二氢硫辛酸脱氢酶各 24 个、24 个和 12 个拷贝组成，依次催化丙酮酸的脱羧、转乙酰基和脱氢反应。

（4）可将大小、种类有限的亚基组装成具有特殊几何形状的超分子复合物，如微管是数百个 αβ 微管蛋白二聚体螺旋盘绕，聚集成每周有 13 个二聚体的微管。

（5）寡聚体的形成在一定程度上降低了细胞内渗透压。

（6）节约遗传信息，减少生物合成中的误差造成的浪费。例如，一个蛋白质由 6000 个氨基酸组成，包括 6 个 A 顺序（700 个氨基酸）和 6 个 B 顺序（300 个氨基酸），每次操作的误差概率为 10^{-8}，若氨基酸序列多肽链的折叠也正确无误，剔除错误原体的效率为 100%。显然，如果 A 和 B 分别编码然后组装，所需编码信息仅为全部从头编码的 1/6。从头合成的总误差率为 $6×10^{-5}$，而由 6 个原体（AB）组装，因为已将有缺陷的原体剔除，组装过程只需 5 次操作，其误差率仅为 $5×10^{-8}$。

寡聚蛋白质含有较多的疏水氨基酸，不能将其全部埋藏在亚基内部，以致在表面还留有不少疏水残基。为了尽量减少疏水残基与水的接触，亚基彼此缔合，把疏水残基藏在亚基接触面，寡聚体亲水的表面与周围水分子形成氢键，使整个分子处于能量最低的状态。据统计，亚基接触面疏水氨基酸占 60% 以上，因此疏水作用在启动亚基缔合、形成四级结构上具有十分重要的作用。

除了少数情况，寡聚蛋白分子中的亚基在空间上呈对称排布。

六、蛋白质结构与功能的关系

蛋白质是生命的基础，各种蛋白质都有其特定的生物学功能，而所有这些功能又都与蛋白质分子的特异结构密切相关。总的来说，蛋白质的功能取决于以一级结构为基础的蛋白质空间构象。研究生物大分子，如蛋白质、核酸的结构与功能的关系，最终目标是从分子水平上认识生命现象。

（一）蛋白质一级结构与其功能的关系

1. 蛋白质的一级结构相同其功能也相同

大量研究证实，蛋白质的一级结构差异越小，其功能的相似性越大，如促肾上腺皮质激素（ACTH）和促黑素（α-MSH），两者 N 端的 13 个氨基酸残基完全相同，仅 α-MSH 的 N 端为乙酰化的丝氨酸，而不是游离的丝氨酸。若将 ACTH 分子从 C 端逐渐切下，仅剩下 N 端的 13 个氨基酸，则 ACTH 的活性完全消失，而具有显著的 α-MSH 的活性。ACTH 和 α-MSH 的 N 端结构如下。

Ac-Ser-Tyr-Ser-Met-Glu-His-Phe-Arg-Trp-Gly-Lys-Pro-Val（α-MSH）

Ser-Tyr-Ser-Met-Glu-His-Phe-Arg-Trp-Gly-Lys-Pro-Val（ACTH）

2. 蛋白质一级结构稍有变化直接影响其功能

蛋白质或多肽功能不同的根本原因是它们的一级结构不同，甚至一级结构上微小的差异便可表现出明显不同的生理功能，如加压素与催产素都是由神经垂体分泌的九肽激素，它们分子中仅有两个氨基酸有差异（有画线标识的氨基酸残基是区别处），但两者的生理功能却有根本的区别：加压素能促进血管收缩、升高血压，促进肾小管对水的重吸收，表现为抗利尿作用；而催产素则能刺激平滑肌引起子宫收缩，表现为催产功能，其结构如下。

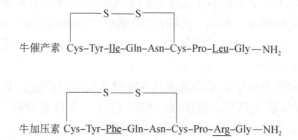

牛催产素　Cys–Tyr–Ile–Gln–Asn–Cys–Pro–Leu–Gly—NH₂

牛加压素　Cys–Tyr–Phe–Gln–Asn–Cys–Pro–Arg–Gly—NH₂

分子病是由遗传基因突变使得蛋白质分子结构改变或某种蛋白质缺失而导致的。例如，胰岛素分子病是由于胰岛素分子中 B 链第 24 位的苯丙氨酸被亮氨酸取代，使胰岛素成为活性很低的分子，从而失去降低血糖的功能。

镰状细胞贫血是人们最早认识的一种分子病，患者血液中大量出现镰状红细胞，后者不能与氧正常结合，使患者缺氧窒息，死亡率极高。它是由于血红蛋白基因中的一个核苷酸的突变，导致该蛋白分子中 β 链第 6 位的谷氨酸被缬氨酸取代。正常人的血红蛋白（HbA）和镰状细胞贫血患者的血红蛋白（HbS）的 β 链的氨基酸组成差异如下（有画线标识的氨基酸残基是区别处）。

正常型 β 链（HbA）—Val-His-Leu-Thr-Pro-Glu-Lys—

镰状 β 链（HbS）—Val-His-Leu-Thr-Pro-Val-Lys—

（二）蛋白质的空间构象与其功能的关系

1. 蛋白质的一级结构决定其高级结构

蛋白质的空间结构取决于其一级结构，核糖核酸酶变性与复性的过程可以很好地说明这一点。核糖核酸酶是含有 124 个氨基酸残基的一条肽链，经不规则折叠而形成一个近似球形的分子。当核糖核酸酶在蛋白质变性剂和还原剂存在的条件下，酶分子中稳定此构象的 4 个二硫键将完全被还原，酶的三维结构被破坏，肽链完全伸展，酶的催化活性完全丧失。然而，当用透析法慢慢除去变性剂和还原剂后，二硫键会重新形成，酶的大部分活性也得以恢复（图 4-10），这一现象说明完全伸展的多肽链能自动折叠成其活性形式。

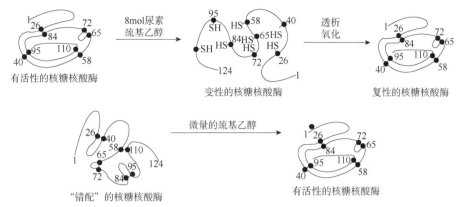

图 4-10　核糖核酸酶的变性与复性

　　然而，还原后的核糖核酸酶通过氧化剂重新氧化所得到的产物只有1%的活性，因为此时巯基没有正确配对。因为变性后的核糖核酸酶的8个巯基相互配对形成二硫键的概率是随机的，但只有一种是正确的，那些不正确配对的产物成为"错配"的核糖核酸酶。再用还原剂处理"错配"的核糖核酸酶，其将会转变为天然的、有全部酶活性的核糖核酸酶。这些实验现象证明，蛋白质的变性是可逆的，变性蛋白在一定条件下之所以能自动折叠成天然的构象，是由于形成复杂的三维结构所需要的全部信息都包含在它的氨基酸排列顺序上，蛋白质分子多肽链的氨基酸排列顺序包含了自动形成正确的空间构象所需要的全部信息，即一级结构决定其高级结构。由于蛋白质特定高级结构的形成，因此出现了它特有的生物活性。

　　虽然蛋白质的一级结构决定其高级结构，但蛋白质在合成过程中还需要有形成空间结构的控制因子。这些控制因子是在细胞中广泛存在的一些单独蛋白质，这些蛋白质称为多肽链结合蛋白或分子伴娘，它们在蛋白质的折叠、加工和穿膜进入细胞器的转化过程中起着关键作用。它们有些结合在多肽链上防止侧链非特异性聚集，有些则可引导某些多肽链折叠并集合多肽链成为较大的结构。

2. 蛋白质的高级结构与其功能密切相关

　　蛋白质分子特定的空间构象是表现其生物学功能或活性所必需的，蛋白质的变性与激活能很好地说明这一点。

　　1）酶前体的活化　　蛋白质中的酶是具有催化活性的，但许多酶有一个不具备活性的前体，这个前体必须经专一性蛋白水解酶作用切去一段肽才能表现出活性，如激素中的胰岛素、甲状旁腺素、生长激素和胰高血糖素等均存在激素前体，甚至一些结构蛋白质，如胶原蛋白也有前胶原蛋白作为其前体。这些前体蛋白质均无生物学功能。当无活性的转变成具有生物学功能的相应蛋白质时，会有相应的结构改变。例如，胰岛素的前体是胰岛素原，猪胰岛素是由84个氨基酸残基组成的一条多肽链，其活性仅为胰岛素活性的10%。在体内，胰岛素原经过两种专一性水解酶的作用，将肽链31、32位和62、63位的4个碱性氨基酸残基切掉，结果生成1分子C肽（29个氨基酸残基），以及另1分子由A链（21个氨基酸残基）和B链（30个氨基酸残基）两条多肽链经两对二硫键连接的胰岛素分子。胰岛素分子具有特定的空间结构，从而表现出其完整的生物活性。

　　2）蛋白质空间构象的改变影响其功能　　一些蛋白质由于受某些因素的影响，其一级结构不变而空间构象发生一定变化，导致其生物学功能的改变，称为蛋白质的变构现象或别构现象（allosteric effect）。变构现象是蛋白质表现其生物学功能的一种普通而十分重要的现象，也是调节蛋白质生物学功能非常有效的方式。例如，变构酶类的生物催化作用，血红蛋白运输 O_2 和 CO_2 的功能等。

第四节　蛋白质的理化性质

蛋白质是两性电解质，它的酸碱性质取决于肽链上的可解离的 R 基团。不同蛋白质所含有的氨基酸的种类、数目不同，所以具有不同的等电点。当蛋白质所处环境的 pH 大于 pI 时，蛋白质分子带负电荷；pH 小于 pI 时，蛋白质带正电荷；pH 等于 pI 时，蛋白质所带净电荷为零，此时溶解度最小。

蛋白质分子表面带有许多亲水基团，使蛋白质成为亲水的胶体溶液。蛋白质颗粒周围的水化膜（水化层）及非等电状态时蛋白质颗粒所带的同性电荷的互相排斥是使蛋白质胶体系统稳定的主要因素。当这些稳定因素被破坏时，蛋白质会产生沉淀。高浓度中性盐可使蛋白质分子脱水并中和其所带电荷，从而降低蛋白质的溶解度并沉淀析出，即盐析。但这种作用并不引起蛋白质的变性，根据这一特点可用来分离蛋白质。

某些物理或化学因素的作用，会引起蛋白质生物活性的丧失、溶解度的降低及其他性质的改变，这种现象称为蛋白质的变性作用。变性作用的实质是由于维持蛋白质高级结构的次级键遭到破坏而造成天然构象的解体，但未涉及共价键的断裂。有些变性是可逆的，有些变性是不可逆的。当变性条件不剧烈时，变性是可逆的，除去变性因素后，变性蛋白又可重新恢复到原有的天然构象，恢复或部分恢复其原有的生物活性，这种现象称为蛋白质的复性。

一、蛋白质的分子质量

蛋白质是一类大分子化合物，它的分子质量为 6～100kDa，甚至更大一些。通常将分子质量小于 10kDa 的称为多肽，大于 10kDa 的称为蛋白质。一般来说，这种界限并不是很严格。表 4-4 列举了食品中一些常见蛋白质的分子质量。

表 4-4　食品中一些常见蛋白质的分子质量（引自谢达平，2004）

蛋白质	来源	近似分子质量/kDa
乳清蛋白	牛乳	17.4
谷醇溶蛋白	小麦	27.5
玉米醇溶蛋白	玉米	40
卵清蛋白	鸡蛋	44
明胶	皮	100
肌球蛋白	肌肉	1000
核组蛋白	牛	2300

高分子特性是蛋白质的重要性质，也是蛋白质胶体性、变性和免疫学性质的基础。此外，蛋白质分子颗粒直径较大，不能透过半透膜。因此，可以用透析和超滤等膜分离技术，除去蛋白质提取物中的无机离子等小分子杂质。

由于蛋白质的分子质量很大，蛋白质溶液的物质的量浓度一般很小，因而蛋白质溶液的渗透压通常很低。腌制鱼、肉类食品时，大量水分会从鱼、肉组织的细胞内通过细胞膜渗出，就是一个很好的例证。

二、两性解离和等电点

蛋白质是由氨基酸组成的，在其分子表面带有很多可解离基团，如羧基、氨基、酚羟基、咪唑基、胍基等。此外，在肽链两端还有游离的 α-氨基和 α-羧基，因此蛋白质是两性电解质，可以与酸或碱相互作用。溶液中蛋白质的带电状况与其所处环境的 pH 有关。当溶液在某一特定的 pH 条件下，蛋白质分子所带的正电荷数与负电荷数相等，即净电荷数为零，此时蛋白质分子在电场中不移动，这时溶液的 pH 称为该蛋白质的等电点，此时蛋白质的溶解度最小。由于不同蛋白质的氨基酸组成不同，因此蛋白质都有其特定的等电点，在同一 pH 条件下所带净电荷数不同。如果蛋白质中碱性氨基酸较多，则等电点偏碱，如果酸性氨基酸较多，则等电点偏酸。酸碱氨基酸比例相近的蛋白质，其等电点大多为中性偏酸，在 5.0 左右。

1. 两性解离

蛋白质可以在酸性环境中与酸中和成盐，而游离成正离子，即蛋白质分子带正电，在电场中向阴极移动；在碱性环境中与碱中和成盐，而游离成负离子，即蛋白质分子带负电，在电场中向阳极移动。以 "P" 代表蛋白质分子，以—NH_2 和—$COOH$ 分别代表其碱性和酸性解离基团，随着 pH 变化，蛋白质的解离反应可简示如下。

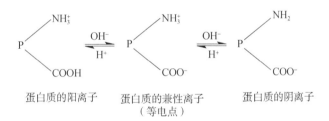

蛋白质的阳离子　　　蛋白质的兼性离子　　　蛋白质的阴离子
　　　　　　　　　　　（等电点）

2. 等电点沉淀和电泳

1）等电点沉淀　　蛋白质在等电点时，以两性离子的形式存在，其总电荷数为零，这样的蛋白质颗粒在溶液中因为没有相同电荷相互排斥的影响，所以极易借静电引力迅速结合成较大的聚集体，因而易发生沉淀析出。这一性质常在蛋白质分离、提纯时应用。在等电点时，除了蛋白质的溶解度最小外，其导电性、黏度、渗透压及膨胀性均为最小。

2）电泳　　蛋白质颗粒在溶液中解离成带电的颗粒，在直流电场中向其所带电荷相反的电极移动。这种大分子化合物在电场中定向移动的现象称为电泳。蛋白质电泳的方向、速度主要取决于其所带电荷的正负性、电荷数及分子颗粒的大小。

蛋白质混合液中，各种蛋白质的分子质量不同，因而在电场中移动的方向和速度也各不相同。根据这一原理，就可以从混合液中将各种蛋白质分离开来。因此，电泳法通常用于实验室、生产或临床诊断来分离蛋白质混合物或作为蛋白质纯度鉴定的手段。

将蛋白质溶液点在浸有缓冲液的支持物上进行电泳，不同组分形成带状区域，称为区带电泳。其中用滤纸作支持物的称为纸上电泳（图 4-11）。这种方法比较简便，为一般实验室所采用。近年来，用乙酸纤维素薄膜作支持物进行电泳，速度快，分析效果好，定量比较准确，已逐渐取代纸上电泳。

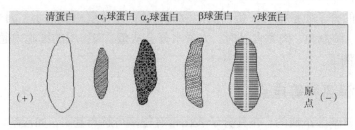

图 4-11　人血清蛋白质纸上电泳图

三、沉淀作用

1. 概念

蛋白质胶体溶液的稳定性取决于其颗粒表面的水化膜和电荷，当这两个因素遭到破坏后，蛋白质溶液就失去稳定性，并发生凝聚作用，沉淀析出，这种作用称为蛋白质的沉淀作用。

蛋白质的沉淀作用，在理论上和实际应用中均有一定的意义，一般为达到两种不同的目的：第一，为了分离制备有活性的天然蛋白质制品；第二，为了从制品中除去杂蛋白，或者制备失去活性的蛋白质制品。

蛋白质的沉淀作用有以下两种类型。

（1）可逆沉淀：蛋白质结构和性质都没有发生变化，在适当的条件下，可以重新溶解形成溶液，所以这种沉淀又称为非变性沉淀。一般是在温和条件下，通过改变溶液的 pH 或电荷状况，使蛋白质从胶体溶液中沉淀分离（可逆沉淀是分离和纯化蛋白质的基本方法，如等电点沉淀法、盐析法和有机溶剂沉淀法等）。

（2）不可逆沉淀：在蛋白质的沉淀过程中，产生的蛋白质沉淀不可能再重新溶解于水，强烈的沉淀条件，不仅破坏了蛋白质胶体溶液的稳定性，而且也破坏了蛋白质的结构和性质。由于沉淀过程发生了蛋白质结构和性质的变化，因此又称为变性沉淀。

2. 生产上常用的几种沉淀蛋白质的方法

1）用中性盐沉淀蛋白质　　分离提取蛋白质常用硫酸铵 $[(NH_4)_2SO_4]$、硫酸钠（Na_2SO_4）、氯化钠（$NaCl$）、硫酸镁（$MgSO_4$）等中性盐来沉淀蛋白质，这种沉淀蛋白质的方法叫作盐析法。

有的蛋白质溶液中同时含有几类不同的蛋白质，由于不同类的蛋白质产生沉淀所需要的盐的浓度不一样，因而可以用不同的盐浓度把几类混合在一起的蛋白质分段沉淀析出而加以分离，这种方法称为分段盐析。

实例分析：血清中加硫酸铵至 50%饱和度，则球蛋白先沉淀析出；继续再加硫酸铵至饱和，则清蛋白（白蛋白）沉淀析出。盐析法在实践中得到广泛应用，微生物发酵生产酶制剂就是采用盐析法，从发酵液中把目的酶分离提取出来。

2）用水溶性有机溶剂沉淀蛋白质　　甲醇（CH_3OH）、乙醇（CH_3CH_2OH）、丙酮（CH_3COCH_3）等有机溶剂是良好的蛋白质沉淀剂，因其与水的亲和力比蛋白质强，故能迅速而有效地破坏蛋白质胶体的水膜，从而使蛋白质溶液的稳定性大大降低。但一般都要与等电点法配合，即 pH 调至等电点，然后再加有机溶剂破坏水膜，这样蛋白质沉淀效果更好。

在对蛋白质的影响方面，与盐析法不同，有机溶剂长时间作用于蛋白质会引起变性。因此，用这种方法进行操作时需要注意如下两点。

（1）低温操作。提取液和有机溶剂都需要事先冷却。向提取液中加入有机溶剂时，要边加边搅拌，防止局部过热，引起变性。

（2）有机溶剂与蛋白质接触时间不能过长。在沉淀完全的前提下，时间越短越好，要及时分离沉淀，除去有机溶剂。

有机溶剂沉淀蛋白质在生产实践和科学实验中应用很广，如食品级的酶制剂的生产、中草药注射液和胰岛素的制备等。

下面讨论的几种方法，在发生沉淀的同时，蛋白质随之变性失活。因此，它们的使用场合与上述两种不同。

3）用重金属盐沉淀蛋白质　重金属盐中的硝酸银（$AgNO_3$）、氯化汞（$HgCl_2$）、乙酸铅 [Pb（CH_3COO）$_2$]、三氯化铁（$FeCl_3$）是蛋白质的沉淀剂。其沉淀作用的反应式如下。

$$R \diagdown \begin{matrix} COO^- \\ NH_3^+ \end{matrix} \xrightarrow{OH^-} P \diagdown \begin{matrix} COO^- \\ NH_2 \end{matrix} \xrightarrow{Ag^+} R \diagdown \begin{matrix} COO^-\ ^+Ag \\ \downarrow \\ NH_2 \end{matrix}$$

金属-蛋白质复合物

实例分析：医疗工作中常用汞试剂的稀水溶液消毒灭菌；服用大量富含蛋白质的牛乳或鸡蛋清来进行解毒。

4）用生物碱试剂沉淀蛋白质　单宁酸、苦味酸、磷钨酸、磷钼酸、鞣酸、三氯乙酸及 4-磺酰水杨酸等，也是蛋白质的沉淀剂，这是因为这些酸的带负电荷基团与蛋白质带正电荷基团结合而发生不可逆沉淀反应的缘故。

$$P \diagdown \begin{matrix} COO^- \\ NH_3^+ \end{matrix} \xrightarrow{H^+} P \diagdown \begin{matrix} COOH \\ NH_3^+ \end{matrix} \xrightarrow{Cl_3CCOO^-} P \diagdown \begin{matrix} COOH \\ NH_3^+\cdot^-OOC-CCl_3 \end{matrix}$$

蛋白质复合盐

生化检验工作中，常用此类试剂沉淀蛋白质。

5）热凝固沉淀蛋白质　蛋白质受热变性后，在有少量盐类存在或将 pH 调至等电点，很容易发生凝固沉淀。可能由于变性蛋白质的空间结构解体，疏水基团外露，水膜破坏，同时由于等电点破坏了带电状态等而发生絮结沉淀。

四、蛋白质变性

蛋白质的性质与它们的结构密切相关。某些物理或化学因素能够破坏蛋白质的结构状态，引起蛋白质理化性质改变并导致其生理活性丧失，但并不导致蛋白质一级结构的破坏，这种现象称为蛋白质变性（denaturation）。变性蛋白质通常都是固体状态物质，不溶于水和其他溶剂，也不可能恢复原有蛋白质所具有的性质。所以，蛋白质变性通常都伴随着不可逆沉淀。引起变性的主要因素是热、紫外线、激烈的搅拌，以及强酸和强碱等。

蛋白质变性作用不但广泛应用于生产实践，而且在理论上对阐明蛋白质结构与功能的关系等问题具有重要意义。蛋白质变性作用有有利的一面，也有不利的一面。有利的方面可充分利用，不利的方面则需竭力阻止。

五、蛋白质的紫外吸收

大部分蛋白质均含有带芳香环的苯丙氨酸、酪氨酸和色氨酸，这 3 种氨基酸在 280nm 附近有最大吸收值。因此，大多数蛋白质在 280nm 附近显示强的吸收。利用这个性质，可以对蛋白质进行定性鉴定。

六、蛋白质的颜色反应

蛋白质的颜色反应可以用来定性、定量测定蛋白质（表 4-5 ）。

表 4-5　蛋白质的重要颜色反应

反应名称	试剂	颜色	反应基团	有关蛋白质
双缩脲反应	稀碱、稀 $CuSO_4$	粉红→蓝紫色	2 个以上肽键	各种蛋白质
黄色反应	浓硝酸	黄→橙黄色	苯基	含苯基的蛋白质
乙醛酸反应	乙醛酸、浓 H_2SO_4	紫色	吲哚基	含色氨酸的蛋白质
米伦反应	米伦试剂	砖红色	酚基	含酪氨酸的蛋白质

1. 双缩脲反应

在蛋白质溶液中加入 NaOH 或 KOH 及少量的 $CuSO_4$ 溶液，会显现从粉红色到蓝紫色的一系列颜色反应。这是蛋白质分子中肽键结构的反应，肽键越多产生的颜色越红。所谓双缩脲是指 2 分子尿素加热到 180℃脱氨缩合的产物，此化合物也具有同样的颜色反应，蛋白质分子中含有许多和双缩脲结构相似的肽键，所以称蛋白质的这种反应为双缩脲反应。

通常可用此反应来定性鉴定蛋白质，也可根据反应产生的颜色在 540nm 处进行比色分析，定量测定蛋白质的含量。

2. 黄色反应

加浓硝酸于蛋白质溶液中即有白色沉淀生成，再加热则变黄，遇碱则颜色加深而呈橙黄，这是由于蛋白质中含有酪氨酸、苯丙氨酸及色氨酸，这些氨基酸具有苯基，而苯基与浓硝酸起硝化作用，产生黄色的硝基取代物，遇到碱又形成盐，后者呈橙黄色的缘故。皮肤接触到硝酸变成黄色也是这个道理。

3. 乙醛酸反应

蛋白质溶液中加入乙醛酸，混合后，缓慢地加入浓硫酸，硫酸沉在底部，液体分为两层，在两层界面处出现紫色环，这是蛋白质中的色氨酸与乙醛酸反应引起的颜色反应，故此法可用于检查蛋白质中是否含有色氨酸。

4. 米伦反应

含有酪氨酸的蛋白质溶液，加入米伦试剂（硝酸汞、亚硝酸汞、硝酸及亚硝酸的混合液）

后加热即显砖红色，这是由于米伦试剂与蛋白质中酪氨酸的酚基发生了反应。

5. 其他反应

其他颜色反应如下。

（1）坂口反应：反应呈红色，是蛋白质中 Arg 的胍基的反应。

（2）福林反应：反应呈蓝色，是蛋白质中 Tyr 的酚基与磷钼酸和磷钨酸的反应。

（3）茚三酮反应：反应呈蓝色—紫红色，原理同氨基酸性质。

七、胶体性质

由于蛋白质的分子质量很大，又由于其分子表面有许多极性基团，亲水性极强，易溶于水成为稳定的亲水胶体溶液，故它在水中能够形成胶体溶液。

蛋白质溶液具有胶体溶液的典型性质，如丁达尔现象、布朗运动等。由于胶体溶液中的蛋白质不能通过半透膜，因此可以应用透析法将非蛋白的小分子杂质除去。

1. 蛋白质胶体溶液的稳定性

蛋白质胶体溶液的稳定性与它的分子质量大小、所带的电荷和水化作用有关。其主要决定因素如下：第一是水化膜，因为蛋白质分子颗粒表面带有很多亲水基，如—NH_2、—COOH、—OH、—SH、—$CONH_2$ 等，对水有较强的吸引力，水又是一种极性分子，当水与蛋白质相遇时，就很容易被蛋白质吸住，在蛋白质外面形成一层水膜。第二是表面电荷层，蛋白质是两性离子，颗粒表面带有电荷，在酸性溶液带正电荷，在碱性溶液中带负电荷，同性电荷互相排斥。

由于水化膜和电荷层的存在，它们会把蛋白质颗粒相互隔开，使颗粒之间不会因碰撞而聚成大颗粒，这样蛋白质的溶液就比较稳定，不易沉淀。如果改变溶液的条件，将影响蛋白质的溶解性质，在适当的条件下，蛋白质能够从溶液中沉淀出来。

2. 蛋白质的膜过滤分离纯化

蛋白质在水中形成的胶体溶液，由于颗粒大，不能通过半透膜，可用羊皮纸、火棉胶、玻璃纸等来分离纯化蛋白质，这种方法称为透析法。具体的操作是将含有小分子杂质的蛋白质放入一个透析袋中，然后将此袋放入流动的清水中进行透析，此时小分子化合物不断地从透析袋中渗出，而大分子蛋白质留在袋内，经过一定时间后，就可达到纯化目的，这是实验室或工业生产上提纯蛋白质时广泛应用的方法。

第五节 蛋白质的分离纯化与鉴定

蛋白质在组织或细胞中一般都是以复杂的混合物形式存在，每种类型的细胞都含有上千种不同的蛋白质。目前还没有一套单独、现成的方法能把任何一种蛋白质从复杂的混合蛋白质中提取出来，对任何一种蛋白质都有可能选择到一套适当的分离纯化程序以获得高纯度的制品。蛋白质分离纯化的一般程序为前处理、蛋白质的抽提、蛋白质的粗分级、蛋白质的细分级。

前处理：分离提纯某一蛋白质，首先要求把蛋白质从原来的组织或细胞中以溶解的状态释放出来，并保持原有的天然状态，不丧失生物活性。因此，需要将组织或细胞破碎，常用的破碎方法有：①机械方法，如均浆喷射、研磨或超声波；②化学法，如去污剂、有机溶剂处理；③酶学方法，如溶菌酶处理。不同材料的前处理不同，如动物材料需要除去一些与实验无关的结缔组织、脂肪组织；植物种子需要除去壳；微生物需要将菌体与发酵液分开。另外，必须尽可能保持材料的新鲜，尽快加工处理。若不能立即进行实验或加工，应冷冻保存。

　　蛋白质的抽提：通常选择适当的缓冲溶液把蛋白质提取出来。抽提所用缓冲溶液的pH、离子强度、组成成分等应根据目的蛋白的性质而定。

　　蛋白质的粗分级：采用分级盐析、等电点沉淀和有机溶剂分级分离等方法将目的蛋白与其他蛋白质分离开来。

　　蛋白质的细分级：样品经粗分级后，采用层析法如凝胶过滤、离子交换层析、吸附层析、亲和层析等，进行分离纯化。也可以进一步选择电泳法作为最后的提纯步骤。

　　本节主要讲述蛋白质粗分级与细分级的方法。根据蛋白质不同的生理特性采用不同的分离纯化方法。

一、粗分级

　　蛋白质的粗分级主要是利用盐析法、等电点沉淀、有机溶剂沉淀等方法，使目的蛋白与其他较大量的杂蛋白分开，这些方法的特点是简便、处理量大，既能除去大量杂质，又能浓缩蛋白质，但分辨率低。

1. 盐析法

　　盐析法沉淀得到的蛋白质仍然能保持着它们的天然构象，能再溶解，有利于其生物学活性的保持。此外，盐析法还有成本低，不需要特别的设备，操作简单、安全等优点，因此是蛋白质混合物分离纯化实践中最常用的方法之一。

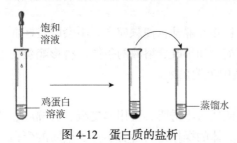

图4-12　蛋白质的盐析

　　蛋白质的盐溶和盐析是中性盐显著影响球状蛋白质溶解度的现象，其中，增加蛋白质溶解度的现象称为盐溶，反之为盐析，如图4-12所示。同样浓度的二价离子中性盐，如 $MgCl_2$、$(NH_4)_2SO_4$ 对蛋白质溶解度影响的效果，要比一价离子中性盐如 $NaCl$、NH_4Cl 大得多。众多用于盐析的中性盐中，最受欢迎、应用得最为广泛的是 $(NH_4)_2SO_4$。在盐析过程中，蛋白质浓度、离子强度和离子类型、pH、温度是影响盐析效果的主要因素。

　　盐析是提取血液中免疫球蛋白的常用方法，如多聚磷酸钠絮凝法、$(NH_4)_2SO_4$ 盐析法，其中 $(NH_4)_2SO_4$ 盐析法广泛应用于生产。由于 $(NH_4)_2SO_4$ 在水中呈酸性，为防止其对蛋白质的破坏，应用氨水调pH至中性。为防止不同分子之间产生共沉淀现象，蛋白质样品的含量一般控制在 0.2%～2.0%。利用盐溶和盐析对蛋白质进行提纯后，通常要使用透析或者凝胶过滤的方法除去中性盐。所以蛋白质、酶等经盐析后都需按照食品工业标准要求，对盐析后的产品进行脱盐处理。常用的脱盐方法有透析、电渗析、葡聚糖凝胶过滤法。

　　由于不同蛋白质的分子组成和结构不同，它们各自发生盐析沉淀的条件也不相同，因此调整蛋白质混合液中的中性盐浓度到特定条件，可以实现蛋白质的分级分离，如图4-13所示。

图4-13　蛋白质的分级盐析

2. 等电点沉淀法

　　蛋白质是两性电解质，其溶解度与其净电荷数量有关，随溶液pH变化而变化。在溶液

pH 等于蛋白质等电点时，蛋白质的溶解度最小。不同的蛋白质有不同的等电点，因此通过调节溶液 pH 到目的蛋白的等电点，可使之沉淀而与其他蛋白质分开，从而除去大量杂蛋白。

3. 有机溶剂沉淀法

与水互溶的极性有机溶剂，如甲醇、乙醇、丙酮等能使蛋白质在水中的溶解度显著降低。有机溶剂引起蛋白质变性的原因有两个：①降低水的介电常数，使蛋白质分子表面可解离基团的离子化程度减弱，水化程度降低，促进了蛋白质分子的聚集沉淀。②极性有机溶剂与蛋白质争夺水分子，而使蛋白质分子沉淀。

在利用有机溶剂沉淀法进行蛋白质粗分级时应注意 Zn^{2+}、Ca^{2+} 等金属离子，盐浓度，溶质相对分子质量与有机溶剂用量间的关系，温度、pH 等因素对蛋白质沉淀效果的影响。在室温下，这些有机溶剂不仅能引起蛋白质沉淀，还常常会引起它们的变性。如果将有机溶剂预冷后（一般采用 $-60 \sim -40℃$）使用，则可以较大程度地避免变性影响。相较于盐析等这类无机沉淀剂分离法，低温条件下的有机溶剂分离法的选择性更高，而且所使用的有机溶剂往往易挥发，因而比较容易将其从分离制品中去除，也不需要脱盐过程。

4. 双水相萃取法

双水相萃取法是指亲水性聚合物水溶液在一定条件下形成双水相，由于被分离物在两相中的分配不同，便可实现分离，这种方法被广泛用于生物化学、细胞生物学和生物化工等领域的产品分离和提取。

此方法可以在室温环境下进行，双水相中的聚合物还可以提高蛋白质的稳定性，收率较高。对于细胞内的蛋白质，需要先对细胞进行有效破碎。目的蛋白常分布在上相并得到浓缩，细胞碎片等固体物分布在下相中。双水相系统浓缩目的蛋白，受聚合物分子质量及浓度、溶液 pH、离子强度、盐类型及浓度的影响。

5. 反胶团萃取法

反胶团萃取法是利用反胶团将蛋白质包裹其中而达到提取蛋白质的目的。反胶团是当表面活性剂在非极性有机溶剂中溶解时自发聚集而形成的一种纳米尺寸的聚集体。这种方法的优点是在萃取过程中蛋白质因位于反胶团的内部而受到反胶团的保护。

二、细分级

一般蛋白质样品经粗分级后，体积较小，杂质大部分被除去。进一步提纯，通常使用高分辨率的柱层析及电泳方法。常用的柱层析方法有凝胶过滤、离子交换层析、亲和层析等。常用的电泳方法有乙酸纤维素薄膜电泳、聚丙烯酰胺凝胶电泳、等电聚焦电泳等。另外，结晶也是蛋白质分离纯化的方法之一，制备的结晶物常常作为蛋白质结构分析之用。

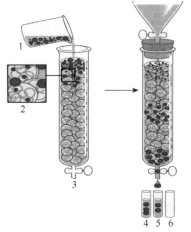

图 4-14　蛋白质凝胶过滤分离纯化过程图

1. 样本；2. 凝胶；3. 加样；4~6. 收集不同组分

（一）柱层析

1. 凝胶过滤

凝胶过滤也称为凝胶渗透层析，是根据蛋白质分子大小不同分离蛋白质最有效的方法之一。凝胶过滤的原理是当不同蛋白质流经凝胶层析柱时，比凝胶珠孔径大的分子不能进入珠内网状结构，而被排阻在凝胶珠之外，随着溶剂在凝胶珠之间的空隙向下运动并最先流出柱外；反之，比凝胶珠孔径小的分子后流出柱外，如图 4-14 所示。目前常用的凝胶有交联葡聚糖凝胶、聚丙烯酰胺凝胶和琼脂糖凝胶等。

如果蛋白质颗粒在具有密度梯度的介质中离心时，质量和密度都较大的颗粒会比质量和密度都较小的颗粒沉降得快，并且每种蛋白质颗粒沉降到与自身密度相当的介质密度梯度时，即停止不前，最后各种不同密度的蛋白质就会停留在离心管（常用塑料管）的不同部位，形成各自独立分开的区带，在离心管底刺一小孔，即可将位于不同区带的蛋白质逐滴释放出来，分部收集即可得到不同分子大小的蛋白质组分。该法又分为速率区带离心法和等密度区带离心法。①速率区带离心法：是根据分离的粒子在离心力作用下，在梯度液中沉降速度的不同，离心后具有不同沉降速度的粒子处于不同的密度梯度层内形成几条分开的样品区带，达到彼此分离的目的。②等密度区带离心法：是指当不同颗粒存在浮力密度差时，在离心力场下，颗粒或向下沉降，或向上浮起，一直沿梯度移动到它们密度恰好相等的位置上（即等密度点），形成区带。

2. 离子交换层析

离子交换层析是以离子交换剂为固定相，依据流动相中的组分离子与交换剂上的平衡离子进行可逆交换时结合力大小的差别而进行分离的一种层析方法。离子交换层析中，介质由带有电荷的树脂或纤维素组成。带有正电荷的为阴离子交换树脂；反之为阳离子交换树脂。离子交换层析同样可以用于蛋白质的分离纯化。当蛋白质处于不同的 pH 时，其带电状况也不同。阴离子交换介质结合带有负电荷的蛋白质，这些蛋白质被留在层析柱上，通过提高洗脱液中的盐浓度，将吸附在层析柱上的蛋白质洗脱下来，其中结合较弱的蛋白质首先被洗脱下来。反之，阳离子交换介质结合带有正电荷的蛋白质，结合的蛋白质可以通过逐步增加洗脱液中的盐浓度或是提高洗脱液的 pH 被洗脱下来，如图 4-15 所示。

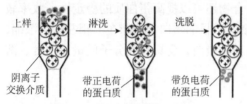

图 4-15　离子交换层析示意图

离子交换层析的柱介质（离子交换剂）是具有酸性或碱性基团的人工合成的球形聚合物，根据其结合基团的酸碱性质分为两大类，即阳离子交换剂（结合阳离子基团）和阴离子交换剂（结合阴离子基团）。各类交换剂根据其解离性大小，还可分为强、弱两种，即强酸型、弱酸型阳离子交换剂和强碱型、弱碱型阴离子交换剂。

阳离子交换剂中的可解离基团是磺酸（—SO_3H）、磷酸（—PO_4H_3）、羧酸（—COOH）和酚羟基（—OH）等酸性基团。

阴离子交换剂中的可解离基因是伯胺（—NH_2）、仲胺（—$NHCH_3$）、叔胺［N—（CH_3）$_3$］和季胺［—N（CH_3）$_4$］等碱性基团。一般结合季胺基团介质的交换剂为强碱型离子交换剂，结合叔胺、仲胺、伯胺等的为中等或者弱碱型离子交换剂。表 4-6 为一些常用的离子交换剂。

表 4-6　一些常用的离子交换剂

离子交换剂	可电离基团	可电离基团结构
CM-纤维素（弱酸型）	羧甲基	—O—CH_2COOH
P-纤维素（中强酸型）	磷酸基	$$-O-\overset{\displaystyle O}{\underset{\displaystyle OH}{P}}-OH$$
SE-纤维素（强酸型）	磺乙基	$$-O-CH_2-CH_2-\overset{\displaystyle O}{\underset{\displaystyle O}{S}}-OH$$

续表

离子交换剂	可电离基团	可电离基团结构
SP-Sephadex（强酸型）	磺丙基	$-O-(CH_2)_3-\overset{\overset{O}{\|}}{\underset{\underset{O}{\|}}{S}}-OH$
AE-纤维素（弱碱型）	氨基乙基	$-O-CH_2-CH_2-NH_2$
PAB-纤维素（弱碱型）	对氨基苯甲基	$-O-CH_2-\langle\bigcirc\rangle-NH_2$
DEAE-纤维素（中强碱型）	二乙基氨基乙基	$-O-CH_2-CH_2-N\overset{C_2H_5}{\underset{C_2H_5}{\diagdown}}$
DEAE-Sephadex（中强碱型）	二乙基氨基乙基	$-O-CH_2-CH_2-N\overset{C_2H_5}{\underset{C_2H_5}{\diagdown}}$
TEAE-纤维素（强碱型）	三乙基氨基乙基	$-O-CH_2-CH_2-\overset{+}{N}\equiv(C_2H_5)_3$
QAE-Sephadex（强碱型）	二乙基-（2-羟丙基）-氨基乙基	$-O-CH_2-CH_2-\overset{+}{N}=(C_2H_5)_2$ $\underset{\underset{OH}{\|}}{\underset{\|}{CH_2-CH_2-CH_3}}$

注：前 4 种为阳离子交换剂，后 6 种为阴离子交换剂。CM 为羧甲基；P 为磷酸基；SE 为磺乙基；SP 为磺丙基；Sephadex 为葡聚糖凝胶；AE 为氨基乙基；PAB 为对氨基苯甲基；DEAE 为二乙基氨基乙基；TEAE 为三乙基氨基乙基；QAE 为二乙基-（2-羟丙基）-氨基乙基

当溶液的 pH 发生改变时，蛋白质与交换剂的吸附作用也发生变化，因此可以通过改变洗脱液的 pH 来改变蛋白质对交换剂的吸附能力，从而把不同的蛋白质逐个分离，当 pH 增高时，抑制蛋白质阳离子化，随之对阳离子交换剂的吸附力减弱，当 pH 降低时，抑制蛋白质阴离子化，随之降低蛋白质对阴离子交换剂的吸附。

另外，无机盐离子（如 NaCl）对交换剂也具有交换吸附的能力，当洗脱液中的离子强度增加时，无机盐离子和蛋白质竞争吸附交换剂。当 Cl^- 的浓度大时，蛋白质不容易被吸附，吸附后也易于被洗脱，当 Cl^- 浓度小时，蛋白质易被吸附，吸附后也不容易被洗脱。

因此，洗脱阴离子交换剂结合的蛋白质时，则降低 pH，增加盐离子浓度；洗脱阳离子交换剂结合蛋白时，则升高溶液 pH，增加盐离子浓度，能够洗脱交换剂上的结合蛋白。

3. 亲和层析

亲和层析（图 4-16）是利用蛋白质分子对其配体分子特有的识别能力（即生物学亲和力）建立起来的一种有效的纯化方法。通常只需一步处理即可将目的蛋白从复杂的混合物中分离出来，并且纯度相当高。应用亲和层析须了解纯化物质的结构和生物学特性以便设计出最好的分离条件。该方法成本较低，吸附剂价格低廉、机械强度高、抗污染能力较强、非特异性吸附较小、可反复使用、适用性广、产品质量稳定。但亲和层析技术使用范围局限，并非所有物质都有可亲和配对的配基，而且层析要求的稳定条件常受到很大限制，载体费用高，寿命短。

在亲和分离技术中，亲和配基起着举足轻重的作用。亲和配基的专一性和特异性决定着分离纯化时所得产品的纯度，亲和配基与目标分子之间作用的强弱决定着吸附和解吸的难易程度，这影响它们的使用范围。

1）配基

a. 配基的分类。根据配基亲和作用专一性程度和配基分子质量的大小，可以将它们做如下分类。

（1）单专一性的小分子亲和配基，如激素、维生素、金属离子等小分子，这些亲和配基

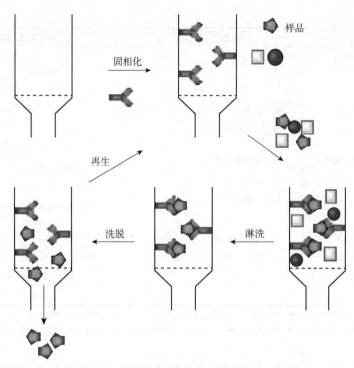

固相化

再生

样品

洗脱

淋洗

图 4-16　蛋白质的亲和层析示意图

只和某个或少数几个特定的蛋白质作用，无论这些蛋白质来源于特定细胞还是生物体。单专一性的亲和配基专一性高，结合力较强，较难洗脱。

（2）基团专一性小分子亲和配基。主要包括酶的辅因子，如 NAD 和其类似物，惰性染料等。如果被分离的酶需要辅因子，该蛋白质就能够和辅因子结合（如果配基是辅因子类似物，原理也一样，只是酶可将其识别为辅因子）。将该辅因子或类似物作为亲和配基，便可将蛋白质结合到亲和配基上，实现分离纯化的过程。

（3）专一性的大分子亲和配基。利用生物大分子具有三维识别结构的亲和作用，将其中的一种作为配基，就可以用来分离另外所对应的生物大分子，如伴刀豆凝集素 A（ConA）对多糖和糖蛋白有专一性；蛋白 A 及 G 对 IgG 和 IgM 等免疫蛋白有专一性。组织纤维溶酶原激活剂（t-PA）是一种糖蛋白，具有激活溶酶原，促进血纤维蛋白溶解的作用，该蛋白质可以用纤维蛋白作为亲和配基进行分离。

（4）免疫亲和配基。利用抗体和抗原之间的专一作用性进行的亲和分离技术，又称为免疫吸附（immunoadsorption），在免疫吸附中使用的亲和配基称为免疫亲和配基。该配基既可以是抗原，也可以是抗体。现代杂交瘤技术已经有可能大规模生产单克隆抗体，这为免疫亲和配基的生产和免疫亲和吸附的应用创造了前提条件。相对于其他的亲和配基，免疫亲和配基专一性高，纯化效率高，只需一步操作就可以得到很高纯度的产品。但是，它的价格相对较高，配基与目的产品可能会产生不可逆性吸附，在保证目的产品不变性的前提下，难以解吸。一般而言，免疫亲和配基多为蛋白质，因此配基本身也容易被蛋白酶降解。

（5）基因专一性的大分子亲和配基。利用大分子之间或基因亲和识别性实现分离。一般而言，基因亲和层析可以用来分离纯化多聚核苷酸和能够与多聚核苷酸结合的蛋白质，如限制性内切核酸酶、聚合酶及转录因子等。随着分子生物学和重组 DNA 技术的飞速发展，纯化 DNA 结合蛋白的方法引起了人们越来越大的兴趣。一些基于固定化 DNA 吸附剂的亲和分离技术，尤其是亲和层析方法得到了广泛应用。

b. 配基的选择。亲和配基的选择一直是一个难题，目前主要靠实验确定。为减少实验工作量，人们已开始采用组合化学和生物技术选择配基。

（1）组合化学肽库选择亲和配基：小肽亲和配基具有性质稳定、合成简单、价格低及生物相容性好等特点，但这类配基也存在着亲和力弱或选择性低的缺点。因此，如何寻找小肽配基及如何提高小肽配基的亲和力和选择性引起了人们的关注与重视。组合化学肽库包括噬菌体展示肽库和合成肽库，这两类肽库均可用于小肽配基的筛选与优化。为能更方便地筛选到针对目的小肽的高结合力的小肽配基，人们有了从基于反义肽的组合化学肽库中筛选亲和配基的新的研究思路。具体过程如下：首先运用反义肽简并性的概念，设计并合成出对目的肽具有一定亲和力的反义肽，以其为出发点，进行位置扫描组合合成，每个位置上仅需合成含 20 个以内肽的小库。再通过对这种小肽库进行亲和筛选，以确定每个位置上的最佳残基。将各位置上的最佳残基装配起来，便可得到具有优选序列的肽。此方法简单、方便而且有效，不仅可用于生物产品的分离纯化，还可用于研究肽-肽和肽-蛋白质的相互作用。

（2）噬菌体展示技术筛选亲和配基：利用噬菌体展示技术，从肽库中筛选出与目的蛋白相互作用的多肽配基。它与其他筛选方法比较有以下优点：快速、高效、低费用、低风险、高成功率。一般包括以下几个步骤：构建肽库、确立吸附与洗脱条件、筛选及测定。

将纯化的目的蛋白（可以通过分析手段制备，或购买）固定在固相载体上，用吸附条件的缓冲液平衡，然后加入噬菌体文库，能与目的蛋白结合的噬菌体被捕获在固相载体上，未结合的噬菌体被洗去，用洗脱的缓冲液将结合的噬菌体洗脱下来，洗脱下来的噬菌体通过新鲜大肠杆菌扩增。结合的噬菌体也可以洗脱下来，只将新鲜的宿主菌加到固相载体上，让结合的噬菌体去感染这些细菌，从而被扩增。扩增后的噬菌体再投入二轮筛选，经过 2 或 3 轮筛选后，最后洗脱噬菌体，挑单克隆繁殖后，确定其核苷酸序列及相应的氨基酸序列，该氨基酸序列为筛选的目的蛋白的亲和配基。

（3）SELEX 技术筛选亲和配基：这是一种新的组合化学技术，它是应用大量的随机寡核苷酸库结合 PCR 体外扩增技术，以指数级富集与靶分子特异结合的寡核苷酸，经过几轮或十几轮筛选过程，获得高亲和力、高特异性的核酸配基。对于任意一种蛋白质，都可以利用 SELEX 技术寻找到一个可与之相匹配的寡核苷酸配基。这种寡核苷酸配基能分辨同源蛋白质或几乎完全一样的小分子质量复合物，亲和力和特异性往往高于其他任何类型的配基。但是作为大规模生产是不适宜的，它的稳定性较差，可用作分析性制备。

2）亲和洗脱 亲和洗脱（affinity elution）与亲和吸附（affinity adsorption）对应，即利用在洗脱液中加入和吸附目的蛋白有专一性作用或者和亲和配基有专一作用的物质，而只将目标分子解吸下来。亲和洗脱可用于亲和层析，也可以用于普通的层析，如离子交换、共价色谱等的解吸。亲和洗脱一般采用和目标分子具有识别性的小分子或类似物。

在核苷酸亲和色谱中，用可和蛋白质有专一性识别的辅酶，如 NAD、AMP 等，解吸蛋白质，实现亲和洗脱。例如，采用 5mmol/L AMP 可从 8-氨己基-cAMP-琼脂糖解吸下鱼精蛋白激酶。在共价色谱中，用含有巯基的二硫苏糖醇（DTT）等物质的解吸液进行洗脱，可洗下结合的含有硫醇基的蛋白质。在伴刀豆凝集素 A（ConA）亲和层析中采用和亲和配基有专一性作用的甲基甘露糖苷或甲基葡萄糖苷进行梯度洗脱，可以将吸附在介质上的糖蛋白等物质洗脱。

　　一般而言，亲和洗脱过程中加入的洗脱物质价格都比较昂贵。在实际的生产应用中，要综合考虑目标产品的价值和生产成本，尽可能地采用常规洗脱方法，降低产品的生产成本。

　　3）亲和介质的制备　　亲和层析介质是将亲和配基通过化学键接在层析介质上而得到的。常用层析介质并不能直接和亲和配基化学结合，一般先要进行活化或功能化，即要引入反应基团。活化后的层析介质能够通过反应基团和亲和配基反应，从而制备出亲和层析介质。因而亲和层析的制备至少应包括 4 步：介质和配基的选择；介质的活化或功能化；活化的介质和亲和配基的偶联，偶联后未发生偶联反应的基团必须封闭或钝化；洗涤除去未反应的配基和其他反应物。

　　介质是亲和配基附着的基础，起着支撑和骨架作用。通常而言，亲和色谱的介质应具备下面 4 个条件：具有多孔网络结构；特异吸附且化学性质呈惰性，表面电荷尽可能低；理化性质稳定，不因共价偶联反应的条件及吸附条件的变化而发生变化；介质必须能够活化或功能化。

　　在亲和色谱发展的早期，多采用天然材料的多糖类球形软胶，随着技术的发展和分离要求的提高，一些可以在高流速下使用的半硬或硬质的细颗粒球形填料也在亲和色谱中得到应用，常见的亲和色谱介质有如下几种。

　　（1）多糖类：主要由纤维素（cellulose）、交联葡聚糖（sephadex）和琼脂糖（agarose）等制备而成的基质。纤维素基质比较软，容易压缩，但价格低廉，目前已在大规模的亲和层析中应用。交联葡聚糖本身孔径较小，经过活化功能后，会进一步降低其多孔性，使其亲和活化效率降低。琼脂糖是亲和层析的理想介质之一，具有优良的多孔性，而且经过交联后，可大大改善其物理化学稳定性和机械性能。

　　（2）聚丙烯酰胺：聚丙烯酰胺凝胶也是一种常用的亲和层析介质。它是由丙烯酰胺与双功能交联剂 N,N'-亚甲基双丙烯酰胺在一定条件下共聚产生的凝胶。通过调节单体浓度和交联剂的比例，可得到不同孔径的凝胶。聚丙烯酰胺凝胶的非特异性吸附较强，一般应在较高离子强度（0.02mol/L 以上）下操作，以消除非特异的离子交换吸附。其优点是功能基团多。聚丙烯酰胺和琼脂糖共聚物 Ultrogel 凝胶（LKB 产品）非特异性吸附少，容易改性。

　　（3）无机基质：亲和层析可以使用的无机基质主要有可控制孔径多孔玻璃（CPG）、陶瓷和硅胶等。无机基质有其本身的优点，具有优良的机械性能，不受洗脱液、压力、流速、pH和离子强度的影响，可获得快速、高效的分离；而且可抗微生物腐蚀，容易进行消毒。但是也有缺点，如表面对某些蛋白质有非特异性吸附作用，而且难以功能化等。亲和层析中所使用的可控孔径多孔玻璃是粒径较大的玻璃珠（40～80 目或 80～120 目），因为对于亲和层析而言，孔径的选择是一个关键，它决定了功能化基团的数量和亲和介质的吸附容量。为利用无机基质的优点（如机械强度高），而避免其缺点（如不易于功能化），目前很多基质采用涂层，即将容易功能化的介质如多糖包裹在多孔无机基质上，从而易于接上多种亲和配基。

　　专一性、容量及稳定性是衡量所选介质好坏的 3 个标准。在用于分析时，专一性比容量及稳定性重要，而应用制备时，吸附剂的稳定性是最主要的指标，同时还要考虑成本因素。对于不同的介质而言，这些要求不可能同时满足。所以在选取介质时，应该根据具体的分离要求选择合适的介质。

　　4. 层析法在蛋白质纯度鉴定中的应用

　　层析法按原理分为吸附层析和分配层析；按流动相状态分为气相色谱和液相色谱；按驱动流动相压力分为常压色谱和高压色谱；按操作技术形式分为纸层析、薄层层析和柱层析。

蛋白质分离纯化和鉴定中常用吸附层析、分配层析、离子交换层析、凝胶层析、亲和层析。各层析技术需与一定的检查手段连用才可以用于鉴定蛋白质分子的纯度，如高效液相色谱（high performance liquid chromatography，HPLC）、反向高效液相色谱（RP-HPLC），因其具有速度快、灵敏度和分辨率高、样品不易被破坏、易回收等特点，常用于蛋白质分离、纯化和纯度鉴定。RP-HPLC 与 HPLC 相比，最大区别在于流动相的极性比固定相的大。

RP-HPLC 固定相多采用在硅胶基质外表面连接上长度不等的碳链烷基化合物（如 C_2、C_4、C_6、C_8、C_{16}、C_{18} 等）、苯基或多芳香烃化合物构成的键合硅胶，其中使用较多的是 C_{18} 烷基键合硅胶。烷基链长度和键合量影响分离效果，烷基链越长越能有效地结合肽类或蛋白质，所以当蛋白质分子质量较大时，使用 C_4、C_8 或苯基的硅胶衍生物效果会更好；当键合相表面浓度相同时，随着烷基链长度增加，碳含量和溶质滞留值均会增加，固定相的稳定性也将得到提高。RP-HPLC 流动相为非缓冲的水和有机溶剂组成的混合溶液。一般通用的流动相系统常以 0.1%（m/V）三氟乙酸（TFA）为含水溶液，以乙腈、醇类（甲醇、异丙醇等均可最大比例与水混合）为有机溶剂。通常情况下，水溶性物质、疏水性弱的物质和疏水性强的物质先后被洗脱下来。TFA 可将流动相 pH 调节到 1～2，使羧化物质子化并呈中性，这时呈阴离子的 TFA 根可与分离物肽类的电荷基团（如氨基、咪唑基、胍基）相互配成离子对，增强了分离物的疏水性，使碱性较强的肽类先被洗脱下来。由此看出，使用较强的离子配对试剂，改变流动相的 pH 和极性，或选用不同的固定相都可以提高某些物质如碱性蛋白质等的分离度。在流动相系统中，若需较高 pH 溶液，可选用乙酸铵配制，或用挥发性试剂如 NH_4OH 调节。色谱柱的体积、长度和内径可直接影响分离效果和分离物的数量。色谱柱一般长度在 5～70cm，内径 1～50mm。典型的色谱柱长度为 15～30mm，用于分析型或微量制备柱的内径为 2mm，甚至小于 1mm 的微径柱；制备毫克级的柱内径多选 4～20mm 的，制备克级的柱内径则大于 50mm。有时为分离疏水性较强、杂质多的样品时，则可选用长度加大、内径缩小的色谱柱进行。

（二）电泳

在外电场的作用下，带电颗粒（如不处于等电点状态的蛋白质分子）将向着与其电性相反的电极移动，这种现象称为电泳。

电泳技术有多种操作方式，一般根据有无支持物的存在将其分为无支持物的自由电泳（free electrophoresis）和有支持物的区带电泳（zone electrophoresis）两大类。前者包括显微电泳、密度梯度电泳和等电聚焦电泳等；区带电泳是由于在支持物上电泳蛋白质混合物被分离成若干区带而得名，以其支持物的物理性状不同又分成多种，包括以滤纸作支持物的纸电泳、以乙酸纤维素薄膜等薄膜作支持物的薄层电泳、以尼龙丝和其他人造丝为支持物的细丝电泳、以凝胶为支持物的凝胶电泳（如琼脂糖凝胶电泳和聚丙烯酰胺凝胶电泳）。区带电泳具有设备简单、操作方便、样品用量少等优点，是蛋白质分析分离的常用技术。对于氨基酸这类小分子两性电解质来说，比较适合用纸电泳来分离纯化；而对于蛋白质、核酸等生物大分子带电颗粒而言，则适合用乙酸纤维素薄膜电泳、聚丙烯酰胺凝胶电泳、等电聚焦电泳等。

1. 乙酸纤维素薄膜电泳

乙酸纤维素薄膜电泳（cellulose acetate membrane electrophoresis，CAME）是以乙酸纤维素薄膜为支持物的一种区带电泳方法（图 4-17）。乙酸纤维素薄膜是纤维素的乙酸酯（由纤维素的羟基经乙酰化而制成），溶于丙酮等有机溶液中，涂布成均一细密的微孔薄膜。乙酸纤维素薄膜厚度以 0.1～0.15mm 为宜，太厚吸水性差，分离效果不好，太薄则膜片缺少应有的机械强度，易碎。乙酸纤维素薄膜渗透性强，分离清晰，对分子移动无阻力，具有以下几个特点。

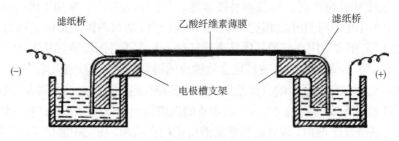

图 4-17　乙酸纤维素薄膜电泳装置图

（1）背景清晰。乙酸纤维素薄膜对蛋白质样品吸附极少，无"拖尾"现象，染色后背景能完全脱色，各种蛋白质染色带分离清晰，因而提高了测定的精确性。

（2）快速省时。由于乙酸纤维素薄膜亲水性较滤纸小，薄膜中所容纳的缓冲液也较少，电渗作用小，电泳时大部分电流是由样品传导的，因此分离速度快，电泳时间短，一般电泳45～60min 即可，加上染色、脱色，整个电泳完成仅需 90min 左右。

（3）灵敏度高，样品用量少。以血清蛋白乙酸纤维素薄膜电泳为例，仅需 2μL 血清，甚至加样体积少至 0.1μL，仅含 5μg 蛋白质样品也可得到清晰的分离带。

（4）应用面广。某些蛋白质在纸上电泳不易分离，如胎儿甲种球蛋白、溶菌酶、胰岛素、组蛋白等，而用乙酸纤维素薄膜电泳能较好地分离。

（5）适于保存和定量测定。乙酸纤维素薄膜电泳染色后，经冰醋酸、乙醇混合液或其他溶液浸泡后可制成透明的干板，有利于扫描定量及长期保存。还可剪下乙酸纤维素薄膜电泳染色后的区带，溶于一定的溶剂中或浸入折射率为 1.474 的油中或其他透明液中使之透明，然后直接用光密度计测定。

乙酸纤维素薄膜电泳的缺点是厚度小，样品用量很小，不适于制备。尽管与聚丙烯酰胺凝胶电泳相比，乙酸纤维素薄膜电泳分离效果不太好（如血清蛋白在乙酸纤维素薄膜电泳中，只能分离出 5 或 6 条区带，而聚丙烯酰胺凝胶电泳可分离出数十条区带），但由于乙酸纤维素薄膜电泳操作简单、快速、廉价，目前已被广泛应用在对血清蛋白、血红蛋白、球蛋白、脂蛋白、糖蛋白、甲胎蛋白、类固醇及同工酶的分离等方面。

2. 聚丙烯酰胺凝胶电泳

聚丙烯酰胺凝胶电泳（polyacrylamide gel electrophoresis，PAGE）是在区带电泳基础上发展起来的，它以聚丙烯酰胺凝胶为支持物，一般制成凝胶柱或凝胶板。聚丙烯酰胺凝胶是以丙烯酰胺单体（acrylamide，Acr）和交联剂 N,N'-甲叉双丙烯酰胺（N,N'-methylena-bisacrylamide，Bis）在引发剂过硫酸铵 $[(NH_4)_2S_2O_3]$（ammonium persulfate，Ap）和催化剂 N,N,N',N'-四甲基乙二胺（tetramethylenediamine，TEMED）的作用下聚合而成的。其基本结构为丙烯酰胺单位构成长链，链与链之间通过甲叉桥联结在一起。链的纵横交错，形成三维网状结构，使凝胶具有分子筛性质。网状结构还能限制蛋白质等样品的扩散运动，使凝胶具有良好的抗对流作用。此外，长链上富含酰胺基团，使其成为稳定的亲水凝胶。该结构中不带电荷，在电场中电渗现象（在电场中，液体对于固体支持物的相对移动）极为微小。这些特点，使得聚丙烯酰胺适合作区带电泳的支持介质。

聚丙烯酰胺凝胶的质量主要由凝胶浓度和交联度决定。改变凝胶浓度可以用于分离各种不同的样品。一般常用 7.5% 的聚丙烯酰胺凝胶分离蛋白质，而用 2.4% 的分离核酸。但根据蛋白质与核酸分子质量不同，适用的浓度也不同。

聚丙烯酰胺凝胶由上、下两层胶组成，两层凝胶的孔径不同。上层为大孔径的浓缩胶，下层为小孔径的分离胶。两层胶除了孔径大小不同外，缓冲液组分、离子强度和电场强度都不相同，即两层胶的电泳条件是不连续的。在这样一个不连续的系统里，电泳时样品在电场作用下首先进入浓缩胶，在不连续的两层间积聚浓缩而成很薄的起始区带（约 0.1mm 厚），随后再进入分离胶，在 3 种物理效应，即电荷效应、浓缩效应和分子筛效应（即颗粒小的移动快，颗粒大的移动慢）的共同作用下，待分离的混合蛋白质样品被很好地分离开来（图 4-18）。

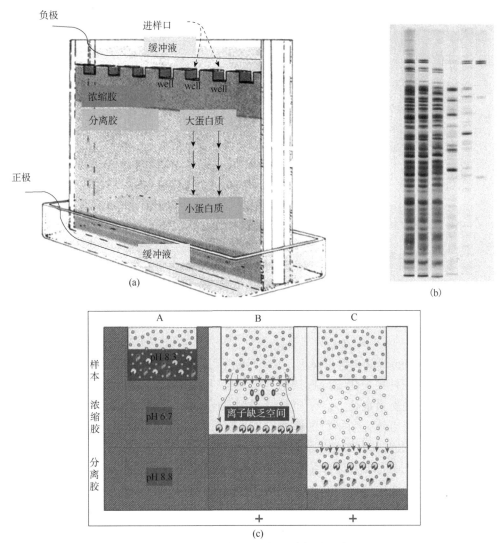

图 4-18 蛋白质的聚丙烯酰胺凝胶电泳图

（a）待分离蛋白质样品上样及电泳，well 为胶孔下有波纹的地方。（b）电泳后染色显示蛋白质的分离结果。（c）样品的分离过程，
A. 两性电解质在电场作用下形成一个连续的 pH 梯度；
B. 样品通过浓缩胶；C. 样品通过分离胶

3. 等电聚焦电泳

等电聚焦电泳（isoelectric focusing electrophoresis，IEF）是一种高分辨率的蛋白质分离技术，不仅可用于 pI 不同的蛋白质之间的分离纯化，也可用于蛋白质 pI 的测定。

这种技术以聚丙烯酰胺凝胶、琼脂糖或葡聚糖凝胶作介质，需要在凝胶中加入两性电解质（ampholyte，商品名称为 ampholine，具有相近但不相同的 pK_a 和 pI，在外加电场作用下可自然形成 pH 梯度），以便在阳极和阴极之间建立递增的 pH 梯度，处在其中的蛋白质分子在外加电场作用下，各种蛋白质将移向并聚焦停留在等于其等电点的 pH 梯度处，形成一个很窄的区带，从而实现各种分子间的相互分离（图 4-19）。蛋白质或酶的 pI 只要有小于或等于 0.02pH 单位的差别就能分开，因此该技术特别适用于同工酶（isoenzyme）的鉴定。

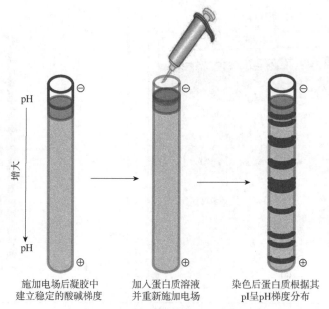

施加电场后凝胶中　　　加入蛋白质溶液　　　染色后蛋白质根据其
建立稳定的酸碱梯度　　并重新施加电场　　　pI呈pH梯度分布

图 4-19　蛋白质的等电聚焦电泳图

4. 免疫电泳

免疫电泳（immune electrophoresis，IEP）是将琼脂电泳和双向琼脂扩散结合起来，用于分析抗原组成的一种免疫化学分析技术。它是先将抗原加到琼脂板的小孔内进行电泳，使不同的抗原成分因所带电荷、分子质量及构型不同，电泳迁移率各异而彼此分离。然后在琼脂板中央挖一与电泳方向平行的横槽，加入已知相应的免疫血清，两者经一定时间相互扩散后，就会在抗原、抗体比例最适处形成沉淀弧。根据沉淀弧的数量、位置和外形，与标准（或正常）抗原抗体形成的沉淀线比较，即可对样品中所含成分及其性质进行分析、鉴定（图 4-20）。

此方法样品用量少、特异性高、分辨力强。但所分析的物质必须有抗原性，而且抗血清必须含所有的抗体组分。近年来该法主要用于血清蛋白组分的分析，如多发性骨髓瘤、肝病、全身性红斑狼疮等；抗原、抗体的纯度检测；抗体各组分的研究等。

5. 电泳技术在蛋白质纯度鉴定中的应用

电泳按其支持介质分为纸电泳、乙酸纤维素薄膜电泳、琼脂糖凝胶电泳、聚丙烯酰胺凝胶电泳、SDS-聚丙烯酰胺凝胶电泳等；按支持物形状分为 U 形管电泳、柱状电泳、垂直板电

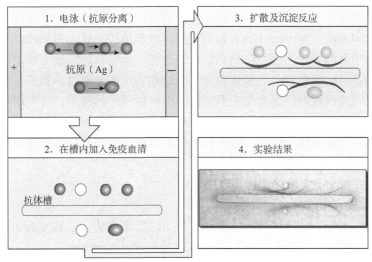

图 4-20　免疫电泳示意图

泳、水平板电泳和毛细管电泳等；按电泳方向分为单向电泳、双向电泳；按用途分为分析电泳、制备电泳；按分离原理分为区带电泳、自由界面电泳、等速电泳、免疫电泳和等电聚焦电泳。

由于蛋白质分子所带电荷和形状大小不同，其在电泳中的迁移率也不同。例如，等电聚焦电泳时，蛋白质在介质中移动主要受其所带电荷影响，当蛋白质分子移动到和它等电点相同的 pH 位置时，蛋白质分子则停留并聚集在这里，而与其他蛋白质分子分开；在 SDS-聚丙烯酰胺凝胶电泳时，蛋白质都带有负电荷，分子的形状也相似，分子在介质中的迁移率主要受分子大小的影响，分子质量小的蛋白质受到凝胶的阻力小，更容易通过立体网状凝胶的网眼，迁移速度快，远离点样孔；反之，分子质量大的受到的阻力大，移动慢，离点样孔近，这样蛋白质因分子大小不同而分开。因此，蛋白质的 SDS-聚丙烯酰胺凝胶电泳法是分离蛋白和鉴定蛋白质纯度的常用方法之一，蛋白质样品在凝胶中形成单一的一条清晰条带，表明样品纯度高，已达到电泳纯。

6. 免疫化学法鉴定蛋白质的纯度

免疫化学法是指利用抗原抗体反应的原理和化学标记技术来对待测分子进行定性、定量分析研究的方法。免疫标记技术是指用荧光素、酶、放射性同位素或电子致密物质等标记抗体或抗原，通过检测标记物或其反应现象，间接检测微量抗原或抗体的存在和含量。它具有高度敏感性和特异性，已在多个领域得到广泛应用。根据标记物不同，可将免疫标记技术分为放射免疫分析（radioimmunoassay，RIA）、酶免疫分析（enzyme immunoassay，EIA）、荧光免疫分析（fluorescence immunoassay，FIA）和化学发光免疫分析（chemiluminescence immunoassay，CLIA）4 种类型。根据待测物质存在状态大致分为两大类：一类是用于组织切片或其他固体材料中抗原的定位和鉴定，即免疫组织化学技术（immunohistochemistry technique）；另一类称为免疫分析（immune analysis），用于液体标本中抗原或抗体的测定。

常用来进行蛋白质定性和定量分析的免疫化学方法主要有免疫组织化学法、蛋白质印迹法和酶联免疫吸附测定（enzyme linked immunosorbent assay，ELISA）。免疫组织化学法是利用抗原与抗体特异性结合的原理，通过化学反应使标记抗体的显色剂（荧光素、酶、金属离子、同位素）显色来对组织细胞内的抗原（多肽和蛋白质）进行定位、定性及定量分析的研究方法。蛋白质印迹法（Western blot）是通过特异性抗体（一抗）对凝胶电泳处理过的细胞或生物组织样品中目的蛋白进行免疫杂交，再通过与一抗结合的二抗上标记的酶催化底物显色或发光，来确定目的蛋白着色的位置和深浅，进而鉴定和分析目的蛋白在细胞或组织中的表达情况。酶联免疫吸附测定是酶免疫测定技术中应用最广的技术，首先用酶标记抗体，并将已知的抗原或抗体吸附在固相载体表面，使抗原抗体反应在固相载体表面进行，再将液相中的游离成分洗除，最后酶作用于底物显色，根据颜色反应来对待测抗原或抗体进行定性和定量分析。

应用范例：肿瘤坏死因子在细胞中的定位。

7. 蛋白质的含量测定

蛋白质含量的测定方法依据其测定原理可分为凯氏定氮法（Kjedahl determination）、比色法（colorimetry）和紫外分光光度法（ultraviolet spectrophotometry）。

1）凯氏定氮法

（1）凯氏定氮法的原理：含蛋白的食品与浓硫酸和催化剂 $CuSO_4$ 一同加热消化，使蛋白质分解，分解的氨与硫酸结合生成硫酸铵。在碱性条件下再将铵盐转化为氨，氨随水蒸气馏出并被硼酸吸收后再以硫酸或盐酸标准溶液滴定，根据酸的消耗量乘以换算系数，即蛋白质含量，此法是经典的蛋白质定量方法。

a. 有机物中的胺根在热浓 H_2SO_4 和 $CuSO_4$ 的作用下被硝化生成（NH_4）$_2SO_4$，反应式为

$$2NH_2 + H_2SO_4 = (NH_4)_2SO_4$$

b. 在凯氏定氮器中与碱作用，通过蒸馏释放出 NH_3，收集于 H_3BO_3 溶液中，反应式为

$$(NH_4)_2SO_4 + 2NaOH = 2NH_3 + 2H_2O + Na_2SO_4$$

$$2NH_3 + 4H_3BO_3 = (NH_4)_2B_4O_7 + 5H_2O$$

c. 用已知浓度的 H_2SO_4（或 HCl）标准溶液滴定，根据酸的消耗量计算出氮的含量，然后乘以相应的换算因子，既得蛋白质的含量。反应式为

$$(NH_4)_2B_4O_7 + H_2SO_4 + 5H_2O = (NH_4)_2SO_4 + 4H_3BO_3$$

$$(NH_4)_2B_4O_7 + 2HCl + 5H_2O = 2NH_4Cl + 4H_3BO_3$$

（2）试剂与器材：①试剂有硫酸铜、硫酸钾、硫酸、2%硼酸溶液、30%氢氧化钠溶液、0.025mol/L 硫酸标准溶液或 0.05mol/L 盐酸标准溶液；混合指示液为 1 份 0.1%甲基红乙醇溶液与 5 份 0.1%溴甲酚绿乙醇溶液临用时混合，也可用 2 份 0.1%甲基红乙醇溶液与 1 份 0.1%次甲基蓝乙醇溶液临用时混合。②仪器为凯氏定氮仪。

（3）实验方法：①样品消化处理；②定氮装置的准备；③在凯氏定氮仪中测定消化后的样品消耗的标准酸的体积；④同样的方法测定空白消化液消耗的标准酸的体积；⑤氮含量的计算：

$$X = [(V_1 - V_2) \times N \times 0.014] / [m \times (10/100)] \times F \times 100\%$$

式中，X 为样品中蛋白质的百分含量（g）；V_1 为样品消耗硫酸或盐酸标准液的体积（mL）；V_2 为试剂空白消耗硫酸或盐酸标准溶液的体积（mL）；N 为硫酸或盐酸标准溶液的浓度；0.014 为 0.5mol/L 硫酸或盐酸标准溶液 1mL 相当于的氮克数；m 为样品的质量（体积）[g（mL）]；F 为氮换算为蛋白质的系数。

蛋白质中的氮含量一般为 15%～17.6%，平均值为 16%，含氮量为 16%的 F 为 6.25，不同生物材料蛋白质换算系数见表 4-1。

2）比色法

（1）双缩脲法（biuret method）。

a. 实验原理：双缩脲（$NH_3CONHCONH_3$）是 2 个分子脲经 180℃左右加热，放出 1 个分子氨后得到的产物。在强碱性溶液中，双缩脲与 $CuSO_4$ 形成紫色络合物，称为双缩脲反应。凡具有两个酰胺基或两个直接连接的肽键，或通过一个中间碳原子相连的肽键，这类化合物都有双缩脲反应。紫色络合物颜色在 540nm 吸光值与蛋白质浓度成正比，故可用来测定蛋白质含量。测定范围为 1～10mg 蛋白质，灵敏度为 5～160mg/mL。干扰这一测定的物质主要有硫酸铵、Tris 缓冲液和某些氨基酸等。

此法的优点是较快速，不同的蛋白质产生颜色的深浅相近，以及干扰物质少。主要的缺点是灵敏度差。因此双缩脲法常用于需要快速，但并不需要十分精确的蛋白质测定。

b. 试剂与器材。

标准蛋白质溶液：常用浓度为 10mg/mL 标准的结晶牛血清清蛋白（BSA）水溶液或 0.05mol/L NaOH 配制的标准酪蛋白。双缩脲试剂：用 500mL H_2O 溶解 1.50g 硫酸铜（$CuSO_4 \cdot 5H_2O$）和 6.0g 酒石酸钾钠（$KNaC_4H_4O_6 \cdot 4H_2O$），在搅拌下加入 300mL 10% NaOH 溶液，定容至 1L 并贮存于塑料瓶中。

器材：可见光分光光度计、旋涡混合器、大试管、移液器或移液管等。

c. 实验方法。

标准曲线的绘制：0～10mg/mL 标准蛋白质溶液和双缩脲试剂在室温下反应后于 540nm 处测定吸光值。以蛋白质的含量为横坐标，光吸收值为纵坐标绘制标准曲线。

样品的测定：同样方法测定蛋白质样品与双缩脲试剂反应后的 540nm 处的吸光值。

蛋白质含量的计算：根据样品的吸光值和标准曲线计算出样品中蛋白质的含量。

（2）福林酚法（Lowry method）。

a. 原理：在碱性条件下，蛋白质与铜作用生成蛋白质-铜络合物，该络合物将福林（Folin）试剂还原成深蓝色的磷钼蓝和磷钨蓝混合物，颜色深浅与蛋白质含量成正比。此方法操作简便，灵敏度比双缩脲法高 100 倍，定量范围为 5～100μg 蛋白质。Folin 试剂显色反应由酪氨酸、色氨酸、半胱氨酸引起，因此样品中若含有酚类、柠檬酸和巯基化合物，均有干扰作用。其缺点是有蛋白质的特异性影响，即不同蛋白质因酪氨酸、色氨酸含量不同可使显色强度稍有不同，标准曲线也不是严格的直线形式。

b. 试剂与器材。

试剂：$Na_2WO_4 \cdot 2H_2O$，$Na_2MoO_4 \cdot 2H_2O$，85% H_3PO_4，浓 HCl，$Li_2SO_4 \cdot H_2O$，溴水，酚酞指示剂，Na_2CO_3，NaOH，$CuSO_4 \cdot 5H_2O$，酒石酸钾钠，250μg/mL 牛血清清蛋白标准蛋白质溶液。

器材：试管若干，刻度移液管或移液器，圆底烧瓶，冷凝管 1 套（带橡胶管），微量滴定管，小烧杯，微量进样器 50μL，721 或 722 分光光度计，恒温水浴器，离心机等。

c. 实验方法。

按相关实验指导配制 Folin-酚试剂甲液和 Folin-酚试剂乙液（Folin 试剂）。

标准曲线的绘制：0～250μg 标准蛋白质溶液和 5mL 甲液 30℃温浴 10min，再与 0.5mL 乙液混匀，30℃保温 30min，500nm 下测定光吸收值。以蛋白质的含量为横坐标，光吸收值为纵坐标绘制标准曲线。

样品的测定：同样方法测定蛋白质样品与福林-酚试剂反应后 500nm 处的吸光值。

蛋白质含量的计算：根据样品的吸光值和标准曲线计算出样品中蛋白质含量。

（3）考马斯亮蓝法。

a. 原理：考马斯亮蓝（Coomassie brilliant blue）G-250 染料，在酸性溶液中与蛋白质中的碱性氨基酸（如精氨酸）和芳香族氨基酸残基相结合，使染料的最大吸收峰由 465nm 变为 595nm，溶液的颜色也由棕黑色变为蓝色。595nm 条件下测定的吸光值与蛋白质浓度成正比。

考马斯亮蓝法的突出优点是：①灵敏度高。据估计比福林酚法约高 4 倍，其最低蛋白质检测量可达 2.5μg。这是因为蛋白质与染料结合后产生的颜色变化很大，蛋白质-染料复合物有更高的消光系数，因而光吸收值随蛋白质浓度的变化比福林酚法要大得多。②测定快速、简便。反应只需加一种试剂且只反应 5min，5～20min 比色最好，颜色在 1h 内稳定。③干扰物质少，如干扰福林酚法的 K^+、Na^+、Mg^{2+}、Tris 缓冲液、糖和蔗糖、甘油、巯基乙醇、EDTA 等均不干扰此测定法。此法的缺点是：①由于各种蛋白质中的精氨酸和芳香族氨基酸的含量不同，用于不同蛋白质测定时有较大的偏差，在制作标准曲线时通常选用牛血清清蛋白为标准蛋白质，以减少这方面的偏差。②尿素、去污剂、Triton X-100、SDS 和 0.1mol/L 的 NaOH、EDTA 等可干扰测定。③标准曲线也有轻微的非线性，因而不能用比尔定律进行计算，而只能用标准曲线来测定未知蛋白质的浓度。

b. 试剂与器材。

试剂 A：1%二辛可宁酸（BCA）二钠盐，2%无水 Na_2CO_3，0.16%酒石酸钠，0.4% NaOH，0.95% $NaHCO_3$，混合调 pH 至 11.25。试剂 B：4% Cu_2SO_4。BCA 工作液为试剂 A 和试剂 B 的 50：1 混合液。1mg/mL 结晶牛血清清蛋白的蛋白质标准液。BCA 法的试剂盒市面有售。

器材：试管或微孔板，刻度移液管或移液器，721 或 722 分光光度计或酶标仪。

c. 实验方法。

Bradford 浓染液的配制：100mg 考马斯亮蓝 G-250 溶于 50mL 95%乙醇中，加入 100mL 85%的磷酸，蒸馏水定容至 1000mL，此染液放 4℃至少 6 个月保持稳定。

标准曲线的绘制：0～1mg/mL 标准蛋白质溶液 1mL 和 5mL 考马斯亮蓝试剂混匀，放置 5～20min 后测定 595nm 处光吸收值。以蛋白质的含量为横坐标，光吸收值为纵坐标绘制标准曲线。

样品的测定：同样方法测定蛋白质样品与考马斯亮蓝试剂反应后 595nm 处的吸光值。

蛋白质含量的计算：根据样品的吸光值和标准曲线计算出样品中蛋白质含量。

（4）BCA 法（bicinchoninic acid）。

a. 原理：其原理与福林酚法蛋白质定量相似，BCA 与二价铜离子的硫酸铜等其他试剂混合形成苹果绿色溶液，即为 BCA 试剂。在碱性条件下，BCA 与蛋白质结合时，蛋白质将 Cu^{2+} 还原为 Cu^+，一个 Cu^+ 螯合 2 个 BCA 分子，BCA 试剂由原来的苹果绿形成紫色复合物，最大光吸收强度与蛋白质浓度成正比。该方法有如下优点：①操作简单、快速，45min 内完成测定。②准确灵敏，试剂稳定性好，BCA 试剂的蛋白质测定范围是 20～200μg/mL，微量 BCA 测定范围在 0.5～10μg/mL。③经济实用，反应可控制在毫升至微升级，在微板孔中进行，大大节约样品和试剂用量。④试剂抗干扰能力比较强，如去垢剂、尿素等均无影响，与考马斯亮蓝法相比，BCA 法的显著优点是不受去垢剂的影响。

b. 试剂和器材。

试剂：考马斯亮蓝 G-250，1mg/mL 牛血清清蛋白标准蛋白质溶液。

器材：试管，刻度移液管或移液器，721 或 722 分光光度计。

c．实验方法。

标准曲线的绘制：0～2mg/mL 标准蛋白质溶液 0.1mL 与 2mL 工作溶液混合。微板测定：将 25μL 标准品与 200μL 工作溶液混合。反应在 60℃ 15～30min 或 37℃ 30min 或 25℃ 2h 至过夜。冷却至室温后测定 562nm 处吸光值，以蛋白质的含量为横坐标，光吸收值为纵坐标绘制标准曲线。

样品的测定：同样方法测定蛋白质样品与考马斯亮蓝试剂反应后 562nm 处的吸光值。

蛋白质含量的计算：根据样品的吸光值和标准曲线计算出样品中蛋白质含量。

3）紫外分光光度法

a．原理：蛋白质中酪氨酸和色氨酸残基的苯环含有共轭双键，在紫外区有吸收峰，所以蛋白质溶液在 275～280nm 具有一个紫外吸收峰。在一定浓度范围内，蛋白质溶液在 280nm 下吸光值与其浓度成正比，可做定量分析。该法测定蛋白质的浓度范围为 0.1～1.0mg/mL。该方法的优点在于：方法操作简便、迅速，不需要复杂和昂贵的设备，不消耗样品，测定后仍能回收使用，有利于保持蛋白质的活性，低浓度的盐和大多数缓冲溶液不干扰测定。缺点是准确度和灵敏度差一些，原因在于：①不同蛋白质中酪氨酸和色氨酸的含量不同，所以不同蛋白质溶液在 280nm 的吸光值也不同。浓度为 1.0mg/mL 的 1800 种蛋白质及蛋白质亚基在 280nm 的吸光度在 0.3～3.0，平均值为 1.25±0.51。②核酸在 260nm 处的光吸收比 280nm 处的更强，而蛋白质正好相反，所以嘌呤、嘧啶等核酸类可干扰测定。

b．试剂与器材：5.00mg/mL 的牛血清清蛋白标准蛋白质溶液，紫外-可见分光光度计，试管，移液管或移液器。

c．实验方法如下。

标准曲线的绘制：0～1mg/mL 标准蛋白质溶液用 1cm 石英比色皿，以 0.9% NaCl 溶液或水为参比测定 280nm 下的吸光值，以蛋白质的含量为横坐标，光吸收值为纵坐标绘制标准曲线。

样品的测定：同样方法测定蛋白质样品 280nm 下的吸光值。

蛋白质含量的计算：根据样品的吸光值和标准曲线计算出样品中的蛋白质含量。

第六节　食物体系中的蛋白质及食品加工过程中蛋白质的变化

1. 肉类中的蛋白质

在食物中，肉类能提供大量必需的蛋白质。一般在肉类中蛋白质占湿重的 18%～20%。肉类中的蛋白质根据其溶解性不同可分为：肌浆蛋白、肌原纤维蛋白和基质蛋白。采用水或低离子强度的缓冲溶液（0.15mol/L 或更低浓度）能将肌浆蛋白提取出来，提取肌原纤维蛋白则需采用更高浓度的盐溶液，而基质蛋白则是不溶解的。肌浆蛋白主要有肌溶蛋白和球蛋白 X 两大类，占肌肉蛋白质的 20%～30%。肌溶蛋白溶于水，在 55～65℃变性。球蛋白 X 溶于盐溶液，在 50℃变性。肌原纤维蛋白包括肌球蛋白、肌动蛋白、肌动球蛋白和肌原蛋白，这些蛋白质占肌肉总蛋白质的 51%～53%。基质蛋白主要由胶原蛋白和弹性蛋白构成，二者都属于硬蛋白类，不溶于水和盐溶液。

2. 乳蛋白质

不同来源的乳蛋白质，其成分不同，本书以牛乳为例讨论乳蛋白质的成分与性质。牛乳中蛋白质含量为 30～36g/L，因此牛乳的营养价值很高。牛乳蛋白质包括两大类，即酪蛋白和乳清蛋白。

1）酪蛋白　　酪蛋白中有 4 种组分，分别为 α_s-酪蛋白、β-酪蛋白、κ-酪蛋白及 γ-酪蛋白。其中 α_s-酪蛋白又分为 α_{s1}-酪蛋白和 α_{s2}-酪蛋白。在一般条件下，α_{s1}-酪蛋白是不溶解的，α_{s2}-酪蛋白与 α_{s1}-酪蛋白的相对分子质量相近，等电点也都是 pH5.1，α_{s2}-酪蛋白仅略更亲水一些。从一级结构看，它们极性的和非极性的氨基酸残基的分布非常均衡，很少含有半胱氨酸和脯氨酸，成簇的磷酸丝氨酸残基分布在第 40 至 80 氨基酸残基的肽之间。C 端部分相当疏水。这种结构特点使其形成较多的 α 螺旋和 β 折叠二级结构，并且易和二价金属钙离子结合，钙离子浓度高时不溶解。

β-酪蛋白相对分子质量约为 24 500，等电点为 pH5.3，β-酪蛋白高度疏水，但它的 N 端含有较多的亲水基，因此它的两亲性使其可作为一个乳化剂。在中性 pH 下加热，β-酪蛋白会形成线团状的聚集体。

κ-酪蛋白是酪蛋白中唯一含有胱氨酸和碳水化合物的主要组分，相对分子质量为 19 000，等电点在 pH3.7～4.2。它含有半胱氨酸并可通过二硫键形成多聚体，虽然它只含有一个磷酸化残基，但由于含有碳水化合物，大大提高了其亲水性。

γ-酪蛋白相对分子质量为 21 000，在酪蛋白中含磷酸量最低而含硫量最高。

乳之所以为乳白色不透明液体，主要是由于乳中酪蛋白以胶粒形式存在。酪蛋白胶粒中的总蛋白质占脱脂牛乳总蛋白质的 74%。酪蛋白胶粒呈球形，直径 100～280nm，平均为 120nm，1mL 乳中胶粒数目达 10^{13} 数量级。一般认为的酪蛋白胶粒结构模型是：酪蛋白胶粒具有一个主要 α_{s1}-酪蛋白和 β-酪蛋白酸钙构成的中心，中心外面覆盖着一层由 κ-酪蛋白构成的保护胶体，没有 κ-酪蛋白时其他酪蛋白和钙离子的复合物便沉淀出来。

酪蛋白胶团在牛乳中比较稳定，在一般杀菌条件下加热不会变性，但 130℃加热数分钟，酪蛋白会变性而凝固沉淀。冻结也会使酪蛋白发生凝胶现象。

在制造乳酪时常采用从犊牛胃中分离得到的凝乳酶，这种酶只催化 κ-酪蛋白的部分水解，因而破坏了胶粒的保护胶体，使酪蛋白和钙离子复合物凝结成块。将牛乳酸化，使 pH 达到酪蛋白的等电点（pH4.6）而析出酪蛋白沉淀，也是提取乳中酪蛋白的一种方法。向牛乳中接种乳酸菌使之利用乳糖产生乳酸，便可达到酸化的目的。

2）乳清蛋白　　牛乳中酪蛋白沉淀下来以后，保留在上清液（乳清）中的蛋白质称为乳清蛋白（lactalbumin）。乳清蛋白中有许多组分，其中最重要的是 β-乳球蛋白和 α-乳清蛋白。β-乳球蛋白的单体相对分子质量为 1.8×10^4，仅存在于 pH3.5 以下和 pH7.5 以上的乳清中，在 pH3.5～7.5，β-乳球蛋白以二聚体形式存在，相对分子质量为 3.6×10^4。β-乳球蛋白是一种简单蛋白，含有游离的巯基，牛奶加热后的气味可能与之有关。加热、增加钙离子浓度、pH 超过 8.6 等条件都能使它变性。α-乳清蛋白是乳中较稳定的物质，其分子中含有 4 个二硫键，但不含有游离的巯基，单体相对分子质量为 1.4×10^4。乳清中还有血清蛋白、免疫球蛋白、酶等其他许多蛋白质。

3. 卵蛋白质

卵蛋白质可分为蛋清蛋白和蛋黄蛋白，除了营养丰富外，还有很好的起泡性、乳化性和凝固及凝胶化等性质。鸡蛋蛋白质可分为蛋清蛋白和蛋黄蛋白。蛋清蛋白中含有一些具有独特功能性质的蛋白质，如鸡蛋清中由于存在溶菌酶、抗生素蛋白、免疫球蛋白和蛋白酶抑制剂等，能抑制微生物生长，这对鸡蛋的储藏十分有利。根据蛋清蛋白的这一功能，我国中医外科常用蛋清调制用于贴疮的膏药。

4. 鱼蛋白

鱼肉中的蛋白质含量因鱼的种类不同而不同，含量为 10%～21%。鱼蛋白分为肌浆蛋白、肌原纤维蛋白和基质蛋白三类。鱼肉中肌原纤维与畜禽肉类中的相似，并且所含的蛋白质也相似，但鱼肉中的肌动球蛋白十分不稳定，因此在加工和贮藏过程中很容易发生变化。

5. 小麦蛋白

小麦含有约 13%的蛋白质，其中包括麦清蛋白、麦球蛋白、麦胶蛋白和麦谷蛋白等。麦清蛋白和麦球蛋白可溶于水，麦清蛋白含色氨酸较多，对焙烤食品成色有一定贡献。而小麦粉形成面筋的特性主要是麦胶蛋白和麦谷蛋白的作用。

6. 油料种子蛋白质

大豆、花生、棉籽、向日葵、油菜等许多油料作物的种子中除了含有油脂以外，还含有丰富的蛋白质。因此，提取油脂后的饼粕或粉粕是重要的蛋白质资源。油料种子中最主要的蛋白质成分是球蛋白类，其中又包含许多组分。例如，大豆蛋白基本分为两类，即清蛋白和球蛋白。其中清蛋白只占其中的 5%，而球蛋白占 90%左右。大豆球蛋白是可溶于水、碱或食盐溶液，加酸调 pH 至等电点 4.5 或加硫酸铵至饱和，则沉淀析出，故又称为酸沉蛋白，而清蛋白无此特性，则称为非酸沉蛋白。按照在离心机中沉降速度来分，大豆蛋白可分为 4 个组分，即 2S、7S、11S 和 15S（$1S=1\times10^{-13}s=1Svedberg$ 单位）。其中 7S 和 11S 最重要，7S 占总蛋白质的 37%，11S 占总蛋白质的 31%。7S 和 11S 球蛋白均为糖蛋白，含糖量分别约为 5.0%和 0.8%。7S 和 11S 组分在食品加工性质不同，并且不同大豆蛋白组分的乳化特性也不同。

7. 蛋白质在食品加工中的变化

1）热处理   热处理是对蛋白质影响较大的一种处理手段，热处理会使蛋白质发生变性、分解、氨基酸氧化、氨基酸残基之间的交联等。通常温和的热处理有利于提高蛋白质的营养价值，而高温、长时间的剧烈加热会使蛋白质发生各种化学变化，从而对蛋白质产生不良的影响。蛋白质变化的程度与热处理温度、水分和有无其他物质参与等因素有关。

2）碱处理   对食品进行碱处理主要是植物蛋白的助溶、油料种子去黄曲霉毒素、煮玉米加强对维生素 B_5 的利用率。蛋白质的浓缩、分离、起泡、乳化或使溶液中的蛋白质连成纤维状，都需要通过碱处理来实现。对食品进行碱处理，特别是与热处理同时进行时，蛋白质会发生多种化学反应，其中交联反应是导致蛋白质劣化的主要反应，蛋白质的交联会使必需氨基酸的消化率和生物有效性降低，从而大大降低蛋白质的营养价值。

3）冷冻   冷冻储藏或加工食品会使食品中的蛋白质变性，因而改变食物原有的各种性状，如把豆腐冻结、冷藏会使得豆腐的组织呈现多孔结构；牛乳冻结后，再解冻会发生乳质分离，不能恢复到均一的状态。冷冻加工造成蛋白质变性，主要是由蛋白质质点分散密度发生变化所引起的。

4）干燥   食品脱水干燥有利于食品的储藏和运输。并且干燥处理通常不会影响食品中蛋白质的营养价值，但过度脱水会使蛋白质的结合水膜被破坏，从而使得蛋白质对热、光和空气中的氧较敏感，容易发生变性和氧化。因此，冷冻干燥，并且真空或无氧包装，则蛋白质的变化最小。

5）氧化   一些冷杀菌剂和漂白剂在食品加工或包装过程中的使用会使食品中蛋白质发生氧化变化。这些氧化变化包括以下几种情况：食品中的蛋白质经常与脂类接触，而脂类很容易发生自动氧化，其自动氧化产生的氢过氧化物、过氧自由基和氧化产物等易与蛋白质侧链基团发生氧化和交联；在有氧和光照的条件下，含硫氨基酸的光氧化很容易发生；含多酚类的食品，在中性或碱性条件下很容易被氧化成酮类化合物，后者与蛋白质接触就可发生蛋白质残基被氧化的反应；热空气干燥和在食品发酵过程中的鼓风处理也能导致氨基酸的氧化。

6）美拉德反应　　食品在加热或储存的过程中产生的褐变是由还原糖与游离氨基酸或蛋白质链上的氨基酸残基发生化学反应所引起的，这种反应称为美拉德反应，也称为非酶褐变。食品中的褐变有时是我们所期望的，它会赋予食品特定的感官品质，如面包皮和酱油的色泽和香气的形成主要是美拉德反应的结果。而在蛋白质食品的加工过程中，美拉德反应会影响产品的感官和营养价值，如蛋白粉在生产过程中如不除糖，其中的蛋白质和微量的还原糖在喷雾干燥过程中发生美拉德反应，产品色泽不佳，营养也会下降。美拉德反应是一组复杂的反应，它由胺和羰基化合物之间的反应所引起，随着温度的升高，分解和最终缩合成不溶解的褐色产物类黑精。而类黑精对营养的影响至今还不完全了解，有人认为这类产物能抑制某些必需氨基酸在肠道内的吸收。

7）功能性质的变化　　蛋白质在食品中不仅自身具有营养功能，还赋予食品一些特殊的功能性质，如起泡性、乳化性及胶凝性等。在食品加工过程中，一些物理的或化学的因素会对蛋白质结构和功能性质产生影响。

将蛋白质溶液的 pH 调节至等电点或用盐析法使蛋白质沉淀，这是简单而又有效的分离提纯蛋白质的方法，这些方法可以使蛋白质可逆沉淀，但不至于发生高级结构广泛或不可逆的变化，特别是在低温下进行处理更是如此。但酪蛋白例外，等电点沉淀和超滤法可导致它的四级胶束结构破坏，由于羧基质子化使得羧基-Ca^{2+}-羧基桥削弱或者断裂，释放出磷酸和增加酪蛋白分子之间的静电吸引力而聚集，这种酪蛋白可阻止凝乳酶的作用，也不会像天然胶束酪蛋白那样受钙离子的影响。

蛋白质溶液中除去部分水，可引起所有非水组分浓度增加，结果增加了蛋白质-蛋白质、蛋白质-碳水化合物和蛋白质-盐类之间的相互作用，这些相互作用能明显地改变蛋白质的功能性质，特别是在较高温度下除去水分时效果更为明显，但是用超滤法去除牛奶中的水分能得到极易溶解的蛋白质浓缩物。

用阳离子交换树脂处理乳清，结果交换出蛋白质的 Ca^{2+}、K^+ 和 Na^+ 等阳离子而生成低盐乳清，用低盐乳清制成的蛋白质浓缩物显示出非常好的凝胶性和起泡性。

在制备蛋白质时采用适当碱解，离子化羧基的静电排斥会使低聚蛋白质解离，所以经喷雾干燥的酪蛋白酸钠和大豆蛋白盐具有高度溶解性、良好吸水性和表面性质。

腌肉时添加聚磷酸盐会提高其持水能力，可能是由于钙离子被络合而蛋白质被解离的原因。氯化钠可能通过对肌纤维蛋白部分增溶作用提高其持水能力，这部分增溶作用还增强了聚磷酸盐的效果。

▌ 关键术语表

α-氨基酸（α-amino acid）　　　　　　　　　　疏水氨基酸（hydrophobic amino acid）

氨基酸等电点（isoelectric point of an amino acid）　必需氨基酸（essential amino acid）

兼性离子（amphion）　　　　　　　　　　　　Edman 反应（Edman reaction）

Sanger 反应（Sanger reaction）

茚三酮反应（Ninhydrin reaction）

简单蛋白质（simple protein）

结合蛋白质（conjugated proteins）

球状蛋白质（globular protein）

纤维蛋白质（fibrous proteins）

蛋白质的一级结构（primary structure）

α 螺旋（α-helix）

β 折叠（β-plated sheet）

β 转角（β-turn）

超二级结构（super-secondary structure）

结构域（structural domain）

蛋白质的三级结构（tertiary structure）

次级键（secondary bond）

氢键（hydrogen bond）

范德瓦耳斯力（van der Waals force）

疏水作用（hydrophobic interaction）

离子键（ionic bond）

相对分子质量（relative molecular mass）

胶体溶液（colloidal solution）

蛋白质的等电点（isoelectric point of protein）

盐析（salting out）

盐溶（salting in）

蛋白质变性（protein denaturation）

蛋白质复性（protein renaturation）

双缩脲反应（Biuret reaction）

米伦氏反应（Millon reaction）

福林酚试剂（Folin-Ciocalteu reagent）

抗体（antibody）

抗原（antigen）

分离纯化（isolation and purification）

溶解度（dissolubility）

有机沉淀（organic solvent precipitation）

热变性（thermal denaturation）

透析（dialysis）

超滤（ultrafiltration）

柱层析（flash column chromatography）

分子排阻（molecular-exclusion chromatography）

流动相（mobile phase）

固定相（stationary phase）

电泳（electrophoresis）

聚丙烯酰胺凝胶（polyacrylamide gel）

离子交换色谱（ion exchange chromatography，IEC）

亲和层析（affinity chromatography）

层析法（chromatography）

理论塔板数（number of theoretical plate）

免疫化学法（immunochemistry method）

凯氏定氮法（Kjedahl determination）

▌ 单元小结

　　蛋白质既是生物体结构的重要组成成分，又是生命活动的主要执行者，担负着多种重要的生物学功能。蛋白质的基本结构单位是氨基酸，生物体中组成蛋白质的基本氨基酸有 20 种，其中有 8 种必需氨基酸；由于氨基酸的官能团特别是 R 侧链不同，氨基酸具有多种化学和物理性质。氨基酸通过肽键连接起来，在多肽链中按一定顺序排列形成蛋白质的一级结构，也决定了蛋白质高级结构；蛋白质二级结构有 α 螺旋、β 折叠、β 转角、无规卷曲 4 种，在此基础上形成超二级结构、结构域，进一步折叠形成三级结构；多条三级结构的多肽链缔合成四级结构，形成具有一定活性和功能的蛋白质；蛋白质高级结构的维持是通过次级键完成的。组成蛋白质的氨基酸种类和数量的差异造成了蛋白质的多样性，大小不等，形态各异，拥有多种物理化学性质：蛋白质的水溶液为胶体溶液；不同 pH 条件下带电荷不同，表现为两性电解质，具有等电点；蛋白质可以和多种试剂反应，产生颜色变化，这些性质可以用于蛋白质含量的测定；蛋白质有免疫学特性，在机体免疫和超敏反应中扮演重要角色；蛋白质可在浓盐、有机试剂、重金属、酸碱、加热等条件下发生沉淀，甚至变性，这些条件去除后，还可能复性；蛋白质沉淀的原理是分离纯化蛋白质的理论基础。蛋白质的分离纯化程序可分为前处理、蛋白质的抽提、粗分级和细分级 4 个步骤；分离方法有多种，主要根据蛋白质在溶液中的分子大小、溶解度、带电情况、吸附性质、对配基分子特异的生物亲和力进行分离；盐析、等电点沉淀、有机溶剂沉淀等方法常用于蛋白质分离纯化的前几步；透析和超滤时利用蛋白质不能透过半透膜的性质使蛋白质和小分子分开，常用于浓缩和脱盐；密度梯度离心和凝胶过滤都已成功用于蛋白质和酶等生物大分子的分离；多种电泳分离技术都具有很高的分辨率，不仅可以用来分离纯化蛋白质，还可用来鉴定蛋白质等分子的纯度；离子交换柱层析已广泛用于蛋白质和酶等生物活性分子的分离纯化；亲和柱层析是十分有效的方法。根据蛋白质的理化性质，人们建立了多种蛋白质纯度的鉴定方法和含量的测定方法。纯度鉴定的方法有层析法、电泳法、免疫化学法等；蛋白质含量测定方法有凯氏定氮法、比色法和紫外分光光度法等，这些方法各有优缺点，其中凯氏定氮法常用于食品中含氮量的分析；比色法中常用的有双缩脲法、福林酚法、考马斯亮蓝法和 BCA 法；紫外分光光度法常用于蛋白质分离纯化中的蛋白质含量的检测。

复习思考习题

（扫码见习题）

第五章 酶

食品中的酶有些是食品原料内原有的，有些是加工过程添加的，有些是原料生产、加工或储藏期间由于微生物污染所产生的。食品中的酶作为生物催化剂，与食品的产品品质及食用安全状态有着密切的关系，在食品原料和产品的加工、保藏及分析检测等方面有重要的意义和广泛的应用。

第一节 概 述

酶（enzyme）是一类普遍存在于生物体内，由活细胞合成的，具有生物催化功能，即对其特异底物起高效催化作用的一类特殊蛋白质。酶是生物体内时时刻刻快速而高效进行着的千百种生化反应的天然催化剂，生物体代谢过程的各种化学反应都是在酶的催化作用下进行的。

人类在生活和生产过程中很早以前就注意到发酵现象，如在 1810 年，Joseph Gay-Lussac 发现酵母可将糖转化为乙醇。1833 年，Payen 和 Personz 从麦芽提取液中得到一种对热不稳定的物质，可使淀粉水解为可溶性糖。直至 1835 年，Berzelius 提出催化作用概念之后，上述现象中起催化作用的物质才被称为酵素（ferment）或生物催化剂（biocatalyst），这是最早的关于酶的名称。

1878 年，Kühne 指出，在发酵现象中不是酵母本身，而是酵母中的某种物质催化了酵解反应，并把这种物质命名为酶（enzyme，希腊文 en:in+zyme:yeast，意思是在酵母中）。这些发现揭示了酶是生物体中具有催化功能的特殊物质，也标志着科学意义的酶的研究的开始。

1897 年,德国科学家 Hans Buchner 和 Eduard Buchner 成功地用不含细胞的酵母提取液实现了发酵，证实了酶的存在。1905，Harden 与 Young 发现酒化酶（zymase）与辅酒化酶（cozymase）。1926 年，美国生化学家 Sumner 第一次从刀豆分离到脲酶结晶，提出酶的本质是蛋白质。后来，在 Northrop 和 Kunitz 得到胃蛋白酶、胰蛋白酶、胰凝乳蛋白酶的结晶并得出酶是蛋白质的结论后，酶的蛋白质属性才逐渐被接受。

酶在生物体内温和条件下高效地催化代谢过程的多种化学反应，是维持生命活动所必需的，是机体内广泛存在且种类多样的生物催化剂。酶来源于自然界，酶的自然来源有动物、植物和微生物三大类。目前用于大规模工业化生产的酶制剂是用微生物发酵生产出来的。

除了传统意义的酶外，近些年的研究发现，自然界生物中的某些核酸和抗体分子也具有催化活性，这两种特殊形式的酶分别被称为核酶（ribozyme）和抗体酶（abzyme）。核酶的本质是一类具有高效、特异催化作用的核酸，主要参与 RNA 的剪接。抗体酶是抗体高度选择性和酶高效催化能力结合的产物，其本质是一类具有催化能力的免疫球蛋白，即催化抗体。

第二节　酶的化学本质、分子结构与化学组成

一、酶的化学本质

迄今为止，只发现并证实少数 RNA 分子具有催化活性。因此，可以认为酶的化学本质是蛋白质，酶分子是由一条或多条肽链以特定的空间构型构成的。酶和其他蛋白质一样都是由氨基酸组成的，具有两性电解质的性质，并具有一、二、三、四级结构，也受物理因素（加热、紫外线照射等）及化学因素（酸碱、有机溶剂等）的作用而变性或沉淀，丧失活性。

酶与一般蛋白质的区别主要体现在分子结构和构象（三维结构）上，即酶分子具有特定的结构和相应的构象，并由此表现出酶的催化能力。酶的结构是指酶分子中各原子之间的连接顺序，而酶的构象是酶分子中各原子之间在空间上的相对位置关系。酶分子失去其特定的结构和相应的构象时，也会失去相应的催化能力。

二、酶的分子结构

按照蛋白质的组成和关系，酶分子分为如下几种。

（1）单体酶：单体酶由单一肽链组成，只有三级结构，相对分子质量为 13 000～35 000，如溶菌酶、胰蛋白酶等。其中，溶菌酶含有 129 个氨基酸，是由一条肽链构成的分子，相对分子质量为 14 600。

（2）寡聚酶：寡聚酶由 2 个或 2 个以上相同或不相同的亚基组成，每一个亚基由一条单独的肽链构成，亚基之间靠次级键结合，彼此容易分开。寡聚酶的相对分子质量从 35 000 到几百万，如糖原磷酸化酶 a 和 3-磷酸甘油醛脱氢酶等。

寡聚酶分子具有复杂的四级结构，每个单独的亚基一般无活性，必须相互之间有序结合才表现出活性。寡聚酶通常通过别构效应在代谢途径中发挥重要的调节作用。

（3）多酶复合体：多酶复合体是具有两种以上不同催化活性的酶，其分子中的催化中心由同一肽链的不同肽段或不同肽链组成，或由几种功能上相关的酶彼此嵌合而形成复合体。这类多酶复合体的相对分子质量都很高，一般在几百万以上，如哺乳动物体内的脂肪合成酶复合体，其相对分子质量高达 272 000。

多酶复合体集不同催化活性于一体，具有两方面的生物学意义：一方面可以在不同的条件下表现不同的催化能力，起到调节的作用；另一方面，特有的催化功能可以促进某个阶段的系列代谢反应高效、定向和有序地进行。

例如，分支淀粉酶分子同时包含淀粉-1,6-葡萄糖苷酶和 4-α-D-葡聚糖苷转移酶两种酶活性，分别催化淀粉分子中的 1,6-糖苷键并将葡萄糖残基转移到其他基团。两种酶活力的配合作用有利于分支淀粉快速彻底进行水解。

（4）多功能酶或串联酶：通常一种酶只能专一性地催化一个化学反应，然而某些酶能催化 2～6 个化学反应，故把这种酶分子中存在多种催化活性部位的酶称为多功能酶或串联酶。

三、酶的化学组成

1. 简单蛋白酶

简单蛋白酶又称为单纯酶，这类酶分子中只有蛋白质部分，不含其他成分，属于简单蛋

白质。多数简单蛋白酶只具有一种酶活性。一般水解酶都属于简单蛋白酶，这些酶的活性仅仅取决于它们的蛋白质结构，如脲酶、蛋白酶、淀粉酶、脂肪酶、核糖核酸酶等。

2. 复合蛋白酶

复合蛋白酶也称为全酶，包括蛋白质部分（脱辅基蛋白）和非蛋白质部分（辅酶或辅基）。这类酶除了蛋白质组分外，还含有对热稳定的非蛋白质小分子物质。前者称为酶蛋白（apoenzyme），后者称为辅助因子（cofacter）。完整的酶分子称为全酶（holoenzyme）。

复合蛋白酶 = 酶蛋白 + 辅助因子

乳酸脱氢酶（lactate dehydrogenase）、转氨酶（transaminase）、碳酸酐酶（carbonic anhydrase）及其他氧化还原酶类（oxidoreductase）等均属复合蛋白酶。例如，乳酸脱氢酶的酶蛋白只有与 NAD^+ 结合，组成乳酸脱氢酶，才能催化底物乳酸发生脱氢反应。

酶的辅助因子有的是金属离子，有的是小分子有机化合物。通常将这些小分子有机化合物称为辅酶或辅基，其中许多是 B 族维生素。酶蛋白单独存在时，不具有酶活力。只有酶与辅助因子二者结合成完整的分子时，才具有催化活力。

大部分的辅酶与辅基衍生于维生素。维生素的重要性就在于它们是体内一些重要的代谢酶的辅酶或辅基的组成成分，特别是 B 族维生素在酶反应中担负着辅酶的作用，其相应作用如表 5-1 所示。

表 5-1　B 族维生素与辅酶、辅基的关系

B 族维生素	辅酶、辅基形式	催化反应中的作用
硫胺素（B_1）	硫胺素焦磷酸酯（TPP）	α-酮酸的氧化脱羧
核黄素（B_2）	黄素单核苷酸（FMN）	氢原子转移
	黄素腺嘌呤二核苷酸（FAD）	
尼克酰胺（烟酰胺，PP）	尼克酰胺腺嘌呤二核苷酸（NAD^+）	氢原子转移
	尼克酰胺腺嘌呤二核苷酸磷酸（$NADP^+$）	
吡哆醇（吡哆醛、吡哆胺，B_6）	磷酸吡哆醛	氨基转移
泛酸	辅酶 A（CoA）	酰基转移
叶酸	四氢叶酸	"一碳基团"转移
生物素（H）	生物素	羧化作用
钴胺素（B_{12}）	甲基钴胺素	甲基转移
	5'-脱氧腺苷钴胺素	
硫辛酸	硫辛酰赖氨酸	氢和酰基基团的转移

按酶的辅助因子与酶蛋白结合的紧密程度不同，可以将酶的辅助因子分成两类。绝大多数情况下可以通过透析或其他方法将全酶中的辅助因子除去，这种与酶蛋白松弛结合的辅助因子称为辅酶（cofactor 或 coenzyme）。在少数情况下，有些辅助因子是以共价键和酶蛋白结合在一起的，不易透析除去，这种辅助因子称为辅基（prosthetic group）。辅基与辅酶的区别只在于它们与酶蛋白结合的牢固程度不同，并无严格的界限。

在催化反应中酶蛋白与辅助因子所起的作用不同，酶的专一性取决于酶蛋白本身，辅助因子一般都在酶促反应中起运输转移电子、原子或某些功能基（如参与氧化还原或运载酰基）的作用。

第三节　酶分子的空间结构与酶活性中心

一、酶活性中心

酶的特殊催化能力只局限在它的大分子的一定区域，在酶分子中为完成催化作用所必需

的主要结构中心。某些酶蛋白分子经微弱水解切去相当一部分肽链后，其残余的部分仍保留一定的活力，似乎除去的部分肽链是与活力关系不大的次要结构。这些酶分子中氨基酸残基侧链的化学基团中与酶活性密切相关的化学基团称为酶的活性中心的必需基团。

酶活性中心的必需基团由位于分子肽链上的不同部分在分子表面彼此处于特定位置而形成一个疏水的化学基团，通常包含两个功能基团：一个是结合基团（binding site），一定的底物通过此基团结合到酶分子上，它决定酶的专一性；另一个是催化基团（catalytic site），它决定酶的催化能力，底物分子中的对应化学键在此处被打断或形成新的键，从而发生特定的化学变化。

活性中心的结合基团存在一个和底物结构互补的区域，使得底物与酶分子在空间结构上配合，为催化作用的完成创造前提。催化基团包括酶分子中某些氨基酸侧链基团，也可以包括相应的辅助因子。催化基团通过与底物结合并形成共价中间络合物，引发底物构象发生一系列改变，即某些敏感键的断裂和形成，实现向产物的转化。

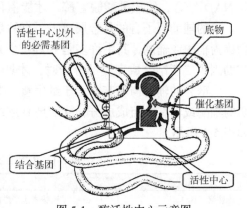

在酶的活性中心以外，也存在一些化学基团，主要与维系酶具有活性的空间构象有关，称为酶活性中心以外的必需基团，如图5-1所示。

酶与底物之间的正确而紧密的结合是保证催化作用高效完成的前提。当外界的物理化学因素破坏了酶的结构时，就可能影响酶活性中心的特定结构，从而影响酶的活力。

图 5-1　酶活性中心示意图

二、活性中心的特点

酶活性中心具有一定的三维空间结构，由几个特定的氨基酸残基构成，处于酶分子表面的一个凹穴内，酶活性中心结构取决于酶蛋白的空间结构，因此酶分子中的其他基团的作用对于酶的催化作用来说，可能是次要的，但绝不是毫无意义的，它们至少为酶活性中心的形成提供了结构基础。

某些酶活性中心的某些性质是提高酶催化速度的重要原因。这些性质包括：①活性中心部分只占酶分子中一小部分；②活性中心具有呈现疏水性裂隙特点的三维结构；③活性中心与底物之间以次级键结合；④活性中心基团具有一定的柔韧性。

对于单体酶来说，活性中心就是酶分子在三维结构上比较靠近的少数几个氨基酸残基或是这些残基上的某些基团，它们在一级结构上可能相距甚远，甚至位于不同的肽链上，通过肽链的盘绕、折叠而在空间构象上相互靠近。对于全酶来说，辅助因子或辅助因子上的某一部分结构往往是活性中心的组成部分。

三、结合基团与催化基团的关系

结合基团与催化基团构成一个互相关联的整体。结合基团的作用除了固定底物外，还要使底物处于与催化基团适宜的相对位置，以保证催化作用的完成。因此，结合基团与催化基团在空间位置上的相互关系非常重要。

例如，胰凝乳蛋白酶活性基团中，催化基团与结合基团的相对位置只适合于L-氨基酸构成的多肽，对于D-氨基酸构成的多肽则不能催化其水解。

第四节　酶的命名与分类

酶的名称有两种来源，习惯命名和国际系统分类命名。

一、习惯命名法

依据所催化作用的底物（substrate）、催化的反应或者酶的来源等命名。

1. 根据催化作用的底物

例如，淀粉酶（amylase）、纤维素酶（cellulase）、木质素氧化酶（lignin oxidase）、乳糖酶（lactase）、脂肪酶（lipase）等。

2. 根据反应性质

例如，乳酸脱氢酶（lactate dehydrogenase）、葡萄糖氧化酶（glucose oxidase）等。

3. 其他

1）根据酶的来源　　例如，凝乳酶（rennin）、胰蛋白酶（trypsin）、木瓜蛋白酶（papain）、胃蛋白酶（pepsin）、尿激酶（urokinase）、链激酶（streptokinase）等。

2）其他　　还有一些在生产中习惯使用的传统名称，如老黄酶（old yellow enzyme）、大麦芽（barley malt）等。

这些命名法在历史上沿用了很长时间，命名方式也比较简单，但存在着明显的缺陷和局限性，常常会引起一酶数名或多酶同名的问题。

二、国际系统分类法

为了避免酶在命名上的混乱，1961 年国际生物化学会酶学委员会提议根据参与反应的底物与反应的特有性质进行酶的系统命名和分类。按照这一系统分类和命名法，每一个酶的命名和分类由名称和分类编号两部分组成。

在国际系统分类法中，依据已知的酶催化的反应类型和作用的底物特点，酶一共分为六大类。

1. 氧化还原酶类

氧化还原酶催化氧化还原反应，包括参与催化氢和（或）电子从中间代谢产物转移到氧的过程中的各种酶，还包括其他催化某些物质进行氧化还原转化的酶。这类酶在生物体内参与氧化产能过程和某些生物活性成分的合成反应。

$$AH_2 + B \rightleftharpoons A + BH_2$$

例如，乙醇脱氢酶（alcohol dehydrogenase）能够以烟酰胺腺嘌呤二核苷酸（NAD）为辅酶，催化伯醇和醛之间的可逆反应：

$$乙醇 + NAD^+ \rightleftharpoons 乙醛 + NADH + H^+$$

2. 转移酶类

转移酶类催化各种基团从一个底物转移到另一个底物，参与生物体内多种生物大分子和活性成分的合成和转化，也参与生物活性成分的活性状态调节。

$$AC + B \rightleftharpoons A + BC$$

例如，天冬氨酸转氨酶（aspartate aminotransferase）催化以下反应。

$$L-天冬氨酸 + \alpha-酮戊二酸 \rightleftharpoons 草酰乙酸 + 谷氨酸$$

3. 水解酶类

水解酶类能够催化水解反应或其逆反应，水解的键型包括肽键、糖苷键、酯键、酸酐键等。

$$AB+H_2O \rightleftharpoons AOH+BH$$

水解酶参与生物体内的各种成分的降解反应，是研究和应用最多的一类酶。

例如，脂肪酶（lipase）催化脂肪水解为甘油和脂肪酸。

$$脂肪 \rightleftharpoons 脂肪酸+甘油+甘油单酯（或甘油二酯）$$

4. 裂合酶类

裂合酶类催化底物进行非水解、非氧化性反应，从而脱除分子内的某一基团，分子内产生双键，也可以催化相应的逆反应，在分子的双键处加入基团，消除双键。这类酶包括醛缩酶、水化酶及脱氨酶等。

$$AB \rightleftharpoons A+B$$

例如，谷氨酸脱羧酶（glutamate decarboxylase）催化谷氨酸脱羧生成 γ-氨基丁酸并释放 CO_2。

$$谷氨酸 \rightleftharpoons γ-氨基丁酸+CO_2$$

5. 异构酶类

异构酶类催化某些分子进行异构化反应，产生化合物的外消旋、差向异构、顺反异构、醛酮异构、分子内转移、分子内裂解等反应，是生物代谢过程所需要的。

$$A \rightleftharpoons A'$$

例如，木糖异构酶（xylose isomerase）作用于 D-葡萄糖得到 D-果糖。

$$D-葡萄糖 \rightleftharpoons D-果糖$$

6. 合成酶类

合成酶能够催化由 ATP 等高能磷酸化合物提供能量的分子之间的连接反应，生成连接各种基团的共价键。这类酶的特点是需要高能磷酸酯作为供能体，有些需要金属离子作为辅因子。

$$A+B+ATP \longrightarrow AB+ADP+Pi（AMP+PPi）$$

例如，乙酰辅酶 A 合成酶（acetyl-CoA synthetase）催化乙酸盐、ATP 和辅酶 A 生成乙酰辅酶 A、AMP 和磷酸盐。

$$乙酸+CoA+ATP \longrightarrow 乙酰 CoA+AMP+PPi$$

三、国际系统命名法

国际生物化学学会酶学委员会规定了一套系统的命名法，使一种酶只有一种名称。系统命名法的构成包括酶的系统命名和由 4 组数字组成的酶的分类编号，从而准确标示出酶的催化特性。

系统命名（学名）+EC（Enzyme Committee）+编号（大类. 亚类. 亚亚类. 序号）

例如，葡萄糖磷酸化酶（D-glucose phosphotransferase）催化下列反应：

$$D-葡萄糖+ATP \longrightarrow 6-磷酸-D-葡萄糖+ADP$$

系统命名为 ATP：葡萄糖磷酸转移酶。表示该酶催化从 ATP 中转移一个磷酸到葡萄糖分子上生成 6-磷酸-D-葡萄糖的反应。分类编号：EC 2.7.1.1

酶的国际分类中大类和亚类对应的意义如表 5-2 所示。

表5-2　酶的国际分类表（大类及亚类）

1. 氧化还原酶类 （亚类表示底物中发生氧化的基团的性质）	4. 裂合酶类 （亚类表示分裂的基团与残余分子间的键的类型）
1.1　作用在—CH—OH上	4.1　C—C 键
1.2　作用在—C=O上	4.2　C—O 键
1.3　作用在—CH=CH$_2$上	4.3　C—N 键
1.4　作用在—C—NH$_2$上	4.4　C—S 键
1.5　作用在—CH—NH上	
1.6　作用在 NADH、NADPH 上	
2. 移换酶类 （亚类表示底物中被转移的基团的性质）	**5. 异构酶类** （亚类表示异构的键的类型）
2.1　碳基团	5.1　消旋及差向异构酶
2.2　醛基或酮基	5.2　顺反异构酶
2.3　酰基	
2.4　糖苷基	
2.5　除甲基之外的烃基或酰基	
2.6　含氮基	
2.7　磷酸基	
2.8　含硫基	
3. 水解酶类 （亚类表示被水解的键的类型）	**6. 合成酶类** （亚类表示新形成的键的类型）
3.1　酯键	6.1　C—N 键
3.2　糖苷键	6.2　C—S 键
3.3　醚键	6.3　C—N 键
3.4　肽键	6.4　C—C 键
3.5　其他 C—N 键	
3.6　酸酐键	

第五节　酶的催化性质

一、酶和一般催化剂的共同点

酶作为生物催化剂，与一般催化剂比较，具有一些共同点：自身在化学反应前后不发生质和量的变化；只能促进热力学上允许进行的反应；催化作用不改变反应的平衡点，而是提高反应达到平衡点的速度；酶和一般催化剂都是通过降低反应活化能而使反应速率加快的。

二、酶作为生物催化剂的特点

酶的化学本质是蛋白质，酶与底物形成活性复合物，中间能量状态通过降低反应过程的活化能，有利于降低反应过程的自由能。所以，酶在催化功能上也表现出一些自身的特点。

1. 具有极高的催化效率

酶催化反应的速度比非催化反应高 $10^8 \sim 10^{20}$ 倍，比普通催化剂参与的反应高 $10^6 \sim 10^{14}$ 倍。例如，过氧化氢分解反应

$$2H_2O_2 \longrightarrow 2H_2O + O_2$$

以 Fe^{3+} 催化，反应效率为 6×10^4mol/（mol·s）；而过氧化氢酶催化的反应效率可以达到

$6 \times 10^6 \text{mol/（mol·s）}$，提高了两个数量级。

2. 酶的催化专一性

酶对它所催化的反应与对底物的选择两方面都是高度专一的。通常酶只能催化一种化学反应或一类相似的化学反应。

酶对底物的选择性很严格，有时甚至是绝对的。表现为酶对所催化的底物选择性或反应类型的特异性，即一种酶只催化一种或一类底物或一定的化学键，催化一定的化学反应转变成相应的产物。

不同的酶有不同的专一性，按照反应的类别分为以下 3 种。

（1）相对专一性：一种酶可催化一类反应，如多酚氧化脲酶可催化多种酚类物质进行氧化，生成相应的醌，又如不同的蛋白水解酶对于所水解的肽键两侧的基团有不同的要求。

（2）绝对专一性：一种酶只能作用于特定结构的底物，进行一种专一的反应，生成一种特定结构的产物，如脲酶只催化尿素的水解反应生成 CO_2 和 NH_3。

（3）立体异构专一性：是指酶对其所催化底物的立体构型有特定的要求，如乳酸脱氢酶专一地催化 L-乳酸转变为丙酮酸；延胡索酸酶只作用于反式延胡索酸（反丁烯二酸）。

由于酶催化反应具有专一性，因此生物体内的代谢过程才能表现出一定的方向和严格的顺序。

3. 反应条件温和

酶催化反应的最适条件多为常规条件，接近生物体内状态，在其他条件下酶的活力很低或容易失活。

4. 不稳定性

酶是蛋白质，凡是使蛋白质变性的因素（高温、高压、强酸、强碱等）都能使酶的结构破坏，因而失去活性，所以酶的催化作用是在温和的条件 （常温、常压和适合的 pH 等）下实现的。

5. 某些酶需要辅酶或辅基

有些酶除了蛋白质成分外，还需要一些特殊的无机或有机小分子成分，只有当酶与这些成分以特定的形式结合，才能表现出完整的催化活性。这些成分称为辅酶或辅基。

6. 酶活力的调节控制

酶活力可以调节控制。调控方式很多，包括抑制剂调节、共价修饰调节、反馈调节、酶原激活和激素控制等。

7. 生物体内酶催化反应通常表现为偶合形式

由多个酶参与催化的多步反应组合成为链式，以形成调控网络，有利于促进整体反应的进行，同时也可以节省反应过程的能量。

第六节　酶的催化作用的机制

一、酶的催化作用与活化能

酶的催化作用在于加快化学反应的速度。酶对反应过程速度的改善效果明显高于相应的非催化反应或一般催化剂的作用，如图 5-2 所示。

假设一化学反应的过程如下式所示：

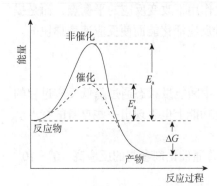

图 5-2　非催化反应和酶催化反应活化能的比较

E_a 和 E_a' 活化能；ΔG 为自由能的变化

$$A\text{-}B \longrightarrow A\cdots B \longrightarrow A+B$$

在反应系统中包含一部分高能态的活化的 A-B 分子，称为过渡态（A⋯B）。当发生反应时，连接 A 和 B 的键会变得很弱而断裂以导致产物 A 和 B 的形成。化学反应是由具有一定能量的活化分子相互碰撞发生的。参与反应的分子从初态转变为激活态所需的能量称为活化能。反应速度与其过渡态成正比，而过渡态的浓度取决于生成过渡态的反应分子所需要的临界热动能。

一个可以自发进行的反应，其反应终态和始态的自由能的变化（ΔG）为负值。这个自由能的变化值与反应中是否存在催化剂无关。酶促反应的一个重要特点是酶与底物分子产生的结合能降低反应的活化能，使之较易达到过渡态，结果使更多的分子参加反应，加快反应速度。

二、中间产物学说

中间产物学说认为酶在参与催化反应过程时，首先通过与底物 S 结合，形成不稳定的过渡态中间复合物 ES，然后再使 ES 中的 S 转变为产物 P，这样就使原本需要活化能较高的一步反应 S→P 分为两步进行。

$$S+E \longrightarrow ES \longrightarrow P+E$$

这两步反应都只需较少的能量进行活化，从而使整个反应的活化能大大降低。

按照中间产物学说，酶形成过渡态中间复合物 ES 是酶催化过程的效率得到明显提高的根本原因。

三、诱导契合理论

诱导契合理论由 Koshland 于 1964 年提出。这一理论认为，酶和底物都具有特殊的空间构象，酶分子的活性中心或酶分子的结构有一定的可变性。当酶与底物分子接近时，底物能诱导酶分子的活性中心构象发生变化，发生有利于底物结构的变化，一些基团之间通过相互取向，使参与反应的催化基团与底物进行互补，形成紧密结合具有特定结构的中间复合物。中间复合物的形成改变了底物的分子构型，一些特定的化学键产生断裂，一些新的化学键形成，从而发生催化作用，如图 5-3 所示。

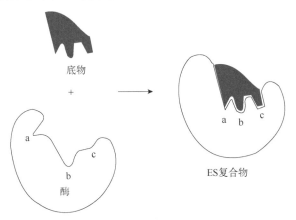

图 5-3　诱导契合理论示意图

图 5-3 表示酶构象在专一性底物及非专一性底物存在时的变化。酶与底物结合时，酶的构象，尤其是活性中心处发生变化，互补的本质包括区域大小、形状及电荷的分布。

近年来 X 射线衍射分析的实验结果支持这一假说，证明了酶与底物结合时，确有显著的构象变化。因此，人们认为这一假说比较满意地说明了酶的专一性。诱导契合理论是关于酶催化机理研究中较为成熟并被广泛接受的一种学说。

第七节　影响酶促反应速率的因素——酶促反应动力学

酶催化反应过程受多种因素的影响，酶促反应动力学研究反应过程速度与影响因素之间的关系。这些影响因素包括底物（substrate）浓度、酶浓度、温度、酸碱性（pH）、激活剂（activator）和抑制剂（inhibitor）等。

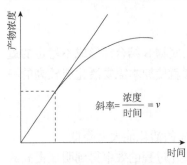

图 5-4　酶促反应速率曲线

一、酶促反应速率的测定

1. 反应初速度

在酶催化反应动力学的研究中，一般使用初速度（v）的概念。

随着酶催化反应的进行，反应速度会变慢。这是由产物的反馈作用、酶的热变性或副反应等引起的。但是，在反应起始不久，在酶促反应的速率曲线上通常可以看见一段斜率不变的部分，这一部分对应的就是初速度，见图 5-4。

2. 酶促反应速率的测定

酶促反应速率是单位时间内反应物的消耗或产物的增加的程度。由于反应过程的速度随反应的进行而发生改变，因此在反应动力学研究中取其初速度。

反应初速度是指在反应开始一段时间内，反应物量的变化与时间成正比的阶段对应的反应速度。

在满足下列条件时的速度符合反应初速度的要求：①底物消耗及产物生成均较少，即由产物引起的逆反应程度可以忽略；②底物浓度远大于酶的浓度，中间过渡态 ES 的生成不影响底物的浓度；③中间过渡态 ES 的浓度在反应开始后短时间内达到一定值后，较长时间内保持恒定，即达到拟稳态；④酶的催化能力保持稳定，对反应速度无影响。

通常采用的酶催化反应初速度的测定方法：①在反应条件不变的前提下，测定酶催化完成时一定量底物转化为产物所需的反应时间；②在同样前提下，测定酶在一定时间内催化的化学反应量（底物的减少量或产物的增加量）。

二、底物浓度对酶促反应速率的影响

1. 底物浓度变化对酶促反应速率的影响

如果其他条件恒定，则酶促反应的反应速率取决于酶浓度和底物浓度，如果酶浓度保持不变，底物浓度增加，反应速度随之增加，并以双曲线形式达到最大速度，见图 5-5。

酶促反应速率并不是随着底物浓度的增加而呈直线增加，而是在高浓度时达到一个极限速度。这时所有的酶分子已被底物所饱和，即酶分子与底物结合的部位已被占据，速度不再增加。

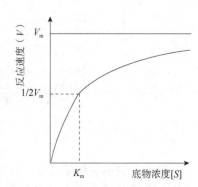

图 5-5　底物浓度对反应速度的影响

（1）在其他条件确定的情况下，在低底物浓度时，反应速度与底物浓度成正比，符合一级反应动力学（first-order kinetics），即反应速度 V 与底物浓度［S］成正比。

（2）当底物浓度较高时，V 也随着［S］的增加而升高，但变得缓慢，表现为混合级反应。

（3）当底物浓度达到足够大时，反应速度也达到最大值（V_m），此时再增加底物浓度，反应速度不再增加，表现为零级反应动力学（zero-order kinetics），即反应速度为常数。

此时，反应速率与酶的活力成正比，即反应速度与酶的浓度成正比。

2. 米氏方程式

米氏学说是 1913 年由 Michaelis 和 Menton 建立的，这一学说认为只有一个底物参与的酶催化的反应分为两步进行，先是生成酶-底物复合物（中间产物），再分解形成产物，释放出游离酶，即按照下面的反应式进行。

$$E+S \underset{k2}{\overset{k1}{\rightleftharpoons}} ES \xrightarrow{k3} E+P$$

后来，这一理论经过 Briggs 和 Haldane 的补充与发展，得到了现在的米氏方程。以下的讨论以改进的米氏学说为基础，进行酶催化反应动力学方程推导。

1）一底物恒态酶催化反应　　只有一个底物参与的反应是最简单的反应体系，符合一底物恒态酶催化反应过程的条件包括：①只有一种底物参与反应；②如果有两种以上底物参与反应，其中只有一种底物对反应速度有影响，其他底物的浓度远远过剩；③反应在开始后很快达到恒态，即中间态的浓度达到恒定；④反应符合不可逆条件，即产物的逆反应速度可忽略。

反应过程在初期一般满足这样的条件。通常，水解酶、异构酶和多数裂解酶催化的反应的初始阶段能够满足这类一底物恒态酶催化反应的条件。

2）米氏方程的推导　　首先提出三点假设：①反应在酶催化的最适条件下进行，底物浓度过量，即［S］远远大于［E］；②反应在初始阶段，产物浓度极小，逆反应可忽略；③反应过程处于稳态，即随着反应的进行，复合物的形成速度逐渐降低，分解加快，在某一时刻达到平衡，复合物的浓度为常数，这种状态称为"稳态"。

体系达到稳态后，底物的消耗和产物的生成速度都是常数且相等。经测定，酶加入体系后，在几毫秒之内即可达到稳态，所以测定的初速度通常是稳态速度。

在反应初期，有

$$V=k_3[ES]$$

达到稳态时，［ES］的生成速度与［ES］的分解速度达到平衡。

因此，有

$$k_1[E][S]=k_2[ES]+k_3[ES]$$

可以得到

$$[ES] = \frac{[E][S]}{(k_2+k_3)/k_1} \tag{5-1}$$

令 $\dfrac{k_2 + k_3}{k_1} = K_m$ （K_m 为米氏常数）。

则得到

$$[ES] = \frac{[E][S]}{K_m} \tag{5-2}$$

由于　　　　　　　　　　　　　　　　$[E]=[E_0]-[ES]$

因此　　　　　　　　　　　　　　　　$[ES] = \dfrac{([E_0]-[ES])[S]}{K_m}$

$$[ES] = \dfrac{[E_0][S]}{[S]+K_m} \tag{5-3}$$

式中，$[E_0]$ 是自由酶 E 的浓度与结合酶 ES 的浓度之和，即

$$[E_0]=[E]+[ES] \tag{5-4}$$

总的反应速度应该为 $V=k_2[ES]$，
而反应的最大速度为

$$V_m=k_2[E_0] \tag{5-5}$$

将式（5-4）、式（5-5）代入式（5-3），整理，得到米氏方程：

$$V = \dfrac{V_m[S]}{K_m+[S]} \tag{5-6}$$

按照米氏方程，以底物浓度作为变量，反应速度作为函数作图，两者之间的变化关系呈现双曲线类型，称为米氏双曲线，如图 5-6 所示。

3. 米氏常数的意义及测定

分析米氏方程，当 $[S]\ll K_m$ 时，V 正比于 $[S]$，呈一级反应特征。当 $[S]\gg K_m$ 时，V 近似等于 V_m，呈零级反应特征。而在 $[S]$ 处于中间水平时，呈混合级反应特征。

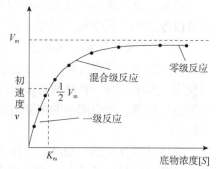

图 5-6　米氏方程曲线

1）V_m 值的意义　　V_m 表示在反应条件下，增加底物浓度所能达到的最大理论反应速度。

2）K_m 值的意义　　①由米氏方程可知，米氏常数是反应最大速度一半时所对应的底物浓度，即当 $V=\dfrac{1}{2}V_m$ 时，$K_m=[S]$；②K_m 与酶的性质有关，与酶的浓度无关；③如果酶有几种底物，则对应每种底物都有一个特定的 K_m 值，其中 K_m 最小的底物多为该酶的天然底物或最适底物，即 $1/K_m$ 对应亲和力最大的底物；④米氏常数 K_m 对于酶是特征性的，每一种酶对于它的一种底物只有一个米氏常数，K_m 受 pH 及温度等反应条件的影响；⑤当 $k_2\ll k_3$ 时，$K_m \approx k_3/k_1 = K_s$，即表现为中间过渡态 ES 的解离常数；⑥$K_m$ 表达实际恒态浓度之间的关系，而不是平衡浓度之间的关系。

通过对动力学数据的处理，已经有许多不同的米氏常数的求法。Lineweaver-Burk 图解法（L-B 法）是其中较为简单的一种数学处理方法。

Lineweaver-Burk 图解法：对米氏方程两端求倒数，得到双倒数方程。

$$\dfrac{1}{V} = \dfrac{1}{V_m} + \dfrac{K_m}{V_m[S]} \tag{5-7}$$

按照这一方程，分别以 $1/[S]$ 和 $1/V$ 为变量和函数作图，可以得到如图 5-7 所示的双倒数曲线。从曲线的特征值可以得到酶催化反应的参数 K_m 和 V_m。

三、酶浓度对酶促反应速率的影响

在酶促反应体系中，当底物浓度大大超过酶的浓度，使酶被底物饱和时，反应速度与酶的浓度变化呈正比关系，见图 5-8。

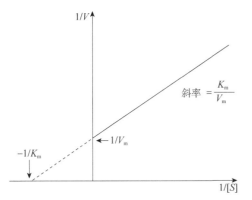

图 5-7　Lineweaver-Burk 图解法的双倒数曲线

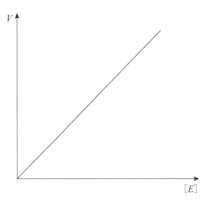

图 5-8　酶浓度对反应速度的影响

酶在催化反应时，首先要与底物形成一中间产物，即酶-底物复合物。当底物浓度大大超过酶浓度时，反应达到最大速度。如果此时增加酶的浓度可增加反应速度，酶促反应速度则表现为与酶浓度呈正比关系。

四、温度对酶促反应速率的影响

一般来说，随着温度升高，化学反应的速度加快。在较低温度条件下，酶促反应也遵循这个规律。但是，温度超过一定数值时，酶会因热而发生变性，导致催化活性下降。因此，酶受温度的影响表现出活力随之先表现为增加，达到一定程度后则随之降低。

酶的这种特性呈现为具有最适温度（optimum temperature），即酶促反应速度达到最大时环境的温度（图 5-9）。

最适温度因不同的酶而异，动物体内酶的最适温度在 37～40℃。但也有例外，如有的温泉微生物的酶非常耐热，也有的酶在较低的温度下活性反而较高。

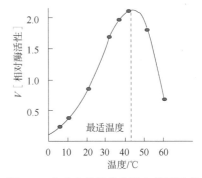

图 5-9　酶反应的温度曲线和最适温度

温度对酶促反应速度的影响有两方面原因：一是当温度升高时，反应速度加快，这与一般化学反应一样；二是随温度升高酶逐步变性，即通过减少有活性的酶而降低酶促反应的速度。酶促反应的最适温度就是这两种过程平衡的结果。在低于最适温度时，以前一种效应为主；在高于最适温度时，则以后一种效应为主，因而酶活性迅速丧失，反应速度很快下降。

大部分酶在 60℃以上变性，少数酶能耐受较高的温度，如细菌淀粉酶在 93℃时活力最高。最适温度不是酶的特征性物理常数，而是上述影响的综合结果，即酶的最适温度不是一个固定值，而与酶作用时间的长短有关。酶可以在短时间内耐受较高的温度，只有当规定了酶反应时间的情况下，才有最适温度。

五、pH 对酶促反应速率的影响

大部分酶的活力受其环境 pH 的影响。与温度对酶的活力影响相类似，酶催化反应与 pH 的关系也呈现具有最适 pH（optimum pH）的特点，即对应于溶液的某一 pH，酶促反应速度达到最大（图 5-10）。

不同的酶具有不同的 pH 特性曲线和最适 pH，胃蛋白酶（pepsin）、胰蛋白酶（trypsin）和碱性磷酸酶（alkaline phosphatase）对应的 pH 特性曲线见图 5-11。

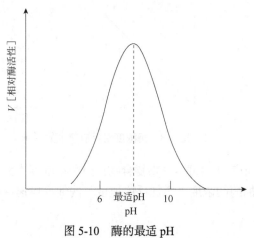

图 5-10　酶的最适 pH

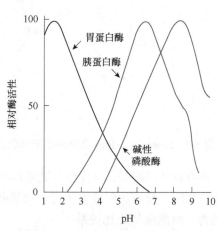

图 5-11　不同酶的最适 pH

在最适 pH 时，酶和底物之间有最适宜的结合和解离状态，从而使得酶具有最高的活力。酶的最适 pH 与酶的性质、底物和缓冲体系有关，而且常与酶的等电点不一致，因此酶的最适 pH 并不是一个常数，只是在一定条件下才有意义。

几种酶对于相应底物时的最适 pH 见表 5-3。

表 5-3　几种酶的最适 pH

酶	底物	最适 pH
胃蛋白酶（pepsin）	鸡蛋清蛋白	1.5
丙酮酸羧化酶（pyruvate carboxylase）	丙酮酸	4.8
脲酶（urease）	脲	6.4～6.9
胰 α-淀粉酶（α-amylase）	淀粉	6.7～7.2
麦芽 β-淀粉酶（β-amylase）	淀粉	4.5
延胡索酸酶（fumarase）	延胡索酸	6.5
	苹果酸	8.0
胰蛋白酶（trypsin）	蛋白质	7.8
精氨酸酶（arginase）	精氨酸	9.5～9.7

pH 影响酶活力的原因可能有以下几个方面。

（1）pH 会影响酶蛋白的构象，影响酶分子的稳定性。一般来说，酶在最适 pH 时是稳定的，过酸或过碱的条件都能引起蛋白质变性而使酶失去活性。

（2）pH 能影响酶分子的解离状态，因为酶是蛋白质，pH 的变化会影响到蛋白质上的许多极性基团，如氨基、羧基、咪唑基、巯基等的离子特性。在不同 pH 条件下，这些基团解离的状态不同，所带电荷也不同，只有在酶蛋白处于一定解离状态下，才能与底物形成中间物，而且酶的解离状态也影响酶的活性。例如，胃蛋白酶在正离子状态下有活性；胰蛋白酶在负离子状态下有活性；而蔗糖酶在两性离子状态下才具有活性。

六、激活剂对酶促反应速率的影响

能够使酶由无活性变为有活性或使酶活性增加的物质称为酶的激活剂（activator），大多为金属离子，如 Mg^{2+}、K^+、Mn^{2+}，少数为阴离子如 Cl^-，也有的为小分子有机化合物，如胆汁酸盐。

1. 金属离子

金属离子对酶的作用形式有两种：一种是作为酶的辅助因子起作用；另一种是作为激活剂而起作用，如 Mg^{2+} 对磷酰基转移酶、Cu^{2+} 对一些氧化酶、Cl^- 对淀粉酶有激活作用。

2. 一些有机小分子

某些还原剂，如半胱氨酸、还原型谷胱甘肽、维生素 C、巯基乙醇等对巯基酶有激活作用，能使某些酶，如木瓜蛋白酶、D-甘油醛-3-磷酸脱氢酶分子中的二硫键还原成巯基（—SH），从而提高酶的活性。

乙二胺四乙酸（EDTA）是金属螯合剂，能除去酶中的重金属杂质，从而解除重金属离子对酶的抑制作用。

七、抑制剂对酶促反应速率的影响

酶的抑制剂（inhibitor）是指所有能够与酶进行可逆或不可逆的结合，使酶的活性下降，但不引起酶蛋白变性的物质。

按照抑制剂与酶分子的作用方式，酶抑制作用可以分为不可逆抑制作用和可逆抑制作用两大类。

（一）不可逆抑制作用

不可逆抑制剂与酶反应中心的活性基团以共价形式结合，从而抑制酶的活性。这种结合作用紧密，用透析、超滤等物理方法不能除去抑制剂，使酶活性恢复。

1. 非专一性不可逆抑制剂

这种非专一性抑制剂的特异性不高，原因可能是其组织特异性不高，或是抑制剂的结构特异性不高，对不同的酶系统均产生作用。

2. 专一性不可逆抑制剂

这类抑制剂的作用通常是在底物分子所特有的识别基团上连接，或修饰有反应活性的化学基团或原子。当抑制剂与酶形成初始的可逆的复合物后，该功能基团与酶的活性中心发生化学反应，形成共价键，改变酶的氨基酸残基的构象，从而导致酶失活。

（二）可逆抑制作用

抑制剂与酶蛋白以非共价方式结合，引起酶活性暂时性丧失。抑制剂可以通过透析、超滤等物理方法被除去，并且能部分或全部恢复酶的活性。

根据抑制剂与酶结合的情况，可逆抑制又可以分为竞争性抑制作用、非竞争性抑制作用、反竞争性抑制作用三种形式。

1. 竞争性抑制作用

竞争性抑制剂具有与底物相似的结构，可以和底物竞争酶的活性中心，从而与酶形成可逆的 EI 复合物，减少酶与底物结合的机会，使酶的反应速度降低。

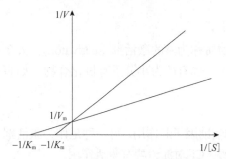

图 5-12　竞争性抑制作用的双倒数曲线

竞争性抑制作用的特点：①抑制剂 I 与底物 S 结构相似；底物 S 与酶的结合位点和抑制剂 I 与酶的结合位点相同，共同竞争酶的活性中心。②酶可以结合底物或抑制剂，但不能同时结合两者。③抑制剂与酶的活性中心结合后，酶分子失去催化作用。④抑制程度取决于抑制剂与底物的相对浓度，增加底物浓度可减弱抑制作用。⑤动力学参数的影响为 K_m 增大，V_m 不变，见图 5-12。

含有抑制剂浓度 $[I]$ 和抑制剂-酶复合物解离常数 K_i 的方程，即竞争性抑制作用的反应方程为

$$V = \frac{V_m[S]}{K_m(1+[I]/K_i)+[S]} \tag{5-8}$$

酶与抑制剂形成的复合物不能再与底物结合，但复合物的形成是可逆的。对于这种酶的竞争性抑制作用，可通过增加底物浓度，即增加底物与抑制剂的竞争来解除，保持最大反应速度不变。

2. 非竞争性抑制作用

有些抑制剂既能与酶结合，也能与酶-底物复合物结合，称为非竞争性抑制。

非竞争性抑制剂与酶的活性中心以外的必需基团结合，形成 EI，而 S 又能与 EI 结合，都形成 ESI 复合物，结果使得 S 不能进一步形成产物 P，于是使酶反应受到抑制。

非竞争性抑制作用的特点：①抑制剂与酶活性中心外的必需基团结合，底物与抑制剂之间无竞争关系。②抑制程度取决于抑制剂的浓度，增加底物浓度不能减弱抑制作用。③动力学参数的影响为 K_m 不变，V_m 降低，见图 5-13。

非竞争性抑制作用的反应方程：

$$V = \frac{V_m[S]}{(K_m+[S])(1+[I]/K_i)} \tag{5-9}$$

对于非竞争性抑制作用的反应，增加 $[S]$ 反而会加强抑制。因此，这种非竞争性抑制作用不能通过增加底物浓度的方法来消除。

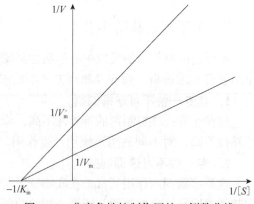

图 5-13　非竞争性抑制作用的双倒数曲线

3. 反竞争性抑制作用

有些抑制剂不能与游离酶在活性中心结合，只能与酶-底物复合物（ES）结合形成 ESI，但形成的 ESI 不能转变成产物，称为反竞争性抑制作用。

这是因为反竞争性抑制剂不能与游离酶结合，底物与酶的结合导致酶构象改变而显现出抑制剂的结合部位，因此抑制剂可与酶和底物的复合物 EI 结合，形成可逆的 ESI 复合物，并

阻止产物生成，使酶的催化活性受到抑制。

反竞争性抑制作用的特点：①抑制剂只与酶-底物复合物结合；②抑制程度取决于抑制剂的浓度和底物的浓度；③动力学参数的影响为 K_m 减小，V_m 降低，见图 5-14。

反竞争性抑制作用的反应方程：

$$V = \frac{V_m[S]/(1+[I]/K_i)}{K_m/(1+[I]/K_i)+[S]} \quad （5-10）$$

这类反竞争性抑制作用的抑制剂只有底物存在时，才能对酶产生抑制作用，抑制程度随底物浓度的增加而增加。

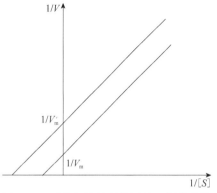

图 5-14　反竞争性抑制作用的双倒数曲线

几种不同类型的可逆抑制作用对反应动力学参数的影响进行对比，见表 5-4。

表 5-4　各种类型抑制的表观 K_m 及 V_m 的比较

抑制类型	表观 K_m	表观 V_m
无抑制剂	K_m	V_m
竞争性	增大	不变
反竞争性	减小	减小
非竞争性	不变	减小

第八节　酶活性的调控

一、酶活性的调节

生物体通过调节酶的功能来控制代谢速度。酶的调节机制有两类，一类是对酶活性的调节，另一类是对酶数量的调节。

1. 酶原与酶原的激活

有些酶（绝大多数为蛋白酶）在细胞内合成及初分泌时没有活性，处于无活性状态，这样的酶称为酶原（zymogen）。

例如，动物消化酶的酶原（胃蛋白酶原、胰蛋白酶原、胰凝乳蛋白酶原）。胃酸可以激活胃蛋白酶原，使之不可逆地转变成活性状态。

无活性的酶原必须在特定的条件下，通过部分肽段的有限水解，去掉一个或几个特殊的肽键，从而使酶的构象发生一定的变化，转变成有活性的酶，这一过程称为酶原激活。

酶原通过激活作用，由无活性的前体转变成有活性的酶，是共价调节的一种特殊形式，即通过共价键断裂，造成不可逆的酶活性变化。

酶原激活的机制：在环境因素的作用下，酶原分子内的肽键发生一处或多处断裂，使分子的一级结构改变，导致了酶原分子空间结构的变化，使催化活性中心得以形成或呈现出来，使其从无活性的酶原形式转变为有活性的酶的状态。

酶原激活的生理意义在于：①作为酶的储存形式，在需要这种酶的催化作用时能够很快产生催化作用；②以酶原形式存在的酶在环境中是稳定的，能够保护自身组织细胞不被酶作用。

2. 别构酶与别构效应

（1）别构酶：某些酶分子中还具有独立于活性部位以外的特殊部位，其作用是结合配体，从而引起酶分子构象的改变，影响酶的活性中心，对催化作用进行调节。酶分子中具有这种效应的部位称为别构部位，具有别构部位的酶称为别构酶或变构酶。

别构酶通常具有以下特点：①由多个亚基构成，具有四级结构；②除了催化部位外，还有可以结合效应物的调节部位；③催化部位和别构部位有的在酶分子的同一亚基上，有的在不同亚基上，别构部位与催化部位分开，彼此独立，即效应物与底物结合在不同亚基上而产生的作用称为异促别构，效应物与底物结合在同一个亚基上而产生的作用称为同促别构；④催化动力学不符合米氏方程，效应物与底物之间存在协同效应。

（2）别构效应：别构效应物对别构酶的调节作用称为别构效应，相应的配体称为别构效应物，这种调节方式称为别构调节。酶受别构调节而增强催化作用的称为正别构效应，相应的效应物称为正别构效应物；反之称为负别构效应，相应的效应物称为负别构效应物。

正别构效应使得酶与底物的亲和性增加，反应速度对底物浓度变化极为敏感；负别构效应使得底物浓度的增加对反应速度的影响程度降低。

别构酶表现出特征性的动力学曲线。在一定的范围内，效应物或底物浓度的一个较小的变化就会导致反应速度出现显著的改变，因此对酶的催化作用更具可调节性。

别构酶通常是生物代谢过程的关键酶，催化代谢途径中的非平衡反应，或称不可逆反应。这些酶一般处在途径的开始阶段或分支点上，通过反馈控制来调节，见图5-15。

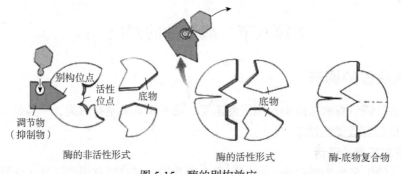

图 5-15　酶的别构效应

3. 共价修饰

在其他酶的催化作用下，某些酶蛋白肽链上的一些基团可与某种化学基团发生可逆的共价结合，从而改变酶的活性，此过程称为共价修饰。常见类型有：①磷酸化与脱磷酸化（最常见）；②乙酰化和脱乙酰化；③甲基化和脱甲基化；④腺苷化和脱腺苷化，即—SH与—S—S—互变。

二、酶含量的调节

生物体可以通过改变酶的合成或降解速度，以控制酶的绝对含量来调节代谢过程。要提高或降低某种酶的含量，除了可以调节酶蛋白合成的诱导和阻遏过程外，还可以通过酶降解的调控来实现。

1. 酶蛋白合成的诱导与阻遏

酶的合成受基因和代谢物的双重控制。基因是形成酶的内因，但酶的合成速度通常还受代谢物的调控，其可以控制酶的生成速度和数量。能够促使基因转录增强，从而使酶蛋白合成速度增加的物质称为诱导剂；反之，则称为阻遏剂。

有一类酶称为诱导酶，是在细胞中经特定诱导物诱导产生的。它的含量在诱导物存在下显著增高，即诱导作用使酶的生成速度增加。诱导物一般是其底物或类似物。例如，大肠杆菌中的半乳糖苷酶，在培养基中加入乳糖，则诱导其产生，使细菌能利用乳糖。

酶的产物也能对酶的生成产生阻遏作用，使酶的生成量大大减少，即降低酶的生成速度。酶的阻遏可由代谢产物引起。小分子的代谢途径、终产物常对关键酶进行反馈阻遏。

2. 酶降解的调控

酶的降解主要在细胞内进行，降解的途径主要有两条：溶酶体降解途径和泛素标记蛋白降解途径。

溶酶体中含有大量的蛋白酶，主要降解半衰期较长的蛋白质，使之降解为小肽和氨基酸。

真核细胞内广泛存在的泛素则对蛋白质进行选择性的标记，然后进行降解，其专一性也较高。在有些情况下，蛋白质分子的磷酸化作用也是实现蛋白质优先降解的标记。

通过调节酶的降解速度以控制生物体内酶的数量，从而调节酶的活性，是生物体内酶活性调节的重要机制，可以保证生物代谢过程的正常进行。例如，机体在饥饿状态时，肝脏中的精氨酸酶降解速度减慢，酶量增多。同时，乙酰辅酶 A 羧化酶降解加快，酶量减少。这些现象为体内能量物质的利用提供了条件。

三、同工酶

同工酶（isoenzyme）是指能催化相同的化学反应，但是酶的分子结构、理化性质不同的一组酶。包括在氨基酸组成、电泳行为、免疫原性、米氏常数等特性上的不同，这些差异是由先天遗传决定的。

同工酶存在于同一种属或同一个体的不同组织，或同一细胞的不同亚细胞结构中。

例如，存在于哺乳动物中的乳酸脱氢酶（LDH）同工酶，分别由 2 种类型的亚基，骨骼肌型的 M 亚基和心肌型的 H 亚基组合成 5 种不同的四聚体 H_4、MH_3、M_2H_2、M_3H 和 M_4，即 5 种同工酶。

M 亚基及 H 亚基的氨基酸组成及顺序不同。5 种同工酶的相对分子质量都相近，为 130 000～150 000，都含有 4 个亚基，每个亚基即每条肽链的相对分子质量都在 35 000 左右。5 种同工酶都催化同样的反应：

$$L\text{-乳酸}+NAD^+ \longrightarrow \text{丙酮酸}+NADH+H^+$$

亚基之间可以分开，但无活性。不同亚基的电泳行为也不同，对底物的 K_m 值也有显著的区别。

第九节　酶的分离与纯化及活力测定

一、酶的分离与纯化

对酶进行分离提纯有两方面的目的：一方面是研究酶的理化特性（包括结构与功能、生物学作用等），对酶进行鉴定，此时必须用纯酶；另一方面是作为酶制剂及药物，此种酶常常也要求有较高的纯度。

根据酶在体内的作用部位，可以将酶分为胞外酶及胞内酶两大类。胞外酶易于分离，如收集动物胰液即可分离出其中的各种蛋白酶及酯酶等。胞内酶存在于细胞内，必须破碎细胞才能进行分离。

酶的分离提纯包括选材、破碎、抽提、分离及提纯、保存等步骤。整个过程要始终注意避免酶蛋白的变性与失活。酶的提纯过程要考虑材料中酶的分布、酶蛋白含量和酶的活力等条件，然后确定要采取的提纯条件。

1. 酶源的选择

在酶源的选择上应该遵循以下原则：①选择的原料中含酶量丰富且新鲜；②所含有的酶易于分离；③原料具有经济性及资源可得性。

在酶的研究和工业应用中经常选择微生物作为酶的来源材料，这是因为微生物培养具有以下的特点：①自然界中微生物的种类多，来源广；②微生物容易培养，生长速度快，生产成本低；③微生物容易变异，从而方便新型酶的产生。

2. 细胞破碎

各种生物组织的细胞有着不同的特点，在考虑破碎方法时，要根据细胞性质、处理量及酶的性质，采用合适的方法。细胞破碎和匀浆的目的是通过破坏材料的组织，使所含的酶易于与提取溶剂接触，或易于被分离出来。破碎和匀浆的方法包括机械（匀浆）法、超声波法、冻融法、渗透压法、酶消化法和化学破碎法等。

破碎和匀浆方法选择的原则：选择的方法要依具体组织材料的特性而定。一般而言，动物细胞容易破碎和匀浆；植物、真菌及细菌的细胞壁和细胞器较难破碎，需要采用比较剧烈的方法才能使其破坏。但是，不管使用哪种方法，在分离提纯过程应尽量采用温和条件，以免酶受到破坏而失去活性。

（1）机械（匀浆）法：利用机械力搅拌、剪切、研碎细胞。常用的有高速组织捣碎机、高压匀浆泵、玻璃或 Teflon 加研棒匀浆器、高速球磨机或直接用研钵研磨等。

（2）超声波法：超声波是破碎细胞的一种有效手段。经过足够时间的超声波处理，细菌和酵母细胞都能得到很好的破碎。超声波处理的主要问题是热效应引起的酶的失活。处理时间应尽可能短，在容器周围以冰浴进行冷却处理，可以减小酶的失活。

（3）冻融法：生物组织经冰冻后，细胞液结成冰晶，使得细胞壁胀破。冻融法处理过程一般需在冻融液中加入蛋白酶抑制剂，如 PMSF（苯甲基磺酰氟）、络合剂 EDTA（乙二胺四乙酸）、还原剂 DTT（二硫苏糖醇）等，以防止目的酶被破坏。

（4）渗透压法：渗透压法是破碎细胞最温和的方法之一。细胞在低渗溶液中由于渗透压的作用，溶胀破碎。但用这种方法处理具有坚韧的多糖细胞壁的细胞时，如植物、细菌和霉菌，需用其他方法先除去这些细胞外层坚韧的细胞壁。

（5）酶消化法：即利用溶菌酶、蛋白水解酶、糖苷酶对细胞膜或细胞壁的酶解作用进行破碎。将革兰氏阳性菌（如枯草杆菌）与溶菌酶一起温育，使细胞崩解破碎，就能得到易破碎的原生质体。几丁质酶和 3-葡聚糖酶则常用于水解曲霉、面包霉等的细胞壁。

（6）化学破碎法：化学破碎法是应用各种化学试剂与细胞膜作用，使细胞膜的结构改变或破坏的方法。常用的化学试剂可分为有机溶剂和表面活性剂两大类。

有机溶剂可使细胞膜的磷脂结构破坏，从而改变细胞膜的透过性，再经提取可使膜结合酶或胞内酶等释出胞外。常用的有机溶剂有甲苯、丙酮、丁醇、氯仿等。表面活性剂也可以和细胞膜中的磷脂及脂蛋白相互作用使细胞膜结构破坏，增加膜的透过性。

3. 酶的提取

酶提取时首先应根据酶的结构和溶解性质，选择适当的溶剂。在一定条件下，用适当的溶剂处理含酶原料，使酶充分溶解到溶剂中。

提取的目的是把已经破坏的组织中的酶尽可能地用提取液提取出来，为提纯提供材料。提取过程主要影响因素包括温度、时间、提取液用量、搅拌速度等。

破碎生物组织一般在适当的缓冲液中进行酶的提取。有些酶与脂质结合或含较多的非极性基团，则可用有机溶剂提取。为了提高酶的提取率并防止酶的变性失活，在提取过程中，要注意控制好温度、pH 等各种条件。

根据酶提取时所采用的溶剂或溶液的不同，常用的提取方法主要有盐溶液提取、酸溶液提取、碱溶液提取和有机溶剂提取等。

（1）盐溶液提取：大多数酶溶于水，而且在一定浓度的盐存在条件下，酶的溶解度增加。所以一般采用稀盐溶液进行酶的提取，盐浓度一般控制在 $0.02\sim0.5$mol/L。例如，酵母醇脱氢酶用 $0.5\sim0.6$mol/L 的磷酸氢二钠溶液提取；6-磷酸葡萄糖脱氢酶用 0.1mol/L 的碳酸钠提取；枯草杆菌碱性磷酸酶用 0.1mol/L 的氯化镁提取等。有少数酶，如霉菌产生的脂肪酶，用清水提取比盐溶液提取的效果好。

（2）酸溶液提取：有些酶在酸性条件下溶解度较大且稳定性较好，宜用酸溶液提取。例如，从胰脏中提取胰蛋白酶和胰凝乳蛋白酶，采用 0.12mol/L 的硫酸溶液进行提取。

（3）碱溶液提取：有些在碱性条件下溶解度较大且稳定性较好的酶，应采用碱溶液提取。例如，提取细菌 L-天冬酰胺酶时是将含酶菌体悬浮在 pH 11～12.5 的碱溶液中，即达到显著的提取效果。

（4）有机溶剂提取：有些与脂质结合比较牢固或分子中含非极性基团较多的酶，不溶或难溶于水、稀酸、稀碱和稀盐溶液中，需用有机溶剂提取。常用的有机溶剂是与水能够混溶的乙醇、丙酮、丁醇等。其中丁醇对脂蛋白的解离能力较强，提取效果较好。

在酶的提取和分离纯化过程中，细胞的收集、细胞碎片和沉淀的分离及酶的纯化等往往要使用离心分离。在离心分离时，要根据欲分离物质及杂质的大小、密度和特性的不同，选择适当的离心机、离心方法和离心条件。

离心机多种多样，按照其最大转速的不同可以分为常速、高速和超速三种。常速离心机的最大转速在 8000r/min 以内，相对离心力在 1×10^4g 以内，在酶的分离纯化过程中，主要用于细胞、细胞碎片和培养基残渣等固形物的分离。

超速离心可用于酶分子的分离纯化。在离心过程中，应该根据需要选择合适的离心力（或离心速度）和离心时间，并且控制好温度和 pH 等条件。

4. 酶的纯化

抽提的酶液是否需要进一步经过纯化，取决于其应用的目的。一般工业用酶采用液体粗酶制品就可满足要求。食品工业应用的酶，如果粗酶液已达到食品级标准要求，特别是卫生指标，也不需要进一步纯化。

在浓缩液或发酵液中，除含有需要的酶以外，还不可避免地存在着其他大分子物质和小分子物质。其中的大分子物质包括核酸、黏多糖及其他蛋白质等，对酶的性能影响较大。因此，酶的分离纯化工作主要是将酶从杂蛋白中分离出来，或者将杂蛋白从酶溶液中除去。

现有酶的分离纯化方法都是依据酶和杂蛋白在性质上的差异而建立的。酶和杂蛋白的性质差异大体有以下几个方面，相应的分离方法根据这些差异进行分类。

（1）根据分子大小而设计的方法，如离心分离法、筛膜分离法、凝胶过滤法等。

凝胶过滤法，又称为凝胶排阻层析、分子筛层析法、凝胶层析法等，是根据溶质分子的大小进行分离的方法。这种方法具有许多优点：操作方便，不会使物质变性，层析介质不需再生，可反复使用等。

由于凝胶层析剂的容量比较低，因此在生物大分子物质的分离纯化中，一般不作为第一步的分离方法，而往往在最后的处理中被使用。它的应用主要包括脱盐、生物大分子按分子大小分级分离及分子质量测定等。

主要的凝胶种类包括：①交联葡聚糖凝胶（Sephadex）。相对分子质量几万到几十万的葡聚糖凝胶通过环氧氯丙烷交联而成的网状结构物，可用于分离相对分子质量 1000～500 000 的分子。②聚丙烯酰胺凝胶（polyacrylamide gel）。以丙烯酰胺为单体，通过 N,N-甲叉双丙烯酰胺为交联剂共聚而成的凝胶物质。③琼脂糖凝胶（agarose gel）。琼脂糖是琼脂抽去琼脂胶等之后所得的 D-半乳糖和 3,6-脱水半乳糖自动缔合而成的网眼结构物质，孔径大小由胶的浓度决定。

（2）根据溶解度大小分离的方法，如盐析法、有机溶剂沉淀法、共沉淀法、选择性沉淀法、等电点沉淀法等。

有机溶剂沉淀法是利用和水互溶的有机溶剂使酶沉淀的方法。该法很早就用来纯化酶，在工业上也很重要，至今仍在使用。由于该法的机理和盐析法不同，可作为盐析法的补充。

加有机溶剂于酶溶液中产生多种效应，这些效应的综合作用使酶出现沉淀。其中主要效应是水的活度的降低。当有机溶剂浓度增大时，水对酶分子表面上解离基团或亲水基团的水化程度降低，即溶剂的介电常数降低，因而静电吸力增大。在疏水区域附近有序排列的水分子可以为有机溶剂所取代，使这些区域的溶解性增大。但除了疏水性特别强的酶外，对多数酶来说，后者的影响较小，所以总的效果是导致酶分子聚集而沉淀。

有机溶剂沉淀法的优点是溶剂容易蒸发除去，不会残留在成品中，因此适用于制备食品级酶。而且有机溶剂密度低，与沉淀物密度差大，便于离心分离。有机溶剂沉淀法的缺点是容易使酶变性失活，且有机溶剂易燃、易爆、安全要求较高。

（3）按分子所带正负电荷多少分离的方法，如离子交换分离法、电泳分离法、聚焦层析法等。

（4）按稳定性差异建立的分离方法，如选择性热变性法、选择性酸碱变性法、选择性表面变性法等。

（5）按亲和作用的差异建立的分离方法，如亲和层析法、疏水层析和电泳法等。

亲和层析法是利用生物体内存在的特异性相互作用分子对而设计的层析方法。疏水层析是将疏水性基团，如丁烷、辛烷、苯固定化到介质上，这些基团会与蛋白质生物大分子上的疏水区亲和。电泳法是利用溶质在电场移动中移动速度不同而分离的方法。

酶的分离提纯主要的分离方法及性能见表 5-5。

表 5-5　主要的分离方法及性能

分离依据	分离方法	分离能力
分子大小、质量	离心、凝胶过滤、透析和超滤	广泛
分子所带电荷	离子交换层析、电泳分离法、聚焦层析法	小量
溶解度	调节 pH、离子强度、降低介电常数	小量
亲和特性——特殊部位亲和	亲和层析、亲和洗脱	大量
其他特性分离	吸附层析、液相层析	大量

酶的分离提取过程包括分离方法的选择及提取步骤的设计。在分离方法的选择上应该考虑以下问题：酶来源的性质；需要制备的酶量；最终产物的纯度；可以利用的时间；设备条件和人力。

酶是生物活性物质，在提纯时必须考虑尽量减少酶活力的损失，因此全部操作需在低温下进行，一般在 0～5℃进行，用有机溶剂分级分离时必须在−20～−15℃进行。为防止重金属使酶失活，有时需加入少量的螯合剂 EDTA；而为了防止酶蛋白的—SH 被氧化引起失活，需要在抽提溶剂中加入少量巯基乙醇。在整个分离提纯过程中不能过度搅拌，以免产生大量泡沫，使酶变性。

在酶的分离提纯过程中，若要得到纯度更高的制品，还需进一步提纯，常用的方法有磷酸钙凝胶吸附、离子交换纤维素（如 DEAE-纤维素，CM-纤维素）分离、葡聚糖凝胶层析、离子交换-葡聚糖凝胶层析、凝胶电泳分离及亲和层析分离等。

在提取步骤的设计上，一般以溶解度差异为依据的粗分离方法用在提纯的初期，层析、电泳等方法多用在最后阶段；对于容易分解的酶，需要尽快分离或采用低温等保护措施；如果酶的来源有限，则要尽量避免损失，应该考虑采用亲和层析等方法。

5. 提纯过程的评价

酶经分离、纯化后要确定该纯化步骤是否适宜，必须通过对有关参数的测定及计算。检查酶的含量及存在，不能直接用重量或体积来表示，常用它催化某一特定反应的能力来表示，即用酶的活力单位表示。因此，在整个分离过程中每一步始终贯穿着比活力和总活力的检测和比较。

提纯过程常用的评价指标如下。

（1）酶的总活力：样品的全部酶活力。

（2）总活力=酶活力×酶液的总体积（mL），或者，总活力 = 酶活力×酶的总质量（g）。

（3）酶活力的回收率：回收率（recovery percent）是指提纯前与提纯后酶的总活力之比。它表示提纯过程中酶的损失程度，回收率越高，其损失越少。

$$回收率（\%）= 每次总活力/前一次总活力×100\%$$

（4）酶的比活力：比活力的概念和计算方法在下文"二、酶活力的测定"中说明。

（5）酶的纯化倍数：纯化倍数是指纯化前后两者比活力之比。它表示纯化过程中酶纯度提高的程度，纯化倍数越大，提纯效果越佳。

酶经过分离提纯后，需要经常检查样品的纯度，以便决定是否进行进一步的纯化。

酶纯度评价的主要方法：电泳法，包括乙酸纤维素薄膜电泳、聚丙烯酰胺凝胶电泳、等电聚焦电泳；超速离心法；免疫法等。

以从红面包霉菌提取芳香多酶体系为例来说明酶提取纯化过程的意义。这一芳香多酶体系为多酶聚肽（multienzyme polypeptide），含有 5 种不同的酶活性，可以催化中间产物分支酸的连续合成，再按不同途径生成酪氨酸、苯丙氨酸及色氨酸等芳香族氨基酸。在食品生产过程利用这种酶体系产生特有的风味物质。

这一芳香多酶体系的相对分子质量为 293 000，由两条相同分子质量的多肽链组成，每条肽链上有 5 种催化活性部位。酶的活力以反应标志性终产物的生成速度测定为指标，再通过提纯、酶蛋白的分离和定量测定，确定各阶段的活力指标，结果见表 5-6。

表 5-6　红面包霉菌芳香多酶体系分离提纯过程评价

材料	总活力/U	回收率/%	蛋白质含量/mg	比活力/（U/mg酶蛋白）	纯化倍数
粗提取物	33 652	100	4 982	6.76	1.00
纯酶	410	4.20	0.33	4 273	628.40

　　实验结果显示，提纯的芳香多酶体系产物与粗提取物的活力指标的比较，提取与纯化过程中酶活力的损失达 98%，产品中蛋白质含量降低至不到最初的万分之一，回收率也只为原料的 4.2%。但是，最终产物酶实现了 628.40 倍的纯化。纯化过程虽然在蛋白质含量和总活力上有明显的损失，但在酶的比活力上得到极大的提高。

　　活力提高的酶制品不仅使用方便，而且在催化反应的性能上得到显著的提高，应用性能和范围等也产生有利的变化。

二、酶活力的测定

1. 酶活力与酶反应速度

　　酶活力（enzyme activity）是指酶催化一定化学反应的能力。酶催化反应速度越快，酶活力越高。酶活力的大小可用在一定条件下，酶催化某一化学反应的速度来表示，可表示为单位时间里产物的增加或底物的减少。一般以测定产物的增加量来表示酶促反应速度较为合适。

$$V=\frac{d[P]}{dt}=-\frac{d[S]}{dt} \tag{5-11}$$

　　测定产物增加量或底物减少量的方法很多。常用的方法有化学滴定、比色、比旋光度、气体测压、测定紫外吸收、电化学法、荧光测定及同位素技术等。选择的方法要根据底物或产物的物理化学性质而定。

　　在简单的酶反应中，底物减少与产物增加的速度是相等的，但一般以测定产物为好，因为实验设计规定的底物浓度往往是过量的，反应时底物减少的量只占总量的一个极小部分，所以不易准确。而产物则从无到有，只要方法足够灵敏，就可以准确测定。

2. 酶的活力单位

　　在一定反应条件及一定反应时间内，将一定量的底物转化成为产物所需的酶量作为一个酶的活力单位。

　　1961 年国际生物化学会酶学委员会规定：1 个酶活力单位（U）是指在特定条件下（温度为 25℃，pH 及底物浓度等均为最适条件），在 1min 内能转化 1μmol 底物的酶量，或是转化底物中 1μmol 有关基团的酶量。

　　1979 年国际生物化学会酶学委员会又推荐以催量单位（katal）来表示酶的活性单位。1 催量（1kat）是指在特定条件下，每秒钟使 1mol 底物转化为产物所需的酶量。

　　两种不同的酶活力单位之间可以相互换算，关系式为

$$1U=16.67×10^9kat$$

3. 酶的比活力

　　比活力是表示酶活力含量多少的指标，即在一定条件下，每毫克蛋白质（也可以是单位质量或体积）所具有的酶活力单位数。

　　酶的比活力一般表示为

$$比活力=活力单位数（U）/酶蛋白重量（mg）$$

酶的比活力反映了酶的纯度与质量。对于同一种酶来说，比活力越大，酶的纯度越高。利用比活力的大小可以比较酶制剂中单位质量蛋白质的催化能力。因此，比活力是表示酶的纯度的一个重要指标。

4. 酶的转换数

表示酶的活力有时用到酶的转换数（K_{cat}）的概念。酶的转换数是指每个酶分子催化底物转变为产物的能力，即相当于底物-酶中间产物（ES）形成后，酶将 ES 转换为产物（P）的速度。

酶的转换数一般定义为当酶被底物充分饱和的条件下，一个酶分子在 1min 内催化发生反应的底物分子数。

$$K_{cat}=k_3=V_m/[E] \tag{5-12}$$

K_{cat} 值越大，表示酶的催化效率越高。

关键术语表

生物催化剂（biocatalyst）　　　　　　酶的活性中心（enzymatic active center）

系统命名法（systematic nomenclature）　　酶的活性（enzyme activity）

活力单位（activity unit）　　　　　　酶促反应动力学（enzyme kinetics）

米氏常数（Michaelis Menten constant）　　最适温度（optimum temperature）

最适 pH（optimum pH）

酶的分离、纯化（separation and purification of enzyme）

酶的抑制（enzyme inhibition）　　　　酶的失活（enzyme inactivation）

别构效应（allosteric effect）

酶活力的测定（determination of enzyme activity）

酶活性的调控（regulation of enzyme activity）　　酶原激活（zymogen activation）

单元小结

本章对酶的概念和酶学的发展，酶的分类和命名，酶学的基础理论，包括酶的催化性质和特点，酶催化作用的理论和特点，酶催化反应动力学，酶的抑制及酶的分离纯化和酶活性的调控等内容进行系统介绍。

酶是生物体内普遍存在的生物催化剂，在温和的条件下可高效地催化生物体内的各种化学反应。食品酶学是现代食品科学的重要基础，在食物成分的消化吸收、食品的加工保藏、食品原料的开发和利用及食品的分析检测技术中，酶都有着重要的作用和影响。

酶是具有生物催化功能的一类特殊的蛋白质，酶分子的结构特征和其催化功能有着密切的关系，酶的催化性能与一般催化剂相比有很多特殊性，能够实现一般催化剂所不能完成的催化作用；酶的命名有传统命名和系统命名两种方式，系统命名由酶的系统名和酶的分类编号两部分组成，保证了酶的系统名字的唯一性。

酶的催化活力主要受到底物浓度、酶浓度、温度、pH、激活剂及抑制剂等因素的影响；在低底物浓度时，酶的活性与底物浓度之间成正比；在实际应用中，酶的浓度一般要远低于底物浓度；温度和 pH 是影响酶催化过程的主要因素，在其他条件一定时，酶的催化反应表现出对应的最适温度和最适 pH 的特征；激活剂的存在能够明显提高酶的活性。

　　酶反应动力学是以中间产物学说为基础的关于酶催化过程的反应速度的理论，描述一底物不可逆反应的动力学称为米氏方程；抑制剂是对酶催化过程产生阻碍效应的成分，按照抑制作用的专一性及紧密程度分为不可逆抑制和可逆抑制两大类，可逆抑制作用又可以按照抑制作用的方式分为三种不同类型。

　　酶的来源是决定酶的分离提纯过程的关键，酶的分离及纯化方法的重点是在保证酶的活力的前提下使酶从所在的材料中分离出来，酶的分离和纯化技术分别着重于对酶进行分离及使酶的活力得到提高两个侧重点。

　　生物体内酶的活性受到酶量调节和活力调节方式的调控，在酶的分离纯化过程中对酶进行评价时经常要对酶的活力进行测定，酶的活力和比活力分别是从量和质两个方面进行评价的常用指标。

复习思考题

（扫码见习题）

第六章

维生素和辅酶

维生素是机体维持正常生命活动所必需的一类微量小分子有机物质。在体内不能合成或合成量很少，必须由食物供给。一般被分为脂溶性和水溶性两大类。它们既不是构成机体组织的主要成分，也不是供能物质，然而在调节物质代谢和维持生理功能等方面却发挥着重要作用。其中，脂溶性维生素在体内可直接参与代谢的调节作用，而水溶性维生素是通过转变成辅酶对代谢起调节作用。长期缺乏某种维生素，会导致维生素缺乏症。

本章主要介绍维生素的定义、作用与分类；脂溶性维生素和水溶性维生素的构成、性质来源、主要生理作用及缺乏症。

第一节 概　　述

一、维生素的定义及特点

维生素（vitamin）是机体维持正常代谢的一类重要的营养元素，其化学本质均为小分子有机化合物，同时也是生命活动所必需的营养物质之一。与传统的大分子有机物如糖类、蛋白质、脂类相比较，维生素有其自身的特点。

（1）维生素种类很多，化学结构多样。但其在体内的需要量很少（表6-1），通常以毫克或微克计。

表 6-1　正常人每天所需维生素量　　　　　　（单位：mg）

种类	维生素 A	维生素 B_1	维生素 B_2	维生素 B_3	维生素 B_5	维生素 B_6	维生素 B_7	维生素 B_9	维生素 B_{12}	维生素 C	维生素 D
需要量	0.8~1.6	1~2	1~2	3~5	10~20	2~3	0.2	0.4	2~3	60~100	10~20

（2）一般维生素可以被高等植物或有些微生物合成，但是维生素不能在动物体内合成，或者所合成的量很少，难以满足机体的需要，所以必须由食物供给。

（3）维生素作为酶的辅酶或辅基的主要成分，在调节物质代谢、维持生理功能及促进生长发育等方面发挥着重要作用。

（4）如果机体长期缺乏维生素，物质代谢就会发生障碍。因为各种维生素的结构和生理功能均不相同，缺乏不同的维生素产生不同的疾病。所以这种由于缺乏维生素而引起的疾病称为维生素缺乏症（avitaminosis）。相反，若维生素应用不当或长期过量摄取，也会出现中毒症状。

二、维生素的命名和分类

（一）维生素的命名

维生素是由 vitamin（维他命）一词翻译来的，早期它的命名通常是按照发现的先后顺序或营养作用英文单词的第一个字母，在维生素的第一个大写字母"V"后加 A、B、C、D、E 等不同的英文字母来命名的。由于最初发现的种类少，后来在同种维生素上又发现不同类型，故又在英文字母右下方注以 1、2、3 等数字加以区别，如 B_1、B_2、B_3、B_5、B_6、B_7、B_9、B_{12} 等。

（二）维生素的分类

通常按照溶解性的不同，维生素分为脂溶性维生素（lipid-soluble vitamin）和水溶性维生素（water-soluble vitamin）两大类。

脂溶性维生素包括维生素 A、维生素 D、维生素 E 和维生素 K 等，水溶性维生素包括 B 族维生素［硫胺素（维生素 B_1）、核黄素（维生素 B_2）、泛酸（维生素 B_3）、烟酰胺（维生素 B_5）、吡哆醛（维生素 B_6）、生物素（维生素 B_7）、叶酸（维生素 B_9）和钴胺素（维生素 B_{12}）等］和维生素 C。

第二节　脂溶性维生素

脂溶性维生素包括维生素 A、维生素 D、维生素 E 和维生素 K，它们是疏水性化合物，故不溶于水，而溶于脂类及有机溶剂，如苯、乙醚、氯仿。它们经常在食物中与脂类共同存在，并随脂类和胆汁酸一同吸收。如果脂类吸收不足，脂溶性维生素的吸收也相应减少，严重时会引起缺乏症。吸收后的脂溶性维生素在血液中与脂蛋白及某些特殊的结合蛋白特异地结合而运输，通常在体内尤其是肝脏中有一定的储量。但摄入过多会出现中毒症状。脂溶性维生素除了参与代谢过程外，还可以参与细胞内核受体的结合，影响特定基因的表达。

一、维生素 A

（一）构成及性质

维生素 A 又称为抗干眼病维生素。天然的维生素 A 是不饱和一元醇类，有两种形式：维生素 A_1（视黄醇）和维生素 A_2（3-脱氢视黄醇）。其中，维生素 A_2 的活性只有维生素 A_1 的一半，以维生素 A_1 为主。维生素 A_1 和维生素 A_2 结构相似，维生素 A_2 仅在环中第三位比维生素 A_1 多一个双键。

维生素A的结构

维生素 A 在体内的活性形式包括视黄醇、视黄醛（视黄醇的可逆性氧化产物）和视黄酸（视黄醇的不可逆性氧化产物）。它的化学性质活泼，接触空气即可被氧化分解。对紫外线敏感，多在棕色瓶内避光保存。但一般的烹饪方法不会破坏食物中的维生素 A。

（二）食品中的来源及存在形式

维生素 A 在动物的肝脏、肾脏、蛋黄、乳及肉制品中都广泛存在，鱼肝是其最丰富的来源。另外，在许多深绿色、红色或黄色的蔬菜，如胡萝卜、红辣椒等中也富含具有维生素 A

效能的类胡萝卜素的物质，称为 β-胡萝卜素。其在小肠黏膜或肝脏处由 β-胡萝卜素加氧酶的作用加氧断裂，生成视黄醇，所以通常将 β-胡萝卜素称为维生素 A 原。此外，其他食物中的维生素 A 多以脂肪酸酯的形式存在，其在小肠被小肠酯酶水解后产生脂肪酸和视黄醇，被吸收后还可以重新合成视黄醇酯，以脂蛋白的形式在脂细胞中储存下来。

（三）生理功能及缺乏症

1. 构成视觉细胞的感光物质，发挥视觉功能

维生素 A 是构成视觉细胞中感受弱光的物质——视紫红质（rhodopsin）的组成成分，与人的正常视觉密切相关。人体视网膜上有两种感光细胞：视锥细胞主要感受强光，内有视红质、视青质、视蓝质；杆状细胞是感受暗光与弱光的视觉细胞，其感光物质是视紫红质。而维生素 A 是视紫红质的前体物质，当光线照射到视网膜上时，视紫红质即分解为视蛋白和全反视黄醛，全反视黄醛在异构酶的作用下变成 11-顺视黄醛，11-顺视黄醛又与视蛋白形成视紫红质，称为一个视循环。当维生素 A 缺乏时，11-顺视黄醛必然得不到足够的补充，使感受弱光的视紫红质合成减弱，对弱光敏感性降低，暗适应能力减弱，严重时可导致"夜盲症"。

2. 维持上皮结构的完整与健全

维生素 A 也是维持上皮组织的结构和功能所必需的物质，可影响上皮细胞的分化过程。对眼、呼吸道、消化道、泌尿及生殖系统等的上皮细胞影响最为显著。动物缺乏维生素 A，皮肤及黏膜上皮细胞会发生角化，如眼角膜干燥、皮肤角化粗糙、呼吸道易感染等。在眼部由于泪腺上皮角化，泪液分泌受阻，以致角膜、结膜干燥，从而产生眼干燥症（干眼病）。

3. 增加细胞表面的上皮生长因子受体数目而促进生长、发育

维生素 A 还可以调节细胞的生长与分化，其中视黄酸对基因表达和组织分化具有重要的调节作用。通过结合细胞内核受体，与 DNA 反应元件结合，调节某些基因的表达，从而促进生长、发育。儿童期缺乏维生素 A 时，会出现生长停顿、骨骼成长不良和发育受阻。

4. 具有一定的抗肿瘤作用

肿瘤的发生多数与上皮组织的健康有关，人体上皮细胞的正常分化与视黄酸直接相关。动物实验表明摄入维生素 A 有抑制细胞癌变、促进肿瘤细胞凋亡等作用。

5. 摄入过多易引起中毒

维生素 A 可以在体内肝脏中储存，长期摄入过多会引起慢性中毒。正常成人每日维生素 A 生理需要量为 2600~3300IU，长期过量（超过需要量的 10~20 倍）摄取可能引起不良反应，如头痛、恶心、腹泻、肝脾肥大等。孕妇摄取过多，容易发生胎儿畸形，应当适量摄取。

二、维生素 D

（一）构成及性质

维生素 D 又称为抗佝偻病维生素，为固醇类衍生物，也被认为是一种类固醇激素。主要包括维生素 D_2（麦角钙化醇）和维生素 D_3（胆钙化醇）两种，维生素 D_2 及维生素 D_3 均为无色针状结晶，易溶于脂肪和有机溶剂，除对光敏感外，化学性质一般较稳定，不易破坏。

（二）食品中的来源及存在形式

维生素 D 在动物的肝脏、蛋黄中含量丰富，但人体内维生素 D 主要是由皮肤细胞的 7-脱氢胆固醇（维生素 D_3 前体）经紫外线照射转变而来，而植物中的维生素 D 由麦角固醇（维生素 D_2 前体）经紫外线照射后生成。无论是维生素 D_2 还是维生素 D_3，它们本身都没有生理活性，它们必须在体内进行一定的代谢转化，包括在肝脏线粒体中和在肾脏微粒体中的羟化酶的作用下才能生成具有活性的维生素 D，再经血液运输到小肠、骨骼及肾等靶器官才能发挥其生理作用。

（三）生理功能及缺乏症

维生素 D 能促进肠道、肾脏对食物中钙和磷的吸收，还可影响骨组织的钙吸收和沉积，从而维持血中钙和磷的正常浓度，促进骨和牙的钙化作用。当缺乏维生素 D 时，儿童骨骼牙齿不能正常发育，易发生佝偻病、弓形腿、关节肿大等，成人会患软骨病。另外，摄入过量的维生素 D 也会引起急性中毒。

三、维生素 E

（一）构成及性质

维生素 E 与动物生育有关，故又称为生育酚，为苯骈二氢吡喃的衍生物，属于酚类化合物。其主要成分为生育酚及生育三烯酚两大类。每类又可根据甲基的数目、位置不同而分成 α、β、γ 和 δ 共 4 种，均为淡黄色油状物质；不溶于水，不易被酸、碱破坏。自然界以 α-生育酚生理活性最高，分布最广。β-及 γ-生育酚次之，其余活性甚微。但就抗氧化作用来说，δ-生育酚作用最强，α-生育酚作用最弱。天然存在的生育酚在无氧条件下对热的稳定性较强，但对氧十分敏感，与空气接触时极易被氧化，因而能保护其他物质。

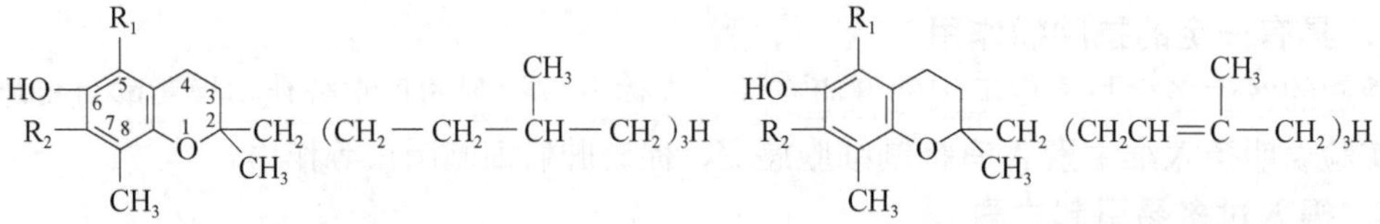

生育酚　　　　　　　　　　　　　　　生育三烯酚

维生素E的结构

（二）食品中的来源及存在形式

维生素 E 在自然界分布广泛，来源充足，蔬菜、谷类及动物性食品中都含有。主要存在于植物中，尤其是以麦胚油、大豆油、玉米油、葵花籽油和花生油中含量最为丰富，以豆油中含量最高，其次是玉米油。维生素 E 在体内的转运、分布都依赖于 α-生育酚结合蛋白。它是由肝脏合成的，与维生素 E 结合后，以溶解状态存在于各组织中。

（三）生理功能及缺乏症

维生素 E 一般不易缺乏，严重的脂类吸收障碍和肝脏严重损伤可引起缺乏症，表现为红细胞数量减少，脆性增加等溶血性贫血症。偶尔也可引起神经障碍。动物缺乏维生素 E 时，其生殖器官发育会受损，甚至不育，但在人类尚未发现因维生素 E 缺乏所致的不孕症。维生素 E 可以对抗自由基对不饱和脂肪酸的氧化，对生物膜有保护作用，具有抗衰老作用，并在食品上可用作抗氧化剂。

四、维生素 K

（一）构成及性质

维生素 K 具有促进凝血的功能，故又称为凝血维生素。它是具有异戊二烯类侧链的萘醌类化合物，有维生素 K_1 和维生素 K_2 之分。从化学结构上来看，维生素 K_1 和维生素 K_2 均是 2-甲基-1,4-萘醌的衍生物，区别仅在于 R 基团不同。维生素 E 的吸收主要在小肠，经淋巴吸收入血，在血液中随 β-脂蛋白运转至肝脏储存。临床上应用的维生素 K 为人工合成的维生素 K_3、维生素 K_4，溶于水，可口服及注射。维生素 K 热稳定性较强，但对光和碱敏感。

维生素 K 的结构形式

（二）食品中的来源及存在形式

维生素 K 广泛存在于自然界中。食物中的绿色蔬菜、动物肝脏和鱼类含有较多的维生素 K，其次是牛奶、麦麸、大豆等食物。维生素 K_1 又称为植物甲萘醌或绿醌，最初是从苜蓿叶中提取出来的，为黄色油状物，主要存在于深绿色蔬菜（如甘蓝、菠菜、莴苣等）和植物油中。维生素 K_2 是从腐烂鱼中提取出来的淡黄色晶体，是肠道细菌的产物，人体肠道细菌也可以合成维生素 K，故一般不会缺乏。

（三）生理功能及缺乏症

维生素 K 的主要功能是促进凝血酶原的合成，维持凝血因子的正常水平。缺乏时凝血时间延长，严重时发生皮下、肌肉及胃肠道出血。人体一般不缺乏维生素 K，若食物中缺乏绿色蔬菜或大剂量、长时间服用抗生素影响肠道微生物生长，或因消化系统疾病导致脂质吸收障碍，可造成维生素 K 缺乏。此外，大剂量的维生素 K 可以降低动脉硬化的危险。

第三节　水溶性维生素

水溶性维生素包括 B 族维生素和维生素 C。B 族维生素包括维生素 B_1、维生素 B_2、维生素 B_3、维生素 B_5、维生素 B_6、维生素 B_7、维生素 B_9 及维生素 B_{12} 等。它们易溶于水，不溶或微溶于有机溶剂；水溶性维生素的作用比较单一，它们主要构成酶的辅助因子直接影响某些酶的催化作用。体内过剩的水溶性维生素可随尿排出体外，其在体内很少蓄积，一般不发生中毒现象。正因为水溶性维生素在体内的储存很少，所以必须经常从食物中摄取。

一、维生素 B_1 和硫胺素焦磷酸

（一）构成及性质

维生素 B_1 为抗神经炎维生素，又称为抗脚气病维生素，由含硫的噻唑环和含氨基的嘧啶环组成，故称为硫胺素。在生物体内常以硫胺素焦磷酸（TPP）的辅酶形式存在，为白色粉末状，其盐酸盐为白色针状结晶。维生素 B_1 的熔点较高（250℃）；在酸性、中性溶液中比较稳定，在碱性条件下，维生素 B_1 在氧化剂存在时易被氧化产生脱氢硫胺素（硫色素），后者在紫外线照射下呈现蓝色荧光，利用这一特性可进行定量分析。

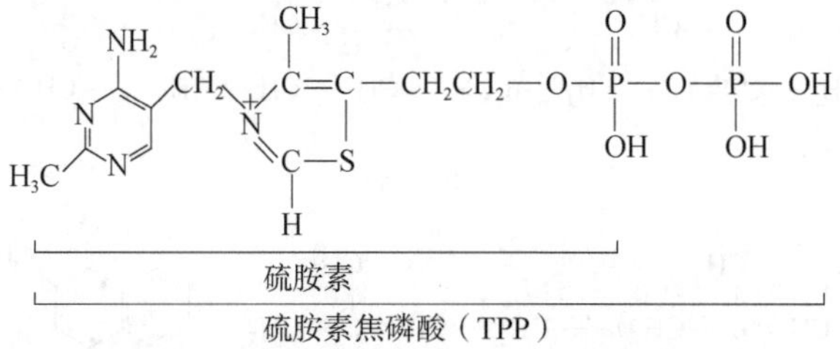

维生素B_1及其辅酶的结构（引自赵宝昌，2004）

（二）食品中的来源及存在形式

维生素 B_1 主要存在于酵母、瘦肉、豆类和种子外皮（如米糠）及胚芽中，酵母中含量尤其多。谷物加工过细会造成维生素 B_1 大量丢失。某些生鱼肌肉中含有热不稳定的硫胺素酶，能催化硫胺素分解，多食生鱼肉也会导致维生素 B_1 缺乏。硫胺素易被小肠吸收，入血后主要在肝脏及脑组织中经硫胺素焦磷酸激酶的催化生成硫胺素焦磷酸。

（三）生理功能及缺乏症

1. TPP 是 α-酮戊二酸脱氢酶系的辅助因子

维生素 B_1 的活性形式是硫胺素焦磷酸，它与糖代谢关系密切。缺乏维生素 B_1 时，糖代谢中间产物丙酮酸和 α-酮戊二酸的氧化脱羧受阻，血中丙酮酸和乳酸堆积。神经组织供能不足，出现以两脚无力为主要特征的缺乏症，称为脚气病。严重者发生浮肿，心力衰竭。

2. TPP 是磷酸戊糖途径中转酮酶的辅助因子

缺乏维生素 B_1 时，神经髓鞘中的磷酸戊糖途径会受影响。维生素 B_1 广泛用于神经痛、面神经麻痹及视神经炎等的辅助治疗。

3. 维生素 B_1 控制乙酰胆碱的合成

维生素 B_1 可以抑制胆碱酯酶的活性。缺乏维生素 B_1 时，胆碱酯酶活性升高，乙酰胆碱水解加快，影响神经冲动的传导，造成胃肠蠕动缓慢、消化液分泌减少。维生素 B_1 可以用于食欲不振、消化不良等消化功能障碍的辅助治疗。

二、维生素 B₂ 和 FMN、FAD

（一）构成及性质

维生素 B₂ 又称为核黄素，为 6,7-二甲基异咯嗪和核糖醇结合而成的糖苷化合物，它的异咯嗪环上的第 1 和第 10 位氮原子可以反复接受或释放氢，因而具有可逆的氧化还原性。维生素 B₂ 为橘黄色针状结晶，熔点较高（280℃）。在酸性条件下稳定，而在碱性条件下和遇光时易被破坏，易降解为无活性的产物。维生素 B₂ 的水溶液具有黄绿色荧光，由于有双键，在 450nm 处有吸收峰，此性质可用于维生素 B₂ 的定量分析。

在体内，维生素 B₂ 参与组成氧化还原酶的两种重要辅酶：其和磷酸在小肠黏膜黄素激酶的催化下结合形成磷酸核黄素，又称为黄素单核苷酸（FMN）。FMN 和 1 分子 AMP 缩合，在焦磷酸化酶的催化下形成黄素腺嘌呤二核苷酸（FAD）。FMN 和 FAD 为黄酶（黄素蛋白）的辅酶，与酶蛋白紧密结合，参与氧化还原反应，与糖、脂和氨基酸的代谢密切相关。

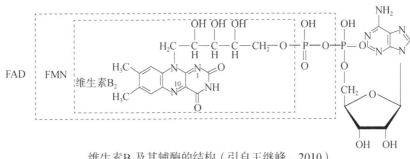

维生素B₂及其辅酶的结构（引自王继峰，2010）

（二）食品中的来源及存在形式

维生素 B₂ 在自然界广泛分布，豆类、苜蓿、动物的肝脏中含量丰富。酵母、鸡蛋蛋黄、鱼、绿色蔬菜中含量也很高。植物和微生物都具有合成所需维生素 B₂ 的能力，动物体内一般不能合成，我国医用核黄素除了化学合成和从酵母中提取以外，也利用豆腐渣水、缫丝废水等进行微生物发酵生产。

（三）生理功能及缺乏症

由于在异咯嗪环的 N-1 和 N-10 之间有一对活泼的共轭双键，很容易发生可逆的加氢或脱氧反应，因此在细胞氧化反应中，FMN 和 FAD 是许多脱氢酶的辅助因子，主要在生物氧化过程中发挥递氢作用，能促进糖、脂肪和蛋白质的代谢，它对维持皮肤、黏膜和视觉的正常机能均有一定作用。用光照疗法治疗新生儿黄疸时，核黄素也可同时遭到破坏，引起新生儿维生素 B₂ 缺乏症。缺乏维生素 B₂ 时，组织呼吸减弱，代谢强度降低，主要症状表现为口角炎、唇炎、舌炎、眼角膜炎、阴囊炎、畏光、视觉模糊、脂溢性皮炎等。

三、维生素 B₅ 和辅酶 A

（一）构成及性质

维生素 B₅ 因在生物界分布广泛，取名泛酸，又名遍多酸，是由 β-丙氨酸与 α,γ-二羟基-

β,β-二甲基丁酸通过肽键缩合而成的一种有机酸。为淡黄色油状物，在中性条件下稳定；无臭味，但味道发苦；在中性溶液中具有很强的热稳定性，不易被一般氧化剂破坏。在体内，泛酸经磷酸化和氨基乙硫醇结合，又与 5′-腺嘌呤核苷酸-3′-磷酸缩合形成辅酶 A（CoASH）。泛酸的另一活性形式为酰基载体蛋白质（acyl carrier protein，ACP），辅基 4-磷酸泛酰巯基乙胺以共价键与蛋白质分子上的丝氨酸羟基相连，所以 CoA 及 ACP 为泛酸在体内的活性型。

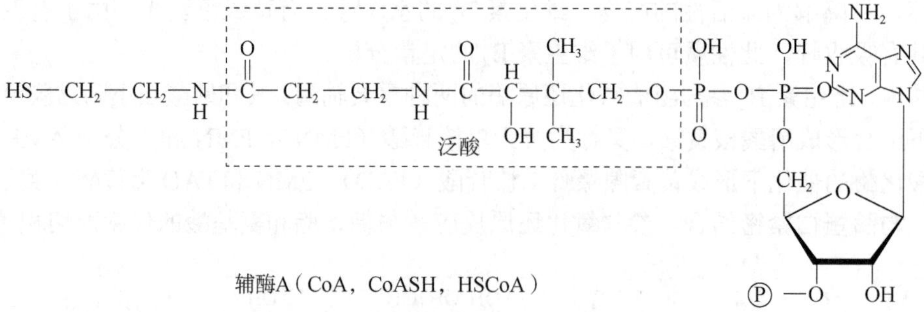

辅酶A（CoA，CoASH，HSCoA）

维生素B₅及其辅酶的结构（引自王继峰，2010）

（二）食品中的来源及存在形式

维生素 B₅ 在酵母、肝脏、肾脏、瘦肉、蛋、小麦、米糠、花生、豌豆中含量丰富，在蜂王浆中含量最多。人体肠道细菌均可以合成，故一般不会缺乏。

（三）生理功能及缺乏症

维生素 B₅ 作为酰基载体蛋白质（ACP）的辅基，参与脂肪酸合成代谢；辅酶 A 作为酰基转移酶的载体，可充当多种酶的辅酶参加酰化反应及氧化脱羧等反应，广泛参与糖、脂类、蛋白质代谢与肝的生物转化作用。此外，辅酶 A 还参与体内一些重要物质，如乙酰胆碱、胆固醇、卟啉、甾类激素和肝糖原等的合成，并能调节血浆脂蛋白和胆固醇的含量。商品泛酸为泛酸钙。此外，辅酶 A 对厌食、疲劳乏力等症状有明显的改善效果。

四、维生素 B₃ 和 NAD⁺、NADP⁺

（一）构成及性质

维生素 B₃ 又称为抗癞皮病维生素或维生素 PP，是吡啶的衍生物，为白色针状结晶体，易溶于水，性质稳定，不易被酸、碱及热破坏。它包括尼克酸（烟酸）和尼克酰胺（烟酰胺）两种结构形式，体内主要以尼克酰胺形式存在。在细胞内，尼克酰胺参加组成两种重要辅酶——烟酰胺腺嘌呤二核苷酸（NAD，也叫作辅酶Ⅰ）和烟酰胺腺嘌呤二核苷酸磷酸（NADP，也叫作辅酶Ⅱ）。这两种辅酶基本结构相同，不同之处在于 NADP 的核糖的 2′ 位上多一个磷酸。同时，这两种辅酶都有氧化型及还原型两种形式，氧化型用 NAD⁺ 及 NADP⁺ 表示，还原型用 NADH 和 NADPH 表示。它们参与氧化还原反应，是重要的递氢体。在生理 pH 条件下，其吡啶氮原子为五价，能接受电子而转变为三价氮原子，其对位碳原子可加氢。

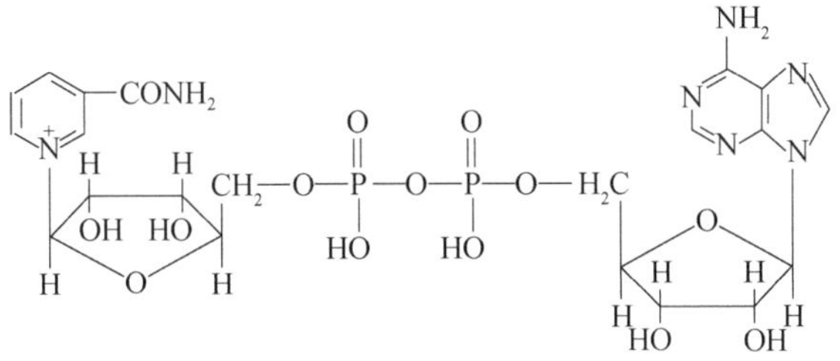

NAD+

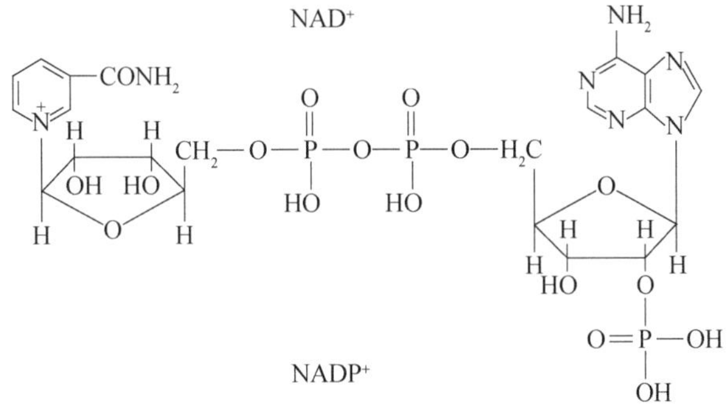

NADP+

维生素B₃及其辅酶的结构（引自赵宝昌，2004）

（二）食品中的来源及存在形式

维生素 B₃ 分布甚广，谷物、肉类、花生、酵母、米糠中含量丰富，游离的尼克酸在小肠被吸收后可直接进行代谢。人体一般不缺，除了由食物直接供给外，在体内尚可由色氨酸转变生成尼克酸。而玉米中缺色氨酸，长期以玉米作为主食会造成尼克酸缺乏症。过量的维生素 B₅ 随着尿液排出体外。

（三）生理功能及缺乏症

NAD^+ 和 $NADP^+$ 是多种不需氧脱氢酶的辅助因子，分子中的尼克酰胺部分具有可逆的加氢及脱氢特性。其中 NAD^+ 主要在生物氧化（分解代谢）过程中发挥递氢作用，而 $NADP^+$ 则在还原性途径（合成代谢）中发挥递氢作用。这些反应涉及转移氢给 NAD^+，或者从 NADH 转移出。促进这种转移的酶类是脱氢酶类。氢负离子含有两个电子，这样 NAD^+ 和 $NADP^+$ 起两个电子载体的作用。同时，NAD^+ 或 $NADP^+$ 也是呼吸链中传递氢的过程中的一环，通过它们的作用，可以使某些反应起偶联的作用。此外，NAD^+ 也是 DNA 连接酶的辅酶，对 DNA 的复制有重要作用，为形成 3′,5′-磷酸二酯键提供所需要的能量。

维生素 B₃ 缺乏症称为癞皮病，又称为糙皮病或对称性皮炎。主要表现为裸露的皮肤上产生黑红色的斑点，并有口炎、舌炎、胃肠功能失常，导致腹泻等。服用尼克酸后，一日之内即可见效，恢复正常。尼克酸还可维持神经系统的正常功能，人缺乏尼克酸或尼克酰胺，易头晕、抑郁，严重时甚至会痴呆。此外，尼克酸能抑制脂肪动员，使肝中极低密度脂蛋白（VLDL）的合成下降，从而降低血浆胆固醇，但如大量服用尼克酸或尼克酰胺会引发血管扩张、脸颊潮红、痤疮及胃肠道不适等毒性症状。长期超量服用可引起肝损伤。

五、维生素 B₆ 和磷酸吡哆素

（一）构成及性质

维生素 B₆ 又名吡哆素或抗皮炎维生素，是吡啶的衍生物。它包括 3 种物质，即吡哆醇、吡哆醛和吡哆胺，皆属于吡啶衍生物。维生素 B_6 在体内以磷酸酯的形式存在，磷酸吡哆醛和磷酸吡哆胺是其活性形式，可相互转变，是氨基酸代谢中多种酶的辅酶。维生素 B_6 为无色晶体，对光、碱性条件敏感，遇高温易被破坏；在酸性条件下稳定。

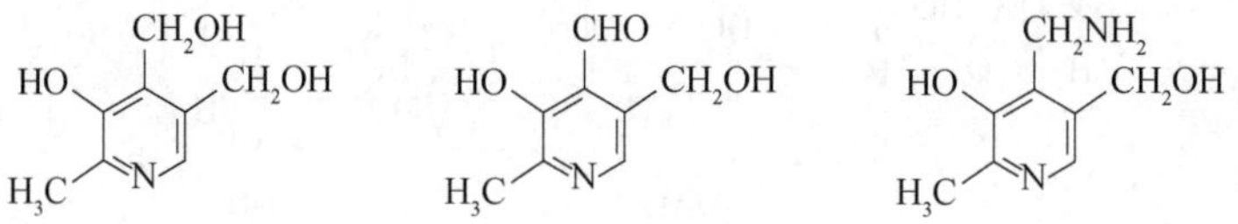

吡哆醇　　　　　　　　　吡哆醛　　　　　　　　　吡哆胺

维生素B_6的结构

（二）食品中的来源及存在形式

维生素 B_6 在动、植物食品中广泛分布，肝脏、鱼、肉类、全麦、坚果、米糠、豆类、蛋黄、乳制品、蜂王浆和酵母均是维生素 B_6 的丰富来源，在酵母和米糠中含量最多。维生素 B_6 的磷酸酯在小肠碱性磷酸酶的作用下水解，以脱磷酸的形式吸收。吡哆醛和磷酸吡哆醛是血液中的主要运输形式。肠道菌也可以合成维生素 B_6。

（三）生理功能及缺乏症

维生素 B_6 的活性形式是磷酸吡哆醛和磷酸吡哆胺：磷酸吡哆醛是氨基转移酶和脱羧酶的辅助因子，参与氨基酸的转氨基反应和脱羧基反应，常用于治疗婴儿惊厥和孕妇妊娠呕吐。磷酸吡哆醛是红血素合成途径关键酶的辅助因子，缺乏时有可能造成贫血。磷酸吡哆醛是糖原磷酸化酶的重要组成成分，参与糖原分解。

六、维生素 B_7 和生物素

（一）构成及性质

维生素 B_7 又称为生物素、维生素 H，是由噻吩环和尿素结合而成的一个双环化合物，左侧链上有一分子戊酸。生物素为无色针状结晶体，微溶于水；熔点较高（200℃以上）；耐酸而不耐碱，氧化剂及高温可使其失活。自然界存在的生物素至少有两种：α-生物素和β-生物素。α-生物素带有异戊酸侧链，存在于蛋黄中；β-生物素有戊酸侧链，存在于肝脏中。

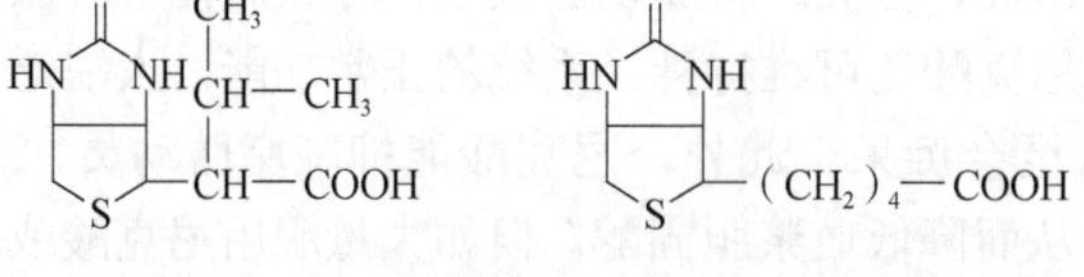

α-生物素　　　　　　　　　β-生物素

维生素B_7的结构

（二）食品中的来源及存在形式

维生素 B_7 在动、植物体内广泛存在，主要分布于蔬菜、谷物、酵母、动物肝脏、蛋黄、花生、牛奶、肾脏和鱼类等食品中，人肠道菌也能合成生物素，故一般情况下不会缺乏。

（三）生理功能及缺乏症

生物素的活性形式是羧基生物素，它是多种羧化酶的辅助因子，通过酶分子中的赖氨酸残基与生物素侧链中戊酸的羧基结合，参与羧化反应，如乙酰 CoA 和丙酮酸的羧化，是合成维生素 C 的必要物质，在糖类、脂类和蛋白质代谢中有重要意义，也是维持正常成长、发育及健康必要的营养素，无法经由人工合成。

在新鲜蛋清中含有抗生物素蛋白，能与生物素结合而抑制其吸收，若较长时间食用生鸡蛋会影响生物素的吸收，导致生物素缺乏。蛋清加热后这种蛋白质因遭破坏而失去作用。另外，长期服用抗生素会抑制肠道菌生长，使其不能合成生物素，也会造成生物素缺乏，主要症状是疲乏、恶心、呕吐、食欲不振、皮炎及脱屑性红皮病。动物缺乏生物素会变得消瘦，并产生皮炎、脱毛、神经过敏等症状。另外，生物素还参与细胞信号转导和基因表达。生物素还可使组蛋白生物素化，从而影响细胞周期、转录和 DNA 损伤的修复。

七、维生素 B_9 和叶酸辅酶

（一）构成及性质

维生素 B_9 又称为蝶酰谷氨酸、叶酸。最初是从肝脏中分离出来的，后来发现绿叶中含量十分丰富，因此命名为叶酸。它是由 2-氨基-4-羟基-6-甲基蝶啶、对氨基苯甲酸和 L-谷氨酸三部分组成。植物中的叶酸含 7 个谷氨酸残基，肝脏中的叶酸一般含 5 个谷氨酸残基。叶酸微溶于水，对光和酸敏感，见光易失去生理活性，因此食物所含的叶酸在室温下很容易被破坏；但在中性、碱性溶液中对热稳定。

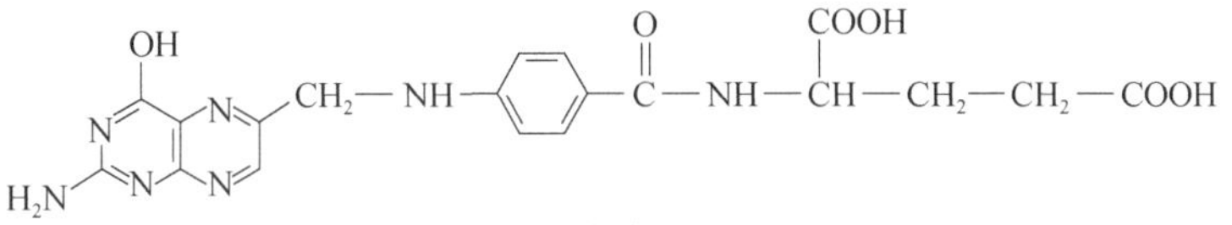

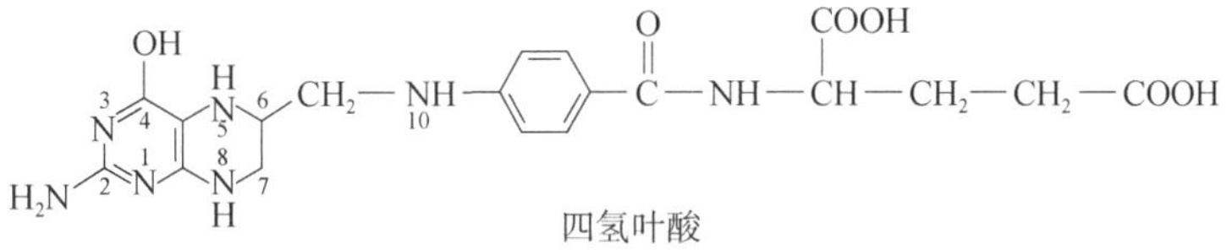

维生素 B_9 的结构（引自王继峰，2010）

（二）食品中的来源及存在形式

叶酸在绿叶蔬菜中含量丰富，也存在于肉类、肝脏和肾脏等动物性食物中，人类肠道的细菌也能合成，所以一般不发生缺乏症。动物细胞不能合成对氨基苯甲酸，也不能将谷氨酸接到蝶酸上去，所以动物所需的叶酸需从食物中供给。食物中的蝶酰多谷氨酸在小肠被水解，生成蝶酰单谷氨酸。后者易被小肠上段吸收，在小肠黏膜上皮细胞二氢叶酸还原酶的作用下，生成叶酸的活性型——5,6,7,8-四氢叶酸（FH_4）。

（三）生理功能及缺乏症

在体内各组织中，四氢叶酸主要以多谷氨酸形式存在，通过二氢叶酸还原酶连续还原叶酸而成，可充当一碳单位（即含有一个碳原子的基团）转移酶系统中的辅酶，其又称为辅酶 F（CoF）。除了 CO_2 之外，四氢叶酸是所有氧化水平碳原子一碳单位的重要受体和供体。四氢叶酸分子中的第 5 位和第 10 位氮原子可携带一碳单位，一碳单位主要在体内参加如嘌呤、嘧啶核苷酸等多种生物物质的合成，医药上仿效叶酸的分子结构设计了多种磺胺类药物，可阻断细菌合成四氢叶酸，从而抑制细菌生长繁殖，大大增强抑菌效果。

由于叶酸与核酸的合成有关，当叶酸缺乏时，DNA 合成受到限制，骨髓幼红细胞中 DNA 合成减少，细胞分裂速度降低，幼红细胞在骨髓内成熟前就被破坏造成贫血，因此叶酸在临床上可用于治疗巨幼细胞贫血。孕妇及哺乳期快速分裂细胞增加或因生乳而致代谢较旺盛，应适量补充叶酸。叶酸还可以降低胎儿脊柱裂和神经管缺乏的危险性。叶酸缺乏可引起高同型半胱氨酸血症，增加动脉粥样硬化、血栓生成和高血压的危险性，预防冠心病的发生。此外，叶酸缺乏可引起 DNA 低甲基化，增加一些癌症（如结肠直肠癌）的危险性。

八、维生素 B_{12} 和辅酶

（一）构成及性质

维生素 B_{12} 又称为钴胺素（cobalamin），是一种与卟啉环结构相近似的卟啉环衍生物，是唯一含金属元素的维生素。为深红色的晶体，在水溶液中稳定，熔点较高（大于 320℃）；易被强酸、强碱、日光、氧化剂及还原剂等破坏。维生素 B_{12} 在体内因结合的基团不同，可有很多种形式存在，如氰钴胺素、羟钴胺素、甲钴胺素和 5'-脱氧腺苷钴胺素，后两者是维生素 B_{12} 的活性型，也是血液中存在的主要形式。

（二）食品中的来源及存在形式

维生素 B_{12} 广泛来源于动物性食品，特别是在肉类、酵母和动物肝脏中含量丰富，不存在于植物中，人和动物的肠道细菌都能合成，故一般情况下不会缺少维生素 B_{12}。维生素 B_{12} 在体内的主要存在形式有氰钴胺素、羟钴胺素、甲钴胺素和 5'-脱氧腺苷钴胺素，后两者是维生素 B_{12} 的活性型。

维生素B_{12}的结构（引自王继峰，2010）

（三）生理功能及缺乏症

体内的维生素 B_{12} 参与同型半胱氨酸甲基化生成甲硫氨酸的反应，催化这一反应的甲基转移酶的辅基是维生素 B_{12}。当维生素 B_{12} 缺乏时，不仅不利于甲硫氨酸的生成，同时也影响四氢叶酸的再生，使组织中游离的四氢叶酸含量减少，影响嘌呤、嘧啶的合成，最终导致核酸合成阻碍，影响细胞分裂，结果产生巨幼细胞贫血，即恶性贫血。维生素 B_{12}

缺乏所致的神经疾患也是由于脂肪酸的合成异常而影响了髓鞘的转换，结果髓鞘质变性退化，造成进行性脱髓鞘。临床上可以用维生素 B$_{12}$ 治疗恶性贫血、神经炎、神经萎缩、烟毒性弱视等病症。

九、维生素 C

（一）构成及性质

维生素 C 又称为 L-抗坏血酸（ascorbic acid），是一种己糖酸内酯，具有 L-糖构型的不饱和多羟基化合物。其分子中第 2、3 位碳原子上的两个烯醇式羟基极易氧化脱氢解离出质子（H$^+$）而显酸性，又因能防治坏血病，故得名抗坏血酸。维生素 C 为无色晶体或粉末状，在酸性条件下比较稳定；易被氧化，被氧化后发黄色；受热易破坏，在中性或碱性溶液中尤甚。遇光或微量金属离子如 Ca^{2+}、Fe^{2+} 时都会被破坏。

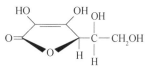

维生素C的结构

（二）食品中的来源及存在形式

维生素 C 在自然界分布广泛。黄瓜、柑橘、红枣、山楂、番茄、辣椒及许多水果蔬菜中都含有丰富的维生素 C，其中草莓、山楂和橘类含量最多。大多数动物可利用葡萄糖合成维生素 C，人类、灵长类和豚鼠因缺乏合成维生素 C 的 L-古洛糖酸内酯氧化酶，故不能合成自身所需要的维生素 C，必须从饮食中获得。干种子中虽然不含有维生素 C，但一发芽便可合成，所以豆芽等是维生素 C 的重要来源。

（三）生理功能及缺乏症

1. 维生素 C 是胶原脯氨酸羟化酶及胶原赖氨酸羟化酶维持活性所必需的辅酶

胶原是骨、毛细血管和结缔组织的重要构成成分，如果缺乏必然会导致坏血病，导致牙齿易松动、牙龈腐烂，毛细血管破裂及骨折、创伤不易愈合等。

2. 维生素 C 参与芳香族氨基酸的代谢

在苯丙氨酸转变为酪氨酸、对羟苯丙酮酸及尿黑酸的反应中，都需维生素 C。维生素 C 缺乏时，尿中可出现大量对羟苯丙酮酸。维生素 C 还参与肾上腺和中枢神经系统中儿茶酚胺的合成，缺乏时可引起这些器官中儿茶酚胺的代谢异常。

3. 维生素 C 参与体内氧化还原反应

（1）维生素 C 能起到保护巯基的作用，它能使巯基酶—SH 维持还原状态。还原型谷胱甘肽（G-SH）能清除细胞膜的脂质过氧化物，起保护细胞膜的作用。

（2）维生素 C 能使红细胞中的高铁血红蛋白（MHb）还原为血红蛋白（Hb），使其恢复对氧的运氧能力。

（3）维生素 C 能保护维生素 A、维生素 E 及维生素 B 免遭氧化，还能使叶酸转变成为有活性的四氢叶酸。

4. 维生素 C 具有增强机体免疫力的作用

促进体内抗菌活性、促进淋巴细胞增殖和趋化作用、提高吞噬细胞的吞噬能力、促进免疫球蛋白的合成，从而提高机体免疫能力。

关键术语表

脂溶性维生素（lipid-soluble vitamin）　　　　水溶性维生素（water-soluble vitamin）

维生素 A（vitamin A）　　　　　　　　　　维生素 D（vitamin D）

维生素 E（vitamin E）　　　　　　　　　　维生素 K（vitamin K）

硫胺素（thiamine）

焦磷酸硫胺素（thiamine pyrophosphate，TPP）

核黄素（riboflavin）

黄素单核苷酸（flavin mononucleotide，FMN）

黄素腺嘌呤二核苷酸（flavin adenine dinucleotide，FAD）

泛酸（pantothenic acid）　　　　　　　　　辅酶 A（coenzyme A，CoA）

维生素 PP（vitamin PP）　　　　　　　　　辅酶 I（coenzyme I，NAD^+）

辅酶 II（coenzyme II，$NADP^+$）　　　　　吡哆素（pyridoxine）

吡哆醇（pyridoxine）　　　　　　　　　　　吡哆醛（pyridoxal）

吡哆胺（pyridoxamine）　　　　　　　　　　磷酸吡哆素（pyridoxal phosphate）

生物素（biotin）　　　　　　　　　　　　　叶酸（folic acid）

四氢叶酸（tetrahydrofolic acid，FH_4）　　　钴胺素（cobalamin）

维生素 C（vitamin C）

单元小结

　　维生素是维持生命正常代谢所必需的一类小分子有机化合物，是人体重要的营养物质之一。维生素可以根据溶解性分为水溶性维生素和脂溶性维生素两大类。脂溶性维生素主要包括维生素 A、维生素 D、维生素 E 和维生素 K。脂溶性维生素的共同特点是：①不溶于水，易溶于脂肪及有机溶剂；②在食物中常与脂类共存；③当脂类吸收不足时脂溶性维生素的吸收也相应减少，甚至出现缺乏症；④脂溶性维生素可以在体内储存，如果摄入过多会引起中毒。

　　水溶性维生素主要包括 B 族维生素（硫胺素、核黄素、泛酸、尼克酰胺、吡哆素、生物素、叶酸和钴胺素等）和维生素 C。B 族维生素大多组成酶的辅助因子，在代谢过程中发挥作用。水溶性维生素的共同特点是：①易溶于水，不溶或微溶于有机溶剂；②机体储存量很少，必须随时从食物中摄取；③水溶性维生素摄入过多的部分可以随尿液排出体外，不会导致积累而引起中毒；④由维生素缺乏引起的疾病称为维生素缺乏症。导致维生素缺乏的原因有摄取不足、吸收障碍、机体需要量增加、服用某些药物等。

复习思考习题

（扫码见习题）

第七章 生 物 氧 化

生物体通过新陈代谢不断地从环境中摄取营养物质，再将这些营养物质通过一系列的生化反应转变为自身的组成成分。在这个过程中进行了大量的能量转化以维持生命活动，同时某些组成成分被分解为不能再利用的物质排出体外并释放能量。新陈代谢是生命活动中物质代谢和能量代谢的统一。绿色植物能量的储存主要是通过光合作用将光能转化为化学能来完成的，而动物体内能量的产生和利用则主要是通过生物氧化的过程来实现。

第一节 概 述

一、生物氧化的基本概念

生物体一切生命活动所需能量主要来源于糖、脂肪、蛋白质等有机物在体内的氧化作用。糖、脂肪、蛋白质等有机物在活细胞内氧化分解，生成 CO_2 和 H_2O 并释放能量的过程称为生物氧化（biologic oxidation）。生物氧化实际上是需氧细胞呼吸作用中发生的一系列氧化还原反应，所以生物氧化又叫作细胞氧化；对微生物来说，则称为细胞呼吸。

二、生物氧化的特点

（一）生物氧化与体外氧化

生物氧化是发生在生物体内的氧化还原反应，它与体外非生物氧化或燃烧的化学本质是相同的，都是脱氢、失去电子或与氧直接化合的过程，释放出相等的能量。例如，1mol葡萄糖在体内氧化和在体外燃烧最终都生成 CO_2 和 H_2O，释放的总能量均为 2867.5kJ。然而，生物氧化与非生物氧化所进行的方式却大不相同，生物氧化有其自身特点。

（1）生物氧化是在细胞内进行，在常温、常压、近于中性及有水的环境中进行。

（2）在一系列酶、辅酶和中间传递体的作用下逐步进行。

（3）体内氧化所产生的能量逐步、分次释放，不会因氧化过程中能量的骤然释放引起体温突然升高而损害机体，同时也有利于机体对能量的截获和有效利用。

（4）生物氧化过程所释放的能量先转移到一些特殊的高能中间化合物（如 ATP、GTP）中，再由这些高能中间化合物把能量转移给需要能量的反应和部位。

（5）生物氧化有严格的细胞定位，在真核生物细胞内，生物氧化都在线粒体内进行；在不含线粒体的原核生物如细菌细胞内，生物氧化则在细胞膜上进行。

生物氧化作用的关键，一是代谢物分子中的碳如何转变成 CO_2；二是代谢物分子中的氢如何能与分子氧结合生成水并释放能量。

（二）生物氧化中 H_2O 的生成

生物氧化中生成的水是代谢物脱下的氢，经生物氧化作用和吸入的氧结合而形成。脂肪、氨基酸等代谢物所含的氢，一般情况下不活泼，必须通过相应的酶激活后才能脱落。进入体内的氧必须经过氧化酶激活后才能变为活性很高的氧。生物氧化中水主要是通过脱氢酶、传递体、氧化酶组成的生物氧化体系的作用而生成。生物氧化中水的生成可用图 7-1 表示。

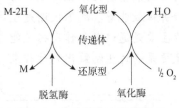

图 7-1　生物氧化中水的生成

（三）生物氧化中 CO_2 的生成

在生物氧化中，CO_2 的生成并非是氧和碳直接化合，而是在酶的催化下，代谢物（糖、脂肪、蛋白质等）经一系列脱氢、加水等反应，转变成含有羧基的化合物，然后经脱羧反应生成。脱羧反应包括直接脱羧和氧化脱羧两种类型。直接脱羧是由特殊脱羧酶催化的。例如，

$$\underset{\substack{\text{COOH}\\|\\\text{CH}_2\\|\\\text{C=O}\\|\\\text{COOH}}}{}\quad\xrightarrow[\text{ADP+Pi}\qquad\text{ATP}]{\text{丙酮酸羧化酶}}\quad\underset{\substack{\text{CH}_3\\|\\\text{C=O}\\|\\\text{COOH}}}{}+\;CO_2$$

氧化脱羧是在脱羧过程中同时伴随着氧化（脱氢）反应。例如，

$$\underset{\substack{\text{CH}_3\\|\\\text{C=O}\\|\\\text{COOH}}}{}+\text{CoASH}\xrightarrow[\text{NAD}^+\qquad\text{NADH+H}^+]{\text{丙酮酸脱氢酶系}}\underset{\substack{\text{CH}_3\\|\\\text{C=O}\\|\\\text{SCoA}}}{}+\;CO_2$$

第二节　线粒体氧化体系

在具有线粒体的生物中，代谢物所含的氢，通过相应的脱氢酶激活后脱落，经过一系列传递体的传递，与激活的氧结合生成水。

一、呼吸链及其组成成分

（一）呼吸链

氧化体系的主要功能是使代谢物脱下的氢经一系列酶或辅酶的传递，最后与激活的氧结合生成水，同时逐步释放能量，使 ADP 磷酸化生成 ATP，将能量贮存于 ATP 中。起传递氢或电子作用的酶或辅酶称为电子传递体（electron transport body），它们按一定的顺序排列在线粒体内膜上，组成递氢或递电子体系，称为电子传递链（electron transport chain）。该体系进行的一系列连锁反应是与细胞摄取氧的呼吸过程相关，故又称为呼吸链（respiratory chain）。体内主要的呼吸链有两条，即 NADH 氧化呼吸链和 $FADH_2$ 氧化呼吸链。

（二）呼吸链的主要组分

现已发现组成呼吸链的成分主要分为 5 类，包括：①烟酰胺脱氢酶（nicotinamide dehydrogenase）；②黄素蛋白（flavoprotein）；③铁硫蛋白（iron sulfur protein，Fe-S）；④泛醌（ubiquinone）；⑤细胞色素体系（cytochrome system）。它们都是疏水性分子，除泛醌外，其他组分都是蛋白质，通过其辅基的可逆氧化还原传递氢或电子。现将其结构简介如下。

1. 烟酰胺脱氢酶

烟酰胺脱氢酶催化代谢物的脱氢反应，为以 NAD^+（辅酶Ⅰ）或 $NADP^+$（辅酶Ⅱ）为辅酶的不需氧脱氢酶，目前已达 200 多种。

NAD^+（$NADP^+$）的主要功能是接受从代谢物上脱下的 2H（$2H^+ + 2e^-$），然后传给另一个传递体黄素蛋白。在生理 pH 条件下，烟酰胺中的氮（吡啶氮）为五价的氮，它能可逆地接受电子而成为三价氮，与氮对位的碳也较活泼，能可逆地加氢还原，故可将 NAD^+（$NADP^+$）视为递氢体。反应时，NAD^+（$NADP^+$）的烟酰胺部分可接受一个氢原子及一个电子，尚有一个质子（H^+）留在介质中。

烟酰胺腺嘌呤二核苷酸磷酸（$NADP^+$），又称为辅酶Ⅱ（CoⅡ），它与 NAD^+ 不同之处是腺苷酸部分中核糖的 2′-位碳上羟基的氢被磷酸基取代。当此类酶催化代谢物脱氢后，其辅酶 $NADP^+$ 接受氢而被还原生成 $NADPH + H^+$，它必须经吡啶核苷酸转氢酶（pyridine nucleotide transhydrogenase）作用将还原当量转移给 NAD^+，才能经呼吸链传递，但 $NADPH + H^+$ 一般是为合成代谢或羟化反应提供氢。

NAD⁺或NADP⁺　　　　　　　　　　　NADH或NADPH
（氧化型）　　　　　　　　　　　（还原型）

2. 黄素蛋白

黄素蛋白种类很多，其辅基有两种，一种为黄素单核苷酸（FMN），另一种为黄素腺嘌呤二核苷酸（FAD），在 FAD、FMN 分子中的异咯嗪部分可以进行可逆的脱氢、加氢反应。

FAD（FMN）　　　　　　　　　　　FADH₂（FMNH₂）

FAD 或 FMN 与酶蛋白部分通过非共价键相连，但结合牢固，因此氧化与还原（即电子的失与得）都在同一个酶蛋白上进行，故黄素核苷酸的氧化还原电位取决于和它们结合的蛋白质，所以有关的标准还原电位是指特定的黄素蛋白，而不是游离的 FMN 或 FAD；在电子转移反应中它们只是在黄素蛋白的活性中心部分，而其本身不能作为代谢物或产物，这和 NAD^+ 不同，NAD^+ 与酶蛋白结合疏松，当与某酶蛋白结合时可以从代谢物接受氢，而被还原为 $NADH + H^+$，后者可以游离，再与另一种酶蛋白结合，释放氢后又被氧化为 NAD^+。

多数黄素蛋白参与呼吸链组成，与电子转移有关，如 NADH 脱氢酶（NADH dehydrogenase）以 FMN 为辅基，是呼吸链的组分之一，介于 NADH 与其他电子传递体之间；琥珀酸脱氢酶、线粒体内的甘油磷酸脱氢酶（glycerol phosphate dehydrogenase）的辅基为 FAD，它们可直接从代谢物转移还原当量 $H^+ + e^-$（reducing equivalent）到呼吸链。此外，脂酰 CoA 脱氢酶与琥珀酸脱氢酶相似，也属于 FAD 为辅基的黄素蛋白类，也能将还原当量从代谢物传递进入呼吸链，但中间尚需另一电子传递体［称为电子转移黄素蛋白（electron transferring flavoprotein, ETFP），辅基为 FAD］参与才能完成。

3. 铁硫蛋白

铁硫蛋白又称为铁硫中心，其特点是蛋白质含铁原子。铁与无机硫原子或蛋白质肽链上半胱氨酸残基的硫相结合。常见的铁硫蛋白有三种组合方式：①单个铁原子与 4 个半胱氨酸残基上的巯基硫相连；②2 个铁原子、2 个无机硫原子组成（2Fe-2S），其中每个铁原子还各与 2 个半胱氨酸残基的巯基硫相结合；③由 4 个铁原子与 4 个无机硫原子相连（4Fe-4S），铁与硫相间排列在一个正六面体的 8 个顶角端；此外 4 个铁原子还各与一个半胱氨酸残基上的巯基硫相连。

铁硫蛋白中的铁可以呈二价（还原型），也可呈三价（氧化型），由于铁的氧化、还原而达到传递电子作用。在呼吸链中它多与黄素蛋白或细胞色素 b 结合存在。

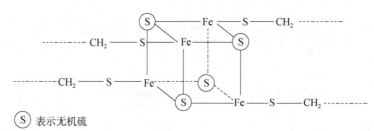

Ⓢ 表示无机硫

铁硫蛋白中 4Fe-4S 的结构

4. 泛醌

泛醌（UQ 或 Q）也称为辅酶 Q（coenzyme Q），为一脂溶性苯醌，带有一条很长的侧链，是由多个异戊二烯（isoprene）单位构成的。不同来源的泛醌，其异戊二烯单位的数目不同，在哺乳类动物组织中最多见的泛醌的侧链由 10 个异戊二烯单位组成。

泛醌接受一个电子和一个质子还原成半醌，再接受一个电子和一个质子则还原成二氢泛醌，后者又可脱去电子和质子而被氧化恢复为泛醌。

5. 细胞色素体系

1926 年，Keilin 首次使用分光镜观察昆虫飞翔肌振动时，发现有特殊的吸收光谱，因此把细胞内的吸光物质定名为细胞色素。细胞色素是一类含有铁卟啉辅基的色蛋白，属于递电子体。线粒体内膜中有细胞色素 b、细胞色素 c_1、细胞色素 c、细胞色素 aa_3，肝脏、肾脏等组织的微粒体中有细胞色素 P_{450}。细胞色素 b、细胞色素 c_1、细胞色素 c 为红色细胞素，细胞色素 aa_3 为绿色细胞素。不同的细胞色素具有不同的吸收光谱，其酶蛋白结构不同，辅基的结构也有一些差异。

细胞色素 c 为一外周蛋白，位于线粒体内膜的外侧。细胞色素 c 比较容易分离提纯，其结构已清楚。哺乳动物的细胞色素 c 由 104 个氨基酸残基组成，并从进化的角度做了许多研究。

细胞色素 c 的辅基血红素（亚铁原卟啉）通过共价键（硫醚键）与酶蛋白相连，其余各种细胞色素中辅基与酶蛋白均通过非共价键结合。细胞色素 aa_3 可将电子直接传递给氧，因此又称为细胞色素氧化酶。

铁卟啉辅基所含的 Fe 可有 $Fe^{2+} \rightarrow Fe^{3+} + e^-$ 的互变，因此起到传递电子的作用。铁原子可以和酶蛋白及卟啉环形成 6 个配位键。细胞色素 aa_3 和细胞色素 P_{450} 辅基中的铁原子只形成 5 个配位键，还能与氧再形成一个配位键，将电子直接传递给氧，也可与 CO、氰化物、H_2S 或叠氮化合物形成一个配位键。细胞色素 aa_3 与氰化物结合就阻断了整个呼吸链的电子传递，引起氰化物中毒。

二、呼吸链的复合体及排列顺序

在真核细胞的线粒体中，呼吸链由若干递氢体或递电子体按一定顺序排列组成。这些递氢体或递电子体往往以复合体的形式存在于线粒体内膜上。整个电子传递链主要由 4 个蛋白质复合体依次传递电子来合成 ATP。用脱氧胆酸等反复处理线粒体内膜，可将呼吸链分离并得到 4 种仍具有传递电子功能的酶复合体（complex），其中复合体 Ⅰ、Ⅲ、Ⅳ 完全镶嵌在线粒体内膜中，复合体 Ⅱ 镶嵌在内膜的内侧。

呼吸链中各种电子传递体按一定顺序排列，目前普遍接受的呼吸链排列顺序如图 7-2 所示。

细胞色素 c 辅基与蛋白质的共价连接

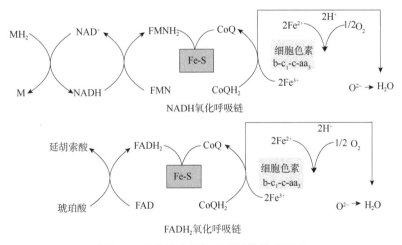

NADH氧化呼吸链

FADH₂氧化呼吸链

图 7-2　线粒体内两条呼吸链的排列顺序

（一）复合体的组成

1. 复合体 Ⅰ：NADH-泛醌还原酶

复合体 Ⅰ 包括呼吸链中 NAD^+ 到泛醌间的组分，又称为 NADH 脱氢酶复合体（NADH dehydrogenase complex），为一巨大的黄素蛋白复合物，包括至少 34 个多肽链，其中有黄素蛋白（以 FMN 为辅基）及铁硫蛋白。整个复合体嵌在线粒体内膜上，其 NADH 结合面朝向线粒体基质，这样就能与基质内经脱氢酶催化产生的 $NADH+H^+$ 相互作用。$NADH+H^+$ 脱下的氢经复合体 Ⅰ 中 FMN、铁硫蛋白等传递给泛醌（UQ），与此同时伴有质子从线粒体基质转移至线粒体外（膜间隙）。

2. 复合体Ⅱ：琥珀酸-泛醌还原酶

复合体Ⅱ介于代谢物琥珀酸到泛醌之间，即琥珀酸脱氢酶，它是三羧酸循环中唯一的膜结合蛋白质，至少含有4种不同的蛋白质，其中一种蛋白质通过共价结合一个FAD和一个铁硫蛋白（以4Fe-4S为主），还原当量（2H）从琥珀酸到FAD，然后经铁硫蛋白传递至UQ。

UQ为脂溶性，分子较小且不与任何蛋白质结合，在线粒体内膜呼吸链不同组分间可以穿梭游动传递电子。UQ接受复合体Ⅰ或复合体Ⅱ的氢后将质子（H^+）释放入线粒体基质中，将电子传递给复合体Ⅲ。

3. 复合体Ⅲ：泛醌-细胞色素c还原酶

复合体Ⅲ主要包括UQ到细胞色素c间的呼吸链组分，也称为细胞色素b-细胞色素c_1复合体，或泛醌-细胞色素c氧化还原酶（ubiquinone$_1$ cytochrome c oxido-reductase），含细胞色素b（Cytb$_{562}$、Cytb$_{566}$）、细胞色素c_1、铁硫蛋白及其他多种蛋白质。复合体Ⅲ在UQ和细胞色素c之间传递电子，与此同时伴有质子从线粒体基质转移至线粒体外。

细胞色素c分子质量较小，与线粒体内膜结合疏松，是除UQ外另一个可在线粒体内膜外侧移动的递电子体，有利于将电子从复合体Ⅲ传递到复合体Ⅳ。

4. 复合体Ⅳ：细胞色素c氧化酶

复合体Ⅳ也称为细胞色素氧化酶，包括细胞色素a及细胞色素a_3，电子从细胞色素c通过复合体Ⅳ到氧，同时引起质子从线粒体基质向膜间隙移动。

代谢物氧化后脱下的质子及电子通过以上4个呼吸链复合体的传递顺序为：从复合体Ⅰ或复合体Ⅱ开始，经UQ到复合体Ⅲ，到Cytc再到复合体Ⅳ，然后复合Ⅳ从还原型细胞色素a_3转移电子到氧（图7-3）。这样活化了的氧与质子（活化了的氢）结合生成水。电子通过复合体转移的同时伴有质子从线粒体基质侧流向线粒体外（膜间隙），从而产生质子跨膜梯度，形成跨膜电位，这样导致ATP的生成。

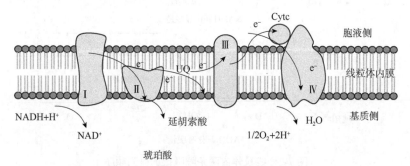

图 7-3　呼吸链4个复合体传递顺序示意图

（二）两条呼吸链的排列顺序

1. NADH 氧化呼吸链

NADH氧化呼吸链是由辅酶Ⅰ（CoⅠ），黄素蛋白、铁硫蛋白、UQ和细胞色素组成。体内多种代谢物如苹果酸、乳酸等脱下的氢，均是通过这条呼吸链传递给氧生成水，NADH呼吸链是体内最常见的一条重要呼吸链，其组成及排列顺序为：$NADH+H^+$脱下的氢传递给复合体Ⅰ，然后到UQ，再到复合体Ⅲ，再到Cytc，最后经复合体Ⅳ，将电子传递给氧（图7-4）。

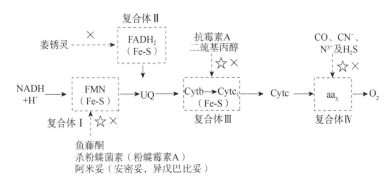

图 7-4　电子传递链抑制剂及抑制剂的作用部位

×表示呼吸链抑制作用；☆表示氧化磷酸化抑制作用

代谢物在相应脱氢酶催化下，脱下 2H，交给 NAD^+ 生成 $NADH+H^+$，后者又在 NADH 脱氢酶复合体作用下，经 FMN 传递给 UQ 生成 UQH_2。UQH_2 在复合体Ⅲ（亦称泛醌-细胞色素 c 还原酶）作用下脱下 2H（$2H^++2e^-$），其中 $2H^+$ 游离于介质中，而 $2e^-$ 则首先由 Cytb 的 Fe^{3+} 接受还原成 Fe^{2+}，并沿着 $b—c_1—c—aa_3—O_2$ 的顺序逐步传递给氧生成 O^{2-}，O^{2-} 可与游离于介质中的 $2H^+$ 结合生成水。

2. 琥珀酸氧化呼吸链（$FADH_2$ 氧化呼吸链）

$FADH_2$ 氧化呼吸链由黄素蛋白（以 FAD 为辅基）、UQ 和细胞色素组成。糖代谢中的代谢物琥珀酸脱下的氢，通过这条呼吸链传递给氧生成水。其与 NADH 氧化呼吸链的区别在于脱下的 2H 不经过 NAD^+ 这一环节，而是通过复合体Ⅱ传递给 UQ，除此之外，其氢与电子传递过程均与 NADH 氧化呼吸链相同（图 7-4）。

三、呼吸链抑制剂

能够阻断呼吸链中某一特定部位电子传递的物质称为电子传递抑制剂或呼吸链抑制剂。利用专一性电子传递抑制剂选择性地阻断呼吸链中某个传递步骤，再测定链中各组分的氧化-还原状态，是研究电子传递链顺序的重要方法。常见的呼吸链抑制剂及其抑制位点见图 7-4。

抑制剂鱼藤酮（rotenone）和安密妥（amytal）等可切断 NADH 到 UQ 之间的电子流，鱼藤酮是植物源的杀虫剂，有极强的毒性；来自淡灰链丝菌的抗霉素 A（antimycin）可切断细胞色素 b 至细胞色素 c_1 的电子流；氰化物（cyanide，CN^-）、CO（carbon monoxide）是阻断细胞色素 aa_3 至氧的电子传递抑制剂；萎锈灵（carboxin）可切断 $FADH_2$ 呼吸链中 $FADH_2$ 与 UQ 之间的电子流。

四、氧化磷酸化作用

（一）ATP 的生成

在机体能量代谢中，ATP 的生成有两种方式，即底物水平磷酸化（substrate level phosphorylation）和氧化磷酸化（oxidative phosphorylation）。其中氧化磷酸化是细胞内 ATP 生成的主要方式。

1. 底物水平磷酸化

底物水平磷酸化是指在被氧化的底物上发生的磷酸化作用，即在底物被氧化的过程中，形成了某些高能化合物，这些高能化合物放能的同时，伴有 ADP 磷酸化生成 ATP。底物水平磷酸化与呼吸链的电子传递无关。以下反应就是通过底物水平磷酸化产生 ATP 的。

$$1,3\text{-二磷酸甘油酸}+ADP+Pi \xleftrightarrow{\text{3-磷酸甘油酸激酶}} \text{3-磷酸甘油酸}+ATP$$

（高能磷酸化合物）

通过底物水平磷酸化形成 ATP 在体内所占比例很小，如 1mol 葡萄糖彻底氧化产生 30mol 或 32mol ATP 中只有 3mol 由底物水平磷酸化产生，其余 ATP 均是通过氧化磷酸化产生。

2. 氧化磷酸化

代谢物氧化脱氢经呼吸链传递给氧生成水的同时，释放能量用以使 ADP 磷酸化成为 ATP，由于是代谢物的氧化反应与 ADP 的磷酸化反应偶联发生，故称为氧化磷酸化。

$$MH_2 \longrightarrow M$$
$$2H(2H^++2e^-) \xrightarrow{\text{呼吸链}} 1/2\ O_2 \longrightarrow H_2O \quad \text{氧化}$$
$$\text{能（偶联）}$$
$$ADP+Pi \longrightarrow ATP \quad \text{磷酸化}$$

氧化磷酸化是体内生成 ATP 的主要方式，在糖、脂等氧化分解代谢过程中除少数外，几乎全通过氧化磷酸化生成 ATP。如果只有代谢物的氧化过程，而不伴随有 ADP 磷酸化的过程，则称为氧化磷酸化的解偶联（uncoupling）。

3. 呼吸链与 ATP 生成量

呼吸链结构与 ATP 生成量有重要关系。呼吸链的 4 个复合物及 ATP 合酶均嵌合在线粒体内膜上，氧化磷酸化是在线粒体进行的，线粒体的主要功能是氧化供能。NADH 呼吸链中，复合体 Ⅰ、Ⅲ、Ⅳ通过传递电子，并将质子泵出内膜，释放的能量均能转化为 ATP，而 $FADH_2$ 呼吸链中，只有复合体Ⅲ、Ⅳ释放的能量能生成 ATP，因此 NADH 呼吸链比 $FADH_2$ 呼吸链生成更多的 ATP。

P/O 值与 ATP 生成量有间接关系。P/O 值是指每消耗 1mol 氧所消耗的无机磷的物质的量。根据所消耗的无机磷的物质的量，可以间接测出 ATP 的生成量。测定离体线粒体进行物质氧化时的 P/O 值，是研究氧化磷酸化的常用方法。例如，实验测定抗坏血酸经 Cytc 氧化的 P/O 值为 0.88，即认为可形成 1mol ATP。同理，根据 NADH 呼吸链的 P/O 值确定其生成 2.5mol ATP，$FADH_2$ 呼吸链生成 1.5mol ATP。目前的看法是：每个 $NADH+H^+$ 在呼吸链传递过程中，能将 10 个 H^+ 泵出线粒体内膜，$FADH_2$ 泵出 6 个，而每驱动合成 1 分子 ATP 需要 4 个 H^+，由此推算 NADH 呼吸链生成 2.5mol ATP，$FADH_2$ 呼吸链生成 1.5mol ATP。

通过自由能的变化值可以计算 ATP 的生成量。在呼吸链中各电子对的标准氧化还原电位 E^θ 的不同，实质上就是能级的不同。自由能的变化可以从平衡常数计算，也可以由反应物、反应产物的氧化还原电位计算。氧化还原电位和自由能的关系可由下列公式计算：

$$\Delta G^\theta = -nF\Delta E^\theta$$

式中，ΔG^θ 为反应的自由能（kJ/mol）；n 为电子转移数；F 为法拉第常数，值为 96.49kJ/V；ΔE^θ 为电位差值。

根据以上公式和呼吸链中各个复合体间的电位差值，可计算从 NADH 到 UQ，从 UQ 到 Ctyc，以及从 Ctyaa₃ 到 O_2 的 ΔG^θ 值分别为 -70.44kJ/mol、-38.60kJ/mol 和 -100.35kJ/mol。每合成 1mol ATP 需能 30.54kJ/mol，这 3 个部位所产生的能量均大于 30.54kJ/mol，说明这 3 个部位均可生成 ATP。

4. 氧化磷酸化作用的机理

关于氧化与磷酸化作用的偶联，先后有 3 个学说，即化学偶联学说、构象变化学说和化学渗透学说。

化学偶联学说（chemical coupling hypothesis）是 E. Slater 于 1953 年提出，认为在电子传递中，生成高能中间物，高能中间物裂解时释放能量驱动生成 ATP，但是至今没有发现所说的高能中间物。

构象变化学说（conformational hypothesis）是 P. Boyer 于 1964 年提出，认为电子传递使线粒体内膜蛋白质分子发生了构象变化，驱动了 ATP 的生成。1994 年，J. Walke 等发表了 0.28nm 分辨率的牛心线粒体 F_1-ATP 酶的晶体结构。表明 ATP 酶（即 ATP 合酶）含有像球状把手的 F_1 头部和横跨内膜的基底部分 F_0，以及将头部和底部连接起来的柄 3 个部分。

化学渗透学说（chemiosmotic theory）是 P. Mitchell 于 1961 年创立的，目前已被普遍接受。其基本要点是电子经呼吸链传递的同时，可将质子从线粒体内膜的基质侧泵到内膜外，线粒体内膜不允许质子自由回流，因此造成膜内、外的电化学梯度，这里既有 H^+ 浓度的梯度，又有跨膜电位差，这种电化学梯度的形成可看作能量的贮存，当质子顺梯度回流时则驱动 ADP 与 Pi 合成 ATP。呼吸链各组分组成 4 个复合体排列在线粒体内膜上，其中 UQ 与 Cytc 不参与复合体组成，UQ 分子小又为脂溶性物质，可在内膜中移动，Cytc 存在于内膜外表面，复合体Ⅰ、Ⅲ、Ⅳ在传递电子过程中都能同时将 H^+ 从线粒体基质侧泵出到内膜外，故均具有质子泵（proton pump）作用，每个复合体能确切泵出的质子数还不清楚，但目前估算每对电子从 NADH 传递到氧，大约有 10 个质子从基质侧转移至内膜外（膜间隙）。线粒体内膜是不允许 H^+ 自由通透的，如此造成膜内外 H^+ 浓度跨膜梯度，内膜外 H^+ 浓度增高，pH 偏酸，而基质侧偏碱，使原有的内负外正的跨膜电位增高；储存在这种电化学梯度中的能量可以用来做功，当质子顺梯度回流到基质侧时将驱动 ATP 的合成（图 7-5）。

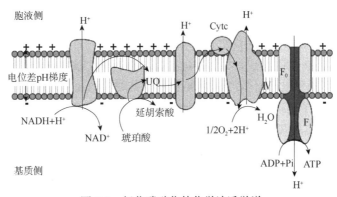

图 7-5　氧化磷酸化的化学渗透学说

氧化磷酸化主要受细胞对能量需求的调节。总的情况是 ATP 多时，ATP 的生成受抑制，ADP 增加时，ATP 的合成加快。ATP 是由位于线粒体内膜上的 ATP 合酶（ATP synthase）催化 ADP 与 Pi 合成的。ATP 合酶是一个大的膜蛋白质复合体，由两个主要组分（或称因子）构成，一个是疏水的 F_0，另一个是亲水的 F_1，又称 F_0F_1 复合体。在电子显微镜下观察线粒体时，可见到线粒体内膜基质侧有许多球状颗粒突起，这就是 ATP 合酶，其中球状的头与茎是 F_1 部分，由 $α_3$、$β_3$、$γ$、$δ$、$ε$ 等 9 条多肽亚基组成，$β$ 与 $α$ 亚基上有 ATP 结合部位；$γ$ 亚基被认为具有控制质子通过的闸门作用；$δ$ 亚基是 F_1 与膜相连所必需的，其中心部分为质子通路；$ε$ 亚基是酶的调节部分。F_0 由 3 或 4 个大小不一的亚基组成，其中有一个亚基称为寡霉素敏感蛋白质（oligomycin- sensitivity-conferring protein, OSCP），此外尚有一个蛋白脂质部分及分子质量

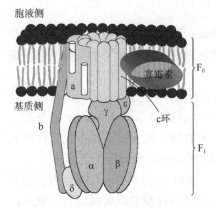

图 7-6　线粒体 ATP 合酶复合体

为 $2.8×10^4$ 的因子；F_0 主要构成质子通道（图 7-6）。

在生理情况下，通道的开关是受调控的，H^+ 只能从线粒体内膜外侧流向基质侧。目前虽对 ATP 合酶等的组成有所了解，但 H^+ 回流时能量是如何转移到 ATP 合酶及 ATP 合酶如何催化 ADP 与 Pi 转变为 ATP 还未完全阐明。

（二）胞液中 NADH 的氧化磷酸化

线粒体内生成的 $NADH+H^+$ 和 $FADH_2$ 可直接参加氧化磷酸化过程，但在胞液中生成的 $NADH+H^+$ 不能自由透过线粒体内膜，故线粒体外 $NADH+H^+$ 所携带的氢必须通过某种转运机制才能进入线粒体，然后再经呼吸链进行氧化磷酸化过程。这种转运机制主要有苹果酸-天冬氨酸穿梭作用和 α-磷酸甘油穿梭作用（详见下节）。进入线粒体后，氢再通过呼吸链传递给氧，偶联 ATP 的生成。

五、影响氧化磷酸化的因素

（一）抑制剂

氧化磷酸化抑制剂可分为三类，即呼吸链抑制剂、氧化磷酸化抑制剂和解偶联剂。

1. 呼吸链抑制剂

这类抑制剂抑制呼吸链的电子传递，也就是抑制氧化，氧化是磷酸化的基础，抑制了氧化也就抑制了磷酸化。具体见本节"三、呼吸链抑制剂"。

萎锈灵对复合体 Ⅱ 的抑制作用不会影响氧化磷酸化，因为复合体 Ⅱ 不生成 ATP（图 7-4）。

2. 氧化磷酸化抑制剂

对电子传递和 ADP 磷酸化均有抑制作用的试剂称为氧化磷酸化抑制剂，这类抑制剂抑制 ATP 的合成，抑制了磷酸化也一定会抑制氧化，如寡霉素（oligomycin）。寡霉素可与 F_0 的 OSCP 结合，阻塞氢离子通道，从而抑制 ATP 合成。二环己基碳二亚胺（dicyclohexyl carbodiimide，DCC）可与 F_0 的 DCC 结合蛋白结合，阻断 H^+ 通道，抑制 ATP 合成。栎皮酮（quercetin）直接抑制参与 ATP 合成的 ATP 酶。

3. 解偶联剂（uncoupler）

解偶联剂使氧化和磷酸化脱偶联，氧化仍可以进行，而磷酸化不能进行，解偶联剂作用的本质是增大线粒体内膜对 H^+ 的通透性，消除 H^+ 的跨膜梯度，因而无 ATP 生成，解偶联剂只影响氧化磷酸化而不干扰底物水平磷酸化，解偶联剂的作用使氧化释放出来的能量全部以热的形式散发。动物棕色脂肪组织线粒体中有独特的解偶联蛋白，使氧化磷酸化处于解偶联状态，这对于维持动物的体温十分重要。

常用的解偶联剂有 2,4-二硝基酚（dinitrophenol，DNP）、羰基-氰-对-三氟甲氧基苯肼（FCCP）、双香豆素（dicoumarin）等。过量的阿司匹林也使氧化磷酸化部分解偶联，从而使体温升高。

（二）ATP 调节作用

1. ［ATP］/［ADP］值对氧化磷酸化的直接影响

当线粒体中有充足的氧和底物供应时，氧化磷酸化就会不断进行，直至 ADP+Pi 全部合成 ATP，此时呼吸降到最低速率，若加入 ADP，耗氧量会突然增加，这说明 ADP 控制着氧化磷酸化的速率，人们将 ADP 的这种作用称为呼吸受体控制（respiratory receptors control）。

机体消耗能量增加时，ATP 分解生成 ADP，ATP 出线粒体增多，ADP 进线粒体增多，线粒体内［ATP］/［ADP］值降低，使氧化磷酸化速率加快，ADP+Pi 接收能量生成 ATP。机体消耗能量少时，线粒体内［ATP］/［ADP］值升高，线粒体内 ADP 浓度降低就会使氧化磷酸化速率减慢。

2.［ATP］/［ADP］值的间接影响

［ATP］/［ADP］值升高时，氧化磷酸化速率减慢，导致 $NADH+H^+$ 氧化速率减慢，$NADH+H^+$ 浓度增大，从而抑制了丙酮酸脱氢酶系、异柠檬酸脱氢酶、α-酮戊二酸脱氢酶系和柠檬酸合成酶活性，使糖的氧化分解和 TCA 循环的速率减慢（详见糖代谢一章）。

3.［ATP］/［ADP］值对关键酶的直接影响

［ATP］/［ADP］值升高会抑制体内的许多关键酶，如变构抑制磷酸果糖激酶、丙酮酸激酶和异柠檬酸脱氢酶，还能抑制丙酮酸脱氢酶系、α-酮戊二酸脱氢酶系，通过直接反馈作用抑制糖的分解和 TCA 循环（详见糖代谢一章）。

（三）甲状腺激素

甲状腺激素可活化许多组织细胞膜上的 Na^+-K^+-ATP 酶，使 ATP 加速分解为 ADP 和 Pi，ADP 进入线粒体数量增多，促进氧化磷酸化反应。ATP 的合成和分解速度均增加，导致机体耗氧量和产热量增加，基础代谢率（basal metabolic rate，BMR）增高，甲亢患者表现为多食、无力、喜冷怕热，因此也有人将甲状腺素看作调节氧化磷酸化的重要激素。

（四）线粒体 DNA 突变

线粒体 DNA 呈裸露的环状双螺旋结构，缺乏蛋白质保护和损伤修复系统，容易受到本身氧化磷酸化过程中产生氧自由基的损伤而发生突变。因此线粒体 DNA 突变可影响氧化磷酸化的功能，使 ATP 生成减少而致病。

氧化磷酸化抑制剂对光滑球拟酵母糖酵解速度的影响

有研究者对不同浓度的电子传递链抑制剂（鱼藤酮和抗霉素 A）与 F_0F_1-ATPase 抑制剂（寡霉素）对光滑球拟酵母细胞内 ATP 水平、葡萄糖消耗速度、糖酵解途径关键酶活性的影响进行了研究。

在光滑球拟酵母培养液中添加 10mg/mL 的鱼藤酮和抗霉素 A，相对于对照组，胞内 ATP 分别下降了 43% 和 27.7%，使糖酵解关键酶磷酸果糖激酶（phosphofructokinase，PFK）活性分别提高 340% 和 230%，从而导致葡萄糖消耗速度增加 360% 和 240%，丙酮酸生成速度提高了 17% 和 85%。改变细胞内 ATP 水平并不影响糖酵解途径其他关键酶的活性。

微量的寡霉素（0.05mg/L）可使胞内 ATP 含量下降 64.3%，当培养液中寡霉素浓度达到 0.4mg/L 时，细胞不能继续生长，葡萄糖的消耗速度和丙酮酸的生产速度却随着寡霉素浓度（小于 0.6mg/L）的增加而增加。表明氧化磷酸化途径中，ATPase 决定着 ATP 的生成。降低胞内 ATP 含量能显著提高 PFK 活性、葡萄糖消耗速度及丙酮酸生产速度，葡萄糖消耗速度的增加是糖酵解途径中关键酶 PFK 活性和 PK（丙酮酸激酶）活性增加所导致的。

六、线粒体的穿梭系统

1. α-磷酸甘油穿梭（glycerol-α-phosphate shuttle）

线粒体外的 NADH+H$^+$在胞液中的磷酸甘油脱氢酶催化下，使磷酸二羟丙酮还原成 α-磷酸甘油，后者进入线粒体，再经位于线粒体内膜近外侧部的磷酸甘油脱氢酶催化氧化生成磷酸二羟丙酮和 FADH$_2$。磷酸二羟丙酮可穿出线粒体至胞液，继续穿梭作用。FADH$_2$ 则进入FADH$_2$呼吸链，生成 1.5 分子 ATP。此种穿梭机制主要存在于脑及骨骼肌中，因此在这些组织中糖酵解过程中 3-磷酸甘油醛脱氢产生的 NADH+H$^+$可通过 α-磷酸甘油穿梭进入线粒体，故 1 分子葡萄糖彻底氧化可生成 30 分子 ATP。

2. 苹果酸-天冬氨酸穿梭（malate-aspartate shuttle）

胞液中的 NADH+H$^+$在苹果酸脱氢酶的作用下，使草酰乙酸还原为苹果酸，后者可通过线粒体内膜上的载体进入线粒体，又在线粒体内苹果酸脱氢酶的作用下重新生成草酰乙酸和NADH+H$^+$。NADH+H$^+$进入 NADH 呼吸链，生成 2.5 分子 ATP。

线粒体内生成的草酰乙酸经谷草转氨酶（GOT，又称天冬氨酸转氨酶，AST）作用生成天冬氨酸，后者方能通过线粒体内膜上的载体运出线粒体，再转变为草酰乙酸，以继续穿梭作用。此穿梭机制主要存在于肝脏和心肌等组织，故在这些组织糖酵解过程中 3-磷酸甘油醛脱氢产生的 NADH+H$^+$可通过苹果酸-天冬氨酸穿梭进入线粒体中，因此 1 分子葡萄糖彻底氧化可生成 32 分子 ATP。

七、非线粒体氧化体系

除线粒体外，细胞的微粒体和过氧化物酶体也是生物氧化的重要场所。其氧化类型与线粒体不同，组成特殊的氧化体系。其特点是在氧化过程中不伴有偶联磷酸化，不能生成ATP。

第三节　高能磷酸键的储存和利用

生物体内的化学能存在于化学键中，1 个化合物分子含有的化学能大小一般用其所含化学键能之和的大小来比较。有机体内的化学能主要存在于以共价键为主的有机化合物中。

一、高能磷酸化合物的定义

一般将水解或基团转移时释放出 20.9kJ/mol 以上自由能的化学键称为高能键，含有高能键的化合物称为高能化合物。

机体内高能化合物很多，有磷酸型和非磷酸型两大类，其中磷酸型又称为高能磷酸化合物（表 7-1），是最重要的一类。这类分子中的酸酐键水解时能释放出大量自由能，这类能释放出大量自由能的化学键称为高能键（high energy bond），为了区别于一般的化学键，常用符号"～"表示。常见的磷酸型高能化合物有：①烯醇式磷酸化合物，如磷酸烯醇式丙酮酸；②酰基磷酸化合物，如乙酰磷酸；③焦磷酸化合物，如 ATP、ADP、UTP；④胍基磷酸化合物，如磷酸肌酸。非磷酸型高能化合物主要有：①硫酯键化合物，如乙酰辅酶 A；②甲硫键化合物，如 S-腺苷甲硫氨酸/活性甲硫氨酸。

表 7-1 高能磷酸化合物的分类举例

磷氧键型			磷氮键型
酰基磷酸化合物 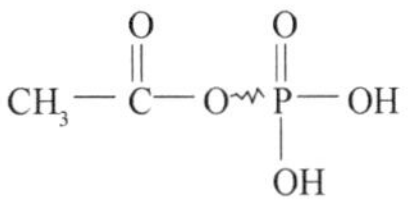	焦磷酸化合物 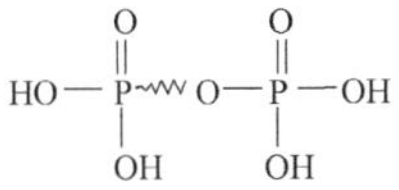	烯醇磷酸化合物 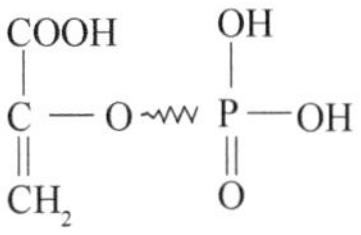	磷酸肌酸 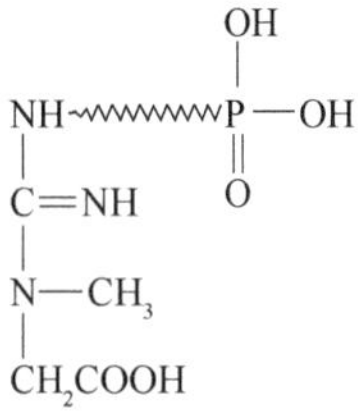

焦磷酸化合物如腺苷三磷酸（ATP）是高能磷酸化合物的典型代表。ATP 磷酸酐键水解时，释放出 30.54kJ/mol 能量，它有两个高能磷酸键，在能量转换中极为重要。酰基磷酸化合物（如 1,3-二磷酸甘油酸）及烯醇式磷酸化合物（如磷酸烯醇式丙酮酸）也属此类。

此外，脊椎动物中的磷酸肌酸和无脊椎动物中的磷酸精氨酸是 ATP 的能量储存库，作为储能物质又称为磷酸原。

二、生命体内最常见、最重要的高能磷酸化合物

（一）ATP

尽管体内存在各种类型的高能化合物，但是在能量转换过程中起到枢纽作用的却是高能磷酸化合物——腺苷三磷酸（adenosine triphosphate，ATP）。

从低等的单细胞生物到高等生物，能量的转换几乎都是以 ATP 为中心来进行的，如果把能量比喻为货币，那么 ATP 的作用就如同金融系统中的货币流通一样，所以人们通常把 ATP 看作细胞内的"能量货币"。除了 ATP 外，其他核苷三磷酸也可被直接利用。例如，UTP 可以用于多糖的合成，CTP 用于磷脂的合成，GTP 在蛋白质合成中可以直接提供能量。除此以外的其他高能化合物中的自由能一般不能直接被利用，这些高能化合物中储存的能量必须通过传递给 ADP 形成 ATP 后才能用于生命活动。所以 ATP 在能量转换中起着非常重要的中间传递体的作用。

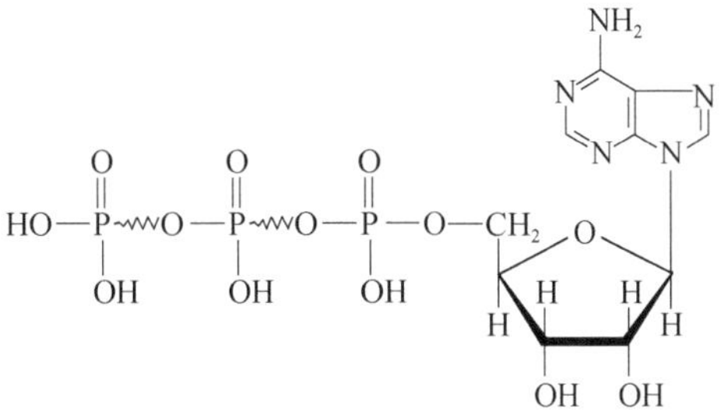

ATP

（二）磷酸肌酸及其与 ATP 的转换

ATP 是能量的传递者，并不是能量的储存者。在神经和肌肉细胞中，ATP 的含量很低，如在哺乳动物的脑和肌肉中为 3~8mmol/kg。这些 ATP 提供的能量只能供肌肉剧烈活动 1s 左右，所以不可能成为能量的储存者。在这些可兴奋组织中，真正的能量储存是以磷酸肌酸的形式。当能量供应充足时，ATP 将其中的自由能和磷酰基在磷酸肌酸激酶的作用下传递给肌酸生成磷酸肌酸。当细胞需要能量时，磷酸肌酸再把能量和磷酰基转移给 ADP 形成 ATP 供细胞利用。

$$
\begin{array}{c}
NH_2 \\
| \\
C = NH \\
| \\
N - CH_3 \\
| \\
CH_2COOH
\end{array}
\quad + \quad ATP
\quad \xrightarrow{\text{磷酸肌酸激酶}} \quad
\begin{array}{c}
 \\
NH\text{\textasciitilde\textasciitilde\textasciitilde} P - OH \\
| \qquad\quad \| \\
C = NH \quad\ O \\
| \\
N - CH_3 \\
| \\
CH_2COOH
\end{array}
\quad + \quad ADP
$$

　　　　　　　　　肌酸　　　　　　　　　　　　　　　　　　　　磷酸肌酸

　　另外，在某些无脊椎动物的肌肉中，能量的储存形式也不是 ATP，而是磷酸精氨酸，其作用和磷酸肌酸相似。

■ 关键术语表

生物氧化（biological oxidation）　　　　　　　　ATP（adenosine triphosphate）

呼吸链（respiratory chain）　　　　　　　　　　NADH 呼吸链（NADH respiratory chain）

FADH$_2$ 呼吸链（FADH$_2$ respiratory chain）　　呼吸链抑制剂（respiratory chain inhibitor）

底物水平磷酸化（substrate level phosphorylation）　氧化磷酸化（oxidative phosphorylation）

呼吸受体控制（respiratory receptor control）　　　高能化合物（energetic compound）

■ 单元小结

　　物质在生物体内进行的氧化分解反应称为生物氧化。生物氧化也是氧化作用，是在细胞内由酶所催化的氧化反应，在体温下，近中性的 pH 环境中进行；反应过程中能量是逐步释放的，有相当部分可用以合成 ATP，以供机体生理生化活动所需。

　　生物氧化过程中水是由代谢物经脱氢作用，脱下来的氢经一系列酶或辅酶的传递，最后给氧，活化的氢与活化的氧结合生成水。这一系列起传递作用的酶或辅酶等，称为递氢体或电子传递体，它们按一定顺序排列在线粒体内膜上构成呼吸链。呼吸链的组分主要有 5 类①烟酰胺脱氢酶；②黄素蛋白；③铁硫蛋白，又称为铁硫中心；④泛醌；⑤细胞色素体系。

　　呼吸链的这些组分在线粒体内膜上组合成 4 个复合体，每一复合体代表完整呼吸链的一部分，有其特定组成，具有传递电子的功能，并彼此按一定组合完成电子传递过程。

　　ATP 几乎是生物组织细胞能够直接利用的唯一能源，它是一种高能磷酸化合物。体内有两种生成 ATP 的方式：①底物水平磷酸化，是指在高能化合物放能过程的同时，伴有 ADP 磷酸化生成 ATP 的作用；②氧化磷酸化，是指代谢物氧化脱氢经呼吸链传递给氧生成水的同时，伴有 ADP 磷酸化生成 ATP 的过程。氧化磷酸化受很多因素影响，它受细胞内 ADP 浓度、［ATP］/［ADP］值及甲状腺素调控，也受某些化合物的特异抑制。ATP 是机体所需能量的直接供给者，ATP 分解放能可与体内各种吸能反应相配合，从而完成各种生理活动。

■ 复习思考习题

（扫码见习题）

第八章 糖　代　谢

糖在生命活动中的主要作用是提供能源和碳源。食物中的淀粉是机体中糖的主要来源，淀粉被消化成其基本组成单位葡萄糖后，以主动方式被吸收入血，经血液运输到各组织细胞进行合成代谢和分解代谢。人体内主要的糖类物质包括糖原和葡萄糖。糖原是体内糖的储存形式，葡萄糖是糖在血液中的运输形式。机体内糖的代谢途径主要有葡萄糖的无氧酵解、有氧氧化、磷酸戊糖途径、糖原合成与糖原分解、糖异生及其他己糖代谢等。由于葡萄糖代谢在糖代谢中占主要地位，故本章将重点介绍葡萄糖的代谢、生理意义及其调节。

第一节 概　　述

一、糖的主要生理功能

糖广泛分布于生物体内。在人体内糖主要是以葡萄糖（glucose，Glc）和糖原（glycogen，Gn）的形式存在。葡萄糖是糖在血液中的运输和供能形式，在机体糖代谢中占据主要地位；糖原是葡萄糖的多聚体，包括肝糖原、肌糖原和肾糖原等，是糖在体内的储存形式。糖在生物体中的主要生理功能是氧化供能：动物和大多数微生物（异养生物）所需的能量，主要是由糖的分解代谢提供。糖在生物体内经一系列的降解而释放能量供生命活动之需。糖类提供给人体的能量，占全部供能物质提供能量的 70%。每克葡萄糖约产生 4kcal 能量。另外，糖是生物体重要的碳源，糖类物质及其中间产物可作为生物体合成其他类型的生物分子，如氨基酸、核苷酸和脂肪酸等的碳源或碳链骨架。糖也是生物体重要的结构成分，如糖类与脂类形成的糖脂、与蛋白质形成的糖蛋白都是构成神经组织和生物膜的成分；糖的磷酸衍生物还可参与构成核苷酸、DNA 和 RNA 等；糖还参与血浆球蛋白、某些激素、酶和凝血因子等的构成，这些分子都具有许多重要的生物学功能。

二、糖的消化和吸收

食物中的糖主要是植物淀粉和动物糖原等多糖，另外包括一些二糖，如蔗糖、乳糖、麦芽糖，以及单糖，如葡萄糖、果糖等，食物中还含有大量的纤维素。多糖及二糖都必须经过酶的催化水解形成单糖才能被吸收。

纤维素是由 β-D-葡萄糖通过 β-1,4-糖苷键连接而成的长链大分子。纤维素酶能特异性地水解 β-1,4-糖苷键，最终将纤维素水解成葡萄糖。人和动物的消化系统中不能分泌出纤维素酶，所以不能直接利用纤维素作为食物。但纤维素能促进肠蠕动，起通便排毒作用。很多微生物如细菌、真菌、放线菌、原生动物都等能产生纤维素酶，反刍动物（牛、羊等）的消化道中含有某些能分泌出纤维素酶的微生物，可以帮助反刍动物对纤维素进行消化分解。

淀粉是动物的主要糖类来源，直链淀粉由 300～400 个葡萄糖残基构成，支链淀粉由上千个葡萄糖残基构成，每24～30个残基中有一个分支。唾液中含有 α-淀粉酶（最适 pH 6～7），该酶是内切酶，可催化淀粉中 α-1,4-糖苷键随机水解，产物主要是糊精和少量的麦芽糖、麦芽寡糖和葡萄糖。最适底物是含 5 个葡萄糖残基的寡糖。α-淀粉酶对淀粉的催化水解作用，与食物在口腔中被咀嚼的程度和停留的时间有关。由于食物在口腔中停留时间较短，食糜进入胃后，唾液中的 α-淀粉酶会在酸性的胃液（pH 1～2）和胃蛋白酶作用下迅速失活，因此淀粉的消化水解主要是在小肠完成。肠液中含有胰腺分泌的 α-淀粉酶，催化淀粉中 α-1,4-糖苷键水解，生成麦芽糖（葡糖-α-1,4-葡糖）、异麦芽糖（葡糖-α-1,6-葡糖）、麦芽三糖（α-1,4-三聚葡糖）、麦芽寡糖（由 4～9 个葡萄糖残基通过 α-1,4-糖苷键聚合而成）、α-极限糊精（有支链的寡糖）和少量葡萄糖。

食品与生物化学：食品工业中应用的重要的淀粉酶

α-淀粉酶：又叫作液化酶，淀粉-1,4-糊精酶，系统名称为 α-1,4-葡聚糖水解酶（E.C.3.2.1.1.）。α-淀粉酶是淀粉内切酶，可以随机水解淀粉（或糖原）中任何部位的 α-1,4-糖苷键，但不能水解 α-1,6-糖苷键，所以只能彻底水解直链淀粉。α-淀粉酶的水解产物是麦芽糖、麦芽三糖和 6 个以上葡萄糖分子构成的糊精。α-淀粉酶广泛分布于植物（如玉米、稻米等）、动物（如人及动物唾液、胰液中含有此酶）、微生物中，工业上 α-淀粉酶主要由枯草芽孢杆菌发酵生产。细菌 α-淀粉酶耐高温，但不耐酸，该酶作用于黏稠的淀粉糊时，能使黏度迅速下降，成稀溶液状态，工业上称为"液化"，常用于淀粉原料的液化处理，是淀粉酶法水解的先导酶。

β-淀粉酶：又叫作淀粉-1,4-麦芽糖苷酶，系统名称为 α-1,4-葡聚糖麦芽糖水解酶（E.C.3.2.1.2.）。β-淀粉酶作用于 α-1,4-糖苷键，是外切酶，只能从淀粉链的非还原端开始，依次两两相切进行水解。对直链淀粉来说，β-淀粉酶的作用产物全部都是麦芽糖和极少量的麦芽三糖（对第一个糖苷键不起作用，从第二个开始，切到最后剩下三个就不再切，以麦芽糖的形式存在）。β-淀粉酶对支链淀粉不起作用，不能跨越分支点，剩下带支链的极限糊精比 α-淀粉酶作用剩下的糊精分子质量大得多。β-淀粉酶作用于支链淀粉的产物是麦芽糖和极限糊精。β-淀粉酶主要存在于高等植物和微生物中，哺乳动物中不含此酶。过去酶制剂的来源主要依赖于麦芽和甘薯等，目前可以通过芽孢杆菌属的微生物发酵获得。β-淀粉酶不耐高温，但耐酸，主要用于饴糖、高麦芽糖浆等淀粉糖的生产。啤酒酿造工艺中常采用大麦芽的 β-淀粉酶用于淀粉糖化，目前新发展起来的微生物 β-淀粉酶制剂也常用于啤酒酿造中的淀粉糖化。

糖化酶：又叫作葡萄糖淀粉酶，系统名称为 α-1,4-葡聚糖葡萄糖水解酶（E.C.3.2.1.3.）。它是一种外切酶，能够将淀粉链端基葡萄糖水解下来。最终可以将淀粉完全水解成葡萄糖。该类酶普遍分布于各类生物，目前工业用糖化酶主要由霉菌发酵生产。糖化酶主要作为淀粉糖化剂与 α-淀粉酶结合使用，在酒精和白酒发酵生产中提高糖化率和酒精出率，生产低糖干啤酒等。

异淀粉酶：又叫作脱枝酶，系统名称为葡聚糖-6-葡聚糖水解酶（E.C.3.2.1.68）。异淀粉酶只水解糖原或支链淀粉分支点的 α-1,6-糖苷键，切下整个侧枝，形成长短不一的直链淀粉。异淀粉酶广泛存在于动植物和微生物中，如大米、马铃薯、麦芽和甜玉米等植物中广泛分布，在高等动物的肝脏、肌肉中也有类似于异淀粉酶的分解 α-1,6-糖苷键的酶存在。目前工业用异淀粉酶制剂主要由微生物发酵生产。异淀粉酶单独使用，主要用于生产直链淀粉，与其他淀粉酶配合使用，可在淀粉糖制造，酒精生产中提高出酒率，降低残糖量。

在小肠黏膜刷状缘上，含有使 α-极限糊精的 α-1,4-糖苷键和 α-1,6-糖苷键水解的 α-糊精酶，将 α-糊精水解成葡萄糖；刷状缘上还有麦芽糖酶、α-葡糖酐酶和异麦芽糖酶，麦芽糖酶可将麦芽三糖及麦芽糖水解为葡萄糖，α-葡糖酐酶可将麦芽三糖和麦芽寡糖水解为葡萄糖，异麦芽糖酶可将异麦芽糖水解为葡萄糖。

小肠黏膜刷状缘还存在蔗糖酶和乳糖酶等，蔗糖酶将蔗糖水解成葡萄糖和果糖，乳糖酶将乳糖水解成葡萄糖和半乳糖。糖被消化成单糖后才能在小肠中被吸收，不能消化的二糖、寡糖及多糖不能被吸收，由肠细菌分解，以 CO_2、甲烷、酸及 H_2 的形式放出或参加代谢。单糖的主要吸收部位是小肠上段。单糖首先进入肠黏膜上皮细胞，再进入小肠壁的毛细血管，通过门静脉进入肝脏，最后通过大循环运送到全身各个器官。在吸收过程中也可能有少量单糖经淋巴系统而进入大循环。单糖的吸收过程不是被动扩散吸收，而是一种耗能的主动吸收，如葡萄糖被小肠上皮细胞摄取就是一个依赖 Na^+ 的耗能的主动转运过程，有特定的载体参与。在小肠上皮细胞刷状缘侧细胞膜上，有一特异的 Na^+ 依赖性葡萄糖同向转运体（Na^+-dependent unidirectional glucose transporter）。该转运体上存在 Na^+ 和葡萄糖的结合部位，可与 Na^+ 和葡萄糖结合。当 Na^+ 顺浓度梯度由肠腔进入上皮细胞时，将葡萄糖一起带入细胞内。当小肠上皮细胞内的葡萄糖浓度增高到一定程度，葡萄糖将通过位于小肠上皮细胞基底面的葡萄糖转运体（glucose transporter）顺浓度梯度被动扩散到血液中。小肠上皮细胞内过多的 Na^+ 通过钠钾泵（Na^+,K^+-ATPase）利用 ATP 提供能量，从小肠上皮细胞的基底侧被泵出小肠上皮细胞外，进入血液，从而降低小肠上皮细胞内 Na^+ 浓度，维持刷状缘两侧 Na^+ 的浓度梯度，使葡萄糖能不断地被转运。进入血液的葡萄糖经门静脉入肝脏。上述葡萄糖的吸收是一种间接耗能的主动运输过程。当肠腔中葡萄糖浓度高于小肠黏膜细胞内浓度时，葡萄糖还可通过促进运输（facilitated transport，也称为易化运输）方式吸收入血。

食品与生物化学：乳糖不耐受症

乳糖不耐受症（lactose intolerance）是多发于亚洲地区的一种先天的遗传性疾病，一些成年人由于缺乏乳糖酶（lactase）导致乳糖消化不良或乳糖吸收不良。他们在饮用牛奶后，由于牛奶中的乳糖不能在肠道中消化水解、吸收而在肠中积聚，经肠道细菌发酵分解乳糖的过程中会产生短链有机酸（如丁酸、乳酸等）和大量气体（如 CH_4、H_2 等），从而出现肠鸣、肠痉挛、腹泻等症状，还会导致婴幼儿佝偻病、中老年骨质疏松和骨质软化等多种疾病。酸奶中因为含有乳酸菌分泌的乳糖酶，另外酸奶发酵过程中已经分解了一部分乳糖，因此可饮用酸奶防止其发生。近年来食品工业中采用固定化酶技术，将鲜乳通过固定有乳糖酶的介质分解掉其中的乳糖，可以生产出低乳糖乳制品，满足乳糖不耐受者的需要。

三、糖代谢的概况

食物中的糖类物质是机体中糖的主要来源。食物中的糖类物质经肠道消化为葡萄糖、果糖、半乳糖等单糖后吸收入血，经血液运输到各组织细胞中进行合成代谢和分解代谢。血液中的葡萄糖称为血糖。正常人空腹血糖浓度为 70～110mg/dL。消化后吸收的单糖经门静脉入肝脏，一部分以肝糖原的形式贮存；另一部分经肝静脉进入血液循环，输送到全身各组织中分别进行合成与分解代谢。机体内糖的代谢途径主要包括糖的无氧酵解、有氧氧化、磷酸戊糖途径、糖原合成与糖原分解、糖异生等。下文重点介绍这 5 种代谢途径，包括其生理意义及其调节。最后介绍葡萄糖在机体中血糖浓度动态平衡的维持。

第二节　糖的无氧酵解

糖酵解（glycolysis）是指葡萄糖在无氧条件下，在胞液中经过一系列酶促反应最终生成丙酮酸并产生少量 ATP 和 NADH+H$^+$的过程。糖酵解也称为无氧氧化或无氧酵解。由于埃姆登（Gustav Embden）、迈耶霍夫（Otto Fritz Meyerhof）和帕娜斯（Jakub Karol Parnas）等对此途径的发现贡献最大，糖酵解又称为 Embden Meyerhof Parnas 途径（简称 EMP 途径）。该途径是绝大多数生物所共有的一条主流代谢途径。1 分子葡萄糖转化为 2 分子丙酮酸，同时净生成 2 分子 ATP 和 2 分子 NADH+H$^+$。

无氧条件下，胞液内葡萄糖经无氧酵解生成的丙酮酸将不进入线粒体，而由乳酸脱氢酶在不消耗氧条件下催化生成乳酸。该过程与酵母使糖转变成乙醇的发酵过程非常相似。目前人们一般将葡萄糖在胞液内生成丙酮酸或乳酸的过程均称为糖酵解。

一、糖酵解途径的反应过程

糖酵解反应的底物，可以是游离状态的葡萄糖，也可以是糖原分子分解的葡萄糖单位。以葡萄糖为起始物时，糖酵解途径从葡萄糖到丙酮酸需经过 10 步反应；以糖原为起始物时，需经过 11 步反应。从葡萄糖到丙酮酸的整个糖酵解途径可以人为地分成两个阶段。

第一阶段：准备阶段（preparatory phase），由前 5 步反应构成。

反应 1：葡萄糖磷酸化为 6-磷酸葡萄糖（glucose-6-phosphate，G-6-P）。

$$\Delta G''^0 = -16.7 \text{kJ/mol}$$

己糖激酶（hexokinase）或葡糖激酶（glucokinase）催化葡萄糖生成 G-6-P，ATP 提供磷酸基团，Mg^{2+}作为激活剂。所谓激酶是催化高能磷酸基在 ATP 与其他物质间相互转移的酶，此酶属转移酶类。这个反应的 $\Delta G'^0 = -16.7 \text{kJ/mol}$，基本是一个不可逆的反应。己糖激酶是糖酵解过程中的第一个关键酶和调节点。

葡萄糖磷酸化反应的意义在于：①磷酸化后的 G-6-P 极性增高，不能自由进出细胞膜，因而葡萄糖磷酸化后不易逸出细胞外，反应被限制在细胞质基质中进行；②从 ATP 中释放出的能量储存到了 G-6-P 中，葡萄糖分子磷酸化成了容易反应的活化形式，降低了酶促反应的活化能。G-6-P 是一个重要的中间代谢产物，是许多糖代谢途径（无氧酵解、有氧氧化、磷酸戊糖途径、糖原合成、糖原分解）的连接点（图 8-1）。

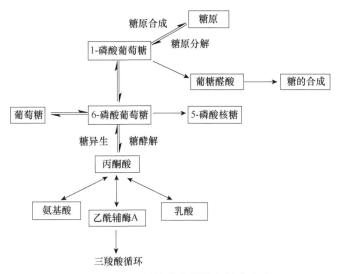

图 8-1 G-6-P 是许多代谢途径的分支点

己糖激酶广泛存在于各组织中，K_m 为 0.1mmol/L，相对较小，对葡萄糖的亲和力高，在血糖达到一定浓度后，活性就能达到最高。哺乳动物中已发现 4 种己糖激酶的同工酶（Ⅰ～Ⅳ型）。Ⅳ型酶只存在于肝中，对葡萄糖有高度专一性，又称为葡糖激酶（glucokinase），其对葡萄糖的 K_m 为 10mmol/L，K_m 相对较大，对葡萄糖的亲和力低，这种特性的存在，使葡糖激酶催化的酶促反应只有在餐后过量的葡萄糖进入肝后才加强,进一步生成糖原储存于肝中,这在维持血糖浓度恒定的过程中发挥了重要作用。

如果从糖原开始进入糖酵解途径，糖原首先在糖原磷酸化酶的作用下生成 1-磷酸葡萄糖（G-1-P），G-1-P 再变位成为 G-6-P。

反应 2：G-6-P 生成 6-磷酸果糖（fructose-6-phosphate，F-6-P）。

此反应是在磷酸己糖异构酶（phosphohexose isomerase）催化下进行的醛-酮异构反应。反应达到平衡时 G-6-P 和 F-6-P 分别占 68%和 32%。

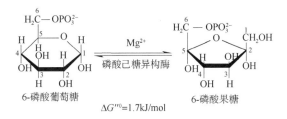

反应 3：F-6-P 生成 1,6-二磷酸果糖（fructose-l,6-bisphosphate，F-1,6-BP）。

催化此反应的酶是 6-磷酸果糖激酶 1（6-phosphofructokinase-1，PFK-1），这是糖酵解途径的第二次磷酸化反应，需要 ATP 与 Mg^{2+} 参与，$\Delta G''^0$=-14.2kJ/mol，反应不可逆。

PFK-1 是糖酵解过程中的第 2 个关键酶和调节点，是糖酵解过程中最主要的限速酶，可形象地把它比作整个糖酵解途径的阀门（valve）。

6-磷酸果糖　　6-磷酸果糖激酶（PFK-1）　　1,6-二磷酸果糖

$\Delta G''^0 = -14.2\text{kJ/mol}$

反应4：1分子磷酸己糖裂解为2分子磷酸丙糖。

F-1,6-BP 裂解（lysis）为 3-磷酸甘油醛（glyceraldehyde-3-phosphate）和磷酸二羟丙酮（dihydroxyacetone phosphate），此反应由醛缩酶（aldolase）催化。糖酵解（glycolysis）的名称由此而来。$\Delta G''^0 = 23.8\text{kJ/mol}$，反应可逆。

1,6-二磷酸果糖　　醛缩酶　　磷酸二羟丙酮　　3-磷酸甘油醛

$\Delta G''^0 = 23.8\text{kJ/mol}$

反应5：磷酸二羟丙酮异构为3-磷酸甘油醛。

3-磷酸甘油醛和磷酸二羟丙酮互为异构体，在磷酸丙糖异构酶（triose phosphate isomerase，TPI）催化下可互相转变。由于在酵解过程中3-磷酸甘油醛要继续代谢下去，因此反应就向生成3-磷酸甘油醛的方向移动，磷酸二羟丙酮可不断转变为3-磷酸甘油醛。因此，我们可以理解为1分子1,6-二磷酸果糖分解成了2分子3-磷酸甘油醛。

磷酸二羟丙酮　　磷酸丙糖异构酶（TPI）　　3-磷酸甘油醛

$\Delta G''^0 = 7.5\text{kJ/mol}$

至此，糖酵解完成了整个代谢的第一个阶段。该阶段的主要特点：一是葡萄糖的磷酸化，并伴随着能量的消耗；二是1个六碳糖裂解为2个三碳糖。糖酵解若从葡萄糖开始磷酸解，则每生成1分子1,6-二磷酸果糖消耗2分子ATP；若从糖原开始磷酸解，则每生成1分子1,6-二磷酸果糖消耗1分子ATP。

第二阶段：产能阶段（payoff phase），由后5步反应构成。

反应6：3-磷酸甘油醛脱氢氧化成为1,3-二磷酸甘油酸。

此反应由3-磷酸甘油醛脱氢酶（glyceraldehyde-3-phosphate dehydrogenase，G3PDH）催化脱氢、磷酸化，其辅酶为 NAD^+，反应脱下的氢交给 NAD^+ 形成 $NADH+H^+$。磷酸化所需的磷酸基团供体来自于细胞质基质中的无机磷酸。反应时释放的能量储存在所生成的 1,3-二磷酸甘油酸（1,3-bisphosphoglycerate）1-位的羧酸与磷酸构成的混合酸酐内，接下来此高能磷酸基团可将能量转移给 ADP 形成 ATP。

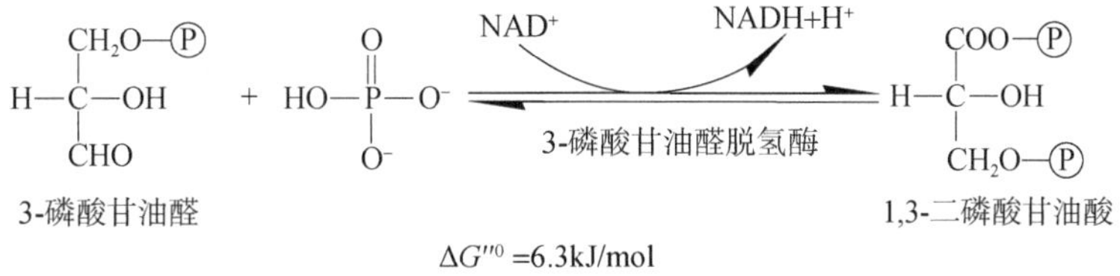

3-磷酸甘油醛 1,3-二磷酸甘油酸

$\Delta G''^0 = 6.3kJ/mol$

反应 7：1,3-二磷酸甘油酸转变为 3-磷酸甘油酸。

此反应由磷酸甘油酸激酶（phosphoglycerate kinase）催化，产生 1 分子 ATP，这是无氧酵解过程中第一次生成 ATP。ATP 的产生方式是底物水平磷酸化（substrate level phosphorylation），能量是由底物 1,3-二磷酸甘油酸中的高能磷酸基团直接转移给 ADP 形成 ATP。由于 1 分子葡萄糖产生 2 分子 1,3-二磷酸甘油酸，所以在这一过程中，1 分子葡萄糖可产生 2 分子 ATP。

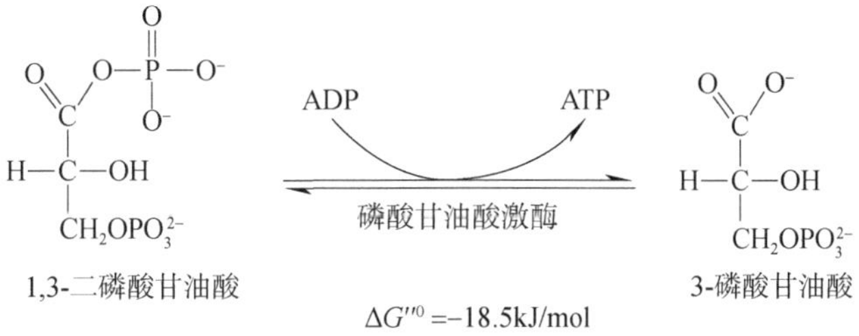

1,3-二磷酸甘油酸 磷酸甘油酸激酶 3-磷酸甘油酸

$\Delta G''^0 = -18.5kJ/mol$

反应 8：3-磷酸甘油酸转变成 2-磷酸甘油酸。

此反应由磷酸甘油酸变位酶（phosphoglycerate mutase）催化的磷酸基团在 3-位与 2-位间相互转换的可逆反应。

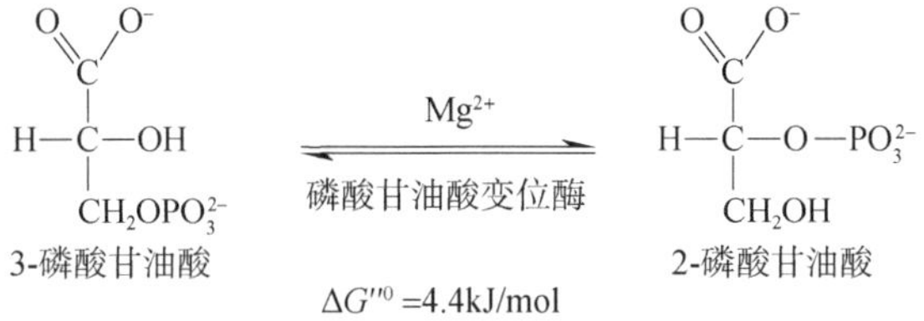

3-磷酸甘油酸 磷酸甘油酸变位酶 2-磷酸甘油酸

$\Delta G''^0 = 4.4kJ/mol$

反应 9：2-磷酸甘油酸脱水生成磷酸烯醇式丙酮酸。

此反应是由烯醇化酶（enolase）催化的脱水反应，Mg^{2+} 作为激活剂。脱水反应过程中，通过分子内部能量的重新分配，形成了糖酵解反应中第二个含有高能磷酸基团的底物——磷酸烯醇式丙酮酸（phosphoenolpyruvate，PEP）。

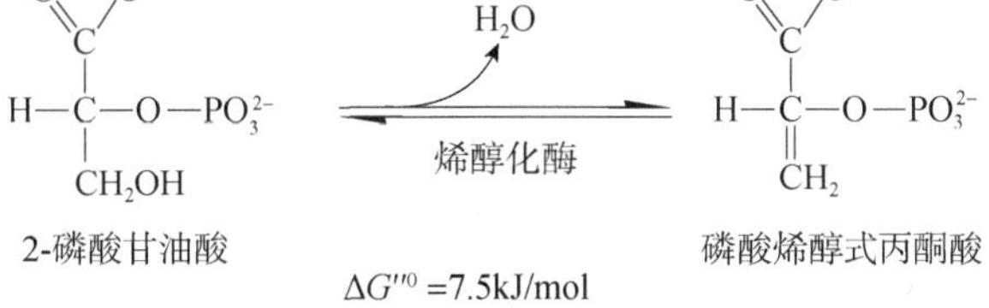

2-磷酸甘油酸 烯醇化酶 磷酸烯醇式丙酮酸

$\Delta G''^0 = 7.5kJ/mol$

反应 10：磷酸烯醇式丙酮酸转变为丙酮酸。

此反应由丙酮酸激酶（pyruvate kinase，PK）催化，Mg^{2+} 作为激活剂，产生 1 分子 ATP，$\Delta G''^0 = -31.4kJ/mol$。该反应是无氧酵解过程第二次生成 ATP，产生方式也是底物水平磷酸化。

在生理条件下，此反应不可逆。丙酮酸激酶是无氧酵解过程中的第 3 个关键酶及调节点。由于是 1 分子葡萄糖产生 2 分子丙酮酸，因此在这一过程中，1 分子葡萄糖可产生 2 分子 ATP。

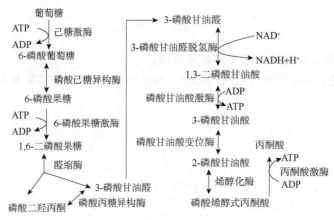

$$\Delta G''^0 = -31.4 \text{kJ/mol}$$

至此，糖酵解完成了代谢的第二个阶段，产能是该阶段的主要特点。无氧酵解过程的能量产生主要在 3-磷酸甘油醛脱氢成为 1,3-二磷酸甘油酸（第 6 步，产生了 2 分子 $NADH+H^+$），1,3-二磷酸甘油酸转变为 3-磷酸甘油酸（第 7 步，产生 2 分子 ATP），以及磷酸烯醇式丙酮酸转变为丙酮酸（第 10 步，产生 2 分子 ATP）过程中。

糖酵解的总反应式为

葡萄糖$+2ATP+2NAD^++4ADP+2Pi \longrightarrow 2$ 丙酮酸$+2ADP+2NADH+2H^++4ATP+2H_2O$

10 步反应总结如下（图 8-2）。

图 8-2　糖酵解的 10 步反应

二、丙酮酸的去路

葡萄糖的分解过程，无论是需氧的还是厌氧的，总是要通过上述 10 步顺序反应将葡萄糖转变成丙酮酸并同时生成 ATP。无疑，在所有能量代谢中这 10 步反应是一切有机体中都存在的葡萄糖降解途径。糖酵解是自然界从有机化合物获得化学能最原始的方法。但是在不同的生物体内，或在不同的生理条件下，糖酵解的产物——丙酮酸继续分解的代谢途径就开始分叉，丙酮酸的去路有以下 3 条。

（1）在需氧的生物中，糖酵解是柠檬酸循环（也称为三羧酸循环）及氧化磷酸化的序曲，通过电子传递链进行的氧化磷酸化可以从葡萄糖中获得大部分的能量。在有氧的条件下，丙酮酸进入线粒体，脱羧形成乙酰辅酶 A，经三羧酸循环和氧化磷酸化被彻底氧化成 CO_2 和 H_2O，这是糖类彻底氧化的主要途径。糖酵解第 6 步 3-磷酸甘油醛脱氢产生的 $NADH+H^+$ 也从细胞质基质中通过穿梭系统进入线粒体经电子传递链传递给氧生成水，同时释放出能量，$NADH+H^+$ 被氧化成 NAD^+ 进入细胞质基质中继续作为 3-磷酸甘油醛脱氢酶的辅酶。

（2）在需氧的生物中，如果氧气不足，如强烈收缩的肌肉，则丙酮酸被还原成乳酸，该过程称为乳酸发酵（lactate fermentation）。在乳酸杆菌和一些微生物中，也可以发生这个反应。此反应由乳酸脱氢酶催化，通过将丙酮酸还原为乳酸使 NADH+H$^+$重新氧化为 NAD$^+$，NAD$^+$可以再作为 3-磷酸甘油醛脱氢酶（G3PDH）的辅酶。因此，NAD$^+$来回穿梭，起着递氢作用，丙酮酸还原为乳酸使无氧酵解过程持续进行（图 8-3）。剧烈运动后肌肉酸胀就是乳酸积累过多产生的。

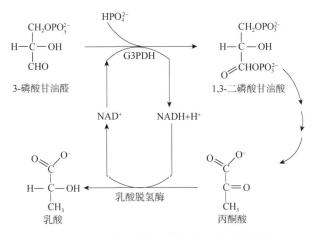

图 8-3 丙酮酸还原为乳酸使无氧酵解持续进行

（3）在有些微生物中，如酵母，丙酮酸经丙酮酸脱羧酶催化和乙醇脱氢酶催化转变成乙醇，该过程称为乙醇发酵（alcohol fermentation）。乙醇发酵分两步进行，第一步为丙酮酸的脱羧，此反应由丙酮酸脱羧酶（pyruvate decarboxylase）催化。第二步为乙醛被 NADH+H$^+$还原成乙醇，这一步由乙醇脱氢酶（alcohol dehydrogenase）催化，将乙醛还原为乙醇使 NADH+H$^+$重新氧化为 NAD$^+$，可以再作为 G3PDH 的辅酶使无氧酵解持续进行（图 8-4）。

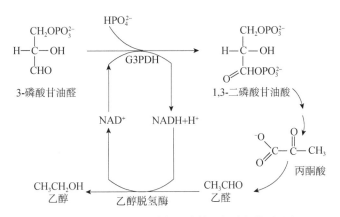

图 8-4 丙酮酸脱羧还原为乙醇使无氧酵解持续进行

三、糖酵解的调节

正常生理条件下，各种代谢受到严格而精确的调节，以满足机体的需要，保持内环境的稳定。这种控制主要是通过调节酶的活性来实现的。在一个代谢过程中往往催化不可逆反应的酶限制代谢反应速度，这种酶称为限速酶。糖酵解途径中有 3 个不可逆反应：分别由己糖激酶（葡糖激酶）（HK）、6-磷酸果糖激酶 1（PFK-1）和丙酮酸激酶（PK）催化的反应。它们是糖无氧酵解途径的 3 个调节点，其中 6-磷酸果糖激酶 1 是该途径中的主要调节点（表 8-1）。

表 8-1　糖酵解过程的限速酶

酶的名称	变构激活剂	变构抑制剂
己糖激酶	Mg^{2+}、Mn^{2+}	G-6-P
葡糖激酶（肝）	Mg^{2+}、Mn^{2+}	—
6-磷酸果糖激酶 1（PFK-1）	Mg^{2+}、AMP、ADP、F-2,6-BP	ATP，柠檬酸，长链脂肪酸
丙酮酸激酶	Mg^{2+}、K^+、F-1,6-BP	ATP

1. 己糖激酶或葡糖激酶的别构调控（allosteric regulation）

骨骼肌中的己糖激酶的 K_m 相对较小（K_m=0.1mmol/L），在人体正常血糖浓度下，活性就能达到最高，它是一种别构酶，己糖激酶的变构抑制剂是自身的反应产物——6-磷酸葡糖。肝中的葡糖激酶是调节肝细胞对葡萄糖吸收的主要因素，葡糖激酶的直接调节因素是血糖浓度，由于葡糖激酶 K_m 相对较大（K_m=10mmol/L），在餐后血糖浓度升高时，过量的葡萄糖运输到肝内，肝内的葡糖激酶激活；葡糖激酶也是别构酶，活性受到 6-磷酸果糖的抑制，而不受 6-磷酸葡萄糖的抑制，这样可保证由葡萄糖经 6-磷酸葡萄糖、1-磷酸葡萄糖合成肝糖原顺利进行（见本章第五节"糖的合成代谢"中糖原合成部分）。

2. 6-磷酸果糖激酶 1 的调控

6-磷酸果糖激酶 1（PFK-1）是糖酵解途径中最重要的一个调节点，它是别构酶，由 4 个亚基组成，受 ATP 和柠檬酸的变构抑制，受 AMP、ADP、1,6-二磷酸果糖（fructose-1,6-bisphosphate，F-1,6-BP）、2,6-二磷酸果糖（F-2,6-BP）的变构激活。PFK-1 有两个 ATP 结合位点，具有高亲和力的底物结合的催化位点和低亲和力的抑制剂结合的调节位点。ATP 是该酶的底物，因此需要一定量的 ATP 才能使糖酵解进行，但高浓度 ATP 又成为该酶的变构抑制剂。在高 ATP 浓度时，PFK-1 的 4 个亚基表现出的协同效应使得 PFK-1 活性随底物 6-磷酸果糖浓度的变化呈现出 S 形曲线（sigmoid curve）。高浓度 ATP 可以减少 PFK-1 对底物 6-磷酸果糖的亲和性，进而减小 PFK-1 的活性，即细胞内 ATP 丰富，能量充足时糖酵解减弱。AMP 可以与 ATP 竞争结合变构调节位点，抵消 ATP 的抑制作用（图 8-5）。

糖酵解产物丙酮酸进一步通过三羧酸循环有氧代谢会形成柠檬酸，柠檬酸是 PFK-1 的另一个变构抑制剂，即细胞内柠檬酸丰富，能量充足时糖酵解减弱。

F-1,6-BP 是 PFK-1 的反应产物，这种产物的正反馈有利于糖的分解。

F-2,6-BP 的作用在于增强 PFK-1 对 6-磷酸果糖的亲和力，取消 ATP 和柠檬酸的抑制作用。F-2,6-BP 尽管和 F-1,6-BP 结构相似，但 F-2,6-BP 不是 PFK-1 的产物，而是 PFK-1 最强烈的激活剂和最重要的调节因素。F-2,6-BP 的生成是以 6-磷酸果糖（F-6-P）为底物在 6-磷酸果糖激酶 2

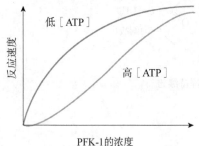

图 8-5　ATP 对 PFK-1 的别构抑制
（仿自 Nelson and Cox，2005）

（6-phosp- hofructokinase-2，PFK-2）催化下产生的。如图 8-6 所示，PFK-2 是双功能酶，包括 PFK-2 与 2,6-二磷酸果糖磷酸酶 2（fructose-2,6-bisphosphatase-2，FBPase-2）活性，它们同时存在于一条 $55×10^3$Da（55kDa）的多肽链中。PFK-2 的别构激活剂是底物 6-磷酸果糖，在糖供应充分时，6-磷酸果糖激活双功能酶中的 PFK-2 的活性，抑制 FBPase-2 活性，产生大量 F-2,6-BP。相反，在葡萄糖供应不足的情况下，胰高血糖素刺激产生 cAMP，激活 A 激酶，使双功能酶磷酸化后，双功能酶中的 PFK-2 活性抑制而 FBPase-2 活性激活，F-2,6-BP 可被 PFK-2 去磷酸而生成 6-磷酸果糖，减少 F-2,6-BP 产生。由此可见，在高浓度葡萄糖的情况下，F-2,6-BP 浓度提高，可激活 PFK-1，促进糖酵解过程进行。F-2,6-BP 在参与糖代谢调节中起着重要作用。

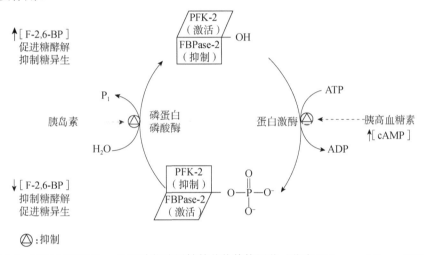

图 8-6 PFK-2 和 FBPase-2 双功能酶活性的共价修饰调节（仿自 Nelson and Cox，2005）

3．丙酮酸激酶（PK）的调控

丙酮酸激酶是糖酵解过程的第 3 个调节点，受 F-1,6-BP 的变构激活，受 ATP 的变构抑制，肝中还受到丙氨酸的变构抑制。ATP 能降低该酶对底物磷酸烯醇式丙酮酸的亲和力；乙酰辅酶 A 及游离长链脂肪酸也是该酶的抑制剂，它们都是产生 ATP 的重要物质（图 8-7）。

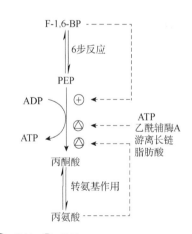

图 8-7 丙酮酸激酶活性的调节

四、糖酵解的生理意义

糖酵解最主要的生理意义在于迅速提供能量，这对肌肉收缩尤为重要。糖酵解是生物界普遍存在的供能途径，比葡萄糖进行有氧氧化的反应过程短，不需要氧参与，释放能量迅速。当机体缺氧或剧烈运动肌肉局部血流相对不足时，能量主要通过糖酵解获得。

糖酵解是少数组织细胞获得能量的唯一或主要方式。成熟红细胞由于缺乏线粒体，仅靠葡萄糖无氧分解获能。因此临床上丙酮酸激酶异常，常可导致葡萄糖酵解障碍，红细胞破坏出现溶血性贫血。睾丸、视网膜、表皮细胞、肾髓质和白细胞等在氧供应充足时也由葡萄糖无氧分解提供部分能量。肿瘤细胞葡萄糖无氧分解酶活力很强，主要靠葡萄糖无氧分解供能。

另外，在从平原进入高原初期、临床上呼吸衰竭、循环衰竭、急性大失血等情况下，由于机体不能得到充分的氧气供应，糖酵解增强。

糖酵解是糖有氧氧化的前段过程，其中一些中间代谢物是脂类、氨基酸等合成的前体。例如，糖酵解产物丙酮酸，它可以进入线粒体进行有氧氧化并提供能量，也可接受 NH_3 生成丙氨酸，还可以通过糖质新生途径生成 3-磷酸甘油酸，再生成甘油，转化成脂肪。

五、其他六碳糖进入糖酵解的方式

多糖（淀粉、糖原）主要是以磷酸解产物 1-磷酸葡萄糖形式经 6-磷酸葡萄糖进入糖酵解途径。二糖（蔗糖、麦芽糖、乳糖等）水解为相应的单糖进入糖酵解途径。除葡萄糖外，果糖、半乳糖等也可以通过不同的方式进入糖酵解途径（图 8-8）。

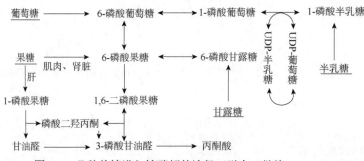

图 8-8　几种单糖进入糖酵解的途径（引自王继峰，2010）

果糖代谢：食物中的蔗糖在消化道中经蔗糖酶催化水解生成果糖和葡萄糖。果糖被吸收后在肝脏和肝外组织中代谢途径并不相同。在肝中果糖激酶的催化下，生成 1-磷酸果糖。1-磷酸果糖在醛缩酶 B 的催化下裂解为磷酸二羟丙酮和甘油醛，甘油醛经丙糖激酶催化转变成 3-磷酸甘油醛。3-磷酸甘油醛和磷酸二羟丙酮可进入葡萄糖分解或糖异生途径。在肝外如肌肉和肾脏组织中，己糖激酶也能催化果糖生成 6-磷酸果糖，但催化作用不强。

半乳糖代谢：乳汁和乳制品等中的乳糖在肠道被水解成葡萄糖和半乳糖，半乳糖在肝中可转变为 6-磷酸葡萄糖。半乳糖在半乳糖激酶的作用下生成 1-磷酸半乳糖，1-磷酸半乳糖在 1-磷酸半乳糖尿苷酰转移酶催化下，与 UDP-葡萄糖（尿苷二磷酸葡萄糖）反应生成 UDP-半乳糖（尿苷二磷酸半乳糖）和 1-磷酸葡萄糖。UDP-半乳糖在 UDP-葡萄糖 4 差向异构酶催化下转变成 UDP-葡萄糖。葡萄糖也可通过此可逆反应转变成半乳糖。UDP-半乳糖是合成乳糖、糖脂（脑苷脂类）、糖蛋白和蛋白聚糖的原料。

甘露糖代谢：甘露糖由己糖激酶催化磷酸化，生成 6-磷酸甘露糖，再由磷酸甘露糖异构酶催化生成 6-磷酸果糖，进入糖酵解途径。

第三节　糖的有氧氧化

有氧氧化（aerobic oxidation）是指六碳己糖生成丙酮酸后，在有氧条件下，丙酮酸进一步氧化脱羧生成乙酰辅酶 A，经三羧酸循环和氧化磷酸化彻底氧化成二氧化碳和水并产生 ATP 的过程。这是糖氧化的主要方式，是机体获得能量的主要途径。人体内大多数组织细胞主要利用葡萄糖有氧氧化生成的 ATP 提供其生命活动中能量的需要。每分子葡萄糖有氧氧化可净生成 32（30）分子 ATP。而在糖无氧分解时，每分子葡萄糖通过底物水平磷酸化可生成 4 分子 ATP，但由于葡萄糖磷酸化和 6-磷酸果糖磷酸化时还消耗 2 分子 ATP，因此每分子葡萄糖经无氧分解过程仅净生成 2 分子 ATP，比葡萄糖的有氧氧化产生的 ATP 少得多。

一、有氧氧化的反应过程

葡萄糖有氧氧化过程首先在细胞质基质内进行，之后丙酮酸在线粒体中进行彻底氧化。

（一）葡萄糖氧化生成丙酮酸

这一阶段和糖的无氧糖酵解过程一样，涉及的关键酶也相同，在细胞质基质中进行。

（二）丙酮酸氧化脱羧生成乙酰辅酶 A

葡萄糖通过糖酵解产生的丙酮酸，在有氧条件下，会从细胞质基质经线粒体内膜上的丙酮酸转运蛋白转运进入线粒体（图 8-9），该过程需要消耗 H^+ 梯度，H^+ 与丙酮酸以同向运输（symport）方式进入线粒体。丙酮酸在丙酮酸脱氢酶多酶复合体（pyruvate dehydrogenase complex）的催化下进行氧化脱羧生成乙酰辅酶 A（乙酰 CoA，acetyl-CoA），该反应的 $\Delta G''^0=-33.4\text{kJ/mol}$，反应不可逆，是连接糖酵解和三羧酸循环的中间环节，总反应式如图 8-10 所示。

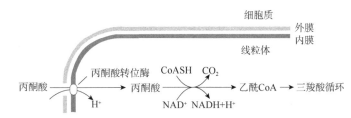

图 8-9　丙酮酸进入线粒体后再进行氧化脱羧（仿自 Horton et al.，2002）

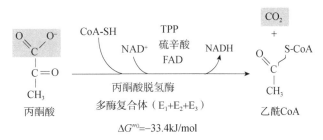

图 8-10　丙酮酸脱氢酶多酶复合体催化的总反应

丙酮酸脱氢酶多酶复合体（表 8-2）又称为丙酮酸脱氢酶系，与线粒体内膜相连，是由 3 种酶组成的多酶复合体，它包括丙酮酸脱氢酶（E_1，又叫作硫辛酰胺氧化还原酶，具有脱羧和酰基受体的作用）、二氢硫辛酸乙酰转移酶（E_2，主要作用是从二氢硫辛酰胺上转移酰基）及二氢硫辛酸脱氢酶（E_3）。以乙酰转移酶（E_2）为核心，周围排列着丙酮酸脱氢酶（E_1）及二氢硫辛酸脱氢酶（E_3）。在催化过程中需 6 种辅酶（辅基）和金属离子参与，即焦磷酸硫胺素（TPP）、硫辛酸、FAD、CoA、NAD^+和 Mg^{2+}。在多酶复合体中进行着紧密相连的顺序反应过程，反应迅速完成，催化效率高，使丙酮酸脱羧和脱氢生成乙酰 CoA 及 $NADH+H^+$。

表 8-2 丙酮酸脱氢酶多酶复合体

亚基	辅基（维生素）	辅酶（维生素）
丙酮酸脱氢酶	TPP（焦磷酸硫胺素）	—
二氢硫辛酸乙酰转移酶	硫辛酸	CoA-SH（泛酸）
二氢硫辛酸脱氢酶	FAD（核黄素）	NAD^+（烟酰胺）

维生素 B_1 是丙酮酸脱氢酶系的重要辅酶——TPP 的组成成分。丙酮酸氧化脱羧反应是糖的有氧氧化的重要环节；维生素 B_1 缺乏可使丙酮酸氧化脱羧反应受阻，影响糖的有氧氧化，终致能量生成障碍和乳酸生成过多。

由丙酮酸形成乙酰 CoA 的化学历程如下（图 8-11）。

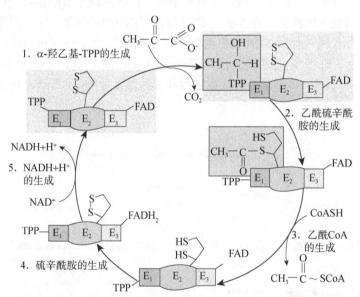

图 8-11 丙酮酸脱氢酶多酶复合体催化丙酮酸氧化脱羧（仿自周爱儒和查锡良，2000）

1）α-羟乙基-TPP 的生成　在有 TPP、Mg^{2+} 参与下，丙酮酸脱羧形成 α-羟乙基-TPP，TPP 噻唑环上的 N 与 S 之间活泼的碳原子可释放出 H^+，而成为碳离子，与丙酮酸的羧基作用，产生 CO_2，同时形成羟乙基-TPP。

2）乙酰硫辛酰胺的生成　二氢硫辛酸乙酰转移酶（E_2）催化使羟乙基-TPP-E_1 上的羟乙基被氧化成乙酰基，同时转移给硫辛酰胺，形成乙酰硫辛酰胺-E_2。

3）乙酰 CoA 的生成　乙酰硫辛酰胺在有 CoA、Mg^{2+} 存在下，二氢硫辛酸乙酰转移酶（E_2）催化乙酰硫辛酰胺上的乙酰基转移给辅酶 A 生成乙酰 CoA 后，离开酶复合体，同时氧化过程中的 2 个电子使硫辛酰胺上的二硫键还原为 2 个巯基。

4）硫辛酰胺的生成　二氢硫辛酸脱氢酶（E_3）使还原的二氢硫辛酰胺脱氢重新生成硫辛酰胺，以进行下一轮反应。同时将氢传递给 FAD，生成 $FADH_2$。

5）$NADH+H^+$ 的生成　在二氢硫辛酸脱氢酶（E_3）催化下，将 $FADH_2$ 上的 H 转移给

NAD^+，形成 $NADH+H^+$。

在整个反应过程中，中间产物并不离开酶复合体，这就使得上述各步反应得以迅速完成。而且因没有游离的中间产物，所以不会发生副反应。

（三）三羧酸循环

丙酮酸氧化脱羧生成的乙酰 CoA 要彻底进行氧化，必须要通过三羧酸循环（tricarboxylic acid cycle，TCA cycle），此名称的由来为循环中含有三羧酸的有机酸，如柠檬酸、异柠檬酸、顺乌头酸、草酰琥珀酸等。三羧酸循环是 Krebs 于 1937 年发现的，因此又称为 Krebs 循环。因为循环以乙酰 CoA 与草酰乙酸缩合成含有三个羧基的柠檬酸开始，故又称为柠檬酸循环（citric acid cycle）。其中氧化反应脱下的氢经线粒体内膜上呼吸链传递生成水，氧化磷酸化生成 ATP（详见第七章第二节），由于分子氧是此系列反应的最终受氢体，所以又称为有氧分解。

三羧酸循环由 8 步反应构成：草酰乙酸+乙酰 CoA→柠檬酸→异柠檬酸→α-酮戊二酸→琥珀酰 CoA→琥珀酸→延胡索酸→苹果酸→草酰乙酸（图 8-12）。

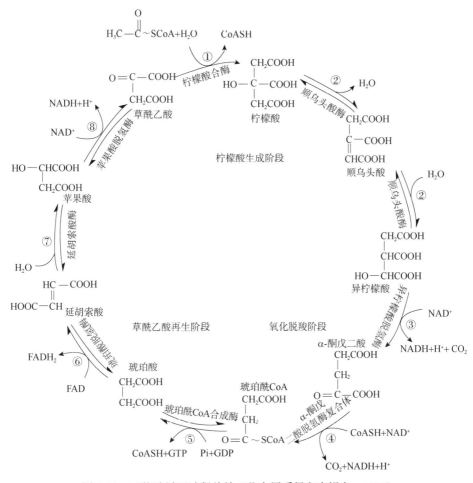

图 8-12　三羧酸循环过程总结（仿自周爱儒和查锡良，2000）

1. 含 2 个碳的乙酰 CoA 与含 4 个碳的草酰乙酸缩合成的柠檬酸

此反应由柠檬酸合酶（citrate synthase，典型的诱导契合机制）催化，其是三羧酸循环的关键酶，此反应是重要的调节点，也是三羧酸循环反应中唯一 C—C 键形成的反应。柠檬酸合酶是一个变构酶，ATP 是柠檬酸合酶的变构抑制剂。此外，α-酮戊二酸、NADH 能变构抑制其活性，长链脂酰 CoA 也可抑制它的活性，AMP 可对抗 ATP 的抑制而起激活作用。由于高能硫酯键水解时释出较多自由能，$\Delta G''^0 = -32.2\text{kJ/mol}$，是很强的放能反应，此反应不可逆。

乙酰辅酶A　　草酰乙酸　　　　　　　　柠檬酸

2. 异柠檬酸形成

柠檬酸在顺乌头酸酶（aconitase）的催化下转变为顺乌头酸，脱去 1 分子 H_2O，继续再将脱下的 H_2O 加进去，转变为异柠檬酸（可逆反应）。

柠檬酸　　　　　　　顺乌头酸　　　　　　异柠檬酸

3. 异柠檬酸氧化、脱羧生成 α-酮戊二酸（第一个氧化脱羧反应）

异柠檬酸在 NAD^+ 存在下，经异柠檬酸脱氢酶（isocitrate dehydrogenase）催化先脱氢生成草酰琥珀酸（oxalosuccinate），再脱去羧基形成 α-酮戊二酸（α-ketoglutarate）、$NADH+H^+$ 和 CO_2，此反应为 β 氧化脱羧，是三羧酸循环中第一次氧化脱羧。此反应是不可逆的，异柠檬酸脱氢酶（isocitrate dehydrogenase）是三羧酸循环的限速酶，是最主要的调节点，ADP 是异柠檬酸脱氢酶的激活剂，异柠檬酸脱氢酶与异柠檬酸、Mg^{2+}、NAD^+、ADP 的结合有相互协同作用。而 ATP 是此酶的抑制剂。此酶分两种，一种以 NAD^+ 为辅酶，需要 Mn^{2+} 或 Mg^{2+} 作为激活剂，存在于线粒体中；另一种以 $NADP^+$ 为辅酶，存在于线粒体和细胞溶胶中。

异柠檬酸　　　　　　　草酰琥珀酸　　　　　　α-酮戊二酸

4. α-酮戊二酸氧化脱羧生成琥珀酰-CoA

α-酮戊二酸在有 TPP、硫辛酸、CoA、FAD、NAD^+ 存在下，经 α-酮戊二酸脱氢酶复合体（α-ketoglutarate dehydrogenase complex）作用，氧化脱羧生成琥珀酰 CoA、$NADH+H^+$ 和 CO_2，这是三羧酸循环中第二次氧化脱羧。α-酮戊二酸脱氢酶系也是多酶复合体，反应过程完全类似于丙酮酸脱氢酶系催化的氧化脱羧，属于 α 氧化脱羧，脱氢的机理一样需要 3 种酶（α-酮戊二酸脱氢酶-E_1、二氧硫辛酰转琥珀酰酶-E_2、二氢硫辛酸脱氢酶-E_3），6 种辅因子（TPP、硫辛酸、CoA、NAD^+、FAD、Mg^{2+}）参与。

由于反应中分子内部能量重排，产物琥珀酰辅酶 A 中含有一个高能硫酯键，此反应也是不可逆的，$\Delta G''^0 = -33.5\text{kJ/mol}$。α-酮戊二酸脱氢酶复合体是三羧酸循环的关键酶，是第 3 个调节点。α-酮戊二酸脱氢酶复合体受 ATP、GTP、NAPH+H$^+$和琥珀酰 CoA 抑制，但其不受磷酸化/去磷酸化的调控，这是其与丙酮酸脱氢酶系的区别。

5. 琥珀酰辅酶 A 转变为琥珀酸

琥珀酰 CoA 在有 GDP 和无机磷酸和 Mg^{2+}存在下，经琥珀酰 CoA 合成酶（succinyl-CoA synthetase）也称为琥珀酰硫激酶（succinate thiokinase）催化脱去 CoA，释放的自由能用于合成 GTP，在细菌和高等生物中可直接生成 ATP，在哺乳动物中，先生成 GTP，再生成 ATP。这是三羧酸循环中唯一直接生成高能磷酸键的底物水平磷酸化（substrate-level phosphorylation）反应，生成 1 分子 ATP。

6. 琥珀酸脱氢生成延胡索酸

琥珀酸在有 FAD 存在的条件下，经琥珀酸脱氢酶（succinate dehydrogenase）催化氧化成为延胡索酸。该酶结合在线粒体内膜上，是三羧酸循环中唯一与线粒体内膜（inner mitochondrial membrane）结合的酶。而其他三羧酸循环的酶则都是存在于线粒体基质中的，琥珀酸脱氢酶的辅酶是 FAD，脱氢后生成 FADH$_2$，在线粒体内膜上经呼吸链传递生成水，氧化磷酸化生成 1.5 分子 ATP。NADH+H$^+$氧化产生 2.5 分子 ATP，而 FADH$_2$氧化只能产生 1.5 分子 ATP，这正是 FAD 在氧化-还原反应中作为辅酶或辅基所起的特殊作用。

琥珀酸脱氢酶是具有立体专一性的（stereospecific）生物酶，只能形成羧基位于双键两端的反式（trans）构型的延胡索酸（反丁烯二酸），而不能形成羧基位于双键同一端的顺式（cis）构型的顺丁烯二酸（马来酸）。

7. 延胡索酸水合生成 L-苹果酸

延胡索酸在延胡索酸酶催化下加水生成 L-苹果酸。延胡索酸酶仅对延胡索酸的反式双键起作用，而对顺丁烯二酸（马来酸）无催化作用。由于延胡索酸酶是高度立体特异性的，催化的产物是 L-苹果酸而不是 D-苹果酸。

延胡索酸　　　　　　　　　　　　L-苹果酸　　　　L-苹果酸　　　D-苹果酸

8. 苹果酸脱氢生成草酰乙酸（草酰乙酸再生）（TCA 的最后一个反应）

在苹果酸脱氢酶（malic dehydrogenase）作用下，苹果酸仲醇基脱氢氧化成羧基，生成草酰乙酸（oxaloacetate），NAD^+是脱氢酶的辅酶，接受氢成为 $NADH+H^+$。在细胞内草酰乙酸不断地被用于柠檬酸合成，故这一可逆反应向生成草酰乙酸的方向进行。

L-苹果酸　　　　　　　　　　　　　　　草酰乙酸

生成的草酰乙酸又可参加到 TCA 循环中与乙酰 CoA 进行 TCA 循环的第一个反应生成柠檬酸，由此可见，草酰乙酸似乎并无损耗，通过循环只是乙酰 CoA 分子中的乙酰基不断被氧化成 CO_2、H_2O 和释放出能量来。三羧酸循环的总反应方程式为

$$乙酰 CoA+3NAD^++FAD+GDP+Pi+2H_2O \longrightarrow 2CO_2+3NADH+3H^++FADH_2+GTP+CoASH$$

三羧酸循环的特点如下。

（1）循环反应在线粒体中进行，为不可逆反应。循环中有三步不可逆反应，即草酰乙酸与乙酰辅酶 A 缩合生成柠檬酸、异柠檬酸转变成 α-酮戊二酸和 α-酮戊二酸氧化脱羧反应，保证三羧酸循环向一个方向进行。

（2）每完成一次循环，氧化分解掉 1 分子乙酰基，可生成 10 分子 ATP。

（3）三羧酸循环是乙酰 CoA 的彻底氧化过程。循环的中间产物既不能通过此循环反应生成，也不被此循环反应所消耗。但它们可与其他代谢途径中的物质相互转变，如草酰乙酸主要来自丙酮酸的羧化，草酰乙酸可与天冬氨酸相互转变等，因此三羧酸循环的中间产物处于不断更新之中。循环中的中间产物含量增加，可加速三羧酸循环的运行。

（4）三羧酸循环是能量的产生过程，1 分子乙酰 CoA 通过 TCA 经历了 4 次脱氢（3 次脱氢生成 $NADH+H^+$，1 次脱氢生成 $FADH_2$）、2 次脱羧生成 CO_2、1 次底物水平磷酸化，共产生 10 分子 ATP。

（5）三羧酸循环的关键酶是柠檬酸合酶、异柠檬酸脱氢酶和 α-酮戊二酸脱氢酶系，它们是反应的调节点。α-酮戊二酸脱氢酶系的结构与丙酮酸脱氢酶系相似，辅助因子完全相同。

二、糖有氧氧化中能量的变化

葡萄糖在有氧条件下彻底氧化分解生成 CO_2 和 H_2O，并释放出大量能量的过程称为糖的有氧氧化。绝大多数组织细胞通过糖的有氧氧化途径获得能量。此代谢过程在细胞胞液和线粒体内进行，1 分子葡萄糖彻底氧化分解可产生 30（32）分子 ATP。

1. 葡萄糖经酵解途径生成丙酮酸阶段

在细胞胞液中进行，与糖的无氧酵解途径相同，1 分子葡萄糖分解后生成 2 分子丙酮酸，2 分子 $NADH+H^+$净生成 2 分子 ATP。2 分子 $NADH+H^+$在有氧条件下可进入线粒体产能，共

可得到 2×1.5 或 2×2.5 分子 ATP。故第一阶段可净生成 5（7）分子 ATP。绝大多数葡萄糖分子中的能量还蕴藏在丙酮酸分子中。

2．丙酮酸氧化脱羧阶段

在线粒体中进行，2 分子丙酮酸氧化脱羧生成 2 分子乙酰 CoA，2 分子 $NADH+H^+$，经电子传递链最后产生 2×2.5（$2 \times 2.5 = 5$）分子 ATP。

3．2 分子乙酰 CoA 经三羧酸循环彻底氧化分解，能量彻底释放

生成的乙酰 CoA 可进入三羧酸循环彻底氧化分解为 CO_2 和 H_2O，并释放能量合成 ATP。1 分子乙酰 CoA 氧化分解后可生成 3 分子 $NADH+H^+$、1 分子 $FADH_2$ 和 1 分子 ATP。$NADH+H^+$ 和 $FADH_2$ 又经线粒体内电子传递链传递，最终与氧结合生成水，在此过程中释放出来的能量使 ADP 和 Pi 结合生成 ATP，每分子 $NADH+H^+$ 生成 2.5 分子 ATP（$3 \times 2.5 = 7.5$）；而 $FADH_2$ 则生成 1.5 分子 ATP。故此阶段 2 分子乙酰 CoA 经 2 轮三羧酸循环彻底氧化分解生成 $(7.5+1.5+1) \times 2 = 20$ 分子 ATP。

总计，1 分子葡萄糖经上述 3 个步骤彻底氧化分解生成 ATP 分子数：5（7）$+5+20=30$（32）。1 分子葡萄糖在骨骼肌及脑组织中彻底氧化可生成 30 分子 ATP，而在肝、肾、心等组织中能生成 32 分子 ATP。造成上述差别的原因是从葡萄糖生成丙酮酸的糖酵解反应是在细胞质基质中进行，但 3-磷酸甘油醛脱氢酶的辅酶 $NADH+H^+$ 必须在线粒体内进行氧化磷酸化，因此 $NADH+H^+$ 要通过穿梭系统进入线粒体，由于穿梭系统的不同，最后获得 ATP 数目也不同（详见第七章）。从糖原的葡萄糖残基开始氧化，则每分子糖基氧化可形成 31（或 33）分子 ATP。归纳葡萄糖有氧分解的全过程：

$$C_6H_{12}O_6 + 10NAD^+ + 2FAD + 4Pi + 4ADP + 2H_2O \longrightarrow 6CO_2 + 4ATP + 10NADH + 10H^+ + 2FADH_2$$

三、糖有氧氧化的生理意义

糖有氧氧化的主要功能是提供能量，机体内大多数组织细胞均通过此途径氧化供能。1 分子葡萄糖彻底有氧氧化生成 32（或 30）分子 ATP，生成的 ATP 数目远远多于糖无氧酵解生成的 ATP 数目。

糖有氧氧化中的三羧酸循环阶段，是糖、脂肪、蛋白质氧化供能的共同途径：三羧酸循环的起始物乙酰 CoA，不但是糖氧化分解产物，也可来自脂肪的甘油、脂肪酸和来自蛋白质的某些氨基酸代谢（图 8-13），因此糖、脂肪、蛋白质的分解产物主要经三羧酸循环途径彻底分解成水、CO_2 和产生能量，三羧酸循环实际上是 3 种主要有机物在体内氧化供能的共同通路，估计人体内 2/3 的有机物是通过三羧酸循环而被分解的。

糖有氧氧化是糖、脂肪、蛋白质相互转变的枢纽（hub）：有氧氧化途径中的中间代谢物可以由糖、脂肪、蛋白质分解产生，某些中间代谢物也可以由此途径逆行而相互转变。如在能量供应充足的情况下，从食物中摄取的糖一部分可转变成脂肪储存。该过程是葡萄糖分解成丙酮酸后进入线粒体内氧化脱羧生成乙酰 CoA，而乙酰 CoA 可以作为脂肪酸合成的原料，用于脂肪酸的合成（见第九章"脂类代谢"）。又如，糖和甘油在体内代谢可生成 α-酮戊二酸及草酰乙酸等三羧酸循环的中间产物，这些中间产物可以转变成为某些氨基酸；许多氨基酸又可以通过不

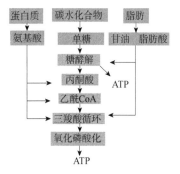

图 8-13　糖、蛋白质、脂肪的分解代谢

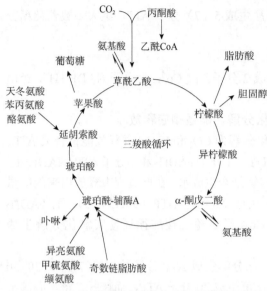

图 8-14　三羧酸循环为生物合成提供中间产物

同途径变成 α-酮戊二酸和草酰乙酸，再经糖异生的途径生成糖或转变成甘油（图 8-14）。

四、糖有氧氧化调节

糖有氧氧化中，葡萄糖生成丙酮酸过程的调节和糖酵解中一样，这里主要讨论丙酮酸脱氢酶复合体和三羧酸循环的调节。

（一）丙酮酸脱氢酶复合体的调节

丙酮酸脱氢酶复合体（pyruvate dehydrogenase complex）有别构调节和共价调节两种调节方式。丙酮酸脱氢酶复合物受乙酰 CoA、ATP 和 NADH+H^+的变构抑制，受 AMP、ADP 和 NAD^+的变构激活。当[ATP]/[ADP]、[NADH+H^+]/[NAD^+]和[乙酰 CoA]/[CoA]很高时，提示能量足够，丙酮酸脱氢酶复合体被别构后活性抑制。

丙酮酸脱氢酶复合体还存在磷酸化和去磷酸化共价修饰调节机制：当多酶复合体中丙酮酸脱氢酶（E_1）的丝氨酸残基被磷酸化后，酶活性减弱；去磷酸化后，酶活性增强。该酶的催化产物乙酰 CoA、NADH+H^+、ATP 可激活催化丙酮酸脱氢酶复合体磷酸化的激酶，使丙酮酸脱氢酶复合体磷酸化而活性减弱。线粒体内 Ca^{2+}浓度增高可激活相应的磷酸酶，使丙酮酸脱氢酶复合体去磷酸化而活性增强。

（二）三羧酸循环的调节

三羧酸循环的 3 个调节点是：柠檬酸合酶、异柠檬酸脱氢酶、α-酮戊二酸脱氢酶复合体这 3 个限速酶，最重要的调节点是异柠檬酸脱氢酶，其次是 α-酮戊二酸脱氢酶复合体；最主要的调节因素是 ATP 和 NADH+H^+的浓度。当[ATP]/[ADP]、[NADH+H^+]/[NAD^+]很高时，提示能量足够，3 个限速酶活性被抑制；反之，这 3 个限速酶的活性被激活。与丙酮酸脱氢酶复合体相似，α-酮戊二酸脱氢酶复合体也受磷酸化和去磷酸化共价修饰的调节，其催化产物也是通过激活特异性激酶使 α-酮戊二酸脱氢酶复合体磷酸化而活性降低。此外，底物乙酰 CoA、草酰乙酸的不足，产物柠檬酸、ATP 产生过多，都能抑制柠檬酸合酶活性。

（三）糖有氧氧化与糖酵解的相互调节

巴斯德（Pasteur）1861 年在研究酵母对葡萄糖进行酒精发酵时发现：在无氧条件下，糖无氧酵解产生 ATP 的速度和数量远远大于有氧氧化，为产生 ATP 的主要方式。但在有氧条件下，酵母菌的酵解作用受到抑制。这种在有氧的条件下糖有氧氧化抑制糖无氧酵解的现象称为巴斯德效应（Pasteur effect）。有氧时，由于酵解产生的 NADH+H^+和丙酮酸进入线粒体而产能，故糖的无氧酵解受抑制。这种现象同样出现在肌肉中：当肌肉组织供氧充分时，有氧氧化抑制糖无氧酵解，产生大量能量供肌肉组织活动所需。缺氧时，则以糖无氧酵解为主。

在一些代谢旺盛的正常组织和肿瘤细胞中，即使在有氧条件下，仍然以糖无氧酵解产生 ATP 为主要方式，这种现象称为反巴斯德效应或 Cratree 效应。在具有反巴斯德效应的组织细胞中，其糖酵解酶系（己糖激酶、6-磷酸果糖激酶-1、丙酮酸激酶）活性较强，而线粒体中产生 ATP 的酶系活性较低，氧化磷酸化减弱，以糖无氧酵解酶系产生能量为主。

五、回补途径

表面上看来，三羧酸循环运转必不可少的草酰乙酸在三羧酸循环中是不会消耗的，它可被反复利用。但是机体内各种物质代谢之间是彼此联系、相互配合的，三羧酸循环中的某些中间代谢物是很多生物合成的前体，能够转变合成其他物质，这会导致草酰乙酸浓度下降，从而减缓三羧酸循环的进行，因此必须不断补充才能维持循环正常进行。能为三羧酸循环补充中间产物的代谢途径称为回补途径（anaplerotic pathway），主要有丙酮酸羧化支路和乙醛酸循环支路。"支路"是针对三羧酸循环主体途径而言的附属路线，能为三羧酸循环供应额外的草酰乙酸。

（一）在动物、植物、微生物中普遍存在丙酮酸羧化酶

丙酮酸羧化酶（pyruvate carboxylase）是含有 4 个亚基的寡聚酶，每个亚基需要 1 分子生物素和一个 Mg^{2+} 做辅基，乙酰 CoA 是其变构激活剂，反应需要 ATP 提供能量。

$$丙酮酸 + CO_2 + H_2O + ATP \xrightarrow{\text{丙酮酸羧化酶}} 草酰乙酸 + ADP + Pi$$

哺乳动物肝、肾中也存在丙酮酸羧化酶。

（二）在动物、植物、真核微生物中普遍存在苹果酸酶

苹果酸酶（malic enzyme）催化丙酮酸还原羧化成苹果酸，反应不需要 ATP，但需要 NAD（P）H+H$^+$。

$$丙酮酸 + CO_2 + NAD（P）H + H^+ \xrightarrow{\text{苹果酸酶}} 苹果酸 + NAD（P）^+ + H^+$$

（三）PEP 羧化

高等植物、酵母和细菌中有 PEP 羧化酶，可催化 PEP 羧化生成草酰乙酸。

$$磷酸烯醇式丙酮酸 + CO_2 \xrightarrow{\text{PEP羧化酶}} 草酰乙酸 + Pi$$

（四）植物、细菌、哺乳动物心肌和骨骼肌中有 PEP 羧激酶

PEP 羧激酶可催化 PEP 羧化生成草酰乙酸。

$$磷酸烯醇式丙酮酸 + CO_2 + GDP \xrightarrow{\text{PEP羧激酶}} 草酰乙酸 + GTP$$

（五）乙醛酸循环——三羧酸循环支路

许多微生物如醋酸杆菌、大肠杆菌、固氮菌等能够利用乙酸作为唯一的碳源，建造自己

的机体。研究发现，在这些微生物和植物体内具有两种特异的酶，即异柠檬酸裂解酶（isocitrate lyase）与苹果酸合成酶（malate synthase）。苹果酸合成酶催化乙酰 CoA 与乙醛酸形成苹果酸，异柠檬酸裂解酶催化异柠檬酸裂解为琥珀酸与乙醛酸。它们与三羧酸循环中的苹果酸脱氢酶、柠檬酸合成酶和顺乌头酸酶共同构成一个 5 步小循环，绕过了三羧酸循环的氧化脱羧步骤。因以乙醛酸为中间代谢物，故称为乙醛酸循环。

$$
\underset{\text{乙醛酸}}{\underset{|}{\overset{\text{CHO}}{\underset{\text{COO}^-}{|}}}} + \underset{\text{乙酰CoA}}{CH_3\overset{O}{\overset{||}{C}}{\sim}SCoA} \quad \xrightarrow[\underset{H_2O \qquad H^+}{}]{\text{苹果酸合成酶}} \quad \underset{\text{苹果酸}}{\overset{\text{COO}^-}{\underset{|}{\underset{\text{COO}^-}{\underset{|}{\underset{CH_2}{\underset{|}{HC-OH}}}}}}} \quad + \quad CoASH
$$

$$
\underset{\text{异柠檬酸}}{\overset{H_2C-COO^-}{\underset{|}{\underset{HO-C-COO^-}{\underset{|}{\underset{H}{\overset{|}{HC-COO^-}}}}}}} \quad \xrightarrow{\text{异柠檬酸裂解酶}} \quad \begin{matrix} \underset{\text{琥珀酸}}{\overset{H_2C-COO^-}{\underset{|}{H_2C-COO^-}}} \\ \\ \underset{\text{乙醛酸}}{\overset{CHO}{\underset{|}{COO^-}}} \end{matrix}
$$

乙醛酸循环的总反应如下：

$$
2CH_3CO{\sim}SCoA + 2H_2O + NAD^+ \longrightarrow \overset{CH_2-COO^-}{\underset{CH_2-COO^-}{|}} + 2CoASH + NADH + H^+
$$

乙醛酸循环中生成的四碳二羧酸，如琥珀酸、苹果酸仍可返回三羧酸循环，所以乙醛酸循环可以看作三羧酸循环的支路。

乙醛酸循环的生物学意义如下。

（1）可以二碳物为起始物合成三羧酸循环中的二羧酸与三羧酸，只需少量四碳二羧酸作"引物"，便可无限制地转变成四碳物和六碳物，作为三羧酸循环上化合物的补充。

（2）由于丙酮酸的氧化脱羧生成乙酰 CoA 是不可逆反应，在一般生理情况下，依靠脂肪大量合成糖是较困难的。但植物、细菌和酵母菌（动物除外）可以利用乙醛酸循环从非碳水化合物前体经过乙酰 CoA 合成葡萄糖。植物种子萌发过程中可利用贮存的脂肪酸合成碳水化合物。目前在动物组织中尚未发现乙醛酸循环。

食品与生物化学：种子发芽与脂肪酸转化

芽类食品有 2000 多年的生产历史。发芽豆类可以在风味和营养价值上得到了进一步的改善。油料种子萌发时，胚乳(或子叶)的细胞内脂肪酸转变为碳水化合物，供油料种子萌发成幼苗时构成新细胞使用。50%左右的脂肪酸在发芽中作为主要的碳源供种子生长。该过程是通过乙醛酸循环来实现的，依赖油质体（oleosome）、线粒体、乙醛酸循环体（glyoxysome）及细胞质的协同作用。所经历的代谢途径如下：在油质体中脂肪酶作用下，贮存的油脂首先水解为游离的脂肪酸。游离的脂肪酸进入乙醛酸循环体中通过β氧化降解为大量的乙酰 CoA。通过乙醛酸循环，两个乙酰 CoA 合成一个琥珀酸。

琥珀酸接下来进入线粒体中通过三羧酸循环转变为苹果酸。苹果酸在细胞质中氧化变成草酰乙酸后，经糖异生途径可合成糖（图 8-15）。

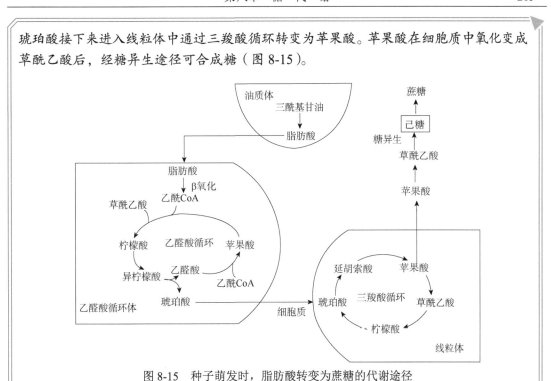

图 8-15　种子萌发时，脂肪酸转变为蔗糖的代谢途径

第四节　磷酸戊糖途径

磷酸戊糖途径（pentose phosphate pathway）又称为磷酸己糖旁路（hexose monophosphate shunt，HMS），在细胞质基质中进行，是葡萄糖氧化分解的另一条重要途径，此途径的全过程中无 ATP 生成，因此主要功能不是供能，而是产生细胞所需的具有重要生理作用的特殊物质，如 NADPH+H$^+$和 5-磷酸核糖。这条途径存在于肝脏、脂肪组织、甲状腺、肾上腺皮质、性腺、红细胞等中。在红细胞中占葡萄糖分解代谢的 5%～10%。磷酸戊糖途径是从 G-6-P 脱氢反应开始，经一系列代谢反应生成磷酸戊糖等中间代谢物，然后再重新进入糖氧化分解代谢途径的一条旁路代谢途径。该旁路途径的起始物是 G-6-P，返回的代谢产物是 3-磷酸甘油醛和 6-磷酸果糖，其重要的中间代谢产物是 5-磷酸核糖和 NADPH+H$^+$。整个代谢途径在胞液中进行，关键酶是 6-磷酸葡萄糖脱氢酶。

一、磷酸戊糖途径的反应过程

磷酸戊糖途径是一个比较复杂的代谢途径：6 分子葡萄糖经磷酸戊糖途径可以使 1 分子葡萄糖转变为 6 分子 CO_2。磷酸戊糖途径的过程见图 8-16。

反应可分为两个阶段：第一阶段是氧化反应，6-磷酸葡萄糖经脱氢、脱羧生成 NADPH+H$^+$及磷酸戊糖；第二阶段是非氧化反应，是一系列基团的转移过程。

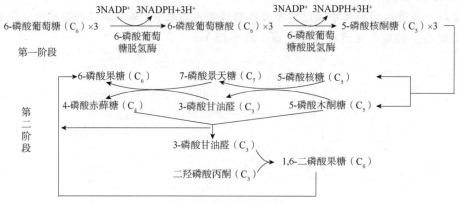

图 8-16　磷酸戊糖途径

第一阶段：氧化反应。

6-磷酸葡萄糖由 6-磷酸葡萄糖脱氢酶（glucose-6-phosphate dehydrogenase，G-6-PD）催化脱氢生成 6-磷酸葡萄糖酸内酯，后者在内酯酶（lactonase）的作用下水解成 6-磷酸葡萄糖酸；6-磷酸葡萄糖酸脱氢酶（6-phosphogluconate dehydrogenase）催化 6-磷酸葡萄糖酸在第一位碳原子上脱氢、脱羧转变成 5-磷酸核酮糖（ribulose-5-phosphate）（仅此步不可逆，其他步骤均为可逆反应）。其中 6-磷酸葡萄糖脱氢酶的活性决定 6-磷酸葡萄糖进入该途径的比例。在这一阶段中产生了 NADPH+H$^+$ 和 5-磷酸核酮糖这两个重要的代谢产物。6-磷酸葡萄糖脱氢酶和 6-磷酸葡萄糖酸脱氢酶与糖有氧氧化的脱氢酶不同，它们的辅酶不是 NAD$^+$，而是 NADP$^+$，反应生成 NADPH+H$^+$。

第二阶段：非氧化反应——一系列基团的转移。

在这一阶段中磷酸戊糖继续代谢，通过一系列的反应，循环再生成 G-6-P。首先 5-磷酸核酮糖经异构反应转变为 5-磷酸核糖或 5-磷酸木酮糖（图 8-17），上述 3 种不同形式的磷酸戊糖经转酮醇酶（转羟乙醛酶）催化转移酮醇基（—CO—CH$_2$OH）及转醛醇酶（转二羟丙酮酶）催化转移醛醇基（—CHOH—CO—CH$_2$OH），进行基团转移，中间生成三碳、七碳、四碳和六碳等的单糖磷酸酯，最后转变成 6-磷酸果糖和 3-磷酸甘油醛，进一步代谢成为 G-6-P。

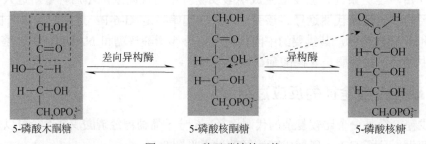

图 8-17　3 种五碳糖的互换

磷酸戊糖途径具有如下特点。

（1）物质代谢：第一、第二步为氧化反应（脱氢），产生能量物质，其他各步均为异构和移换反应，没有能量变化。

（2）能量代谢：若以 3 分子 6-磷酸葡萄糖参与此途径代谢，每分子 6-磷酸葡萄糖经两次脱氢，一次脱羧，共生成 3 分子磷酸戊糖。然后，3 分子磷酸戊糖经异构、转酮及转醛反应最后生成 2 分子 6-磷酸果糖和 1 分子 3-磷酸甘油醛，也就是 1 分子的 6-磷酸葡萄糖产生 6 分子的 NADPH+H$^+$和 1 分子 3-磷酸甘油醛。那么 2 分子的 6-磷酸葡萄糖产生 12 分子的 NADPH+H$^+$和 2 分子 3-磷酸甘油醛，其中 2 分子 3-磷酸甘油醛可以通过糖酵解的逆过程变成 6-磷酸葡萄糖汇入糖酵解途径，这样，1 分子的 6-磷酸葡萄糖净产生 12 分子的 NADPH+H$^+$，合 30 分子的 ATP。1 分子的葡萄糖就可以产生 29 分子的 ATP。

　　总反应式：$6G\text{-}6\text{-}P+12NADP^+ \longrightarrow 6CO_2+5G\text{-}6\text{-}P+12NADPH+12H^+$

　　葡萄糖的氧化分解主要是通过糖酵解-三羧酸循环的氧化过程，但在特殊情况下，如干旱、低温、受伤、病害等逆境条件下，葡萄糖也可以通过磷酸戊糖途径进行氧化，这个途径是需氧氧化途径，在细胞的胞液里进行。然后汇入糖酵解途径，可继续进行葡萄糖分解代谢。

二、磷酸戊糖途径的调节

　　6-磷酸葡萄糖可进入糖酵解、磷酸戊糖途径、糖原合成和糖异生等多条代谢途径。6-磷酸葡萄糖脱氢酶是磷酸戊糖途径的第一个酶，为限速酶，其活性决定着 6-磷酸葡萄糖进入此途径的流量。当摄取高碳水化合物饮食，尤其在饥饿后重饲时，肝内 6-磷酸葡萄糖脱氢酶含量明显增加，以适应脂酸合成 NADPH+H$^+$的需要。损伤后修复的再生组织（如梗死的心肌、部分切除后的肝）中 6-磷酸葡萄糖脱氢酶含量也明显增加。6-磷酸葡萄糖脱氢酶活性的快速调节，主要受 NADPH+H$^+$/NADP$^+$比例的影响。其比例升高，磷酸戊糖途径被抑制；比例降低时则被激活。NADPH+H$^+$对该酶有强烈的抑制作用。因此，磷酸戊糖途径的流量取决于对 NADPH+H$^+$的需求（图 8-18）。

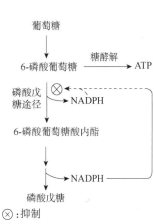

⊗：抑制

图 8-18 磷酸戊糖途径的调节
（仿自 Nelson and Cox，2005）

三、磷酸戊糖途径的生理意义

　　磷酸戊糖途径不是供能的主要途径，它的主要生理作用是提供生物合成所需的一些原料。

（一）磷酸戊糖途径是体内生成 NADPH+H$^+$的主要代谢途径

　　NADPH+H$^+$与 NADH+H$^+$不同，它携带的氢不是通过呼吸链氧化磷酸化生成 ATP，而是作为供氢体参与许多代谢反应，具有多种不同的生理意义。NADPH+H$^+$在体内可用于：①作为供氢体，参与体内的合成代谢，如参与合成脂肪酸、胆固醇和类固醇激素的生物合成等，因此磷酸戊糖途径在合成脂肪及固醇类化合物的肝、肾上腺、乳腺等组织中特别旺盛。当油料作物种子形成时，脂肪酸合成旺盛，也会发现磷酸戊糖途径加快。②参与羟化反应。作为单加氧酶的辅酶，参与对代谢物的羟化，如肝细胞内质网含有以 NADPH+H$^+$为供氢体的单加氧酶体系，参与药物、毒物和某些激素等的生物转化过程。③使氧化型谷胱甘肽还原，维持巯基酶的活性，维持红细胞膜的完整性。NADPH+H$^+$作为谷胱甘肽还原酶的辅酶，对维持细胞中还原型谷胱甘肽（GSH）的正常含量起重要作用，GSH 能保护某些蛋白质中的巯基，如红细胞膜和血红蛋白上的巯基，因此缺乏 6-磷酸葡萄糖脱氢酶的人，因 NADPH+H$^+$缺乏，GSH 含量过低，红细胞易于破坏而发生溶血性贫血。

食品与生物化学：蚕豆病

谷胱甘肽（glutathione）是由谷氨酸、半胱氨酸和甘氨酸结合的含有巯基的三肽，是体内重要的抗氧化剂，它可与过氧化物反应生成氧化型谷胱甘肽（GSSG），从而保持体内生物分子的结构和功能的完整性。$NADPH+H^+$可使 GSSG 转变成还原型谷胱甘肽（GSH）。遗传性 6-磷酸葡萄糖脱氢酶缺乏的患者（6-磷酸葡萄糖脱氢酶缺乏症，俗称蚕豆病）不能经磷酸戊糖途径得到充足的 $NADPH+H^+$，GSSG 转变成 GSH减少，GSH 含量减少。当患者接触氧化剂，如服用抗疟药伯喹、解热镇痛抗炎药阿司匹林、抗菌药磺胺等，或者吃了蚕豆后，增加 GSH 的消耗，红细胞膜受氧自由基攻击生成的脂质过氧化物不能及时除去，使膜结构完整性受损，红细胞易破裂发生溶血（图 8-19）。

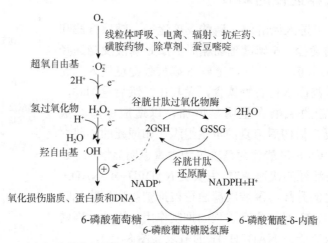

图 8-19　$NADPH+H^+$和谷胱甘肽保护细胞免受活性氧物种损害（仿自 Nelson and Cox，2005）

（二）磷酸戊糖途径是体内生成 5-磷酸核糖的唯一代谢途径

体内需要的 5-磷酸核糖可通过磷酸戊糖途径的氧化阶段不可逆反应过程由 6-磷酸葡萄糖脱氢脱羧生成。也可经非氧化阶段由 3-磷酸甘油醛和 6-磷酸果糖经基团转移的逆反应生成，而在体内主要由氧化阶段生成，5-磷酸核糖是合成核苷酸辅酶及核酸的主要原料，故损伤后修复、再生的组织（如梗死的心肌、部分切除后的肝）中此代谢途径都比较活跃。骨骼肌中 6-磷酸葡萄糖脱氢酶和 6-磷酸葡萄糖酸脱氢酶含量极低，不能通过磷酸戊糖途径生成足够的 5-磷酸核糖，但可以通过葡萄糖分解途径中间产物 3-磷酸甘油醛和 6-磷酸果糖，经磷酸戊糖途径中基团转移反应的逆反应生成 5-磷酸核糖满足其需要。

磷酸戊糖途径可看作葡萄糖代谢的一条支路。生物要适应环境，就需要多条代谢途径，在正常情况下，葡萄糖的分解是以中心代谢途径糖酵解-三羧酸循环为主，但是在一些变化的逆境条件下，即不良环境中，生物体内的磷酸戊糖途径可加强，如动物受伤和感病的组织、干旱的植物中磷酸戊糖途径都加强，用于产生生物合成的原料。

生物可以通过调节各途径关键酶，满足生理需求。

图 8-20 是糖酵解（糖异生）途径、磷酸戊糖途径（氧化阶段、非氧化阶段）构成的整个代谢网络：①当细胞对 NADPH+H⁺和 5-磷酸核糖需求平衡时，通过关键酶活性调节 G-6-P 进入磷酸戊糖途径氧化阶段，产物 5-磷酸核酮糖可以进一步转化为 5-磷酸核糖用于生物合成。②当细胞大量需要 NADPH+H⁺，不需要 5-磷酸核糖时，G-6-P 可以进入磷酸戊糖途径氧化阶段，产物 5-磷酸核酮糖经磷酸戊糖途径非氧化阶段和糖异生途径进一步生成 G-6-P。③当细胞大量需要 5-磷酸核酮糖，不需要 NADPH+H⁺时，G-6-P 经糖酵解准备期生成磷酸丙糖后通过磷酸戊糖途径非氧化阶段逆过程形成 5-磷酸核酮糖。④当细胞同时需 ATP 和 NADPH+H⁺时，G-6-P 经磷酸戊糖途径氧化阶段产生 NADPH+H⁺，产物 5-磷酸核酮糖经过磷酸戊糖途径非氧化阶段进入糖酵解途径后进一步进行三羧酸循环有氧氧化。⑤当细胞仅需 ATP，不需要 NADPH+H⁺时，6-磷酸葡萄糖直接进入糖酵解途径；当细胞在葡萄糖缺乏条件下仅需 NADPH+H⁺或 5-磷酸核糖时，非糖物质经糖异生途径生成磷酸己糖或磷酸丙糖后分别进入磷酸戊糖途径氧化阶段和非氧化阶段。

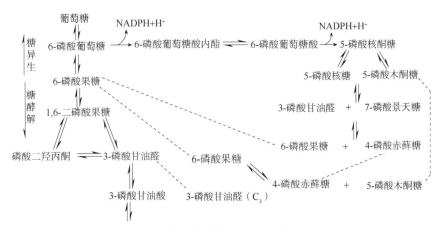

图 8-20 糖酵解（糖异生）途径、磷酸戊糖途径（氧化阶段、非氧化阶段）构成的代谢网络

第五节 糖的合成代谢

糖的合成代谢包括两个方面：一是动物体内的糖原合成和糖异生；二是植物体内的淀粉和蔗糖的合成。

一、糖原的合成与分解

尽管糖原的合成与分解是完全不同的两条途径，但由于它们都同时受到了严格而复杂的别构调节和共价修饰调节，因此糖原的合成与分解途径不会同时被激活或同时被抑制，糖原合成与分解途径的关键酶活性高低决定糖原代谢的方向，因此我们在糖的合成代谢中对糖原的合成与分解代谢一同进行介绍。

糖原是由葡萄糖残基构成的含许多分支的大分子高聚物。分子质量一般在 $10^6 \sim 10^7$ Da，是体内糖的储存形式，主要存在于肝和肌肉中。肝糖原的合成与分解主要是为了储存和补充血中葡萄糖以维持血糖浓度的相对恒定；肝糖原含量占肝重的 6%～8%。肌糖原主要供肌肉收缩时能量的需要，肌糖原是肌肉糖酵解的主要来源。肌糖原含量占肌肉重量的 1%～2%，但由于体内肌肉总量远多于肝，肌糖原总量为肝糖原总量的 3～4 倍。

糖原是由许多葡萄糖分子聚合而成的带有分支的高分子多糖类化合物。葡萄糖之间以 α-1,4-糖苷键相连形成 12～14 个葡萄糖单位组成的直链，两直链间以 α-1,6-糖苷键相连形成分支（图 8-21），它们围绕一个同心排列。糖原是一种无还原性的多糖。糖原的合成与分解代谢主要发生在肝、肾和肌肉组织细胞的胞液中。

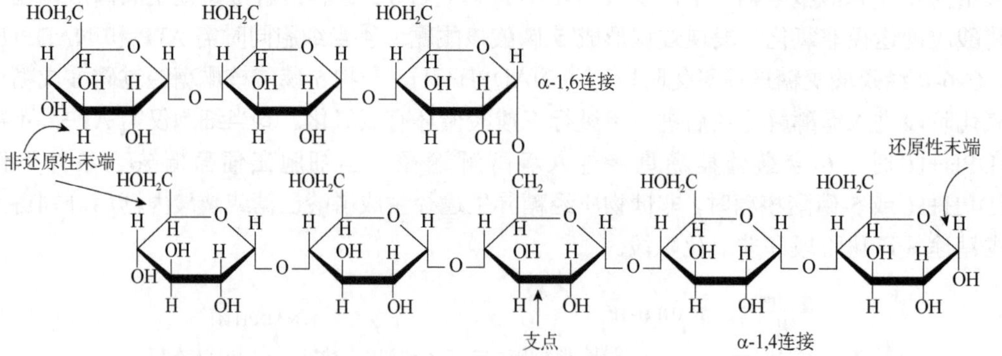

图 8-21　糖原的部分结构

（一）糖原的合成代谢

餐后血液中葡萄糖浓度升高时，葡萄糖可在肝和骨骼肌等组织中合成糖原。由葡萄糖合成糖原的过程称为糖原合成（glycogenesis）。糖原合成的反应过程可分为三个阶段。

第一阶段：葡萄糖的活化。

游离的葡萄糖不能直接合成糖原，进入肝或肌肉中的葡萄糖首先在己糖激酶（hexokinase）［肝内为葡糖激酶（glucokinase）］的作用下磷酸化成为 6-磷酸葡萄糖。

$$葡萄糖+ATP \longrightarrow 6\text{-}磷酸葡萄糖+ADP+Pi$$

6-磷酸葡萄糖在葡糖磷酸变位酶（phosphoglucomutase）的作用下转变为 1-磷酸葡萄糖。

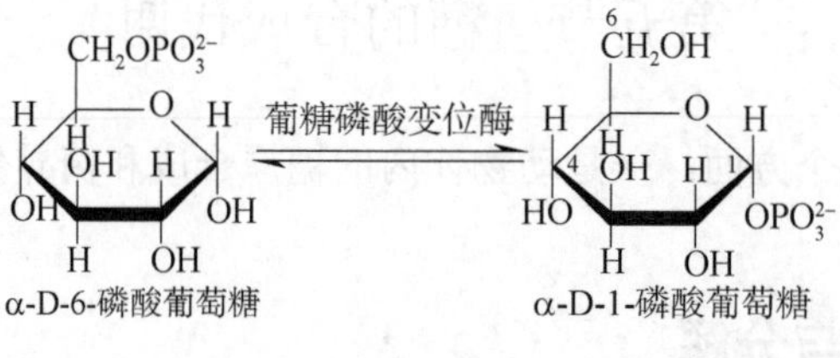

α-D-6-磷酸葡萄糖　　　　α-D-1-磷酸葡萄糖

1-磷酸葡萄糖与尿苷三磷酸（UTP）在尿苷二磷酸葡糖焦磷酸化酶（UDP-glucose pyrophosphorylase）催化下反应生成尿苷二磷酸葡糖（uridine diphosphate glucose，UDPG）。

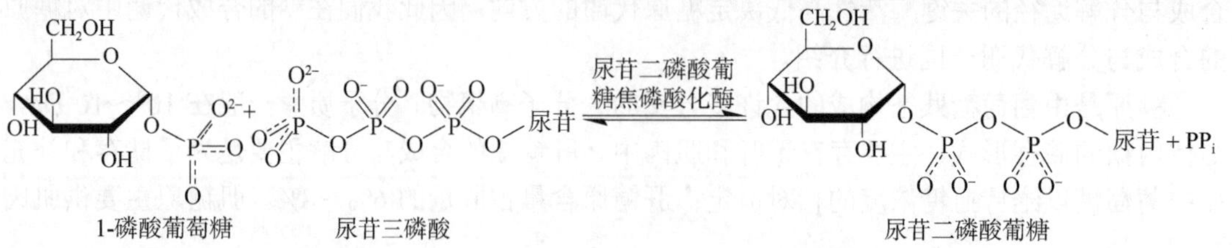

1-磷酸葡萄糖　　　　尿苷三磷酸　　　　　　　　　　尿苷二磷酸葡糖

UDPG 是葡萄糖的活化形式，是糖原合成的底物。此阶段需使用 UTP，并消耗相当于 2 分子的 ATP。

第二阶段：糖链的延长。

在限速酶——糖原合成酶（glycogen synthase）的作用下，UDPG 上葡萄糖 C-1 与糖原分子末端葡萄糖残基上的 C-4 形成糖苷键，释放出 UDP。该反应是在预先存在的糖原分子或糖原引物的基础上进行的。糖原引物是糖原蛋白（glycogenin），又称为糖原引发蛋白，其分子中的一个酪氨酸残基上的羟基与 UDPG 相互作用后，与葡萄糖 C-1 上的羟基脱水缩合，形成 O-糖苷键，使两者相连。此后，在第一个与糖原蛋白相连的葡萄糖残基上逐个以 α-1,4-糖苷键连接葡萄糖分子形成糖原（图 8-22）。

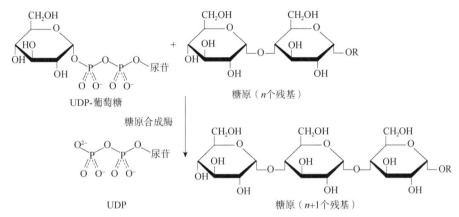

图 8-22 糖原合成过程中糖链的延长（仿自 Nelson and Cox，2005）

糖原蛋白的分子质量为 37kDa，它既是糖链延长的引物，又具有酶活性，在糖原合成起始中具有重要作用。糖链延长经历以下几个步骤：①UDP-葡萄糖提供的一个葡萄糖残基和糖原蛋白上的酪氨酸残基进行共价连接，这一步是由糖原蛋白本身具有的糖基转移酶（glucosyltransferase）活性催化的。②结合了一个葡萄糖残基的糖原蛋白和糖原合成酶一起形成一个牢固的复合物，以后的反应都在这个复合物上进行。③UDP-葡萄糖在糖基转移酶催化下提供葡萄糖残基，糖原合成酶催化 α-1,4-糖苷键延长，形成 7 个葡萄糖残基以上的短链。④随着糖链的延长，糖原合成酶最终和糖原蛋白分离。⑤在糖原合成酶和分支酶的联合作用下完成糖原的合成，糖原蛋白仍然保留在糖原分子中。

第三阶段：糖链分支。

糖原合成酶是糖原合成的关键酶，它只能催化葡萄糖残基之间形成 α-1,4-糖苷键，糖链只能延长，不能形成分支。当直链部分不断加长到超过 11 个葡萄糖残基时，分支酶将距末端 6 或 7 个葡萄糖残基组成的寡糖链转移到邻近的糖链上，两者以 α-1,6-糖苷键相连，使糖原出现分支（图 8-23）。分支以 α-1,4-糖苷键继续延长糖链。在糖原合成酶和分支酶的交替作用下，糖原中直链加长，分支增多，分子变大，非还原端增加，分子中反应位点的总数增多，多分支增加糖原水溶性有利于其贮存，同时也有利于糖原合成（或糖原分解）从多个非还原性末端同时开始，提高分解速度。

糖原合成酶是糖原合成的关键酶，是糖原合成的调节点。糖原蛋白每增加一个葡萄糖残基要消耗 2 分子 ATP（葡萄糖磷酸化及生成 UDP-葡萄糖）。

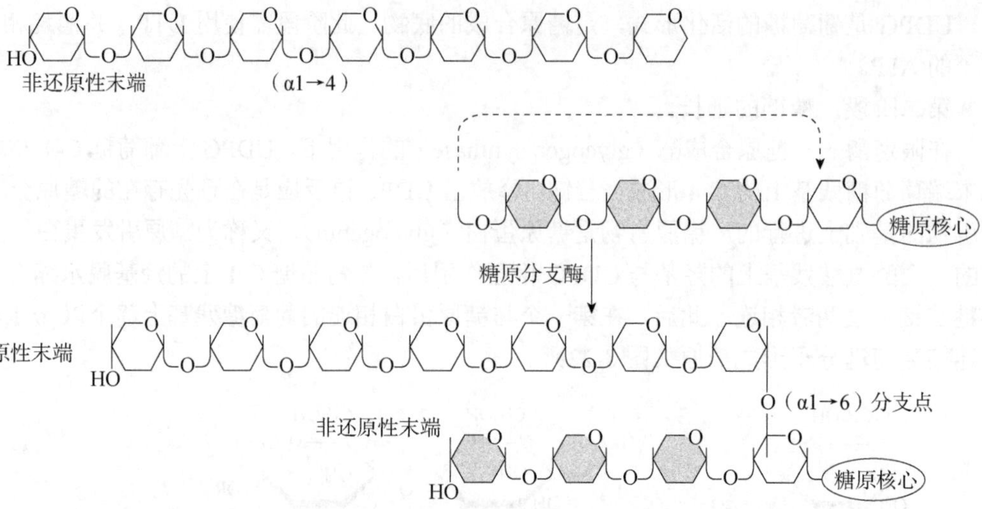

图 8-23　糖原合成过程中糖链分支的形成（仿自 Nelson and Cox，2005）

（二）糖原的分解代谢

糖原合成（glycogenesis）是由葡萄糖合成糖原的过程。糖原分解（glycogenolysis）则是由糖原分解为葡萄糖的过程，习惯上通常是指肝糖原分解成葡萄糖的过程。糖原合成及分解反应都是从糖原分支的非还原性末端开始的，但分别由两组不同的酶催化。糖原的分解代谢也分为三个阶段，是一非耗能过程。

1. 水解

在限速酶糖原磷酸化酶（glycogen phosphorylase）的催化下，糖原从最外侧分支的非还原端开始，逐个以磷酸解方式分解以 α-1,4-糖苷键连接的葡萄糖残基，形成 1-磷酸葡萄糖（G-1-P）。糖原磷酸化酶需要磷酸吡哆醛（pyridoxal phosphate，PLP）作为辅酶（图 8-24）。

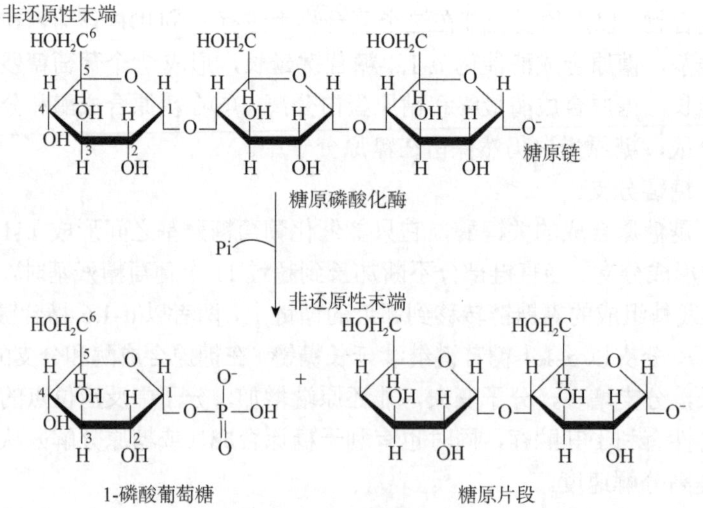

图 8-24　糖原的磷酸解反应

此反应是可逆的，但由于细胞内无机磷酸的浓度约为 1-磷酸葡萄糖的 100 倍，故反应向糖原分解的方向进行。此阶段的关键酶是糖原磷酸化酶，但还需脱支酶（debranching enzyme）协助。当糖原分子的分支被糖原磷酸化酶作用到距分支点只有 4 个葡萄糖残基时，由于空间位阻影响，糖原磷酸化酶不能再发挥作用。此时脱支酶发挥作用，脱支酶具有转寡糖基酶 [α-1,6—α-1,4 葡聚糖转移酶, oligo（α1→6）to（α1→4）glucantransferase] 和 α-1,6-葡萄糖苷酶 [（α1→6）glucosidase] 两个酶活性：转寡糖基酶将分支上残留的 3 个葡萄糖残基转移到另外分支的末端糖基上，并进行 α-1,4-糖苷键连接；而残留的最后一个葡萄糖残基则通过 α-1,6-葡萄糖苷酶水解，生成游离的葡萄糖；分支去除后，糖原磷酸化酶继续发挥催化作用，催化分解葡萄糖残基形成 1-磷酸葡萄糖。糖原在糖原磷酸化酶和脱支酶的交替作用下，分子逐渐缩小（图 8-25）。

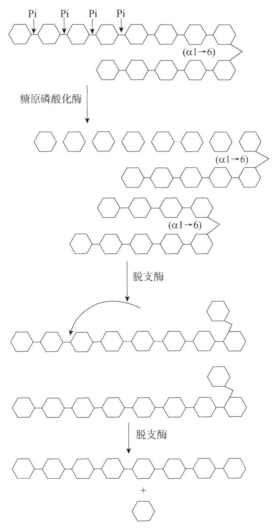

图 8-25 糖原磷酸化酶和脱支酶交替作用下糖原的分解

2. 异构

经糖原磷酸化酶磷酸解生成的 1-磷酸葡萄糖在葡糖磷酸变位酶（phosphoglucomutase）的催化下转变为 6-磷酸葡萄糖。该反应是可逆反应。

3. 脱磷酸：6-磷酸葡萄糖→葡萄糖

G-1-P 转变为 G-6-P 后，肝及肾中含有葡萄糖-6-磷酸酶，使 G-6-P 水解变成游离葡萄糖，释放到血液中，维持血糖浓度的相对恒定。此过程只能在肝和肾进行，所以只有肝（肾）中的糖原可直接补充血糖。肌肉组织中不含葡萄糖-6-磷酸酶，肌糖原分解后不能直接转变为血糖，产生的 G-6-P 在有氧的条件下被彻底分解产生 ATP，在无氧的条件下糖酵解生成乳酸，后者经血循环运到肝脏进行糖异生后可补充血糖。因此，肌糖原补充血糖的路径要比肝（肾）糖原长得多。

（三）糖原代谢的调节

在肝脏中糖原合成与糖原分解主要是为了维持血糖浓度的相对恒定，糖原合成和分解的平衡主要受到肾上腺素的调节；在肌肉中糖原的合成与分解主要是为肌肉储存能量和提供 ATP。糖原合成和分解的平衡受到胰高血糖素、胰岛素等激素的调节。糖原分解途径中的糖原磷酸化酶和糖原合成途径中的糖原合成酶分别是这两条途径的调节酶，它们均受到变构与共价修饰两重调节，糖原磷酸化酶和糖原合成酶的活性不会同时被激活或同时被抑制，其活性高低决定糖原代谢的方向。

1. 糖原磷酸化酶活性调节

体内肾上腺素和胰高血糖素可通过 cAMP（cyclic AMP）连锁酶促反应逐级放大，构成一个调节糖原合成与分解的控制系统。在肌肉剧烈运动时，糖原磷酸化酶的活性受到肾上腺素的调节。肾上腺素通过信号转导系统使 cAMP 的浓度提高，激活蛋白激酶 A（protein kinase A，PKA）使无活性的糖原磷酸化酶激酶 b（phosphorylase kinase b）磷酸化成为有活性的糖原磷酸化酶激酶 a（phosphorylase kinase a），糖原磷酸化酶激酶 a 进一步使无活性的糖原磷酸化酶 b（glycogen phosphorylase b）成为有活性的糖原磷酸化酶 a（glycogen phosphorylase a），促进糖原分解，产生能量。图 8-26 中酶的活性相应改变，构成一组连续的、级联式（cascade）的酶促反应过程，各级反应不仅都可被调节，而且有放大效应。这种调节机制有利于机体针对不同生理状况做出反应。

当肌肉剧烈运动时，肌糖原分解增加，该过程还涉及另外两个别构调节机制。一个是 Ca^{2+} 的别构调节，另一个是 AMP 和 ATP 的别构调节：Ca^{2+} 作为肌肉运动的信号，它结合并别构糖原磷酸化酶激酶 b 使其具有活性，促进无活性的糖原磷酸化酶 b 转变为有活性的糖原磷酸化酶 a。AMP 在剧烈运动的肌肉中积聚，别构激活糖原磷酸化酶；当 ATP 足够时，ATP 和别构位点结合，使糖原磷酸化酶失活。

在肝中，糖原磷酸化酶的活性调节主要受胰高血糖素调节，当血糖浓度降低到一定程度，通过胰高血糖素形成 cAMP，激活蛋白激酶 A 使磷酸化酶激酶 b 转化为磷酸化酶激酶 a，催化无活性的糖原磷酸化酶 b 转变为有活性的糖原磷酸化酶 a，促使肝糖原分解成葡萄糖释放到血液中，达到升血糖目的。在肝中，糖原磷酸化酶的活性也存在着别构调节机制。但此时别构调节剂是葡萄糖

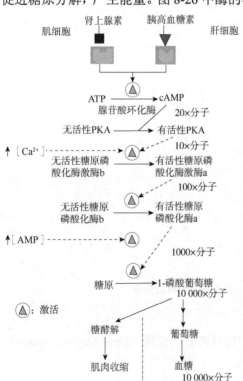

图 8-26　肾上腺素和胰高血糖素作用的级联放大
（仿自 Nelson and Cox，2005）

而不是 AMP。当血糖浓度升高时，葡萄糖进入肝细胞并和糖原磷酸化酶 a 的别构位点结合，使糖原磷酸化酶 a 构象发生变化将分子上磷酸化的丝氨酸残基暴露给糖原磷酸化酶 a 磷酸酶发生水解，糖原磷酸化酶 a 脱磷酸成无活性的糖原磷酸化酶 b（图 8-27）。

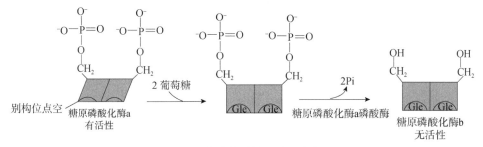

图 8-27　葡萄糖对肝中糖原磷酸化酶的别构调节（仿自 Nelson and Cox，2005）

2．糖原合成酶活性的调节

糖原合成酶（glycogen synthase）也分为 a、b 两种形式，糖原合成酶 a 具有活性。糖原合成酶 a 被磷酸化转变成无活性的糖原合成酶 b。在磷蛋白磷酸酶（phosphoprotein phosphatase）的作用下，无活性的糖原合成酶 b 脱磷酸转变为有活性的糖原合成酶 a。糖原磷酸化酶和糖原合成酶的活性在磷酸化与去磷酸化作用下相互调节，一个酶被激活，另一个酶活性被抑制，两个酶不会同时被激活或同时被抑制（图 8-28）。

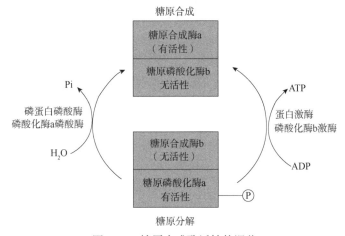

图 8-28　糖原合成酶活性的调节

糖原磷酸化酶 a 激酶、糖原磷酸化酶 a 和糖原合成酶 b，它们的脱磷酸均由磷蛋白磷酸酶催化。磷蛋白磷酸酶可与磷蛋白磷酸酶抑制物结合而失去活性，以保证糖原磷酸化酶 a 激酶、糖原磷酸化酶 a 和糖原合成酶 b 维持磷酸化的状态。只有磷酸化的磷蛋白磷酸酶抑制物才能和磷蛋白磷酸酶结合而使磷蛋白磷酸酶失去活性。因此 cAMP 激活蛋白激酶 A，不仅促进糖原磷酸化酶 b 激酶磷酸化成为糖原磷酸化酶 a 激酶、磷酸化酶 b 磷酸化成为磷酸化酶 a，又通过磷蛋白磷酸酶抑制剂的磷酸化，达到抑制磷蛋白磷酸酶对糖原磷酸化酶 a 激酶、糖原磷酸化酶 a 和糖原合成酶 b 脱磷酸化的目的，最终促进糖原分解，抑制糖原合成。

（四）糖原合成与分解的生理意义

（1）储存能量：葡萄糖以糖原的形式储存。

（2）调节血糖浓度：糖原是糖的储存形式，进食后，过多的糖可在肝和肌肉等组织中合成糖原储存起来，以免血糖浓度过高。血糖浓度低时可分解糖原来补充血糖。

（3）利用乳酸：肝糖原不仅可以从葡萄糖、果糖和半乳糖生成，还可以从甘油、乳酸和某些氨基酸等非糖物质经糖异生途径来合成糖原。当肌肉活动剧烈时，肌糖原分解产生大量乳酸，除一部分可氧化供能外，大部分随血液循环到肝脏，通过糖异生转变成肝糖原或血糖。

二、糖异生作用

糖异生作用（gluconeogenesis）也称为糖质新生作用，是指非糖物质如生糖氨基酸（甘氨酸、丙氨酸、苏氨酸、丝氨酸、天冬氨酸、谷氨酸、半胱氨酸、脯氨酸、精氨酸、组氨酸等）、有机酸（乳酸、丙酮酸及三羧酸循环中各种羧酸等）和甘油等转变为葡萄糖或糖原的过程。不同物质转变为糖的速度不同。进行糖异生的最主要器官是肝及肾。肾在正常情况下糖异生能力只有肝的 1/10，长期饥饿时肾糖异生能力大大增强，与同重量的肝组织的作用相当。

（一）糖异生途径

糖异生的途径基本上是沿酵解途径逆行的（图 8-29）。糖酵解通路中大多数的酶促反应是可逆的，但由于有三步反应（己糖激酶、6-磷酸果糖激酶 1、丙酮酸激酶）为变构酶催化的不可逆反应，构成难以逆行的能障，故需经另外的关键酶催化反应来绕行。另外，糖异生途径中 1,3-二磷酸甘油酸生成 3-磷酸甘油醛时，需要 $NADH+H^+$ 提供还原当量。

1. 丙酮酸转变成磷酸烯醇式丙酮酸

糖酵解途径中丙酮酸激酶催化磷酸烯醇式丙酮酸转变成丙酮酸。而葡糖异生途径中，丙酮酸转变成磷酸烯醇式丙酮酸是由"丙酮酸羧化支路"来完成的。首先由丙酮酸羧化酶（pyruvate carboxylase）（需生物素作为辅酶）催化，将丙酮酸转变为草酰乙酸。CO_2 先与生物素结合，需消耗 ATP，然后生物素将 CO_2 转移给丙酮酸生成草酰乙酸。由于丙酮酸羧化酶仅存在于线粒体内，故细胞质基质中的丙酮酸必须进入线粒体，才能羧化生成草酰乙酸。这也是体内草酰乙酸的重要来源之一。接下来再由磷酸烯醇式丙酮酸羧激酶（PEP carboxykinase）催化，由草酰乙酸生成磷酸烯醇式丙酮酸。反应中消耗一个高能磷酸键。上述两步反应共消耗 2 个高能键（一个来自 ATP，另一个来自 GTP），而糖酵解途径中由磷酸烯醇式丙酮酸分解为丙酮酸只生成 1 个 ATP。

磷酸烯醇式丙酮酸羧激酶在人体的线粒体及细胞质基质中均存在，但主要存在于细胞质基质中（人体内此酶在细胞质基质和线粒体内的分布比值为 67：33）。存在于线粒体中的磷酸烯醇式丙酮酸羧激酶，可直接催化草酰乙酸脱羧生成磷酸烯醇式丙酮酸，磷酸烯醇式丙酮酸从线粒体转运到细胞质基质；而存在于细胞质基质中的磷酸烯醇式丙酮酸羧激酶，首先要使不能自由进出线粒体内膜的草酰乙酸从线粒体转运到细胞质基质中，才能进行催化。故生成的草酰乙酸可经苹果酸-天冬氨酸穿梭转运出线粒体（见第七章"生物氧化"第二节）或经线粒体中苹果酸脱氢酶催化还原成苹果酸后出线粒体（苹果酸、天冬氨酸都能自由进出线粒体内膜），再在细胞质基质中苹果酸脱氢酶的催化下转变成草酰乙酸（图 8-30）。丙酮酸羧化酶和磷酸烯醇式丙酮酸羧激酶均是糖异生的关键酶。

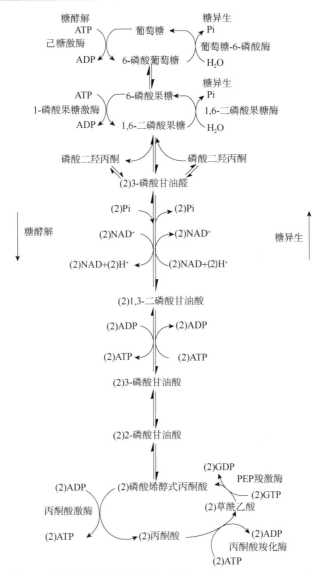

图 8-29 糖酵解和糖异生反应（仿自 Nelson and Cox，2005）

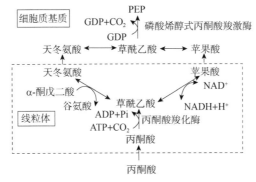

图 8-30 跨越线粒体和细胞质基质中的丙酮酸羧化支路

2. 1,6-二磷酸果糖转变为 6-磷酸果糖

此反应是糖酵解过程中 6-磷酸果糖激酶 1（PFK-1）催化 6-磷酸果糖生成 1,6-二磷酸果糖的逆过程，由 1,6-二磷酸果糖酶（fructose 1,6-bisphosphatase）催化，因为是放能反应，反应易于进行。该酶也是糖异生的关键酶。

3. 6-磷酸葡萄糖水解为葡萄糖

此反应是糖酵解过程中己糖激酶催化葡萄糖生成 6-磷酸葡萄糖的逆过程，由葡萄糖-6-磷酸酶（glucose 6-phosphatase）催化葡萄糖进行水解。该酶是糖异生的关键酶，不存在于肌肉组织中，故肌肉组织不能生成自由葡萄糖。

糖异生途径中,1,3-二磷酸甘油酸生成 3-磷酸甘油醛时，还需要 $NADH+H^+$ 提供还原当量。$NADH+H^+$ 可通过以下途径获得。

（1）以乳酸为原料进行糖异生时，$NADH+H^+$ 由乳酸脱氢酶催化的乳酸脱氢反应提供。

$$乳酸 \underset{NAD^+}{\overset{LDH}{\rightleftharpoons}} \underset{NADH+H^+}{丙酮酸}$$

（2）以氨基酸为原料进行糖异生时，$NADH+H^+$ 可由线粒体内 $NADH+H^+$ 提供，它们来自于脂肪酸的 β 氧化或三羧酸循环，由于 $NADH+H^+$ 无法通过线粒体内膜，其转运需通过草酰乙酸与苹果酸相互转变而实现。

非糖物质必须首先转变成糖异生途径中的中间产物，才能进行糖异生。乳酸可在乳酸脱氢酶催化下脱氢生成丙酮酸进入糖异生途径；甘油先磷酸化为 α-磷酸甘油，再脱氢生成磷酸二羟丙酮，进入糖异生途径；其他生糖氨基酸可通过联合脱氨基作用等生成丙酮酸进入糖异生途径，或生成三羧酸循环的中间产物，转变成苹果酸后出线粒体进入细胞质基质，在细胞质基质中苹果酸脱氢生成草酰乙酸进入糖异生途径转变成葡萄糖。

（二）糖异生调节

糖酵解途径中有 3 步不可逆反应，即己糖激酶（肝中为葡糖激酶）、6-磷酸果糖激酶 1 和丙酮酸激酶催化的反应。它们控制细胞质基质中葡萄糖的分解过程，是 3 个调节点。此三步不可逆反应中，6-磷酸果糖激酶 1 催化效率最低，是该途径中的主要调节点。

糖异生途径实际上是葡萄糖分解途径的逆反应途径，该途径中 4 个关键酶（丙酮酸羧化酶、磷酸烯醇式丙酮酸羧激酶、1,6-二磷酸果糖酶和葡萄糖-6-磷酸酶）是糖异生的主要调节点。糖异生与糖酵解是两条相同但方向相反的代谢途径，此两条途径究竟以哪一条途径为主，主要以上述两条途径中催化不可逆反应酶的活性而定。一种酶催化某一方向反应的产物成为另一种酶催化相反方向反应的底物，这种由不同酶催化底物互变的反应称为底物循环或无效循环（futile cycling）。上述底物循环反应的结果仅是 ATP 分解释放热能，若底物循环由于失控而增加，可引起恶性高热。由于细胞内每一对催化逆向反应酶的活性都不完全相等，细胞内的一些物质可对上述两组催化不可逆反应的酶进行相反作用的调节，使得代谢反应朝向一个方向进行。

1. 诱导、抑制关键酶的合成

胰高血糖素和胰岛素可以分别诱导或阻遏糖异生和糖酵解的调节酶，胰高血糖素/胰岛素高可诱导大量磷酸烯醇式丙酮酸羧激酶、葡萄糖-6-磷酸酶、1,6-二磷酸果糖酶等糖异生酶合成而阻遏己糖激酶、葡糖激酶、6-磷酸果糖激酶 1 和丙酮酸激酶等糖酵解酶的合成。胰岛素诱导、抑制糖酵解和糖异生关键酶的表达见表 8-3。

表 8-3　胰岛素诱导、抑制糖酵解和糖异生关键酶的表达

基因表达的变化	途径
表达升高	
己糖激酶	糖酵解
葡糖激酶	糖酵解
6-磷酸果糖激酶 1	糖酵解
6-磷酸果糖激酶 2/2,6-二磷酸果糖酶 2	糖酵解/糖异生调控
表达降低	
磷酸烯醇式丙酮酸羧激酶	糖异生
葡萄糖-6-磷酸酶（催化亚基）	葡萄糖释放到血液

2. 关键酶的共价修饰调节

激素调节糖异生作用对维持机体的恒稳状态十分重要，激素对糖异生调节实质是调节糖异生和糖酵解这两个途径的调节酶及控制供应肝脏的脂肪酸。胰高血糖素促进脂肪组织分解脂肪，增加血浆脂肪酸，所以促进糖异生；而胰岛素的作用则正相反（图 8-6）。

胰高血糖素和胰岛素都可通过影响肝脏酶的磷酸化修饰状态来调节糖异生作用，胰高血糖素激活腺苷酸环化酶以产生 cAMP，也就激活 cAMP 依赖的蛋白激酶，后者磷酸化丙酮酸激酶而使之抑制，这一酵解途径上的调节酶受抑制就刺激糖异生途径，因此阻止磷酸烯醇式丙酮酸向丙酮酸转变。胰高血糖素降低 2,6-二磷酸果糖在肝脏的浓度而促进 2,6-二磷酸果糖转变为 6-磷酸果糖，这是由于 2,6-二磷酸果糖是果糖二磷酸酶的别构抑制物，又是 6-磷酸果糖激酶的别构激活物，胰高血糖素能通过 cAMP 促进双功能酶（PFK-2/FBPase-2）磷酸化。这个酶经磷酸化后就灭活激酶部位却活化磷酸酶部位，因而 2,6-二磷酸果糖生成减少而被水解为 6-磷酸果糖。这种由胰高血糖素引致的 2,6-二磷酸果糖下降的结果是 6-磷酸果糖激酶 2 活性下降，果糖二磷酸酶活性增高，果糖二磷酸转变为 6-磷酸果糖增多，有利糖异生，而胰岛素的作用正相反。

3. 关键酶的别构调节

AMP、2,6-二磷酸果糖、ATP 和柠檬酸都是 6-磷酸果糖激酶 1 和 1,6-二磷酸果糖酶的别构效应剂。细胞内 AMP 含量高时（表示能量供应不足），激活 6-磷酸果糖激酶 1，抑制 1,6-二磷酸果糖酶，有利于葡萄糖分解途径；相反，当细胞内 ATP 和柠檬酸含量高时（表示能量供应和中间代谢物充足），抑制 6-磷酸果糖激酶 1，有利于糖异生途径（图 8-31）。

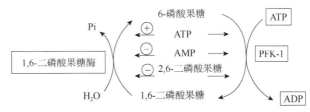

图 8-31　6-磷酸果糖激酶 1 和 1,6-二磷酸果糖酶的别构调节（仿自 Nelson and Cox，2005）

2,6-二磷酸果糖可通过变构调节激活 6-果糖磷酸激酶 1，抑制 1,6-二磷酸果糖酶的活性。2,6-二磷酸果糖在糖酵解、糖异生的相互调节中起着重要作用。2,6-二磷酸果糖是 6-磷酸果糖

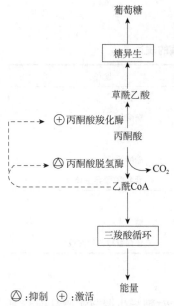

○:抑制 ⊕:激活

图 8-32 丙酮酸的两种代谢途径

激酶 1 最强烈的别构激活剂，同时也是 1,6-二磷酸果糖酶的别构抑制剂。在糖供应充分时，2,6-二磷酸果糖浓度增高激活 6-磷酸果糖激酶 1，抑制 1,6-二磷酸果糖酶，促进糖酵解。在糖供应缺乏时，2,6-二磷酸果糖浓度降低，减低对 6-磷酸果糖激酶 1 的激活、减低对 1,6-二磷酸果糖酶的抑制，糖异生增加。

乙酰 CoA 也是糖异生的丙酮酸羧化酶的别构激活剂和糖有氧氧化中的丙酮酸脱氢酶复合体的别构抑制剂，有促进糖异生作用。当细胞能量足够时，三羧酸循环被抑制、乙酰 CoA 堆积，进而抑制丙酮酸脱氢酶复合体的活性，减缓丙酮酸生成乙酰 CoA；与此同时丙酮酸羧化酶激活，增加糖异生过程，将多余的丙酮酸生成葡萄糖（图 8-32）。

（三）糖异生的生理意义

1. 糖异生最重要的生理意义是在空腹或饥饿情况下维持血糖浓度的相对恒定

在较长时间饥饿的情况下，机体需要靠糖异生作用生成葡萄糖以维持血糖浓度的相对恒定。空腹或轻度饥饿时，肝开始将存储的肝糖原分解产生葡萄糖，增加并维持血糖水平。该过程仅能维持正常血糖浓度 8～12h。此后在饥饿中期和饥饿后期，糖异生途径活跃，机体主要依靠肌肉组织蛋白质分解而来的大量氨基酸及由身体脂肪组织分解而来的甘油等非糖物质的糖异生来维持血糖浓度的恒定。正常成人大脑、肾髓质、血细胞、视网膜等主要利用葡萄糖供能，故维持血糖浓度的恒定，可保证脑等重要器官的能量供应。饥饿时，由于葡萄糖供应不足，骨骼肌中糖原耗竭，生成乳酸量较少，糖异生的原料主要是生糖氨基酸和甘油（图 8-33）。

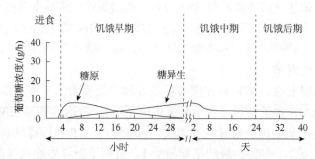

图 8-33 长时间饥饿的情况下，糖异生为血糖的主要来源（仿自 Horton et al.，2002）

2. 回收乳酸分子中的能量

乳酸大部分是由肌肉和红细胞中糖酵解生成的，但肌肉组织糖异生作用很弱，且不能生成自由葡萄糖。故需将产生的乳酸经血液转运至肝脏通过糖异生重新生成葡萄糖后再加以利用。剧烈运动时，骨骼肌葡萄糖分解代谢生成的丙酮酸量超过了三羧酸循环的氧化能力，此时细胞质基质中形成的 $NADH+H^+$ 也超过了线粒体呼吸链的氧化能力，加之氧的供应相对不足，丙酮酸与 $NADH+H^+$ 在胞质中积累。在乳酸脱氢酶的催化下，丙酮酸转变成乳酸，$NADH+H^+$ 转变成 NAD^+，使葡萄糖分解代谢能继续进行。大量的乳酸通过细胞质膜上的载体转运进入血液，经血液循环转运至肝脏，再经糖异生作用生成自由葡萄糖后转运至肌肉组织加以利用，这一循环过程就称为乳酸循环或 Cori 循环（lactate cycle or Cori cycle）（图 8-34）。

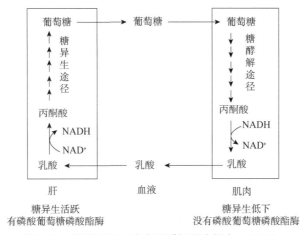

图 8-34　乳酸循环（仿自周爱儒和查锡良，2000）

骨骼肌中生成的乳酸也可通过血液运输进入其他细胞（如心肌细胞），转变成丙酮酸后进行有氧氧化。此外，骨骼肌中的丙酮酸也可经转氨基作用生成丙氨酸，通过血液进入肝后经脱氨基作用生成丙酮酸进行糖异生。

食品与生物化学：血乳酸浓度与抗疲劳饮料

　　人体在正常情况下，安静时血液中乳酸维持一定的浓度，动脉血为 0.4～0.8mmol/L，静脉血为 0.45～1.30mmol/L，运动时和运动后一段时间血乳酸值有显著提高。这是由于运动时能量需求增加，肌肉处于相对缺氧状态，糖无氧酵解迅速加快，导致乳酸浓度上升。当乳酸积累到一定程度，会出现肌力下降。糖的无氧代谢能力降低，导致运动能力明显下降。运动后恢复期肌肉内乳酸可以通过细胞膜弥散进入血液后，再入肝，在肝内异生为葡萄糖。一些功能性运动饮料可以加快血液中乳酸下降的速度，具有抗疲劳作用。

3．糖异生促进肾脏排 H^+、缓解酸中毒

肾脏中生成的 α-酮戊二酸可转变为草酰乙酸，肾小管上皮细胞中的磷酸烯醇式丙酮酸羧激酶能催化草酰乙酸糖异生为葡萄糖。由于三羧酸循环中间代谢物进行糖异生，造成 α-酮戊二酸含量降低，可促使肾脏中的谷氨酸和谷氨酰胺的脱氨生成的 α-酮戊二酸补充三羧酸循环，产生的氨则分泌进入肾小管，与原尿中 H^+ 结合成 NH_4^+，对 H^+ 过多起到缓冲作用，可缓解酸中毒。

三、淀粉的合成

淀粉和蔗糖是光合作用的主要终产物。光合作用光反应所合成的磷酸丙糖（三磷酸甘油醛和磷酸二羟丙酮），进一步转化为磷酸己糖（F-6-P）后，主要用于合成淀粉、蔗糖和纤维素，还有一部分用于合成一些代谢中间物。

很多高等植物尤其是谷类、豆类、薯类作物的籽粒及其储藏组织中都储存有丰富的淀粉。植物体内的直链淀粉和支链淀粉是通过不同的途径而合成的。

（一）直链淀粉的合成

直链淀粉是多聚 α-1,4-葡萄糖苷，α-1,4-糖苷键的形成是高等植物淀粉合成的主要途径。催化 α-1,4-糖苷键形成的途径主要有下列几种。

1. 淀粉合成酶途径

现在普遍认为生物体内淀粉的合成是由淀粉合成酶催化的，淀粉合成的第一步尿苷二磷酸葡萄糖（UDPG）焦磷酸化酶首先催化 UDPG 的形成。

$$1\text{-磷酸葡萄糖} + \text{UTP} \rightleftharpoons \text{UDPG} + \text{焦磷酸}$$

UDPG的结构式

接下来淀粉合成酶催化UDPG参与淀粉的合成，在合成过程中UDPG作为葡萄糖的供体，受体是麦芽五糖或麦芽六糖的引子。淀粉合成酶是一种葡萄糖转移酶，催化 UDPG 中的葡萄糖转移到 α-1,4 连接的葡聚糖引子上，使链加长一个葡萄糖单位。UDPG 把葡萄糖转给引子以后，生成 UDP，又可接受葡萄糖，再转给引子，直到直链淀粉的形成。淀粉合成酶不能形成淀粉分支点处的 α-1,6 键，因此不能形成支链淀粉。

$$\text{UDPG} + (\text{葡萄糖})_n \text{引子} \xrightarrow{\text{淀粉合成酶}} \text{UDP} + (\text{葡萄糖})_{n+1}$$

在植物和微生物中，ADPG 比 UDPG 更为有效，用 ADPG 合成淀粉的反应要比 UDPG 快10 倍。近年来普遍认为高等植物主要是通过 ADPG 转葡糖苷酶途径合成淀粉的。反应如下。

$$\text{ATP} + \alpha\text{-D-葡聚糖-1-磷酸} \rightleftharpoons \text{ADPG} + \text{PPi}$$

$$\text{ADPG} + (\text{葡萄糖})_n \text{引子} \longrightarrow \text{ADP} + (\text{葡萄糖})_{n+1}$$

2. 淀粉磷酸化酶途径

淀粉磷酸化酶广泛存在于生物界，淀粉磷酸化酶催化 G-1-P 参与淀粉的合成，在合成过程 G-1-P 作为葡萄糖的供体，受体同样是由几个葡萄糖分子残基组成的引子。接受了一个葡萄糖的引子再作为引子接受 G-1-P，逐渐加长。引子至少是 3 个葡萄糖分子，引子越大，接受能力越强，合成越快。反应如下。

$$1\text{-磷酸葡萄糖} + \text{引子} \xrightleftharpoons{\text{淀粉磷酸化酶}} \text{淀粉} + \text{H}_3\text{PO}_4$$

3. D 酶途径

D 酶是一种糖苷转移酶，它能将麦芽多糖的残基转移到葡萄糖、麦芽糖或其他 α-1,4 键的多糖上，起加成作用，故又称为加成酶。D 酶的作用特点是合成过程中需要供体和受体，供体和受体都不需要磷酸化。在淀粉的生物合成过程中，引子的产生与 D 酶的作用有密切的关系。

（二）支链淀粉的合成

Q 酶途径：淀粉合成酶只能合成 α-1,4-糖苷键连接的直链淀粉，但是支链淀粉除了 α-1,4-糖苷键外，尚有分支点处的 α-1,6-糖苷键，这种 α-1,6-糖苷键连接是在另一种称为 Q 酶（分支酶）的作用下形成的。Q 酶（分支酶）可以把直链淀粉改造成支链淀粉，即从直链淀粉的非还原端处切断一个为 6 或 7 个糖残基的寡聚糖碎片，然后催化转移到同一直链淀粉链或另一直链淀粉链的一个葡萄糖残基的 6-羟基处，形成一个 α-1,6-糖苷键，即形成一个分支链。在淀粉合成酶和 Q 酶的共同作用下便合成了支链淀粉。

Q 酶的意义：淀粉多一个分支，就多一个非还原端生成，而非还原端是接受葡萄糖的位置，α-1,6-糖苷键的导入使葡聚糖的非还原性末端增加，这有利于 ADPG 焦磷酸化酶和淀粉合成酶的催化反应，使它们能在短时间内催化合成更多的淀粉。因此 Q 酶的活性越高，淀粉合成越快，Q 酶可以提高淀粉合成效率。另外，支链淀粉是在淀粉合成酶和 Q 酶的共同作用下形成的。Q 酶的作用使淀粉的 α-1,4-糖苷键连接的直链变为含有 α-1,6-糖苷键连接的支链，使葡聚糖的分子质量不断增大，可使有限的细胞空间能容纳更多的具有能量的物质。

四、蔗糖的合成

蔗糖在植物界分布最广，是高等植物中光合作用的主要产物，是碳水化合物储藏和累积的主要形式，也是碳水化合物在植物体内运输的主要形式，在植物体内的代谢作用中占有重要的地位。蔗糖在高等植物中的合成主要有两种途径。

（一）蔗糖合酶途径

蔗糖合酶又名 UDP-D-葡萄糖、D-果糖 α-葡萄糖基转移酶，葡萄糖供体是尿苷二磷酸葡萄糖（UDPG），受体是 β-果糖，UDPG 把 G 转给受体 β-果糖生成蔗糖。反应如下。

$$UDPG+果糖 \xrightarrow{\text{蔗糖合酶}} UDP+蔗糖 \qquad K_m=8（pH7.4）$$

葡萄糖供体 UDPG 由 1-磷酸葡萄糖与尿苷三磷酸（UTP）在 UDPG 焦磷酸化酶催化下生成。

蔗糖合酶对 UDPG 并不是专一性的，除 UDPG 外，也可利用其他的核苷二磷酸葡萄糖如 ADPG、TDPG、CDPG 和 GDPG 作为葡萄糖的供体。NDPG（N 表示任一个核苷酸）的生成是经 NTP 与 G-1-P 作用，在焦磷酸化酶催化下生成的。蔗糖合酶反应受蔗糖浓度的限制，蔗糖浓度高，反应减慢，浓度低，反应加快。

蔗糖合酶主要存在于非绿色组织中，有两个同工酶，分别催化蔗糖的合成与分解。有人认为蔗糖合酶催化的该途径主要是分解蔗糖的作用，特别是在储藏淀粉的组织器官里把蔗糖转变成淀粉时。

（二）蔗糖磷酸合酶（SPS）途径

蔗糖磷酸合酶也利用 UDPG 作为葡萄糖供体，但果糖部分不是游离果糖，而是 6-磷酸果糖，合成产物是蔗糖磷酸酯，再经专一的磷酸酯酶作用脱去磷酸形成蔗糖。由于蔗糖磷酸合酶的活性较大，且平衡常数有利于反应进行，以及蔗糖磷酸的磷酸酯酶存在量大，一般认为该途径是植物合成蔗糖的主要途径。

蔗糖磷酸合酶在植物体不同组织中有不同的活性，在光合组织中，蔗糖磷酸合酶的活性很高；而在非光合组织中，蔗糖磷酸合酶的活性较低，由蔗糖磷酸合酶合成的蔗糖运转到非光合组织中，在非光合组织中由转化酶转化成果糖和葡萄糖（图 8-35）。

图 8-35　蔗糖合成的可能途径

（三）蔗糖磷酸化酶途径

这是微生物中蔗糖合成的途径，在植物体内没有。蔗糖磷酸化酶既可以在有磷酸存在下，催化蔗糖分解成 1-磷酸葡萄糖和果糖，也可以催化逆反应，将果糖和 1-磷酸葡萄糖合成为蔗糖，其反应过程如下。

$$1\text{-磷酸葡萄糖}+\text{果糖} \xrightarrow[]{\text{蔗糖磷酸化酶}} \text{蔗糖}+\text{Pi}$$

第六节　血糖及其调节

血糖是指血液中的葡萄糖。体内血糖浓度是反映机体内糖代谢状况的一项重要指标。正常情况下，用葡萄糖氧化酶法测定静脉血血浆中葡萄糖浓度，正常人空腹血糖浓度为 3.9～5.6mmol/L，餐后可升高，禁食时会降低，但均可保持在一定范围。空腹血浆葡萄糖浓度高于 7.0mmol/L 称为高血糖，低于 3.9mmol/L 称为低血糖。血糖浓度维持在较为恒定的水平，对保证人体各组织器官特别是脑利用葡萄糖供能发挥正常功能极为重要。

一、血糖的来源与去路

正常情况下，血糖浓度能维持较为恒定的水平，血糖浓度的相对恒定是由其来源与去路两方面不断地保持着的动态平衡所决定的。

餐后小肠吸收大量葡萄糖后，血糖浓度升高，使葡萄糖进入肝、肌肉、肾等组织合成糖原或转变成脂肪贮存。空腹时，由于身体各组织器官仍需利用葡萄糖作为能源，此时肝糖原分解和非糖物质通过糖异生作用转变成葡萄糖，维持血糖浓度恒定。

血糖的主要来源有：①从食物消化吸收的葡萄糖是血糖的主要来源；②肝（肾）将非糖物质如甘油、乳酸及生糖氨基酸等通过糖异生作用生成葡萄糖，是长期饥饿时血糖的来源；③肝糖原分解是空腹时血糖的直接来源。血糖的主要去路有：①在各组织中氧化分解供能量，是血糖的主要去路；②在肝、肌肉等组织中合成糖原；③转变为脂肪或氨基酸等非糖物质；④转变为核糖、氨基糖和糖醛酸等其他糖类物质。血糖浓度保持恒定实际上是体内各组织器官在葡萄糖分解、糖异生、糖原分解和糖原合成等各方面代谢协同的结果。

二、血糖水平的调节

血糖浓度维持在相对稳定的正常水平对机体是极为重要的。正常人体内存在着精细的调节血糖来源和去路动态平衡的机制，保持血糖浓度的相对恒定是组织器官、激素及神经系统共同调节的结果。调节血糖浓度相对恒定的机制有如下几类。

（一）组织器官水平调节

血糖浓度和各组织细胞膜上葡萄糖转运体（glucose transporters，GLUT）是器官水平调节的两个主要影响因素，此时细胞膜上葡萄糖转运体家族有 GLUT-1～GLUT-5，是双向转运体。在正常血糖浓度情况下，各组织细胞通过细胞膜上 GLUT-1 和 GLUT-3 摄取葡萄糖作为能量来源。

1. 肝脏

肝脏是调节血糖浓度的最主要器官。当血糖浓度过高时，肝细胞膜上的 GLUT-2 起作用，通过加快将血中的葡萄糖转运入肝细胞，以及通过促进肝糖原的合成，来降低血糖浓度；当血糖浓度偏低时，肝脏通过促进肝糖原的分解，以及促进糖的异生作用，可增高血糖浓度。

2. 肌肉等外周组织

血糖浓度过高会刺激胰岛素分泌，导致肌肉和脂肪组织细胞膜上 GLUT-4 的量迅速增加，加快对血液中葡萄糖的吸收，合成肌糖原或转变成脂肪储存起来，也通过促进其对葡萄糖的氧化利用以降低血糖浓度。

（二）激素水平调节

激素主要通过调节糖代谢各途径的关键酶的活性以维持血糖浓度的相对恒定。

1. 降低血糖浓度的激素——胰岛素

胰岛素是胰岛 B 细胞分泌的激素，是人体内唯一降低血糖浓度的激素，也是唯一同时促进糖原、脂肪、蛋白质合成的激素。由于葡萄糖能自由通过胰岛 B 细胞膜上的葡萄糖转运体 2（GLUT-2），因此胰岛 B 细胞能对不同程度的高血糖做出直接反应。胰岛素通过加速葡萄糖进入细胞、促进糖原合成和抑制糖原分解、降低糖异生作用、减少脂肪动员等多方面作用降低血糖浓度。

2. 升高血糖浓度的激素——胰高血糖素、肾上腺素、糖皮质激素、生长激素、甲状腺激素

胰高血糖素是胰岛 A 细胞分泌的激素，血糖浓度过低促进其分泌。胰高血糖素主要通过促进糖原分解和抑制糖原合成、减少葡萄糖分解代谢、促进糖异生、增加脂肪动员等多方面作用升高血糖浓度。

胰岛素和胰高血糖素是调节血糖浓度最主要的两种作用相反的激素。引起胰岛素分泌的信号（如血糖浓度升高）可抑制胰高血糖素分泌；反之，使胰岛素分泌减少的信号（如血糖浓度降低）可促进胰高血糖素分泌。

肾上腺素主要在应激状态下发挥作用，与胰高血糖素作用相似。糖皮质激素能促进肌肉蛋白分解，诱导肝中磷酸烯醇式丙酮酸羧激酶的表达，增强糖异生；它还可抑制丙酮酸脱氢酶的活性，使肝外组织对血糖利用减少，使血糖浓度升高。此外生长激素、促肾上腺皮质激素、甲状腺激素等均有升高血糖浓度的作用。

（三）神经系统

神经系统对血糖浓度的调节主要通过下丘脑和自主神经系统调节相关激素的分泌。

三、血糖浓度异常

（一）高血糖

成人空腹血糖浓度高于 7.0mmol/L 时称为血糖过高或高血糖。若血糖浓度超过肾糖阈，葡萄糖可从尿中排出，称为糖尿。临床上高血糖和糖尿主要见于糖尿病。随着生活水平的提高、人口老龄化、生活方式的改变，患糖尿病的人数迅速增加。

目前将糖尿病分为Ⅰ型糖尿病、Ⅱ型糖尿病、其他特殊类型的糖尿病和妊娠期糖尿病。Ⅰ型糖尿病主要是患者胰岛 B 细胞破坏，引起胰岛素缺乏；Ⅱ型糖尿病患者存在胰岛素受体或受体后功能缺陷（胰岛素抵抗）和胰岛素分泌缺陷。Ⅱ型糖尿病患者的遗传易感性较Ⅰ型强。一些特殊类型糖尿病与胰岛 B 细胞中单基因缺陷有关。糖尿病严重时，机体不能利用葡萄糖供能，此时体内脂肪分解加速，酮体生成大大增加，可引起酮症酸中毒，它是内科常见的急症之一。其他因素如进食大量糖、情绪激动肾上腺素分泌增加等也可引起一过性的高血糖和糖尿。

（二）低血糖

成人空腹血糖浓度低于 3.9mmol/L 时认为是低血糖，可出现低血糖症，临床表现有交感神经过度兴奋症状，如出汗、颤抖、心悸（心率加快）、面色苍白、肢凉等，以及神经症状如头晕、视物不清、步态不稳，甚至出现幻觉、精神失常、昏迷、血压下降等。

胰岛素分泌过多或临床上使用胰岛素过量，升高血糖浓度的激素分泌不足，糖摄入不足（饥饿或节食过度），肝糖原分解减少，糖异生减少，组织耗能过多等均能导致低血糖症。新生儿脑重量占体重的比例较大，且脑几乎完全依赖葡萄糖供能。出生前由母体血液中的葡萄糖提供能量。出生后数小时内，由于肝中磷酸烯醇式丙酮酸羧激酶含量很低，糖异生能力有限，早产儿糖异生能力更弱，肝中糖原贮存更少，因此容易出现低血糖，使脑功能受损，需及时补充糖类食物。

█ 关键术语表

乙酰 CoA（acetyl-CoA）　　　　　　　　乙醛酸循环（glyoxylate cycle）
回补途径（anaplerotic pathway）　　　　D 酶（D-enzyme）
柠檬酸循环，三羧酸循环　　　　　　　　乙醇发酵（alcoholic fermentation）
（citric acid cycle，tricarboxylic acid cycle）　　发酵（fermentation）
6-磷酸果糖（fructose-6-phosphate，F-6-P）　糖原蛋白，糖原引发蛋白（glycogenin）
葡萄糖转运蛋白（glucose transporter，GLUT）　6-磷酸葡萄糖（glucose-6-phosphate，G-6-P）
糖原（glycogen）　　　　　　　　　　　糖原合成（glycogenesis）
糖原分解（glycogenolysis）　　　　　　糖异生作用（glycogenolysis）
糖原磷酸化酶（glycogen phosphorylase）　糖酵解（glycolysis）
己糖激酶（hexokinase）　　　　　　　　乳酸循环（lactate cycle 或 Cori cycle）

乳酸发酵（lactate fermentation） 巴斯德效应（Pasteur effect）

磷酸戊糖途径（pentose phosphate pathway） 丙酮酸（pyruvate）

6-磷酸果糖激酶 1（phosphofructokinase-1，PFK-1）Q 酶（Q-enzyme）

磷酸烯醇式丙酮酸（phosphoenolpyruvate，PEP）

丙酮酸脱氢酶复合体（pyruvate dehydrogenase complex）

单元小结

糖代谢包括分解代谢和合成代谢。动物和大多数微生物所需的能量，主要是由糖的分解代谢提供的。另外，糖及其分解的中间产物，可为生物体合成其他类型的生物分子，如氨基酸、核苷酸和脂肪酸等，提供碳源或碳链骨架。

葡萄糖进入细胞后，在一系列酶的催化下，发生分解代谢过程。葡萄糖的分解代谢有3条途径：无氧酵解、有氧氧化、磷酸戊糖途径。

糖酵解是指葡萄糖在无氧条件下，经过 10 步酶促反应最终生成丙酮酸的过程。糖酵解也称为无氧氧化或无氧酵解，其全部反应过程在胞液中进行。糖酵解的生理意义在于为机体迅速提供能量，1 分子葡萄糖经糖酵解可净生成 2 分子 ATP。几乎每一个生命细胞都能进行糖酵解，但是在不同的生物体内，产物丙酮酸分解的情况不同。在动物体内，如果一时缺氧丙酮酸生成乳酸叫作乳酸发酵。在酵母菌体内，丙酮酸继续氧化成乙醇叫作乙醇发酵。

葡萄糖通过糖酵解产生的丙酮酸，在有氧条件下，将进入三羧酸循环进行完全氧化，生成 H_2O 和 CO_2，并释放出大量能量。绝大多数组织细胞通过糖的有氧氧化途径获得能量。此代谢过程在细胞胞液和线粒体内进行，1 分子葡萄糖彻底氧化分解可产生 30（32）分子 ATP。

糖的有氧氧化代谢途径可分为三个阶段：第一阶段为葡萄糖经糖酵解生成丙酮酸；第二阶段为丙酮酸的氧化脱羧生成乙酰 CoA；第三阶段为三羧酸循环。循环反应在线粒体中进行，为不可逆反应。每完成一次循环，氧化分解掉 1 分子乙酰基，可生成 10 分子 ATP。三羧酸循环的关键酶是柠檬酸合酶、异柠檬酸脱氢酶和 α-酮戊二酸脱氢酶系。

糖有氧氧化的生理意义在于它是糖在体内分解供能的主要途径，生成的 ATP 数目远远多于糖的无氧酵解生成的 ATP 数目；是糖、脂肪、蛋白质氧化供能的共同途径和相互转变的枢纽。

磷酸戊糖途径是指从 6-磷酸葡萄糖脱氢反应开始，经一系列代谢反应生成磷酸戊糖等中间代谢物，然后再重新进入糖氧化分解代谢途径的一条旁路代谢途径。该旁路途径的起始物是 6-磷酸葡萄糖，重要的中间代谢产物是 5-磷酸核糖和 NADPH+H^+。整个代谢途径在细胞液中进行。关键酶是 6-磷酸葡萄糖脱氢酶。磷酸戊糖途径是体内生成 NADPH+H^+ 的主要代谢途径，也是体内生成 5-磷酸核糖的唯一代谢途径。

糖的合成代谢包括两个方面，一是动物体内的糖异生和糖原合成；二是植物体内的淀粉和蔗糖形成。

由非糖物质转变为葡萄糖或糖原的过程称为糖异生。该代谢途径主要存在于肝及肾中。糖异生主要沿糖酵解途径逆行，有三步反应（己糖激酶、6-磷酸果糖激酶 1、丙酮酸激酶催化的反应）为不可逆反应，需经另外的反应绕行。糖异生的原料主要来自于生糖氨基酸、甘油和乳酸，其生理意义在于在饥饿情况下维持血糖浓度的相对恒定，回收乳酸分子中的能量和维持酸碱平衡。

　　糖原是由许多葡萄糖分子聚合而成的带有分支的高分子多糖类化合物。糖原的合成与分解代谢主要发生在肝、肾和肌肉组织细胞的胞液中。

　　糖原的合成代谢可分为三个阶段。首先由葡萄糖生成尿苷二磷酸葡糖，接下来在糖原合成酶催化下，UDPG 所带的葡萄糖残基通过 α-1,4-糖苷键与原有糖原分子的非还原端相连，使糖链延长。糖原合成酶是糖原合成的关键酶。第三阶段当直链长度达 12 个葡萄糖残基以上时，在分支酶的催化下，将距末端 6 或 7 个葡萄糖残基组成的寡糖链由 α-1,4-糖苷键转变为 α-1,6-糖苷键，使糖原出现分支，同时非还原端增加。

　　糖原的分解代谢也可分为三个阶段，是一非耗能过程。首先糖原在糖原磷酸化酶催化下生成 1-磷酸葡萄糖，此阶段需脱支酶协助。接下来 1-磷酸葡萄糖异构成 6-磷酸葡萄糖。最后 6-磷酸葡萄糖在肝和肾中形成葡萄糖或进行进一步代谢。

　　糖原合成与分解的生理意义在于调节血糖浓度、储存能量和利用乳酸。

复习思考习题

（扫码见习题）

第九章

脂 类 代 谢

脂类，是生物体内一类不溶于水，易溶于有机溶剂的重要的有机化合物。它包括单纯脂、复合脂、萜类和类固醇及其衍生物、衍生脂类及结合脂类等，是脂肪和类脂的总称。其中，脂肪是 3 分子脂肪酸和 1 分子甘油形成的酯，也称为三酰甘油或甘油三酯，能为机体储存大量所需要的能量。类脂主要包括磷脂、糖脂、鞘脂、胆固醇及胆固醇酯等，是构成生物膜及脑神经组织细胞的重要组成成分，大多是重要的结构物质和生理活性物质。

本章主要介绍脂类的消化、吸收与储存。脂肪的分解代谢与合成代谢，类脂的代谢及血浆脂蛋白代谢过程。

第一节 脂类在机体内的消化、吸收和储存

一、脂类在机体内的消化和吸收

食物中的脂质物质主要包括甘油三酯（triacylglycerol）、磷脂、胆固醇及胆固醇酯，以甘油三酯为最多。人们常说的脂肪即是指连接脂肪酸的甘油三酯，它是甘油上的 3 个羟基和 3 个游离的脂肪酸分子脱水、缩合后形成的酯，是植物和动物细胞脂类物质的主要组分。这些脂质不溶于水，必须乳化后才能被消化吸收。

摄入食物后，在食物脂类刺激下，胆汁及胰液从肝分别经过胆囊和胰腺被分泌出来进入十二指肠。胆汁的成分很复杂，但胆汁中没有消化酶存在，主要是靠胆汁酸盐参与消化和吸收。胆汁中的胆汁酸盐是一种较强的乳化剂，可充分乳化甘油三酯和胆固醇酯等疏水的脂质成分并将它们分散成细小的微团颗粒分散在水中，从而增加消化酶与脂质成分接触的表面积，有利于脂类的消化与吸收。在人和动物的胰液中含有胰脂酶、辅脂酶、磷脂酶及胆固醇酯酶等多种脂类物质水解酶。

食品与生物化学：可应用于食品工业的脂肪酶

胰脂酶： 特异性地催化甘油三酯 1,3-酯键水解，产生 2-甘油单酯和 2 分子脂肪酸。但是胰脂酶要水解微团内的甘油三酯，必须吸附在乳化脂肪微团的水油界面上。胰脂酶的作用依赖于胆汁酸盐，同时又受到胆汁酸盐的抑制。

辅脂酶： 分子质量为 10 000Da，是胰脂酶水解脂肪不可缺少的辅因子，1 分子辅脂酶可以结合 1 分子胰脂酶。辅脂酶本身不具有脂肪酶活性，最初以酶原的形式，随胰液分泌进入十二指肠。在肠腔，这种酶原被胰蛋白酶从 N 端切下 1 分子五肽结构后被激活。辅脂酶分子内具有能与胰脂酶和甘油三酯结合的结构域，可以分别通过氢键及疏水键与它们同时结合。因此，辅脂酶具有将胰脂酶定位于甘油三酯微团的水油界面上，防止胰

脂酶变性，并促进甘油三酯水解生成甘油单酯和脂肪酸。

磷脂酶：在生物体内存在的可以水解甘油磷脂的一类酶，其中主要包括磷脂酶 A_1、A_2、B、C 和 D，它们特异地作用于磷脂分子内部的各个酯键，催化磷脂的酯键水解，形成脂肪酸及溶血磷脂等不同的产物。这一过程也是甘油磷脂的改造加工过程。

胆固醇酯酶：为能催化胆固醇酯水解生成游离胆固醇及脂肪酸的脂类物质水解酶。

水解产生的甘油单酯、脂肪酸、胆固醇及溶血磷脂等脂质消化产物主要在十二指肠下端及空肠上部被吸收。最终包括主要脂类物质的消化产物经胆汁酸盐进一步乳化生成更小的混合微团。这种微团具有更大的极性，更容易穿过小肠黏膜细胞表面的水屏障而被吸收。

含有短链脂肪酸、中链脂肪酸和长链脂肪酸的甘油三酯的吸收方式各不相同。在肠腔内，短链脂肪酸及中链脂肪酸构成的甘油三酯，经胆汁酸盐乳化后，可以直接在肠黏膜细胞内被吸收，吸收后在肠黏膜细胞内再被脂肪酶水解，最后直接以中、短链脂肪酸及甘油的形式，经门静脉进入血循环。而长链脂肪酸及甘油单酯在肠黏膜细胞内被吸收后，在光滑型内质网上脂酰 CoA 转移酶的催化下，利用 ATP 提供的能量，转移 2 分子脂酰 CoA，重新合成甘油三酯。甘油三酯再与粗糙型内质网上合成的载脂蛋白及磷脂、胆固醇结合形成乳糜微粒，最后经淋巴进入血循环，这种方式也称为甘油单酯合成途径（图 9-1）。

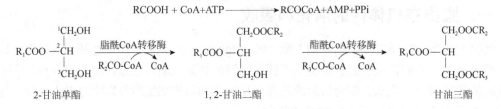

图 9-1　甘油单酯合成途径

二、脂类在体内的储存形式

甘油三酯存在于高等动物和人体的各个器官中，主要分布在人体的皮下组织、内脏周围、肠系膜、大网膜等部位周围的脂肪组织细胞内。正常人体内的脂肪量男性约占体重的 21%，女性约占体重的 26%，女性稍多。脂肪受营养状况、机体活动及遗传因素等的影响，在体内含量变化很大，肥胖者脂肪可占体重的 30%，过度肥胖者可高达 60%左右。而植物油脂集中在植物的果实和种子中。微生物油脂以脂肪滴的形式存在于微生物细胞内。

当人吃进食物时，脂类物质被人体消化吸收，从而为人体提供能量。其他多余的脂类物质会转变成甘油三酯在脂肪细胞里面存储以备将来利用。不管吃什么类型的食物，如脂肪、糖类或者蛋白质，额外的能量都以脂肪形式存储在体内。如果很规律地摄入了很多能量，并且比所消耗的能量要多的话，那么可能会得高甘油三酯。

类脂（脑磷脂、卵磷脂、神经磷脂、胆固醇等）约占体重的 5%，分布于全身各组织，特别以脑神经组织为多，就全脑平均而言，脑干重的 1/2 是类脂。磷脂和胆固醇是构成生物膜的重要成分，卵磷脂可提高各神经细胞间的信息传递速度及准确性，并促使信息通道进一步建立和丰富。脑磷脂活化人的神经细胞，改善大脑功能。类脂的含量恒定，不受营养状况和机体活动的影响。

此外，血浆中还有由甘油三酯、磷脂、胆固醇及其酯和载脂蛋白组成的血浆脂蛋白，以及与血浆清蛋白结合成的游离脂肪酸。它们虽然含量很低，却是机体脂质转运的重要形式。

第二节 脂肪的分解代谢

脂肪（甘油三酯）是动物体内重要的储能物质，当机体缺乏能量时，储存在脂肪细胞中的脂肪会被脂肪酶逐步水解成为甘油和游离脂肪酸并释放进入血液，被其他组织氧化利用，这一过程也称为脂肪动员作用。水解产生的甘油和脂肪酸在动物体内经扩散作用进入肠黏膜细胞，再经淋巴系统进入血液。

一、脂肪（甘油三酯）的酶促水解

食物中的脂肪在小肠中由胆汁酸盐乳化成微团颗粒，在脂肪酶（lipase）作用下进一步水解为甘油和游离脂肪酸。此反应由脂肪酶催化，组织中有 3 种脂肪酶：甘油三酯脂肪酶、甘油二酯脂肪酶和甘油单酯脂肪酶。故反应往往不能一次就完全形成甘油，而是逐步进行水解。这 3 种酶的水解步骤为：①脂肪酶促水解的第一步是甘油三酯在甘油三酯脂肪酶催化作用下水解成甘油二酯和游离脂肪酸。②脂肪酶促水解的第二步是甘油二酯在甘油二酯脂肪酶催化作用下水解成甘油单酯和游离脂肪酸。③脂肪酶促水解的第三步是甘油单酯在甘油单酯脂肪酶催化作用下最终水解成甘油和 3 分子游离脂肪酸。甘油和游离脂肪酸可被吸收，进入肝脏进一步代谢（图 9-2）。

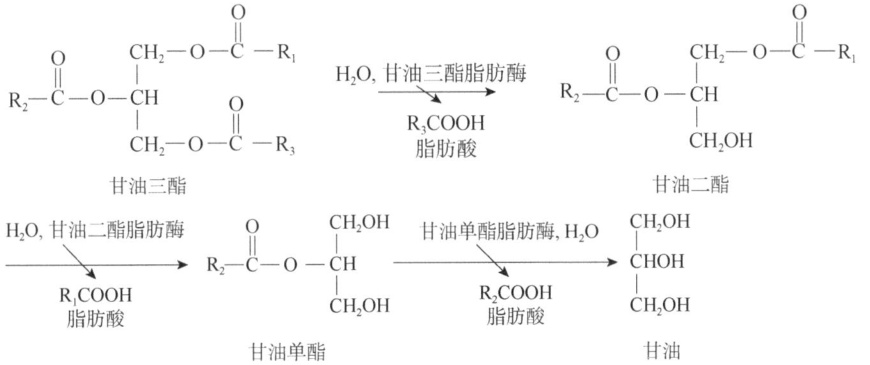

图 9-2 甘油三酯在脂肪酶催化作用下的水解反应（引自于自然和黄熙泰，2001）

在以上反应过程中，甘油三酯脂肪酶是限速酶，受多种激素调节，故也称为激素敏感性脂肪酶（hormone-sensitive lipase，HSL）。当机体禁食、饥饿、肌肉锻炼耗能过多或交感神经兴奋时，肾上腺素、去甲肾上腺素、肾上腺皮质激素、胰高血糖素、甲状腺素等分泌增加，作用于脂肪细胞膜上相应受体，激活腺苷酸环化酶，促进环腺苷酸（cAMP）的合成，进而再激活依赖于腺苷酸环化酶的蛋白激酶，从而使脂肪细胞胞液内甘油三酯脂肪酶磷酸化而被活化。这些激素对甘油三酯脂肪酶起正调节作用，称为脂解激素。与此相反，胰岛素和前列腺素能抑制 cAMP 活化，抑制脂肪动员，对甘油三酯脂肪酶起负调节作用，称为抗脂解激素。

植物也有类似的脂肪消化作用，如油料作物的种子萌发时，种子内脂肪酶活力增加，促使脂肪发生分解。

二、甘油的分解代谢

由脂肪酶水解作用产生的甘油溶于水，可通过血液运输至肝、肾、肠等组织利用其激酶进一步磷酸化。3 种激酶中，肝甘油激酶活性很高，可催化甘油转变为 3-磷酸甘油，而后在磷酸甘油脱氢酶的作用下，生成磷酸二羟丙酮，磷酸二羟丙酮可以同 3-磷酸甘油醛自由转化，再通过 3-磷酸甘油醛进入糖异生作用转变为糖或按糖酵解途径氧化分解。而脂肪细胞及骨骼肌细胞缺乏甘油激酶，故不能利用甘油。

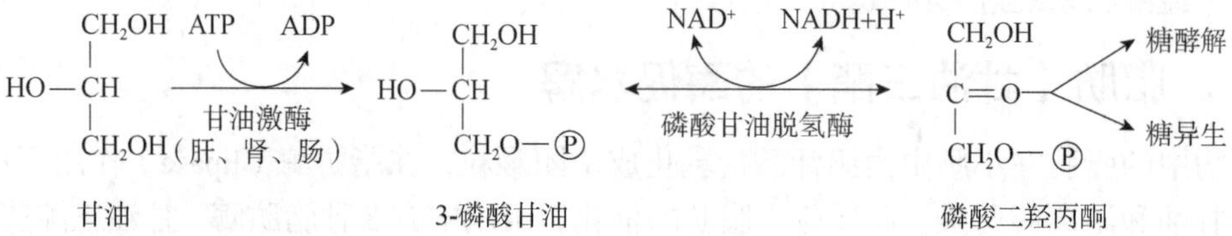

三、脂肪酸的分解代谢

脂肪酸是人及其他哺乳动物主要的能源物质，在氧气供给充足的条件下，脂肪酸在体内彻底氧化分解成 CO_2 和 H_2O，并释放大量能量，以 ATP 的形式供机体利用。

（一）饱和脂肪酸的 β 氧化作用

1. 脂肪酸 β 氧化作用的概念

脂肪酸 β 氧化作用是指脂肪酸在一系列酶的作用下，在 α,β-碳原子之间断裂，β-碳原子氧化成羧基，生成含 2 个碳原子的乙酰 CoA 和较原来少 2 个碳原子的脂肪酸。整个过程是在线粒体中进行的。

2. 脂肪酸的转运

游离脂肪酸穿越脂肪细胞和毛细血管内皮细胞与血浆清蛋白结合后，以扩散的方式由血液运送至全身，主要在心脏、肝、骨骼肌等组织中被摄取利用。除脑组织外，大多数组织均能氧化脂肪酸，其中以肝和肌肉最为活跃。β 氧化作用并不是一步完成的，而是要经过活化、转运，然后再进入氧化。

3. 脂肪酸的活化

与葡萄糖氧化相似，脂肪酸氧化前也必须活化。被吸收进入细胞的脂肪酸首先在脂酰 CoA 合成酶的催化下，利用 Mg^{2+} 与 ATP 提供的能量，与辅酶 A（CoASH）反应活化后形成脂酰 CoA。脂肪酸的活化在线粒体外的胞液中进行，脂酰 CoA 合成酶分布于胞液中的内质网和线粒体外膜上。

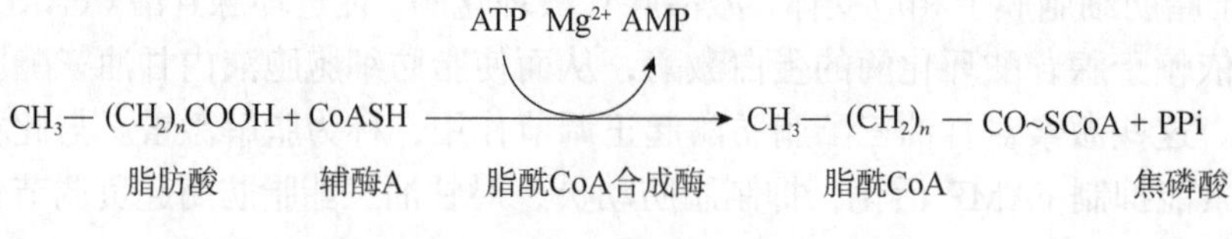

脂肪酸活化成脂酰 CoA 后含有高能硫酯键，增加了脂肪酸的水溶性和代谢活性。而脂肪酸活化反应由 ATP 供能，最终产生 AMP 和焦磷酸（PPi），故 1 分子脂肪酸活化，实际上消

耗了 2 分子高能磷酸键。此外，反应产生的焦磷酸因立即被细胞内焦磷酸酶水解，使可逆反应难以进行。

4. 脂酰 CoA 穿膜运送进入线粒体

脂肪酸的活化在胞液中进行，但催化脂肪酸氧化的酶系却存在于线粒体基质内，脂酰 CoA 本身不能直接穿过线粒体内膜，因此需要一个转运系统。只有活化的脂酰 CoA 才能进入线粒体内，并进一步氧化分解。所以，长链脂酰 CoA 分子中的 CoA 只有与肉碱（β-羟-γ-三甲氨基丁酸）交换，以脂酰肉碱的形式才能透过线粒体内膜（图 9-3）。

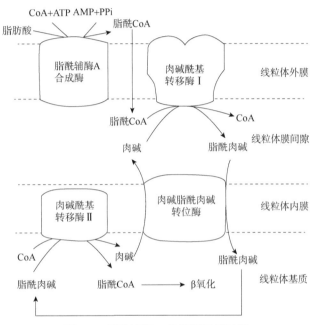

图 9-3　脂酰辅酶 A 的穿膜运送过程

活化的脂酰 CoA 首先在位于线粒体外膜的肉碱酰基转移酶Ⅰ（acyl-CoA transferase Ⅰ）的作用下，与肉碱结合生成脂酰肉碱。脂酰肉碱通过肉碱脂酰肉碱转位酶穿过线粒体的内膜进入线粒体内基质中，在肉碱酰基转移酶Ⅱ的作用下，脂酰肉碱与线粒体基质中的辅酶 A 结合，重新产生脂酰 CoA，并释放肉碱，最后肉碱经肉碱脂酰肉碱转位酶协助，又回到线粒体内膜外膜间隙中，准备进行下一轮转运。

脂酰 CoA 从线粒体膜外到线粒体内的转运过程是脂肪酸分解代谢的限速步骤，肉碱酰基转移酶Ⅰ的活性直接影响脂肪酸的转运速度，所以是决定脂肪酸合成还是氧化分解的关键。在饥饿、高脂低糖膳食或患糖尿病的状况下，机体主要靠脂肪酸氧化供能，肉碱酰基转移酶Ⅰ活性增加。相反，高糖低脂膳食时，肉碱酰基转移酶Ⅰ活性受抑制，脂肪酸氧化减少，合成增加。肉酰基酰转移酶Ⅰ缺乏的重要特征是运动时肌无力。由于中等长度的脂肪酸进入线粒体不需要肉碱的协助，因此此类患者可以正常氧化中链脂肪酸。

5. β 氧化的过程

脂酰 CoA 进入线粒体后，在基质中进行 β 氧化作用，包括 4 个循环步骤（图 9-4）。

（1）脱氢：在脂酰 CoA 脱氢酶的催化下，脂酰 CoA 的 C-2 和 C-3（即 α、β 位）碳原子之间各脱下一个氢原子，生成反 Δ^2 烯酰 CoA，脱下的 2 个 H 由脂酰 CoA 脱氢酶的辅酶 FAD 接受生成 $FADH_2$。

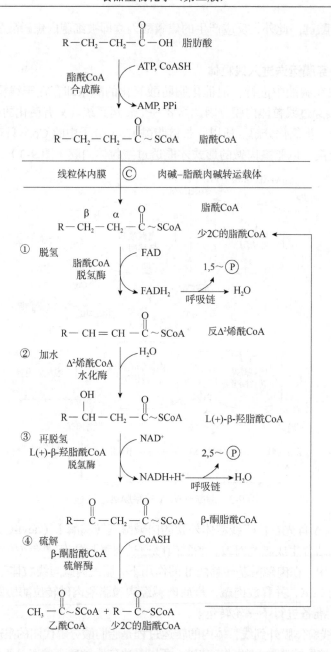

图 9-4　脂肪酸 β 氧化过程（引自赵宝昌，2004）

（2）加水：反 Δ^2 烯酰 CoA 在 Δ^2 烯酰 CoA 水化酶的催化下，在双键上加上 1 分子水，生成 L（+）-β-羟脂酰 CoA，此酶具有立体化学专一性，只催化 L-异构体的生成。

（3）再脱氢：在 β-羟脂酰 CoA 脱氢酶催化下，L（+）-β-羟脂酰 CoA 的 C-3（β 位）上的羟基脱氢氧化成 β-酮脂酰 CoA，同时脱氢酶的辅酶 NAD^+ 接受氢被还原成 NADH。

（4）硫解：β-酮脂酰 CoA 在 β-酮脂酰 CoA 硫解酶催化下，α 和 β 位之间被 1 分子 CoA 硫解，产生乙酰 CoA 和比原来脂酰 CoA 缩短了两个碳原子的脂酰 CoA。

以上 4 步反应都是可逆反应，但由于第 4 步硫解作用是高度放能反应，从而使整个 β 氧化过程往往朝裂解方向进行。对于长链脂肪酸可在进行脱氢、加水、再脱氢和硫解反应，需

要经过多次 β 氧化，每次降解下一个二碳单位，如此反复进行，直至成为二碳的乙酰 CoA（含偶数碳的脂肪酸）或三碳的丙酰 CoA（含奇数碳的脂肪酸），丙酰 CoA 可以羧化变成琥珀酰 CoA 进入三羧酸循环或脱羧等反应生成乙酰 CoA，即完成脂肪酸的 β 氧化。

6. 脂肪酸 β 氧化的能量计算

脂肪酸在 1 次 β 氧化过程中，每形成 1 分子乙酰 CoA，就使 1 分子 FAD 还原为 $FADH_2$，并使 1 分子 NAD^+ 还原为 $NADH+H^+$。现以 C_{16} 软脂酸为例，说明其产生 ATP 分子的过程如下。

$$C_{16}软脂酰CoA + CoA\text{-}HS + FAD + NAD^+ + H_2O \longrightarrow C_{14}脂酰CoA + 乙酰CoA + FADH_2 + NADH + H^+$$

经过 7 次上述的 β 氧化循环，即可将软脂酰 CoA 转变为 8 分子的乙酰 CoA、7 分子 $FADH_2$、7 分子 $NADH+H^+$。

$$C_{16}软脂酰CoA + 7CoA\text{-}HS + 7FAD + 7NAD^+ + 7H_2O \longrightarrow 8乙酰CoA + 7FADH_2 + 7NADH + 7H^+$$

在生物氧化中，$FADH_2$ 进入呼吸链，生成 1.5 分子 ATP；$NADH+H^+$ 进入呼吸链，生成 2.5 分子 ATP。因此，每生成 1 分子乙酰 CoA，就生成 4 分子 ATP，7 次 β 氧化循环共生成 28 分子 ATP。

在糖代谢过程中，每分子乙酰 CoA 进入三羧酸循环彻底氧化共生成 10 分子 ATP。因此由 8 个分子乙酰 CoA 氧化为 H_2O 和 CO_2，共形成 $8×10=80$ 分子 ATP。

此外，由于脂肪酸的活化阶段，软脂酸转化为软脂酰 CoA 消耗 1 分子 ATP 中的两个高能磷酸键的能量，因此净生成 $108-2=106$ 个 ATP。

能量公式：$\left(\dfrac{n}{2}-1\right)×4+\dfrac{n}{2}×10-2$

当软脂酸氧化时，自由能的变化是 $-9790.56kJ/mol$。ATP 水解为 ADP 和 Pi 时，自由能的变化为 $-51.6kJ/mol$。软脂酸生物氧化净产生 106 个 ATP，可形成 $5469.6kJ/mol$ 能量。因此在软脂酸氧化时约有 56% 的能量转换成磷酸键能。

（二）脂肪酸的 α 氧化作用

1. α 氧化作用的概念

脂肪酸的 α 氧化是脂肪酸在一些酶的催化下，其 α 碳原子发生氧化，结果生成 1 分子 CO_2 和比原来少 1 个碳原子的脂肪酸。

$$R-\overset{\alpha}{CH_2}-COOH \longrightarrow R-\underset{|}{\overset{\alpha}{CH}}-COOH \longrightarrow R-COOH + CO_2$$
$$OH$$

2. α 氧化作用的特点

特点如下：①需过氧化氢及脂肪酸过氧化物酶；②仅以 $C_{12}\sim C_{18}$ 的游离脂肪酸为底物；③消除 β 氧化的 β 位阻，如 β-碳原子上有取代基团（分支）先进行 α 氧化，便可消除障碍；④α 氧化协同 β 氧化可产生奇数的脂肪酸——丙酸；⑤α 氧化对降解支链脂肪酸、奇数碳脂肪酸或过分长链脂肪酸有重要作用。

（三）脂肪酸的 ω 氧化作用

1. ω 氧化作用的概念

脂肪酸的 ω 氧化作用是指脂肪酸在混合功能氧化酶等酶（羧化酶、脱氢酶、NAD^+、

NADPH、细胞色素 P450 等）的催化下，其 ω 碳（远离羧基端的末端甲基碳）原子发生氧化，经 ω-羟基脂肪酸、ω-醛基脂肪酸，最后氧化生成 α,ω-二羧酸的反应过程。然后 α,ω-二羧酸可以从两端任一侧进行 β 氧化降解。

$$CH_3(CH_2)_nCOOH \xrightarrow{\omega\text{氧化}} HOOC(CH_2)_n COOH \longrightarrow \beta\text{氧化}$$

2. ω 氧化作用的意义

形成 α,ω-二羧酸，两端同时进行 β 氧化，在生物体内加速烃类和脂肪酸的降解，生成水溶物，对消除海洋中的石油污染具有重大意义。

（四）不饱和脂肪酸的 β 氧化作用

在人体储存的脂肪中，有一半以上的脂肪酸残基是不饱和脂肪酸。不饱和脂肪酸的双键大多是顺式构型，因此无论不饱和双键在什么位置，它们同样以 β 氧化方式降解，经过连续的 β 氧化过程，必然都会产生顺 Δ^3 或顺 Δ^2 的中间产物。但是顺 Δ^3 烯酰 CoA，其 C-3 和 C-4 之间的双键妨碍反 Δ^2 双键的形成，所以需经线粒体 Δ^3 顺→Δ^2 反烯酰 CoA 异构酶催化，转变成反 Δ^2 烯酰 CoA 才能进行 β 氧化；而顺 Δ^2 烯酰 CoA 虽然可以发生加水反应，但生成的却是 D-(−)-β-羟脂酰 CoA，需经线粒体 D-(−)-β-羟脂酰 CoA 表构酶催化，将右旋异构体转变成 β 氧化所需的 L(+)-β-羟脂酰 CoA，才能沿 β 氧化途径继续氧化降解（图 9-5）。

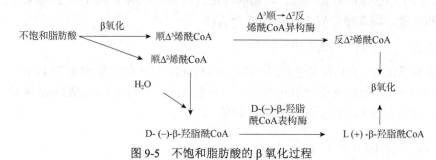

图 9-5　不饱和脂肪酸的 β 氧化过程

不饱和脂肪酸与相同碳原子数的饱和脂肪酸比较，由于分子内氢原子数目少，通过氧化呼吸链传递的电子数目少，因而氧化产生的 ATP 数目也相对较少。下面以油酸、亚油酸为例进行说明。

$$H_3C-(CH_2)_5-\overset{9}{C}=\overset{H}{\underset{}{C}}-CH_2-(CH_2)_6-\overset{O}{\overset{\|}{C}}-SCoA$$

顺Δ^9烯脂酰CoA

↓ 3 乙酰CoA

$$H_3C-(CH_2)_5-\overset{4}{C}=\overset{H}{\underset{3}{C}}-CH_2-\overset{O}{\overset{\|}{\underset{1}{C}}}-S-CoA$$

顺Δ^3烯脂酰CoA

异构酶 ⇵

$$H_3C-(CH_2)_5-CH_2-\overset{H}{\underset{4}{C}}=\overset{2}{\underset{3}{C}}-\overset{O}{\overset{\|}{\underset{1}{C}}}-S-CoA$$

反Δ^2烯脂酰CoA

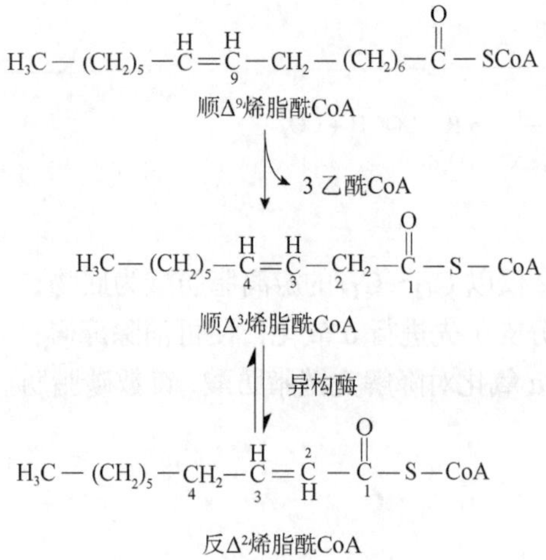

图 9-6　单不饱和脂肪酸的 β 氧化过程（引自于自然和黄熙泰，2001）

1. 单不饱和脂肪酸的 β 氧化

油酸是 18 个碳的一烯酸，在 C-9 和 C-10 之间有一个不饱和键。它按着饱和脂肪酸同样的方式活化和转入线粒体内，并且进行 3 次 β 氧化循环，在第三轮中形成顺 Δ^3 烯脂酰 CoA。顺 Δ^3 烯脂酰 CoA 不能被烯脂酰 CoA 水化酶作用，因此需要烯脂酰 CoA 异构酶催化其形成反 Δ^2 烯脂酰 CoA，后者可被烯脂酰 CoA 水化酶作用。因此油酸完全氧化生成 9 个乙酰 CoA（图 9-6）。

2. 多不饱和脂肪酸的 β 氧化

多不饱和脂肪酸氧化需要表构酶的参与。以亚油酸为例，亚油酸是 C_{18} 二烯酸，在 C_9-C_{10} 及 C_{12}-C_{13}

之间有顺式双键。亚油酸经 3 次 β 氧化产生 3 分子乙酰 CoA 和一个在 C_3-C_4 之间及 C_6-C_7 之间有顺式双键的脂肪酸。Δ^3 双键经过异构酶催化成反 Δ^2 烯脂酰 CoA，继续 β 氧化断裂 2 分子乙酰 CoA 后，产生的顺 Δ^2 8 碳烯脂酰 CoA，在经过烯脂酰 CoA 水化酶水化后，生成 D-（-）-β-羟脂酰 CoA。这一产物不能被 β-羟脂酰 CoA 脱氢酶所催化，因为它要求具有 L 型异构体的底物。线粒体中有 β-羟脂酰 CoA 表构酶可催化羟脂酰 CoA，由 D 型转变成 L 型，因而成为 β 氧化的正常底物，使之继续按 β 氧化途径进行氧化。

四、酮体的生成与利用

脂肪酸 β 氧化产生的乙酰 CoA，在肌肉细胞中可进入 TCA 循环进行彻底氧化分解；但在肝脏及肾脏细胞中还有另外一条去路，即形成乙酰乙酸、β-羟丁酸和丙酮，这三者统称为酮体。

（一）酮体的生成

β 氧化是人体氧化脂肪酸的主要途径，肝脏是脂肪酸氧化分解最活跃的器官之一。肝脏组织脂肪酸氧化生成大量的乙酰 CoA，除部分进入三羧酸循环，提供肝组织本身需要的能量外，过剩的乙酰 CoA 则在线粒体内转变成一类特殊的中间产物——酮体（ketone body）。酮体的生成分 4 步进行（图 9-7）。

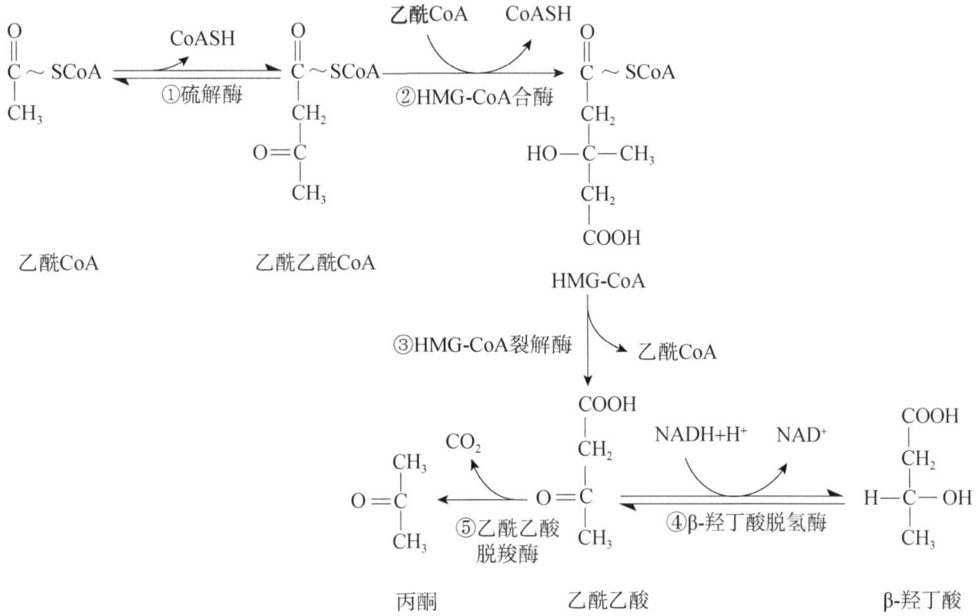

图 9-7 酮体的生成过程（引自王继峰，2010）

1. 乙酰乙酰 CoA 的生成

乙酰乙酰 CoA 有两种来源：一方面，大量的乙酰乙酰 CoA 是由 β 氧化的产物乙酰 CoA 缩合而成。2 分子的乙酰 CoA 在乙酰乙酰 CoA 硫解酶的催化作用下缩合，脱去 1 分子 CoASH，生成乙酰乙酰 CoA；另一方面，脂肪酸经多轮 β 氧化后生成的丁酰 CoA 在下一轮的 β 氧化循环中，若不发生硫解反应，得到的产物就是乙酰乙酰 CoA。

2. β-羟甲基戊二酸单酰 CoA（HMG-CoA）的生成

乙酰乙酰 CoA 在 HMG-CoA 合酶的作用下，再与 1 分子乙酰 CoA 缩合生成 HMG-CoA，同时释出 1 分子 CoASH。

3. 乙酰乙酸的生成

β-羟甲基戊二酸单酰 CoA 在 HMG-CoA 裂解酶的作用下，催化裂解生成乙酰乙酸和乙酰 CoA。

4. β-羟丁酸的生成

乙酰乙酸在线粒体内膜 β-羟丁酸脱氢酶的作用下，被催化还原成 β-羟丁酸。还原所需的氢由 NADH 提供，还原速率由 $NADH/NAD^+$的值决定。

5. 丙酮的生成

少量乙酰乙酸还可在乙酰乙酸脱羧酶作用下自然脱羧，生成丙酮。

（二）酮体的利用

肝本身缺乏利用酮体的酶，但是肝外许多组织具有活性很强的利用酮体的酶类，可以将肝合成的酮体透过肝细胞膜由血液运输到肝外组织。酮体分解重新转化成乙酰 CoA，再通过三羧酸循环在线粒体内彻底氧化分解。

1. 乙酰乙酸的直接活化

心脏、肾及脑的线粒体内含有乙酰乙酸硫激酶，可以利用 ATP 直接活化乙酰乙酸，生成乙酰乙酰 CoA。

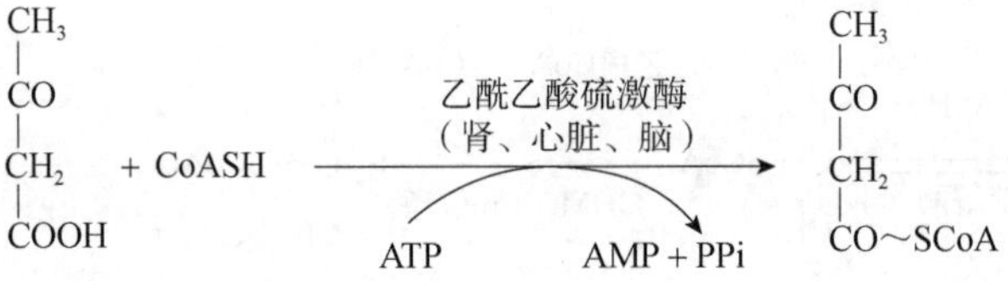

乙酰乙酸　辅酶 A　乙酰乙酰CoA

2. 乙酰乙酸的间接活化

心脏、肾、脑及骨骼肌线粒体中还含有高活性的琥珀酰 CoA 转硫酶。此酶在琥珀酰 CoA 存在时，可以使乙酰乙酸活化，生成乙酰乙酰 CoA 和琥珀酸。

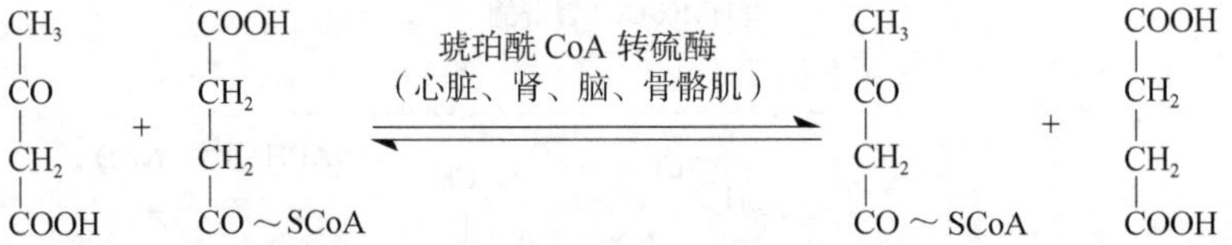

乙酰乙酸　琥珀酰CoA　乙酰乙酰CoA　琥珀酸

3. 乙酰乙酰 CoA 的硫解

心脏、肾、脑及骨骼肌线粒体中的乙酰乙酰 CoA 硫解酶使乙酰乙酰 CoA 被硫解，生成 2 分子乙酰 CoA，随后即进入三羧酸循环彻底氧化分解。

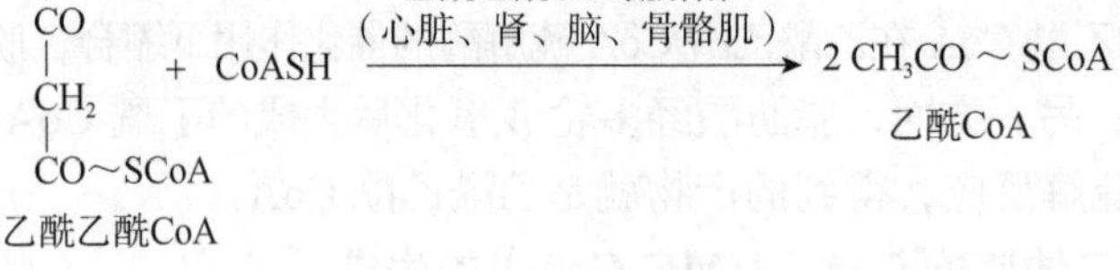

乙酰乙酰CoA

4. β-羟丁酸的还原

β-羟丁酸在 β-羟丁酸脱氢酶的催化下，脱氢生成乙酰乙酸，然后再转变成乙酰 CoA 而进入三羧酸循环被氧化分解。

5. 丙酮的利用

部分丙酮则在一系列酶催化下转变成丙酮酸或乳酸，或以尿液的形式排出体外。

（三）酮体代谢的生理意义

酮体是脂肪酸在肝内经 β 氧化后产生的正常中间代谢产物，是肝能源输出的一种重要形式。对机体自身来说，心肌和肾皮质利用酮体比利用葡萄糖更容易。脑组织虽然不能直接氧化脂肪酸，却能利用肝经 β 氧化后所产生的酮体。在正常饮食时，脑主要利用葡萄糖供给能量，血液中的酮体合成量少，含量很低，很快会被肝外组织吸收利用，脂肪酸的氧化和葡萄糖的降低处于平衡。但在糖源供应不足或糖利用出现障碍时，酮体可以替代葡萄糖被大脑利用，此时脑组织 75% 的主要能源来自酮体。在长期饥饿、进食高脂低糖食物或患病条件下，如患糖尿病（糖供应不足时或糖的利用率低）的状况下，机体就开始动员脂肪氧化功能，脂肪酸被大量动员，生成大量的乙酰 CoA，致使酮体生成增加；而且此时因糖氧化分解生成的草酰乙酸减少，三羧酸循环的速率变慢，乙酰 CoA 不能迅速氧化分解，造成酮体堆积，从而引起血中酮体积累升高，由于酮体主要成分是酸性的物质，其大量积存常导致动物酸碱平衡失调，严重时还会造成酮症酸中毒，此时称为酮血症。血中酮体升高超过肾阈值，甚至尿液中也会出现酮体，酮体则随尿排出，引起酮尿症。另外，酮体中的丙酮为挥发性物质，也可经呼吸道排出。

第三节　脂肪的合成代谢

脂肪的生物合成可以分为三个阶段：甘油的生物合成；脂肪酸的生物合成；由甘油和脂肪酸缩合后合成脂肪。

一、甘油的生物合成

生物体内，糖酵解的中间产物磷酸二羟丙酮，在胞质内的 3-磷酸甘油脱氢酶催化下还原为 3-磷酸甘油，后者在磷酸酶作用下生成甘油。

$$
\begin{array}{ccc}
CH_2OPO_3H_2 & CH_2OH & CH_2OH \\
| & | & | \\
C=O & HO-CH & HOCH \\
| & | & | \\
CH_2OH & CH_2OPO_3H_2 & CH_2OH
\end{array}
$$

磷酸二羟丙酮　　　　　　　　　　　　　3-磷酸甘油　　　　　　　　　　甘油

（NADH+H$^+$ → NAD$^+$，ADP → ATP）

二、脂肪酸的生物合成

脂肪酸合成过程比较复杂，与氧化降解步骤完全不同，主要分为饱和脂肪酸的从头合成、脂肪酸碳链的延长和不饱和脂肪酸的合成三大部分。脂肪酸合成的原材料乙酰 CoA 主要来自糖酵解产生的丙酮酸，合成部位是在细胞质中进行，如高等动物脂肪酸的合成来自于脂肪、肝和乳腺组织的细胞质中，同时还需要有载体蛋白的参加。

（一）饱和脂肪酸的从头合成

1. 乙酰 CoA 的转运与活化

大部分脂肪酸的合成发生在细胞质中，脂肪酸合酶多酶复合体存在于胞液，而细胞内脂肪酸合成的原料乙酰 CoA 全部在线粒体基质里产生，但是代谢产生的乙酰 CoA 不能穿过线粒体的内膜到胞液中去，所以要借助"柠檬酸-丙酮酸循环"的转运途径来达到转移乙酰 CoA 进入胞液的目的。柠檬酸-丙酮酸循环的主要过程包括如下几点。

（1）丙酮酸氧化产生的乙酰 CoA 与丙酮酸羧化产生的草酰乙酸，在柠檬酸合酶作用下缩合生成柠檬酸，柠檬酸通过线粒体内膜上的载体转运至胞液，然后在胞液中由柠檬酸裂解酶催化裂解，重新生成乙酰 CoA 和草酰乙酸。

（2）此时胞液中生成的乙酰 CoA 用于合成脂肪酸，而草酰乙酸在苹果酸脱氢酶催化下，以 NADH 为辅酶，加氢还原成苹果酸。苹果酸可通过苹果酸-α-酮戊二酸转运体重新转运回线粒体内，再利用线粒体内的苹果酸脱氢酶生成草酰乙酸。

（3）胞液中的苹果酸还可接着在苹果酸酶的催化下氧化脱羧生成 CO_2、NADPH 和丙酮酸。丙酮酸可再通过线粒体内膜上的载体转运至线粒体内重新羧化生成草酰乙酸，后者再与乙酰 CoA 缩合成柠檬酸。以上过程如此反复循环，乙酰 CoA 便可不断地从线粒体内转运至胞液中。柠檬酸-丙酮酸循环是个耗能的过程，转运 1 分子乙酰 CoA 需要消耗 2 分子的 ATP。

在植物体内，线粒体内产生的乙酰 CoA 先脱去 CoA 以乙酸的形式运出线粒体，再在线粒体外由脂酰 CoA 合成酶催化重新形成乙酰 CoA。因此，植物体内可能不存在柠檬酸-丙酮酸循环的转运穿梭过程。

2. 丙二酸单酰 CoA 的合成

在胞液中，乙酰 CoA 羧化生成丙二酸单酰 CoA 是脂肪酸合成的第一步反应，催化反应的酶是乙酰 CoA 羧化酶复合体，由生物素羧化酶（BC）、羧基转移酶（CT）、生物素羧基载体蛋白（BCCP）三个不同的亚基组成。其辅基为生物素，Mn^{2+} 为激活剂，存在于胞液中。该酶是变构酶，在柠檬酸、异柠檬酸存在时，10～20 个单体聚合成线状排列的多聚体，催化活性增加 10～20 倍。而软脂酸及其他长链脂酰 CoA 能使多聚体解聚成为单体，抑制酶的活性。所以乙酰 CoA 羧化酶是脂肪酸合成的限速酶，且该反应不可逆。

脂肪酸的从头合成需要 HCO_3^-，反应分两步：第一步由生物素羧化酶亚基催化生物素的羧化作用，碳原子来自比 CO_2 更活泼的 HCO_3^-；第二步由羧基转移酶亚基催化使羧基从生物素羧基载体蛋白-CO_2 转移到乙酰 CoA 上形成丙二酸单酰 CoA。

$$乙酰CoA + ATP + HCO_3^- \longrightarrow 丙二酸单酰CoA + ADP + Pi + H^+$$

3. 丙二酸单酰 CoA 生成软脂酸的加成反应

丙二酸单酰 CoA 生成软脂酸的加成反应是在脂肪酸合酶系统（FAS）的作用下完成的。脂肪酸合酶系统是一个多酶复合体，由酰基载体蛋白（ACP）、乙酰 CoA：ACP 酰基转移酶（AT）、丙二酸单酰 CoA：ACP 转移酶（MT）、β-酮脂酰-ACP 合成酶（KS）、β-酮脂酰-ACP 还原酶（KR）、β-羟脂酰-ACP 脱水酶（HD）、β-烯脂酰-ACP 还原酶（ER）7 种蛋白质组成，其中 6 种酶以 1 个酰基载体蛋白为中心。

这一反应历程以乙酰 CoA 为起点，由丙二酸单酰 CoA 在羧基端逐步添加二碳单位，合成出不超过 16 碳的脂酰基，最后脂酰基被水解成游离的脂肪酸（图 9-8）。

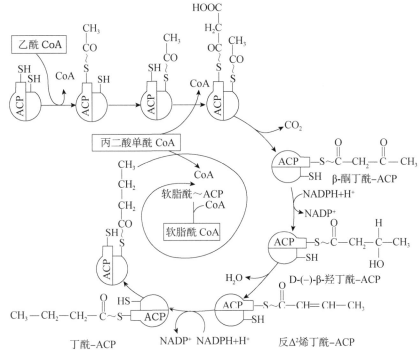

图 9-8 丙二酸单酰 CoA 生成软脂酸的加成反应（引自赵宝昌，2004）

（1）乙酰基和丙二酸单酰基进位。

乙酰基进位：乙酰 CoA 的乙酰基在乙酰转移酶催化下，转移到脂肪酸合酶多酶复合体的酰基载体蛋白（ACP）的中央巯基上。

乙酰基移位：乙酰基由中央巯基转移到外围巯基上。

丙二酸单酰基进位：丙二酸单酰 CoA 的单酰基在丙二酸单酰转移酶催化下，被转移到中央巯基上。

（2）缩合：酰基载体蛋白（ACP）的外围巯基上的乙酰基与中央巯基上的丙二酸单酰基在 β-酮脂酰合成酶催化下，缩合成 β-酮丁酰基连接在 ACP 的中央巯基上，同时释放出一分子 CO_2。

（3）加氢：在 β-酮脂酰-ACP 还原酶催化下，β-酮丁酰-ACP 的 β 位羰基被 NADPH 加氢还原成羟基，生成 β-羟丁酰-ACP。

（4）脱水：在 β-羟脂酰-ACP 脱水酶催化下，β-羟丁酰-ACP 的 α、β 碳原子间脱水生成反 Δ^2 烯丁酰-ACP。

（5）再加氢：在 β-烯脂酰-ACP 还原酶催化下反 Δ^2 烯丁酰-ACP 的 α、β 之间双键被 NADPH 再加氢还原成单键，生成延长了两个碳单位的丁酰-ACP。

生成的丁酰-ACP 再与新进位的丙二酸单酰 CoA 的单酰基重复上述缩合、加氢、脱水、再还原的循环反应，又延长两个碳原子的脂酰-ACP 复合物，生成己酯酰基。如此反复进行，连续 7 次的加成反应后，直至生成 16 碳的软酯酰-ACP 复合物为止。

（6）脂酰基水解：当中央巯基上的脂酰基延长到一定程度（不超过 16 碳）后，在硫酯酶的水解作用下，ACP 上的脂酰基或被转移到 CoA 上，即可生成软脂酸。

软脂酸合成的总反应为

$$CH_3COSCoA + 7HOOCCH_2COSCoA + 14(NADPH + H^+) \longrightarrow CH_3(CH_2)_{14}COOH + 7CO_2 + 6H_2O + 8CoASH + 14NADP^+$$

（二）脂肪酸碳链的延长

从头合成只能合成 16 碳以下的脂肪酸，而 16 碳以上的脂肪酸是由延长系统以脂酰 CoA 为起点形成的。脂肪酸碳链延长的反应，主要在肝细胞线粒体或内质网中进行，可经过两条不同的途径延长。

1. 线粒体脂肪酸延长途径

线粒体脂肪酸延长途径的延长过程发生在动物的线粒体中。线粒体基质中含有催化脂肪酸延长的酶系，可以按照与脂肪酸 β 氧化逆反应过程基本相似的过程使软脂酸的碳链延长，只是第 4 个酶烯脂酰 CoA 还原酶代替了 β 氧化过程中的酯酰 CoA 脱氢酶。软脂酰 CoA 与乙酰 CoA 缩合生成 β-酮脂酰 CoA 后，由 NADPH 供氢还原产生 β-羟硬脂酰 CoA；后者脱水可以生成 α、β 硬脂烯酰 CoA，然后经 α、β 烯酰还原酶催化，NADPH 供氢，还原后即可生成硬脂酰 CoA。以此方式，每一轮反应使脂肪酸新增加 2 个碳原子，一般可以延长至 24 或 26 碳的脂肪酸，不过仍以硬脂酸生成最多。

2. 内质网脂肪酸延长途径

内质网脂肪酸延长途径也称为非线粒体系统合成途径。动、植物都存在内质网延长系统，过程与脂肪酸从头合成相似，在内质网中含有催化脂肪酸延长酶系，以丙二酸单酰 CoA 作为二碳单位的供体，NADPH 供氢，通过缩合、加氢、脱水及再加氢等反应，按照胞液中软脂酸合成相似的过程，使软脂酸碳链逐步延长。但不同的是，反应中脂酰基不是以 ACP 为载体，而是连接在 CoASH 上，此途径可以合成 24 碳的脂肪酸。不过还是以软脂酸合成 18 碳的硬脂酸为主。

总之，不同生物的延长系统在细胞内的分布及反应物均不同。

（三）不饱和脂肪酸的合成

生物体内存在大量的各种不饱和脂肪酸，最主要的有棕榈油酸、油酸、亚油酸、亚麻酸、花生四烯酸等。

其中含有两个或两个以上双键的脂肪酸称为多不饱和脂肪酸。亚油酸和亚麻酸是人体必需脂肪酸，因为人和其他哺乳动物缺乏在脂肪酸第 9 位碳原子以上位置引入双键的酶系，所以自身不能合成含有 Δ^{11}、Δ^{12}、Δ^{14} 或 Δ^{15} 双键的亚油酸和亚麻酸，必须从植物中获得，因此称为营养必需脂肪酸。亚油酸和亚麻酸广泛存在于植物油（花生油、芝麻油和棉籽油等）中。其他多不饱和脂肪酸都是由以上 5 种不饱和脂肪酸衍生而来，而这 5 种不饱和脂肪酸都是由饱和脂肪酸通过延长和去饱和作用而形成的。去饱和作用一般首先发生在饱和脂肪酸的 9、10 位碳原子上（从羧基端开始计数）生成单不饱和脂肪酸（如棕榈油酸、油酸）。它包括需氧和厌氧两条途径，需氧途径主要发生在真核生物中，厌氧途径存在于厌氧微生物中。

1. 需氧途径（氧化脱氢途径）

由于去饱和酶系和电子传递体造成的反应方式的不同，植物和动物体内的需氧途径有所差别。

（1）动物组织：该途径的去饱和酶系结合在内质网膜上，以脂酰 CoA 为底物；1 分子氧接受来自去饱和酶的两对电子而生成 2 分子水，其中一对电子是通过电子传递体（细胞色素

B₅）从 NADPH 获得，另一对则是从脂酰基获得，结果 NADPH 被氧化成 NADP$^+$，脂酰基被氧化成双键。

（2）植物组织：植物的去饱和酶系不同于动物，它结合在叶绿体等质体中，以脂酰-ACP 为底物。一对电子通过在植物体内的铁硫蛋白作为电子传递体使 NADPH 被氧化成 NADP$^+$。

2. 厌氧途径

厌氧途径主要发生在厌氧微生物脂肪酸从头合成的过程中，是合成单烯脂酸的方式。当脂肪酸合酶多酶复合体从头合成到 10 个碳的羟脂酰-ACP（β-羟癸酰-ACP）时，由专一性的 β-羟癸酰-ACP 脱水酶催化在 β,γ 位之间脱水，生成 β,γ-烯癸酰-ACP，然后继续掺入二碳单位，进行从头合成反应过程。这样，厌氧途径就可产生不同长短的单不饱和脂肪酸，但只能一次发生脱水反应，无法产生多不饱和脂肪酸。

三、甘油和脂肪酸缩合成脂肪

脂肪，即甘油三酯是由 3-磷酸甘油和脂酰辅酶 A 逐步脱水缩合生成的。其中，3-磷酸甘油有两个来源，一是由甘油与 ATP 在甘油激酶催化下生成的，二是通过甘油的合成途径，由糖酵解产生的磷酸二羟丙酮还原生成的。脂酰 CoA 由脂肪酸在脂酰 CoA 合成酶的催化下生成，反应式见脂肪酸 β 氧化中脂肪酸活化。

1. 甘油单酯合成途径

小肠黏膜细胞利用食物消化吸收的脂肪酸在 ATP、Mg^{2+}、CoASH 存在的条件下，被内质网脂酰 CoA 合成酶催化生成脂酰 CoA，又在内质网脂酰 CoA 转移酶的作用下，脂酰 CoA 与食物消化吸收的甘油单酯反应，生成甘油二酯，最终生成甘油三酯（图 9-9）。

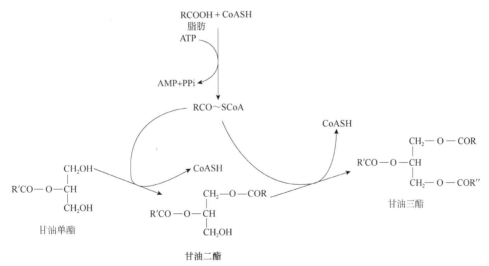

图 9-9　甘油单酯合成途径（引自查锡良和周春燕，2002）

2. 甘油二酯合成途径

葡萄糖酵解途径生成的磷酸二羟丙酮经还原生成 3-磷酸甘油，后者在脂酰 CoA 转移酶的作用下，依次加上 2 分子脂酰 CoA 生成磷脂酸，磷脂酸在磷脂酸磷酸酶的作用下，水解脱去磷酸生成 1,2-甘油二酯，然后在脂酰 CoA 转移酶催化下，再加上 1 分子脂酰基，即生成甘油三酯。肝细胞及脂肪细胞中主要以甘油二酯途径合成甘油三酯（图 9-10）。

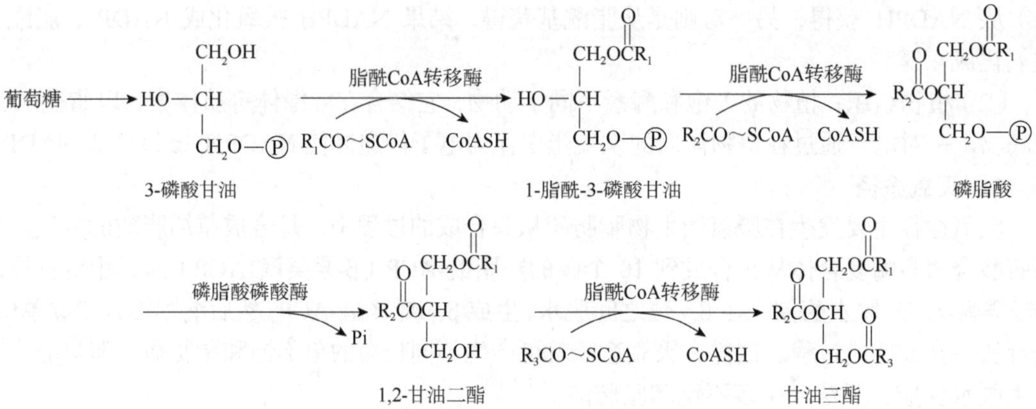

图 9-10　甘油二酯合成途径（引自赵宝昌，2004）

第四节　类 脂 代 谢

一、磷脂代谢

（一）甘油磷脂的代谢

生物体内存在有多种使甘油磷脂水解的酶，可以分别作用于甘油磷脂分子中不同的酯键。它们在自然界中分布很广，存在于动物、植物、细菌、真菌中。在磷脂酶的催化下，甘油磷脂水解成甘油、脂肪酸、磷酸和含氮化合物。甘油进入糖酵解或糖异生途径代谢，脂肪酸进行 β 氧化或再合成脂肪，磷酸进入糖代谢或钙磷代谢，而含氮化合物进入氨基酸代谢或再合成新的磷脂。

（二）鞘磷脂的代谢

人体各组织细胞的滑面内质网都含有合成鞘磷脂的酶系，其中以脑组织最活跃。合成鞘磷脂需要以脂酰 CoA、丝氨酸、胆碱为基本原料，并在磷酸吡哆醛、NADPH、Mn^{2+} 等辅助因子的参与下进行。而降解鞘磷脂的酶属于磷脂酶，存在于脑、肝、脾、肾细胞等的溶酶体中，通过水解磷酸酯键，生成磷酸胆碱及 N-脂酰鞘氨醇。

二、胆固醇代谢

（一）胆固醇的生物合成

1. 二羟甲基戊酸的合成

合成胆固醇的基本原料是来自线粒体中糖有氧氧化产生的乙酰 CoA，在合成过程中，2 分子乙酰 CoA 在乙酰乙酰硫解酶的作用下，生成乙酰乙酰 CoA；然后再与 1 分子乙酰 CoA 缩合生成 β-羟甲基戊二酸单酰 CoA（HMG-CoA）。HMG-CoA 即合成酮体的中间产物，同时也是合成胆固醇的中间产物。在线粒体中，β-羟甲基戊二酸单酰 CoA 会裂解而生成酮体，而在胞液中，利用来自糖的磷酸戊糖途径中的 NADPH 提供的氢，HMG-CoA 在其还原酶的作用下，被还原成甲羟戊酸。

2. 鲨烯的合成

甲羟戊酸在胞液中一系列酶的催化作用下，经磷酸化、脱羧及脱羟基等激活反应生成活性很强的 5C 异戊烯焦磷酸和 5C 二甲基丙烯焦磷酸。5C 的焦磷酸化合物再缩合成 15C 的焦磷酸法尼酯；随后其在内质网鲨烯合酶作用下，再经 2 次缩合生成 30 C 多烯烃化合物鲨烯。鲨烯再经环化、氧化、脱羧及还原等步骤，最终生成含有 27 个碳原子的胆固醇。

3. 胆固醇酯的合成

细胞内合成的游离胆固醇有两种酯化形式，一种是在细胞内，通过脂酰-胆固醇脂酰转移酶催化脂酰 CoA 结合一个酰基，生成胆固醇酯。而血浆中，另一种游离胆固醇则在卵磷脂-胆固醇脂酰转移酶的催化下，将卵磷脂 2-位碳原子上的脂酰基转移到胆固醇 3-位羟基上，生成胆固醇酯和溶血卵磷脂，故胆固醇酯是胆固醇在细胞内贮存或通过血浆运输的主要形式。

（二）胆固醇在体内的代谢转化

胆固醇在体内虽然不能彻底氧化生成 CO_2 和 H_2O，也不能提供能量，但可以转化成多种重要的生理活性物质，起着参与或调节机体物质代谢的作用。

1. 转化为胆汁酸

胆固醇在肝细胞内主要是氧化生成胆汁酸，然后随胆汁排入十二指肠。胆汁酸可以帮助脂类的消化吸收，并抑制胆汁中的胆固醇析出。

2. 转化为类固醇激素

在体内一些内分泌腺中，胆固醇可以合成类固醇激素。例如，肾上腺的皮质细胞可以分别合成雄性激素、皮质醇及睾酮；睾丸间质细胞、卵巢的卵泡内膜细胞和黄体也可以利用胆固醇合成睾酮、雌二醇和孕酮这些性激素，它们对调节生理和诱发病理起着重要的作用。

3. 转化为 7-脱氢胆固醇

7-脱氢胆固醇是维生素 D_3 的前体，后者经紫外线照射转变为维生素 D_3，也称为胆钙化醇。

（三）胆固醇的排泄

胆固醇大部分被转化成胆汁酸后汇进胆汁中，通过胆管排入小肠内，绝大部分被肠黏膜重新吸收，通过门静脉又返回肝脏内，再排入肠道后，构成胆汁酸的肠肝循环，而另外一小部分随着粪便排出体外。

第五节　血浆脂蛋白代谢

血脂是血浆中脂质物质的总称，它包括甘油三酯、磷脂、胆固醇、胆固醇酯及游离脂肪酸。其中磷脂包括磷脂酰胆碱（卵磷脂）、神经磷脂及磷脂酰乙醇胺（脑磷脂）。而游离脂肪酸在血浆中含量很低。血脂来源包括两种，一种是外源性，即食物中的脂质消化吸收后进入血液，称为外源性脂质；另一种是内源性，即肝、脂肪组织合成后释放入血液，称为内源性脂质。

一、血浆脂蛋白的分类及组成

脂解作用生成的甘油溶于水，可以直接由血液运输，而游离脂肪酸不溶于水，必须与血浆脂蛋白结合才能运输。血浆脂蛋白是一类组成、密度、颗粒大小、相对分子质量、表面电荷及免疫原性等极不均一的结合蛋白质，具有很强的结合游离脂肪酸的能力，它不是单一的分子形式，其脂类和蛋白质的组成有很大的差异，因此血液中的脂蛋白存在多种形式。根据它们各自的特性采用不同的分类方法，可将它们进行多种分类，一般采用电泳法或超速离心法对脂蛋白进行分类。

1. 电泳法

根据不同脂蛋白所带表面电荷不同，在一定外加电场作用下，电泳迁移率不同，可将血浆脂蛋白分为 α-脂蛋白、β-脂蛋白、前 β-脂蛋白和乳糜微粒 4 类。

2. 超速离心法

依据不同脂蛋白中蛋白质脂类成分所占比例不同而分子密度不同的原理，在一定离心力作用下，分子沉降速度或漂浮率不同，将脂蛋白分为 4 类，即乳糜微粒（chylomicrons, CM）、极低密度脂蛋白（very low density lipoprotein, VLDL）、低密度脂蛋白（low density lipoprotein, LDL）和高密度脂蛋白（high density lipoprotein, HDL）；分别相当于电泳分离中的乳糜微粒、前 β-脂蛋白、β-脂蛋白和 α-脂蛋白。

二、血浆脂蛋白的代谢

1. 乳糜微粒（CM）

乳糜微粒是在小肠黏膜细胞中生成的，食物中的脂类在细胞滑面内质网上经再酯化后与粗面内质网上合成的载脂蛋白构成新生的乳糜微粒，经高尔基复合体分泌到细胞外，进入淋巴循环最终进入血液。脂蛋白脂肪酶（LPL）催化乳糜微粒中甘油三酯水解为甘油和脂肪酸。脂肪酸可被上述组织摄取而利用，甘油可进入肝用于糖异生。通过脂蛋白脂肪酶的作用，乳糜微粒中的甘油三酯大部分被水解利用，同时胆固醇和磷脂转移到高密度脂蛋白上，乳糜微粒逐渐变小，成为以含胆固醇酯为主的乳糜微粒残余颗粒。肝细胞膜上的受体可识别乳糜微粒残余颗粒，将其吞噬入肝细胞，与细胞溶酶体融合，载脂蛋白被水解为氨基酸，胆固醇酯分解为胆固醇和脂肪酸，进而完成最终代谢。乳糜微粒代谢的主要功能就是将外源性甘油三酯转运至脂肪、心脏和肌肉等肝外组织而利用，同时将食物中外源性胆固醇转运至肝中。

2. 极低密度脂蛋白（VLDL）

极低密度脂蛋白主要在肝内生成，主要成分是肝细胞利用糖和脂肪酸（来自脂动员或乳糜微粒残余颗粒）自身合成的甘油三酯，与肝细胞合成的载脂蛋白加上少量磷脂和胆固醇及其酯。小肠黏膜细胞也能生成少量 VLDL。VLDL 分泌入血后，也催化甘油三酯水解，产物被肝外组织利用。同时 VLDL 与 HDL 之间进行物质交换，在胆固醇酯转移蛋白协助下，将 VLDL 的磷脂、胆固醇等转移至 HDL，将 HDL 的胆固醇酯转至 VLDL。

3. 低密度脂蛋白（LDL）

低密度脂蛋白由 VLDL 转变而来，LDL 中主要脂类是胆固醇及其酯，LDL 在血中可被肝及肝外组织细胞表面存在的载脂蛋白受体识别，通过此受体介导，吞入细胞内，与溶酶体融合，胆固醇酯水解为胆固醇及脂肪酸。这种胆固醇除可参与细胞生物膜的生成之外，还对细胞内胆固醇的代谢具有重要的调节作用。将肝合成的内源性胆固醇运到肝外组织，保证组织细胞对胆固醇的需求。

4. 高密度脂蛋白（HDL）

高密度脂蛋白在肝和小肠中生成。HDL 中的载脂蛋白含量很多，脂类以磷脂为主。HDL 分泌入血后，新生的 HDL 一方面可作为载脂蛋白供体转移到新生的 CM 和 VLDL 上，同时在 CM 和 VLDL 代谢过程中再将载脂蛋白运回到 HDL 上，不断与 CM 和 VLDL 进行载脂蛋白的变换。另一方面 HDL 可摄取血中肝外细胞释放的游离胆固醇，经卵磷脂胆固醇酯酰转移酶催化，生成胆固醇酯。高密度脂蛋白的主要功能是将肝外细胞释放的胆固醇转运到肝，这样可以防止胆固醇在血中聚积，防止动脉粥样硬化。

三、脂类代谢紊乱

（一）高脂血症

高脂蛋白血症（hyperlipoproteinemia）也称为高脂血症（hyperlipidemia），是由血中脂蛋白合成与清除紊乱所致。这类病症可以是遗传性的，也可能是其他原因引起的，表现为血浆脂蛋白异常、血脂增高等，临床上主要表现为血浆胆固醇或甘油三酯的含量升高超过正常上限。一般对高脂蛋白血症的诊断标准为空腹 12～14h 后，血浆中的甘油三酯超过 2.26mmol/L、胆固醇成人超过 6.21mmol/L、儿童超过 4.14mmol/L。同时，这个标准还会受到地区、种族、膳食、年龄、职业等的影响。世界卫生组织（WHO）于 1970 年将高脂蛋白血症分为 6 种类型（表 9-1）。

表 9-1　高脂蛋白血症的主要类型

类型	脂蛋白变化	血脂的变化		病因
		主要升高的脂类	次要升高的脂类	
I	CM 增高	甘油三酯	胆固醇	LPL 或 apoCⅡ遗传缺陷
Ⅱa	LDL 增高	胆固醇		LDL 受体的合成或功能的遗传缺陷
Ⅱb	LDL、VLDL 增高	甘油三酯	胆固醇	遗传因素影响不大，主要受膳食影响
Ⅲ	LDL 增高	甘油三酯胆固醇		apoE 异常干扰了 CM 及 VLDL 残粒的吸收
Ⅳ	VLDL 增高	甘油三酯	胆固醇	分子缺陷不清，多由肥胖、饮酒过量或糖尿病所致
Ⅴ	CM VLDL 增高	甘油三酯	胆固醇	实际为Ⅰ型和Ⅳ型的混合症

（二）动脉粥样硬化

在血浆中，胆固醇含量过多导致其沉积于大中动脉内膜上，产生粥样斑块，进一步使管腔狭窄，甚至堵塞管腔，从而影响相关器官的血液供应，损伤动脉内皮细胞。如果发生在冠状动脉部位，就会引起心肌缺血，甚至心肌梗死。临床上称为冠状动脉粥样硬化性心脏病，简称冠心病。在血浆脂蛋白中，LDL、VLDL 常引起动脉粥样硬化，而 HDL 主要防止动脉粥样硬化。血浆中 LDL 含量升高时，LDL 会在动脉弯曲或分支处堆积，通过一些因素引起增大的内皮细胞被动地扩散聚集于血管内膜下，与其他脂蛋白共同作用，诱发动脉粥样硬化。而 HDL 可以将肝外组织，如动脉壁、巨噬细胞等组织细胞的胆固醇转运至肝中，导致动脉壁的胆固醇含量降低，从而防止动脉粥样硬化。

▋关键术语表

甘油三酯（triacylglycerol）　　　　　　　　　类脂（lipoid）

脂肪酶（lipase）

激素敏感性脂肪酶（hormone-sensitive lipase，HSL）

甘油二酯脂肪酶（diacylglycerol lipase）　　　甘油单酯脂肪酶（monoglyceride lipase）

甘油分解（glycerin decomposition）　　　　　脂肪酸的 β 氧化（β-oxidation of fatty acid）

脂酰辅酶 A（acyl-coenzyme A）　　　　　　　脂酰肉碱（fatty acyl carnitine）

脂肪酸的 α 氧化（α-oxidation of fatty acid）　脂肪酸的 ω 氧化（ω-oxidation of fatty acid）

不饱和脂肪酸的 β 氧化（β-oxidation of unsaturated fatty acid）

酮体（ketone body）　　　　　　　　　　低密度脂蛋白（low density lipoprotein，LDL）

高密度脂蛋白（high density lipoprotein，HDL）　乙酰乙酸（acetoacetic acid）

乙酰乙酰辅酶 A（acetoacetyl CoA）　　　　β-羟丁酸（β-hydroxybutyric acid）

甘油的合成（glycerin synthesis）　　　　脂肪酸的合成（fatty acid synthesis）

脂肪酸链的延长（fatty acid chain extension）　鞘磷脂代谢（sphingomyelin metabolism）

甘油磷脂代谢（glycerol phospholipid metabolism）乳糜微粒（chylomicron，CM）

胆固醇代谢（cholesterol metabolism）　　　胆固醇合成（cholesterol synthesis）

极低密度脂蛋白（very low density lipoprotein，VLDL）

单元小结

脂肪是机体内重要的储能物质。小肠是食物脂类消化吸收的场所。食物中的脂质物质在肠腔内，经胆汁酸盐乳化后，直接在肠黏膜细胞内被吸收，吸收后在肠黏膜细胞内被来自胰腺的胰脂酶、辅脂酶、磷脂酶及胆固醇酯酶水解成甘油单酯、脂肪酸、溶血磷脂和胆固醇形式，然后再被肠黏膜吸收，或再重新酯化合成甘油三酯，与载脂蛋白结合，经门静脉或经淋巴进入血循环。

血浆中还有由甘油三酯、磷脂、胆固醇及其酯和载脂蛋白组成的血浆脂蛋白，以及与血浆清蛋白结合成的游离脂肪酸。它们虽然含量很低，却是机体脂质转运的重要形式。

组织中有 3 种脂肪酶，即脂肪酶、甘油二酯脂肪酶和甘油单酯脂肪酶。食物中的脂肪在小肠中由胆汁酸盐乳化成微团颗粒，在脂肪动员作用下进一步水解为甘油和游离脂肪酸。

肝、肾、肠等组织利用其激酶进一步磷酸化甘油，转变为 3-磷酸甘油，也可在磷酸甘油脱氢酶的作用下，生成磷酸二羟丙酮，进入糖异生作用转变为糖或循糖酵解途径氧化分解。而脂肪细胞及骨骼肌细胞缺乏甘油激酶，故不能利用甘油。

脂肪酸是人及哺乳动物主要的能源物质，在氧气供给充足的条件下，脂肪酸在体内彻底氧化分解成 CO_2 和 H_2O，并释放大量能量，以 ATP 的形式供机体利用。

游离脂肪酸的转运、活化，以扩散的方式由血液运送至全身，主要由心脏、肝、骨骼肌等组织摄取利用。被吸收进入细胞的脂肪酸首先在脂酰辅酶 A 合成酶的催化下，利用 Mg^{2+} 与 ATP 提供的能量，与辅酶 A 反应活化后形成脂酰辅酶 A，以脂酰肉碱的形式穿膜运送进入线粒体，然后脱氢、加水、再脱氢、硫解完成 β 氧化的过程。

β 氧化产生的乙酰 CoA 在肝及肾细胞中还有另外一条去路，即形成乙酰乙酸、β-羟丁酸和丙酮，合称为酮体。

脂肪的合成代谢包括三个阶段：甘油的生物合成；脂肪酸的生物合成；甘油和脂肪酸缩合成脂肪。

复习思考习题

（扫码见习题）

第十章

蛋白质代谢

　　只要有生命存在，所有生命体都在时刻进行着新旧蛋白质的更新转换。一方面生命体不断将体内原来的蛋白质降解为氨基酸，并进一步进入氨基酸的彻底氧化分解代谢，另一方面又不停地将食物蛋白质消化分解成可吸收利用的氨基酸，然后这些氨基酸进入生物体内后，再被重新用来代谢合成生物体自身的蛋白质或其他重要组成部分。这一过程具有双重功能，一是不断排出异常蛋白质，因为它们一旦积累，将对生命体本身造成毒害；二是通过排除过多的调节蛋白或酶，使生命体的各种代谢井然有序，得以正常进行。

第一节　蛋白质的消化、吸收与腐败

一、蛋白质的消化

（一）蛋白质的水解酶类及其作用特点

　　蛋白水解酶（proteolytic enzyme）简称为蛋白酶（protease），是催化蛋白质中肽键水解的一类酶的统称，广泛存在于动物内脏，植物茎叶、果实和微生物中，在动物消化道及体内各种细胞的溶酶体内含量尤为丰富。蛋白酶种类很多，重要的有胃蛋白酶、胰蛋白酶、组织蛋白酶、木瓜蛋白酶和枯草杆菌蛋白酶等。按水解多肽的方式，可以将蛋白酶分为内肽酶和外肽酶两类，分别从蛋白质分子内部和从游离氨基端或羧基端逐个将肽键水解而游离出氨基酸。从氨基端水解释放氨基酸的外肽酶称为氨肽酶，从羧基端水解释放氨基酸的外肽酶称为羧肽酶。生产上应用的蛋白酶主要是内肽酶。按其活性中心又可将蛋白酶分为丝氨酸蛋白酶、巯基蛋白酶、金属蛋白酶和天冬氨酸蛋白酶。按其反应的最适 pH，又可分为酸性蛋白酶、中性蛋白酶和碱性蛋白酶。

　　蛋白酶已广泛应用在皮革、丝绸、医药、食品、酿造等众多工业领域。在食品工业中，胃蛋白酶、胰蛋白酶可用于肉类嫩化；胰凝乳蛋白酶用于制造乳酪制品；木瓜蛋白酶或菠萝蛋白酶用作啤酒稳定剂来澄清酒类，消除由于啤酒冷藏而产生的蛋白质沉淀等。

1. 酶原和酶原的激活

　　酶原（proenzyme 或 zymogen）是指体内的许多酶在合成之初不具备生物学活性，经蛋白酶作用后构象发生变化，才具备了酶的活性，变成了活性蛋白。这个在合成初无活性的酶前体（precursor）称为酶原，使酶原转变为有活性酶的作用称为酶原激活（zymogen activation）。这种现象在生物体内经常发生，典型的代表是消化酶的酶原（表 10-1）和血液凝固酶的酶原（凝血酶原、纤溶酶原）。

表 10-1　胃部和胰脏存在的酶原及其活性酶

合成部位	酶原	有活性的酶
胃	胃蛋白酶原	胃蛋白酶
胰脏	胰蛋白酶原	胰蛋白酶

合成部位	酶原	有活性的酶
胰脏	胰凝乳蛋白酶原	胰凝乳蛋白酶
胰脏	弹性蛋白酶原	弹性蛋白酶
胰脏	羧肽酶原	羧肽酶

酶原激活的本质是酶分子一级结构和空间构象的改变。酶原经蛋白酶降解去除部分肽段后的肽链再进行三维空间重排，形成或暴露出酶的活性中心，无活性的酶原转变成有活性的酶（如胰蛋白酶原激活）。酶原激活有重要的生理意义，一方面它保证合成酶的细胞本身不受蛋白酶的消化破坏，另一方面使它们在特定的生理条件和规定的部位受到激活并发挥其生理作用。

2. 蛋白水解酶作用的特异性

根据蛋白酶作用特异性的不同，可以将其分成非限制性水解蛋白酶（non-limited proteolytic enzyme）和限制性水解蛋白酶（limited proteolytic enzyme）。前者是指酶的专一性差，能水解蛋白质中的很多肽键，生成各种小肽甚至游离氨基酸，其主要生理功能是参与体内蛋白质的降解作用，如将摄入食物蛋白消化分解的胃肠道分泌的各种蛋白酶。后者则是指酶的专一性强，只作用于特定的蛋白质底物，水解其中特定的肽键，并产生各种具有不同生理功能的活性多肽或蛋白质的蛋白酶。限制性水解蛋白酶对反应底物有严格的选择性，一般一种蛋白酶仅能作用于蛋白质分子中一定的肽键，大多属于丝氨酸蛋白酶。这些蛋白酶和一般的蛋白酶不同，对常见的蛋白质如酪蛋白或血红蛋白的降解活力很低甚至不起作用，即使对其专一水解的蛋白底物，在构象上也有严格要求，底物一旦变性就不能被它降解，而非限制性水解的蛋白酶却相反，蛋白底物变性程度愈大愈易水解。表 10-2 显示的是常用蛋白酶的特异作用位点。

表 10-2　常用蛋白酶的特异作用位点

酶名称	特异作用位点
胰蛋白酶	Lys、Arg 羧基端
颌下腺蛋白酶	Arg 羧基端
胰凝乳蛋白酶（糜蛋白酶）	Phe、Tyr、Trp 羧基端
金黄色葡萄球菌蛋白酶	Asp、Glu 羧基端
天冬氨酸-*N*-蛋白酶	Asp、Glu 氨基端
胃蛋白酶	Phe、Tyr、Trp 氨基端
赖氨酸内切蛋白酶 C	Lys 羧基端

（二）蛋白质的消化过程

食物中的蛋白质进入人和动物的消化系统后，刺激胃分泌盐酸和胃蛋白酶原，酸性胃液（pH1.5～2.5）可使食物蛋白变性和松散，使蛋白酶的水解位点暴露出来。同时，胃蛋白酶原经自我催化（autocatalysis）后转变为具有水解活性的胃蛋白酶，催化肽键断裂，使蛋白质分子水解为小分子多肽。这些多肽随着胃液进入小肠。在胃酸的刺激下，小肠分泌肠促胰液肽（secretin）进入血液，刺激胰腺分泌碳酸氢盐进入小肠中和胃酸，同时十二指肠分泌的多种酶原（胰蛋白酶原、胰凝乳蛋白酶原、羧肽酶原、氨肽酶原等）被激活释放出相应的蛋白酶，在这些酶的作用下，食物蛋白进一步变为短链的多肽和部分游离氨基酸。短肽经羧肽酶和氨肽酶的作用，分别从 C 端和 N 端将氨基酸水解释放出来。经过上述消化系统内各种酶的协同作用，食物蛋白最终转变为游离氨基酸。

二、氨基酸的吸收

（一）氨基酸吸收载体

氨基酸的吸收主要在小肠内由肠黏膜细胞的细胞膜完成，肾小管细胞和肌细胞的细胞膜上也发生氨基酸的吸收。与葡萄糖类似，氨基酸的吸收有以下两种方式：①需要载体蛋白（carrier protein）的主动转运；②基团转运。其中，载体蛋白的转运是氨基酸吸收的主要方式。已发现有 6 种载体运载不同侧链的氨基酸，其中的中性氨基酸载体是转运速度最快的一类载体，可运载芳香族氨基酸、脂肪族氨基酸、含硫氨基酸、谷氨酰胺和天冬酰胺等；碱性氨基酸载体可转运赖氨酸和精氨酸等，其转运速度是中性载体的 10%；酸性氨基酸载体转运的主要是天冬氨酸和谷氨酸，其速度与碱性载体相差不多；亚氨酸及甘氨酸载体是转运速度最慢的氨基酸载体，可运送脯氨酸、羟脯氨酸和甘氨酸等氨基酸。各种氨基酸载体转运的氨基酸在结构上有一定的相似性，当某些氨基酸共用同一个载体时，它们在吸收过程中就会存在竞争。氨基酸转运载体缺陷可导致相应氨基酸尿症或吸收不良，属氨基酸转移缺陷病。

（二）γ-谷氨酰基循环对氨基酸的转运作用

氨基酸的吸收及其向细胞内的转运过程还可经 γ-谷氨酰基循环进行，通过谷胱甘肽的合成与分解来完成，需由 γ-谷氨酰基转移酶催化，利用谷胱甘肽（GSH），合成 γ-谷氨酰氨基酸进行转运，消耗的 GSH 可重新再合成。

（三）肽的吸收

传统的蛋白质消化吸收理论一直认为：蛋白质在肠腔内，由胰蛋白酶和糜蛋白酶作用生成游离氨基酸和含 2~6 个氨基酸残基的寡肽，寡肽在肽酶的作用下被完全水解成游离氨基酸，以游离氨基酸形式进入血液循环，才能被动物吸收利用，即蛋白质营养就是氨基酸营养，所以人们一直把氨基酸作为研究、制作、追求、服食的主要营养。随着人们对蛋白质消化吸收及其代谢规律研究的不断深入，在 20 世纪 60 年代，科学家找到了令人信服的证据证明小肽可以被完整吸收和利用。由于这个重大发现，有关蛋白质消化吸收理论逐渐形成了一些新的观点，即蛋白质在肠腔内的最终水解产物，除了氨基酸外还有部分小肽，而且小肽可以和游离氨基酸一样被肠黏膜吸收并转运进入血液循环。小肽和氨基酸的混合物在人体的吸收率和吸收速度都比单纯氨基酸佳。不仅如此，小肽还能在肠道内保护易被破坏的氨基酸。此外，单纯的氨基酸在体内根据需要新组成肽和蛋白质，而小肽和氨基酸的混合物可省去一部分重新组合的过程，因此它的生物效价更高。近年来的研究发现四肽、五肽、六肽都能被动物直接吸收。尽管关于小肽的转运机制目前还不全部清楚，但小肽的转运需要载体已得到公认，某些哺乳动物的小肽载体基因已被克隆表达。

三、蛋白质的腐败作用

蛋白质的腐败作用（protein putrefaction）是指肠道中未彻底消化及吸收的蛋白质（约占

食物蛋白质的 5%）或蛋白质消化产物如多肽和未经吸收的氨基酸等，受肠道细菌体内多种
酶的作用，进行无氧分解的反应过程。因此，蛋白质的腐败作用实际上是肠道细菌的代谢过
程，以无氧分解为主，还包括水解、氧化、还原、脱羧、脱氨、脱巯基等反应。腐败作用可
产生胺、醇、酚、吲哚、甲基吲哚、硫化氢、甲烷、氨、二氧化碳、脂肪酸和某些维生素等
物质，除少量脂肪酸及维生素可被机体利用外，大部分对人体有毒性。正常情况下，上述有
害腐败产物大部分随粪便排出，少量被吸收后，经肝脏代谢解除其毒性。当肠梗阻时，腐败
时间延长，腐败产物入血增加，如在肝脏内解毒不完全，可导致机体中毒。这里介绍几种有
害物质的生成。

（一）胺类的生成

蛋白质经肠道细菌蛋白酶水解后得到的氨基酸，如果没有被吸收利用，而是被肠道细
菌通过脱去羧基分解，就会产生胺类（amines）化合物（产生途径见本章第二节中"氨基
酸的脱羧基作用"）。

（二）氨的生成

正常人肠道每天可产生 4g 氨，大部分由尿素经肠道细菌的尿素酶分解产生，是肠道氨
的重要来源之一；小部分由食物蛋白质中的氨基酸氧化分解产生。氨具有毒性，脑组织对氨
尤为敏感，血液中氨（血氨）浓度为 1% 时就会引起中枢神经系统中毒。正常情况下，正常
人血浆中的氨浓度一般不超过 0.60μmol/L，这些氨大部分被吸收进入血液，主要在肝脏中合
成尿素而解毒（见本章第二节中"氨基酸分解产物的代谢"）。

（三）其他有害物质的生成

在肠道细菌的作用下，一些氨基酸还能发生脱去氨基的反应。例如，半胱氨酸在肠道细
菌脱硫化氢酶的作用下，直接产生硫化氢。酪氨酸经脱氨基、氧化及脱羧等作用，最后生成
苯酚，苯酚还可再经氧化等转变为甲苯酚。酪氨酸也可先脱羧生成酪胺，由色氨酸脱羧酶产
生的色胺可被分解为吲哚和甲基吲哚，这两类物质是粪便臭味的主要来源。

第二节　氨基酸的分解代谢

氨基酸的代谢途径可简单地分为氨基代谢和碳骨架的代谢两个方面：氨基酸失去氨基变
为 α-酮酸（即氨基酸的"碳骨架"），进入三羧酸循环被彻底氧化为 CO_2 和 H_2O，或者通常更
为重要的是提供三碳和四碳单位，通过糖异生作用转化成葡萄糖，作为骨骼肌、大脑及其他
组织的燃料；从碳骨架分离出来的 α-氨基，则分流进入氨基代谢途径。本书着重就这两部分
分别加以讨论。由于不同氨基酸的侧链基团不同，因此个别氨基酸还有其特殊的代谢途径，
本书不做详细讨论，只做概括性阐述。

一、氨基酸的脱氨基作用

氨基酸分解代谢的第一步常是 α-氨基的脱离。生物体内发生的氨基酸脱氨基作用主要有
转氨基作用（transamination）、氧化脱氨作用（oxidative deamination）、联合脱氨作用（combined
deamination）及非氧化脱氨作用等几种方式。

（一）转氨基作用

1. 转氨基作用的概念

转氨基作用是指一种氨基酸的氨基被转移到一种 α-酮酸的酮基上后，剩下的碳骨架形成一种新的 α-酮酸，而原来的 α-酮酸在接受了转来的氨基后形成了一种新的 α-氨基酸的过程。催化此反应的酶称为转氨酶（aminotransferase 或 transaminase）。细胞中含有大量不同的转氨酶，它们对 L-氨基酸的专一性各不相同，但有许多酶都以 α-酮戊二酸作为特异氨基受体。转氨反应的结果是，许多氨基酸分子上的氨基，被 α-酮戊二酸以 L-谷氨酸的形式收集起来，谷氨酸作为生物合成途径或排泄途径中的一种氨基供体起作用，引起含氮废物的清除。转氨基作用是完全可逆的，因此它既参与氨基酸的降解，又参与氨基酸的合成。

2. 转氨酶

自然界中转氨酶种类很多，在动植物、微生物中分布很广，动物的心脏、脑、肾、睾丸及肝细胞中含量都很高。动物和高等植物的转氨酶一般只催化 L-氨基酸和 α-酮酸的转氨基作用。但某些细菌，如枯草杆菌（*Bacillus subtilis*）的转氨酶能催化 D- 和 L- 两种氨基酸的转氨基作用。绝大多数转氨酶以谷氨酸作为氨基的供体或者以 α-酮戊二酸为氨基的受体，它们对两个底物中的一个底物，即 α-酮戊二酸（或谷氨酸）是专一的，而对另外一个底物则无严格的专一性，因此，虽然某种酶对某种氨基酸有较高的活力，但对其他氨基酸也有一定作用。

除甘氨酸、赖氨酸、苏氨酸、脯氨酸外，其余 α-氨基酸都可参加转氨基作用，并且各有其特异的转氨酶。当今已发现至少有 50 种转氨酶，其中谷丙转氨酶（glutamic-pyruvic transaminase，GPT）和谷草转氨酶（glutamic-oxaloacetic transaminase，GOT）最为重要也最为常见，前者催化谷氨酸与丙氨酸之间的转氨基作用，后者催化谷氨酸与草酰乙酸之间的转氨基作用。在不同生物体中，这两种转氨酶活力各不相同，通常 GOT 在心脏中活力最强，其次为肝中；GPT 是细胞内最为活跃的酶之一，以肝中活力最强，正常情况下，血液中该酶活力很低甚至检测不到，但当肝细胞损伤时，酶就释放到血液内，导致血清中 GPT 活力明显高于正常人，因此临床上常以此来推断肝功能的正常与否，测定血清中 GPT 活性已成为肝炎诊断的一种常规方法。基于与 GPT 同样的原因，GOT 活性的变化也可以作为肝炎诊断的一种指标。GOT 还是苹果酸-天冬氨酸穿梭系统中必不可少的组分，参与将胞液中的 NADH 转化成线粒体基质中的 NADH，以使细胞液内的 NAD^+ 得以再生。

转氨酶催化的反应是可逆的，其平衡常数为 1.0 左右，表明它催化的反应可向左、右两个方向进行。但是在生物体内，与转氨基作用相偶联的反应是氨基酸的氧化分解作用（如谷氨酸的氧化脱氨基作用），这种偶联反应可以促使氨基酸的转氨基作用向着某一个方向进行。

3. 转氨基作用的机制

所有转氨酶都含有相同的辅基——磷酸吡哆醛（pyridoxal phosphate，PLP），具有同样的反应机制——"乒乓 BiBi 机制"（ping pong BiBi mechanism），即双底物的酶反应机制。酶在"静息状态"下，磷酸吡哆醛的醛基通过一个醛亚胺（Schiff 碱）与转氨酶活性位点上 Lys 残

基的 ε-氨基形成共价结合。PLP 有两种形式，一是作为氨基受体的醛形式（吡哆醛磷醛），另一种是将氨基供给 α-酮酸的氨化形式（磷酸吡哆胺），它能够在这二者之间发生可逆转换。因此，在氨基的转移过程中，结合在酶活性中心上的 PLP 可以作为中间载体起作用。酶在催化反应时，整个反应是一种典型的乒乓反应模式，可分为两个阶段：①磷酸吡哆醛转变为磷酸吡哆胺。底物氨基酸上的 α-氨基取代 Lys 残基的 ε-氨基形成 Schiff 碱，紧接着互变异构后发生水解，释放出第一种产物即新的 α-酮酸，原来的磷酸吡哆醛变成磷酸吡哆胺。②磷酸吡哆胺重新变为磷酸吡哆醛。磷酸吡哆胺与底物的 α-酮酸形成 Schiff 碱，然后朝着与第一个阶段相反的方向，释放出第二种产物，即新的氨基酸。

4. 转氨基作用的意义

（1）转氨基作用是体内绝大多数氨基酸脱氨进入分解代谢的重要途径。参与蛋白质合成的 20 种 α-氨基酸中，除甘氨酸、赖氨酸、苏氨酸和脯氨酸不参加转氨基作用外，其余氨基酸均可由特异的转氨酶催化参加转氨基作用。

（2）转氨基作用是可逆的，反应方向取决于 4 种反应物的相对浓度。因而，转氨基作用也是体内某些氨基酸（非必需氨基酸）合成的重要途径。

（3）为体内许多重要代谢反应提供重要的中间代谢产物。当体内不需要将 α-酮酸再合成氨基酸，并且体内的能量供给又充足，氨基酸的转氨基产物 α-酮酸通过三羧酸循环经糖异生途径等代谢过程，可以转变为糖和脂肪。

（二）氧化脱氨作用

氧化脱氨作用是指 α-氨基酸在酶的催化下氧化生成 α-酮酸，消耗氧并产生氨的过程。反应分两步进行，第一步是氨基酸经酶催化脱氢生成 α-亚氨基酸；第二步是加水和脱氨，α-亚氨基酸水解生成 α-酮酸及氨，该步骤不需酶的参加。反应每消耗 1 分子氧，产生氨及 α-酮酸各约 2 分子。催化氨基酸氧化脱氨的酶有氨基酸氧化酶和 L-谷氨酸脱氢酶（L-glutamatedehydrogenase）等。

1. 氨基酸氧化酶

氨基酸氧化酶包括 L-氨基酸氧化酶和 D-氨基酸氧化酶两类，都是黄素蛋白酶类，前者辅基为 FMN 或 FAD，后者辅基为 FAD，分别催化 L-氨基酸和 D-氨基酸的氧化脱氨。由于 L-氨基酸氧化酶在体内分布不普遍，其最适 pH 为 10 左右，远离生理 pH，在正常生理条件下活力低，因此该酶在 L-氨基酸氧化脱氨反应中并不起主要作用。D-氨基酸氧化酶在体内分布虽广，活力也强，但 D-氨基酸氧化酶只作用于体内并不常见的 D-氨基酸，因此这两种酶都不是参与氨基酸氧化脱氨基作用的主要酶。

2. L-谷氨酸脱氢酶

参与氨基酸氧化脱氨基的主要酶是谷氨酸脱氢酶，位于线粒体基质，所催化的反应如下：

$$
\overset{\text{O}}{\underset{\alpha\text{-酮戊二酸}}{^{-}\text{OOC}-\overset{\|}{\text{C}}-(\text{CH}_2)_2\text{COO}^{-}}} \quad \underset{\text{L-谷氨酸脱氢酶}}{\overset{\text{NH}_4^{+}+\text{NAD(P)H}+\text{H}_2\text{O} \qquad \text{NAD(P)}^{+}}{\rightleftharpoons}} \quad \underset{\text{谷氨酸}}{^{-}\text{OOC}-\overset{\overset{\text{NH}_3^{+}}{|}}{\text{CH}}-(\text{CH}_2)_2\text{COO}^{-}}
$$

L-谷氨酸脱氢酶的辅基为 NAD^{+}或 NADP^{+}，能催化 L-谷氨酸氧化脱氨基，生成 α-酮戊二酸及氨。此酶在动植物、微生物中普遍存在，且活性很强，特别是在肝及肾组织中活力更强，其最适 pH 在中性附近。L-谷氨酸脱氢酶是一种别构酶，其活性受到严格调控：当细胞处于低能量状态时，细胞贫能指示剂（即高浓度 ADP 或 GDP）刺激正反应，即氨基酸的氧化脱氨基加速，从而调节氨基酸氧化分解供给所需能量。如果反应以 NAD$^+$ 为电子受体，则生成的 NADH+H$^+$ 进入呼吸链以产生更多的 ATP，如果以 NADP$^+$ 为电子受体，则生成的 NADPH+H$^+$ 可作为生物合成的还原剂；而当细胞处于高能量状态时，细胞富能指示剂（即高浓度 ATP 或 GTP）则促进逆反应，有利于谷氨酸的合成。从 L-谷氨酸脱氢酶所催化的反应平衡常数偏向于 L-谷氨酸的合成来看，此酶主要是催化谷氨酸的合成，但是在 L-谷氨酸脱氢酶催化谷氨酸产生的 NH$_3$ 在体内被迅速处理的情况下，反应又可以趋向于脱氨基作用，特别在 L-谷氨酸脱氢酶和转氨酶联合脱氨作用时，几乎所有氨基酸都可以脱去氨基，因此 L-谷氨酸脱氢酶在氨基酸代谢上占有重要地位。

除上述两种酶外，已发现能催化氨基酸氧化脱氨的酶还有甘氨酸氧化酶和 D-天冬氨酸氧化酶，它们的辅基均为 FAD。前者的脱氨产物为 NH$_3$ 和乙醛酸，后者的氧化产物为 NH$_3$ 与草酰乙酸。另外，由于丝氨酸和苏氨酸这两种氨基酸的侧链上含有容易离去的羟基基团，因此这两种氨基酸可以在相应的丝氨酸脱水酶和苏氨酸脱水酶的催化下，直接发生脱氨基反应，反应中需要磷酸吡哆醛作为辅基。

（三）联合脱氨作用

氨基酸的转氨基作用虽然在生物体内普遍存在，但是单靠转氨基作用并不能将氨基酸上的氨基最终有效脱掉。由于生物体内 L-氨基酸的氧化酶活力不高，而 L-氨基酸脱氢酶的活力很强，转氨酶又普遍存在，因此一般认为 L-氨基酸在体内往往不是直接氧化脱去氨基，而是先与 α-酮戊二酸经转氨基作用变为相当的酮酸及谷氨酸，谷氨酸经谷氨酸脱氢酶作用重新变成 α-酮戊二酸，同时放出氨，这种脱氨作用是转氨基作用和氧化脱氨作用配合进行的，所以叫作联合脱氨作用。联合脱氨作用在氨基的最终代谢中起着举足轻重的作用，据估计，被摄入体内的蛋白质约有 75% 是通过这种方式进行氨基代谢的。

联合脱氨作用有两种过程。一种是由转氨酶和谷氨酸脱氢酶组合在一起的脱氨基反应，两种酶作用的次序是，首先转氨酶催化将一种氨基酸的氨基转移到 α-酮戊二酸上形成谷氨酸，然后在谷氨酸脱氢酶催化下发生氧化脱氨基反应产生 α-酮戊二酸和 NAD(P)H+H$^+$，同时释放出氨。其反应式表示如下：

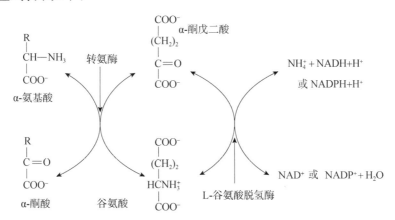

另一种联合脱氨作用是嘌呤核苷酸的联合脱氨作用：次黄嘌呤核苷酸和天冬氨酸作用形成中间产物——腺苷酸代琥珀酸（adenylosuccinate），后者在裂合酶的作用下，分裂成腺嘌呤核苷酸和延胡索酸，水解后即产生游离氨和次黄嘌呤核苷酸。虽然以谷氨酸脱氢酶为中心的

联合脱氨作用在机体内广泛存在，骨骼肌、心肌、肝及脑的脱氨基方式可能都是以嘌呤核苷酸循环为主（实验证明脑组织中的氨有 50% 是经嘌呤核苷酸循环产生）。

（四）非氧化脱氨作用

除上述 3 种方式外，某些氨基酸还可以进行非氧化脱氨作用。这种脱氨方式，主要在微生物体内进行。动物体内也有，但并不普遍。非氧化脱氨作用又可区分为脱水脱氨基、脱硫化氢脱氨基、直接脱氨基和水解脱氨基等 4 种方式。

二、氨基酸的脱羧作用

氨基酸的脱羧作用是指氨基酸在酶的催化作用下脱去羧基，生成二氧化碳和一级胺的过程。氨基酸的脱羧作用，普遍存在于微生物、高等动植物组织中，动物的肝、肾、脑中都发现有氨基酸脱羧酶，但脱羧反应并不是氨基酸代谢的主要方式。氨基酸脱羧后形成的胺类物质中，有一些是某些维生素或激素的重要组成成分，如 β-丙氨酸（天冬氨酸脱羧产物）是维生素泛酸的组成成分，有一些则具有特殊的生理作用。催化脱羧反应的酶称为脱羧酶（decarboxylase），其专一性很高，除个别脱羧酶外，一种氨基酸脱羧酶一般只对一种氨基酸起脱羧作用，而且只对 L-氨基酸起作用。除组氨酸脱羧酶外，这类酶均需要磷酸吡哆醛为辅酶。

应当指出的是，绝大多数胺类是对动物有毒的，如果体内生成大量胺类，能引起神经或心血管等系统功能的紊乱。正常情况下，人和动物体内的胺氧化酶能催化胺类氧化成醛和氨，继而醛氧化成脂肪酸，再分解成二氧化碳和水；氨则可合成尿素，通过泌尿系统排出体外，也可用于重新合成新的氨基酸。

（一）谷氨酸的脱羧作用

谷氨酸经脱羧酶催化脱羧后的产物是 γ-氨基丁酸（γ-aminobutyric acid, GABA），其广泛分布于动植物体内。许多植物（如豆属、参属、中草药等）的种子、根茎和组织液中都含有 GABA，而在动物体内，GABA 几乎只存在于神经组织尤其是脑组织中，是一种重要的神经递质（neurotransmitter），对中枢神经系统的传导有抑制作用，同时又是神经组织的能量来源。

（二）组氨酸和酪氨酸的脱羧作用

食物中的组氨酸脱羧后会引起组胺（histamine）含量增加。组胺是一种活性胺化合物，作为体内一种化学传导物质，与靶细胞上特异受体结合后，会产生生物效应，影响许多细胞的反应，包括胃酸分泌；小动脉、小静脉和毛细血管舒张，引起血压下降甚至休克；增加心率和心肌收缩力，抑制房室传导；兴奋平滑肌，引起支气管痉挛，胃肠绞痛；过敏，炎性反应；刺激胃壁细胞，引起胃酸分泌；也可以影响脑部神经传导，造成瞌睡等效果。

$$HC=C-CH_2-CH-COO^- \xrightarrow[\text{脱羧酶}]{\text{组氨酸}} HC=C-CH_2CH_2NH_2 + CO_2$$

组氨酸 → 组胺

而酪氨酸的脱羧产物酪胺（tyramine）则促进神经系统释放去甲肾上腺素，能使血压升高。食物中的酪氨酸、苯丙氨酸，经肠菌脱羧酶的作用分别转变为酪胺及苯乙胺，正常情况下，这两种胺在肝内被单胺氧化酶分解清除。肝功能衰竭时，清除发生障碍，此两种胺可进入人或动物的脑组织，在脑内可分别经羟化形成 β-羟酪胺和苯乙醇胺。这二者的化学结构与正常神经递质儿茶酚胺相似，但却不能传递神经冲动或作用很弱，因此称为假性神经递质，可取代正常神经递质，阻碍神经冲动传递，使大脑发生异常抑制，出现意识障碍与昏迷，这可能是肝性脑病（肝昏迷）发生的原因之一。

$$HO-\bigcirc-CH_2-CHCOO^- \xrightarrow{\text{酪氨酸脱羧酶}} HO-\bigcirc-CH_2CH_2NH_2 + CO_2$$

酪氨酸（NH_3^+） → 酪胺

（三）鸟氨酸的脱羧作用

鸟氨酸经鸟氨酸脱羧酶催化脱羧后的产物为腐胺（putrescine，也称为腐肉胺、丁二胺、1,4-二氨基丁烷等），腐胺属多胺类（polyamine）有机化合物，作为生物体的正常成分而广泛存在于每个细胞中，生物体可通过升高或降低它的含量水平来控制细胞的 pH。腐胺可促进细胞增殖，与 S-腺苷甲硫氨酸降解产生的丙胺基结合而生成亚精胺（spermidine），亚精胺也属于低分子多胺类活性化合物。作为一种腐毒碱（ptomaine），腐胺也存在于腐败物中，具有超级臭味。反应式如下：

$$H_3N^+-CH_2-(CH_2)_2-CH-COO^- \xrightarrow{\text{鸟氨酸脱羧酶}} H_3N^+-CH_2-(CH_2)_2-CH_2NH_3^+ + CO_2$$

鸟氨酸（$^+NH_3$） → 腐胺

尸胺（cadaverine）是广泛存在于生物体中的正常成分，也是一种存在于腐败食物中的肉毒胺。它是蛋白质腐败时赖氨酸在脱羧酶的作用下发生脱羧反应生成的产物，与精氨酸、腐胺都是尸体腐败产生气味中的成分。

色氨酸经羟化酶、脱羧酶依次作用后生成 5-羟色胺。5-羟色胺又名血清素，广泛存在于哺乳动物组织中，特别在大脑皮层质及神经突触内含量很高，是一种调节中枢神经活动，使人产生愉悦情绪的重要物质，5-羟色胺水平较低的人群更容易发生抑郁、冲动、酗酒、自杀、攻击及暴力行为。在外周组织，5-羟色胺具有收缩血管、升高血压的作用，是一种强血管收缩剂和平滑肌收缩刺激剂。在体内，5-羟色胺可以经单胺氧化酶催化成 5-羟色醛及 5-羟吲哚乙酸而随尿液排出体外，还可在肠道中进一步降解成吲哚等，成为粪臭来源之一。

三、氨基酸分解产物的代谢

（一）氨基的代谢转变

氨对生物体是有毒的，因此氨的排泄是生物体维持正常生命活动所必需的（植物几乎能循环利用所有氨基，氮排泄只发生在特别异常的条件下）。不同种类的生物，解除体内氨毒的方式是不一样的，概括起来有以下几种方式：水生生物，如原生动物和线虫及鱼类、水生两栖类等，其体内外水分的供应都极充足，脱氨作用所产生的氨可以由大量的水稀释而不致引起不良影响，因此，水生动物主要是排氨的，也有部分氨会被代谢转变成氧化三甲胺再进行排泄。鸟类及生活在比较干燥环境中的爬行动物类，由于水的供应困难，它们的排氨方式是形成固体尿酸的悬浮液排出体外，所以鸟类及某些爬虫类动物都主要排尿酸。人、其他哺乳动物和陆生两栖类，由于体内水分供应不太欠缺，它们体内氨基酸代谢所产生的氨主要是通过转变成溶解度较大的尿素，再被排出。所有哺乳动物几乎都是排尿素的。

1. 尿素的生成过程

将氨转变成尿素是人类和其他所有胎盘类哺乳动物解除氨毒的方式。尿素是通过鸟氨酸循环（又称为尿素循环）（图 10-1）产生的，发生在哺乳动物的肝细胞内。尽管参与尿素循环的个别酶在其他组织也有发现，但完整的尿素循环仅存在于肝细胞内。经肝代谢转变而来的尿素，通过血液循环系统被送达肾，在泌尿系统的作用下被分泌到尿液中，并随之排出体外。

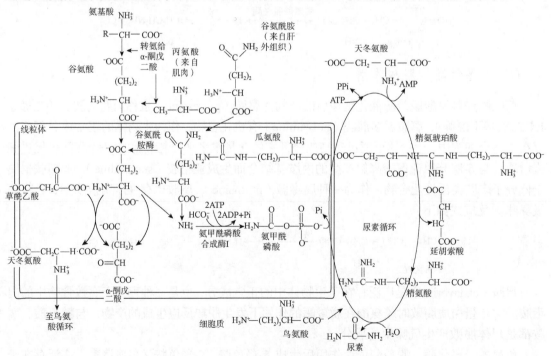

图 10-1　鸟氨酸循环

1）氨甲酰磷酸的形成　　尿素循环开始于肝细胞线粒体基质中，后面 3 步则在细胞质溶胶中进行。进入循环的第一个氨基来自线粒体基质中的氨，它可以是肝外组织氨基酸分解产生的氨，通过谷氨酰胺运输到肝细胞；也可以是肌肉蛋白分解产生的 Ala 上的氨，经血液循环进入肝细胞；另外，肝也接受来自肠道细菌氧化氨基酸后经门静脉运送来的氨。总之，不管其来源如何，在肝线粒体中产生的氨立即与线粒体呼吸作用所产生的 CO_2（HCO_3^-）一起被利用，在基质中形成氨甲酰磷酸。氨甲酰磷酸是氨甲酰基的活化形式，一旦形成便进入尿素循环。严格来说，这一步反应不属于尿素循环中的反应，它充其量是尿素循环的预备反应。催化此反应的酶为氨甲酰磷酸合成酶Ⅰ（carbamoyl phosphate synthetase Ⅰ）。反应式如下：

HO—C—O⁻ 碳酸氢根 →(ATP, ADP) HO—C—O—P—O—O⁻ 碳酸-磷酸酸酐 →(NH_4^+, Pi) HO—C—NH₂ 氨甲酸 →(ATP, ADP) H₂N—C—O—P—O⁻ 氨甲酰磷酸

2）瓜氨酸的合成　　氨甲酰磷酸在酶催化下，将甲酰基转移给鸟氨酸形成瓜氨酸，同时释放 Pi。这一过程中，鸟氨酸扮演了类似于三羧酸循环中的草酰乙酸的角色，在每一轮循环中接受进入循环的氨甲酰磷酸。这个反应由鸟氨酸氨甲酰转移酶（ornithine transcarbamoylase）催化，产生的瓜氨酸随后从线粒体出来进入胞质溶胶中。尿素循环余下的反应均发生在细胞液中。

H₂N—C—O—P—O⁻ 氨甲酰磷酸 + H₃N⁺—(CH₂)₃CH—COO⁻ 鸟氨酸 —（鸟氨酸氨甲酰转移酶）→ H₂N—C—NH—(CH₂)₃CH—COO⁻ 瓜氨酸

3）精氨酸的合成　　在 ATP 与 Mg^{2+} 存在的条件下，瓜氨酸通过精氨琥珀酸合成酶（argininosuccinate synthetase）的催化与天冬氨酸缩合为精氨琥珀酸，同时产生 AMP 及焦磷酸。天冬氨酸在反应中作为氨基供体，为尿素分子提供了第二个氮原子。反应中，ATP 被裂解成 AMP 和 PPi，后者在焦磷酸酶的催化下，迅速被水解成无机磷酸，因此总反应实际上消耗了 2 分子 ATP。

然后精氨琥珀酸在精氨琥珀酸裂解酶（argininosuccinate lyase）的作用下发生可逆性裂解，形成自由的精氨酸和延胡索酸。后者进入线粒体，成为三羧酸循环中间物库中的一员，经循环后转变为草酰乙酸，与谷氨酸进行转氨作用又可转变为天冬氨酸，再次进入尿素循环。

瓜氨酸（烯醇式）+ 天冬氨酸 + ATP —（精氨琥珀酸合成酶）→ 精氨琥珀酸 + AMP + PPi → 2Pi

精氨琥珀酸 —（精氨琥珀酸裂解酶）⇌ 精氨酸 + 延胡索酸

4）尿素的生成　　这是尿素循环的最后一步反应。在胞质中精氨酸酶（arginase）的催化作用下，精氨酸被裂解成尿素和鸟氨酸，再生的鸟氨酸被输送回线粒体中，启动新一轮的尿酸循环。尿素则随血液流出肝，进入泌尿系统后随尿液排出体外。催化该反应的精氨酸酶专一性很高，只对 L-精氨酸有作用，存在于排尿素动物的肝中。

$$
\begin{array}{c}
H_2N \\
\backslash \\
C=NH_2 \\
| \\
NH \\
| \\
(CH_2)_3 \\
| \\
CHNH_3^+ \\
| \\
COO^-
\end{array}
\quad + \quad H_2O
\quad
\xrightarrow{\text{精氨酸酶}}
\quad
\begin{array}{c}
NH_3^+ \\
| \\
(CH_2)_3 \\
| \\
CHNH_3^+ \\
| \\
COO^-
\end{array}
\quad + \quad
\begin{array}{c}
HN \\
\parallel \\
C-NH_2 \\
| \\
OH \\
\updownarrow \\
O \\
\parallel \\
H_2N-C-NH_2
\end{array}
$$

精氨酸　　　　　　　　　　　鸟氨酸　　　　尿素

鸟氨酸循环中，由于精氨琥珀酸裂解酶催化产生的延胡索酸同时也是三羧酸循环的中间产物，因此这两个循环是相互关联在一起的，这样非常密切的循环，不但有利于生物体消除体内氨毒，还可以消耗一部分体内代谢产生的 CO_2。

5）尿素循环的调节　　尿酸循环的氮流量与生物体的饮食情况有关。当食物主要成分为蛋白质时，氨基酸的碳骨架就被用作燃料，同时伴随着脱氨产生过量氨，进而产生大量的尿素。如果生物体长时间处于饥饿状态，机体会动用肌肉蛋白来为自身提供大部分能量，此时尿素的产生也明显增加。

尿素循环的调节是通过肝中 4 种尿素循环酶和氨甲酰磷酸合成酶 I 的合成速率来实现的。动物实验表明，与处于饥饿状态的动物及主要喂给糖类和脂肪的动物相比，摄入高蛋白质含量食物的动物体内，上述 5 种酶的合成速率都更高，当喂给不含蛋白质的食物时，动物体内的尿素循环酶的水平则表现得更低。

2. 酰胺的合成

将氨转变为天冬酰胺（Asn）、谷氨酰胺（Gln）的酰胺基团，以酰胺的形式储于体内，是生物体解除氨毒的另外一种方式，也是细胞合成酰胺氨基酸的途径。存在于脑、肝及肌肉等组织细胞中的谷氨酰胺合成酶（glutamine synthetase），能催化谷氨酸（Glu）与氨作用合成 Gln，通过血液循环运到肝，经谷氨酰胺酶（glutaminase）作用分解成谷氨酸及 NH_3，此 NH_3 是尿素的主要来源（见尿素循环部分），占尿中氨总量的 60%。动物使用 Gln 作为氨的载体，通过 Gln 不仅可以将一种组织中产生的氨转移到另一种组织，而且其中的酰胺 N 可以在需要时释放出来，作为多种物质合成的氮源（如核苷酸、某些氨基酸和氨基糖的合成，见核苷酸的从头合成途径）。

天冬氨酸（Asp）反应生成 Asn 的过程是在天冬酰胺合成酶（asparagine synthetase）的催化下，脱氨基作用产生的氨与 Asp 反应生成 Asn，大量存在于植物体内，是植物体内氨的重要储存形式。当植物体需要氨时，Asn 分子内的氨基又可通过天冬酰胺酶（asparaginase）的作用分解出来，供合成氨基酸之用。Asn 在动物体内也有所发现，但它在动物体内的作用并不重要。

3. 嘧啶环的合成

尿素循环部分内容里提到，氨甲酰磷酸是由氨甲酰磷酸合成酶 I（CPS-I）催化合成的。事实上，除了 CPS-I 外，生物体中还有另外一种催化氨甲酰磷酸合成的酶，即氨甲酰磷酸合成酶Ⅱ（CPS-Ⅱ）。与 CPS-Ⅰ不同的是，CPS-Ⅱ分布在脑浆及所有组织的胞液之中，一般存在于生长迅速的组织（包括肿瘤细胞）中，参与嘧啶核苷酸的从头合成。它利用 Asn 作为氮源，不需要 *N*-乙酰谷氨酸参加就可催化合成氨甲酰磷酸。生成的氨甲酰磷酸再与 Asp 缩合成氨甲酰天冬氨酸，然后经环化形成二氢乳清酸，最后合成鸟苷酸（见核酸代谢章节）。所以，氨基酸脱下的氨经谷氨酰胺途径还可转化成嘧啶类化合物，也是氨的去路之一。

（二）α-酮酸的代谢

1. 再合成氨基酸

生物体内氨基酸的脱氨基作用与 α-酮酸的氨基化还原作用可以看作一个可逆的动态平衡反应。当体内氨基酸过剩时，脱氨基作用加强，氨基酸进入分解代谢；相反，当生物体缺乏氨基酸时，α-酮酸氨基化作用则加强，反应进入某些氨基酸的合成方向。糖代谢的中间产物 α-酮戊二酸与氨作用产生谷氨酸的过程就是还原氨基化过程，该过程实质上就是由 L-谷氨酸脱氢酶催化的谷氨酸氧化脱氨基的逆反应（见氧化脱氨作用）。这一反应是多数生物体直接利用 NH_3 合成谷氨酸的主要途径。该反应在其他所有氨基酸的合成中都有重要意义，因为谷氨酸的氨基可以通过转氨基作用转移到任何 α-酮酸上，从而形成各种相应的氨基酸。

2. 转变成糖及脂肪

当生物体内能量供给充足，也不需要将 α-酮酸合成氨基酸时，体内的 α-酮酸可以转变为糖和脂肪。20 种常见氨基酸中多数氨基酸在生物体内可转变成糖，这类氨基酸称为生糖氨基酸（glycogenic amino acid），它们的 α-酮酸按糖代谢途径进行代谢。属于生糖氨基酸的有 Ala、Arg、Asp、Asn、Cys、Gly、Glu、Gln、His、Met、Ser、Thr、Val 和 Pro，它们的分解中间产物大都是糖代谢过程中的丙氨酸、草酰乙酸、α-酮戊二酸、琥珀酰 CoA 或者与这几种有关的化合物。Leu 和 Lys 的碳骨架在体内被代谢成乙酰 CoA 或乙酰乙酸，其中前者为酮体和脂肪酸合成的前体，后者本身就是酮体，这两种能代谢产生酮体的氨基酸称为生酮氨基酸（ketogenic amino acid），它们产生的 α-酮酸按脂肪酸代谢途径进行代谢。通过代谢既能转变为糖又能转变为脂肪的，称为生糖生酮氨基酸（glucgenic and ketogenic amino acid），这些氨基酸产生的 α-酮酸一部分按糖代谢途径进行代谢，另一部分按脂肪酸代谢途径代谢，属于这类氨基酸的是 Trp、Tyr、Ile 和 Phe。

3. 氧化成二氧化碳和水

20 种常见氨基酸的碳骨架，在脊椎动物体内分别由 20 种不同的多酶体系进行氧化分解。虽然它们的分解途径各不相同，但它们都只集中形成 5 种三羧酸循环的代谢中间产物，因此它们都能进入三羧酸循环，随后或进入糖异生过程或进入酮体生成过程或被最后彻底氧化为 CO_2 和水。图 10-2 标明了 20 种氨基酸进入三羧酸循环的途径。

在这 20 种氨基酸中，有 10 种氨基酸的全部或者部分碳骨架（即 α-酮酸）最终降解成乙酰 CoA，它们分别是 Ala、Thr、Ser、Cys、Gly、Phe、Tyr、Leu、Lys、Trp；Arg、His、Gln、Pro、Glu 转化成 α-酮戊二酸；Ile、Met、Val 转化成琥珀酰 CoA；Phe、Tyr 转化成延胡索酸，Asp、Asn 则转化成草酰乙酸。应该注意的是，一些氨基酸在三羧酸循环上的特定入口不止一个，这反映出它们碳骨架的不同部分具有不同的代谢去向。

需要指出的是，当氨基酸脱羧形成胺类后，即失去了进入柠檬酸循环的可能性。

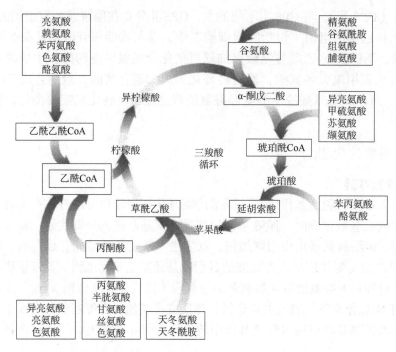

图 10-2　20 种氨基酸进入三羧酸循环的途径入口点（引自 Nelson and Cox，2005）

第三节　氨基酸的合成代谢

一、氨基酸合成途径

在有合适氮源时，植物、微生物能够从头合成所有 20 种标准氨基酸。而哺乳动物只能制造其中的 10 种，这 10 种氨基酸称为非必需氨基酸；其余 10 种必须从食物中获取，称为必需氨基酸，它们分别是 Lys、Trp、Phe、Val、Met、Leu、Thr、Ile、Arg 和 His。其中，Arg 和 His 虽然可以在体内合成，也能满足成年个体的需要，但对于生长旺盛的幼儿来说，其合成速度不能满足需要，所以也有人将这两种氨基酸称为半必需氨基酸。所有能自身合成的非必需氨基酸都是生糖氨基酸，必需氨基酸中只有少部分是生糖氨基酸，因此有机体可以利用糖来合成某些非必需氨基酸，而不能合成全部氨基酸。而所有生酮氨基酸都是必需氨基酸，因为这些氨基酸转变为酮体的过程是不可逆的，因此脂肪很少或不能用来合成氨基酸。

氨基酸的合成有的在胞液中进行，有的则在线粒体中进行。所有氨基酸合成的碳骨架前体都来自于糖酵解、三羧酸循环或磷酸戊糖途径，而其中的氮原子则通过 Glu 或 Gln 进入相关的合成途径（图 10-3）。全部 20 种氨基酸的合成可分为五大家族，现分别加以讨论。

（一）α-酮戊二酸衍生类型

此类氨基酸包括 Glu、Gln、Pro 和 Arg 等非必需氨基酸，某些生物（如眼虫）还包括 Lys。该合成反应以 α-酮戊二酸作为前体，在 L-谷氨酸脱氢酶的作用下还原生成 L-Glu。L-Glu 在

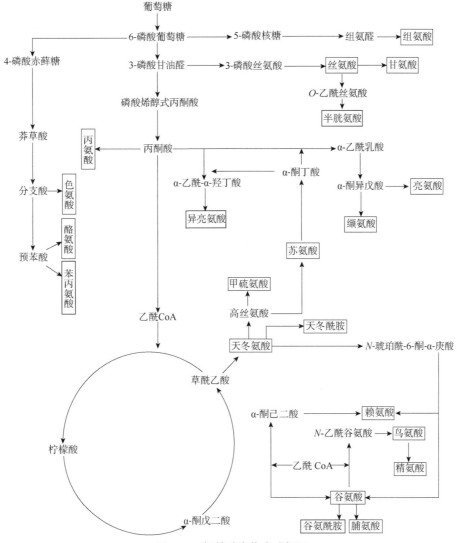

图 10-3　氨基酸生物合成概况

谷氨酰胺合成酶催化下结合 NH₃ 形成 Gln。L-Glu 的 γ-羧基被还原成谷氨酸半醛，后者接着环化成二氢吡咯-5-羧酸，再由二氢吡咯还原酶还原成 L-Pro。L-Glu 也可在转乙酰基酶催化下生成 N-乙酰鸟氨酸，再在激酶作用下转变成 N-乙酰-γ-谷氨酰磷酸，然后在还原酶催化下被还原成 N-乙酰谷氨酸 γ-半醛，最后经转氨酶作用生成 N-乙酰鸟氨酸，经去乙酰基后转变成鸟氨酸，最终通过鸟氨酸循环而生成 Arg。

（二）草酰乙酸衍生类型

属于此类的氨基酸有 Asp、Asn、Lys、Met、Thr 和 Ile 6 种。在谷草转氨酶催化下，草酰乙酸与 Glu 反应生 L-Asp；Asp 在有 Gln 和 ATP 参与的条件下，经天冬酰胺合成酶催化而形成 L-Asn；细菌和植物还可以由 L-Asp 为起始物合成 Lys 或转变成 Met。以 L-Asp 为起始物还可以合成 L-高丝氨酸，后者再在苏氨酸合成酶催化下转变成 Thr。另外，L-Asp 与 Ala 作用经过一系列作用，还可以合成 Ile。

（三）丙酮酸衍生类型

属于这一族的氨基酸有 Ala、Val 和 Leu，其中 Ala 由丙酮酸经转氨反应而来，而 Leu 的合成与 Ile 和 Val 相似，开始于酮酸。所有的反应都以 Glu 的转氨基反应结束。

（四）3-磷酸甘油酸衍生类型

这一家族包括 Ser、Gly 和 Cys 这 3 种氨基酸。在脱氢酶的作用下，3-磷酸甘油酸脱氢生成羟基丙酮酸-3-磷酸，后者经丝氨酸磷酸转氨酶作用而形成 3-磷酸丝氨酸，然后在酶作用下去磷酸生成 L-Ser。Ser 是 Gly 和 Cys 合成的直接前体。在丝氨酸转羟甲基酶作用下，L-Ser 脱去羟甲基后生成 Gly。大多数植物和微生物在丝氨酸转乙酰基酶催化作用下，可以把乙酰 CoA 的乙酰基转给丝氨酸而生成 *O*-乙酰丝氨酸，*O*-乙酰丝氨酸经硫氢基化而生成 L-Cys。

（五）4-磷酸赤藓糖和磷酸烯醇式丙酮酸衍生类型

属于这类的是 3 种芳香族氨基酸。它们的合成途径是莽草酸途径，由 4-磷酸赤藓糖起始，在磷酸烯醇式丙酮酸存在的条件下，酶促合成分支酸，再经氨基苯甲酸合成酶作用可转变成邻氨基苯甲酸，最后生成 Trp。此途径中的分支酸为重要的代谢分支点，由它可转变为许多其他重要的代谢物，如维生素 K、叶酸和泛醌等。分支酸还可以转变成预苯酸，受不同酶的作用，预苯酸可以代谢转变为不同的氨基酸：在脱氢酶作用下生成对羟基丙酮酸，最后生成 Tyr；在脱水酶作用下转变成苯丙酮酸，最后形成 Phe。

His 的合成和 Trp 相似，由磷酸核糖基焦磷酸（PRPP）开始，先把 5-磷酸核糖连接到 ATP 嘌呤环的 1 号 N 上，生成 N-1-（核糖-5′-磷酸）-ATP，经过一系列反应最后合成 L-His。由于 His 来自 ATP 分子上的 N-C 基团，因此有人认为它是嘌呤核苷酸代谢的一个分支。

二、氨基酸与一碳基团

（一）一碳基团的概念

在物质代谢过程中，常常会发生一个含碳基团从一个化合物转移到另一个化合物分子上去的反应。反应由一碳单位转移酶催化，这类酶的辅酶为四氢叶酸（tetrahydrofolate，THF），其功能是携带一碳基团。生物化学中将具有一个碳原子的基团称为一碳基团（one carbon group）或一碳单位（one carbon unit）。生物体内的一碳基团有许多形式，主要代表如表 10-3 所示。

表 10-3　生物体内的主要一碳基团形式

一碳基团	英文名称	中文名称
—CH_3	methyl-	甲基
—CH_2—	methylene-	亚甲基（又称为甲叉基）
—CH=	methenyl-	次甲基（又称为甲川基）
—CH_2OH	hydroxymethyl-	羟甲基
—CH=NH	formimino-	亚氨甲基
$-\overset{\overset{O}{\parallel}}{C}-H$	formyl-	甲酰基

（二）一碳基团的产生

甘氨酸、苏氨酸、丝氨酸和组氨酸等氨基酸的分解代谢，是生物体产生一碳基团的重要途径。

（1）甘氨酸在甘氨酸合成酶的催化下，脱氨基成乙醛酸后，与 THF 反应生成 N^5, N^{10}-亚甲基四氢叶酸，同时释放 CO_2 和 NH_3。苏氨酸在体内过剩时，可由苏氨酸脱水酶催化降解产生甘氨酸和乙醛，所以苏氨酸可通过甘氨酸形成一碳基团。

$$\underset{\text{甘氨酸}}{\underset{|}{\overset{CH_2-COO^-}{\underset{NH_3^+}{}}}} + NAD^+ + FH_4 \xrightarrow[\text{合成酶}]{\text{甘氨酸}} NH_4^+ + CO_2 + \underset{\substack{N^5,N^{10}\text{-亚甲}\\\text{基四氢叶酸}}}{N^5,N^{10}-CH_2-FH_4} + NADH$$

四氢叶酸

$$\underset{\text{苏氨酸}}{CH_3-\underset{OH}{\overset{|}{CH}}-\underset{NH_3^+}{\overset{|}{CH}}-COO^-} \xrightarrow[NAD^+ \quad NADH+H^+]{} CH_3-\overset{O}{\overset{\|}{C}}-\underset{NH_3^+}{\overset{|}{CH}}-COO^- \xrightarrow[CoA-SH \quad CH_3\overset{O}{\overset{\|}{C}}-SCoA]{} \underset{\text{甘氨酸}}{\underset{NH_3^+}{\overset{|}{CH_2-COO^-}}}$$

（2）丝氨酸在丝氨酸羟甲基转移酶的作用下，脱去 1 分子水，同时 β-碳原子转移到 THF 上，生成 N^5, N^{10}-亚甲基四氢叶酸，剩下的部分转变为甘氨酸。所以丝氨酸既可直接与 THF 作用形成一碳衍生物，又可通过甘氨酸途径形成 N^5, N^{10}-亚甲基四氢叶酸。

$$\underset{\text{丝氨酸}}{H_2C-\underset{OH}{\overset{|}{}}\underset{NH_3^+}{\overset{|}{CH}}-COO^-} + FH_4 \xrightarrow[\text{基转移酶}]{\text{丝氨酸羟甲}} \underset{\text{甘氨酸}}{\underset{NH_3^+}{\overset{|}{CH_2-COO^-}}} + \underset{\substack{N^5,N^{10}\text{-亚甲}\\\text{基四氢叶酸}}}{N^5,N^{10}-CH_2-FH_4}$$

四氢叶酸

（3）组氨酸降解为谷氨酸的过程中可以形成一碳单位，其降解过程如下：组氨酸在分解过程中形成亚氨甲酰谷氨酸（N-formimino glutamate）后，与 THF 作用，将亚氨甲酰基转移到 THF 上，形成亚氨甲酰四氢叶酸，后者再脱去氨后即形成 N^5, N^{10}-亚甲基四氢叶酸。

$$\underset{\text{组氨酸}}{\underset{\substack{HN^+ \quad NH\\ \diagdown \ \diagup \\ CH}}{HC=C-CH_2-\underset{NH_3^+}{\overset{|}{CH}}-COO^-}} \xrightarrow[NH_4^+ \quad 2H_2O \quad H^+ \quad FH_4]{} \underset{\text{谷氨酸}}{{}^-OOC-\underset{NH_3^+}{\overset{|}{CH}}-CH_2-CH_2COO^-} + \underset{\substack{N^5,N^{10}\text{-亚甲}\\\text{基四氢叶酸}}}{N^5,N^{10}-CH_2-FH_4}$$

（三）一碳基团和含硫氨基酸的关系

高等植物和许多微生物可以利用无机含硫化合物来合成半胱氨酸，然后以半胱氨酸为硫原子供体来合成甲硫氨酸。但在高等动物体内，情况恰恰相反，甲硫氨酸是必须由食物供给的必需氨基酸，而非必需氨基酸半胱氨酸则由甲硫氨酸合成。

甲硫氨酸是体内重要的甲基化试剂，可以为很多化合物提供甲基，但甲硫氨酸首先要形成其活化形式，即 S-腺苷甲硫氨酸才能被转甲基酶催化，将甲基转移给胆碱、肌酸、肾上腺素等 50 种不同甲基受体。虽然甲硫氨酸可以为许多甲基化合物提供甲基，但甲硫氨酸的甲基只能由极少数反应供给，主要是 N^5-甲基四氢叶酸的甲基转移到半胱氨酸的分子上。

（四）一碳基团代谢的生物学意义

（1）一碳基团与氨基酸代谢密切相关。
（2）四氢叶酸一碳基团参与体内核酸的基本成分嘌呤和嘧啶的生物合成。
（3）*S*-腺苷甲硫氨酸与一碳基团是参与体内甲基化反应的主要甲基来源。
（4）一碳基团代谢是许多新药设计的重要代谢过程。

三、氨基酸与某些重要生物活性物质的合成

生物体内有一类生物分子，它们只需要很少量就能发挥明显的生物功能，起着调节代谢及生命活动的作用，人们把这类生物分子称为生物活性物质。生物体内的生物活性物质有很多种，它们的来源各不相同。有些氨基酸本身就属于生物活性物质，有些则是氨基酸衍生物，以特定的氨基酸作为合成前体物质。表 10-4 列举了部分氨基酸来源的生物活性物质。这里选择肾上腺素和牛磺酸作为代表例子，简单介绍它们的生物合成。

表 10-4　部分氨基酸来源的生物活性物质

氨基酸	转变产物	生物学作用	备注
甘氨酸	嘌呤碱	核酸及核苷酸成分	与 Gln、Asp、CO_2 共同合作
	肌酸	组织中储能物质	与 Arg、Met 共同合作
	卟啉	血红蛋白及细胞色素等辅基	与琥珀酸-CoA 共同合作
丝氨酸	乙醇胺及胆碱	磷脂成分	胆碱由 Met 提供甲基
	乙酰胆碱	神经递质	
半胱氨酸	牛磺酸	结合胆汁酸成分	
天冬氨酸	嘧啶碱	核酸及核苷酸成分	与 CO_2、Gln 共同合成
谷氨酸	γ-氨基丁酸	抑制性神经递质	
组氨酸	组胺	神经递质	
酪氨酸	儿茶酚胺类	神经递质	肾上腺素由 Met 提供甲基
	甲状腺激素	激素	
	黑色素	皮肤、毛发形成黑色	
色氨酸	5-羟色胺	神经递质促进平滑肌收缩	即 *N*-乙酰-5-甲氧色胺
	黑素紧张素	松果体激素	
	烟酸	维生素 PP	
鸟氨酸	腐胺、亚精酸	促进细胞增殖	
天冬氨酸	—	兴奋性神经递质	
谷氨酸	—	兴奋性神经递质	

（一）肾上腺素

肾上腺素（adrenaline, Ad；epinephrine）是人或动物自身分泌出的激素和神经递质，由酪氨酸衍生而来，其合成过程简述如图 10-4 所示。肾上腺素及其儿茶酚胺（catecholamine）类似物都是生物活性物质，在神经系统中起着重要作用，与神经活动、行为及大脑皮层的醒觉和睡眠节律等都有关系。当人经历某些刺激（如兴奋、恐惧、紧张等）时，机体就会由肾上腺分泌释放出这种化学物质，促进糖原分解并升高血糖，促进脂肪分解，让人呼吸加快，心跳与血液流动加速，瞳孔放大，为身体活动提供更多能量，使

反应更加快速。肾上腺素能快速使心脏收缩力上升，心脏、肝和筋骨的血管扩张和皮肤、黏膜的血管收缩，是拯救濒死的人或动物的必备品，临床上主要用于心脏骤停和过敏性休克的抢救，也可用于枯草热及鼻黏膜或齿龈出血及其他过敏性疾病（如支气管哮喘、荨麻疹）的治疗。

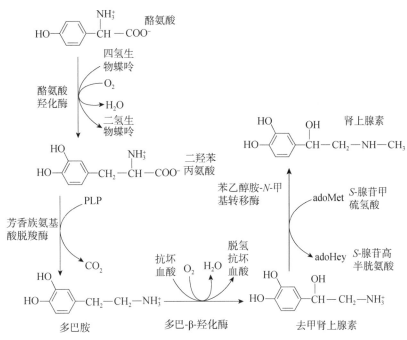

图 10-4　酪氨酸形成肾上腺素及其儿茶酚胺类似物的合成途径

（二）牛磺酸

牛磺酸（taurine）又称为 2-氨基乙磺酸，是一种含硫的非蛋白质氨基酸，不参与体内蛋白质的生物合成，却与胱氨酸、半胱氨酸的代谢密切相关，几乎全部以游离形式广泛分布于动物组织细胞内，特别是神经、肌肉和腺体内含量更高，是机体内含量最丰富的自由氨基酸。牛磺酸是一种抑制性神经递质，在促进婴幼儿脑组织和智力发育、提高神经传导和视觉机能、防止心血管病、影响脂类的吸收、改善内分泌状态，增强人体免疫、影响糖代谢、抑制白内障的发生发展、改善记忆的功能、维持正常生殖功能及防治缺铁性贫血等诸多方面具有重要的生理功能。

机体可以从膳食中摄取或自身合成牛磺酸，但自身合成能力一般较低。动物性食品尤其是海生动物食品是膳食牛磺酸的主要来源。体内合成是通过将半胱氨酸侧链氧化成半胱氨酸亚磺酸，然后进一步氧化成磺基丙氨酸，最后脱羧而成牛磺酸。反应过程示意如下：

食品与生物化学：氨基酸代谢缺陷与苯丙酮尿症

　　人们最早认识的代谢遗传缺陷症是苯丙酮尿症（phenylketonuria，PKU），这种病是由体内苯丙氨酸代谢异常引起的。苯丙氨酸是人体生长和代谢所必需的氨基酸，食入体内的苯丙氨酸一部分用于蛋白质的合成，一部分通过苯丙氨酸羟化酶作用转变为酪氨酸，发挥功能。苯丙氨酸羟化酶发挥作用需要四氢生物蝶呤作为辅酶才能达到更好的效果。苯丙氨酸羟化酶活性降低或四氢生物蝶呤缺乏，均可导致苯丙氨酸不能转变为酪氨酸，从而导致苯丙氨酸及其旁路代谢产物苯丙酮酸、苯乙酸和苯乳酸显著增加，引起脑损伤而发病。PKU 患儿出生时大多表现正常，新生儿期无明显特殊的临床症状。未经治疗的患儿 3～4 个月后逐渐表现出智力、运动发育落后，头发由黑变黄，皮肤白，全身和尿液有特殊鼠臭味，常有湿疹。随着年龄增长，患儿智力低下越来越明显，约 60% 有严重的智能障碍。2/3 患儿有轻微的神经系统体征，如肌张力增高、腱反射亢进、小头畸形等，严重者可有脑性瘫痪。约 1/4 患儿有癫痫发作，常在 18 个月以前出现，可表现为婴儿痉挛性发作、点头样发作或其他形式。约 80% 患儿有脑电图异常。患者若在儿童时期限制吃含有苯丙氨酸的饮食，可以防止发生智力迟钝。

关键术语表

蛋白水解酶（proteolytic enzyme）　　　　　酶原激活（zymogen activation）

载体蛋白（carrier protein）　　　　　　　　转氨反应（transamination）

转氨酶（aminotransferase 或 transaminase）　磷酸吡哆醛（pyridoxal phosphate，PLP）

L-谷氨酸脱氢酶（L-glutamatedehydrogenase）　联合脱氨（transdeamination）

脱羧酶（decarboxylase）

氨甲酰磷酸合成酶 I（carbamoyl phosphate synthetase I）

鸟氨酸循环（ornithine cycle）

鸟氨酸氨甲酰转移酶（ornithine transcarbamoylase）

精氨琥珀酸合成酶（argininosuccinate synthetase）

精氨琥珀酸裂解酶（argininosuccinate lyase）　　精氨酸酶（arginase）

生糖氨基酸（glycogenic amino acid）　　　　生酮氨基酸（ketogenic amino acid）

生糖生酮氨基酸（glucgenic and ketogenic amino acid）

一碳基团（one carbon group）

单元小结

　　动物体内消化蛋白质的蛋白水解酶有多种，其中重要的有胃蛋白酶、胰蛋白酶、胰凝乳蛋白酶、木瓜蛋白酶等，它们的水解作用都有特异性。许多酶都是以酶原的形式存在于体内的。微生物中存在大量的蛋白酶，它们能引起蛋白质的腐败，产生有毒物质。

　　不同的生物体氨基酸的脱氨基方式不完全相同，氧化脱氨基普遍存在于动植物中，非氧化脱氨基作用主要见于微生物。转氨基是氨基酸脱去氨基的一种重要方式。α-酮戊二酸在转氨基代谢过程中起着重要作用。催化转氨基作用的酶称为转氨酶，以磷酸吡哆醛为辅酶。与转氨基作用相偶联的反应有氧化脱氨基作用和嘌呤核苷酸循环。陆生脊椎动物中氨以谷氨酰胺形式经血液运送至肝内，脱下的氨经鸟氨酸循环合成尿素。尿素的直接前体是精氨酸，精氨酸水解形成尿素和鸟氨酸，后者又与由氨、CO_2 和 ATP 合成的氨甲酰磷酸作用，形成瓜氨酸，瓜氨酸在天冬氨酸参与下，加入亚氨基形成精氨酸。

氨基酸碳骨架的氧化分解代谢，是先形成能进入三羧酸循环的化合物。可通过 5 条途径进入：形成乙酰 CoA、α-酮戊二酸、延胡索酸、琥珀酰 CoA 和草酰乙酸。20 种标准氨基酸中有 14 种是生糖氨基酸；两种生酮氨基酸；少数既能生糖又能生酮。不同的氨基酸通过不同的途径都可以从各自的入口进入三羧酸循环。除了被彻底氧化分解外，碳骨架还可以被代谢转变为糖或脂肪，或者重新加氨基转变为新的氨基酸。

植物、微生物能够从头合成所有的 20 种标准氨基酸，哺乳动物只能自身合成其中的 10 种，称为非必需氨基酸，它们都是生糖氨基酸。按照合成所需的碳骨架前体的性质，全部 20 种氨基酸的合成可分为五大家族：α-酮戊二酸衍生类型、草酰乙酸衍生类型、丙酮酸衍生类型、3-磷酸甘油酸衍生类型、4-磷酸赤藓糖和磷酸烯醇式丙酮酸衍生类型。

生物体许多重要生物分子都是氨基酸衍生而来的。氨基酸是一碳基团的直接提供者，氨基酸还是许多生物活性物质的前体。

■ 复习思考习题

（扫码见习题）

第十一章　核酸代谢

核酸在细胞中具有许多重要功能。在生物体内，核酸经过一系列酶的作用，最终降解成 CO_2、水、氨、磷酸等小分子的过程称为核酸的分解代谢。核酸的合成可以经由从头合成途径和补救合成途径，因此生物体内核酸浓度的恒定主要是由核酸的分解、核酸的合成等代谢路径来调节的。

DNA 具有荷载遗传信息的作用，可以作为复制和转录的模板，DNA 可由复制和反转录进行合成，还可转录为 RNA，通过 mRNA 作为蛋白质合成的模板、tRNA 转运氨基酸、rRNA 提供蛋白合成场所，参与蛋白质合成，完成遗传信息的传递和表达，同时也可以在体外通过 DNA 重组技术获得需要的基因（DNA）或获得所需要的基因表达产物（蛋白质）。

第一节　核酸的消化与吸收

一、核酸的消化

人类食物中一般含有足够量的核酸类物质，人体可以利用食物中核酸类物质在体内合成自身核酸。

食物中的核酸多以核蛋白形式存在。核蛋白在胃中受胃酸作用，分解为核酸和蛋白质。核酸的消化主要在小肠，小肠胰液中核酸酶可将核酸水解成单核苷酸，核苷酸通过肠液中核苷酸酶作用水解成核苷和磷酸，核苷可再经核苷磷酸化酶作用生成含氮碱基（嘌呤碱或嘧啶碱）和磷酸戊糖，后者在磷酸酶作用下分解成戊糖与磷酸，核苷也经核苷酶作用生成戊糖和碱基。核酸的消化过程如图 11-1 所示。

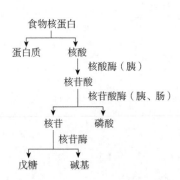

图 11-1　核酸的消化

二、核酸的吸收

核酸的消化产物都可在小肠上部吸收。单核苷酸和核苷被吸收后，可被肠黏膜细胞中核苷酸酶和核苷磷酸化酶分解成各个组成成分，由门静脉进入肝脏；未分解的核苷酸与核苷也有一部分可被直接吸收后进行分解或直接用于核酸的合成。吸收的戊糖可进入体内的戊糖代谢，但碱基只有小部分可再被利用，大部分被分解排出体外，所以食物来源的嘌呤和嘧啶碱很少被机体利用。

第二节　核酸的分解代谢

一、核苷酸的分解代谢

核酸在核酸酶作用下水解连接核苷酸之间的磷酸二酯键，生成寡核苷酸与单核苷酸。根据水解位置的不同，能水解核酸分子内部磷酸二酯键的酶称为核酸内切酶（endonuclease），能水解核酸分子末端磷酸二酯键的酶称为核酸外切酶（exonuclease）。根据作用底物不同，水解 RNA 的酶称为 RNA 酶（RNase），水解 DNA 的酶称为 DNA 酶（DNase）。

核苷酸在核苷酸酶作用下水解成核苷与磷酸。其中多数是非特异性核苷酸酶，它们对一切核苷酸（无论磷酸在 2′、3′还是 5′上）都能水解。某些特异性核苷酸酶，如 3′-核苷酸酶只能水解 3′-核苷酸，5′-核苷酸酶只能水解 5′-核苷酸。

使核苷分解的酶有两类：一类是核苷磷酸化酶，将核苷磷酸分解成含氮碱基和磷酸戊糖。另一类是核苷水解酶，将核苷分解成含氮碱和戊糖。嘌呤碱和嘧啶碱可进一步分解，戊糖则可参与磷酸戊糖代谢通路。

二、嘌呤碱的分解代谢

关于嘌呤的分解已研究得比较清楚。腺嘌呤与鸟嘌呤在人类及灵长类动物体内分解的最终产物为尿酸（uric acid），随尿排出体外。

在人体内，腺嘌呤核苷首先受腺嘌呤核苷脱氨酶催化，脱去氨基成为次黄嘌呤核苷，再受核苷磷酸化酶的催化分解出 1-磷酸核糖及次黄嘌呤。次黄嘌呤受黄嘌呤氧化酶（xanthine oxidase）的作用依次氧化成黄嘌呤，最终氧化生成尿酸。其他动物（如猿、鸟类及某些爬虫类）体内有腺嘌呤脱氨酶，故其腺嘌呤不必以核苷形式先脱去氨基。

人体内有鸟嘌呤脱氨酶，故鸟嘌呤核苷先经核苷磷酸化酶的作用分解生成鸟嘌呤，后者受鸟嘌呤脱氨酶的催化而脱去氨基，生成黄嘌呤。同样，黄嘌呤最后也氧化成尿酸。

黄嘌呤氧化酶属于黄酶类，其辅基为 FAD，尚含有铁及钼。此酶的专一性不高，对次黄嘌呤与黄嘌呤都有催化作用，腺嘌呤核苷与鸟嘌呤核苷的分解过程如图 11-2 所示。

体内嘌呤核苷酸的分解代谢主要在肝、小肠及肾中进行，尿酸为人类及灵长类动物嘌呤代谢的最终产物，随尿排出体外。在正常情况下，嘌呤合成与分解处于相对平衡状态，所以尿酸的生成与排泄也较为恒定。

三、嘧啶碱的分解代谢

动物组织内嘧啶的分解过程与嘌呤的分解不同，嘧啶环可被打开，并最后分解成 NH_3、CO_2 及 H_2O。胞嘧啶在体内可先脱去氨基生成尿嘧啶，再还原成二氢尿嘧啶。后者进一步氧化开环成为 β-脲基丙酸，脱去氨及 CO_2 后生成 β-丙氨酸，经转氨酶作用，转变成丙二酸半醛，再进一步生成丙二酰 CoA，失去 CO_2 后生成乙酰 CoA，进入三羧酸循环而彻底氧化。胸腺嘧啶也可进行类似的变化，其产物为琥珀酰 CoA，进入三羧酸循环彻底氧化。嘧啶分解的氨与 CO_2 可合成尿素，随尿排出。嘧啶碱的分解过程如图 11-3 所示。

胸腺嘧啶的分解产物 β-氨基异丁酸有一部分可随尿排出，其排泄的多少可反映细胞及其 DNA 破坏的程度，白血病患者、经放射性治疗或化学治疗的癌症患者，或食入含 DNA 丰富的食物后，尿中 β-氨基异丁酸排泄量往往会有所增加。嘧啶碱的降解代谢主要在肝中进行。

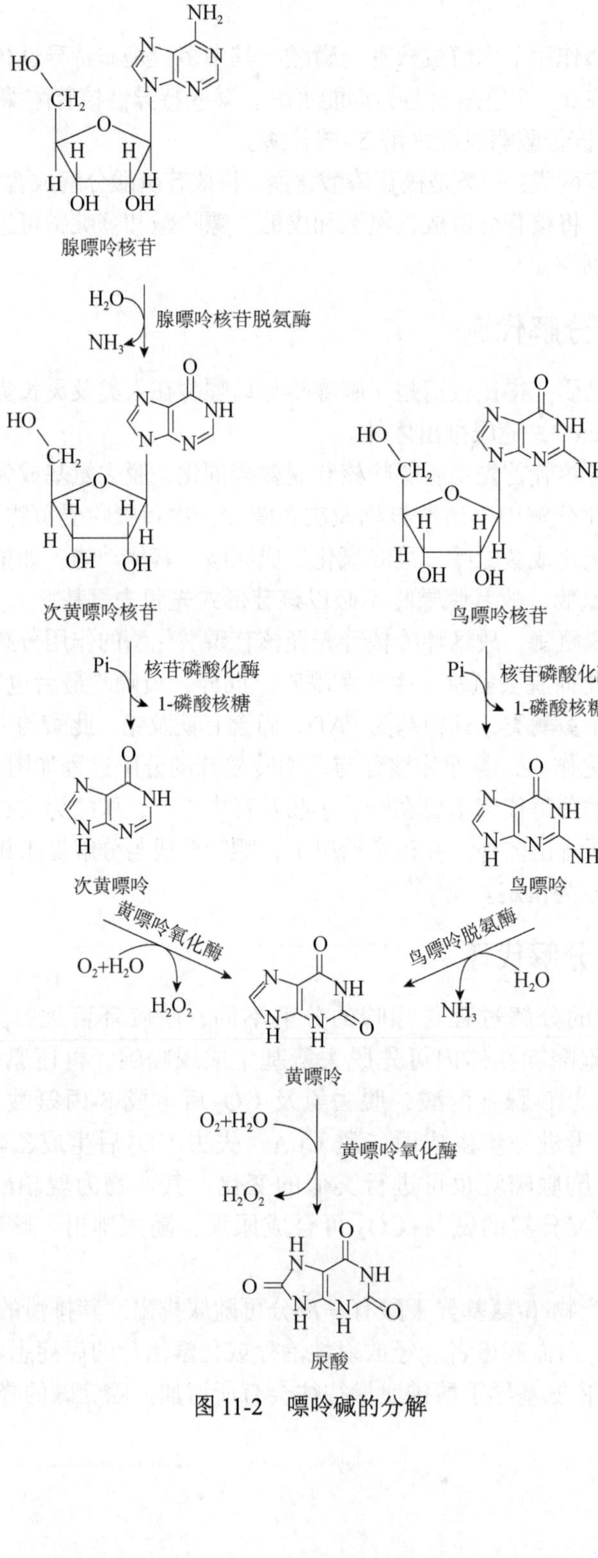

图 11-2　嘌呤碱的分解

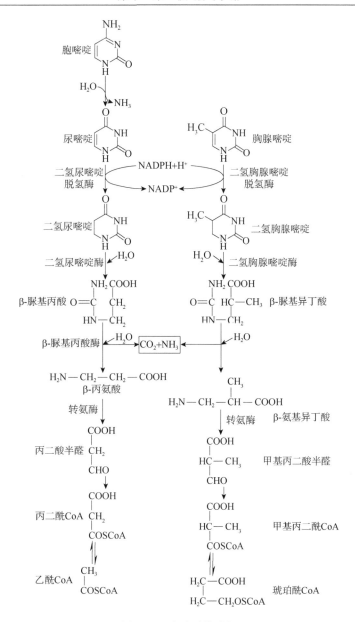

图 11-3　嘧啶碱的分解

第三节　核苷酸的合成代谢

　　虽然食物中核酸经过消化后能被吸收进入体内，但只有部分核酸可用于再合成。正常情况下，蛋白质或氨基酸可以合成核酸的嘌呤碱与嘧啶碱，戊糖则来源于磷酸戊糖通路。因此，食物提供的核苷酸不是人体所必需的营养物质。

一、嘌呤核苷酸的合成

　　体内嘌呤核苷酸的合成途径有两个：利用磷酸核糖、氨基酸、一碳单位及 CO_2 等简单物质为原料，经过一系列酶促反应，合成嘌呤核苷酸，这个途径称为从头合成途径（*de novo* synthesis）；利用体内游离的嘌呤或嘌呤核苷，经过简单的反应过程，合成嘌呤核苷酸，称为补救合成（或重新利用）（salvage pathway）。不同组织具有不同的合成途径，肝组织以从头合成途径为主，脑、骨髓等则进行补救合成。一般情况下，从头合成是主要的合成途径。

（一）嘌呤核苷酸的从头合成途径

嘌呤核苷酸的从头合成可分为两个阶段，首先合成次黄嘌呤核苷酸（inosine monophosphate，IMP），然后 IMP 再转变成腺嘌呤核苷酸（adenosine monophosphate，AMP）和鸟嘌呤核苷酸（guanosine monophosphate，GMP）。

1. IMP 的合成

首先由葡萄糖经磷酸戊糖途径生成 5-磷酸核糖（R-5-P），R-5-P 先经磷酸核糖基焦磷酸激酶（PRPP 合成酶）催化生成 5-磷酸核糖基焦磷酸（PRPP），PRPP 是活性核糖供体，可参与各种核苷酸的合成，此反应需要 ATP 供能，是合成核苷酸的关键性反应，PRPP 浓度是嘌呤核苷酸合成过程中最主要的决定因素。然后，由谷氨酰胺提供酰胺基取代 PRPP 中的焦磷酸基形成 5-磷酸核糖胺（PRA），此反应由磷酸核糖酰胺转移酶催化，该酶为关键酶。接着的反应由 ATP 供能，甘氨酸与 PRA 加合，生成甘氨酰胺核苷酸（GAR），N^{10}-甲酰四氢叶酸提供甲酰基，GAR 甲酰化，生成甲酰甘氨酰胺核苷酸（FGAR），FGAR 消耗 ATP，谷氨酰胺氮原子转移，经脱水，使 FGAR 生成甲酰甘氨脒核苷酸（FGAM），脱水环化后生成 5-氨基咪唑核苷酸（AIR），完成了嘌呤环中的咪唑环的合成。AIR 经羧基化，天冬氨酸的加合及延胡索酸的去除，留下天冬氨酸的氨基。再由 N^{10}-甲酰四氢叶酸提供甲酰基，生成 5-甲酰胺咪唑 4-氨甲酰核苷酸，最后脱水和环化形成 IMP。上述各步反应均由相应的酶催化，并且有 5 个步骤需要消耗 ATP。嘌呤核苷酸从头合成的全过程见图 11-4。

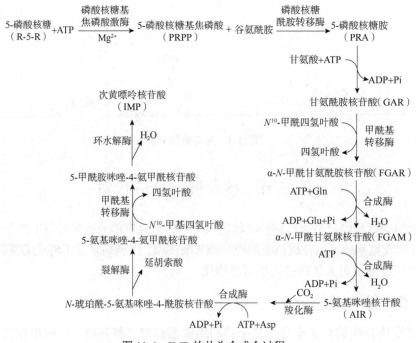

图 11-4　IMP 的从头合成全过程

通过上述反应可以知道，嘌呤核苷酸是在磷酸核糖分子上逐步合成嘌呤环结构，然后再与核糖和磷酸结合形成核苷酸。这是嘌呤核苷酸从头合成的一个重要特点。

2. AMP 和 GMP 的合成

IMP 是嘌呤核苷酸合成的重要中间产物，其在一系列酶促反应下可以转变成 AMP 或鸟嘌呤核苷酸（GMP）。IMP 可进一步由天冬氨酸（aspartic acid）提供氨基，GTP 提供能量在腺苷酸代琥珀酸合成酶（adenylosuccinate synthetase）的作用下，生成腺苷酸代琥珀酸（adenylosuccinate，AMPS），AMPS 在腺苷酸代琥珀酸裂解酶（adenylosuccinate lyase）的作用下裂解为延胡索酸（fumaric acid）和 AMP。IMP 也在脱氢酶（dehydrogenase）及辅酶 NAD^+ 的作用下生成黄嘌呤核苷酸（XMP），再在转氨酶（transaminase）作用下由谷氨酰胺提供氨基，ATP 提供能量，合成鸟嘌呤核苷酸（GMP），如图 11-5 所示。

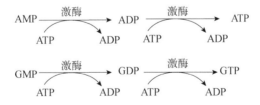

图 11-5 由 IMP 合成 AMP 和 GMP

3. ATP 和 GTP 的生成

存在于细胞中的一些激酶，如腺苷酸激酶、鸟苷酸激酶、核苷二磷酸激酶等，它们可催化高能磷酸基团转移，在 ATP 和 GTP 生成中起重要作用。其反应如下：

4. 从头合成途径的调节

机体通过负反馈调节（negative feedback regulation）实现对嘌呤核苷酸从头合成的调节，既满足了机体对嘌呤核苷酸的需要，同时又避免了营养物及能量的过度消耗。

PRPP 合成酶和磷酸核糖酰胺转移酶是嘌呤核苷酸合成的限速酶，也是变构酶，IMP、AMP、GMP 均可通过反馈性抑制 PRPP 合成酶的活性来调节 PRPP 浓度。AMP 及 GMP 可使 PRPP 酰胺转移酶由单体活性形式转变成无活性的二聚体形式，而 PRPP 则相反，可使得 PRPP 酰胺转移酶由无活性形式转变成活性形式。

在 IMP 转变为 AMP 与 GMP 的过程中也存在反馈调节和交叉调节。过量的 AMP 能反馈抑制腺苷酸代琥珀酸合成酶控制 AMP 生成，过量的 GMP 抑制 IMP 脱氢酶来调节 GMP 的生成。另外，GTP 可以促进 AMP 的生成，ATP 可以促进 GMP 的生成，这种交叉调节（reciprocal regulation）作用对维持 ATP 与 GTP 浓度的平衡具有重要作用。

（二）嘌呤核苷酸的补救合成途径

骨髓、脑等组织由于缺乏"从头合成"途径合成嘌呤核苷酸的酶，必须依靠从肝运来的嘌呤和核苷合成核苷酸，该过程称为补救合成。与从头合成途径相比，补救合成途径比较简单，能量消耗较少。

1. 嘌呤碱与 PRPP 直接合成嘌呤核苷酸

在人体内，嘌呤碱与 PRPP 在腺嘌呤磷酸核糖基转移酶（adenine phosphoribosyltransferase，APRT）催化下生成腺嘌呤核苷酸，在次黄嘌呤-鸟嘌呤磷酸核糖基转移酶（hypoxanthine guanine phosphoribosyl transferase，HGPRT）催化下生成次黄嘌呤核苷酸和鸟嘌呤核苷酸。反应如下：

$$腺嘌呤 + PRPP \xrightarrow{\text{APRT}} AMP + PPi$$

$$次黄嘌呤 + PRPP \xrightarrow{\text{HGPRT}} IMP + PPi$$

$$鸟嘌呤 + PRPP \xrightarrow{\text{HGPRT}} GMP + PPi$$

有一种遗传性疾病称为 Lesch Nyhan 综合征，就是由于基因缺陷导致 HGPRT 完全缺失造成的，患儿在 2～3 岁时即表现为自毁容貌的症状，很少能存活。

2. 嘌呤与 1-磷酸核糖作用

腺嘌呤与 1-磷酸核糖也可以首先生成腺苷，然后在腺苷激酶催化下再与 ATP 作用生成腺嘌呤核苷酸。腺苷激酶催化腺苷和脱氧腺苷磷酸化为 AMP 和 dAMP，脱氧胞苷激酶分别磷酸化脱氧胞苷和脱氧鸟苷为 dCMP 和 dGMP。反应如下：

$$腺嘌呤 + 1\text{-}磷酸核酸 \longrightarrow 腺苷 \xrightarrow{\text{腺苷激酶, ATP}} 腺嘌呤核苷酸$$

$$脱氧胞苷/脱氧鸟苷 \xrightarrow{\text{脱氧胞苷激酶, ATP}} dCMP/dGMP$$

（三）嘌呤核苷酸类似物临床应用

嘌呤核苷酸类似物是指嘌呤、氨基酸和叶酸等的结构类似物，它们主要以竞争性抑制的方式干扰或阻断嘌呤核苷酸的合成代谢，从而进一步阻止核酸及蛋白质的生物合成。肿瘤细胞的核酸和蛋白质合成十分旺盛，因此这些抗代谢物具有抗肿瘤作用。

嘌呤类似物 6-巯基嘌呤（6-MP）结构与次黄嘌呤相似，在体内经磷酸核糖化生成 6-MP 核苷酸，并以这种形式抑制 IMP 转变为 AMP 及 GMP 的反应，还可以反馈性抑制 PRPP 酰胺转移酶而干扰磷酸核糖胺的形成，从而阻断嘌呤核苷酸的从头合成。6-MP 还能直接影响次黄嘌呤-鸟嘌呤磷酸核糖转移酶，使 PRPP 分子中的磷酸核糖不能向鸟嘌呤及次黄嘌呤转移，阻断补救合成途径。

氨基酸类似物有氮杂丝氨酸及 6-重氮-5-氧正亮氨酸等。它们的结构与谷氨酰胺相似，可干扰谷氨酰胺在嘌呤核苷酸合成中的作用，从而抑制嘌呤核苷酸的合成。

6-巯基嘌呤　　　次黄嘌呤

$$\text{氮杂丝氨酸} \quad HN=N-H_2C-\overset{\overset{\displaystyle O}{\|}}{C}-O-CH_2-\overset{\overset{\displaystyle NH_2}{|}}{CH}-COOH$$

$$\text{谷氨酰胺} \quad H_2N-\overset{\overset{\displaystyle O}{\|}}{C}-CH_2-CH_2-\overset{\overset{\displaystyle NH_2}{|}}{CH}-COOH$$

氨蝶呤及甲氨蝶呤（MTX）都是叶酸的类似物，能竞争性抑制二氢叶酸还原酶，使叶酸不能还原成二氢叶酸及四氢叶酸，影响一碳单位的供应，从而抑制嘌呤核苷酸的合成。

应该指出的是，上述药物缺乏对癌细胞的特异性，故对增殖速度较快的某些正常组织也有杀伤性，从而有较大的毒副作用。

二、嘧啶核苷酸的合成

与嘌呤核苷酸一样，嘧啶核苷酸也有从头合成与补救合成两条途径。根据同位素示踪证明，氨基甲酰磷酸与天冬氨酸是合成嘧啶碱的原料。

（一）嘧啶核苷酸的从头合成途径

与嘌呤核苷酸的合成不同，嘧啶核苷酸的从头合成是先合成带有 6 个元素的嘧啶环，然后再连接到 5-磷酸核糖上。首先以谷氨酰胺与二氧化碳为原料，ATP 提供能量，在细胞质中氨基甲酰磷酸合成酶Ⅱ催化下，合成氨基甲酰磷酸，氨基甲酰磷酸与天冬氨酸在天冬氨酸氨基甲酰基转移酶催化下，经一系列变化生成乳清酸（orotic acid），即尿嘧啶甲酸（嘧啶环）。在真核生物中，该途径的前三个酶，即氨基甲酰磷酸合成酶Ⅱ、天冬氨酸氨基甲酰基转移酶和二氢乳清酸脱氢酶是一个多功能的酶，该蛋白质含有 3 个相同的多肽链，每一个相对分子质量为 230 000，每一个多肽链上的活性位点都可以催化这 3 个反应，表明该途径是由巨大的多酶复合体控制的。一旦生成乳清酸，由 5-磷酸核糖焦磷酸提供磷酸核糖，生成乳清酸核苷酸，最后脱羧生成尿嘧啶核苷酸（uridine monophosphate，UMP）。在尿苷酸激酶作用下，UMP 转化为 UDP，UDP 在二磷酸核苷激酶的作用下生成三磷酸尿苷（UTP），再在胞嘧啶核苷酸合成酶催化下消耗 1 分子 ATP，从谷氨酰胺接受氨基而成为三磷酸胞苷（CTP），UDP 还可在还原酶作用下生成 dUDP，最后生成 dTMP（图 11-6）。嘧啶核苷酸的合成主要在肝内进行。

（二）嘧啶核苷酸从头合成调节

细菌中嘧啶核苷酸合成的速度很大程度上是通过天冬氨酸氨基甲酰转移酶（ATCase）调控的，可被终产物 CTP 反馈抑制。细菌 ATCase 分子由 6 个催化亚基和 6 个调节亚基组成。当调节亚基与抑制剂 CTP 结合，酶催化活性受到影响，使酶失活，ATP 能够阻止由 CTP 诱导的酶构象变化。哺乳动物中嘧啶核苷酸合成的调节主要是通过氨基甲酰磷酸合成酶Ⅱ和PRPP 合成酶，氨基甲酰磷酸合成酶Ⅱ受 UMP 的抑制，PRPP 合成酶同时受嘧啶核苷酸和嘌呤核苷酸的反馈抑制。

（三）嘧啶核苷酸的补救合成途径

参与嘧啶核苷酸补救合成的酶主要有两种，一种是嘧啶磷酸核糖转移酶（乳清酸磷酸核糖转移酶），另一种为嘧啶核苷激酶，前者能利用尿嘧啶、胸腺嘧啶及乳清酸作为底物，但对

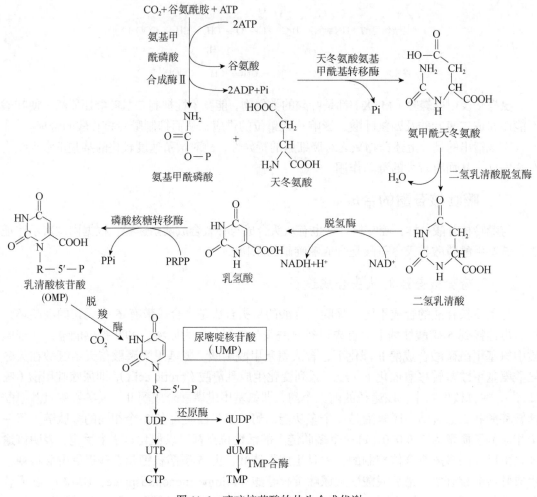

图 11-6 嘧啶核苷酸的从头合成代谢

胞嘧啶不起作用。后者包括尿苷激酶和胸苷激酶。当动物细胞重新利用少量游离的嘧啶时，就会将尿嘧啶和胞嘧啶核糖核苷及胸腺嘧啶和胞嘧啶脱氧核糖核苷转变为各自相应的核苷酸。反应如下：

$$尿嘧啶 + PRPP \longrightarrow UMP + PPi$$

$$尿嘧啶 + 1\text{-}磷酸核糖 \xrightleftharpoons[\quad]{尿苷磷酸化酶} 尿嘧啶核苷 + Pi$$

$$尿嘧啶核苷 \xrightarrow[\substack{ATP \quad Mg^{2+}}]{尿苷激酶} UMP$$

（四）嘧啶核苷酸类似物的抗代谢作用

嘧啶核苷酸类似物是指嘧啶、氨基酸或叶酸等的结构类似物，它们对代谢的影响及抗肿瘤作用与嘌呤抗代谢物相似。

嘧啶的类似物主要有 5-氟尿嘧啶（5-FU），它的结构与胸腺嘧啶相似，在体内转变成一磷酸脱氧核糖氟尿嘧啶核苷（FdUMP）及三磷酸氟尿嘧啶核苷（FUTP）后发挥作用。FdUMP 与 dUMP 的结构相似，是胸苷酸合酶的抑制剂，使 dTMP 合成受到阻断。FUTP 可以 FUMP 的形式渗入 RNA 分子，破坏 RNA 的结构与功能。

5-氟尿嘧啶结构式

氨基酸类似物、叶酸类似物已在嘌呤抗代谢物中介绍，如由于氮杂丝氨酸类似谷氨酸胺，可以抑制 CTP 的生成；甲氨蝶呤干扰叶酸代谢，使 dUMP 不能利用一碳单位甲基化而生或 dTMP，进而影响 DNA 合成。

三、脱氧核糖核苷酸的合成

用同位素示踪实验证明，在生物体内脱氧核糖核苷酸是在核糖核苷二磷酸水平上由相应的核糖核苷二磷酸（NDP，N 代表碱基 A、G、C、U）直接还原生成。

（一）核糖核苷酸的还原

DNA 是由各种脱氧核糖核苷酸组成的，脱氧核糖核苷酸是从相应的核糖核苷酸上核糖的 2 位碳原子直接还原而成的。反应由核糖核苷酸还原酶催化，需要硫氧还蛋白作为载体由 $NADPH+H^+$ 提供氢原子，还原型硫氧化还原蛋白含有两个巯基（—SH），能将其中的氢原子提供给二磷酸核苷酸（NDPs），将其还原为二磷酸脱氧核糖核苷酸（dNDPs），同时还原型硫氧化还原蛋白变为含有二硫键的氧化型硫氧化还原蛋白，氧化型硫氧化还原蛋白在硫氧化还原蛋白还原酶的催化下，由 $NADPH^+$ 和 H^+ 提供电子重新变为还原型硫氧化还原蛋白重新被利用。硫氧化还原蛋白还原酶属于黄酶类，它的辅基是 FAD。在 DNA 合成旺盛、分裂速度较快的细胞中，该酶活性较强。反应过程如图 11-7 所示。

（二）脱氧胸腺嘧啶核苷酸的合成

DNA 含有胸腺嘧啶而不是尿嘧啶，胸腺嘧啶的从头合成途径只涉及脱氧核糖核苷酸。在胸腺嘧啶核苷酸合成酶催化下，由 N^5,N^{10}-CH_2-FH_4 提供甲基，dUMP 可通过甲基化生成 dTMP，N^5,N^{10}-CH_2-FH_4 提供甲基后生成的 FH_2 可以再经二氢叶酸还原酶作用重新生成 FH_4，FH_4 又可作为一碳基团的载体，参与嘌呤从头合成或脱氧胸苷酸的合成（图 11-8）。在细菌中，dUTP 是通过 dCTP 的去氨基或 dUDP 的磷酸化获得。dUTP 在 dUTP 酶的作用下转化为 dUMP。

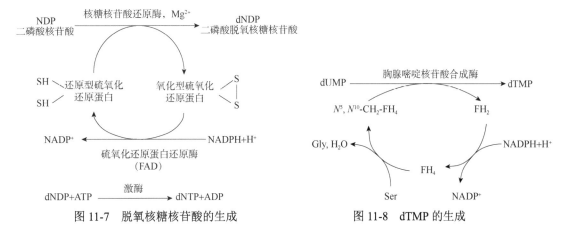

图 11-7 脱氧核糖核苷酸的生成　　　　图 11-8 dTMP 的生成

第四节　核酸的生物合成

一、DNA 的生物合成

1953 年，Watson 和 Crick 在前人工作的基础上提出了 DNA 双螺旋结构模型及遗传信息从 DNA 到 RNA 到蛋白质的遗传学中心法则（central dogma）。随后人们又发现 DNA 的生物合成可在 DNA 指导下进行复制，还可在 RNA 指导下进行反转录（reverse transcription，RT）（图 11-9）。

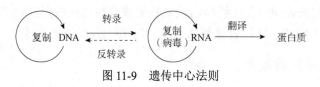

图 11-9　遗传中心法则

（一）DNA 复制

1. DNA 复制的特点

1）DNA 的半保留复制　　Watson 和 Crick 在 DNA 双螺旋结构基础上，提出了 DNA 生物合成的半保留复制假说，DNA 双链分子中碱基对间的氢键断裂，分离成两条单链，以每条单链为模板，按照碱基互补配对原则，指导合成两条新的与亲代相同的双链 DNA 分子。新合成的 DNA 分子一条链来自亲代 DNA，另一条链为新合成的，这种 DNA 生物合成的方式称为 DNA 半保留复制（semiconservative replication）（图 11-10）。1958 年，Meseleon 和 Stahl 通过同位素示踪实验证明了 DNA 生物合成的半保留复制机制，他们用“重”^{15}N 代替“轻”的 ^{14}N 作为唯一氮源的培养基培养大肠杆菌若干代后，将从中分离到的 DNA 用氯化

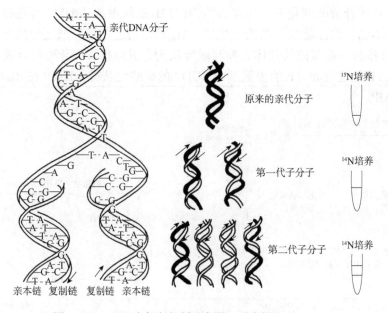

图 11-10　DNA 半保留复制示意图（引自姚文兵，2011）

铯密度梯度离心后发现，其密度比［^{14}N］DNA略大。当将培养在^{15}N培养基中的大肠杆菌转移到^{14}N作为唯一氮源的新鲜培养基中，使其生长到细胞数量增加1倍，从中分离到的DNA经氯化铯密度梯度离心后所形成的单一条带，其所在位置比［^{15}N］DNA密度小，说明子代细胞中的双链DNA是杂合体^{15}N/^{14}N，含有一个新的^{14}N链和一个母体^{15}N链。当细胞在含^{14}N的培养基中再增殖一代，在第二个复制循环结束后分离的DNA在密度梯度离心后产生2条带，一条密度与［^{14}N］DNA相同，另一条与杂合DNA相同，这个实验进一步验证了DNA半保留复制的假设。

子代DNA保留了亲代的全部遗传信息，亲代与子代DNA之间碱基序列的高度一致，保证了物种的稳定，但遗传的保守是相对而不是绝对的，自然界还存在着普遍的变异现象。例如，地球上曾有过的人口和现有的几十亿人，除了单卵双胞胎外，两个人之间不可能有完全一样的DNA分子组成。

2）DNA双向复制　　DNA在复制起点解离成两条单链，每条链各自作为模板指导合成其互补链，由双链解离成单链状态的结构区域如同Y形，这种结构称为复制叉（replication fork）。DNA的复制方式有双向复制和单向复制（图11-11），大多数原核生物和真核生物的DNA复制都是从复制起点开始，向两个方向同时进行复制，但真核生物基因组庞大而复杂，由多个染色体组成，全部染色体均需复制，每个染色体又有多个复制起点，每个起点产生两个移动方向相反的复制叉。复制完成时，复制叉相遇并汇合连接。两个DNA复制起点之间的区域称为复制子（replicon），复制子是含有一个复制起点的独立完成复制的功能单位。高等生物有数以万计的复制子，复制子间长度差别很大，在13～900kb。

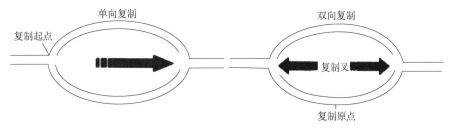

图11-11　DNA复制的两种模式（引自辛嘉英，2013）

3）DNA半不连续复制　　DNA双螺旋结构的两条链是反向平行的，一条链为5′→3′方向，另一条链是3′→5′方向。DNA合成酶只能催化DNA链5′→3′方向的合成，在同一个复制叉上，解链方向只有一个，此时一条子链的合成方向与解链方向相同，可以边解链，边合成新链，子链DNA的合成是连续的，称为前导链（leading strand）；而另一条链的复制方向则与解链方向相反，不能连续延长，只能随着模板链解开到一定程度，逐段地以5′→3′方向生成引物并复制子链。模板被打开一段，起始合成一段子链，再打开一段，再起始合成另一段子链，这一不连续复制的链称为后随链（lagging strand）。前导链连续复制而后随链不连续复制的方式称为半不连续复制（图11-12）。在引物生成和子链延长上，后随链都比前导链迟一些，因此，两条互补链的合成是不对称的。沿着后随链的模板链合成的新DNA片段被命名为冈崎片段（Okazaki fragment）。复制完成后，这些不连续片段经去除引物，填补引物留下的空隙，连接成完整的DNA长链。

2. 参与DNA复制的酶及蛋白质因子

在DNA复制过程中，需要解螺旋酶、单链DNA结合蛋白、拓扑异构酶、引物酶、DNA

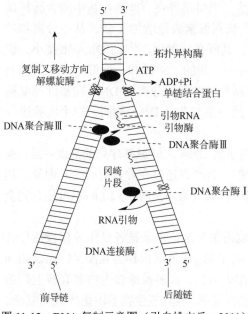

图 11-12　DNA 复制示意图（引自姚文兵，2011）

聚合酶和 DNA 连接酶等许多蛋白因子参与。

1）DNA 聚合酶　　DNA 聚合酶（DNA polymerase）以 4 种脱氧核苷三磷酸（dATP、dGTP、dCTP 和 dTTP）为底物，在亲代 DNA 模板的指导下，按照碱基互补配对原则，沿着 5′→3′方向催化新的子代 DNA（复制）。

DNA 聚合酶是多功能酶，除了具有聚合活性外，还具有核酸外切酶的活性，其 3′→5′核酸外切酶活性被认为起着校对功能，纠正 DNA 聚合过程中的碱基错配。5′→3′外切酶活性可水解引物（小片段 RNA）和切除突变的 DNA 片段。

大肠杆菌主要有 3 种 DNA 聚合酶，其中 DNA 聚合酶 I 的活性占 90%以上，但该酶催化速度较低，而且其持续合成能力相对较低，对损伤 DNA 敏感，不是复制主要起作用的酶。DNA 聚合酶 I 主要校读复制中的错误，填补和

修复复制中的空隙，当 5′→3′外切酶结构域被切除后，剩下的大片段，也叫作 Klenow 片段仍然保持聚合和校读活性。DNA 聚合酶 II 对模板的特异性不高，即使在已发生损伤的 DNA 模板上也能进行核苷酸的聚合，其可能参与了 DNA 应急状态修复。DNA 聚合酶 III 远比 DNA 聚合酶 I 复杂，由 10 种类型的亚基组成。有 3′→5′外切酶活性，由于其催化效率高，因此是 DNA 复制中起主要作用的酶。DNA 聚合酶 I、II 和 III 的异同见表 11-1。

表 11-1　大肠杆菌 3 种 DNA 聚合酶性质的比较

	DNA 聚合酶 I	DNA 聚合酶 II	DNA 聚合酶 III
3′→5′核酸外切酶	+	+	+
5′→3′核酸外切酶	+	−	−
聚合速度（核苷酸/min）	1 000～1 200	2 400	15 000～60 000
功能	切除引物，DNA 修复	DNA 修复	DNA 复制

真核细胞的 DNA 聚合酶有 5 种，分别以 α、β、γ、δ、ε 来命名，α 和 δ 主要合成细胞核 DNA，相当于大肠杆菌 DNA 聚合酶 III 的作用，此外，α 还具有合成引物的功能，δ 具有解螺旋酶的活性；β 和 ε 主要参与 DNA 的修复，ε 相当于肠杆菌 DNA 聚合酶 I 的作用；γ 主要参与线粒体 DNA 的合成。真核细胞 DNA 聚合酶的性质列于表 11-2。

表 11-2　真核细胞 DNA 聚合酶的活性及功能

	DNA 聚合酶 α	DNA 聚合酶 β	DNA 聚合酶 γ	DNA 聚合酶 δ	DNA 聚合酶 ε
细胞定位	细胞核	细胞核	线粒体	细胞核	细胞核
外切酶活性	−	−	3′→5′外切酶	3′→5′外切酶	3′→5′外切酶
引物酶活性	+				
功能	引物合成和核 DNA 合成	修复	线粒体 DNA 合成	核 DNA 合成	修复

2）引物酶与 DNA 连接酶　　在 DNA 复制过程中，DNA 聚合酶不能直接催化两个核

苷酸形成第一个磷酸二酯键，必须由引物（一小段 RNA）提供 3′端与第一个脱氧核糖核苷酸 5′-磷酸形成第一个磷酸二酯键，才能启动 DNA 单链的延长。引物（primer）是由引物酶（primase）催化，按照碱基互补配对原则，在 DNA 模板链的指导下，催化小片段 RNA 的生成，提供 DNA 聚合所需的 3′-羟基。引物的长度通常为几个核苷酸至十几个核苷酸。

DNA 连接酶催化 DNA 分子中单链 3′端与相邻的 5′端生成磷酸二酯键，从而将两个相邻的 DNA 链连接起来。此过程需要消耗能量（通常是以 ATP 方式），DNA 连接酶在复制、DNA 修复、重组、剪接中均起缝合缺口作用，是重要的工具酶之一。

3）拓扑异构酶　　DNA 是双螺旋结构，当复制到一定程度时，双螺旋的解旋作用使复制叉前方双链进一步扭紧而使下游出现正超螺旋，影响双螺旋的解旋。拓扑异构酶（topoisomerase）是一类可改变 DNA 拓扑性质的酶，既能水解 DNA 分子又能连接，可松弛 DNA 超螺旋，有利于 DNA 解链。

拓扑异构酶分为两类：拓扑异构酶 I 主要作用是切开 DNA 双链中的一股，使 DNA 解除超螺旋结构，变为松弛状态再封闭切口。拓扑异构酶 II 也称为旋转酶（gyrase），能切断 DNA 双链，使螺旋松弛。在 ATP 参与下，松弛的 DNA 进入负超螺旋，再使两条链重新连接。

4）DNA 解螺旋酶与单链 DNA 结合蛋白　　模板对复制的指导作用在于碱基的准确配对，而碱基却埋在 DNA 双螺旋内部。只有把 DNA 解开成单链，它才能起模板作用。DNA 解螺旋酶（helicase）将 DNA 双螺旋结构解开。大肠杆菌细胞中 DNA 解螺旋酶（DnaB 蛋白）通过 ATP 水解释放出的能量，推动复制叉前 DNA 双螺旋结构解开，形成单链结构状态。

单链 DNA 结合蛋白（single-strand DNA-binding protein，SSB）是选择性结合并覆盖在单链 DNA 上的一类蛋白，以防止解开的 DNA 单链重新结合成双链，并免受核酸酶降解，在复制中维持模板处于单链状态。在大肠杆菌，它是由 177 个氨基酸残基组成的同四聚体，结合单链 DNA 的跨度约 32 个核苷酸单位。DNA 双链被解开形成单链状态，SSB 就会立刻结合上去并使其稳定，而且 SSB 这种结合具有协同效应，当 DNA 形成双链结构时，SSB 就被替代而脱离 DNA 分子。

3. DNA 复制过程

DNA 复制是一个复杂的生物过程，可以分为起始、延长和终止 3 个阶段，原核细胞的复制过程如下。

1）复制的起始　　起始过程主要是打开 DNA 双链，合成引物。在大肠杆菌细胞中，首先解螺旋酶结合到复制起始位点，在解螺旋酶和拓扑异构酶作用下 DNA 双链解开，随后 SSB 结合到解开的 DNA 单链上，使 DNA 处在单链状态，提供模板，再与引物酶结合形成起始复合体，生成引物，提供 3′端。起始复合体一直存在于复制过程中，不仅启动了前导链的复制，也启动了后随链冈崎片段的复制。

2）复制的延长　　主要完成 DNA 聚合，合成新链。首先是先导链的合成，以 4 种脱氧核苷三磷酸为底物，在模板链的指导下，按照碱基互补的原则，DNA 聚合酶 III 在引物的 3′端进行聚合反应，并以 5′→3′方向复制出一条连续合成的 DNA 先导链；随着先导链的不断延伸而置换出后随链的模板，当后随链模板上 RNA 引物信号序列出现时，由引物酶合成 RNA 引物，随后再由 DNA 聚合酶 III 延伸合成冈崎片段。

3）复制的终止　　包括切除引物、填补空缺和连接切口，将 DNA 小片段连接成完整的

DNA 大分子。原核生物基因是环状 DNA，复制是双向复制，从起始点开始各进行 180°，同时在终止点上汇合。

由于复制的半不连续性，在后随链上出现许多冈崎片段。每个冈崎片段上的引物是 RNA，而不是 DNA。DNA 聚合酶 I 以其 5′→3′ 外切酶活性将 RNA 引物切除，DNA 聚合酶 I 以 5′→3′ 聚合酶活性将切除的空隙补齐，留下相邻的 3′-OH 和 5′-P 的缺口（nick）。由连接酶将两个相邻冈崎片段的缺口连接。按照这种方式，所有的冈崎片段在环状 DNA 上连接成完整的 DNA 子链。前导链也有引物水解后的空隙，在环状 DNA 最后复制的 3′端继续延长，即可填补该空隙及连接，完成基因组 DNA 的复制过程。实际上此过程在子链延长中已陆续进行，不必等到最后的终止才连接。

真核生物的基因组复制在细胞分裂周期的 DNA 合成期（S 期）进行。真核生物 DNA 合成的基本机制和特征与原核生物相似，但是由于基因组庞大及核小体的存在，反应体系、反应过程和调节都更为复杂。

（二）DNA 的逆向转录

1970 年，Temin 和 Baltimore 分别发现了肿瘤病毒含有一种酶，称为反转录酶（reverse transcriptase）。它以 RNA 为模板，合成互补链 DNA（complementary DNA，cDNA）。与通常转录过程中遗传信息流从 DNA 到 RNA 的方向相反，故称为反转录。

反转录酶属于 RNA 指导的 DNA 聚合酶，其底物为脱氧核苷三磷酸（dATP、dGTP、dCIP、dTTP），新合成链的延长方向为 5′→3′，产物为 DNA 链，合成过程为：以 RNA 为模板，合成与 RNA 互补的 DNA 单链，新合成的 DNA 单链与模板 RNA 形成 RNA-DNA 杂交体，杂交体的 RNA 链可被核糖核酸酶水解掉，再以剩余的新合成的 DNA 单链为模板，合成互补 DNA 链，形成双链 DNA 分子（图 11-13）。

反转录酶存在于致癌 RNA 病毒中，它与 RNA 病毒引起细胞恶性转化有关。致癌病毒感染宿主细胞后，即可通过反转录酶催化形成病毒 DNA，后者可整合到宿主细胞的染色体中，并可转录成 mRNA，然后再翻译成病毒蛋白质。

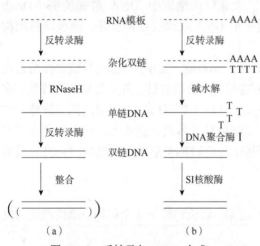

图 11-13　反转录与 cDNA 合成
（a）反转录病毒细胞内复制；（b）试管内合成 cDNA

真核生物端粒 DNA 合成在端粒酶的反转录作用下完成。端粒为染色体线性 DNA 分子末端结构，由单链 DNA 和蛋白质构成，含有很多重复的富含 G、C 碱基的短序列，可维持染色体的稳定性和 DNA 复制的完整性。DNA 合成是从 RNA 引物开始，合成完成后，RNA 引物被水解。因此，新合成 DNA 链的 5′端在染色体末端会形成一小段缺失。如果多次复制后，DNA 将会越来越短。端粒酶（telomerase）含有端粒酶 RNA 和端粒反转录酶，端粒反转录酶以端粒酶 RNA 为模板，合成 TTGGGG 重复序列，添加到模板链 DNA 的一端，从而延长 DNA 链端粒的长度。端粒合成见图 11-14。

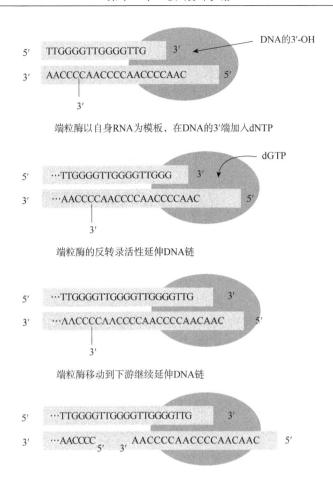

图 11-14　染色体 DNA 端粒合成示意图（引自姚文兵，2016）

二、RNA 的生物合成

生物体以 DNA 为模板合成 RNA 的过程称为转录（transcription）。DNA 分子上的遗传信息是决定蛋白质氨基酸序列的原始模板，mRNA 是蛋白质合成的直接模板。通过 RNA 的生物合成，遗传信息从 DNA 到达蛋白质，从功能上衔接 DNA 和蛋白质这两种生物大分子。在生物界，RNA 合成有两种方式，一是 DNA 指导的 RNA 合成，也称为转录，为生物体内的主要合成方式，转录产物包括 mRNA、rRNA 和 tRNA 和各种体内小 RNA；另一种是依赖于 RNA 的 RNA 合成（RNA-dependent RNA synthesis），也称为 RNA 复制（RNA replication），由依赖于 RNA 的 RNA 聚合酶（RNA-dependent RNA polymerase，RDRP）催化，常见于病毒，是反转录病毒以外的 RNA 病毒在宿主细胞以病毒的单链 RNA 为模板合成 RNA 的方式。

转录和复制都是酶促的核苷酸聚合过程，有许多相似之处。它们都以 DNA 为模板，都催化聚合反应，不断在核苷酸之间生成磷酸二酯键；都从 5′向 3′方向延长聚核苷酸链；都遵从碱基配对规律。

（一）转录的模板和酶

转录（transcription）是以 DNA 为模板，4 种 NTP 为原料，在 RNA 聚合酶催化下合成

RNA 的过程。

1. 转录的模板

在 DNA 分子双链上，能转录生成 RNA 的一条链称为模板链，另一条链不转录则称为编码链，这种转录对模板的选择性称为不对称转录（asymmetric transcription）。模板链指导合成与其碱基互补的 RNA 链（如 A-U、G-C、T-A）。模板链既与编码链互补，又与转录 RNA 互补，可见转录 RNA 的碱基序列除用 U 代替 T 外，与编码链是一致的。DNA 在转录时，可发生局部解链，当 RNA 合成后离开 DNA 时，解开的 DNA 链又重新形成双链结构。

2. 参与转录的酶类

1）原核细胞的 RNA 聚合酶　　大肠杆菌的 RNA 聚合酶有两种：一种是由 4 个亚基（$\alpha_2\beta\beta'$）构成、能够在模板链的指导下完成 RNA 的转录，使 RNA 链不断延长，称为核心酶（core enzyme）。另一种由核心酶加入了 σ 亚基所构成全酶，σ 亚基的功能是辨认转录起始点，因此全酶能在模板 DNA 的特定起始点上进行转录。细胞内的转录起始需要全酶，转录延长阶段则仅需核心酶。

2）真核细胞的 RNA 聚合酶　　真核细胞有多种 RNA 聚合酶，不同的 RNA 聚合酶可以转录不同的基因。利用 α-鹅膏蕈碱对 RNA 聚合酶的特异抑制作用，可将该酶分为三种：RNA 聚合酶Ⅰ存在于核仁中，能够合成 45S rRNA，在经过剪接修饰后为 5.8S rRNA、18S rRNA 和 28S rRNA；RNA 聚合酶Ⅱ存在于核质中，能够合成 hnRNA（核不均一 RNA），进一步合成 mRNA；RNA 聚合酶Ⅲ存在于核质中，催化小分子 RNA［如 tRNA、5S rRNA 和一些核小 RNA（snRNA）］的合成。mRNA 很不稳定，寿命最短，需经常合成，因而参与合成 mRNA 的 RNA 聚合酶Ⅱ是真核细胞中最重要的 RNA 聚合酶（表 11-3）。

表 11-3　真核生物的 RNA 聚合酶的定位和转录产物

种类	RNA 聚合酶 Ⅰ	RNA 聚合酶 Ⅱ	RNA 聚合酶 Ⅲ
定位	核仁	核质	核质
转录产物	45S rRNA	hnRNA	tRNA
			5S rRNA
			snRNA
剪接修饰后产物	5.8S rRNA	mRNA	
	18S rRNA		
	28S rRNA		

3. 转录过程

RNA 的转录可分为 3 个阶段：起始、延长及终止。真核细胞中还要进行转录后的加工。

1）转录的起始　　转录的起始即 RNA 聚合酶结合在转录模板的起始区域，DNA 双链解开，以一条链为模板，合成第一个磷酸二酯键的过程。

原核生物 RNA 聚合酶结合模板 DNA 的部位称为启动子（promoter），是调控转录的关键部位。启动子包括两个序列：-10bp（以转录 RNA 第一个核苷酸的位置为+1，负数表示上游的碱基数）处有一段 TATAAT 序列，称为 Pribnow 盒，是 RNA 聚合酶的结合位点。-35bp 有一段 TTGACA 序列，是 RNA 聚合酶的辨认位点。RNA 聚合酶在 σ 因子的作用下，先辨认-35bp 区，沿 DNA 双链滑动，寻找-10bp 区，并与之结合成较稳定的结构。因 Pribnow 盒富含碱基 A、T，DNA 双螺旋易解开。当解开 17bp 时，RNA 聚合酶跨过 DNA 模板链的转录起始部位，指导 RNA 链的合成。RNA 的合成不需要引物，新合成 RNA 的 5′端第一个核苷酸往往是嘌呤核苷酸（ATP 或 GTP），尤以 GTP 为常见，第二个核苷酸进入并与第一核苷酸之间形成磷酸二酯键，释放出焦磷酸，于是 RNA 开始延伸，RNA 链合成开始后 σ 因子脱落（图 11-15）。

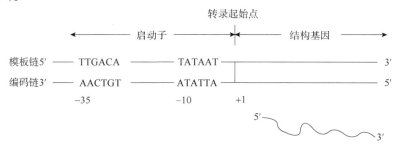

图 11-15　原核生物启动子的结构

真核细胞转录的起始步骤比较复杂，也有类似原核细胞的启动子结构，有些真核细胞在 -25bp 区有富含 TATA 序列的结构，称为 Hogness 盒也称为 TATA 盒，在 -10bp 和 -110bp 处还含有 GC 盒和 CAAT 盒等，但并不是所有真核细胞都含有这几个序列。有些真核细胞还有能增强启动子活性的增强子（enhancer），其可位于启动子的上游或下游，有的距离启动子较远，可位于模板链或编码链上，与方向和位置无关，但有组织特异性。有的 RNA 聚合酶不能直接与 DNA 上的启动子直接结合，必须借助一些起桥梁作用的蛋白质，这些蛋白质称为转录因子，根据辅助的 RNA 聚合酶不同分为不同的转录因子，如转录因子 Ⅱ 能帮助 RNA 聚合酶 Ⅱ 识别启动子并与之结合发挥转录功能（图 11-16）。

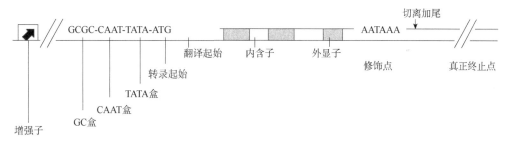

图 11-16　真核生物启动子结构

2）转录的延长　　在 σ 因子存在时，RNA 聚合酶全酶的构象有利于与 DNA 启动子较紧密的结合。当 σ 因子脱落后，核心酶的构象变得松弛，核心酶沿 DNA 模板上 3′→5′ 方向迅速滑动，按照模板链碱基互补原则指导新的核苷酸与原核苷酸的 3′ 端生成 3′,5′-磷酸二酯键。核心酶如此不断地滑动，新的 RNA 不断延长，由于氢键键能小，RNA-DNA 杂交链不断分开，DNA 又恢复双螺旋结构。转录产物沿 5′→3′ 方向延长，其速度为 30～50 核苷酸/s。由局部打开的 DNA 双链、RNA 聚合酶及新生成的 RNA 三者结合为转录复合物。真核细胞与原核细胞的延长情况基本相似（图 11-17）。

3）转录的终止　　对于原核细胞来说，转录可终止于模板上某一特定位置，但不同基因转录的终止位点没有严格的规律。转录终止可分为不依赖 ρ 因子和依赖 ρ 因子两大类。

（1）不依赖 ρ 因子的转录终止：DNA 模板上靠近转录终止处有些特殊碱基序列。RNA 链延长至接近终止区时，转录出的碱基序列随即形成茎-环结构。一方面这种茎环结构可改变

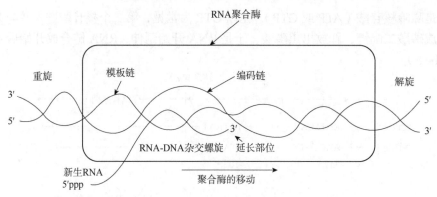

图 11-17　RNA 链的延长

RNA 聚合酶构象，导致酶-模板结合方式改变，使酶不再向下游移动，于是转录停止；另一方面转录复合物（酶-DNA-RNA）上形成的局部 RNA/DNA 杂化短链的碱基配对是最不稳定的，随着单链 DNA 复原为双链，转录终止。RNA 链上的多聚 U 也促使 RNA 链易于从模板上脱落。

（2）依赖 ρ 因子的转录终止：这种方式需要一个蛋白质，即 ρ 因子。ρ 因子是同六聚体，具有解旋酶活性，转录时，依照 DNA 模板，转录 RNA 的 3′端会产生较丰富而且有规律的 C 碱基，ρ 因子可识别这段序列并与之结合，同时 ρ 因子和 RNA 聚合酶发生构象变化，从而使 RNA 聚合酶停止移动，ρ 因子的解旋酶活性使 DNA-RNA 杂化双链解离，RNA 产物从转录复合物中释放，转录终止。

目前研究认为真核细胞终止机制是在基因的末端，在 RNA 聚合酶作用下转录的 RNA 先形成了一段 AAUAAA 序列，然后再转录一定距离即停止前进。这时有一种酶在 AAUAAA 序列处将合成的 mRNA 产物切断，然后在新生成的 mRNA 上加一段 80～200 个多聚腺苷酸（polyA）的尾巴。

4. 转录后加工

DNA 直接转录的初级转录产物（primary transcript）通常在细胞内经过转录后加工（post-transcriptional processing），才会转变成有活性的成熟 RNA 分子。

真核细胞 RNA 往往必须经过加工，而且过程比较复杂，一般要进行剪切和修饰等过程。真核细胞的基因往往是一种断裂基因，编码区就是能够转录 RNA 和翻译蛋白质的基因序列，也就是通常所说的外显子（exon），非编码区主要起调控作用，也就是通常所说的内含子（intron），因而真核细胞 mRNA 必须切除内含子，将外显子连接，才能作为指导蛋白质合成的直接模板。真核 tRNA 和 rRNA 也要经加工才能变成成熟的 tRNA 和 rRNA。加工常见的方式如下。

（1）加帽：在开始合成 mRNA 时，第一个核苷酸（通常为鸟苷酸）仍保留三磷酸基团。加帽时鸟苷酸去掉一个磷酸基团，然后加入一个 GMP。加入的鸟苷酸在 N_7 甲基化，而原来的第一个鸟苷酸的 2′-OH 也可被甲基化，这样就生成了甲基化三磷酸双鸟苷（m^7GpppG），也称为 mRNA 的帽子，5′端帽子结构是在核内完成的，先于剪接过程，其主要功能是保护 mRNA 的 5′端不被磷酸酶和核酸酶降解（图 11-18）。

（2）加尾：大多数真核细胞 mRNA 的 3′端有一个多聚腺苷酸（polyA），其合成不依赖模板 DNA，是转录完成后合成的。在多聚核苷酸聚合酶作用下，以 ATP 为底物，可在 3′端加上长度为 100～200 个腺苷酸的尾巴。加尾过程也在核内发生，它有助于 mRNA 的稳定。

（3）剪切：mRNA 的初级转录产物 hnRNA 的相对分子质量比成熟的 mRNA 大几倍，DNA 模板全部转录成为 hnRNA，其包含从内含子转录来的 RNA 序列，内含子不能指导蛋白质翻译，因此 hnRNA 必须经过剪接除去内含子转录部分，将外显子以 3′,5′-磷酸二酯键相连，反应一部分可由核小 RNA（snRNA）和多种蛋白质因子形成的剪接体通过二次磷酸酯转移反应完成，还有一些通过核酶（RNA 酶）直接水解完成，剪切是主要的加工方式，某些 tRNA、rRNA 也要通过剪切才能成熟。

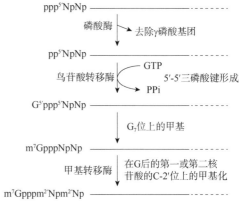

图 11-18 真核细胞 mRNA 的加帽过程

（4）修饰：rRNA 和 tRNA 在成熟过程中往往要进行修饰，最常见的是碱基或核糖的甲基化。真核细胞 rRNA 甲基化主要在核糖的 2′-OH 上进行，而 tRNA 甲基化主要在碱基上进行，稀有碱基往往通过转录后的加工形成，如尿嘧啶还原为二氢尿嘧啶，腺嘌呤核苷酸转变成次黄嘌呤核苷酸等。

对于原核细胞来说，多数 mRNA 在 3′端还没有被转录之前，核糖体就已经结合到 5′端开始翻译，所以原核细胞的 mRNA 很少经历加工过程。而原核细胞的 rRNA 可由特定的 RNA 酶催化，将初级转录产物剪成 16S、23S 和 5S 三个片段，还可在核糖 2′-OH 上进行甲基化修饰。原核细胞 tRNA 主要是通过 RNA 酶切除多余的核苷酸序列，也可进行碱基修饰。

（二）RNA 的复制

有些生物通过 RNA 携带遗传信息，并能通过 RNA 复制而合成与其自身相同的 RNA 分子。RNA 复制的酶又称为依赖于 RNA 的 RNA 聚合酶（RDRP）。例如，一些病毒的基因组是单链 RNA，该单链 RNA 既是基因组 RNA，又可作为 mRNA 指导翻译蛋白质，称为正链 RNA。有些病毒感染宿主细胞后，利用宿主细胞的翻译系统指导合成 RDRP（复制酶），该酶以正链为模板合成与之互补的 RNA，称为负链，然后又以负链为模板合成更多的基因组 RNA，基因组 RNA 用于指导翻译合成病毒蛋白质，包装病毒颗粒。

第五节 遗传密码与蛋白质的生物合成

参与细胞内蛋白质生物合成的物质主要有原料氨基酸、直接模板 mRNA、氨基酸"搬运工具" tRNA、蛋白质合成的装配场所核糖体、提供能量的 ATP 或 GTP。初步合成的蛋白质还要经过折叠和修饰才能成为有生物活性的天然蛋白质。

一、遗传密码

（一）遗传密码的构成

从 DNA 分子中转录而来的 mRNA 分子在细胞质内作为蛋白质合成的模板，从 mRNA 5′端起始密码子 AUG 到 3′端终止密码子之间的核苷酸序列，每 3 个相邻的核苷酸为一组，代表一种氨基酸（或其他信息），这种三联体形式的核苷酸序列称为密码子。目前已知的有 64 组密码子，AUG 为甲硫氨酸和肽链合成的起始密码子（initiation codon）；UAA、UAG、UGA 为 3 个不编码任何氨基酸，作为肽链合成的终止密码子（terminator codon）。因此 61 个密码子可编码参与人体蛋白质合成中的 20 种氨基酸（表 11-4）。

表 11-4　遗传密码表

第一位碱基 5′	第二位碱基				第三位碱基 3′
	U	C	A	G	
U	Phe	Ser	Tyr	Cys	U
	Phe	Ser	Tyr	Cys	C
	Leu	Ser	终止密码子	终止密码子	A
	Leu	Ser	终止密码子	Trp	G
C	Leu	Pro	His	Arg	U
	Leu	Pro	His	Arg	C
	Leu	Pro	Gln	Arg	A
	Leu	Pro	Gln	Arg	G
A	Ile	Thr	Asn	Ser	U
	Ile	Thr	Asn	Ser	C
	Ile	Thr	Lys	Arg	A
	Met	Thr	Lys	Arg	G
G	Val	Ala	Asp	Gly	U
	Val	Ala	Asp	Gly	C
	Val	Ala	Glu	Gly	A
	Val	Ala	Glu	Gly	G

（二）遗传密码的特点

1. 方向性

组成密码子的各碱基在 mRNA 序列中的排列具有方向性。翻译时从 mRNA 的起始密码子 AUG 开始，按 5′→3′的方向逐一阅读，直至终止密码子。mRNA 阅读框架中从 5′端到 3′端排列的核苷酸顺序决定了肽链中从 N 端到 C 端的氨基酸排列顺序（图 11-19）。

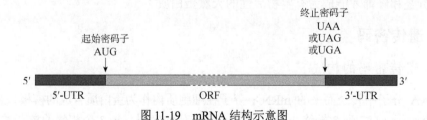

图 11-19　mRNA 结构示意图

2. 连续性

mRNA 的密码子之间没有间隔核苷酸。从起始密码子开始，密码子被连续阅读，直至终止密码子出现。由于密码子的连续性，在可读框（开放阅读框）中发生插入或缺失 1 或 2 个碱基，都会引起 mRNA 可读框发生移动，使后续的氨基酸序列大部分被改变，其编码的蛋白质一级结构改变而失去生物学功能，称为移码突变（frameshift mutation）。

3. 简并性

64 个密码子中有 61 个可编码氨基酸，而氨基酸只有 20 种，因此有的氨基酸可由多个密码子编码，这种现象称为简并性（degeneracy）。为同一种氨基酸编码的各密码子称为简并性密码子，也称为同义密码子。多数情况下，同义密码子的前两位碱基相同，仅第三位碱基有差异，即密码子的特异性主要由前两位核苷酸决定，如苏氨酸的密码子是 ACU、ACC、ACA、ACG。这意味着第三位碱基的改变往往不改变其密码子编码的氨基酸，合成的蛋白质具有相同的一级结构。因此，遗传密码的简并性可降低基因突变的生物学效应。

4. 摆动性

tRNA 上的反密码子与 mRNA 上的密码子的碱基反向互补配对识别时，mRNA 密码子第 3 位碱基与 tRNA 反密码子的第 1 位碱基配对不很严格，这种现象称为密码子的摆动性，如反密码子的第一位碱基 G 可以与 C、U 配对，U 可以与 A 或 G 配对，I（次黄嘌呤核苷酸）可以与 U、C、A 配对。密码子的摆动性大大提高了 tRNA 阅读 mRNA 的能力，细胞内只需要 32 种 tRNA，就能识别 61 个编码氨基酸的密码子。

5. 通用性

密码的通用性是指各种低等和高等生物，包括病毒、细菌及真核生物，基本上共用同一套遗传密码，这说明生物有共同的起源。但这个结论并不完全适用于真核生物的线粒体遗传体系，如 UGA 是一个终止密码子，但是在人的线粒体中是编码色氨酸的，这种例外情况可能代表一种较原始的密码系统。

6. 防错性

密码子中碱基顺序与其相应氨基酸物理化学性质之间相互联系。氨基酸的极性通常由密码子的第二位（中间）碱基决定。如果中间碱基是 U 或 C，它编码的是非极性、疏水的和支链的氨基酸或具有不带电荷的极性侧链。如果中间碱基是 A 或 G，其相应氨基酸具有亲水性。氨基酸的简并性由密码子的第三位碱基决定。密码子的第二个碱基和第三个碱基的编排方式，使得密码子的一个碱基被置换，其结果或是仍编码相同的氨基酸，或是以物理化学性质最接近的氨基酸取代，从而使基因突变可能造成的危害降至最低程度，也就是说，密码子的编排具有防错功能，是生物进化过程中获得的最佳选择。

二、核糖体

核糖体是由蛋白质和核糖体 RNA 组成的亚细胞颗粒，这些颗粒直接或间接地与细胞骨架结构有关联或者与内质网膜结构相连。核糖体由大小两个亚基组成，每种亚基由不同 rRNA 和蛋白质构成，在蛋白质肽链合成过程中，mRNA 和 tRNA 结合、肽键形成等过程全部是在核糖体上完成的，核糖体类似于蛋白质多肽链"装配厂"，沿着模板 mRNA 链从 5′端向 3′端移动，依据密码子与反密码子的配对关系，携带着氨基酸的 tRNA 将特定的氨基酸放在相应的位置，完成蛋白质肽链合成。

原核生物的核糖体上有 A 位、P 位和 E 位，分别作为氨基酰-tRNA 进入的位置、肽酰-tRNA

结合的位置和 tRNA 排出的部位,所以也称为氨基酰位(aminoacyl site)、肽酰位(peptidyl site)、出口位（ exit site ）,真核生物的核糖体上没有 E 位,空载的 tRNA 直接从 P 位脱落。

原核生物核糖体中有 3 种 rRNA：16S rRNA 存在于小亚基中,5S rRNA 和 23S rRNA 存在于大亚基中。16S rRNA 可与 mRNA、23S rRNA 的部分碱基互补,可以完成小亚基与 mRNA 结合和大小亚基结合。另外,23S rRNA 能与起始 tRNA 部分碱基互补,5S rRNA 还能与 tRNA 分子和 23S rRNA 部分碱基互补。所以通过 RNA 之间的作用,可完成大小亚基、mRNA、tRNA 的结合。

真核生物核糖体中有 4 种 rRNA：18S rRNA 存在于小亚基中；5S rRNA 和 28S rRNA 存在于大亚基中,在哺乳类生物的大亚基中还有 5.8S rRNA,含有与原核细胞 5S rRNA 的保守序列（CGAAC）相同序列,可与 tRNA 相互识别。

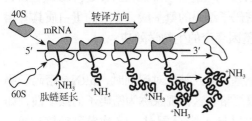

图 11-20　多聚核糖体结构（引自姚文兵,2016）

核糖体是蛋白质合成的场所,执行着肽链合成的功能,一条 mRNA 链上,一般间隔 40 个核苷酸结合一个核糖体,因此一条 mRNA 链上可以结合多个核糖体,同时进行多条肽链的合成,使肽链的生物合成以高效的方式进行,这种现象称为多核糖体（polysome）（图 11-20 ）。

三、转移 RNA 的功能

转移 RNA（transfer RNA,tRNA）的种类很多,对于特定的 tRNA,只能与特定的氨基酸结合。因为 tRNA 含有的稀有碱基比较多,所以对于一种氨基酸都会有 2～6 种特异的 tRNA 进行转运。目前已发现 40～50 种 tRNA,其中能特异识别 mRNA 上起始密码子的 tRNA 叫作起始 tRNA,其他 tRNA 统称为延伸 tRNA。原核生物起始 tRNA 携带甲酰甲硫氨酸（fMet）,真核生物起始 tRNA 携带甲硫氨酸（Met）,已经结合了不同氨基酸的氨基酰-tRNA 用前缀氨基酸三字母代号表示,如 Tyr-tRNA^{Tyr} 代表 tRNA^{Tyr} 的氨基酸臂上结合有酪氨酸。

大多数 tRNA 的 3′端具有 CCA 核苷酸序列,是结合活化后的氨基酸部位,tRNA 通过特异的反密码子与 mRNA 上密码子以碱基互补关系结合,使 tRNA 携带的氨基酸准确地按照 mRNA 上密码子的顺序进行排列,合成不同的蛋白质多肽链。

氨基酸结合到特定 tRNA 分子上形成氨基酰-tRNA,是由氨基酰-tRNA 合成酶催化,其对底物氨基酸和 tRNA 都有高度特异性,氨基酰-tRNA 合成酶还有校对活性（proofreading activity）,能将错误结合的氨基酸水解释放,再换上与密码子相对应的氨基酸,改正反应任一步骤中出现的错配,保证氨基酸和 tRNA 结合反应的误差小于 10^{-4}。每个氨基酸活化需消耗 2 个来自 ATP 的高能磷酸键,一种氨基酸可以和 2 或 3 种 tRNA 特异地结合,总反应式如下：

$$\text{氨基酸} + \text{ATP} + \text{tRNA} \xrightarrow[\text{Mg}^{2+}\text{或Mn}^{2+}]{\text{氨基酸tRNA合成酶}} \text{氨基酸} + \text{tRNA} + \text{AMP} + 2\text{Pi}$$

四、蛋白质合成过程

蛋白质合成包括起始（initiation）、延长（elongation）和终止（termination）三个阶段。真核生物的肽链合成过程与原核生物的肽链合成过程基本相似,只是反应更复杂,涉及的蛋白质因子更多。

1. 翻译起始过程

翻译起始过程是指起始 tRNA 与 mRNA 结合到核糖体上，生成翻译起始复合物。原核生物翻译起始复合物由 30S 小亚基、mRNA、fMet-tRNA^{fMet} 和 50S 大亚基构成，还需 3 种起始因子 IF、GTP 和 Mg^{2+}。其主要步骤为：核糖体在 IF 的帮助下，大、小亚基分离，在 mRNA 起始密码 AUG 上游存在一段富含嘌呤碱基，如-AGGAGG-〔该序列 1974 年由 Shine 和 Dalgarno 发现，故也称为 Shine-Dalgarno 序列，简称为 SD 序列，又称为核糖体结合位点（ribosomal binding site，RBS）〕。小亚基中的 16S rRNA 3′端通过-UCCUCC-与 SD 序列碱基互补而使 mRNA 与小亚基结合（图 11-21）。mRNA 上邻近 RBS 下游，还有一段短核苷酸序列可被小亚基蛋白 rpS-1 识别并结合。通过上述 RNA-RNA、RNA-蛋白质相互作用，小亚基可以准确定位 mRNA 上的起始 AUG，完成 mRNA 与核蛋白体结合。结合 GTP 的 fMet-tRNA^{fMet} 在 IF-2 作用下，通过反密码子与 mRNA 的 AUG 碱基互补，随后 GTP 水解，IF 释放，大亚基与结合了 mRNA、fMet-tRNA^{fMet} 的小亚基结合，形成由完整核糖体、mRNA、fMet-tRNA^{fMet} 组成的翻译起始复合物（图 11-22）。

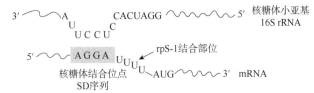

图 11-21 原核细胞 mRNA 与小亚基结合

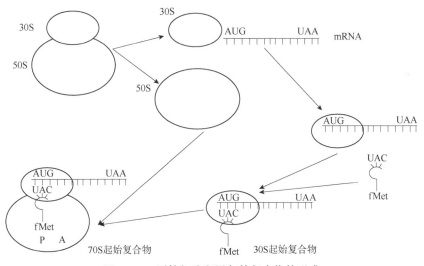

图 11-22 原核细胞翻译起始复合物的形成

真核生物翻译起始复合物的装配所需要的起始因子种类更多、更复杂，mRNA 的 5′帽和 3′多聚 A 尾都是正确起始所依赖的。与原核生物的装配顺序不同，起始 tRNA 先于 mRNA 结合在小亚基上。首先核糖体大小亚基分离，Met-tRNA$_i^{Met}$ 定位结合于小亚基 P 位，靠帽子结合蛋白（CBP）促使 mRNA 与核糖体小亚基定位结合，核糖体大亚基结合。

2. 翻译的延长过程

翻译的延长过程是在核糖体上重复进行进位、成肽和转位三步连续反应，肽链上每增加一个氨基酸残基，就需经过一次循环，所以肽链的延长就是不断的循环过程，因此翻译的延长过程也称为核糖体循环（ribosomal cycle）（图 11-23）。

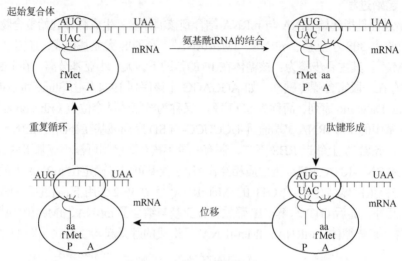

图 11-23　肽链合成的循环过程

（1）进位（entrance）。又称为注册（registration），起始复合物中的 A 位是空闲的，在延长因子作用下（真核 eEF-1α 和 eEF-1β），氨基酰-tRNA 与 GTP 形成复合物，按照 mRNA 的 A 位上的第二个密码子，氨基酰-tRNA 与密码子互补配对，进入 A 位。核糖体对氨基酰-tRNA 的进位有校正作用，只有正确的氨基酰-tRNA 才能迅速发生反密码子-密码子互补配对而进入 A 位。反之，错误的氨基酰-tRNA 因反密码子-密码子不能配对结合，而从 A 位解离。这是维持肽链生物合成的高度保真性的机制之一。

（2）成肽。在起始复合物中，肽基转移酶催化 P 位上的起始 tRNA 所携的甲硫氨酰与 A 位上新进位的氨基酰的 α-氨基结合，形成二肽。第一个肽键形成后，二肽酰-tRNA 占据着核糖体 A 位，而卸载了氨基酸的 tRNA 仍在 P 位。从第三个氨基酸开始，肽基转移酶催化的是 P 位上 tRNA 所连接的肽酰基与 A 位氨基酰基间的肽键形成。需要指出的是，肽基转移酶的化学本质不是蛋白质，而是 RNA，因此属于一种核酶。原核生物核糖体大亚基中的 23S rRNA 具有肽基转移酶的活性，在真核生物中，该酶的活性位于大亚基的 28S rRNA 中。

（3）转位。成肽反应后，核糖体需要向 mRNA 的 3′端移动一个密码子的距离，方可阅读下一个密码子。成肽后位于 P 位的 tRNA 所携带的氨基酸或肽在反应中交给了 A 位上的氨基酸，空载的 tRNA 从核糖体直接脱落；成肽后位于 A 位的带有合成中的肽链的 tRNA（肽酰-tRNA）转到了 P 位上，A 位得以空出，且准确定位在 mRNA 的下一个密码子，以接受一个新的对应的氨基酰-tRNA 进位。转位需要 GTP，此过程需要延长因子的帮助。真核生物的转位过程需要的是延长因子 eEF-2。该延长因子的含量和活性直接影响蛋白质合成速度，因此在细胞适应环境变化过程中是一个重要的调控靶点。

原核生物的肽链延长机制与真核生物相同，但也有差异。首先，所需要的延长因子不同，进位时需要 EF-Tu 和 EF-Ta，转位时需要 EF-G。其次，成肽反应后位于 P 位的空载 tRNA 要先进入一个核糖体上的 tRNA 出口位，或称为 E 位，然后再脱落。

在肽链延长阶段中，每生成一个肽键，都需要直接从 2 分子 GTP（进位与转位各 1 分子）获得能量，即消耗 2 个高能磷酸键化合物；合成氨基酰-tRNA 时，已消耗了 2 个高能磷酸键，所以在蛋白质合成过程中，每生成 1 个肽键，平均需消耗 4 个高能磷酸键。

3. 翻译的终止过程

肽链上每增加一个氨基酸残基，就需要经过一次进位、成肽和转位反应。如此往复，直到核糖体的 A 位到了 mRNA 的终止密码子上，只有释放因子 RF 在 GTP 供能情况下识别而进入核糖体 A 位，RF 的结合可触发核糖体构象改变，将肽基转移酶活性转变为酯酶活性，水解肽链与结合在 P 位的 tRNA 之间的酯键，释放出合成的肽，促使 mRNA、tRNA 及 RF 从核糖体脱离。mRNA 模板和各种蛋白质因子、其他组分都可被重新利用。原核生物有 3 种 RF。RF1 识别 UAA 或 UAG，RF2 识别 UAA 或 UGA，RF3 则与 GTP 结合并使其水解，协助 RF1 与 RF2 与核糖体结合（图 11-24）。真核生物仅有 eRF 一种释放因子，所有 3 种终止密码子均可被 eRF 识别。

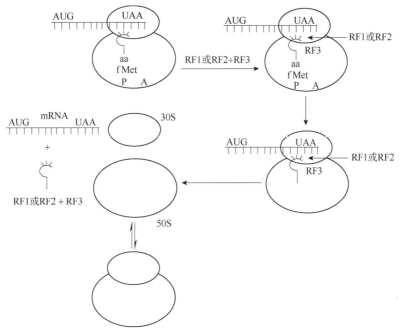

图 11-24 肽链合成的终止

4. 翻译后加工

新生肽链往往并不具有生物活性，它们在一级结构和空间结构要进行加工和修饰形成成熟有活性的蛋白质，这一过程称为翻译后加工（post-translational processing）。一级结构主要是指水解和修饰，如对翻译后蛋白质进行水解切除一些肽段或氨基酸，或对某些氨基酸残基的侧链基团进行化学修饰等。空间结构主要是形成正确的空间结构或者形成必需的二硫键，或亚基经聚合形成具有四级结构的蛋白质。

五、DNA 重组技术

所谓克隆（clone）就是来自同一始祖的相同副本或拷贝（copy）的集合，获取同一拷贝的过程称为克隆化（cloning），也就是无性繁殖。通过无性繁殖过程获得的"克隆"，可以是分子的，也可以是细胞的、动物的或植物的。DNA 克隆（DNA cloning）又称为基因克隆（gene cloning），重组 DNA（DNA recombinant）属于分子克隆，其是利用酶学，在体外将不同来源的 DNA 与载体 DNA 结合成具有自我复制能力的 DNA 分子，通过转化或转染宿主细胞，筛选出含目的基因的转化子细胞，再进行扩增，提取获得大量同一 DNA 分子。实现基因克隆所采用的技术统称为 DNA 重组技术或基因工程（genetic engineering）。基因工程、蛋白质工程、酶工程和细胞工程共同构成了生物技术工程。

　　一个完整的 DNA 重组过程应包括：目的基因的获取（分），基因载体的选择与构建（选），目的基因与载体的拼接（接），重组 DNA 分子导入受体细胞（转），筛选（筛）并无性繁殖含重组分子的受体细胞（转化子），将表达目的基因的受体细胞挑选出来，使目的基因表达相应的蛋白质或其他产物。图 11-25 是以质粒为载体的 DNA 克隆过程。

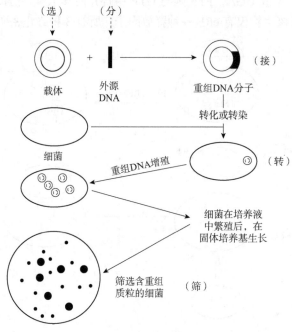

图 11-25　以质粒为载体的 DNA 克隆过程

　　重组 DNA 技术的主要目的是分离获得某一感兴趣的基因（DNA）或获得感兴趣基因的表达产物（蛋白质）。重组 DNA 技术主要围绕着目的基因的来源、限制性内切核酸酶（简称限制酶）和基因载体（简称载体）的选择、目的基因与载体的连接。

（一）目的基因的来源

　　目的基因有两种类型，即 cDNA 和基因组 DNA。cDNA（complementary DNA）是指经反转录合成的、与 RNA（通常指 mRNA 或病毒 RNA）互补的单链 DNA，以单链 cDNA 为模板、经聚合反应可合成双链 cDNA。基因组 DNA（genomic DNA）是指代表一个细胞或生物体整套遗传信息（染色体及线粒体）的所有 DNA 序列。因为两者作为较全的基因库，一定会含有我们所需要的基因。目的基因除了从 cDNA 和基因组 DNA 获取外，也可通过化学合成法得到，根据已知某种基因的核苷酸序列，或根据某种基因产物的氨基酸序列推导出为该多肽链编码的核苷酸序列，可以利用 DNA 合成仪合成，也可通过聚合酶链反应（polymerase chain reaction，PCR），根据 DNA 复制的原理，在体外利用酶促反应获得特异序列的 DNA。

（二）限制性内切核酸酶

　　限制性内切核酸酶（restriction endonuclease，简称限制酶）就是识别 DNA 的特异序列，并在识别位点或其周围切割双链 DNA 的一类核酸内切酶。限制酶存在于细菌体内，与其相伴存在的甲基化酶（methylase）共同构成细菌的限制-修饰体系（restriction modification system），限制外源 DNA 的侵入并保护自身 DNA，对细菌遗传性状的稳定遗传起作用。

限制酶具有高度特异性的 DNA 识别和切割位点，其主要识别双链 DNA 分子的 4~8 个特异性核苷酸序列，其中 6 个核苷酸序列最常见。酶解后 5′端为磷酸基，3′端为羟基。限制酶的识别序列一般具回文对称性，切口共有三种类型：①5′端突出型；②3′端突出型；③平末端型。错开突出的单链末端，很容易与互补的单链末端配对"黏合"起来，5′突出端和 3′突出端也因此称为黏性末端（cohesive end）。来源不同但能识别和切割同一位点的酶称为同工异源酶（isoschizomer），同工异源酶可以互相代用。识别序列不同，但是产生相同的黏性末端的酶称为同尾酶（isocaudarner）。同工异源酶和同尾酶产生相同的黏性末端，使 DNA 重组有更大的灵活性（图 11-26）。

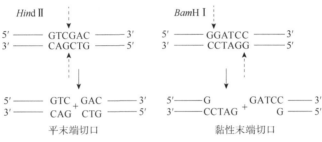

图 11-26　限制酶切口的平末端和黏性末端

（三）载体

载体（vector）是携带靶 DNA（目的 DNA）片段进入宿主细胞进行扩增和表达的运载工具。一般载体在构建和选择时符合以下要求：在宿主细胞中具有自主复制能力或能整合到宿主染色体上与基因组一同复制；有合适的限制酶酶切位点供外源 DNA 片段插入，多种酶切位点使载体在使用上具有较大的灵活性；相对分子质量不宜过大，以便于容纳较大的外源 DNA 片段并获得较高的拷贝数，也有利于体外重组操作；具有合适的筛选标记，以便区分阳性重组体和阴性重组体，常用的筛选标记有抗药性、酶基因、营养缺陷型或形成噬菌斑的能力等；配备与宿主相适应的调控元件，如启动子、增强子和前导序列等。

目前已构建成的载体主要有质粒载体、噬菌体 DNA、病毒载体和人工染色体等多种类型，也可根据其用途不同分为克隆载体和表达载体两类。

1. 质粒

质粒（plasmid）是存在于细菌染色体外的小型环状双链 DNA 分子，能在宿主细胞独立自主地进行复制，并在细胞分裂时恒定地传给子代细胞（图 11-27）。质粒带有某些遗传信息，可赋予宿主细胞一些遗传性状，如对青霉素或重金属的抗性等。根据质粒赋予细菌的表型可识别质粒的存在，这是筛选转化子细菌的根据。因此，质粒 DNA 的自我复

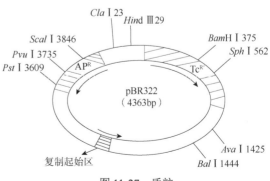

图 11-27　质粒

制功能及所携带的遗传信息在重组 DNA 操作，如扩增、筛选过程中都是极为有用的。pBR322 质粒是稍早构建的质粒载体。

2. 噬菌体 DNA

噬菌体 DNA 有 λ 噬菌体和 M13 噬菌体。λ 噬菌体是大肠杆菌中的一种双链 DNA，它的基因组 DNA 很大部分可被外源 DNA 取代，并与插入的外源 DNA 一起增殖。M13 载体有 M13mp 系列及 pUC 系列，它们是在 M13 基因间隔区插入大肠杆菌的一段调节基因及 *lacZ*（β 半乳糖苷酶）的 N 端 146 个氨基酸残基编码基因，其编码产物即为 β-半乳糖苷酶的 α 片段，还含不同位置的克隆位点，可接受不同限制酶的酶切片段。根据外源基因是否插入 *lacZ* 的基因内，干扰 *lacZ* 的基因的表达，可进行重组体的筛选、鉴定（蓝白斑筛选）。

为增加克隆载体插入外源基因的容量，还有柯斯质粒载体（cosmid vector）和酵母人工染色体载体（yeast artificial chromosome vector, YAC）。为适应真核细胞重组 DNA 技术需要，特别是为满足真核基因表达或基因治疗的需要，还有动物病毒 DNA 改造的载体，如腺病毒载体、逆转录病毒载体及用于昆虫细胞表达的杆状病毒载体等。

（四）外源基因与载体的连接

外源的目的基因与载体 DNA 连接在一起，即 DNA 的体外重组，与自然界发生的基因重组不同，这种人工 DNA 重组是靠 DNA 连接将外源 DNA 与载体共价连接的。连接方式主要有以下几种。

1. 黏性末端连接

（1）同一限制酶酶切位点连接：由同一限制酶切割的不同 DNA 片段，产生完全相同的单链突出（5′突出及 3′突出）的黏性末端，同时酶切位点附近的 DNA 序列不影响连接，那么当这样的两个 DNA 片段一起退火（annneal）时，黏性末端单链间进行碱基配对，然后在 DNA 连接酶催化作用下形成共价结合的重组 DNA 分子。

（2）不同限制酶位点连接：由两种不同的限制酶切割的 DNA 片段，具有相同类型的黏性末端，即配伍末端，也可以进行黏性末端连接。例如，*Mbo* I（▼GATC）和 *Bam*H I（G▼GATCC）切割 DNA 后均可产生 5′突出的 GATC 黏性末端，彼此可相互连接。

2. 平末端连接 DNA

连接酶可催化相同和不同限制酶切割的平末端之间的连接。原则上来讲，限制酶切割 DNA 后产生的平末端也属配伍末端，可彼此相互连接；若产生的黏性末端经特殊酶处理，使单链突出处被补齐或削平，变为平末端，也可施行平末端连接。

3. 同聚物加尾连接

同聚物加尾连接是利用同聚物序列，如多聚 A 与多聚 T 之间的退火作用完成连接。在末端转移酶（terminal transferase）作用下，在 DNA 片段末端加上同聚物序列，制造出黏性末端，而后进行黏性末端连接。这是一种人工提高连接效率的方法，属于黏性末端连接的一种特殊形式。

4. 人工接头连接

对平末端 DNA 片段或载体 DNA，可在连接前将磷酸化的接头（linker）或适当分子连到平末端，从而产生新的限制酶位点，再用识别新位点的限制酶切位点，产生黏性末端。这也是黏性末端连接的一种特殊形式。

有关 DNA 重组技术的基本原理和操作步骤请参见《基因工程原理》（徐晋麟，2014）一书，限于篇幅，本书不再赘述。

关键术语表

核酸（nucleic acid）   核苷酸（nucleotide）
分解代谢（catabolism）   合成代谢（anabolism）
从头合成途径（de novo synthesis pathway）   补救合成途径（salvage synthesis pathway）
半保留复制（semi conservative replication） 冈崎片段（Okazaki fragment）
前导链（leading strand）   滞后链（lagging strand）
逆转录（reverse transcription）   转录（transcription）
核糖体（ribosome）   密码子（codon）
重组 DNA 技术（DNA recombination technique） 限制性内切核酸酶（restriction endonuclease）
载体（vector）

单元小结

1. 人和动物主要利用食物中糖和蛋白质合成核酸。嘌呤碱在人体内的代谢终产物为尿酸，嘧啶碱中的胞嘧啶最终生成 NH_3、CO_2 及 β-丙氨酸，胸腺嘧啶降解成 β-氨基异丁酸。

2. 体内核苷酸的合成有两条途径：从头合成和补救合成途径，从头合成是主要途径，嘌呤核苷酸从头合成是在磷酸核糖分子上逐步合成嘌呤环，嘧啶核苷酸先合成嘧啶环，再磷酸核糖化而成。脱氧核糖核苷酸是由核糖核苷酸在二磷酸水平上还原而成。

3. 一种 DNA 的合成是以 DNA 为模板的复制过程，具有半保留、半不连续、双向复制的特点，另一种是以 RNA 为模板的反转录过程。

4. RNA 的生物合成，一种是以 DNA 为模板的转录过程，另一种是由 RNA 为模板的 RNA 复制。原核细胞主要包括核心酶和全酶，真核细胞包括 RNA 聚合酶 I、RNA 聚合酶 II、RNA 聚合酶 III，RNA 合成按照 5′→3′ 方向进行。

5. 蛋白质的合成是 mRNA 通过其遗传密码子指导蛋白质中氨基酸的排列顺序，tRNA 具有转运氨基酸到核糖体的作用，rRNA 是蛋白质生物合成的装配场所。三种 RNA 和其他的蛋白因子相互作用完成蛋白质的合成过程。

6. 重组 DNA 也叫作基因克隆，主要是指目的基因的获取、目的基因与载体连接、重组 DNA 分子导入受体细胞、筛选出含目的基因的重组因子并进行表达，其主要包括目的基因的获取、载体的选择、目的基因与载体的连接，主要的酶有限制性内切核酸酶和连接酶等。

复习思考习题

（扫码见习题）

第十二章 物质代谢的相互关系和调节控制

物质代谢是生物体的重要基本特征之一，也是机体生命活动的基础，生物体的生存与健康有赖于机体持续不断地与外界进行物质交换。生物体的新陈代谢是一个完整的过程，各代谢途径密切联系、相互协调和相互制约。机体通过完善、精密而又复杂的调节机制使物质代谢成为一个完整统一的过程。本章主要从物质代谢的相互关系、物质代谢的调节和控制及整体水平的代谢调节三个方面阐释物质代谢过程中的相互联系的调节控制作用。

第一节　物质代谢的相互关系

生物体内的物质代谢是一个整体，体内各类物质包括糖、脂肪、蛋白质、水、无机盐、维生素等代谢过程是在细胞内同时进行的，彼此相互联系、相互转变，或者相互依存。生物体的能量主要来自糖、脂肪、蛋白质三大营养物质在体内的分解氧化。一般情况下，人体内所需要能量的 50%～70%由糖供给，10%～40%由脂肪供给，20%由蛋白质供给。三大营养物质在体内的分解氧化的代谢途径虽然各有不同，但各种分子代谢途径之间通过许多相同的中间代谢物相互联系，形成了经济有效、运转良好的代谢网络通路。

一、糖代谢与脂肪代谢的相互关系

糖类和脂类的关系最为密切，糖类可以转变为脂类物质。两者存在着共同的中间产物如乙酰 CoA、磷酸二羟丙酮等，因此它们之间可以相互转化。脂肪是机体储存能量的主要形式。当机体内摄取的糖超过体内能量消耗时，糖原合成增强，除合成少量糖原储存在肝和肌肉外，大部分转变为脂肪。一方面，糖经过酵解过程，生成磷酸二羟丙酮及丙酮酸，磷酸二羟丙酮可还原为 α-磷酸甘油。另一方面，糖代谢产生的乙酰 CoA 在乙酰 CoA 羧化酶的催化作用下生成丙二酰 CoA，再由 NADPH＋H$^+$提供还原当量、ATP 提供能量合成脂肪酸，活化脂酰CoA，进而与 α-磷酸甘油在脂酰 CoA 转移酶的催化作用下合成脂肪并且储存在脂肪组织中。由此可见，人体摄取不含脂肪的高糖食物也会造成肥胖。

脂肪的分解产物包括甘油和脂肪酸。然而，作为脂肪主要成分的脂肪酸不能在体内转变成糖。因为丙酮酸氧化脱羧生成乙酰 CoA 的反应是不可逆的过程，脂肪酸分解生成的乙酰CoA 不能转变为丙酮酸。但是脂肪产生的甘油可以通过糖异生途径转变成糖。甘油在肝、肾、肠等组织中，在甘油激酶的作用下可以转变为 α-磷酸甘油，再转变为磷酸二羟丙酮，进而转化为糖。由于甘油在脂类中占量较少，因此脂类转变为糖是受到一定限制的。此外，脂肪分解代谢的能力取决于糖代谢能否正常进行。脂肪酸氧化的产物乙酰 CoA 必须与草酰乙酸缩合成柠檬酸后进入三羧酸循环，才能被彻底氧化，而草酰乙酸主要依赖于糖代谢产生的丙酮酸羧化生成。当饥饿、糖供给不足或糖代谢障碍时，引起脂肪大量动员，脂肪酸 β 氧化作用加强，生成大量的乙酰 CoA，由于糖的不足，导致草酰乙酸相对不足不能进入三羧酸循环，而在肝细胞线粒体内转变为酮体，血酮浓度升高，产生高血酮症。

食品与生物化学：糖尿病

糖尿病（diabetes mellitus，DM）是由于胰岛素分泌不足，或者周围组织细胞对胰岛素敏感性降低而引起的以高血糖为主要特征，伴有脂肪、蛋白质代谢紊乱的内分泌代谢性疾病。糖尿病有 1 型（B 细胞破坏，导致胰岛素分泌绝对缺乏）和 2 型（胰岛素抵抗为主，伴有胰岛素相对不足）之分。此外还有特殊型（如 B 细胞功能遗传缺陷）及妊娠糖尿病。

二、蛋白质与糖代谢的相互关系

糖是生物体内重要的碳源和能源，可用于合成各种氨基酸（除酪氨酸和组氨酸外）的碳链结构，经氨基化或转氨基后生成相应的氨基酸。例如，糖通过酵解途径生成丙酮酸，丙酮酸可脱羧氧化成乙酰 CoA，再经三羧酸循环转变为 α-酮戊二酸和草酰乙酸，这三种酮酸都可通过转氨基作用，分别生成丙氨酸、谷氨酸和天冬氨酸。但是苏氨酸、甲硫氨酸、赖氨酸、亮氨酸、异亮氨酸、缬氨酸、苯丙氨酸和色氨酸 8 种必需氨基酸不能由糖代谢中间产物转变而来，必须由食物供给。此外，糖在分解过程中产生的热量，可以用于氨基酸和蛋白质的合成。

蛋白质可以分解为氨基酸，在体内转变为糖。许多氨基酸都可以在脱氨基作用后转变为酮酸，再通过糖异生作用转变为糖，这类氨基酸称为生糖氨基酸，生糖氨基酸包括甘氨酸、丙氨酸、丝氨酸、苏氨酸、缬氨酸、组氨酸、谷氨酸、谷氨酰胺、天冬氨酸、天冬酰胺、精氨酸、半胱氨酸、甲硫氨酸和脯氨酸。苯丙氨酸、酪氨酸、色氨酸和异亮氨酸既能生成糖也能生成酮体。体内组成蛋白质的 20 种氨基酸，除生酮氨基酸（亮氨酸、赖氨酸）外，通过转氨基或脱氨基作用所生成的相应的 α-酮酸都可转变成某些糖代谢的中间产物，它们既可以通过三羧酸循环及氧化磷酸化生成 CO_2 和 H_2O 并释放出能量，生成 ATP，也可以通过糖异生途径转变为糖。所以糖不能替代食物蛋白质的维持组织细胞生长、更新与修补的重要作用，而蛋白质在体内能转变为糖，在一定程度上替代糖。

三、蛋白质代谢与脂肪代谢的相互关系

脂类与蛋白质之间可以相互转化。脂类分子中的甘油可先转变为丙酮酸，再转变为 α-酮戊二酸和草酰乙酸，然后接受氨基而转变为丙氨酸、天冬氨酸和谷氨酸。脂肪酸可以通过 β 氧化生成乙酰 CoA，乙酰 CoA 与草酰乙酸缩合进入三羧酸循环，从而与天冬氨酸及谷氨酸相联系。但这种由脂肪酸合成氨基酸碳链结构的可能性是受限制的，当乙酰 CoA 进入三羧酸循环，形成氨基酸时，需要消耗三羧酸循环中的有机酸，如果没有其他来源补充这些有机酸，乙酰 CoA 就很难转变形成氨基酸。在植物和微生物中存在乙醛酸循环，可以由 2 分子乙酰 CoA 合成 1 分子苹果酸，用以增加三羧酸循环过程中的有机酸，从而促进脂肪酸合成氨基酸。但在动物体内不存在乙醛酸循环，因此动物组织不能利用脂肪酸合成氨基酸。

蛋白质转变成脂肪的方式是蛋白质分解为氨基酸，其中生酮氨基酸能生成乙酰乙酸。由

乙酰乙酸经乙酰 CoA 再缩合成脂肪酸。至于生糖氨基酸，经过脱羧作用后，转变成丙酮酸，然后转变为甘油，也可以在氧化脱氨后转变为乙酰 CoA，进而经丙二酰 CoA 途径合成脂肪酸。乙酰 CoA 也可以合成类脂成分——胆固醇。此外，某些氨基酸可作为合成磷脂的原料，如丝氨酸脱羧可变成胆胺，胆胺在接受甲硫氨酸给出的甲基后转变为胆碱。丝氨酸、胆胺和胆碱分别是合成丝氨酸磷脂、脑磷脂及卵磷脂的原料。因此，蛋白质是可以转变为脂肪的，而人体几乎是不利用脂肪来合成蛋白质的。

四、核酸与糖、脂类和蛋白质代谢的相互关系

核酸是细胞中重要的遗传物质。核酸可以控制细胞中蛋白质的合成，影响细胞的组成成分和代谢类型。核苷酸是核酸的基本组成单位。许多核苷酸在调节代谢中起着重要作用。例如，ATP 是能量通用货币，也是转移磷酸基团的主要分子；UTP 参与单糖合成多糖的过程；CTP 参与磷脂的合成；而 GTP 是蛋白质多肽链的生物合成过程中所必需的。此外，许多重要辅酶辅基，如 CoA、尼克酰胺核苷酸和黄素核苷酸都是腺嘌呤核苷酸的衍生物，参与酶的催化作用。环核苷酸，如 cAMP、cGMP 作为第二信使参与细胞信号的转导。

核酸的合成又受到其他物质特别是蛋白质的控制。其中，葡萄糖通过磷酸戊糖途径生成 5-磷酸核糖，丝氨酸和色氨酸等通过一碳单位代谢提供合成碱基的原料，甘氨酸、天冬氨酸和谷氨酰胺则直接参与合成碱基。核苷酸合成所需的能量来自糖和脂肪的氧化分解，而核苷酸的分解代谢与糖和氨基酸的分解代谢有密切关系。

糖、蛋白质和脂肪等物质在代谢过程中存在着密切的联系和相互作用，既有各自特殊的代谢途径，又通过一些共同的中间代谢物或代谢环节广泛地连接形成网络，如图 12-1 所示，各物质间不仅有相互转化关系，还有相互协调和相互制约关系。例如，糖对脂肪酸分解代谢的影响：当糖供应不足或糖代谢发生障碍时，一方面机体因需要能量而大量动员脂肪，进而大量合成酮体；另一方面三羧酸循环中间产物大量消耗于糖异生，却得不到补充，导致三羧酸循环速度下降，酮体分解代谢受阻，酮体积累，出现酮症。各条代谢途径通过一些中间产物相互联系，形成纵横交错的网络。机体必须严格调节每一条代谢途径，控制处于交汇点的代谢物进入不同途径的量，才能保证代谢有条不紊地进行，维持正常的生命活动。

第二节　物质代谢的调节和控制

一、细胞或酶水平的调节

体内的物质代谢是由许多连续且相关的代谢调节组成的，而且每条代谢途径又由一系列酶促反应所组成。体内错综复杂的代谢途径构成的代谢网络有条不紊地进行，而且物质代谢的强度、方向和速度能适应内外环境的不断变化，以保持机体内环境的相对恒定和动态平衡，这是因为体内存在着完善、精确和复杂的调节机制。单细胞生物仅靠这种机制来调节各种物质代谢的平衡；多细胞生物虽然有更高层次的调控机制，但仍存在细胞内的调控，而且其他调控机制最终还是要通过酶来实现，所以细胞内的调控是最基础的调控机制。

（一）细胞膜结构和酶的空间分布对代谢的调节

体内的物质代谢是在细胞内进行的，而且是由一系列酶促反应组成的代谢途径完成的。

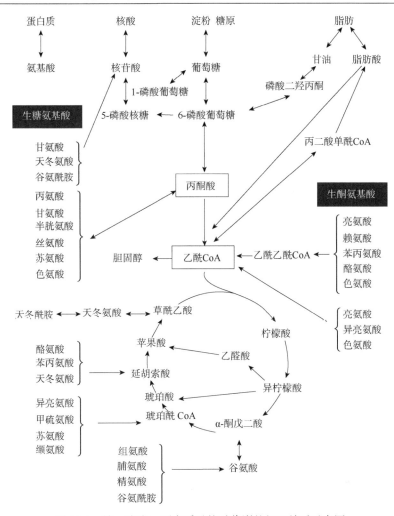

图 12-1　糖、脂类、蛋白质及核酸代谢的相互关系示意图

　　细胞具有复杂而精巧的结构，通过细胞膜与细胞外分隔。细胞内部广泛的膜系统将细胞分隔成许多区域，形成各种细胞器。蛋白质在合成后立即定位于细胞的特定部位，各种酶在细胞中有各自的空间分布。每一个代谢途径由相关的一系列酶负责催化，称为多酶体系。细胞内具有许多功能特异的分隔区，在不同分隔区分布着不同的酶，称为酶的区域定位或酶分布的分隔性。这种分隔区域的结果可以使细胞内存在的上千种酶不是杂乱无章无序排列的，而是相对集中，彼此隔离，催化某一代谢途径的多种酶往往组成一个酶系，集中分布于某一分隔空间内，形成特定的区域化分布，导致主要代谢途径的区域化。生物膜是生物进化的产物，原核细胞除质膜外没有膜系结构，而真核细胞内各种膜系结构的存在，使细胞形成各种胞内区域，这是形成酶的区域化分布的结构基础。

　　酶的区域定位具有以下主要表现：①在细胞的分隔区内，含有一套浓集的酶类和辅助因子，有利于酶促反应的进行。②膜的分隔，使不同途径的酶区域化（表 12-1），决定了代谢途径的区域化，使相互关联而又不同的代谢途径既有联系又不相互干扰，保证各条代谢途径按照各自方向顺利进行。例如，脂肪酸的氧化酶系存在于线粒体内，而脂肪酸的合成酶系主要存在于线粒体外，它们的代谢相互制约。合成脂肪酸的原料乙酰 CoA 由线粒体内转移到线粒体外，脂肪酸氧化的原料脂酰 CoA 由线粒体外向线粒体内转运。酶的区域化分布决定了代谢途径的区域化，为代谢调节创造了有利条件。③酶的区域化分布既为代谢调节提供了有利条件，又可以通过控制代谢物穿过膜的速度而调节代谢。例如，终产物少量积累时，由于膜的限制性，局部浓度会立即升高，并能在近距离内对关键酶产生反馈抑制作用。此外，一些调节因素只有进入一定的区域，才能产生作用，但又不影响其他代谢的进行。真核细胞的膜结构是形成酶的区域化分布的结构基础。

表 12-1　重要酶在细胞中的区域化列表

细胞部位		酶	相关代谢
细胞膜		ATP 酶 、腺苷酸环化酶、各种膜受体	能量及信息转换
细胞核		DNA 聚合酶、RNA 聚合酶、连接酶等	DNA 复制、基因表达
溶酶体		各种水解酶	糖、脂、蛋白质的水解
粗面内质网		蛋白质合成酶类	蛋白质合成
光面内质网		加氧酶系、合成酶、脂酶系等	加氧反应、糖蛋白、脂蛋白加工
过氧化物酶体		过氧化氢酶、过氧化物酶	处理 H_2O_2
叶绿体		ATP 酶、卡尔文循环酶系、光合电子传递酶系	光合作用
线粒体	外膜	单胺氧化酶、脂酰转移酶、NDP 激酶	胺氧化、脂肪酸活化、NTP 合成
	膜间隙	腺苷酸激酶、NDP 激酶、NMP 激酶	核苷酸代谢
	内膜	呼吸链酶类、肉毒碱脂酰转移酶	呼吸电子传递、脂肪酸转运
	基质	TCA 酶类、β 氧化酶类、氨基酸氧化脱氨酶及转氨酶类	糖、脂肪酸及氨基酸的有氧氧化
细胞质		EMP 酶类、HMP 酶类、脂肪酸合成酶类、谷胱甘肽合成酶系、氨酰-tRNA 合成酶	糖分解、胱氨酸合成、谷胱甘肽代谢、氨基酸活化

通过调节酶活性来控制代谢速度和代谢方向也是代谢调节的重要方式。酶活性的调节不需要改变代谢途径中所有酶的活性，只需要调节关键酶的活性即可。如以下代谢途径：

$$A \xrightarrow{E_1} B \xrightarrow{E_2} C \xrightarrow{E_3} D$$

代谢物 A 由三种不同的酶 E_1、E_2、E_3 催化生成 D，其中 E_1 活性较低，E_2 和 E_3 活性较高，由 B 生成 C 及由 C 生成 D 的速度分别受底物 B 和 C 浓度的限制。只要 A 能快速生成 B，整个代谢速度就快，反之则慢。细胞可以通过调节 E_1 的活性来调控整个代谢途径的速度，E_1 就是这个代谢途径的关键酶（key enzyme）。某一代谢途径的化学反应速度与方向是由该途径中的一个或几个具有调节作用的关键酶或调节酶（regulatory enzyme）的活性决定的。每个代谢反应中都有一种或几种关键酶，各主要代谢途径的关键酶见表 12-2。

表 12-2　主要代谢途径的关键酶

代谢途径	关键酶	代谢途径	关键酶
糖酵解途径	己糖激酶、6-磷酸果糖激酶 1、丙酮酸激酶	糖异生	丙酮酸羧化酶、磷酸烯醇式丙酮酸羧激酶、1,6-二磷酸果糖酶、葡萄糖-6-磷酸酶
糖有氧氧化	丙酮酸脱氢酶复合体		
三羧酸循环	柠檬酸合酶、异柠檬酸脱氢酶、α-酮戊二酸脱氢酶系	脂肪动员	激素敏感性脂酶
糖原分解	糖原磷酸化酶	脂肪酸合成	乙酰 CoA 羧化酶
糖原合成	糖原合成酶	胆固醇合成	HMG-CoA 还原酶
脂肪酸活化	脂酰 CoA 合成酶	脂酰 CoA-β 氧化	肉碱酰基转移酶Ⅰ

关键酶的特点：①关键酶所催化的反应通常位于代谢途径的上游，或者是代谢分支的第一步反应；②关键酶所催化反应的速度在代谢途径中最慢，其活性决定了整个代谢途径的总速度；③关键酶催化单向反应或非平衡反应，其活性决定了代谢途径的方向；④关键酶是调节酶，除了受底物控制外，还受多种代谢物或效应剂的调节。

（二）酶的生物合成与降解对代谢的调节

细胞内的调节主要是通过酶的调节来实现的，酶对细胞代谢的调节主要有两种方式：一种是通过影响酶分子的合成或降解，以改变酶分子的含量，称为酶含量的调节，酶含量的调节是最关键的代谢调节；另一种是通过激活或抑制来直接改变细胞内已有酶分子的催化活性，这称为酶活性的调节。酶的调节是最原始也是最基本的代谢调节，通过酶含量和酶活性的调节来实现对代谢的控制。

生物体可以通过改变酶速率以控制酶的绝对含量来调节代谢。酶合成的调节方式有两种类型：酶合成的诱导和酶合成的阻遏。酶蛋白的合成量主要在转录水平调节。能促进酶蛋白的基因转录，增加酶蛋白生物合成的物质为诱导物（inducer），引起酶蛋白生物合成量增加的作用称为诱导作用（induction）；相反，抑制酶蛋白的基因转录，减少酶蛋白生物合成的物质称为辅阻遏物（corepressor）。辅阻遏物可促进阻遏物的活化，使基因转录抑制，减少酶蛋白的产生量，这一作用称为阻遏作用（repression）。

从最简单到最复杂的各种有机体都可根据对酶需要的情况开启或关闭合成酶蛋白的基因，同时控制酶降解的速率。由于改变酶的含量特别是合成酶蛋白所需的时间较长，其调节效应通常要经过几个小时甚至几天才能表现出来，因此酶含量的调节属于缓慢而长效的调节，但酶含量的调节可以防止酶的过量合成，因而节省了生物合成的原料和能量。

1. 酶合成的诱导与阻遏

1）酶合成的诱导　　根据细胞内酶的合成对环境反应的不同，可将酶分为两类，一类是组成酶（constitutive enzyme），编码组成酶的基因能够恒定地进行表达，使细胞内保持一定数量的酶，如糖酵解和三羧酸循环的酶系，其酶蛋白合成量十分稳定，一般不受代谢状态的影响。保持机体基本能源供给的酶多是组成酶。另一类是诱导酶（inducible enzyme），诱导酶是在有诱导物（通常是酶的底物）存在的情况下，由诱导物诱导而生成的酶。酶的合成量与环境、营养条件和细胞因子有关。与组氨酸合成相关的酶系，在组氨酸存在时，酶蛋白的合成受到抑制，这种酶称为阻遏酶。诱导酶一般与分解代谢有关，阻遏酶一般与合成代谢有关。

（1）二度生长现象：20世纪40年代，科学家发现大肠杆菌在两种不同碳源的培养基中生长的过程中，存在两个对数生长期，中间间隔一段生长停顿时间。例如，大肠杆菌在以葡萄糖和山梨糖醇作为碳源的合成培养基中，在对数期生长的量与两种碳源的浓度成比例，即第一次生长量和葡萄糖浓度成正比，第二次生长量和山梨糖醇的浓度成正比，这种现象称为二度生长（diauxie）。

大肠杆菌在生长中出现二度生长的原因是大肠杆菌细胞中分解葡萄糖的酶是组成酶，首先利用葡萄糖，当葡萄糖消耗尽再利用山梨糖醇。由于分解山梨糖醇的酶是诱导酶，经山梨糖醇的诱导后才能产生。诱导过程中涉及基因表达，所以有一段生长停顿时间。诱导酶在微生物需要时合成，不需要时就停止合成。这样，既保证了代谢的基本需要，又有利于节约原料和能量，增强了微生物对环境的适应能力。

大肠杆菌或酵母菌在含有葡萄糖和乳糖的培养基中生长时，也会出现二度生长现象，能够分解乳糖的β-半乳糖苷酶是诱导酶。肠膜明串珠菌（*Leuconostoc mesenteroides*）和蜡状芽孢杆菌（*Bacillus cereus*）利用阿拉伯糖的酶也是诱导酶。

（2）酶的诱导方式：酶合成的诱导方式有很多种。加入诱导物后，仅产生一种酶的诱导作用，称为单一诱导作用，这种情况较为少见。大多为加入诱导物后，能够同时或几乎同时诱导几种酶的合成，称为协同诱导方式。当诱导物先诱导合成分解底物的酶，再依次合成分解各个中间代谢产物的酶时，称为顺序诱导。顺序诱导是一种对更加复杂的代谢途径进行分段代谢调节的手段，是生物体适应环境的能力在进化中不断加强的表现。

（3）酶合成诱导的机制：操纵子（opern）是 DNA 分子中在结构上紧密连锁、在信息传递中以一个单位起作用而协调表达的遗传结构，是能够决定一个独立生化功能的相关基因表达的调节单位。它包括Ⅰ：结构基因（structure gene，*S*），可转录 RNA 进而编码蛋白质的基因，原核细胞的一个操纵子常含有多个结构基因，并串联在一起受一个操纵子控制，其转录形成一条多顺反子 mRNA。Ⅱ：启动基因（promoter gene，*P*），即启动子，是基因转录时 RNA 聚合酶首先结合的区域。Ⅲ：操纵基因（operater gene，*O*），是调节基因编码产生的阻遏蛋白结合的区域。如果操纵基因与这种蛋白质结合，结构基因就不能表达。Ⅳ：调节基因（regulatory gene，*R*），是调节控制操纵子结构基因表达的基因，这种调节是通过它的表达产物来实现的。

大肠杆菌乳糖操纵子（lac operon）是酶合成诱导的典型代表。大肠杆菌能够利用乳糖作为它唯一的碳源，要求合成代谢乳糖的有关酶类，使乳糖能进入大肠杆菌细胞，并将乳糖水解为半乳糖和葡萄糖。大肠杆菌乳糖操纵子的结构包括启动子、操纵基因和结构基因。*Pi* 和 *ti* 分别是调节基因的启动子和终止子，结构基因 *lac Z* 编码分解乳糖的β-半乳糖苷酶，*lac Y* 编码吸收乳糖的β-半乳糖苷通透酶，*lac A* 编码分解乳糖的β-半乳糖苷乙酰基转移酶。

大肠杆菌在葡萄糖培养基生长时（图 12-2），乳糖操纵子处于阻遏状态，阻遏物结合在操纵基因 *O* 上，阻止了结合在启动子 *P* 上的 RNA 聚合酶向前移动，使转录不能进行，结构基因不能进行表达。但大肠杆菌在有乳糖的培养基上生长时，乳糖可以与阻遏物结合，使阻遏物的构象发生改变，从而不能结合到操纵基因 *O* 上，于是结构基因能够进行转录，翻译出β-半乳糖苷酶、β-半乳糖苷通透酶和β-半乳糖苷乙酰基转移酶，对乳糖进行分解和吸收。乳糖操纵子属于诱导操纵子（inducible operon）。一般情况下，诱导操纵子的结构基因处于关闭状态，阻遏物可以和操纵基因结合。当有分解代谢的产物存在时，底物作为诱导物与阻遏物结合，阻遏物的构象发生改变后不能与操纵基因结合，结构基因开始表达，并转录相应的酶来分解代谢底物。

2）酶合成的阻遏　　酶合成的阻遏是指细胞内代谢途径的终产物或某些中间产物的过量积累，阻止途径中某些酶的合成。在细胞内代谢的过程中，当代谢途径中某终产物过量时，除了可以用反馈抑制的方式抑制关键酶的活性外，还可以通过阻遏作用进行调节，首先阻遏代谢途径中关键酶的进一步合成，以降低终产物的合成量。酶合成的阻遏是生物合成的经济原则的体现。

色氨酸操纵子（tryptophane operon）是典型的酶合成的阻遏型操纵子（repressible operon）。一般情况下，阻遏型操纵子的结构基因处于开放状态。当合成代谢的终产物积累时，终产物作为辅助阻遏物与阻遏物结合，使其构象发生改变，变构后的阻遏物与操纵基因结合，将结

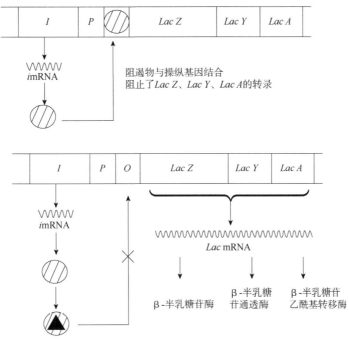

图 12-2　乳糖操纵子诱导状态图

构基因关闭。

色氨酸操纵子是色氨酸（Try）合成的调节功能单位。色氨酸操纵子由操纵基因、启动基因及编码合成色氨酸的 5 个酶 E、D、C、B、A 的结构基因组成（图 12-3）。芳香族氨基酸的合成是一个分支代谢途径，从原料 4-磷酸赤藓糖和磷酸烯醇式丙酮酸开始，到生成分支酸是共同途径，从分支酸开始分成 3 个途径分别合成苯丙氨酸、酪氨酸和色氨酸。从分支酸到色氨酸反应中的酶由 E、D、C、B、A 5 个基因编码生成。trp 操纵子的阻遏物是由 trp 较远的 *trp R* 基因合成的操纵子，但这个阻遏物的游离形式不能结合操纵基因，因此结构基因能够转录和表达，生成色氨酸。如果生成的色氨酸过量时，能够和阻遏物形成复合物，与操纵基因结合，阻止结构基因转录的活性。这种调控方式，会造成在色氨酸充足时，色氨酸-阻遏物复合体结合操纵基因完全阻断转录，在色氨酸水平下降很低时，阻遏作用消除，转录开放，合成色氨酸，这样有利于保持细菌色氨酸水平的恒定。*trp R* 中存在一个辅助调控机制，可用作终止和减弱转录，这种调节结构称为衰减子（attenuator，a）。它位于结构基因 *trp E* 起始密码子前，称为前导序列（leader sequence，*L*）。

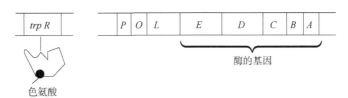

图 12-3　色氨酸操纵子

2. 酶蛋白降解的调控

改变酶蛋白的降解速率也能调节胞内酶（endoenzyme）的含量，从而达到调节酶活性的作用。酶蛋白的降解也是细胞内调控的一种方式。当酶蛋白构象受到破坏后，被细胞内的蛋白酶所识别而降解成氨基酸。酶的降解受很多因素影响，酶的 N 端被置换、磷酸化、突变、被氧化、酶发生变性等因素都可能成为酶降解的标记，容易受到蛋白酶的攻击。细胞内存在两种降解蛋白质的途径：溶酶体蛋白酶降解途径（不依赖 ATP 的降解途径）和非溶酶体蛋白酶降解途径（依赖 ATP 和泛素的降解途径）。溶酶体蛋白酶降解途径在溶酶体内的酸性条件下，多种蛋白酶把吞入溶酶体的蛋白质进行无选择的水解，这一途径主要水解细胞外来的蛋白质和半衰期长的蛋白质。非溶酶体蛋白酶降解途径是在细胞液中对细胞内的异常蛋白质和半衰期短的蛋白质进行泛素标记，然后被蛋白酶水解。目前认为，通过酶蛋白的降解来调节酶含量远不如酶蛋白合成的诱导和阻遏重要。

（三）酶活性对代谢的调节

酶活性的调节是以酶分子的结构为基础的，酶活性的强弱与其分子结构密切相关，一切导致酶分子结构改变的因素都可以影响酶的活性，有的改变使酶活性升高，有的使酶活性降低，因而存在着多种酶活性调节机制。

1. 抑制作用

1）代谢底物浓度的调节作用　　参与代谢的底物浓度的变化影响代谢途径中某些酶的活性，从而对整个代谢速度产生影响，这种调节方式称为前馈。如果底物浓度增高，使酶激活或酶活性提高，从而使代谢速度加快，称为正前馈。正前馈常见于分解代谢途径，如粪链球菌（*Streptococcus faecalis*）的乳酸脱氢酶活性被 1,6-二磷酸果糖所促进，粗糙脉孢菌的异柠檬酸脱氢酶的活性受柠檬酸的促进。若底物浓度增高，酶活性下降，使代谢速度降低，称为负前馈。负前馈的例子不多见，在脂肪合成过程中，高浓度的乙酰 CoA 对乙酰 CoA 羧化酶有抑制作用，这种情况通常是在底物过量的情况下产生的。

2）终产物的调节作用　　代谢途径的底物或终产物常影响催化该途径起始反应的酶活性，此调节方式称为反馈调节，它存在于所有的生物体中，是调节酶活性最精巧的方式之一。反馈调节的调节方式有两种，一种是终产物的积累抑制初始步骤的酶活性，使得反应减慢或停止，此种反馈称为负反馈或反馈抑制。在反馈抑制中，多数情况下终产物（或某些中间产物）影响代谢途径中的第一个酶，这样就不会造成中间产物的积累，以便合理利用原料并节约能量。例如，6-磷酸葡萄糖抑制糖原磷酸化酶以阻断糖酵解及糖的氧化，使 ATP 不致产生过多，同时 6-磷酸葡萄糖又激活糖原合成酶，使多余的磷酸葡萄糖合成糖原，能量得以有效贮存。又如，ATP 可变构抑制 1-磷酸果糖激酶、丙酮酸激酶及柠檬酸合酶，阻断糖酵解、有氧氧化及三羧酸循环，使 ATP 的生成不致过多，避免浪费，还避免了产物过量生成对机体造成危害。

另一种反馈是代谢过程中某些中间产物可使该途径的前行酶活化，加速反应的进行，这种反馈称为正反馈或反馈激活。在细胞内的反馈调节中，广泛地存在反馈抑制，反馈激活的例子较少。例如，糖有氧氧化的三羧酸循环过程中，乙酰 CoA 必须先与草酰乙酸结合才能被氧化，而草酰乙酸又是乙酰 CoA 被氧化的最终产物。若草酰乙酸的量增多，则乙酰 CoA 被氧化的量也增多；草酰乙酸的量较少，则乙酰 CoA 的氧化量也会减少。草酰乙酸对乙酰 CoA 氧化是反馈激活。又如，1,6-二磷酸果糖是磷酸果糖激酶的反应产物，同时又是 1-磷酸果糖激酶的激活剂，1,6-二磷酸果糖浓度的增加有利于糖的分解代谢。

2. 活化作用

大多数酶合成后就具有活性，但有些酶在细胞合成或初分泌时以酶的无活性前体形式存在，没有催化活性，这种没有活性的酶的前体，称为酶原（zymogen）。酶原必须经过适当的切割肽键，才能转变成有催化活性的酶。没有活性的酶原转变成活性酶的过程，称为酶原激活。酶原激活的实质是酶活性部位组建、完善或者暴露的过程。酶原激活过程中引起酶构象的改变，此过程是不可逆的。

消化道中的酶如胃蛋白酶、胰蛋白酶、糜蛋白酶、羧肽酶、弹性蛋白酶及血液中凝血与纤维蛋白溶解系统的酶通常以酶原的形式存在，在一定条件下水解掉 1 个或几个短肽，转变成相应的酶。例如，胰蛋白酶原在胰腺细胞内合成时，没有催化活性，进入小肠后，在 Ca^{2+} 存在下受肠激酶的激活，切下 N 端一个 6 个肽后，分子的构象发生改变，形成酶的活性中心，从而转变成有催化活性的胰蛋白酶。常见的几种酶原激活情况如表 12-3 所示。

表 12-3 常见的几种酶原激活情况

酶原	酶原激活	激活剂
胃蛋白酶原	去除 42 个肽	H^+、胃蛋白
胰蛋白酶原	去除 6 个肽	Ca^{2+}、肠激酶
凝乳酶蛋白酶原	去除 2 个二肽	胰蛋白
羧肽酶原	去除几个小肽碎片	胰蛋白
弹性蛋白酶原	去除几个小肽碎片	胰蛋白

有些酶原激活还存在着级联反应，对于酶在其作用部位有效地发挥作用具有重要意义。例如，胰蛋白酶原被肠激酶激活成胰蛋白酶后，该胰蛋白酶又能将消化道中的胰凝乳酶原、弹性蛋白酶原和羧肽酶原分别激活成胰凝乳蛋白酶、弹性蛋白酶和羧肽酶 A（图 12-4），从而共同消化食物中的蛋白质。

酶原的激活具有重要意义。一方面可以保护细胞本身的蛋白质不受到蛋白酶的水解破坏，如有胰腺分泌的几种蛋白酶原，必须在肠道中经过激活后才能水解蛋白质，这样可保护胰腺细胞不受蛋白酶的破坏，否则，将产生剧痛而又危及生命的急性胰腺炎；另一方面保证了合成的酶在特定部位和环境中发挥生理作用。例如，血液中虽然有凝血酶原，却不会在血管中引起大量凝血，妨碍血液循环，这是因为凝血酶原没有激活成凝血酶。当创伤出血时，

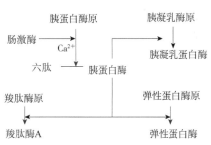

图 12-4 胰蛋白酶原激活的级联反应
（引自王金胜等，2007）

大量凝血酶原被激活成凝血酶，从而促进血液凝固，堵塞伤口，防止大量流血。此外，酶原还可以看作酶的储存形式，如凝血和纤维蛋白溶解系统的酶类以酶原的形式在血液循环中运行，一旦需要会立即转变为有活性的酶，发挥其对机体的保护作用。

3. 变构作用

1）别构调节的概念   别构调节或变构调节（allosteric regulation）是指小分子化合物与酶蛋白分子活性中心外的某一部位（调节部位或调节亚基）特异的非共价键结合，引起酶分子构象变化，从而改变酶活性的调节。别构调节是反馈调节的主要机制。受别构调节（或具有变构调节性质）的酶称为别构酶或变构酶（allosteric enzyme）。别构效应剂是使酶发生别构效应（或能引起别构调节作用）的物质。别构效应剂与调节亚基（或部位）以非

共价键结合，改变酶的构象，从而使酶活性被抑制或激活；酶与别构效应剂分离后能恢复原有的酶学性质。通过别构调节，使酶活性升高的效应剂称为别构激活剂。通过别构调节，使酶活性降低的效应剂称为别构抑制剂。各代谢途径的关键酶多属于别构酶，其别构剂可能是底物、代谢途径的终产物或某些中间产物，也可能是 ATP、ADP 和 AMP 等小分子。它们在细胞内浓度的改变灵敏地反映代谢途径的强度和能量供需情况，并通过别构调节，调节代谢强度、速度、方向及能量的供需平衡。表 12-4 是一些代谢途径中的别构酶及其效应剂。

表 12-4　一些代谢途径中的别构酶及其效应剂

代谢途径	别构酶	别构激活剂	别构抑制剂
糖酵解	己糖激酶	AMP、ADP、FDP、Pi	6-磷酸葡萄糖
	6-磷酸果糖激酶 1	FDP	柠檬酸
	丙酮酸激酶	FDP	ATP、乙酰 CoA
三羧酸循环	柠檬酸合酶	AMP	ATP、长链脂酰 CoA
	异柠檬酸脱氢酶	AMP、ADP	ATP
糖异生	丙酮酸羧化酶	ATP、乙酰CoA	AMP
糖原分解	磷酸化酶 b	AMP、1-磷酸葡萄糖、Pi	ATP 、6-磷酸葡萄糖
糖原合成	糖原合成酶	6-磷酸葡萄糖	
脂肪酸合成	乙酰 CoA 羧化酶	柠檬酸、异柠檬酸	长链脂酰 CoA
胆固醇合成	HMG-CoA 还原酶		胆固醇
氨基酸代谢	谷氨酸脱氢酶	ADP、亮氨酸、甲硫氨酸	GTP、ATP、NADH
嘌呤合成	酰胺转移酶	PRPP	AMP、GMP
嘧啶合成	天冬氨酸转甲酰酶		CTP、UTP
核酸合成	脱氧胸腺激酶	dCTP、dATP	ddTTP
血红素合成	ALA 合成酶		血红素

　　2）别构酶的特点及其作用机制　　别构酶通常是由两个或两个以上相同或不相同亚基所组成并具有一定构象的四级结构的酶。多数别构酶由两种亚基构成，一种亚基含有活性中心，负责催化反应，这种亚基称为催化亚基；另一种亚基能与别构剂结合，结合后引起酶蛋白变构、解聚或聚合，从而改变酶活性，这种亚基称为调节亚基。也有一些别构酶的底物和别构剂与同一个亚基结合，只是结合部位不同，这些部位分别称为催化部位和调节部位。

　　别构酶的催化亚基和调节亚基具有不同的空间结构，可以选择性地利用一些变性条件使调节基因的敏感性明显丧失或降低，但仍保留酶的催化活性，这种现象称为脱敏作用（desensitization），利用脱敏现象能够很好地证明酶的别构现象。

　　别构酶的活性部位和调节部位虽然在空间上彼此分开，但能相互影响产生协同效应（cooperative effect）。一个分子与酶结合后产生有利于第二个分子与酶结合的影响称为正协同效应，反之称为负协同效应。别构酶的酶促反应动力学不符合米氏方程式。酶促反应速率对作用物浓度作图的曲线不呈矩形双曲线，而是呈 S 形曲线。具有 S 形曲线的别构酶为正协同效应别构酶，表明在 S 形曲线陡段区间内，底物浓度发生微小变化时，别构酶可以极大程度地控制反应速度，这就是别构酶可以灵活地调节反应速度的原因。

3）别构调节的生理意义 别构调节是细胞水平代谢调节中一种较常见的快速调节，具有重要的生理意义。

（1）防止代谢终产物积累：代谢途径的终产物作为别构抑制剂反馈抑制该途径的起始反应酶，防止代谢终产物的积累，既避免能量和原材料的浪费，也避免代谢产物对细胞造成损伤。例如，乙酰 CoA 羧化酶是催化脂肪酸合成的关键酶，软脂酰 CoA 是该酶的别构抑制剂。高浓度软脂酰 CoA 与乙酰 CoA 羧化酶结合抑制其活性，从而降低丙二酸单酰 CoA 的合成速度，避免合成更多的软脂酰 CoA。

（2）有效储存能量：正常情况下，当血糖升高，6-磷酸葡萄糖别构抑制剂——磷酸化酶使糖原分解减少，同时又激活糖原合成酶，使过多的葡萄糖转变为糖原，从而使能量得以有效储存。

（3）维持代谢物的动态平衡：ATP 既可别构抑制 6-磷酸果糖激酶 1，又可别构激活丙酮酸羧化酶、1,6-二磷酸果糖激酶 1，从而在抑制糖分解代谢的同时又促进糖异生作用，这对维持血糖浓度恒定极为重要。

（4）协调不同代谢途径：乙酰 CoA 既可抑制丙酮酸脱氢酶复合体，又可激活丙酮酸羧化酶，从而协调糖的分解代谢与合成代谢。又如，血糖升高时，柠檬酸生成增多。柠檬酸既可别构抑制 6-磷酸果糖激酶 1，又可别构激活乙酰 CoA 羧化酶，使大量的乙酰 CoA 用于合成脂肪酸，进而合成脂肪。

4. 共价修饰

1）共价修饰的概念 酶蛋白分子上某些氨基酸残基上的功能基团在不同酶催化下发生可逆的共价修饰，从而引起酶活性变化的一种调节方式称为酶的化学修饰（chemical modification），又称为酶的共价修饰（covalent modification）。酶的共价修饰主要有磷酸化与脱磷酸化，乙酰化与脱乙酰化，甲基化与去甲基化，腺苷化与脱腺苷化，以及—SH 与—S—S—互变等，其中磷酸化与脱磷酸化在代谢调节中最常见（表 12-5）。

表 12-5 酶促共价修饰对酶活性的调节

酶	共价修饰类型	酶活性改变
糖原磷酸化酶	磷酸化/脱磷酸化	激活/抑制
磷酸化酶 b 激酶	磷酸化/脱磷酸化	激活/抑制
糖原合成酶	磷酸化/脱磷酸化	抑制/激活
丙酮酸脱羧酶	磷酸化/脱磷酸化	抑制/激活
磷酸果糖激酶	磷酸化/脱磷酸化	抑制/激活
丙酮酸脱氢酶	磷酸化/脱磷酸化	抑制/激活
HMG-CoA 还原酶	磷酸化/脱磷酸化	抑制/激活
HMG-CoA 还原酶激酶	磷酸化/脱磷酸化	激活/抑制
乙酰 CoA 羧化酶	磷酸化/脱磷酸化	抑制/激活
脂肪细胞甘油三酯脂肪酶	磷酸化/脱磷酸化	激活/抑制
黄嘌呤氧化脱氢酶	—SH/—S—S—	脱氢酶/氧化酶

2）共价修饰的方式 酶的可逆共价修饰是调节酶活性的重要方式。其中最重要、最

普遍的调节是对靶蛋白的磷酸化。催化该反应的酶称为蛋白激酶，由 ATP 供给磷酸基和能量，磷酸基转移到靶蛋白特异的丝氨酸、苏氨酸和酪氨酸残基上。蛋白质的脱磷酸是由蛋白磷酸酯酶催化水解反应将磷脱下来。磷酸化和脱磷酸化分别由不同酶促反应完成，来加强对反应的控制。

磷酸化反应具有放大效应，1 个活化的激酶能够在很短时间内催化数百个靶蛋白的磷酸化，新激活的激酶又能激活下一个激酶，由此引发级联激活，使信号呈现指数递增，迅速达到生理效果。共价修饰的级联激活与酶原级联激活不同。第一，酶原激活只能发生一次，在传递信号后该酶随即被降解，而共价修饰在除去修饰基团后还可反复使用。第二，酶原激活不需要提供能量，共价修饰需要提供能量，从而增加了控制的环节。第三，酶原激活的种类有限，共价修饰的种类多种多样，尤其是磷酸化，可以引起蛋白质构象的种种变化，这就是蛋白激酶被最广泛应用于从原核生物到真核生物细胞信号途径的原因。

肌糖原磷酸化酶有两种形式：有活性的磷酸化酶 a 和无活性的磷酸化酶 b。在磷酸化酶 b 激酶催化作用下，磷酸化酶 b（二聚体）中，每一个亚基的一个丝氨酸残基的羟基，与 ATP 给出的磷酸基共价结合，从而转变成有活性的磷酸化酶 a（四聚体）。在磷酸化酶 a 磷酸酶催化下，磷酸化酶 a 中，每个亚基的磷酸基被酶水解除去，从而转变成无活性的磷酸化酶 b（图 12-5）。磷酸化酶的活性调节，是通过磷酸基与酶分子的共价结合及酶分子中水解除去磷酸基来实现的。这种共价修饰是需要其他酶来催化完成的。

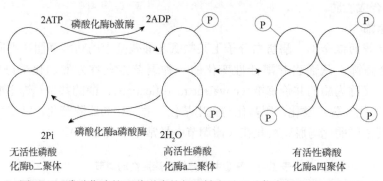

图 12-5　磷酸化酶的两种形式的相互转变过程（仿自赵宝昌，2004）

3）共价修饰的特点

（1）共价修饰：绝大多数酶促化学修饰的酶都具有无活性（或低活性）与有活性（或高活性）两种形式。它们之间的正逆两向互变反应由不同的酶催化完成，均发生共价变化，而催化这种互变反应的酶又受到机体其他调节物质（包括激素等）的调控，酶促化学修饰往往是在激素的作用下进行的。

（2）级联放大效应：与别构酶调节存在不同，共价修饰中关键酶的共价键变化是酶催化的反应，酶促反应具有高度催化效率，迅速发生并且有多级酶促级联，有放大效应。少量的调节因素就可使大量的酶分子发生共价修饰。因此，这类反应的调节效率较别构调节高。

（3）耗能少：磷酸化与脱磷酸是常见的酶促共价修饰方式。酶的 1 分子亚基发生磷酸化需要消耗 1 分子的 ATP，这与合成同效的酶蛋白所消耗的 ATP 相比，显然要少得多，并且作用迅速，又有酶促共价修饰的级联放大效应，因此这种调节方式是体内调节酶活性更为经济有效的方式。

（4）按需调节：酶的共价调节同别构调节一样，都按照生理需要来进行。例如，在肌糖原磷酸化酶的共价修饰过程中，在餐后，因血糖浓度增高，肝细胞不需要通过糖原的分解来调节血糖浓度，则磷酸化酶 a 在磷酸化酶 a 磷酸酶的催化下，即水解脱去磷酸基而转变成无活性的磷酸化酶 b，从而减弱或停止糖原的分解。

　　细胞内的酶促共价修饰与别构调节是体内调节代谢速率和方向的两种不同方式，机体某些重要的关键酶可同时受共价修饰与别构调节的双重调节，相互协作、相辅相成，增强了调节因子的作用，使相应的代谢途径调节更加精细、有效。例如，二聚体糖原磷酸化酶存在磷酸化位点，且每个亚基都有催化部位和调节部位，在受化学修饰的同时也可由 AMP 别构激活，也受到 ATP 的变构抑制。一般认为别构调节是细胞的一种基本调节机制，对维持代谢平衡和能量平衡有极其重要的作用，但当效应剂浓度过低，不足以与全部酶分子的调节部位结合时，就不能动员所有的酶发挥作用，难以发挥应激效应。当在应激状态下，随着肾上腺素的释放，通过 cAMP，启动一系列的级联酶促化学修饰反应，就可以迅速、有效地满足机体的需求。

5. 辅助因子的调节

　　细胞的代谢是一个非常复杂的系统。在错综复杂的代谢系统中，除了需要各种底物和酶以外，还需要多种辅助因子的参加，尤其是双成分酶的辅酶和辅基，如 NAD^+、$NADP^+$、CoA、FAD、FMN、ATP、AMP、ADP 等，它们常常是许多酶共同需要的。如果细胞中缺乏这些辅助因子，某些酶促反应必然会受到抑制，相关的代谢途径速度也必然会受到影响，因此它们在细胞中的浓度、状态的改变，在一定程度上会对代谢速度和方向起着非常重要的调节作用。

　　1）能荷对代谢的调节　　细胞内许多代谢反应受到能量状态的调节。生物氧化产生能量以 ATP 的形式作为机体生命活动的能源。ATP 是细胞通用的能量载体，ADP 和 AMP 是形成 ATP 的磷酸受体。ATP、AMP、ADP 广泛参与细胞的各种能量代谢。ATP、AMP、ADP 是一个动态平衡体系，它们之间通过相互转化来适应细胞对能量的需求。通常产能反应与 ADP 的磷酸化相偶联，需能反应则与 ATP 高能磷酸键的水解相偶联。因此，ATP/ADP 的值成为细胞能量状态的一个指标。

　　ATP/ADP 的值对糖酵解、糖原合成、糖原分解过程三条主要途径的调节具有重要意义。例如，6-磷酸葡萄糖的代谢有两个去向，一条是通过糖酵解和三羧酸循环途径氧化供能；另一条途径是通过 1-磷酸葡萄糖以糖原的形式储存起来。6-磷酸葡萄糖的代谢去向，取决于 ATP/ADP 值的调节作用。ATP/ADP 的值较低时，此时机体大量耗能，ATP 被大量转变成 ADP 或 AMP，而 ADP 和 AMP 是糖有氧氧化途径的别构激活剂，从而大大加快了糖的有氧氧化进程，但是糖原合成过程相对地受到了抑制。当能耗减少时，ATP 浓度会迅速上升，当 ATP/ADP 的值达到一定程度时，较高浓度的 ATP 会对糖的氧化分解代谢途径产生别构抑制作用，从而减慢糖的分解代谢，促进糖原合成。因此，ATP/ADP 值的这种调节方式与其利用代谢和 ATP 生成代谢相协调，并维持了糖的代谢平衡。

　　2）$NADH/NAD^+$ 的值对代谢的调节　　细胞中的 NADH 主要是由糖酵解和三羧酸循环等过程产生的。在氧化磷酸化作用下，NADH 将电子传递到氧，释放的能量推动 ATP 的合成。一般情况下，NAD^+ 和 NADH 的生成速度和利用速度是处于动态平衡的，两者是按一定比例存在的。$NADH/NAD^+$ 的值对于维持相关代谢途径的代谢速度具有重要意义。例如，组织相对缺氧时，呼吸链末端缺乏电子受体，线粒体基质中 NADH 含量相对较多，此时的 NADH 成为糖有氧氧化代谢途径中的关键酶的别构抑制剂，会对二氢硫辛酸脱氢酶、异柠檬酸脱氢酶、酮戊二酸脱氢酶复合体等酶产生抑制作用，减慢糖有氧氧化代谢进程，细胞主要以无氧呼吸方式对糖进行分解，以保证缺氧条件下细胞对 ATP 的需要。当缺氧状态缓解后，NADH 会很快被呼吸链消耗，NADH 会转变成 NAD^+，随着 NAD^+ 水平的升高，NAD^+ 就会立刻解除对以上酶的抑制作用，三羧酸循环恢复正常代谢。可见，$NADH/NAD^+$ 的值对呼吸代谢有显著的影响。

3）NADPH/NADP$^+$ 的值对代谢的调节　　在机体内，NADPH 是还原型生物合成代谢的氢和电子供体，它的氧化型是 $NADP^+$。NADPH 主要用于合成代谢，它是在转氢酶的催化作用下将氢传递给 NAD^+，再进入呼吸链。生成途径主要是磷酸戊糖途径和柠檬酸穿梭系统。在生物合成比较旺盛的组织中，磷酸戊糖途径也进行得比较活跃。即 NADPH 利用较多时，NADPH 的生成也比较快。如果生成速度大于利用速度，累积达到一定水平时，NADPH 就会对生成途径中的关键酶产生抑制作用；相反，当利用速度大于生成速度时，$NADPH/NADP^+$ 的值处于低水平，NADPH 产生的抑制作用就会解除。$NADPH/NADP^+$ 的值对代谢同样具有明显的调节作用。

4）金属离子的调节　　细胞内的代谢过程中需要多种金属离子作为调节剂。在呼吸作用过程中，己糖激酶、磷酸果糖激酶、丙酮酸激酶、α-酮戊二酸脱氢酶复合体等都需要 Mg^{2+} 作为激活剂，如果没有 Mg^{2+} 参与反应，这些酶基本没有活性。此外，微生物的固氮酶需要 Mo^{2+} 和 Fe^{3+} 才有活性。呼吸链和光合作用的电子传递功能是靠 Fe^{3+} 的调节发挥作用的。金属离子不仅是某些酶结构中的重要成分，而且在代谢调节中发挥重要的作用，如 Co^{2+} 是维生素 B_{12} 的组成元素，同时还参与一碳基团的代谢。

（四）相反单向反应对代谢的调节

酶对正、逆反应同样促进，而代谢途径中许多反应过程是可逆的，然而实际上整个代谢又是单向的，那么生物是如何来调节反应方向和正、逆速度来防止空转浪费呢？

（1）分解代谢和合成代谢是彼此分开的，拥有各自的代谢途径。

（2）代谢过程中有些可逆反应的正反两向是由不同的酶催化完成的。催化向合成方向进行的是一种酶，催化向分解方向进行的则是另一种酶。

（3）这种分开机制可使生物合成和降解途径或正逆反应途径分别处于力学有利态，远离平衡点，保证单向进行。例如，在 ATP 存在的情况下，6-磷酸果糖激酶催化 6-磷酸磷酸化形成 1,6-二磷酸果糖，而 1,6-二磷酸果糖水解形成 6-磷酸果糖需要在 1,6-二磷酸果糖酯酶的催化作用下完成。

ATP 对反应 a 有促进作用，对反应 b 有抑制作用，细胞利用这种反应的特性来调节其对代谢物的合成与分解速度。

二、激素水平的代谢调节

细胞的物质代谢反应不仅受到局部环境的影响，还受到来自机体其他组织器官的各种信号的控制，激素属于这类化学信号。激素是一类由特定的细胞合成并分泌的化学物质，它随血液循环至全身，作用于特定的靶组织或靶细胞（target cell），引起细胞物质代谢沿着一定的方向进行而产生特定生物学效应。激素作用的一个重要特点是：不同激素作用于不同的组织或细胞，产生不同的生物学效应，也可产生部分相同的生物学效应，表现出较高的组织特异性和效应特异性。通过激素来控制物质代谢是高等动物体内代谢调节的一种重要方式。

（一）激素的分类

激素是多细胞生物在细胞间传递调节信号的一类化学信使。按照其化学本质，激素可分为蛋白质激素［生长素（growth hormone，GH）、胰岛素（insulin）等］、肽类激素［加压素（pitressin）、催产素（oxytocin）等］、氨基酸衍生物激素［如甲状腺素（thyroxine）、肾上腺素（adrenaline，epinephrine，AD）等］和类固醇激素［肾上腺皮质激素（adrenocortical hormone）、孕激素（progestational hormone）等］。按照激素的受体部位及信号传递的方式不同，又可将激素分为细胞内受体激素和细胞膜受体激素。细胞内受体激素包括类固醇激素、甲状腺素等，细胞膜受体激素包括蛋白质、肽类、儿茶酚胺类激素。

（二）激素作用的特点

1. 具有组织专一性和效应专一性

组织专一性是指激素作用于特定的靶细胞、靶组织和靶器官。效应专一性是指激素有选择地调节某一新陈代谢过程的特定环节。胰高血糖素、肾上腺素都有升高血糖的作用，但是胰高血糖素主要作用于肝细胞，肾上腺素作用于骨骼肌细胞。激素能对特定的组织或细胞发挥作用，是由于该组织或细胞具有能特异识别和结合相应激素的受体。

2. 具有极高的效率

激素与受体具有很高的亲和力，因而激素可以在极低浓度下与受体结合，引起调节效应。激素是通过调节酶量和酶活来发挥作用的，可以放大调节信号。

3. 具有可逆性

激素与受体之间是通过非共价键相结合的，因而激素与受体的结合是可逆的。

4. 具有饱和性

受体与激素的结合具有饱和性，激素效应不仅取决于激素的浓度，还与靶细胞受体的含量及受体对激素的亲和力有关。

5. 具有竞争性

结构与激素类似的化合物可以竞争性地与受体结合，从而抑制或模拟激素的生物学效应。

（三）激素的生物合成对代谢的调节

1. 激素的产生是受多级调控的

下丘脑是内分泌系统的最高中枢，当下丘脑接收到脑皮层协调中枢的指令时，它通过分泌下丘脑神经激素，即各种释放因子或释放抑制因子来支配垂体的激素分泌，垂体又通过释放促激素控制甲状腺、肾上腺皮质、性腺、胰腺等的激素释放。不同层次间是施控与受控的关系，但受控者也可以通过反馈机制反作用于施控者。此外，激素的作用不是孤立的。内分泌系统不仅有上下级之间的控制与反馈关系，在同一层次是出不同激素相互关联地发挥调节作用。当血液中某种激素含量偏高时，有关激素由于反馈抑制效应即对大脑垂体激素和下丘脑释放激素的分泌起抑制作用，降低其合成速度。相反，在浓度偏低时，起到促进作用，加快其合成速度。通过有关控制机构的相互制约，即可使机体的激素浓度水平正常而维持代谢正常运转。

2. 激素对酶活性的影响

氨基酸、肽和蛋白质类激素从内分泌腺分泌后，经血液运输到靶细胞，首先与细胞膜上的专一性受体（通常是特异膜蛋白）非共价结合，这种激素-受体复合物通常通过一种称为 G

蛋白的膜蛋白使同样处于膜上的腺苷酸环化酶（adenyl cyclase）活化，活化的腺苷酸环化酶催化 ATP 转变成 cAMP，cAMP 再影响某些酶的活性、膜的通透性等，以发挥这一激素的生物学效应。激素作为细胞外的一种信号对细胞的物质代谢进行调节，而 cAMP 作为细胞内的一种信号影响物质代谢。所以，将激素等胞外信号称为第一信使，而将 cAMP 等胞内信号称为第二信使，这是 20 世纪 50 年代由 Sutherland 提出的第二信使（second messenger）学说。

激素调控下的糖原降解的级联反应系统（cascade system）是一个激素调控代谢的典型例子。引发糖原降解的激素是肾上腺素和胰高血糖素，肾上腺素主要作用对象是肝和肌肉细胞，而胰高血糖素只作用于肝细胞。

如图 12-6 所示，肾上腺素或胰高血糖素作为第一信使，随血液循环进入肝，首先与肝细胞膜上的肾上腺素受体专一性、高亲和力地结合，使受体构象变化，进而与 G 蛋白结合并促使 G 蛋白释放 α 亚基，α 亚基又专一性地与腺苷酸环化酶结合，使腺苷酸环化酶激活，该酶催化细胞质内的 ATP 转化为 cAMP。cAMP 进一步通过连锁反应调节细胞内的有关糖代谢途径，使糖原分解成葡萄糖，进入血液引起血糖升高。当血糖浓度达到一定水平时，细胞内的磷酸二酯酶会促使 cAMP 降解为 AMP，第二信使作用消失。所以，细胞内的 cAMP 浓度是受到腺苷酸环化酶和磷酸二酯酶两个酶活性共同制约的。

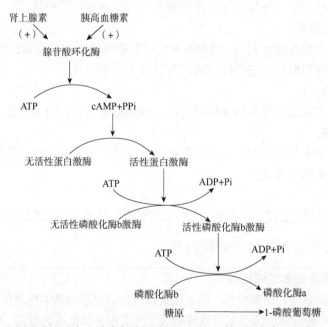

图 12-6　肾上腺素或胰高血糖素对糖原分解的调节（引自李庆章和吴永志，2011）

3. 激素对酶合成的诱导作用

激素调节代谢的作用是通过对酶活性的控制和对酶及其他生化物质合成的诱导作用来完成的。雌二醇、孕激素、糖皮质激素及醛固酮等固醇类激素必须首先进入细胞，作用于细胞核。这类激素的受体是结合着 DNA 的某些蛋白质，一旦激素结合到受体上，受体就转变成一种转录的增强子，于是特定的基因就得到扩增表达。这些激素的原发效应反映在基因表达上，而不表现在酶的激活或转运过程的变化上。由于这种作用是通过基因转录形成 mRNA 而实现的，因此固醇类激素常引起长期生理效应。

第三节　整体水平的代谢调节

正常机体的新陈代谢是在中枢神经系统的调控下有规律地进行的。神经调节与激素调节相比，神经系统的作用短而快，激素的作用缓慢而持久；激素调节多是局部性的，协调组织与组织间、器官与器官间的代谢，神经系统的调节具有整体性，协调全部代谢。大部分激素的合成与分泌是直接或间接地受到神经系统的支配，因此激素调节离不开神经系统的调节。

一、整体水平代谢调节的机制

（一）直接调节——神经兴奋的快速调节

在某些特殊情况（如应激）下，机体的交感神经兴奋，由神经细胞的电兴奋引起的动作电位，可以使血糖浓度升高，引起糖尿；刺激动物下丘脑的延脑的交感中枢，也能引起血糖升高，这是因为外界刺激通过神经系统促进肝细胞中糖原的分解。

（二）间接调节——神经体液的调节

神经体系对代谢的控制主要来源于交感神经和副交感神经影响各内脏系统及各个内分泌腺，来改变机体的新陈代谢。

神经系统可以直接作用于内分泌腺，引起激素分泌。例如，肾上腺髓质受中枢-交感神经的支配而分泌肾上腺素，胰岛的 β 细胞受中枢-迷走神经的刺激分泌胰岛素。神经系统通过脑下垂体调控的内分泌调节是一种间接调节。中枢神经将指令首先传给下丘脑，产生促激素释放激素，再作用于脑下垂体，产生的促激素通过血液运输到各自对应的内分泌腺而产生激素，最后激素作用于靶细胞，进行代谢调节。这种调节方式是一种多元控制多级调节的机制。

二、应激状态下的代谢调节

应激（stress）是人体受到某些异常刺激因素作用（如创伤、剧痛、冻伤、缺氧、中毒、感染及剧烈情绪激动等）所做出一系列反应的紧张状态。应激状态时，交感神经兴奋，肾上腺髓质和皮质激素分泌增加，血浆胰高血糖素和生长激素水平升高、胰岛素水平降低等。引起糖、脂肪和蛋白质等物质代谢发生相应变化。应激时物质代谢变化的主要特征是分解代谢增强。

（一）糖代谢的变化

发生应激反应时，糖代谢变化的主要表现为高血糖。应激引发交感神经兴奋，引起肾上腺素、胰高血糖素分泌增加，可以激活磷酸化酶促进肝糖原分解。同时肾上腺皮质激素及胰高血糖素又可以使糖异生作用增强，不断补充血糖，加之肾上腺皮质激素及生长激素使周围组织对糖的利用降低，在多种激素的共同作用下使血糖升高，保证大脑和红细胞的能量供应。

（二）脂肪代谢的变化

发生应激反应时，脂肪代谢变化的主要表现为脂肪动员增加。由于肾上腺素、去甲肾上腺素、胰高血糖素等脂解体激素增加，而胰岛素的分泌减少，促进脂肪大量动员，血液中脂肪酸含量升高，可以作为心肌、骨骼肌、肾等组织能量的主要来源；而且肝生成酮体的作用增强，肝外组织利用酮体的能量也增强，从而节省葡萄糖的利用，这也是血糖升高的另外一个原因。

（三）蛋白质代谢的变化

应激时，蛋白质代谢的主要表现是蛋白质分解加强。由于肌肉组织蛋白质分解，丙氨酸等氨基酸的释放增加，为肝细胞糖异生提供原料，同时尿素合成增加，出现负氮平衡。应激患者的蛋白质代谢既有破坏和分解的加强，也有合成的减弱，直至恢复期才逐渐恢复氮平衡。

三、饥饿状态下的代谢途径

机体通常在停食 12～16h 后处于空腹状态，24h 后进入饥饿状态，两种情况下肠道内都没有营养物质可供吸收，它们之间的根本区别在于是否动用储存脂。若开始动员脂肪功能，表明进入饥饿状态，此时胰岛素/胰高血糖素的值下降，血糖水平的维持完全依赖于糖异生作用，最重要的底物是氨基酸，肌肉蛋白质分解加强以便产生氨基酸；脂肪降解作用大大加速，血液中脂肪酸浓度升高，以保证为其他组织氧化提供能量，骨骼肌、心肌、肾等优先氧化脂肪酸供能，一方面减少葡萄糖的消耗，另一方面也可以减少蛋白质的分解。脂肪酸氧化产生的酮体是一种比脂肪酸更容易被利用的脂源性能源物质，它具有分子小、水溶性好等特点，可被心肌和骨骼肌优先利用作为替代糖的良好能源，还可以透过血脑屏障进入脑组织。因此，在长期饥饿的情况下，酮体可以代替葡萄糖作为脑的主要供能物质。

食品与生物化学：激素代谢异常与肥胖

目前，人群中肥胖率持续增高，成为困扰人类健康的严重问题。肥胖是一种由食欲和能量调节紊乱引发的疾病。发病主要原因包括进食热量过多、进食糖量过多及体力活动过少，这三者都可引起胰岛素分泌增加，造成高胰岛素血症。高胰岛素血症是肥胖的重要特征，也是促进肥胖形成的重要因素。胰岛素是调节糖、脂肪代谢的重要激素，由肥胖引起的胰岛素抵抗和高胰岛素血症，会导致糖耐量异常、血脂异常及高血压、血管功能失调，发生代谢综合征。所以与正常人相比，肥胖者有明显的糖、脂肪代谢的紊乱。

▌关键术语表

生糖氨基酸（glucogenic amino acid）	生酮氨基酸（ketogenic amino acid）
酶的区域定位（zone location of enzyme）	关键酶（key enzyme）
二度生长（diauxie）	操纵子（operon）
结构基因（structure gene）	启动子（promoter）

操纵基因（operator）   调节基因（regulator gene）
可诱导操纵子（inducible operon）   阻遏型操纵子（repressible operon）
酶原激活（activation of zymogen）   别构调节（allosteric regulation）
协同效应（synergistic effect）   脱敏作用（cascade reaction）
应激（stress）

单元小结

　　各种物质代谢之间有着密切的联系。糖、脂肪、蛋白质和核酸之间，通过相同的代谢产物和代谢途径相互制约和相互协调，形成了经济有效、运转良好的代谢网络通路。糖可以转变为脂肪、胆固醇、非必需氨基酸，并为磷脂和核苷酸合成提供原料；甘油和除亮氨酸、赖氨酸外的其他编码氨基酸都可以转变为糖，也可以转变成脂肪，但脂肪不能转变成糖和氨基酸。脂肪、胆固醇、脱氧核苷酸等的合成需要 NADPH 提供还原当量。

　　为了保证各个代谢途径能够在机体内顺利进行，机体可以在细胞水平、激素水平和整体水平 3 个方面对代谢进行调节。细胞水平的调控是一种最原始、最基础的调控机制。细胞水平调控的基础是细胞内酶的隔离分布和代谢途径中存在着的关键酶，通过改变这些酶的活性或酶含量实现对物质代谢的调节。激素对代谢的调节最终也是通过关键酶的活性来实现的。激素的作用需要通过受体来完成，激素与特异性受体结合后，通过不同的信息转导作用，引起酶构象的改变，从而实现对物质代谢的调节。整体水平的调节是对整体代谢进行的综合调控，是一种高等动物具有的调节机制，神经系统的作用短而快，具有整体性协调代谢的特点，激素调节受控于神经调节，而神经调节发挥作用要依赖于激素调节。

复习思考习题

（扫码见习题）

第十三章 食品加工储藏中的生物化学

糖类、脂肪、蛋白质、维生素等是食品中的主要营养成分，它们的性质影响食品加工，对它们加工的好坏又直接影响产品的色、香、味、形等感官质量及营养质量。同时，有些食品在加工储藏过程中会产生毒素，了解毒素的产生原因及处理方法对食品加工储藏都具有重要意义。

第一节 糖类与食品加工储藏

一、食品加工中糖类功能性质的应用

（一）亲水性

糖分子中含有很多羟基，所以具有很强的亲水能力，因而具有一定的吸湿性或保湿性。吸湿性和保湿性对于保持食品的柔软性、弹性，储藏及加工都有重要意义。单糖和二糖的吸湿性顺序为果糖＞转化糖＞葡萄糖＞麦芽糖＞蔗糖＞乳糖。保湿性顺序与吸湿性顺序相反，在保湿性上，低聚糖保湿性能都较好，用蔗糖制作的糕点，放置一段时间后会变干、变硬，而利用低聚糖为糖源加工的糕点，质地松软，久贮不干，保鲜性能优良，可明显提高产品档次和延长货架期。所以在制作面包、糕点和软糖等食品时，为保持食品的柔软湿润，应选保湿性大的果糖、果葡糖浆或低聚糖；而制作硬糖、酥糖及酥性饼干等酥性食品时则应选吸湿性较小的蔗糖。生产糖霜时需添加不易吸收水分的糖。有时候为防止水分损失，如生产糖果蜜饯和焙烤食品时，则需添加吸湿性较强的糖，如玉米糖浆、高果糖浆、转化糖或糖醇等。在腌渍肉类时，糖可起到保持肌肉嫩度的作用。其中山梨醇是食品工业中良好的保湿剂。

（二）持味护色性

应用喷雾干燥或冷冻干燥工艺制作脱水食品时，糖类在这些脱水过程中可以起到保持色泽和挥发性风味成分的作用。挥发性物质包括大量的羰基和羧酸衍生物，二糖比单糖更能有效地保留在食物中。二糖和低聚糖是风味物质的有效结合剂。

环糊精由于能形成包含物结构，能有效地捕捉风味物质和其他小分子。环糊精内侧疏水性强于外侧，当溶液中同时有亲水性物质和疏水性物质存在时，疏水物质能被环内侧的疏水基团吸附，因而环糊精能对油脂起乳化作用，对挥发性的芳香物质有留香作用，对食品的色、香、味都具有保护作用。

较大的糖分子也是风味物质的有效固定剂，如阿拉伯胶能在风味粒子周围形成一层厚膜，阻止其吸潮、蒸发和化学氧化。阿拉伯胶和明胶可作为微胶囊的壁材包埋风味物质，用于柠檬汽水和可乐汽水等乳状液食品中。

（三）甜味

甜味是人们最喜欢的基本味感，是含生甜基团及含氨基、亚氨基等基团的化合物对味蕾刺激所产生的感觉。人们喜欢的甜味一般比较纯正、强度适中，能很快达到甜味的最高强度，并且还要能迅速消失。相对分子质量较低的糖类的甜味最容易辨别和令人喜爱。蜂蜜和大多数水果的甜味主要取决于蔗糖、D-果糖和D-葡萄糖的含量。所有糖、糖醇和低聚糖均有甜味，某些糖苷、多糖复合物也有甜度，这是赋予食品甜味的主要原因。许多糖醇可作为甜味剂在食品中使用，有些糖醇在甜味、减少热量等方面优于其母体糖。由于糖醇能被人体小肠吸收进入血液代谢，产生一定热量，是一类营养型甜味剂，但其热值均比葡萄糖低，因此糖醇可作为很好的低热量食品甜味剂。

（四）褐变风味

焦糖化反应除了产生焦糖色素外，还形成各种挥发性的风味物质。这些挥发性物质决定着热加工食品的不同风味，如花生和咖啡豆等在焙炒过程中会产生褐变风味。褐变产物中能形成风味或能增强其他风味的物质主要有麦芽酚、异麦芽酚和乙基麦芽酚等，这些物质具有强烈的焦糖气味，并可作甜味增强剂。麦芽酚可以使蔗糖甜度的检出阈值浓度降低至正常值的一半，异麦芽酚增强甜味的效果为麦芽酚的6倍。糖的热分解产物吡喃酮、呋喃、呋喃酮、内酯、羰基化合物、酸和酯等物质的风味和香味特征使某些食品产生特有的香味。

糖和氨基酸发生的美拉德褐变反应也可以形成挥发性香味物质，这些化合物主要是吡啶、吡嗪、咪唑和吡咯。褐变可产生香味物质，但食品中产生的挥发性和刺激性产物的含量应控制在消费者可接受的水平，过度增加食品香味也会使人产生厌恶感。

（五）溶解度

单糖或二糖分子中含有很多羟基，这些羟基通过氢键键合与水分子相互作用，发生溶剂化或者增溶，使糖分子在水中具有很好的溶解性。各种糖都能溶于水，但溶解度不同。果糖的溶解度最高，其次是蔗糖、葡萄糖、乳糖等。糖的溶解度随着温度的升高而增加。

葡萄糖的溶解度较低，在室温下浓度约为50%，浓度过高会有结晶析出。该浓度的葡萄糖不能抑制微生物生长，工业上一般在较高温度下储存较高浓度的葡萄糖溶液，如在55℃时浓度为70%的葡萄糖不会有晶体析出，储藏性较好。

（六）结晶性

乳糖在温度维持在93.5℃时，α-水化乳糖结晶，形成无定形状态，该状态干扰食品形状，奶浓缩到1/3时冷却出现该结晶会造成乳制品的砂口感。

蔗糖易结晶，且晶体很大，如在一定真空度下结晶，可获得单晶冰糖。由于蔗糖结晶形成晶体较大，因此生产硬糖时不能单独使用蔗糖，以前通过加酸或者用部分转化糖替换蔗糖，现在一般通过加入淀粉糖浆来解决，用量一般为30%～40%。淀粉糖浆是葡萄糖、低聚糖和糊精的混合物，不含果糖，吸潮性低，保存性好；含有的糊精，可增加糖果的韧性、强度和黏性，糖果不易碎裂；而且甜度较低，使糖果温和可口。但淀粉糖浆用量也不可过多，否则糊精含量增加，韧性增强，影响糖果的脆性。在-23℃时，蔗糖易结晶成含水晶体，聚合成球形，在制作雪糕、冰淇淋等冷饮时也可通过添加淀粉糖浆替代部分蔗糖来解决。

（七）渗透压

渗透压越高的糖对食品保存效果越好。35%～45%的葡萄糖液对引起食品腐败的链球菌具有较强的抑制作用，效果相当于 50%～60%的蔗糖溶液。蔗糖在水中的溶解度很大，饱和溶液的百分浓度可达 67.5%，以物质的量浓度表示则为 6.08mol/L。该溶液的渗透压也很高，足以使微生物发生脱水，严重地抑制微生物的生长繁殖，这是蔗糖溶液能够防腐的主要原理。

（八）黏度

单糖、低聚糖和糖醇都有一定的黏度，如 70%的山梨醇黏度为 180mPa·s，食品工业常用 75%的麦芽糖醇浆，黏度为 1500mPa·s。影响糖类黏度的因素很多，主要有平均相对分子质量、分子链形状等内在因素和糖的浓度、温度等外在因素。

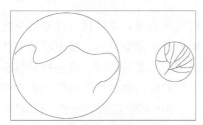

多糖的水溶液具有比较大的黏度甚至形成凝胶。高度支链的多糖分子比具有相同分子质量的直链多糖分子占有的空间体积小得多，因而相互碰撞的概率也要低得多，溶液的黏度也较低（图 13-1）。

在食品生产中，可借调节糖的黏度来提高食品的稠度和可口性，如水果罐头和果汁饮料中加入淀粉糖浆可增加黏稠感。冷饮食品中添加淀粉糖浆，特别是低转化糖浆，能提高黏稠度。

图 13-1　相同相对分子质量的线形多糖和高度支链多糖在溶液中占有的相对体积

（九）冰点降低

糖溶解在食品中可降低食品的冰点，糖溶液使食品冰点降低的程度取决于糖的浓度和相对分子质量，糖浓度越高，相对分子质量越小，冰点降低得越多。葡萄糖冰点降低的程度高于蔗糖，淀粉糖浆冰点降低的程度因转化程度而不同，转化程度高，冰点降低就多。生产冰淇淋等冷冻食品，混合使用淀粉糖浆和蔗糖，冰点降低程度比单用蔗糖小，使用低转化度糖浆的效果更好，冰点温度提高可节约能源。

多糖类物质对水的亲和性，使得多糖在食品中具有限制水分流动的能力；又由于其相对分子质量较大，不会显著降低水的冰点，因此添加多糖可以提高食品的冷冻稳定性。

（十）抗氧化性

糖溶液具有一定的抗氧化性能，水果中的糖可保持水果的风味、颜色和维生素 C，使它们不致因氧化反应变化，这是因为氧气难溶于蔗糖中。葡萄糖、果糖和淀粉糖浆都具有相似的抗氧化性，应用这些糖溶液不仅可防止维生素 C 的氧化，还可抑制有害的好气性微生物的活动，对食品的防腐起到一定的辅助作用。

（十一）代谢性质

胰岛素控制血液葡萄糖浓度，但其对糖代谢无制约作用，山梨醇和木糖醇等糖醇代谢不需要胰岛素的参与，因而可应用于糖尿病患者的食品中。口腔中的变形链球菌可利用蔗糖产生非水溶性葡聚糖并在牙齿上附着形成牙垢，最终导致龋齿。很多糖醇和低聚糖如木糖醇、麦芽酮糖醇、低聚果糖、低聚木糖等不能被变形链球菌利用，不会形成不溶性葡聚糖。当它们与蔗糖合用时，能强烈抑制非水溶性葡聚糖的合成和在牙齿上的附着，即不提供口腔微生物沉积、产酸、腐蚀的场所，从而阻止齿垢的形成，不会引起龋齿，可广泛应用于婴幼儿食品。

（十二）发酵性

葡萄糖、果糖、麦芽糖和蔗糖可被酵母发酵，称为可发酵糖，分子较大的低聚糖和糊精等则不能被酵母发酵。例如，淀粉糖浆的发酵糖含量随转化程度的升高而升高，生产面包类发酵食品以使用高转化糖浆为宜。

二、食品加工储藏对糖类功能与营养价值的影响

（一）沥滤

食品加工期间经沸水烫漂后需进行沥滤操作，因糖在热水中有较高的溶解度，所以在果蔬装罐时低分子的单糖和低聚糖，甚至膳食纤维都会有一定损失，从而造成果蔬罐头营养价值的降低。

（二）焦糖化反应

焦糖化反应是糖类在不含氨基化合物时加热到其熔点以上生成焦糖的过程，焦糖是含有不同的羟基、羰基、烯醇基和酚羟基等结构不甚明了的大聚合物分子。食品中的糖类变成焦糖虽生成焦糖色素并使食品产生特殊的焦糖风味，但却失去了营养价值。

（三）美拉德反应

食品在加热或长期储藏中发生的褐变通常是由还原糖和游离氨基酸或蛋白质中的游离氨基酸之间发生的化学反应，此反应称为美拉德反应（Maillard reaction）。美拉德反应历程见图 13-2。

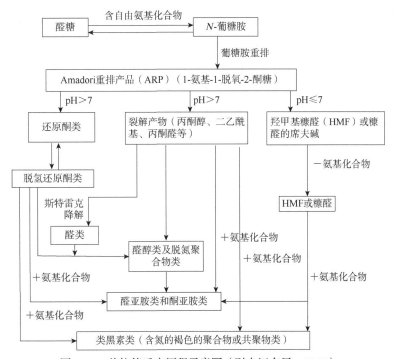

图 13-2　美拉德反应历程示意图（引自汪东风，2007）

糖类和氨基酸经过一系列变化生成褐色聚合物，这些物质在消化道中不能水解，无营养价值。这种破坏对必需氨基酸的损失比糖类更为重要，其中以含有游离 ε-氨基的赖氨酸最为敏感，因而最容易损失。但如果控制适当，美拉德反应可在食品加工中使某些产品如焙烤食品产生良好的色、香、味。

（四）碾磨

在精制米、面等谷类食物的过程中，不溶性纤维（多为纤维素）进入米糠或麦麸中，在精米和精面中含量很低。膳食纤维摄入长期缺乏可导致便秘甚至直肠癌，所以一些食品企业在制作面包等食品时加入部分膳食纤维（米糠或麦麸）以保证人体健康。

（五）热加工

加热可使膳食纤维中多糖的弱键受到破坏，降低纤维分子之间的缔合作用和解聚作用。例如，广泛解聚可形成醇溶部分，导致膳食纤维含量降低；中等的解聚和降低纤维之间的缔合作用对膳食纤维含量影响很小，但可改变其功能特性（如黏度和水合作用）和生理作用。

加热还可使膳食纤维中多糖的交联键发生变化，对产品的营养性和可口性产生重大影响，因为纤维的溶解度高度依赖于交联键存在的数量和类型。

（六）挤压熟化

小麦在温和条件下挤压熟化也使膳食纤维的溶解度增加，剧烈膨化也增加其溶解度，而焙烤和滚筒干燥对其影响很小。

（七）水合作用

大多数谷物纤维在碾磨时可影响其水合性质。加热也可影响其水合性质，如煮沸可增加小麦麸和苹果纤维制品的持水性。

第二节　蛋白质与食品加工储藏

一、食品中的蛋白质

（一）肉类蛋白质

1. 肌浆蛋白

肌浆蛋白（myogen）即肌浆中所含蛋白质的统称。肌浆是指在肌纤维中环绕并渗透到肌原纤维的液体和悬浮于其中的各种有机物、无机物及亚细胞结构的细胞器等。通常把肌肉磨碎压榨便可挤出肌浆，其中的肌浆蛋白主要包括肌溶蛋白、肌红蛋白、肌球蛋白 X（globulin X）、肌粒蛋白（granule protein）和肌浆酶等。

2. 肌原纤维蛋白

肌原纤维蛋白（myofibrillar protein）是构成肌原纤维的蛋白质，支撑着肌纤维的形状，为结构蛋白或不溶性蛋白。利用离子强度 0.5 以上的高浓度盐溶液抽出后，可溶于低离子强度的盐溶液中，这类蛋白质包括肌球蛋白、肌动蛋白、肌动球蛋白、原肌球蛋白和肌钙蛋白等。

3. 细胞骨架蛋白

细胞骨架蛋白是明显区别于肌原纤维蛋白和肌浆蛋白的一类蛋白质，起到支撑和稳定肌肉网格结构、维持肌细胞收缩的作用，一些组成 Z 线并与连接肌动蛋白的蛋白质也被认为是细胞骨架蛋白。肉畜宰后肌肉中细胞骨架蛋白的降解对肉的嫩化起决定性作用。

（二）胶原和明胶

胶原蛋白（collagen）是构成胶原纤维的主要成分，约占胶原纤维固体物的 85%，由原胶原聚合而成。胶原蛋白含有大量的甘氨酸、脯氨酸和羟脯氨酸，后两者为胶原蛋白所独有，因此常通过测定羟脯氨酸含量来确定肌肉结缔组织的含量，并作为衡量肌肉质量的一个指标。

胶原蛋白性质稳定，具有很强的延伸力，不溶于水及稀溶液，在酸或碱溶液中可以膨胀。不易被一般蛋白酶水解，但可被胶原蛋白酶水解。当加热温度大于胶原蛋白的热缩温度时，胶原蛋白就会逐渐变为明胶。明胶易被酶水解，也易消化。在肉品加工中，利用胶原蛋白的这一性质加工肉冻类制品。

食用明胶（edible gelatin）是动物的皮、骨、韧带等所含的胶原蛋白，经部分水解后得到的高分子多肽的高聚物，蛋白质占明胶化学组成的 82%以上。明胶为白色或淡黄色、半透明、微带光泽的薄片或细粒，有特殊的臭味。不溶于冷水，可溶于热水，溶液冷却后即凝结成胶块。明胶的凝固力较弱，浓度在 5%以下不能形成凝胶。为了形成较结实的凝胶，浓度一般掌握在 15%左右，温度 20～25℃。高于 30℃，凝胶熔化。凝胶富于弹性，口感柔软。除了具有增稠作用外，明胶添加到食品中可提高食品的营养价值，它含有除色氨酸外所有的必需氨基酸，是生产特殊营养食品的重要原料。食用明胶无毒，但需注意防止污染。

（三）乳蛋白质

1. 酪蛋白

酪蛋白（caseins，CS）又称为干酪素、酪朊、乳酪素等。酪蛋白是哺乳动物的主要蛋白质，约占牛奶蛋白质的 80%。纯酪蛋白为白色、无味、无臭的粒状固体，相对密度约为 1.26。酪蛋白为非结晶、非吸潮性物质，等电点为 pH4.8，常温下在水中可溶解 0.8%～1.2%，微溶于 25℃的水和有机溶剂，溶于稀碱和浓酸中，能吸收水分，当浸入水中则迅速膨胀，但与水分子不结合。酪蛋白在牛奶中以磷酸二钙、磷酸三钙或两者的复合物形式存在，相对分子质量为 57 000～375 000。利用蛋白质酶促水解技术制得的酪蛋白磷酸肽（CPPs）可以和金属离子，特别是钙离子结合形成可溶性复合物，一方面有效避免了钙在小肠中性或微碱性环境中形成沉淀，另一方面还可在没有维生素 D 参与的条件下使钙被肠壁细胞吸收，所以 CPPs 是最有效的促钙吸收因子之一，是有明确功能的活性多肽物质，它的发现为补钙制品的研发提供了一种新方法。

2. 乳清蛋白

乳清蛋白（whey protein）是一种存在于几乎所有哺乳动物乳汁中的蛋白质，称为蛋白质之王，具有易消化、高生物价、高蛋白质功效比和高利用率等特点，是蛋白质中的精品，是公认的人体优质蛋白质补充剂之一。乳清蛋白在牛奶中的含量仅为 0.7%。乳清蛋白主要成分：①β-乳球蛋白，其具备最佳的氨基酸比例，支链氨基酸含量极高，对促进蛋白质合成和减少蛋白质分解起着重要的作用。②α-乳白蛋白，是必需氨基酸和支链氨基酸的极好来源，也是唯一能与金属元素和钙元素结合的乳清蛋白成分，还可能具有抗癌功能。此外，乳白蛋白在氨基酸比例、功能特性上与人乳都非常相似。③免疫球蛋白，具有免疫活性，能够完整地进入近端小肠，起到保护小肠黏膜的功能。④乳铁蛋白，抗氧化，消灭或抑制细菌；促进正常细胞生长，提高免疫力；维持血红细胞、血色素和氧气运输的健康调节。

3. 脂肪球膜蛋白

乳脂肪以脂肪球的形式分散于乳中，表面被一层 $5 \sim 10nm$ 的膜所覆盖，称为乳脂肪球膜（MFGM）。牛乳中乳脂肪球膜上存在许多膜蛋白，其中嗜乳脂蛋白（butyrophilin，Btn）、黄嘌呤氧化还原酶（XOR）和乳脂肪球表面生长因子 8（MFG-E8）是三种主要的膜蛋白。最近的研究发现，Btn 和 XOR 在乳脂肪的分泌阶段是必不可少的。而 MFG-E8 在乳腺泌乳晚期及衰退期，对清除凋亡的乳腺上皮细胞起着重要作用。

（四）种子蛋白质

1. 谷物蛋白

1）小麦蛋白　　小麦中含有小麦面筋蛋白，约占面筋干重的 85% 以上，主要是麦胶蛋白（醇溶蛋白）和麦谷蛋白（谷蛋白）。麦胶蛋白平均分子质量约为 40 000，单链，水合时胶黏性极大，抗延伸性小或无，这可能是造成面团黏合性的主要原因。麦谷蛋白常多链，相对分子质量为 100 000 至数百万，平均相对分子质量为 3 000 000，有弹性但无黏性，麦谷蛋白使面团具有抗延伸性。

2）大米蛋白　　大米含 7%～8% 的蛋白质，主要是碱溶性的谷蛋白。大米蛋白主要分布在糊粉层中，大米加工精度越高，碾去的糊粉层就越多，蛋白质损失也就越多。大米蛋白含量与小麦和玉米相比虽然偏低，但却具有优良的营养品质：①大米蛋白含赖氨酸、苯丙氨酸等必需氨基酸较多，含赖氨酸高的谷蛋白占大米蛋白的 80% 以上，而品质差的醇溶蛋白含量低。②氨基酸组成比较合理，必需氨基酸组成比小麦、玉米蛋白的必需氨基酸组成更加接近于 WHO 认定的蛋白质氨基酸最佳配比模式。③蛋白质的利用率高，生物价（BV 值）和蛋白质效用比例（PER 值）高。④与大豆蛋白、乳清蛋白相比，具有低过敏性，可作为婴幼儿食品的配料。

3）燕麦蛋白　　燕麦中蛋白质种类组成不同于其他谷物，醇溶蛋白仅占总蛋白的 10%～15%，球蛋白占 55%，谷蛋白占 20%～25%。脱壳燕麦的蛋白质含量通常比其他谷物高得多，且蛋白质含量较高时，氨基酸组成也很平衡，优于其他谷物蛋白，在谷物中是独一无二的。

2. 油料种子蛋白质

1）大豆蛋白　　大豆的蛋白质含量一般在 40% 左右。大豆蛋白具有降低胆固醇、减少心血管病发生的功效，由大豆蛋白调制的多肽具有促进营养吸收和降血脂作用。大豆含有的皂苷、异黄酮等生理活性成分具有抗氧化、防衰老、提高免疫力、促进钙吸收等功能。若按蛋白质消化率校正氨基酸评分（PDCAAS）相比较，大豆蛋白的分值与牛奶、鸡蛋白的蛋白质相当，而高于牛肉、杂豆等其他蛋白质。

大豆蛋白主要是球蛋白，占大豆总蛋白的 80%～90%，也含有少量的清蛋白。大豆球蛋白在水中呈乳状液。在加入酸、熟石膏（$CaSO_4$）或盐卤（主要为 $MgCl_2$）的情况下，大豆球蛋白粒子之间相互结合形成网状结构或凝聚沉淀，各种豆腐、大豆分离蛋白等的加工就是基于此原理。此外，在食品工业中，还利用大豆氨基酸平衡性好，谷氨酰胺含量丰富的特点，调制水解大豆蛋白或氨基酸用于酱油、快餐面、调味料等的生产或对食品进行营养强化。

2）花生蛋白　　　花生含 26%～29% 的蛋白质，其中球蛋白占 90%，其余为清蛋白。花生蛋白可分为花生球蛋白、伴花生球蛋白Ⅰ和伴花生球蛋白Ⅱ，等电点均在 pH4.5 附近。由花生加工得到蛋白粉制品多为白色，且风味极佳，尤其是溶解性高，黏度低，具有一定的热稳定性和发泡性，可用于制造饮料及面包。

3）油菜籽蛋白　　　油菜籽颗粒小，含有 40%～45% 的油脂和 20%～25% 的蛋白质。蛋白质中的大部分为 12S 球蛋白，相对分子质量约为 300 000。植物蛋白中油菜籽蛋白的营养价值最高，没有限制性氨基酸，特别是含有许多在大豆中含量不足的含硫氨基酸。以油菜籽的脱脂物为原料可加工浓缩蛋白，其具有很好的保水性与持油性，因而可应用于红肠等畜肉制品的加工。此外，经分离得到的变性少的蛋白质，其乳化性、发泡性、凝胶形成性均很好。

（五）单细胞蛋白

单细胞蛋白也称为微生物蛋白、菌体蛋白，是指细菌、真菌和微藻在适宜的培养条件下，培养而获得的菌体蛋白。单细胞蛋白饲料不仅蛋白质含量高（40%～80%），还含有脂肪、碳水化合物、核酸、维生素、无机盐及动物机体所必需的各种氨基酸，特别是植物饲料中缺乏的赖氨酸、甲硫氨酸和色氨酸含量较高，生物学价值大大优于植物蛋白饲料。利用非食用资源和废弃资源（如农副产品下脚料和工业废液等），生产单细胞蛋白，已成为补充饲料蛋白质来源不足的重要途径。

（六）叶蛋白

叶蛋白又称为植物浓缩蛋白或绿色蛋白浓缩物（leaf protein concentrates，LPC），是指以新鲜牧草或其他青绿植物的生长组织（茎、叶）为原料，经压榨后，从上清液中提取的浓缩粗蛋白产品。它主要由细胞质蛋白和叶绿体基质蛋白组成，属于"功能性蛋白质"。可分为构造蛋白和基质蛋白两类。

1. 构造蛋白

构造蛋白即固态蛋白，存在于经粉碎、压榨后分离出的绿色沉淀物中，主要包括不溶性的叶绿体与线粒体构造蛋白、核蛋白和细胞壁蛋白，这类蛋白质一般难溶于水。

2. 基质蛋白

基质蛋白即可溶性蛋白，存在于经离心分离出的上清液中，包括细胞质蛋白和线粒体蛋白的可溶性部分，以及叶绿体的基质蛋白。可溶性蛋白质可进一步分为两种蛋白质。其中，一种蛋白质相对分子质量较大，经研究确认是核酮糖-1,5-二磷酸羧化酶，相对分子质量为 52 万～56 万，仅存在于含有叶绿素的组织中。另一种蛋白质相对分子质量较小，是由脱氢酶、过氧化物酶和多酚氧化酶组成的蛋白质复合体。

二、食品加工中蛋白质功能性质的应用

蛋白质的功能性质是指食品体系在加工、储藏、制备和消费过程中蛋白质对食品产生需要特征的物理、化学性质。根据蛋白质所能发挥作用的特点，分为如下四大类：①水合性质，取决于蛋白质同水之间的相互作用，包括水的吸附与保留、湿润性、膨胀性、黏合、分散性和溶解性等。②结构性质，空间结构的形成主要取决于蛋白质大小、蛋白质分子间作用力的

强弱，如沉淀、胶凝作用、组织化和面团的形成等。③蛋白质的表面性质，涉及蛋白质在极性不同的两相之间所产生的作用，主要有蛋白质的起泡、乳化等性质。④感官性质，涉及蛋白质在食品中所产生的浑浊度、色泽、风味组合、咀嚼性、爽滑感等。蛋白质的这些功能特性不是相互独立、完全不同的性质，它们之间也存在着相互联系，如蛋白质的胶凝作用既涉及蛋白质分子之间的相互作用（形成空间三维网状结构），又涉及蛋白质分子同水分子之间的相互作用（水的保留）；而黏度、溶解度均涉及蛋白质与蛋白质之间的作用。

三、食品加工储藏对蛋白质功能与营养价值的影响

食品加工通常是为了杀灭微生物或钝化酶以保护和保存食品、破坏某些营养抑制剂和毒性物质、提高消化率和营养价值、增加方便性，以及维持或改善感官性状等。然而，在追求食品加工的这些作用时，常常带来一些加工损害的不良影响。

（一）加热处理

食品加工过程中以加热处理对蛋白质和氨基酸的影响最大。

1. 杀菌和灭酶

蛋白质变性是指蛋白质结构改变及其导致的功能丧失，因而加热可杀灭微生物和钝化引起食品败坏的酶，相对地保存了食品中的营养素。

2. 提高蛋白质的消化率

消化是消化酶与底物结合并水解的过程。加热使蛋白质变性，维持蛋白质之间的作用力和蛋白质立体结构的作用力被破坏，使蛋白质底物之间连接松散，底物与蛋白酶作用的位点暴露，有利于酶夺取底物，被蛋白酶水解，可提高蛋白质的消化率。

3. 破坏某些嫌忌成分

有些天然食物中存在着毒性物质、酶抑制剂、抗维生素等嫌忌成分，它们易因加热变性、钝化而失去作用。上述物质大多来自植物，并严重影响食品的营养价值。例如，豆科植物中大豆、花生、菜豆、蚕豆和苜蓿等的种子或叶片中存在着蛋白酶抑制剂，能抑制人体内的蛋白酶，因而影响了蛋白质的利用率及其营养价值。

在许多动物组织中也发现了蛋白酶抑制剂。人血浆中产生的 α_1 胰蛋白酶抑制剂能抑制胰凝乳蛋白酶和弹性蛋白酶。蛋清中含有胰蛋白酶抑制剂、卵类黏蛋白和蛋清半胱氨酸蛋白酶抑制剂，它们能加强卵胚对微生物侵袭的抵抗。牛奶中也有大量牛血清蛋白酶抑制剂。

4. 破坏氨基酸

食品过度加热会使蛋白质分解、氨基酸氧化，还会使氨基酸的键发生交换或形成新键，既不利于酶的作用，又会使食品风味变劣。蛋白质的氨基酸组成中以胱氨酸对热最为敏感，在温度稍高于100℃时就开始破坏，因而可作为低加热温度商品的指示物。加热温度达到115~145℃，时间过长，胱氨酸会发生分解，形成硫化氢和其他挥发性含硫化合物。所以，选择适宜的热处理条件是食品加工工艺的关键。

5. 蛋白质与蛋白质的相互作用

有活性的蛋白质之间的相互作用主要是分子识别，如酶与底物的结合，抗体与抗原的识别等，这类蛋白质之间往往有互补的结构区存在，在互补的结构区当中蛋白质与蛋白质之间以次级键相互结合。此外还有蛋白质之间非专一性的作用，如蛋白质加热后疏水区外露，致使疏水区彼此连接而形成沉淀，或由于条件改变，改变了蛋白质的结构，由原来的蛋白质分子内为主，变成

了蛋白质分子间为主，水以氢键的方式结合在蛋白质形成的骨架当中，从而易形成凝胶。

6. 美拉德反应

美拉德反应是蛋白质的氨基与还原糖的醛基反应而形成的一种褐变反应，因此还原糖水平及蛋白质中游离氨基的水平会影响到美拉德褐变的程度，烤面包表面的颜色、酱油的颜色都是美拉德褐变的结果，为了在食品中加强或抑制美拉德褐变，通常控制温度或添加还原剂。

7. 对营养价值的影响

热处理对蛋白质影响的程度取决于加热时间、温度、湿度及有无还原性物质等因素。绝大多数蛋白质加热后营养价值得到提高，因为在适宜的加热条件下，原有圆球状的肽链因受热而造成副键断裂，使原来折叠部分的肽链松散，容易受到消化酶的作用，从而提高消化率。对植物蛋白而言，在适宜的加热条件下，可破坏胰蛋白酶和其他抗营养的抑制素。但是过度加热，会导致氨基酸氧化，氨基酸键之间交换，形成新的酰胺键，从而难以被消化酶水解，造成消化迟滞，食品的风味也随之降低。

（二）低温保藏

对食品进行冷藏和冷冻加工能抑制微生物和酶的作用，防止蛋白质腐败，有利于食品的保存。蛋白质在冷冻条件下的变性程度与冻结速度有关。一般来说，冻结速度越快，冰晶越小，挤压作用也越小，变性程度就越小。所以食品工业往往采用快速冷冻法，以避免蛋白质变性，保持食品原有的风味。

（三）脱水与干燥

食物经过脱水干燥，有利于储藏和运输。但是过度脱水会使蛋白质失去结合水而变性，使食品的复水性降低，品质变劣。冷冻真空干燥不仅使蛋白质分子变性少，而且还能保持食品的色、香、味。

（四）碱处理

蛋白质经过碱处理会发生许多变化，在碱度不高的情况下能改善溶解度和口味，有的还能破坏毒性，如菜籽饼粕和棉籽饼粕用碱处理可以去除芥子苷和棉酚。如果 pH 过高则会产生更多的不利影响。

1. 异构化

蛋白质用碱处理可使许多氨基酸发生异构化从而降低其营养价值，还会导致氨基酸构型的改变（由 L-型变成 D-型），而 D-型氨基酸不利于人体内酶的作用，人体也难以吸收，这些都将导致食品营养价值降低。

2. 交联键的形成

碱处理还会使蛋白质分子间或分子内形成交联键，生成某些新氨基酸，如赖丙氨酸等。赖丙氨酸能妨碍蛋白质的消化作用，降低赖氨酸的利用率。

（五）氧化

在高温下，氧化剂和过氧化脂质能和蛋白质的氨基酸残基反应，由此降低蛋白质营养价值，甚至失去食用价值。氨基酸中以色氨酸、甲硫氨酸、组氨酸和赖氨酸等比较容易受到破坏。在日光的长期照射下，与色素同存的蛋白质也会发生变化，这称为蛋白质的光氧化反应。

易被光氧化反应改变的氨基酸侧链有巯基等，而天冬氨酸和缬氨酸对光氧化很稳定。

（六）机械加工

有些机械处理如揉捏、搅打等，由于剪切力的作用蛋白质分子伸展，破坏了其中的 α 螺旋，导致蛋白质变性。剪切的速度越大，蛋白质的变性程度越大，如在 pH3.5～4.5 和 80～120℃的条件下，用 8000～10 000s^{-1} 的剪切速度处理乳清蛋白（浓度 10%～20%），就可以形成蛋白质脂肪代用品。沙拉酱、冰淇淋等的生产中也涉及蛋白质的机械变性过程。

（七）食品添加剂

食品添加剂主要有食品的稳定剂、防腐剂和风味剂，蛋白质的稳定剂使蛋白质结构趋于稳定，主要有两种方式，一是直接与蛋白质作用，在蛋白质的多个点同时形成次级键而稳定住蛋白质；二是改变蛋白质所处的环境，尤其是水环境，减少水分子的自由运动，从而降低对蛋白质的牵引作用。风味主要取决于蛋白质水解后的侧链基团，如果是芳香族氨基酸或脂肪族侧链则可能产生苦味肽，如果是酸性氨基酸则容易产生鲜味。

总之，从营养的角度考虑，食品加工对蛋白质和氨基酸的影响既有有益作用，又有不利的一面。这些不良反应中有少数还可形成有害物质，更多的则会引起营养价值下降。充分了解这方面的知识将有助于我们将食品加工时的损害程度减至最小。

第三节　油脂的加工与储藏

食用油脂所具有的物理和化学性质，对食品的品质有十分重要的影响。在食品行业制作各种面包、点心、巧克力、饼干、糕点或速食面、快餐食品、鱼肉香肠等都要用到油脂。油脂在加工过程中，往往要在高温情况下，与水分、氧气等接触，这时油脂会发生一系列的反应，导致其性质发生变化，如用作热媒介质（煎炸食品、干燥食品等）不仅可以脱水，还可产生特有的香气；如用作赋型剂可用于蛋糕、巧克力或其他食品的造型。但含油食品在储存过程中极易氧化，为食品的储藏带来诸多不利因素。

一、食用油脂的生产与加工

（一）油脂的提取

1. 压榨法

压榨法（pressing）是借助机械外力的作用，将油脂从油料中挤压出来的取油方法，目前是国内植物油脂提取的主要方法。

2. 浸出法

浸出法是一种较先进的制油方法，它是应用固液萃取的原理，选用某种能够溶解油脂的有机溶剂，经过对油料的接触（浸泡或喷淋），使油料中油脂被萃取出来的一种方法。浸出法出油率高，浸出过程的温度相对较低，蛋白质变性程度小，粕中残油率低，劳动强度低，生产效率高，容易实现大规模生产和生产自动化等。

3. 水代法

水代法即以水为溶剂，利用油和蛋白质的溶解性质，将处理后的原料中的油脂和蛋白质浸提出来，并在适宜条件下离心分离成乳油相、固相、液相，再经过加工处理，分别从乳油相和液相中得到油和蛋白质。

4. 超临界 CO_2 萃取法

超临界 CO_2 萃取法是利用超临界流体具有的优良溶解性压力变化而变化的原理，通过调整流体密度来提取不同物质。超临界 CO_2 萃取植物油脂具有许多优点，如工艺简化，节约能源；萃取温度较低，生物活性的物质受到保护；CO_2 作为萃取溶剂资源丰富，价格低，无毒，不燃不爆，不污染环境。超临界 CO_2 萃取植物油脂存在耐高压设备昂贵、生产成本高、不易操作、批处理量小等不足之处，在一定程度上限制了其工业化的生产。

5. 水酶法

水酶法提油是一种新兴的油脂与蛋白质分离的方法，它将酶制剂应用于油脂分离，通过对油料细胞壁的机械破碎作用和酶的降解作用提高油脂的提取率。它是在油料破碎后加水、再加酶，进行酶解，使油脂易于从油料固体中释出，再利用非油成分（蛋白质和碳水化合物）对油和水亲和力的差异及油水密度的不同将油与非油成分分离。

（二）油脂的精炼

毛油中含有数量不同的、可产生不良风味和色泽或不利于保藏的物质，这些物质包括游离脂肪酸、磷脂、糖类化合物、蛋白质及其降解产物。毛油中的水、色素（主要是胡萝卜素和叶绿素）及脂肪氧化产物，经过逐步精炼以后可以除去，以达到食用标准。

1. 除杂

通常用静置法、过滤法、离心分离法等机械处理，除去悬浮于油中的杂质（指机械杂质，如饼渣、泥沙和草屑等）。

2. 脱胶

脱胶（degumming）是在一定温度下用水去除毛油中磷脂和蛋白质的过程。通常是在毛油中加入 2%～3% 的 80℃ 热水或通入水蒸气，在 50℃ 搅拌后通过沉降或离心分离水化的磷脂。脱胶可以防止油脂在高温时的起泡、发烟、变色发黑等现象。例如，豆油等含有大量磷脂等杂质时，加热易起泡、产生焦褐色等，加工中需脱除磷脂和蛋白质胶体状杂质。

3. 脱蜡

脱蜡（dewaxing）的目的是除去油脂中的蜡。方法是将经过脱胶的植物油脂冷却至 10～20℃，放慢冷却速度，并在略低于蜡的结晶温度下维持 10～20h，然后过滤或离心分离蜡质。

4. 脱酸

毛油中游离脂肪酸多在 0.5% 以上，米糠油中游离脂肪酸的含量尤其高，可达 10%，可采用加碱中和的方法分离除去游离脂肪酸，这也称为碱炼，即用碱溶液与毛油中的游离脂肪酸发生中和反应，并同时除去部分其他杂质的一种精炼方法。所用的碱有多种，如石灰、有机碱、纯碱和烧碱等，国内应用最广泛的是烧碱。

5. 脱色

某些油脂中的类胡萝卜素、叶绿素等色素使油脂呈现黄赤色，虽可通过吸附除去一部分色素，但用作食用时，仍须再进一步脱色。可采用加热吸附过滤法（用活性炭等作吸附剂），将油加热到 85℃ 左右，并用吸附剂进行吸附。常用的吸附剂有酸性白土、活性白土和活性炭等。

6. 脱臭

纯粹的甘油三酯无色、无气味，但天然油脂都具有自己特殊的气味（也称为臭味）。气味是氧化产物，进一步氧化生成过氧化合物，分解成醛，因而使油呈味。此外，在制油过程中也会产生臭味，如溶剂味、肥皂味和泥土味等。除去油脂特有气味（呈味物质）的工艺过程称为油脂的脱臭（deodorization）。在减压下，将油加热至 220～250℃，通入水蒸气进行蒸馏，即可将气味物质除去。

（三）油脂的改性

天然油脂中存在多种混合甘油三酯成分，这些甘油三酯中的脂肪酸碳链长度，不饱和程度，双键的构型、位置，脂肪酸分布不同，造成甘油三酯组分在物理及化学性质方面也存在差异。同时，天然油脂的组成和结构在满足人们的营养需求上或多或少地存在着某些方面的不足，使其应用受到一定的限制。为了进一步拓展天然油脂的用途，需要对油脂进行改性处理。

1. 油脂分提技术

油脂的分提又叫作分级，是利用油脂中不同甘油三酯在熔点、溶解度及结晶体的硬度、粒度等方面的不同，进行甘油三酯混合物的分离与提纯的加工过程。其主要过程分为在特定条件下的冷却结晶和从固体部分分出残留液体两个步骤。常用的分提方法可分为干法分提、表面活性剂分提和溶剂分提等。

1）干法分提　　干法分提（dry fractionation）是指在无有机溶剂存在的情况下，将处于溶解状态的油脂慢慢冷却到一定程度，过滤分离结晶，析出固体脂的方法。干法分提在生产过程中不产生废水；操作灵活，可广泛应用于多种产品分提，如氢化鱼油、大豆油、牛脂、棕榈油、棕榈仁油、棉籽油、猪油、脂肪酸等；分提过程没有溶剂加入，产品质量好，成本低。

2）表面活性剂分提　　表面活性剂分提又称为乳化分提或湿法分提，冷却预先熔化的油脂使之结晶，添加表面活性剂（十二烷基磺酸钠、高级醇硫酸酯、蔗糖酯、山梨糖醇酐脂肪酸酯或皂等）和电解质（硫酸镁、芒硝或食盐等）组成的水溶液来改善油与固体脂的界面张力，利用固体脂与表面活性剂间的亲和力，使固体脂在表面活性剂中呈悬浮液，然后借助密度差进行分离。表面活性剂分离得率比干法分提高，因不使用溶剂，相对安全，设备费用低，操作方便。但由于产生废水排放，对环境保护不利。

3）溶剂分提　　溶剂分提是将油脂按比例溶于某种有机溶剂（正己烷、丙酮、异丙醇等）中，在低温下结晶，溶解度低的甘油三酯首先析出，分离该部分结晶后再降温，溶解度稍低的甘油三酯又再结晶析出，如此反复可得到不同熔点的甘油三酯。溶剂分提法易形成容易过滤的稳定结晶，提高分提效果，尤其适用于组成脂肪酸的碳链长、黏度大的油脂分提。溶剂分提得到的产品纯净，分提速度快，但是作为溶剂的正己烷、异丙醇等具有易燃性，对安全要求高，且该方法溶剂消耗高，造成成本增加。

除以上 3 种分提方法外，还有基于油脂中不同的甘油三酯组分对某一溶剂具有选择性溶解的特性，利用两种不混溶的溶剂分离不同组分的液-液萃取法，如超临界萃取、吸附法等。

2. 氢化

油脂氢化（hydrogenation）是指油脂在催化剂（Pt、Ni、Cu）作用下于一定的温度、压力、机械搅拌条件下，不饱和双键与氢发生加成反应，使碳原子达到饱和或比较饱和，从而把在室温下呈液态的植物油变成固态的脂的过程。经过氢化的油脂叫作氢化油或硬化油。

油脂氢化的目的主要是：①提高熔点，增加固体脂肪含量；②提高油脂的抗氧化能力、热稳定性，改善油脂色泽、气味和滋味并防止回味；③改变油脂的塑性，得到适宜的物理化学性能，拓展用途。

3. 酯交换

油脂酯交换（transesterification）反应是一种酯与脂肪酸、醇或其他酯类作用，引起酰基交换或分子重排生成新酯的反应。根据酰基供体的不同可分为酸解、醇解及转酯 3 种类型。酯交换改性油同氢化油相比具有风味好、异构体少、原料脂肪酸尤其是人体必需脂肪酸组成不变和不产生反式脂肪酸等优点，可生产出较高营养价值的塑性脂肪。目前，酯交换反应分为化学法和酶法两大类。

1）化学法　化学法通常采用金属醇化物作为催化剂，使甘油三酯分子内部（分子内酯交换）及分子之间（分子间酯交换）的脂肪酸部分相互移动，直至达到热动力平衡的一种技术。

化学酯交换又分为随机型和导向型。化学酯交换不具有催化选择性，使甘油三酯分子随机重排，最终按概率规则达到一个平衡状态。这典型应用于猪油随机酯交换，用于改变猪油物化性质，扩大猪油用途。化学酯交换还可通过控制条件使反应一直向某个方向进行，达到定向酯化的目的。

2）酶法　酶法酯交换是利用酶作为催化剂的酯交换反应。酶法酯交换特点：①专一性强（包括脂肪酸专一性、底物专一性和位置专一性）；②反应条件温和；③环境污染小；④催化活性高，反应速度快；⑤产物与催化剂易分离，且催化剂可重复利用；⑥安全性好等。酶法酯交换广泛用于油脂改性制备结构脂质，例如，利用甘油三酯 Sn-2 富含油酸的油脂（如茶油、橄榄油、棕榈油中间分提物等）在 1,3-专一性脂肪酶催化作用下，与一定量脂肪酸或其甲酯在一定条件下发生酯交换反应制备类可可脂；利用甘油三酯 Sn-2 位棕榈酸含量为 50%～60%油脂在 1,3-专一性酶作用下与一定量脂肪酸反应制备人乳脂代用品；此外还有对人体健康有特殊作用的改性磷脂、脂肪酸烷基酯、低热量油脂的生产等。

二、食用油脂在加工和储藏过程中的变化

（一）油脂酸败

变质的油会发出难闻的哈喇味，油脂的变质过程也叫作油脂酸败（rancidity）。

油脂酸败可分为两个方面，一方面是生物性的，即动植物组织残渣和微生物的酶类所引起的水解过程（酶解过程）；另一方面则属于纯化学过程，即在空气、日光和水的作用下，发生的水解及不饱和脂肪酸的自身氧化，脂肪酸在自动氧化时形成氢过氧化物，它们很不稳定，在储藏过程中会进一步分解，其分解产物有令人讨厌的气味，这是典型的哈喇味、回生味。

1. 水解型酸败

含低级脂肪酸较多的油脂，其残渣中存在有酯酶或污染微生物所产生的酯酶，在酶的作用下，油脂水解生成游离的低级脂肪酸（含 C_{10} 以下）、甘油、甘油单酯或甘油二酯。其中的短链脂肪酸（如丁酸、己酸、辛酸等）具有特殊的哈喇味和苦涩滋味，从而使油脂产生酸败臭，此现象称为油脂水解型酸败（hydrolytic rancidity）。

2. 酮型酸败

水解产生的游离脂肪酸，在脱氢酶的作用下，其 β-碳原子发生脱氧反应，接着又与水作用生成酮酸，酮酸在脱羧酶的作用下，又形成甲基酮，这些酮酸和甲基酮也具有不愉快的哈喇味，此现象称为酮型酸败（ketonic rancidity）。

3. 氧化型酸败

油脂中不饱和脂肪酸暴露在空气中，容易发生自动氧化，分解生成低级脂肪酸、醛和酮，产生恶劣的臭味和口味变苦的现象，称为油脂的氧化型酸败（oxidative rancidity），这是日常生活中最常见的油脂酸败现象。

一般来说，动物油脂含有大量的饱和脂肪酸，化学性质比较稳定，而植物油则含有大量的不饱和脂肪酸，化学性质活泼，易发生氧化，但植物油中含有一定量的抗氧化物质——卵磷脂和维生素 E，它们对于油脂的保存具有一定的意义，所以植物油的酸败过程较动物油脂慢。

1）影响油脂自动氧化速度的因素

（1）油脂中不饱和脂肪酸的不饱和程度越高越易被氧化。油脂中的饱和脂肪酸和不饱和脂肪酸都能发生氧化，但饱和脂肪酸的氧化需要特殊的条件，所以油脂的不饱和程度越高，则越容易发生自动氧化变质；共轭双键越多，自动氧化越容易。花生四烯酸、亚麻酸、亚油酸与油酸氧化的相对速度约为 40∶20∶10∶1。

（2）温度不仅影响自动氧化速度，而且也影响反应的机理。油脂自动氧化速度随温度增高而加快，用起酥油做实验，当温度在 21～63℃时，每增高 16℃，氧化率增加 2 倍，温度升高与油脂过氧化值的增加是一致的。

（3）可见光及高能射线（β 射线、γ 射线）促进氧化加速。从紫外线到红外线之间所有的光辐射不仅能够促进氢过氧化物分解，还能使未氧化的脂肪酸引发为游离基，其中以紫外光辐射能最强。所以，油脂及其制品在保存时，应注意避光。

（4）氧化速度与氧分压有关。氧在油脂的自动氧化变质中是很关键的反应物。氧与表面油脂自动氧化的速度随大气中氧的分压增加而增大，但当氧的分压保持一定值后，自动氧化的速度保持不变。

（5）水活度影响脂肪氧化。A_W 值过高或过低时酸败都发展很快；当 A_W 值在 0.3～0.4 时，氧化酸败速度最小。

（6）铜、铁等金属离子可以催化脂肪氧化酸败，提高反应速度。这些金属离子能缩短自动氧化过程中的诱导期，是助氧化剂，能加速氧化过程。因此油脂在加工、储藏时都要注意避免金属离子的引入。

（7）抗氧化剂能延缓油脂的氧化酸败。抗氧化剂是能防止或延缓食品的氧化变质，提高食品的稳定性，延长食品储藏期的物质。常用的抗氧化剂具有易氧化的特征，加入食品后通过自身的氧化消耗食品内部和环境中的氧，因此延缓食品的氧化变质。维生素 E 是油脂中常见的天然抗氧化剂。

2）脂类氧化的测定方法　　脂类氧化是一个极其复杂的过程，涉及无数的反应。没有一个简单的试验能同时测定所有的氧化产物和适用于氧化过程的各个阶段，以及应用于各种脂肪、各种食品或各种加工条件。只有将各种试验结合起来，才能得到比较可靠的结果。目前测定脂类氧化最广泛的方法有如下几种。

（1）过氧化值（POV）：即每千克脂肪中含有氧的物质的量（mol）。仅限于测定不稳定的天然过氧化物，它是羟基化合物形成过程中的中间产物。其测定方法为碘量法：

$$ROOH + 2CH_3COOH（冰）+ 2KI \longrightarrow ROH + 2CH_3COOK + H_2O + I_2$$
$$I_2 + 2Na_2S_2O_3 \longrightarrow 2NaI + Na_2S_4O_6$$

过氧化值适用于测定在氧化初始阶段形成的过氧化物。该法对温度极为敏感，其测定结果随试验步骤不同而异。在油脂氧化过程中，POV 达到一峰值后下降。

（2）羰基值：中和 1g 油脂试样与盐酸羟胺反应生成脂时所释放出的 HCl 消耗 KOH 的毫克数。

$$R_1-\underset{\underset{O}{\|}}{C}-R_2+H_3^+NOHCl^- \longrightarrow \underset{R_2}{\overset{R_1}{\diagup}}C=N-OH+HCl+H_2O$$

所测定的羰基来自油脂氧化产物醛和酮。但极大部分羰基化合物具有高的相对分子质量，对风味无直接影响，且不稳定物质如氢过氧化物在测定过程中会分解产生羰基化合物，因而可干扰定量结果。

（3）碘化价：脂肪中不饱和键吸附碘的百分数，常用 100g 脂肪或脂肪酸吸收碘的克数表示。可用碘值的下降来监测自动氧化过程中二烯酸的减少。

（4）硫代巴比妥酸（TBA）试验：油脂氧化产物烷醛、烯醛与 TBA 结合形成一种黄色素（λ_{max} 为 450nm），其中二烯醛产生一种红色素（λ_{max} 为 530nm）。颜色的深浅与丙二醛含量成比例。TBA 试验可广泛用于测定脂类食品，特别是肉制品氧化酸败。一些不存在于氧化体系中的化合物如糖等能与 TBA 作用产生特征红色而干扰 TBA 试验，必须校准。TBA 试验可应用于比较单一物质的样品在不同氧化阶段的氧化程度。

（5）色谱法，如液相色谱、气相色谱、排斥色谱等各种色谱技术可用于测定油脂或含油食品的氧化。

（6）感官评定：感官试验是最终评定食品中所产生的氧化风味的有效方法。任何一种化学、物理方法的价值很大程度上取决于它与感观评定相符合的程度。

（二）脂肪在高温下的化学作用

油脂或含油脂食品在加工中常常遇到高温处理，如油炸烹调、烘烤食品等。油脂经长时间的加热，特别是高温加热，会发生许多不良的化学变化，表现为黏度增高、碘值下降、酸价增高，还有折光率的改变，产生刺激性气味，营养价值下降等。

1. 油脂的聚合

当温度≥300℃时，黏度增大，渐渐变稠甚至到凝固态。这实质上是发生了非氧化热聚合、热氧化聚合反应。

（1）非氧化热聚合（无氧条件，200～300℃）：油脂在真空、二氧化碳或氮气条件下（无氧），加热至 200～300℃时发生的聚合反应称为热聚合。此时油脂黏度增大，逐渐由稠变脦以至凝固，同时油脂起泡性也增加。热聚合的机理为狄尔斯-阿尔德（Diels-Alder）加成反应：多烯化合物之间加成，生成四取代环己烯化合物。油脂分子内部、油脂分子之间均可发生（图 13-3）。

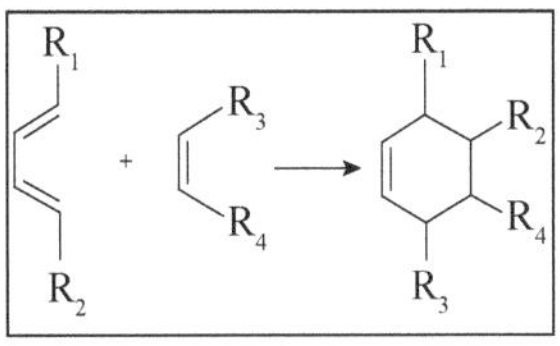

图 13-3 双键和共轭二烯间的
1,4-Diels-Alder 反应

（2）热氧化聚合：空气中（即有氧存在）加热油脂（200～230℃），发生热氧化聚合，热氧化聚合的反应速度为干性油＞半干性油＞不干性油。

甘油酯分子在双键的 α-碳上均裂产生游离基（脱氢），游离基之间结合而生成二聚体，有些聚合物可能是有毒成分（可能与体内某些酶结合而使酶失活）。

2. 油脂的缩合

油脂的缩合是指在高温下油脂先发生部分水解后又缩合脱水而形成的分子质量较大的

化合物的过程。

高温，特别是油炸温度下，食品中水分进入油中，随温度上升而类似于产生水蒸气将食品油中的挥发性成分赶走，而油脂本身发生水解再缩合生成大的醚型化合物（环氧化合物）。

3. 油脂的热挥发和热分解

油脂在加热过程中，部分低沸点和挥发性物质会挥发掉。例如，菜籽油中的有害成分和豆油中的豆腥味等，都可以通过热挥发除去，使食品油脂的质量提高。挥发掉的成分中有的对食品是有利的，如芝麻油中的香味物质，温度稍高就挥发掉了，加工中应避免有利成分的挥发损失。

油脂在一般情况下，不能直接由液态变为气态，这是因为油脂在加热时，还没有达到其沸点之前就会发生分解作用。油脂加热温度在高于300℃时，除发生聚合、缩合外，还可分解为酮、醛、酸等。金属离子如 Fe^{2+} 的存在可以催化分解过程。

油脂热分解程度与加热程度有关。在150℃以下加热，热分解程度轻，分解产物也少，如加热到250～300℃时，分解作用加剧，分解产物的种类增多。油脂达到一定程度就开始分解挥发，这个温度称为分解温度（即发烟点）。各种油脂的分解温度是不同的，牛脂、猪脂和多种植物油的分解温度均在180～250℃，人造黄油的分解温度为140～180℃。加工一般食品时，使用的油温以控制在150℃左右为佳，最好不要超过分解温度，这样既可以保证质量，还能防止高温时产生有毒物质。

饱和脂肪与非饱和脂肪均可发生热分解，可分为氧化热分解和非氧化热分解。

4. 油脂的辐照裂解

辐照（radiation）作为一种食品加工储藏中的处理手段，可达到灭菌、延长货架期等目的，但同时也会引起一些化学变化。

（1）辐解（radiolysis），含油食品在辐照时，其中的油脂会在临近羰基的位置发生分解，形成辐照味。例如，饱和脂肪酸酯受到辐照时，会在羰基附近（α、β、γ位）发生断裂，生成烃、醛、酮、酸、酯等；油脂分子吸收辐射能，分子受到激发产生游离基，进一步发生游离基反应。

（2）辐照导致的油脂降解反应与热分解产物有相似之处，后者生成分解产物更多。

（三）油脂水解

脂肪作为酯类，可以发生"酯"的化学反应。脂解（lipolysis）是指在一定条件下，油脂酯键水解生成游离脂肪酸、甘油、甘油二酯、甘油单酯等的反应，如酯与酸或碱共热的水解、酶催化的水解。

$$C_3H_5(OOCR)_3 + 3H_2O \longrightarrow 3RCOOH + C_3H_5(OH)_3$$

加工储藏中的油脂水解反应：①含油脂的罐头食品的加热杀菌时的部分水解，与温度高和游离脂肪酸存在有关。②油炸食品时高温和高含水量（马铃薯80%）导致油脂水解为游离脂肪酸等，高游离脂肪酸含量使油脂发烟点下降、易冒烟，影响食品风味、品质。衡量油脂中游离脂肪酸含量的指标为酸价。③未及时炼油的油料种子、动物脂肪因尚未经高温提炼灭酶而发生酶水解。

第四节　维生素在食品储藏和加工过程中的变化

维生素是维持人体细胞生长和正常代谢所必需的一类营养素，同时也是一类最易在烹调中损失变性的营养素,任何一种维生素的长期缺乏或不足都可引起代谢紊乱和出现病理状态,因此了解维生素在食品储存、加工、烹调过程中的数量变化,无论对于营养学家还是普通大众都具有十分重要的学术价值和现实意义。

脂溶性维生素包括维生素 A、维生素 D、维生素 E 和维生素 K。除维生素 K 外,这类维生素对空气、氧化剂和紫外线都很敏感,高温和金属离子的催化作用都能加速其分解。而维生素 K 对加热和空气相当稳定,但对光和碱极为敏感。

水溶性维生素包括维生素 B_1、维生素 B_2、维生素 B_6、维生素 B_{12}、维生素 C、烟酸和烟酰胺、泛酸、生物素、叶酸等。其中维生素 B_1、维生素 B_2、维生素 B_6、维生素 B_{12} 在酸性条件下比在碱性条件下稳定。烟酸和烟酰胺在空气中遇光和在食品的正常 pH 范围内都很稳定。泛酸在 pH 为 6 的介质中非常稳定,但 pH 低于 6 或高于 7 时稳定性逐渐减弱;提高加热温度和延长加热时间都会加速它的分解。生物素在酸性溶液中、空气中及对加热都很稳定,但在碱性溶液中不稳定。叶酸在酸性介质中不稳定,并且可被阳光和高温所分解。维生素 C 在水溶液中容易被氧化,在酸性溶液中比碱性溶液稳定,金属离子如铜和铁能催化其分解,但在干燥状态下较稳定,对紫外线和 α 射线的辐射作用很敏感(表 13-1)。

表 13-1 常见维生素的稳定性

维生素	光照	氧化剂	还原剂	热	湿度	酸	碱
维生素 A	+++	+++	+	++	+	++	+
维生素 D	+++	+++	+	++	+	++	++
维生素 E	++	++	+	++	+	+	++
维生素 K	+++	++	+	+	+	+	+++
维生素 C	+	+++	+	++	++	++	+++
维生素 B_1	++	+	+	+++	++	+	+++
维生素 B_2	+++	+	++	+	+	+	+++
烟酸	+	+	++	+	+	+	+
维生素 B_6	++	+	+	+	+	++	++
维生素 B_{12}	++	+	+++	+	++	+++	+++
泛酸	+	+	+	++	++	+++	+++
叶酸	++	+++	+++	+	+	++	++
生物素	+	+	+	+	+	++	++

注:+代表不敏感,++代表敏感,+++代表非常敏感

一、加工过程中维生素的变化

加工是指从食品原料一直到被食用全过程中的每一步处理。很多加工方法如氧化、加热、金属的催化作用、酸碱处理、酶的作用、水分、辐射作用等都会造成维生素含量的损失,损失的多寡主要取决于各种维生素对所受作用的易感性。

维生素在食物加工中的损失主要有两条途径:流失与破坏。水溶性维生素主要通过前者造成损失,脂溶性维生素主要通过后者造成损失。

水溶性维生素,如维生素 B_1、维生素 B_2、烟酸、叶酸、维生素 C 等都溶于水,易通过扩散或渗透过程从原料中渗析出来。流失主要包括以下 3 种途径:物料在淋洗、漂烫、腌制、

烹饪过程中，原料中的水吸收热能而迅速汽化，造成维生素的蒸发流失；食物的完整性受到损伤，或人工加入食盐，改变了食品内部渗透压，造成维生素的渗出流失；烹制过程中加水或汤汁，维生素溶于菜肴汤汁中被舍弃而流失。

维生素的破坏主要是维生素的化学降解和酶解作用。食品加工过程是一个复杂的理化因素交织变化、相互影响的过程，高温、充足的热量和氧气，诱发了维生素的氧化反应、热降解反应和光分解作用，它们彼此协同、相互促进，共同造成了维生素的破坏。

（一）碾磨

碾磨是影响维生素稳定性的一个主要因素。因为摩擦能损坏维生素晶体的保护层并可将晶体磨成小颗粒，从而使大量的维生素晶体暴露于氧化还原反应下，可显著地影响维生素的稳定性。然而，摩擦对不同种类或不同状态维生素的影响程度也不相同。例如，在含钙和镁的物料中，维生素 E、维生素 K、胆碱和维生素 C 损失较大，而维生素 B_{12} 和乙酸生育酚（即乙酸维生素 E）的损失则较少。

碾磨是谷类特有的加工方式，碾磨中各种营养素的必然损失是由籽粒的结构所决定的。谷粒中所含各种营养素的分布很不均衡，维生素、无机盐和含赖氨酸高的蛋白质集中在谷粒的周围部分和胚芽上，而胚乳内部较低。谷皮中维生素 B_1 的含量占全粒含量的 33%，维生素 B_2 占 42%，泛酸占 50%，吡哆醇占 73%，烟酸则达 86%。若加工精度提高，不仅会导致谷皮中 B 族维生素大量损失，还会导致糊粉层、胚乳外层及胚中维生素的大量损失（表 13-2）。因此，从营养的角度来讲，不宜常食用精米、精面。

表 13-2　100g 不同出粉率面粉中维生素含量变化　　　　　　　（单位：mg）

营养素	出粉率					
	50%	72%	75%	80%	85%	95%～100%
维生素 B_1	0.08	0.11	0.15	0.26	0.31	0.40
维生素 B_2	0.03	0.04	0.04	0.05	0.07	0.12
烟酸	0.70	0.72	0.77	1.20	1.60	6.00
泛酸	0.40	0.60	0.75	0.90	1.10	1.50
维生素 B_6	0.10	0.15	0.20	0.25	0.30	0.50

（二）淋洗

这种处理方式导致维生素损失的原因是维生素在水中溶解而致流失。水溶性维生素的损失程度又因 pH、温度、含水量、切口表面积及成熟度等的不同而有所不同，其中食品切分越细，单位质量表面积越大，水溶性维生素的损失越大。

物料要先洗后切，否则维生素会通过切口溶解到水里而受到损失，如大米在漂洗过程中会损失部分维生素。我国学者对于大米经漂洗后 B 族维生素的保留进行了研究，结果发现维生素 B_1 损失率为 60%，维生素 B_6 为 47%，而且淘洗的次数越多，淘洗时用力越大，大米的 B 族维生素损失越多，因为 B 族维生素主要存在于米粒表面的细米糠中。

（三）漂烫

漂烫是水果和蔬菜加工中不可缺少的一种工艺处理，目的在于使有害的酶失活，减少微生物的污染，排出组织中的空气。

热水漂烫会导致水溶性维生素严重损失，主要是因为维生素发生降解而被破坏，但是短时间的高温漂烫处理则可以减少维生素的损失，破坏一些酶的活性。

常压湿热往往易引起水溶性、热敏感维生素的较多损失；高温短时处理时，维生素的损失相对较少；油炸熟化时，由于油的沸点高、传热快、加热时间短，热敏感维生素的损失反而较少。例如，小白菜在 100℃ 的水中烫 2min，维生素 C 损失率达 65%；烫 10min 以上，维生素 C 几乎消失殆尽。据报道，去皮的马铃薯经沸水焯过后，维生素 C 的保留率为 （66±6）%～（77±7）%。研究表明：漂烫后，薯条中维生素 C 的保留率是 54.1%～83.2%。

相对而言，脂溶性维生素一般比水溶性维生素对热稳定。通常情况下，食品中维生素 C、维生素 B_1、维生素 D 和泛酸对热最不稳定（表 13-3）。例如，果蔬罐头在加工过程中的热处理，维生素损失一般为 13%～16%，其中维生素 B_1 损失 2%～30%，维生素 B_2 损失 5%～40%，胡萝卜素损失较少，仅为 1% 左右。温度不同，维生素的损失率也有很大的区别。实验显示，在 66～70℃ 时，维生素的保存量约为 89.5%；在 86～90℃ 时，维生素的保存量约为 80.6%；在 106～110℃ 时，维生素的保存量约为 67.8%；温度每升高 20℃，维生素保存量降低约为 11%。

表 13-3 不同漂烫时间下食品中维生素 C 的含量　　　　　　　　　　（%）

原料名称	漂烫温度	不同漂烫时间							
		0min	0.5min	1.0min	1.5min	2.0min	2.5min	3.0min	4.0min
辣椒	95～100℃	85.68	83.30	82.11	79.25	46.65	56.88	45.46	38.56
四季豆	95～100℃	25.00	23.20	23.42	22.22	22.22	21.43	20.64	19.84
甘蓝	95～100℃	33.32	29.75	27.37	29.75	30.94	27.37	23.80	22.61
生菜	95～100℃	10.71	9.52	9.52	8.33	7.14	7.14	4.76	3.57
蒜薹	95～100℃	54.74	52.38	42.84	42.84	47.60	40.46	38.08	33.32
油菜	95～100℃	38.08	35.70	35.70	33.32	33.32	34.51	34.51	28.56

（四）化学试剂

在食品加工中为了防止食品的腐败变质或提高食品的感官质量等，常常需要添加一些食品添加剂，食品添加剂对维生素有一定影响。例如，氧化剂通常对维生素 A、维生素 C 和维生素 E 有破坏作用，所以在面粉中使用漂白剂等氧化剂往往都会降低这些维生素的含量。亚硫酸盐 （或 SO_2）常用来防治水果、蔬菜的酶促褐变和非酶褐变以改善感官质量，它作为还原剂时也可以保护维生素 C 不被氧化，但是作为亲核试剂则可破坏维生素 B_1；为了改善肉制品的颜色，往往添加硝酸盐或亚硝酸盐，而有些蔬菜本身如菠菜、甜菜中也有浓度很高的亚硝酸盐，食品中的亚硝酸盐不但能与维生素 C 快速反应，还会破坏胡萝卜素、维生素 B_1 和叶酸等。

1. 亚硫酸（盐）等氧化还原剂对维生素的影响

亚硫酸（盐）是一类在世界范围内很早就广泛使用的食品添加剂，可作为食品漂白剂抑制非酶褐变和酶促褐变，在酸性介质中，亚硫酸盐还是十分有效的抗菌剂。亚硫酸盐广泛用于啤酒及其他酒类、虾贝类水产品、脱水果蔬类等食品加工中。硫胺素、维生素 B_{12}、维生素 A、维生素 E 及维生素 K 等都对亚硫酸盐非常敏感。尤其是硫胺素，与亚硫酸盐发生反应后，便失去了维生素的生理活性。研究表明，如果葡萄酒中残留有 400mg/kg SO_2，1 周后维生素 B_1 损失率高达 50%。

过氧化苯甲酰多用于面粉的改良，是应用较广的面粉漂白剂。过氧化苯甲酰可以将面粉中的类胡萝卜素类色素物质氧化分解，从而导致维生素 A 原 β-胡萝卜素的含量大大降低，同时面粉中所有容易被氧化的维生素，如维生素 C 都会不同程度地受到影响。

2．酸、碱性介质对维生素的影响

有些维生素遇酸不稳定，如泛酸、维生素 B_{12}、叶酸对酸敏感，在酸性环境中容易失去活性。但酸性环境有助于保持抗坏血酸的稳定性，弱酸条件下维生素 B_{12} 也具有非常好的稳定性。维生素 E、维生素 B_1、维生素 B_6、维生素 B_{12}、叶酸等维生素对碱敏感，在碱性介质中容易遭受破坏。

3．亚硝酸盐对维生素的影响

亚硝酸盐是食品添加剂的一种，具有着色、防腐作用，广泛用于熟肉类、灌肠类和罐头等动物性食品。现在世界各国仍允许用它来腌制肉类，但用量有严格的限制。亚硝酸盐可以与维生素 C 发生氧化还原反应，生成的 NO 可与肌红蛋白结合，产生亮红色物质，从而增强发色效果，保持长时间不褪色。

$$抗坏血酸＋亚硝酸盐 \longrightarrow 脱氢抗坏血酸＋NO＋H_2O$$

盐腌渍和熏制食品中含有亚硝酸盐，亚硝酸盐与胺类物质在胃中能够结合，形成致癌物——亚硝胺。在这些食品中添加维生素 C 或异维生素 C 钠（异抗坏血酸钠），能阻断致癌物亚硝胺的形成，其原理也是基于此反应。

4．金属离子对维生素的影响

微量元素引起的氧化还原反应对维生素的稳定性有破坏作用。铁、铜、锌、锰和硒等微量元素、游离重金属离子等对维生素的稳定性均具有很强的破坏作用。叶酸在高水分活度下，微量元素可以加速其分解作用。硫胺素对铜离子等金属离子敏感。维生素 C 对微量金属元素也非常敏感，特别是铁离子和铜离子均可以加速其氧化反应的发生。

（五）温度

新鲜食物在储藏和运输过程中都会发生维生素的损失。罐头食品或干制食品在储藏和销售过程中的维生素损失取决于它所处的温度。例如，罐装番茄汁在高于室温储存时，所含的一些维生素明显减少。一些干制食品在储藏期间会发生氧化和褐变。因此，储藏温度对冷冻食品维生素的保存是很重要的，在低温下较长时间储存食品所引起的营养素损失主要是由包装的透气性和透光性所致。

1．加热

加热会很大程度地破坏食物中所含维生素的结构。脂溶性维生素在加热时相对稳定，而水溶性维生素则在各种温度下都会受到损失。维生素 B 复合体可以在烤面包和煮熟的米饭中得到，虽然部分维生素 B_2 会受到破坏，但在煮饭后留下的维生素 B_1 已经足够身体利用了。在任何烧煮过程中，食品中的维生素 C 都会受到破坏，而且很容易被酸化，所以烧烤制品内所含维生素的量是绝对不能与新鲜肉类相提并论的。

2．冷冻

冷冻是最常用的食品储藏方法，冷冻全过程包括预冷冻、冷冻储存、解冻 3 个阶段。维生素的损失主要包括储藏过程中的化学降解和解冻过程中水溶性维生素的流失。例如，蔬菜类经冷冻后会损失 37%～56% 的维生素 B_6，肉类食品经冷冻后泛酸的损失为 21%～70%。

国外有关冷冻食品的研究报道很多，特别是蔬菜水果中维生素 C 的损失和肉类食品中维

生素 B_1 的损失。因为维生素 C 和维生素 B_1 是最容易发生降解的水溶性维生素，常被用作衡量食品中其他维生素损失情况的指示剂。据文献报道：在 $-18℃$ 贮存 $6\sim12$ 个月的条件下，芦笋、利马豆、甘蓝、菜花、菠菜的维生素 C 损失率分别为 12%、51%、49%、50% 和 65%。可见，蔬菜的种类在冷冻中是影响维生素 C 损失因子的一个重要参数。水果及其产品经冷冻后，其维生素 C 的损失较复杂，与许多因素有关，如种类、品种、汁液固体比、包装材料等。但无论是蔬菜还是水果，温度无疑是一个十分重要的影响因素：从 $-18℃$ 上升至 $-7℃$，蔬菜和水果的维生素 C 降解率分别提高了 6%～20% 和 30%～70%。Fennema 对冷冻肉类食品中 B 族维生素损失情况的研究表明，肉类食品在 $-23\sim-18℃$ 贮存 $3\sim12$ 个月，维生素 B_1 含量的变化范围是 34%～42%，维生素 B_2 含量的变化在 43%～44%，尼克酸是 14%～22%。

（六）脱水

脱水干制是食品储藏的主要方法之一，其原理是脱除食品中的水分，以抑制微生物的腐败。工业上有许多脱水干制的方法，其中日光干燥最为古老，还有如烘房干燥、隧道式干燥、滚筒干燥、喷雾干燥等。维生素是食品的主要营养成分，它维持着人体正常生理功能，因此在食品脱水干制中应选择利于该食品保持营养成分的较为合理的干制方法。

1. 维生素 C

维生素 C 是最不稳定的，在脱水干制中其降解反应对加工温度和食品水分活度非常敏感，在迅速干制时，维生素 C 保存量大于缓慢干制。黏度也是控制维生素 C 降解的重要因素，黏度越高损失越低。维生素 C 在前述干制方法中的损失为 10%～50%，但冷冻干燥或升华干燥对维生素 C 无不良作用。

2. B 族维生素

B 族维生素中硫胺素（维生素 B_1）通常对温度最敏感，温度高时其破坏多。它在中性和高 pH 时稳定性差，如乳在喷雾干燥时维生素 B_1 损失约 10%，而在滚筒干燥时损失约 15%。蔬菜烫漂后进行空气干制时维生素 B_1 平均损失为 5%（豆类）～25%（马铃薯），而冷冻干燥的鸡肉、猪肉、牛肉中维生素 B_1 损失平均为 5%。烟酸对热稳定，在不同脱水干制时，无明显损失。核黄素（维生素 B_2）在酸性或中性溶液中对热稳定，在碱性溶液中易被分解，在任何酸碱溶液中维生素 B_2 均易受可见光破坏（图 13-4）。

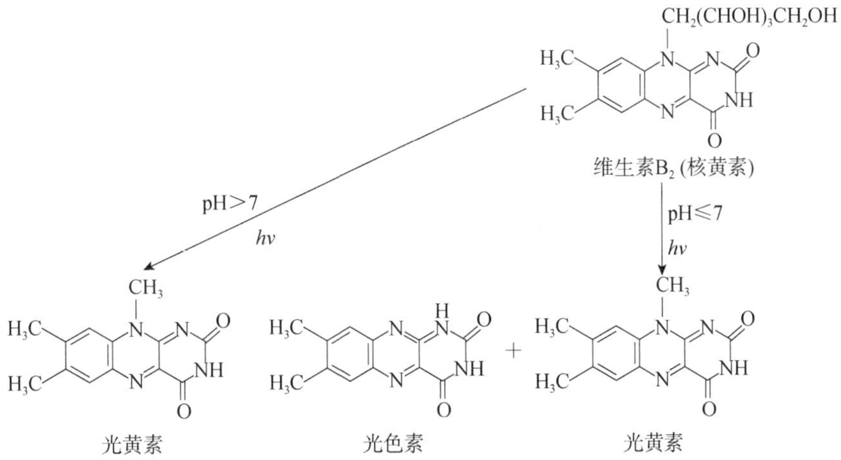

图 13-4　维生素 B_2 在酸碱溶液中的变化

3. 脂溶性维生素

脂溶性维生素如维生素 A、维生素 E 及胡萝卜素都不同程度地受脱水影响，其损失量依产品特性而异。胡萝卜素在日晒时损耗极大，在脱水（特别是喷雾干燥）时损耗极少。脱水食品在储藏时，维生素 A 和维生素 A 原活性易损失，不同脱水过程会导致维生素 A 原损失。维生素 E 有天然抗氧化性质，其稳定性取决于脱水过程的干燥温度、时间、有无氧气及产品矿物质含量等。

二、储藏过程中维生素的变化

（一）维生素 C 的变化

维生素 C 是最不稳定的维生素，极易受温度、盐、糖的浓度、pH、氧、酶、金属离子（特别是 Cu^{2+} 和 Fe^{3+}）、水分活度、抗坏血酸与脱氢抗坏血酸的比例等因素的影响而发生降解。纯的维生素 C 为无色的固体，在干燥条件下比较稳定，但在受潮、加热或光照时很不稳定，它在碱性（pH>7.6）溶液中非常不稳定，但在酸性（pH<4）溶液中很稳定；同时也会受到植物组织中抗坏血酸氧化酶的破坏而丧失活性。在缺氧的情况下，抗坏血酸的降解不显著；在有氧存在时，抗坏血酸首先降解形成单价阴离子（HA⁻），可与金属离子和氧形成三元复合物，依据金属催化剂（Mn^{2+}）的浓度和氧分压的大小不同，单价阴离子 HA⁻的氧化有多种途径。一旦 HA⁻生成后，很快通过单电子氧化途径转变为脱氢抗坏血酸（A）。当金属催化剂为 Cu^{2+} 或 Fe^{3+} 时，降解速率常数要比自动氧化大几个数量级，其中 Cu^{2+} 的催化反应速率比 Fe^{3+} 大 80 倍。即使这些金属离子含量为百万分之几，也会引起食品中维生素 C 的严重损失（图 13-5）。

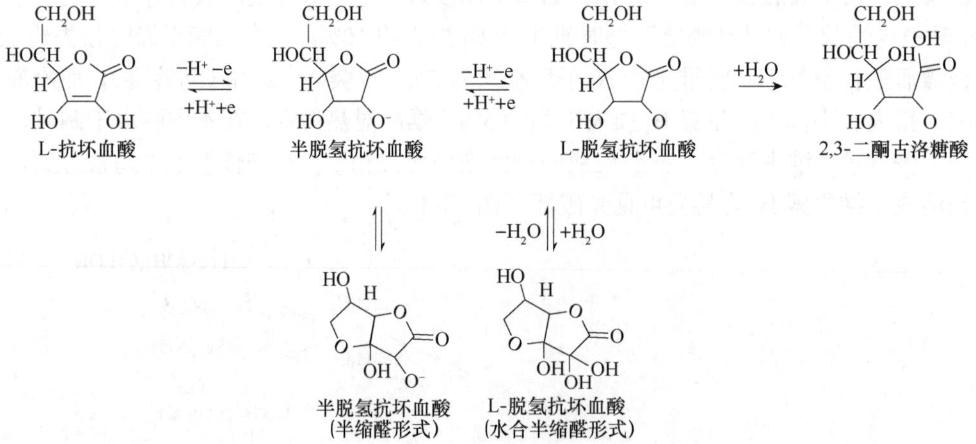

图 13-5　维生素 C 的氧化降解

（二）维生素 D 的变化

维生素 D 比较稳定，在加工和储藏时很少损失。消毒、煮沸和高压灭菌都不能影响维生素 D 的活性。冷冻储藏对牛乳和黄油中维生素 D 的影响不大。但维生素 D_2 和维生素 D_3 在光、氧条件下会被迅速破坏，故需保存于不透光的密封容器中。结晶的维生素 D 对热稳定，但在油脂中容易形成异构体，食品中油脂氧化酸败时也会使食品中所含的维生素 D 破坏。

（三）维生素 E 的变化

维生素 E 不仅对氧、氧化剂不稳定，对强碱也不稳定。食品在其加工和储藏过程中均会引起所含维生素 E 大量损失，这种损失或是由机械作用引起，或是由氧化作用引起。例如，谷物在机械加工脱胚后能损失约 80% 的维生素 E，油炸马铃薯片在室温下储藏两周后几乎损失 50% 的维生素 E，制造罐头食品时可以导致肉和蔬菜中的维生素 E 损失 41%～65%。因氧化而引起的维生素 E 的损失通常还伴随有脂类的氧化，这个过程是由于在食品加工中使用了像苯甲酰过氧化物或过氧化氢那样的氧化剂而引起的，而且金属离子如 Fe^{2+} 等的存在能促进维生素 E 的氧化。

第五节　食品加工储藏过程中产生的毒素

食品在加工储藏过程中产生的毒素主要有两种类型：一类是外源性的，即由环境污染及不当的食品添加剂的加入所产生的毒素；另一类是内源性的，即由加工方法不当和食品储藏过程本身的成分发生不需要的化学反应所产生。

一、环境污染产生的食品中的毒素

近 60 年来，人类科学技术和物质文明飞速发展，人们对自然资源大量开发使用，使过去隐藏在地壳中的有害元素大量进入人类生活环境，据估计全世界每年进入人类生活环境的汞约 1 万吨，镉 2 万吨，砷 8 万吨，铅 400 万吨；工业生产和人居生活产生的废气、废水、废渣的总量不断增大，带来了严重而又广泛的环境问题。

（一）有毒元素污染产生的食品中的毒素

1. 铅

食品含铅主要来自于自然环境和生产加工环节。用含铅材料制作的食品包装材料和容器，在一定条件下铅可溶出而造成食品污染。食品添加剂的不合理使用也能导致食品中含铅。

铅是一种对人体没有任何生理功能且对机体损伤不可逆性的重金属元素。半衰期极长，约 1460 天；在人体各组织均有存在，尤其是骨中浓度最高；按国际血铅诊断标准，人体血铅含量大于或等于 100μg/L 为铅中毒；200～249μg/L 为轻度中毒；250～449μg/L 为中度中毒；等于或高于 450μg/L 为重度中毒。

铅在环境中具有多种化合物形式，如四乙基铅、氧化铅、四氧化三铅、二氧化铅、硫化铅、硫酸铅、乙酸铅等，均以粉尘形式逸散。

无机铅主要引起造血器官、中枢神经系统、肾、消化器官等的毒害，有机铅主要毒害中枢神经系统。铅可以通过皮肤、呼吸道和消化道进入人体，对组织的亲和力极强，主要的靶器官是神经系统和造血系统。

体内蓄积铅的 66%～90% 可通过三条途径排出体外，其中近 2/3 经肾随小便排出；近 1/3 通过胆汁分泌排入肠腔，然后随粪便排出；有 8% 左右的铅通过皮屑、头发及指甲脱落，或唾液、汗液、胎盘、乳汁等途径排出体外。

2. 镉

镉的自然积蓄量普遍是较低的，但在机体内有明显的生物蓄积的倾向。食品中镉主要来源于冶金、冶炼、陶瓷、电镀工业及化学工业（电池、食品防腐剂、杀虫剂、颜料）等排出的"三废"。因常将镉盐用作玻璃、陶瓷类容器的上色颜料，并且其是金属合金和镀层的成分，以及塑料的稳定剂，所以使用这类食品容器和包装材料也可对食品造成镉污染。尤其是用作存放酸性食品时，其中的镉会大量溶出，导致镉中毒。

镉是一种主要靶器官在肾的重金属污染元素，半衰期极长，全身镉生物半衰期为 10～30 年。镉及其化合物均有一定的毒性。吸入氧化镉的烟雾可产生急性中毒，长期吸入镉可产生慢性中毒，引起肾损害，主要表现为尿镉的排出增加。尿镉正常值大多数在 1μg/L 肌酐以下，上限多在 5μg/L 肌酐。

不可逆的肾损伤是慢性镉污染对人体的主要危害，其毒性效应机制主要有以下三方面。第一，镉与体内超氧化物歧化酶（SOD）和谷胱甘肽（GSH）等抗氧化酶结合为复合物使这些酶的活力降低或丧失，削弱机体抗氧化损伤能力，同时活化黄嘌呤氧化酶、血红色素氧化酶使机体内产生过量的超氧化自由基，通过自由基促进细胞脂质过氧化，使细胞膜的结构和功能受到损害。第二，进入细胞内的镉能与钙调蛋白结合，从而激活某些蛋白激酶，干扰细胞内与钙相关的信息传递系统，产生细胞毒性。第三，镉进入机体后，首先蓄积于肝中，诱导肝合成金属硫蛋白（MT）与镉络合为镉-MT，并释放入血液，经肾小球滤过在近曲小管被重吸收，降解后释放出镉离子并产生毒性。

镉与铅的摄入途径基本相同，均为皮肤、呼吸道和消化道。吸入血液的镉主要与红细胞结合。肝和肾是体内储存镉的两大器官，两者所含的镉约占体内镉总量的 60%。肺内镉的吸收量占总进入量的 25%～40%。氧化镉烟尘在呼吸道吸收缓慢，约 11%滞留于肺组织。在胃肠道吸收镉化合物 5%～7%。母亲胎盘内的镉也可纵向传递给胎儿。吸收的镉主要通过肾由尿排出，有相当数量可通过肝，经胆汁最后随粪便排出。

3. 汞

汞属于一种可以在生物体内积累的毒物，无机汞和有机汞均能在生物体内积累，通过生物体内积累和食物链能大大提高汞的危害性。食品中的汞以元素汞、二价汞化合物和烷基汞三种形式存在。一般情况下，食物中的汞含量通常很少，但随着环境污染的加重，食物中的汞污染也越来越严重。含汞农药的使用和污水灌溉，以及从工业生产废料中释放出来的汞等，经过生物富集和放大作用，严重影响人体健康。

汞属剧毒物质，空气中汞浓度为 1.2～8.5mg/m³ 时即可引起急性中毒，超过 0.1mg/m³ 则可引起慢性中毒。人口服氯化汞的中毒量为 0.19mg/kg，成人致死量为 0.2～0.59mg/kg，小儿为 0.19mg/kg。

汞是全身性毒物，其急性毒性靶器官主要是肾，其次为消化道、肺等；慢性毒性靶器官则主要是脑、消化道及肾。其毒性机制可大致概括为三点：一是酶抑制作用，汞对于酶的各种活性基团如氨基、羧基、羟基、磷酰基，特别是巯基有高度亲和力，可与之结合使酶失活。二是激活 Ca^{2+} 介导反应，如磷脂水解过程激活后，可使花生四烯酸、血栓素、氧自由基等大量生成，造成组织损伤。三是免疫致病性，汞不仅可引起免疫性肾小球损伤，尚可抑制 T 淋巴细胞功能，从而阻碍机体免疫调节机制。

金属汞主要经呼吸道侵入，皮肤也有一定吸收能力，但消化道吸收甚微。无机汞盐的吸收取决于其溶解度。有机汞的脂溶性较强，可通过各种途径侵入体内。

（二）农药与兽药污染产生的食品毒素

1. 农药

各种杀虫、杀菌及除草农药中，以有机氯、有机磷及有机汞的残留毒性最强。粮食是农药污染最广的食物，其次是水果和蔬菜。各种植物生长调节剂则是农业上广泛使用的一类具有激素作用的生物活性物质，受其污染最广的是水果等经济作物。

有机氯农药包括氯代苯类和多环氯代脂肪烃类，二者不易降解，有极高的脂溶性，从而在食物链中得到极大的蓄积。

有机磷农药是目前农业上用量最大的农药类别，占总用量的80%左右。此类物质是神经毒素，可以抑制血液和组织中的胆碱酯酶，从而引起神经生理功能紊乱。但它们的化学性质不稳定，在植物体内易降解，因而残留问题比有机氯农药轻。

有机汞农药不易分解，食品中的残留也不容易除去，进入机体后排出缓慢，可以通过乳汁、胎盘传递给胎儿，导致胎儿的先天性畸形，所以是目前禁用的农药。

到目前为止，动物性试验证明某些农药及生长调节剂等可致肝癌、病变，且由于误食含有农药的食物而引起人、畜急性中毒的事例在世界各国时有耳闻。所以，农药和生长调节剂大量使用，特别是滥用时造成的公害值得社会各界认真考虑。

2. 兽药

为预防和治疗家畜和养殖鱼患病而大量投入抗生素、磺胺类化学药物，往往造成药物残留于食品动物组织中，从而对公众健康造成潜在危害。兽药残留包括原药，也包括药物在动物体内的代谢产物及药物或其代谢产物与动物内源大分子共价结合物。主要残留兽药有抗生素类、磺胺药类、呋喃药类、抗虫球药、激素药类和驱虫药类。

长期食用含药物残留的动物性食品，药物会在体内逐渐蓄积，引起各种组织器官发生病变，从而严重损害人体的健康。其主要毒性作用表现为：一是磺胺类药物可引起泌尿系统损害，还影响体内核酸的合成；链霉素对神经有明显毒性作用，造成耳聋，对婴幼儿尤为严重；二是诱导病原菌产生耐药性，当发生这些耐药菌株引起的感染性病原时，就会给人类治疗带来困难；三是破坏微生态平衡，长期或过量摄入动物性食品中残留的抗菌兽药，会破坏微生态的平衡，有益菌群受到抑制，有害菌群大量繁殖，造成消化道内微生态环境紊乱，从而导致长期腹泻或引起维生素缺乏；此外还会产生过敏反应和"三致"，即致癌、致畸、致突变作用。

（三）有机化学物质污染产生的毒素

1. 多氯联苯化合物（PCB）

PCB是稳定的惰性分子，不易通过生物和化学途径分解，极易随工业废弃物而污染环境。而食品中PCB来源主要有环境污染，塑料、橡胶等食品容器和包装材料污染，含PCB设备的污染。由于其具有高度的稳定性和亲油性，可通过各种途径富集于食物链中，特别是水生生物体中。鱼是人食入PCB的主要来源，家禽、乳和蛋中也常含有这类物质。

PCB进入人体后主要积蓄在脂肪组织中及各种脏器中，其生物毒性表现：对人类生殖周期和功能都有不良影响；通过胎盘和乳汁进入胎儿体内，引发发育神经毒性，生长迟缓，智力低下；干扰内分泌系统和致癌性。中毒表现为皮疹、色素沉积、浮肿、无力、呕吐等症状，患者脂肪中PCB含量为13.1～75.5mg/kg。美国规定家禽体内PCB残留量为5mg/kg体重（BW）。

2. 多环芳烃类化合物（PAH）

PAH 主要是指 3 个以上苯环稠合在一起的化合物，其中许多类具有致癌性，代表物质为苯并［a］芘，结构见图 13-6。

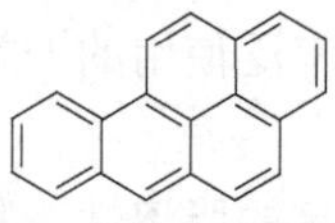

食物中的苯并［a］芘有两个来源，一是煤炭、汽油等物质燃烧造成的大气污染；二是熏烟中生成量与生烟时的温度有直接关系，当温度在 400℃以下时，苯并［a］芘的生成量小，400℃以上时，生成量随温度的提高而增加。同时，油脂在高温下热解也可产生 PAH。

图 13-6　苯并［a］芘结构式

苯并［a］芘致癌性最强，主要表现为胃癌和消化道癌。苯并［a］芘被机体吸收后，在体内被氧化酶系中的芳烃羟化酶转化为多环芳烃的环氧化物或过氧化物，进一步与 DNA、RNA 或蛋白质大分子结合，最终生成致癌物。

为避免多环芳烃污染，应当严格控制熏制食物时的温度，尽量避免明火熏制，避免高温长时间的油炸。采用电烤、远红外线或"冷熏法"等可以减少污染。

3. 二噁英

二噁英基本结构见图 13-7。二噁英化合物的产生实际上是一些工业生产时产生的副产物，最大的来源是在日常生活中对垃圾的焚烧、工业上石油的燃烧、废旧金属的回收等。在这些过程中产生的二噁英化合物通过废水、废气、尘埃等各种途径进入环境，最终进入食物链，可以影响食品安全性。

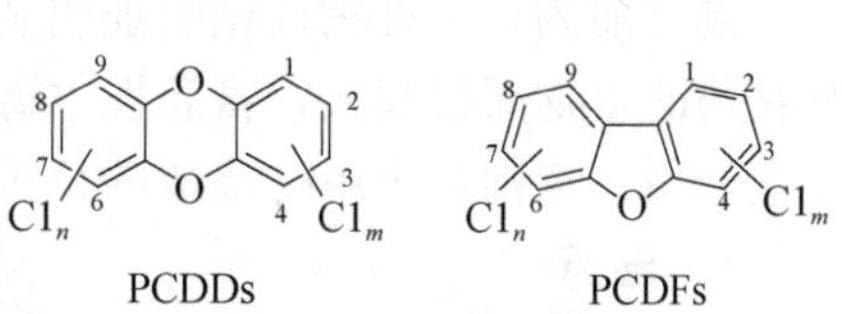

图 13-7　二噁英基本结构

PCDDs 为多氯代二苯并对-二噁英，PCDFs 为多氯代苯并呋喃；二噁英由 PCDDs 和 PCDFs 组成

二噁英在动物试验中表现出很大的毒性，可以造成体重下降、肝损伤、影响内分泌系统，怀孕动物可造成流产或者严重的生殖缺陷（畸形、免疫力低下）；它可引起皮肤产生皮疹，导致一些癌症产生。目前 2,3,7,8-四氯-二苯-二噁英已经被 WTO 确认为致癌物。

二、食品添加剂产生的食品中的毒素

（一）硝酸盐及亚硝酸盐产生的毒素

硝酸盐和亚硝酸盐均属于生理毒性盐类。在硝酸还原酶作用下，硝酸盐还原成亚硝酸盐。食物中的硝酸盐及亚硝酸盐来源于土壤施肥和腌制加工。

亚硝酸盐的急性毒性作用导致高铁血红蛋白症。血红蛋白的亚铁离子被氧化为高铁离子，血氧运输严重受阻。硝酸盐及亚硝酸盐的慢性中毒作用有：①硝酸盐浓度较高时干扰正常的碘代谢，导致甲状腺代谢性增大；②长期摄入过量亚硝酸盐导致维生素 A 的氧化破坏，并阻碍胡萝卜素转为维生素 A；③与仲胺或叔胺结合成致癌剂 N-亚硝胺类化合物。

$$\begin{array}{c} R_1 \\ R_2 \end{array}\!\!\!\!>\!\!NH + HNO_2 \xrightarrow{H_2O} \begin{array}{c} R_1 \\ R_2 \end{array}\!\!\!\!>\!\!N\!-\!N\!=\!O \xrightarrow{R_3OH} \begin{array}{c} R_1 \\ R_2 \end{array}\!\!\!\!>\!\!N\!-\!R_3 + HNO_2$$

亚硝胺的基本结构可分为两大类，结构见图 13-8：①R 基为烷基和芳基，化学性质稳定，但在紫外线下可发生光解作用，在哺乳动物体内经酶解作用可转化成具有致癌作用的活性代谢物；②R 基中有一个是酰基，为亚硝酰胺类，化学性质活泼，经水解后可生成具有致癌作用的化合物。

亚硝胺合成的前体亚硝酸盐和仲胺（如脯氨酸）广泛存在于食品中，并产生于人体代谢过程中。许多亚硝胺对实验动物有很强的致癌性。除了食物中天然含有的以外，硝酸盐和亚硝酸盐的每日许可摄入量分别为 0.5mg/kg（BW）和 0.2mg/kg（BW）。

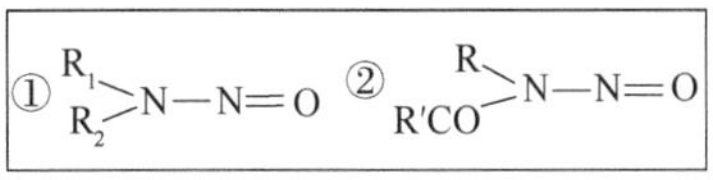

图 13-8　亚硝胺类化合物的基本结构

（二）其他添加剂产生的食品中的毒素

食品添加剂加入食品后及进入人体后都有转化问题，有些转化产物有毒性，一般可分为以下几类。

（1）制造过程中产生的杂质。例如，糖精中的邻甲苯磺酰胺、氨法生产的糖中的 4-甲基咪唑等。

（2）食品处理和储藏过程中添加剂的转化。例如，赤藓红色素转变为荧光素。

（3）同食品中的成分起反应生成的产物，如焦碳酸二乙酯形成强烈致癌物质——氨基甲酸乙酯等。

（4）代谢转化产物，如环己胺糖精在体内代谢转化为坏己胺，偶氮染料代谢成芳香族胺等。

（5）营养强化剂过量的毒性效应：食品营养强化剂如维生素类、矿物质类等，如果摄食过多会引起中毒。如维生素 A 摄食过多会发生慢性中毒现象，主要症状有眩晕、头痛、易激怒等；大量服用还有致畸作用，影响胎儿骨骼发育。

三、加工、储藏过程中产生的食品中的毒素

（一）食品有害微生物及其毒素

1. 细菌

污染人类食物的细菌毒素最主要的是沙门氏菌毒素、葡萄球菌肠毒素、肉毒毒素及致病性大肠杆菌毒素，还有许多尚不清楚的细菌毒素存在于食品中。

1）沙门氏菌毒素　　在细菌性食物中毒中最常见的是沙门氏菌属细菌引起的食物中毒。沙门氏菌不产生外毒素，但有毒性较强的内毒素。内毒素是类脂、糖类和蛋白质的复合物。沙门氏菌引起的食物中毒，通常是一次性吞入大量菌体所致，菌体在肠道内破坏后放出肠毒素引起症状。初期症状为头痛、恶心、全身无力；后期出现呕吐、腹泻、发烧症状。

2）葡萄球菌肠毒素　　金黄色葡萄球菌是一种常见于人类和动物的皮肤及表皮的细菌，只有少数亚型能产生肠毒素，均为成分类似的蛋白质。肠毒素耐热性强，120℃加热 20min 仍不被破坏，在 218~248℃加热 30min 才能失活。

肠毒素中毒症状一般在摄食染毒食物后 2~3h 发生，主要为流涎、恶心、呕吐、痉挛等，大多数患者于 24~28h 后恢复正常，死亡者较少见。

3）肉毒毒素　　肉毒毒素是肉毒杆菌产生的外毒素，属蛋白质类物质。已知有 7 个类型，以 A、B 及 E 较为常见。

肉毒杆菌是厌氧型的芽孢菌，其芽孢极为耐热，肉类罐头杀菌不足时常引起罐头变质，若食用可引起中毒。肉毒毒素对热不稳定，各型毒素在 80℃加热 30min 或 100℃加热 10~20min，即可完全被破坏。

肉毒毒素经消化道吸收进入血液循环后，选择性地作用于运动神经和副交感神经，抑制

神经传导介质乙酰胆碱的释放，因而使肌肉收缩运动发生障碍。患者多因横膈肌或其他呼吸器的麻痹而造成窒息死亡。

2. 霉菌

霉菌毒素是指霉菌在代谢过程中产生的有毒物质。其中有的是肝脏毒素如黄曲霉毒素、杂色曲霉毒素、黄天精、含氯肽，有的是肾脏毒素如橘青霉素，有的是神经毒素如黄绿青霉素，也有的是造血组织毒素、光过敏皮炎毒素，这些毒素有的还具有致癌性。

1）曲霉毒素　　曲霉毒素主要包括黄曲霉毒素、小柄曲霉毒素和棕曲霉毒素。曲霉毒素多对肝脏、肾脏损害较大。其中黄曲霉毒素是目前已知的致癌性最强的物质，可诱导多种动物产生肿瘤并同时诱导多种癌症。

人对黄曲霉毒素 B_1 较敏感，日摄入量 $2\sim6mg$ 即可发生急性中毒，主要表现为呕吐、厌食、发热、黄疸和腹水等肝炎症状，严重者可导致死亡。黄曲霉毒素主要污染粮油及其制品。

2）镰刀菌毒素　　镰刀菌毒素种类较多，主要有：①单端孢霉烯族化合物，其基本结构是倍半萜烯，有较强细胞毒性、免疫抑制、致畸作用，有的有弱致癌性。②玉米赤霉烯酮，最初从赤霉病玉米中分离出，有很多种镰刀菌能产生该化合物。其主要作用于生殖系统，具有类雌激素作用。玉米赤霉烯酮主要污染玉米，也可污染小麦、燕麦和大米等。③伏马菌素，由串珠镰刀菌产生，是一个完全的致癌剂，阻断细胞调控因子神经鞘氨醇的合成，从而影响 DNA 的合成。

3）青霉毒素　　青霉毒素主要包括能引起肝脏病变的黄天精和含氯肽，以及肾脏毒素橘青霉，这两者是发霉的含水量过高的稻米的主要有毒成分。

（二）食品加工过程产生的毒素

1. 蛋白质

富含蛋白质的食物在烤、炸、煎过程中其蛋白质、氨基酸的热分解产物为杂环胺。杂环胺具有较强的诱变性。形成杂环胺的前体物质主要是肌酸、肌酐、游离氨基酸和糖，反应温度是杂环胺形成的最关键因素，从 $200℃$ 升温至 $300℃$，致突变性增加 5 倍。

杂环胺可在体外和动物体内与 DNA 形成加合物，这是其致癌、致突变性的基础。

2. 脂肪

脂肪自动氧化可使营养价值降低，且带有毒性。用过氧化物直线上升时期的油脂饲喂老鼠，其发育受阻，过氧化物价高时大鼠死亡，其毒性与过氧化物价相平行。脂肪自动氧化产物对蛋白质有沉淀作用，能抑制琥珀酸脱氢酶、唾液淀粉酶、马铃薯淀粉酶的活性。

油脂在 $200℃$ 以上高温下可发生分解、聚合等反应，生成有毒性的己二烯环状化合物，用高温处理后的油脂喂食大鼠时，生长受抑制，降低食物成分的利用率，并引起肝大。食用油脂在一般的烹饪温度下几乎不产生环状化合物，所以在食品烹饪时要注意避免 $200℃$ 以上的高温。

3. 糖类

在面包、糕点和咖啡等食品的烘烤过程中，美拉德反应能产生诱人的焦黄色和独特风味。美拉德反应也是食品在加热或长期储藏时发生褐变的主要原因。

美拉德反应除形成褐色素、风味物质和多聚物外，还可形成许多杂环化合物。从美拉德反应得到的混合物表现为很多不同的化学和生物特性，这些混合物中有促氧化物和抗氧化物、致突变物和抗致癌物。事实上，美拉德反应诱发生物体组织中氨基和羰基的反应并导致组织损伤，后来证明这是导致生物系统损害的原因之一。在食品加工过程中，美拉德反应形成的一些产物具有强致突变性，提示可能形成致癌物。

关键术语表

黏度（viscosity）　　　　　　　　　　　焦糖化（caramelization）
美拉德反应（Maillard reaction）　　　　肌浆蛋白（myogen）
肌原纤维蛋白（myofibrillar protein）　　胶原蛋白（collagen）
食用明胶（edible gelatin）　　　　　　　酪蛋白（casein）
乳清蛋白（whey protein）　　　　　　　种子蛋白（seed protein）
单细胞蛋白（single cell protein，SCP）
绿色蛋白浓缩物（leaf protein concentration，LPC）
蛋白质功能性质（protein functional property）　　蛋白质性质（protein property）
食品加工（food processing）　　　　　　压榨法（pressing）
脱胶（degumming）　　　　　　　　　　脱蜡（dewaxing）
脱酸（deacidfication）　　　　　　　　　脱色（bleaching）
脱臭（deodorization）　　　　　　　　　干法分提（dry fractionation）
氢化（hydrogenation）　　　　　　　　酯交换（transesterification）
酸败（rancidity）　　　　　　　　　　　水解型酸败（hydrolytic rancidity）
酮型酸败（ketonic rancidity）　　　　　氧化型酸败（oxidative rancidity）
辐照（radiation）　　　　　　　　　　脂解（lipolysis）

单元小结

　　糖的亲水性、持味护色性、甜味、褐变风味、溶解度、结晶性、渗透压、黏度、冰点降低、抗氧化性、代谢性质、发酵性等性质在食品加工中的应用。食品在沥滤、碾磨、热加工和挤压熟化等加工操作及焦糖化反应、美拉德反应和水合作用等对食品中糖类功能和营养的损失。

　　食品中的蛋白质种类很多，动物性蛋白有肉类蛋白质、胶原蛋白、乳蛋白质等，植物蛋白有小麦蛋白、大米蛋白、燕麦蛋白等各种蛋白质，蛋白质的种类不同，结构不同，功能性质也不同。加工中，蛋白质的结构与性质会发生很大变化，改变蛋白质的作用方式，进而影响食品的品质，以有利于食品性质的改善，延长储存期。

　　食用油脂所具有的物理和化学性质，对食品的品质有十分重要的影响。油脂在食品加工中，如用作热媒介质（煎炸食品、干燥食品等）不光可以脱水，还可产生特有的香气；如用作赋型剂可用于蛋糕、巧克力或其他食品的造型。但含油食品在储存过程中极易被氧化，为食品的储藏带来诸多不利因素。油脂的变质过程称为油脂的酸败，包括水解型酸败、酮型酸败、氧化型酸败。影响油脂自动氧化速度的因素包括温度、水分、光照等，可以此为依据采取措施预防油脂的氧化。

　　维生素在食物加工中的损失主要有两条途径：水溶性维生素主要通过流失造成损失，脂溶性维生素主要通过被破坏造成损失。流失主要包括蒸发流失、渗出流失、溶于菜肴汤汁中被舍弃而流失。维生素的破坏主要是维生素的化学降解和酶解作用。

食品在加工储藏过程中产生的毒素主要有由环境污染及不当的食品添加剂的加入所产生的外源性毒素和由加工方法不当和食品储藏过程本身的成分发生不需要的化学反应所产生的内源性的毒素。

复习思考习题

（扫码见习题）

第十四章　生物化学技术在食品中的应用

随着分子生物学和生物化学的发展，生物技术被用于食品，不仅提高了生产的效率，而且对于转基因食品和功能食品的开发提供了可能。在加工过程中应用生物技术，不仅可以改进加工工艺，也能改善食品的营养成分，具有非常广阔的前景。

第一节　基因工程技术在食品资源改造中的应用

基因工程是利用 DNA 重组技术，将目的基因与载体 DNA 在体外进行重组，然后把这种重组 DNA 分子引入受体细胞，并使之增殖和表达的技术。该词译自 "genetic engineering"，最初由杰克·威廉森在 1951 年出版的科幻小说《龙岛》（*Dragon's Island*）提出。多年后的今天，科幻小说中虚构的情节有许多已经成真。关于基因工程技术的进展突飞猛进，与其相关的伦理争论和安全性担忧也广为人知，在食品工业中的应用已经涉及改进食品原料的品质与加工性能、改良发酵菌种及保健食品功能性成分的开发等领域。图 14-1 展示了利用细菌大量生产人类细胞因子的基因工程流程。

由图 14-1 可见，基因工程一般包括 4 个步骤。

（1）取得符合人们要求的 DNA 片段，即"目的基因"：1968 年，沃纳·阿尔伯、丹尼尔·内森斯和汉弥尔顿·史密斯第一次从大肠杆菌中提取出了限制性内切核酸酶，它能够在 DNA 上寻找特定的"酶切位点"，将 DNA 分子的双链交错地切断，可以完整地切下个别基因。自 20 世纪 70 年代以来，人们已经分离提取了 400 多种限制性内切核酸酶。有了形形色色的"分子剪刀"，人们就可以随心所欲地进行 DNA 分子长链的切割了。

（2）构建基因的表达载体：DNA 的分子链被切开后，还需要连接起来以完成基因的拼接。1967 年，科学家在 5 个实验室里几乎同时发现并提取出一种酶，这种酶可以将两个 DNA 片段连接起来，修复好 DNA 链的断裂口。1974 年以后，科学界正式肯定了这一发现，并把这种酶命名为 DNA 连接酶。只要在用同一种限制性内切核酸酶剪切的两种 DNA 碎片中加上 DNA 连接酶，就可以将两种 DNA 片段重新连接起来。

（3）将目的基因导入受体细胞：把"拼接"好的 DNA 分子运送到受体细胞中去，必须寻找一种分子小、能自由进出细胞，而且在装载了外来的 DNA 片段后仍能照样复制的运载体。理想的运载体是质粒，因为质粒能自由进出细菌细胞，应当用限制性内切核酸酶把它切开，再连接上一段外来的 DNA 片段后，它依然能像之前一样自我复制。

（4）目的基因的检测与鉴定：目的基因导入受体细胞后，是否可以稳定维持和表达其遗传特性，只有通过检测与鉴定才能知道，这是检测基因工程是否成功的一步。

首先，要检测转基因生物染色体的 DNA 上是否插入了目的基因。方法是采用 DNA 分子杂交技术，即将转基因生物的基因组 DNA 提取出来，在含有目的基因的 DNA 片段上用放射性同位素等做标记，以此作为探针，使探针与基因组 DNA 杂交，如果显示出杂交带，就表明目的基因已插入染色体 DNA 中。该方法因发现者而命名为"Southern"印记。

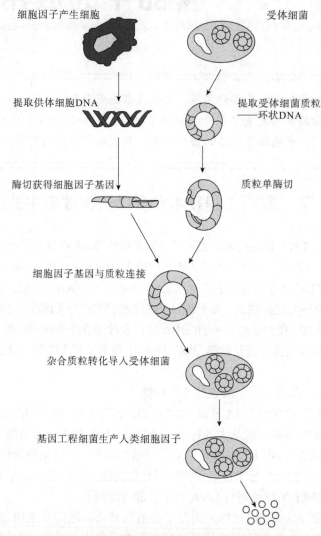

图 14-1　人类细胞因子生产的基因工程流程图

其次，还需要检测目的基因是否转录出了 mRNA，检测方法同样是分子杂交技术，与上述方法不同的是需从转基因生物中提取 mRNA，做上标记以进行检测。根据 Southern 印记这一名称，因此将方法称为"Northern"印记。

最后，检测目的基因是否翻译成蛋白质。方法是从转基因生物中提取蛋白质，用相应的抗体进行抗原-抗体杂交，若有杂交带出现，表明目的基因已经形成蛋白质产品。该方法又称为"Western"印记。

目前，基因工程技术已经是一项成熟的技术，应用十分广泛，下面仅就改进食品原料品质与加工性能、改良发酵菌种及研制特种保健品的有效成分三个方面进行介绍。

一、改进食品原料品质与加工性能

（一）营养增强

基因工程应用于植物食品原料的生产上，可进行品种改良、新品种开发与原料增产，如选育抗病植物、耐除草剂植物、抗昆虫或抗病毒植物、耐盐或耐旱植物，还应用于改良农作物品种特性方面，在食品原料的营养增强方面已经做了大量的工作，主要包括提高必需氨基酸、维生素、脂肪酸、微量元素的含量等。

例如，豆类植物中甲硫氨酸的含量普遍较低，但赖氨酸的含量很高；而谷类作物中的两者含量正好相反，通过基因工程技术，可将谷类植物基因导入豆类植物，开发甲硫氨酸含量高的转基因大豆。

维生素 A 缺乏在发展中国家是一种常见的营养缺乏症，通过基因改造的黄金米（golden rice），可以产生维生素 A 的前体物质 β-胡萝卜素，为防治维生素 A 缺乏症提供了解决办法。

世界上估计有 30%的人口缺铁，因此铁元素成为世界范围内迄今最缺乏的营养元素。最近通过转基因手段，在提高稻米中铁含量及增加人体对铁的有效吸收两个方面均取得了一定进展。Lucca 等将一个菜豆的铁蛋白基因导入水稻，使其铁的含量增加了 2 倍。然后，他们将来自烟曲霉（*Aspergillus fumigatus*）的一个热稳定植酸酶基因导入水稻，以降低水稻中的植酸含量，减少与铁的结合。最后，进一步使一个富含半胱氨酸的内源类金属硫蛋白超表达，使半胱氨酸残基提高了 7 倍，植酸酶含量提高 130 倍。在模拟消化实验中，植酸酶活性已足够完全降解植酸。这样，由于铁含量的提高，富含半胱氨酸的多肽，有利于极大地改善食用大米人群中铁的营养，解决世界人口缺铁问题。

乳铁蛋白已经显示有很多生物活性，如促进铁的吸收和具有抗菌和抗炎症的影响。导入重组体人乳铁蛋白的水稻可能用于生产婴儿食品，因为其低变应原性，可能比使用微生物或转基因动物更安全。

胶原蛋白（collagens）是一类细胞外基质蛋白，在维护各种组织的结构完整性方面扮演着重要的角色。胶原蛋白具有独特结构，并因此具有低抗原性和优良的生物相容性，使其成为一种重要的生物医学材料，而且这种重要性与日俱增，利用高效的、规模化的重组体系统来生产重组人胶原将得到广泛的应用。

高鑫以流产胎儿的胎皮等为试材，用 Trizol 提取其总 RNA，反转录获得 cDNA 第一条链，设计特异引物，引入 *Eco*R I 和 *Not* I 双酶切位点，优化 PCR 条件，扩增出 317bp 的目的条带，经测序并与 GenBank 上公布的人Ⅲ型胶原蛋白 α1 链基因序列比对，其相似性达 99.66%。同时，根据毕赤酵母的密码子使用情况，人工设计并合成了 317bp 的优化基因，将其和天然的人Ⅲ型胶原蛋白 α1 链三肽区基因分别与表达载体 pET-28a-连接，获得重组原核表达载体 pET-28a-ColⅢ（N）和 pET-28a-ColⅢ（A），将两个重组原核表达载体转入 BL21（DE3）菌中进行诱导表达，SDS-PAGE 电泳显示，在 13kDa 处出现蛋白质特异条带，与预期蛋白质大小相符，初步表明目的基因在原核细胞获得表达。同时将人Ⅲ型胶原蛋白的 α1 链三肽区基因和密码子优化的类人胶原基因插入毕赤酵母表达载体 pPIC9K 上，构建出酵母表达载体 pPIC9K-ColⅢ（N）和 pPIC9K-ColⅢ（A）。经测序无误后将重组质粒用 *Sac* I 线性化，分别电击转化毕赤酵母 GS115，验证整合情况，利用 0.5%甲醇浓度诱导其分泌表达，表达产物直接分泌到培养上清中，通过 SDS-PAGE 电泳分析，与对照相比，在分子质量约为 13kDa 处出现一条特异的蛋白带，且经密码子优化的重组子表达量高于含天然基因的重组子，培养基中目的蛋白表达量为 0.1g/L。在此基础上，哈尔滨工业大学 iGEM 2011 年参赛团队构建了根据嗜热链球菌密码子偏嗜性进行优化的胶原蛋白基因表达载体，包含了一个编码 101 个氨基酸的编码区，包括来自人胶原的α1链Ⅲ（*coL Ⅲα1*）、信号肽 *blpc* 和 His 标签（图 14-2），利用在嗜热链球菌 CNRZ1066 内发现的*blpc* 信号肽使胶原蛋白运输到细菌胞外，His 标签用于纯化胶原蛋白。电转化嗜热链球菌获得成功。

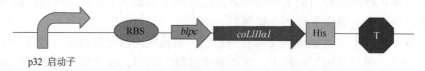

图 14-2　人类胶原蛋白基因乳酸菌表达载体构建

　　天然食品中也存在一些抗营养因子，如花生过敏原就是一种严重的食品过敏原，能引起最常见的可能威胁到生命的致敏反应。尽管普遍的引发过敏反应的阈值在 1 个花生仁左右，但痕量（0.1～10mg）也可能触发对花生的过敏反应。研究认为 Ara h1、Ara h2 和 Ara h3 是花生中 3 种很重要的蛋白质过敏原。Dodo 等研究发现，通过 RNA 干涉技术可以使花生中 Ara h2 的表达受到抑制，从而生产出低致敏源的花生。番茄中主要过敏蛋白包括 Lyc e1、Lyc e2 和 Lyc e3。Lyc e1 是一种前纤维蛋白，在真核细胞中广泛存在。植物前纤维蛋白又称为泛蛋白，广泛存在于芹菜、大豆、榛子、苹果、胡萝卜、番茄等食品及桦树、橄榄、豚草等多种植物花粉中。埃尔朗根纽伦堡大学 Lien Quynh Le MSc 等成功利用 RNAi 方法消除前纤维蛋白异构体。免疫分析显示，转基因番茄果实中 Lyc e1 为对照组的 1/10；Quynh Le MSc 也用 RNAi 方法对 Lyc e3 进行基因沉默，结果表明，转基因番茄果实中 Lyc e3 仅为野生果实的 0.5%。同时，用上述转基因果实提取物进行皮肤穿刺（SPT）实验表明，相对于野生型番茄过敏症状，80%番茄过敏症患者对转基因番茄过敏症状大大减轻。

（二）改良加工性能

　　啤酒制造中对大麦醇溶蛋白含量有一定要求，如果大麦中醇溶蛋白含量过高就会影响发酵，容易使啤酒混浊，也会使其过滤困难。采用基因工程技术，使另一蛋白质基因克隆到大麦中，便可相应地使大麦中醇溶蛋白含量降低，以适应生产的要求。在牛乳加工中如何提高其热稳定性是关键问题，牛乳中的酪蛋白分子含有丝氨酸磷酸，它能结合钙离子而使酪蛋白沉淀。现在采用基因操作，增加 κ-酪蛋白编码基因的拷贝数和置换，κ-酪蛋白分子中 Ala-53 被丝氨酸所置换，便可提高其磷酸化，使 κ-酪蛋白分子间斥力增加，以提高牛乳的稳定性，这对防止消毒奶沉淀和炼乳凝结起重要作用。在烘烤工业中，将含有地丝菌属 *LIPZ* 基因的质粒转化到面包酵母中，可以使面包蓬松，内部结构较均匀，优化了加工工艺。

二、改良发酵菌种

　　最早成功应用的基因工程菌是面包酵母菌。人们把编码麦芽糖透性酶及麦芽糖酶的基因转移至该食品微生物中，通过表达使该酵母含有的麦芽糖透性酶及麦芽糖酶的含量大大提高，从而在面包发酵过程中产生较多的 CO_2 气体，使面包膨发性能良好、松软可口。

　　酱油风味的优劣与酱油在酿造过程中所生成氨基酸的量密切相关，而参与该反应的羧肽酶和碱性蛋白酶的基因已被克隆并转化成功，在新构建的基因工程菌株中碱性蛋白酶的活力可提高 5 倍，羧肽酶的活力可大幅提高 13 倍，可有效提高酱油酿造过程中氨基酸的量。另外，在酱油酿造过程中，木糖可与酱油中的氨基酸反应产生褐色物质，从而影响酱油的风味。而木糖的生成与制造酱油用曲霉中木聚糖酶的含量和活力密切相关。现在，米曲霉中的木聚糖酶基因已被成功克隆。利用反义 RNA 技术抑制该酶的表达所构建的工程菌株酿造酱油，可大大抑制这种不良反应的进行，从而酿造出颜色浅、口味淡的酱油，以适应特殊食品制造的需要。双乙酰是影响啤酒风味的重要物质，当啤酒中双乙酰的含量超过风味阈值（0.02～0.10mg/L）时，就会产生一种令人不愉快的馊酸味，严重破坏啤酒的风味与品质。双乙酰是啤酒酵母细胞产生的 α-乙酰乳酸经非酶促的氧化脱羧反应自发产生的，去除啤酒中双乙酰的有效措施是利用 α-乙酰乳酸脱羧酶，但酵母细胞本身没有该酶的基因表达，因此利用转基因技术将外源 α-乙酰乳酸脱羧酶克隆到啤酒酵母中进行表达，可明显降低啤酒中双乙酰含量，从而改善啤酒风味。美国的 Bio-Technica 公司克隆了编码黑曲霉的葡萄糖淀粉酶基因，并将其植入啤酒酵母中，在发酵期间，由酵母产生的葡萄糖淀粉酶将可溶性淀粉分解为葡萄糖，这种由酵母代谢产生的低热量啤酒不需要增加酶制剂，且缩短了生产时间。

　　乳酸菌作为人和动物体内的正常菌群，具有诸多益生功能。随着分子生物学研究的深入，重组基因工程乳酸菌研究取得了较快进展。在构建表达外源功能性基因的重组基因工程乳酸菌、表达保护性抗原蛋白用以递呈黏膜免疫抗原的过程中，乳酸菌质粒载体起到了至关重要的作用。电转化技术的应用，简化了操作过程，推动了重组基因工程乳酸菌的研究与应用。在酸奶的制作与储存中存在着许多问题，其中后酸化问题在发展中国家冷链不健全的现实条件下显得尤为突出。在酸奶产品中，作为生物活性成分的保加利亚乳杆菌及嗜热链球菌可在商品出厂后继续产生乳酸，导致酸奶保质期缩短，产生消费者不可接受的口味，由此称为酸奶的后酸化。为减缓酸奶中球菌和杆菌，尤其是杆菌的不断产酸，哈尔滨工业大学 iGEM 2011 年参赛团队构建了根据保加利亚乳杆菌密码子偏嗜性进行优化的后酸化抑制调控表达装置，实现环境 pH 感知和抑制产酸两个功能。该系统有一个能感受外界 pH 并释放信号的 pH 传感器，同时有一套控制阻遏产酸的装置。传感器被设计成在 pH 降低至 5.5 或更低时释放信号，启动保加利亚乳杆菌产酸的阻遏装置。*rcfB* 启动子是一种极强的酸性诱导启动子，可在 pH 到达 5.5 时开启。在乳酸菌将乳糖转化为葡萄糖及乳酸的过程中，有两种位于乳糖操纵子中的重要的酶——乳糖通透酶和 β-半乳糖苷酶。在保加利亚乳杆菌中，乳糖通透酶（lac S）、β-半乳糖苷酶（lac Z）和阻遏物（lac R）的表达基因构成了乳糖操纵子本身。这三种 lac 操纵基因被连在一起，中间不含任何启动子。因此，阻遏基因可被绑定在位于上游的 *lac S* 基因的启动子区域，此时传到乳糖的通道就会被阻止。目前生产上使用的保加利亚乳杆菌自身的 *lac R* 基因已失活，因此通过 pH 诱导型启动子表达的 *lac R* 表达将切断产生乳酸的途径（图 14-3）。

三、研制特种保健品的有效成分

　　将一种有助于心脏病患者血液凝结溶血作用的酶基因克隆至羊或牛中，便可以在羊乳或牛乳中产生这种酶。1997 年上海交通大学医学遗传研究所与复旦大学合作研发的转基因羊的乳汁中就含有人的凝血因子，为通过动物大量廉价生产人类所需的新型功能性食品和药品迈出了重大的一步。2002 年，中国农业科学院生物技术研究所通过重组 DNA 技术选育出具有抗肝炎功能的番茄，人食用这种番茄后，可以产生类似乙肝疫苗的预防效果。此外，基因工程技术还可以用于提高食品中矿物质和天然存在的抗氧化维生素（维生素 A、维生素 C、维生素 E）等保健因子水平，这些物质可以减慢和阻止氧化作用，如在番茄和甜椒中大量存在

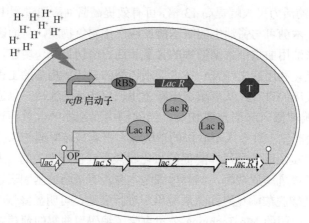

图 14-3　保加利亚乳杆菌后酸化抑制基因表达示意图

RBS：核糖体结合位点；T：终止子；OP：操纵基因；虚线表示基因失活

的番茄红素已经用转基因技术得到生产。

白黎芦醇（resveratrol，Res）是一种重要的植物抗毒素，具有抗癌、抗炎症、心血管保护等多种保健功能。然而，白黎芦醇在天然植物体内的含量非常低，用传统的提取方法得到的白黎芦醇成本很高，因此采用基因工程手段进行异源表达获取白黎芦醇是研究的热点。黄秀琴利用 PCR 和 RT-PCR 技术从花生'粤油 45'中克隆出白黎芦醇合酶基因的 DNA 和 cDNA 序列，并运用生物信息学的方法对其进行了序列分析；构建了含金针菇内源 *gPd* 启动子和白黎芦醇合酶基因（*RS*）的真核表达载体，并采用 PEG 介导法将该载体遗传转化金针菇原生质体。经 PCR 鉴定及 RT-PCR 验证，有 10 株转化子的基因组 DNA 中整合了外源 *RS* 基因，其中 2 株转化子在 mRNA 水平上转录表达 *RS* 基因。

花青素是一种安全的天然食用色素，同时是一类强效的自由基清除剂，具有抗氧化衰老、抗突变、抵御低温和紫外线伤害等多种生理功能，有预防和治疗 100 多种疾病的作用。但多数蔬菜、水果中的花青素含量并没有达到理想的水平，而且由于花青素不稳定、生产纯度低、效率低，严重限制了人们的使用，因此通过花青素代谢的分子调控和遗传改良，提高蔬菜水果中的花青素含量具有重要的意义。2008 年，Butelli 等将金鱼草调节基因 *Delila* 和 *Rosea 1* 连接果实特异型启动子后转入番茄中，获得了果实花青素含量显著提高的转基因植株，抗氧化能力是普通果实的 3 倍，在抗病试验中，易感癌症的突变体小鼠饲喂该番茄后寿命显著延长。Yu 等将玉米中的 P 和 C 转录因子构建为嵌合基因转入大豆，激活了整个花色素苷代谢途径，同时利用基因敲除使 *F3H* 基因沉默，将已经增加的代谢流量转到异黄酮合成途径中，从而提高了大豆种皮中异黄酮含量。Ambavararm 等将 *ANS* 基因在水稻 NP（Nootripathu）突变体中过表达，使花青素和黄酮含量升高，原花青素减少，在转化植物的稻壳、节间、叶鞘中有不同程度的花色素苷积累。

第二节　生物化学技术改进食品生产工艺流程

一、发酵工程技术代替单纯化学合成

基因工程、酶工程、生物量的转化等研究成果为生物技术注入了新的内容，使传统的发酵工艺焕发活力，赋予微生物发酵技术新的生命力，使微生物发酵制品的品种不断增加。目前，现代发酵工程技术已作为一种新兴的工业体系发展起来，已经应用到很多行业，如工业、农业、化工、医药、食品、能源和环境保护等。发酵工程技术与食品加工技术相结合，在开发新一代生物技术产品的同时，还对传统生产技术的改造做出很大贡献。发酵工程技术与传统生产工艺相比，具有节能、低成本、生产周期短、环境污染少等优点。下面简要介绍发酵工程技术在改造传统食品生产工艺方面的应用。

由于化学合成产率低、周期长，并且合成产品中往往含诱变剂，因此食品生产工艺正向着以微生物发酵代替化学合成的方向发展。最典型的就是使用双酶法糖化发酵工艺取代传统的酸法水解工艺，可提高原料利用率 10% 左右，已广泛应用于味精生产。

氨基酸最初是用酸水解蛋白质来获得。1956 年日本用发酵法生产谷氨酸获得成功后，氨基酸的发酵生产得到快速发展。绝大部分氨基酸已经能用发酵法或酶法生产，仅少数氨基酸用提取法或化学合成法生产。直接发酵法按照使用菌株的不同可分为野生型菌株发酵、营养缺陷型突变株发酵、抗氨基酸结构类似物突变株发酵、抗氨基酸结构类似物的营养缺陷型菌株发酵和营养缺陷型回复突变株发酵 5 种。

目前，谷氨酸生产菌主要是棒状杆菌属、短杆菌属、小杆菌属及节杆菌属中的细菌，它们在分类系统中彼此比较接近，在形态及生理方面仍有许多共同的特征：①细胞形态为球形、棒形以至短杆形；②革兰氏染色阳性，无芽孢，无鞭毛，不能运动；③都是需氧型微生物；④都是生物素缺陷型；⑤脲酶强阳性；⑥不分解淀粉、纤维素、油脂、酪蛋白及明胶等；⑦发酵中菌体发生明显的形态变化，同时发生细胞膜渗透性的变化；⑧CO_2 固定反应酶系活力强，异柠檬酸裂解酶活力欠缺或微弱，乙醛酸循环弱，α-酮戊二酸氧化能力缺失或微弱，柠檬酸合成酶、乌头酸酶、异柠檬酸脱氢酶及谷氨酸脱氢酶活力强，还原型辅酶 Ⅱ 进入呼吸链能力弱；⑨具有向环境中泄漏谷氨酸的能力；⑩不分解利用谷氨酸，并能耐受高浓度的谷氨酸，产谷氨酸 5% 以上。

谷氨酸发酵是一个复杂的生化过程，野生型谷氨酸产生菌不能在体外大量地积累谷氨酸，故生产上常采用代谢调节异常化的细菌为菌种。这些菌种对环境因素的变化非常敏感，易受环境因素影响，如发酵培养基配比（尤其是生物素和磷酸盐含量）、温度、溶解氧、pH、NH_4^+ 浓度等。必须严格控制谷氨酸产生菌的发酵过程，才能够将糖转化成谷氨酸，且产生只有极少量的副产物；否则，几乎不产生谷氨酸，反而得到较多的副产物，如乳酸、琥珀酸、丙氨酸等。

目前，赖氨酸的工业化生产也可以通过直接发酵法实现。所使用的菌种为谷氨酸生产菌经人工诱变而获得的各种突变株，主要为短杆菌属中的黄色短杆菌、乳糖发酵短杆菌和棒杆菌属中的谷氨酸棒杆菌。

赖氨酸生产菌根据表现型可分为营养缺陷型、敏感型、抗结构类似物突变株（代谢调节突变株）及其组合型等。营养缺陷型主要有谷氨酸棒杆菌、黄色短杆菌的高丝氨酸缺陷型、甲硫氨酸和苏氨酸缺陷型菌株，还有乳糖发酵短杆菌、产氨短杆菌等；敏感型菌株有黄色短杆菌的苏氨酸和甲硫氨酸敏感突变株；组合型菌株主要有这三种细菌的高丝氨酸、丙氨酸、亮氨酸等缺陷型加抗 AEC 或抗 AEC＋AHV 及氟基丙酮酸敏感突变株。在生产上有实用价值的菌株几乎都是组合型菌株。

食用色素分为化学合成色素和天然色素两大类。化学合成色素虽然具有色泽鲜艳、着色力强、稳定性好、无异味、易溶解、调色品质均一、成本低廉等优点，但是经过几十年的应用验证，发现尽管其添加量很少，还是存在一定的安全性问题。随着社会的发展和人们的卫生、健康意识的加强，天然色素将是今后食用色素的发展方向。天然色素主要来源于两方面：从植物中抽提和用微生物发酵法制取。前者由于气候、产地、原材料等问题发展较为缓慢，而后者则不受气候、土地条件等制约，成为食用色素发展的主流。但目前也存在一定问题，如与化学合成相比，色素质量、稳定性及生产线成本等问题尚需研究解决。因此，采用微生物发酵法生产的食用色素，目前仅有红曲红色素和β-胡萝卜素两种。

1932 年，Kawa 首次从紫色红曲霉（*Monascus purpureus*）培养发酵物中分离结晶出黄色和红色色素晶体。1993 年，郭东川等从红色红曲霉（*M. ankasato*）发酵产物中分离提纯出两种色素，并做了相关的结构鉴定，确定其为新的红曲色素。根据食品工业发展，科学家分离纯化出多株适合发酵生产的红曲霉菌种。As3.913、As3.914、As3.973、As3.983 这 4 种菌种产红色素能力较强。

红曲色素应用于火腿、香肠、酱类等食品作为防腐发色剂，可代替亚硝酸盐。此外，在糖果、果汁、冷饮、药片糖衣等染色上，效果良好。

β-胡萝卜素的植物来源主要是胡萝卜、番茄等。从植物原料中提取的β-胡萝卜素着色力差，且成本高、工艺复杂。因此，人们将研发目光转向微生物发酵。1990 年，Nattell 等用甘蔗汁发酵培养红酵母（*Rhocbtorula glutinis*）生成β-胡萝卜素。1989 年，张素琴等研究采用分枝杆菌菌种 Cr-1（*Mycobacterium* sp.）生产β-胡萝卜素，产量可达 280mg/L。由真菌发酵产生β-胡萝卜素主要有两种菌株，一种是布拉克须霉菌（*Phycomyoces blakeskeamis*），生成β-胡萝卜素产量较低，仅有 2.6mg/L；另一种是三孢布拉氏霉菌（*Blakeslea trispora*），产量较高，可达 0.8g/L。后者是工业化生产的菌种。此外，目前国际上实验室水平生产β-胡萝卜素已达到 3～3.5g/L。

目前，发酵工程技术还在食品添加剂和生物活性物质的生产中得到广泛应用。例如，油脂的生产可以用粘红酵母 GLR513 发酵实现，发酵产物中油脂含量高，其中不饱和脂肪酸含量也较高；用热带假丝酵母生产木糖醇，产量高，且无乙酸盐及化学提取残留物；利用链球菌和乳酸菌生产 γ-氨酪酸；经过生物发酵制备的这些物质往往具有化学合成不可比拟的优越性。今后发酵工程技术在保鲜剂、香料香精、防腐剂等领域的应用还有待开发。

二、基因工程菌的获得提高了发酵水平

随着发酵工程技术在食品工业中的应用范围不断扩大，人们对发酵水平和发酵食品质量的要求也越来越高。因此，科学家将一些用传统方法无法培育出来的性状通过基因工程的手段引入微生物，提高发酵生产水平，进而改进食品的生产工艺和流程、生产食品添加剂和功能食品等。

在发酵工业中，常用的传统改良发酵菌株的方法有诱变、杂交和原生质体融合等。而基因工程技术的引入，为优良菌株的获得提供了新途径，给发酵工业带来生机。通过基因工程技术改性，微生物可以表达目的基因而生产出"基因工程菌"，再通过发酵工业大量生产各种新产品，进而提高整体发酵水平。微生物具有良好的遗传变异性及生理代谢的可塑性，利用基因技术对其进行改进开发具有很大的潜力。最早成功应用的基因工程菌是面包酵母菌，科学家通过基因技术将编码麦芽糖透性酶及麦芽糖酶的基因引入该酵母菌，该酵母可在面包发酵过程中产生较多的 CO_2 气体，改善面包膨发性，使面包松软可口。基因工程改造后的面包酵母菌可在面包烘焙过程中被杀死，不存在食品安全性问题。

在啤酒发酵生产工艺中，使用的传统啤酒酵母菌种中不能分泌α-淀粉酶，需要利用大麦芽中产生的α-淀粉酶来水解淀粉成糊精，反应过程复杂。基因工程菌生产α-淀粉酶是目前人们研究最多的课题，美国科尔德（CPC）国际公司的 Moffet 研究中心，已成功地采用基因工程菌生产了α-淀粉酶。

美国的 Bio-Technica 公司成功克隆了编码黑曲霉的葡萄糖淀粉酶基因，并将其用于啤酒酵母。研究结果发现，利用该种啤酒酵母发酵过程中，会产生葡萄糖淀粉酶将可溶性淀粉分解为葡萄糖，这种由酵母代谢产生的低热量啤酒不需要增加酶制剂，且缩短了生产时间。现在的基因工程技术已经可以将大麦中α-淀粉酶基因转入啤酒酵母，这种酵母可以直接利用淀粉进行发酵，省去了大麦芽生产α-淀粉酶的过程，缩短了生产流程，可推动啤酒生产的技术革新。

乙醇的生产一般是通过酵母发酵，但酵母菌中不含有淀粉酶或纤维素酶，不能直接利用淀粉和纤维素等原料，所以乙醇的生产必须经过糖化和发酵两个阶段。为了简化发酵工艺过程，人们采用生物技术改造酵母菌的功能，使其具有直接利用淀粉或纤维素发酵生产乙醇的能力。例如，将淀粉酶基因或者纤维素酶基因通过 DNA 体外重组、克隆到酵母中表达，使酵母细胞可以直接利用淀粉或者纤维素；还可以采用细胞工程，将淀粉酶或者纤维素酶分子与酵母细胞表面的位点结合，将酶与酵母细胞结合在一起，用于发酵乙醇。此外，还可以利用基因工程技术将霉菌的淀粉酶基因转入大肠杆菌，并将此基因进一步转入单细胞酵母中，使之直接利用淀粉生产乙醇，这样可以简化乙醇生产工序，节约能源，并大大缩短生产周期。

乳酸菌在食品发酵生产中起着非常重要的作用，不仅能够改变食品的食用特性，还可以作为肠道益生菌在人类健康方面做出有益贡献。利用现有的分子和遗传学技术可以从多方面对这些菌株进行修饰和改造，开发和研制出各种乳酸菌新菌种，以便更好地控制传统的发酵生产过程，生产出具有高营养价值的新产品。基因工程乳酸菌在将来也可以应用在与食品相关的一些产品的生产中，如营养滋补药品或其他的食品添加剂（如气味化合物和酶类）。

过去氨基酸生产都采用动植物蛋白提取和化学合成法生产，而采用基因工程和细胞融合技术生成的"工程菌"进行发酵，其生产成本下降、污染减少、产量可成倍增加。

此外，运用基因工程技术，提高葡萄糖异构酶、纤维素酶、糖化酶等酶活力的研究也取得了一定的成绩。

三、生物工程下游技术的应用

生物工程下游技术也叫作下游工程（down stream processing）或生物活性物质分离纯化（separation and purification of bioactive substances），是指从细胞工程、发酵工程和酶工程产物（发酵液、培养液）中，从基因工程获得的动植物和微生物的有机体或器官中把目标化合物分离纯化出来，使之达到商业应用目的的过程。

一般情况下，生物工程技术（基因工程、细胞工程、发酵工程和酶工程）的产物必须经过分离工程才能得到高纯度的产品。因此，生物工程下游技术是生物技术产业工业化的必不可少的重要组成。生物工程下游技术也是生物制品成本构成中的主要部分，在生产成本中占总成本的50%以上。而且在原料中目的产物的浓度越低，分离工程的人力、物力投入也就越大，产品的价格也就越高。因此改进分离工程是生物技术产业降低生产成本和提高经济效益的关键。通过改进工艺路线和技术参数有可能较大幅度地减少分离过程中目的产物的损失，提高回收率，增加经济效益。

生物工程下游技术的特点：①目标成分浓度低。下游工程的原料通常是发酵液或培养液，目标成分在原料液中的含量低于 10%。②成分复杂。发酵液中含有细胞、代谢产物和培养基等多种成分多相体系，黏度较大，固液分离较困难。③目标产品纯度要求高。④安全问题。在纯化过程中会使用有机溶剂甚至会使用有毒有害物质，在最终产品中应设法去除，并检测残留量，保证产品质量安全。

下游加工过程的上述特点使得该过程成为许多生物工程技术生产中最重要、成本费用最高的环节。下游处理的经济成本过高往往成为发酵生产投入工业化生产的障碍。因此，下游加工技术越来越引起人们的重视。下游加工过程由许多化工单元操作组成，通常可分为原料的预处理、固液分离、初步纯化、精细纯化及成品加工等阶段。

1. 原料的预处理

原料的预处理是下游工程的第一个步骤。预处理的目的是改善原料液的性质，为下一步分离纯化提供便利。生产提供生物工程技术下游工程的原料包括发酵液和培养液，以及基因工程获得的动物、植物、微生物的有机体或器官。其中，发酵液和培养液仍是下游工程的主要原料。这些主要原料成分相当复杂，有目标产物、微生物菌体、残存的培养基、微生物的代谢产物等。发酵液呈悬浮液状态，悬浮物颗粒小，浓度低，液相黏度大，性质不稳定。因此，应及时处理发酵液，否则会增加分离纯化的难度，甚至使目标成分失活。如当目标成分是初级代谢产物时，应选择处于生长对数期的微生物菌体。

2. 固液分离

原料发酵液经预处理后立即进行固液分离。如果目的产物为胞外产物，应保留液相部分；如果目的产物为胞内产物，则固相部分应保留。固相部分经细胞破碎后，必须将目的产物转移至液相部分，才能以液相部分为对象进一步开展分离纯化。细胞破碎方法有机械、生物和化学法，大规模生产中常用高压匀浆器和球磨机。固液分离过程包括离心、过滤等单元操作，是下游工程的关键问题。细菌和酵母菌的发酵液一般采用离心分离，常用的离心设备有高速冷冻离心机、蝶片式离心机、管式离心机和倾析式离心机等；霉菌和放线菌的发酵液一般采用过滤分离。

3. 初步纯化

经预处理及固液分离和细胞破碎以后，目标产物存在于液相中，此液相仍是一个混合物。液相中含有大量的杂质，既有大分子，也有小分子；既有有机化合物，也有无机化合物。因此，必须通过初步纯化的多项单元操作，把目的产物与大部分杂质分离开来，使杂质数量低于目的产物的数量，供精细加工之用。初步纯化的单元操作有萃取、吸附、沉淀、超滤等，大多数情况下只使用其中的一种操作。其中，萃取适用于目标物质在发酵液或提取液中的浓度较低的情况。萃取包括溶剂萃取、超临界流体萃取、双水相萃取、反胶束萃取、凝胶萃取等。溶剂萃取和超临界萃取用于小分子物质的萃取，双水相萃取和反胶束萃取用于蛋白质等大分子的萃取。对于小分子物质如抗生素等可用吸附法，常用的吸附剂有活性炭、白土、树脂等。沉淀法则广泛用于蛋白质提取中，根据蛋白质的性质，可采用盐析、等电点沉淀、有机溶剂沉淀和非离子型聚合物沉淀等方法。超滤法是利用一定截留分子质量的超滤膜将小分子物质提取中的大分子杂质除去或用于大分子提取中的脱盐浓缩等。

4. 精细纯化

发酵液经预处理、固液分离和初步纯化以后，液体的体积大大缩小，杂质含量大大下降。为提高产品纯度和质量，必须采用精细纯化技术。此时液相中杂质的物理化学性质已经与目的产物十分接近，继续采用初步纯化技术已经无法实现分离目的，因此要求采用一些特殊的高新技术把杂质和目的产物进一步分离开来。目前，常用的精细纯化技术包括层析、电泳、分子蒸馏等。

层析技术在下游工程中有着极广泛的应用。常见的层析分离有纸层析、薄层（平板）层析、柱层析三种，纸层析和薄层层析操作简便，分辨率高，但分离量太少，因而主要用于定性和定量分析。柱层析进样量大，回收容易，因而主要用于分离纯化，当然也可用于定性定量分析。大分子物质如蛋白质等的精细纯化可用层析分离，利用物质在固定相和流动相间分配情况不同，进而在层析柱中的运动速度不同，达到分离的目的。层析分离根据分配机制分类，可分为凝胶层析、离子交换层析、聚焦层析、疏水层析、亲和层析等类型。近年来柱层析发展很快，使用最广的有凝胶层析、亲和层析和制备型高效液相色谱 3 种。

电泳和层析技术一样，最初仅仅用于定性分析，后来才逐步用于分离纯化，分离规模也逐步提高。以蛋白质电泳为例，电泳分离的原理是根据蛋白质分子在电场中的移动方向和速度的差别，实现不同蛋白质分子的分离。蛋白质在一定的 pH 缓冲液中，或带正电，或带负电，或在等电点时不带电。在电场作用下，带正电荷的蛋白质移向负极，带负电的蛋白质移向正极，处于等电点的蛋白质不移动。电泳技术有凝胶电泳、等电点聚集电泳和制备型连续电泳等。

蒸馏是利用液体混合物中各种组分挥发力的不同而进行的一种分离提纯技术，如乙醇蒸馏。但当混合物中目的产物的挥发性与杂质的挥发性很接近时，或者目的产物的热稳定较差时，使用一般的蒸馏无法实现分离时，必须采用分子蒸馏技术。分子蒸馏是在高度真空条件下进行蒸馏操作，从而降低蒸馏时所用的温度，避免目的产物的热失活。液体物料一到蒸发器表面，立即被加热蒸发，在不产生气泡的情况下实现相变，缩短了物料的受热时间。分子蒸馏缩短了蒸发器表面与冷凝器表面之间的距离，仅 2～5cm，气体分子一离开蒸发面即被冷凝器表面捕捉，大大提高了蒸馏的效率。这需要蒸馏时蒸发面和冷凝面必须维持一定的温度差，一般为 100℃。

5. 成品加工

经提取和精制后，根据产品应用要求，有时还需要浓缩、无菌过滤、干燥、加稳定剂等加工步骤。

浓缩用于提高液相中溶质的浓度，为结晶和干燥做准备。浓缩方法的选择应视目标产物的热稳定性而定。常用的方法有升膜或降膜式的薄膜蒸发或者膜过滤的方法。降膜蒸发可用于蒸发浓度和黏度较高的溶液，但不适用于易结垢或结晶的溶液。对于热不稳定的生物大分子常用冷冻浓缩、葡聚糖凝胶浓缩、超滤浓缩等方法。大分子溶液可用超滤膜过滤，小分子溶液可用反渗透膜过滤进行浓缩。

为便于储存、运输和使用，大多数生物工程的最终产品都是以固态形式出现的。如果最后要求的是结晶性产品，则需要进行结晶单元操作。只有当溶质在溶液中达到一定纯度和浓度要求后方能形成晶体，而且纯度越高越容易结晶，如纯度低于 50%，蛋白质和酶就不能结晶，因此结晶往往说明制品的纯度达到了一定的水平。在下游工程中要求晶体有规则的晶形、适中的粒度和大小均匀的粒度分布，以便于进行洗涤、过滤等操作步骤，提高产品的总体质量。

生物制品的含水量应按国家标准或企业标准严格控制，一般控制在 5%～12%。因此，干燥操作是必不可少的。干燥通常是固体产品加工的最后一道工序。干燥常用气流干燥、喷雾干燥和冷冻干燥等方法。气流干燥常用的干燥介质为不饱和热空气或过热氮气。气流干燥所需设备简单、热效率高，操作简便，但易使热敏性目标产物受热变性和氧化，也不适用于黏稠度大的物料的干燥。喷雾干燥适合热不稳定产品的干燥，具有干燥速度快、干燥温度低、操作简单的特点。经过喷雾干燥制得的产品分散性、溶解性较好，如奶粉、速溶咖啡等食品的加工都采用这种方法。冷冻干燥适用于热敏性物质的干燥，能保持活性不变，但设备投资较大、能耗大，生产成本较高。

第三节　生物化学技术对新产品开发的作用

一、新的酶种的开发

酶的结构与功能有着密不可分的关系。因此，改进酶法催化活性和设计新酶的基础就是研究酶的结构和功能。以基因手段及蛋白质点突变修饰改进酶的特性及设计新酶种的基础在于对自然酶精确的静态及动态结构与催化功能的深入认识，也依赖于对基因模板分子结构与蛋白质合成机制的全面了解。

基因工程酶对重要实用性的酶进行基因突变、重组、克隆与高效表达，构建优良的工程菌，以及酶的分子设计与点突变化学修饰，以改造酶的结构组分、活性、稳定性、特异性及催化功能等，开辟了生物技术方法发展酶新用途的主流方向。凝乳酶（chymosin）是第一个应用基因工程技术把小牛胃中的凝乳酶基因转移至细菌或真核微生物生产的一种酶。1990年，美国 FDA 已批准在干酪生产中使用。由于这种酶生产寄主基因工程菌不会残留在最终产物上，符合安全的基因工程受体系统（Generally Recognized as Safe，GRAS）标准，被认定是安全的，不需要标识。开发工业用基因工程酶，如美国公司用重组 DNA 技术发展高稳定性的、高活力的脂肪酶可应用于去污工业。针对我国酶工业及医药工业的重大应用问题，我国已开展了有α-淀粉酶适合于乙醇发酵的基因工程菌，α-淀粉酶基因克隆到枯草杆菌中得到表达。此外，我国还开展了多聚糖酶、青霉素酰化酶、超氧化物歧化酶、凝乳酶、聚酮合成酶、色氨酸合成酶、硫霉素生物合成酶、溶菌酶等的研究工作。在 21 世纪，我们应认真选择一些具有重大应用前景、酶源少又有特殊用途的酶进行基因改良，使其在环境治理、药物合成等方面发挥作用。

用定点突变、化学修饰技术改进工业、医药、环境用酶的催化特性与功能是引发人们高度关注的研究领域。例如，对丝氨酸蛋白酶的定位突变或活性部位导向性化学修饰，改善了酶的稳定性及氨解/水解的值，使酶催化适合于药物多肽的合成，其稳定性提高了 300 倍，活力提高了 5 倍。我国也进行了以医用为主的蛋白质或酶的蛋白质工程，如胰岛素、尿激酶原、天花粉蛋白、胰蛋白酶及其抑制剂、枯草杆菌蛋白酶、凝乳酶、葡萄糖异构酶及金属硫蛋白等。定点突变技术只对某些氨基酸残基进行替换，删除、添加或修饰，但并不能从根本上改变酶的高级结构，对酶功能的改建存在一定局限性，而在认识基因组功能、进行基因位点突变并通过多代遗传后，将会构建出非天然的全新设计功能酶和蛋白质。此外，利用 PCR 扩增技术，也可进行重组筛选和传代获得全新结构的功能酶。例如，开发在非水溶剂中催化的工程酶，就是一个新的挑战。

抗体（antibody）是抗原物质刺激下所形成的一类能与抗原特异结合的血清活性成分，又称为免疫球蛋白（Ig）。抗体具有种类多和较高的亲和力的优点，但没有催化活性。若能赋予抗体以酶的催化活性，无疑使酶的品种大量拓展。要真正把抗体变成酶，还需要技术上的支持，单克隆技术的问世为抗体酶的设计奠定了基础。抗体酶的制备方法有诱导法、引入法、拷贝法、化学修饰法、分子印迹法、基因工程法等。

基因工程技术在酶种的开发方面具有很大的发展潜力。随着 DNA 重组技术的发展，抗体技术已从基因工程发展到噬菌体展示技术。将全套抗体重链和轻链可变区的基因克隆出来，重组到原核表达载体，通过大肠杆菌直接表达有功能的抗体功能片段，从中筛选特异性的可变区基因。再利用 PCR 技术，克隆出全套免疫球蛋白的可变区基因，并从大肠杆菌筛选出抗体分子片段。

从基因工程技术组合抗体库中筛选有活性的抗体，彻底改变了传统的抗体酶制备途径。单链抗体是用基因工程方法将抗体的重链可变区和轻链可变区通过一段连接肽连接而成的重组蛋白，是具有结合抗原特异性的最小抗体片段。单链抗体不仅保留了原抗体的特异性和亲和力，而且相对分子质量小，易透过组织膜，免疫原性低，稳定性好，具有很大的应用前景。

目前，不断发展的噬菌体展示技术、核糖体展示技术和 mRNA 展示技术，为单链抗体的制备提供了条件，使抗体酶的制备和性能的改良进入新的阶段。将重组的单链抗体和不同范围的分子融合，这些分子包括用于前药治疗的酶、癌症治疗中产生的毒素、基因治疗中引入的病毒等，具有广泛的应用前景。

近年来，在生产实践中，需要一些极端环境条件下能够具有高催化活性的酶。因此，人们从生产需要出发，研发在极端环境条件下生长的微生物内的酶种。其中主要研究嗜热微生物、嗜冷微生物、嗜盐微生物、嗜酸微生物、嗜碱微生物、嗜压微生物等。目前，人们已经发现能够在 $250\sim350℃$ 条件下生长的嗜热微生物，能在 $-10\sim0℃$ 生长的嗜冷微生物，能够在 1000 个标准大气压下生长的嗜压微生物等。这就为新酶种的开发和酶新功能的开发，提供了广阔的空间。其中对嗜热微生物研究最多，耐高温的 α-淀粉酶和 DNA 聚合酶等已经获得了广泛的应用。

二、新的食品添加剂的开发

随着食品工业的发展和人们生活水平的提高，人们对食品的种类和质量的要求也越来越高，其中包括改善食品的色、香、味等方面的要求。因此，食品添加剂在食品加工中的作用更加显著。最初的食品添加剂基本上是从天然物质中提取的，可是由于技术的原因，从天然物质提取的食品添加剂成本高、产量低，远远不能适应食品工业化生产的要求。随着化学工业特别是合成化学工业的发展，食品添加剂的生产进入一个新的快速发展阶段，许多人工合成的化学品如着色剂等相继用于食品加工。但是到了 20 世纪中期发现有些人工合成的食品添加剂会给人类健康带来严重危害，并由此引发了人们对食品添加剂生产和使用的强烈关注。生产成本低、质量安全的食品添加剂，成为食品添加剂研究的热门课题。

很多传统的食品添加剂本身有很好的使用效果，但是由于制备过程烦琐，造成产品成本高，价格昂贵，应用受到了限制。这就迫切需要采用一些高效节能的高新技术。

利用现代发酵技术开发门类丰富的食品添加剂，如甜味剂（木糖醇、甘露醇、甜味多肽等）、风味剂（核苷酸、琥珀酸钠、香茅醇）、生物活性添加剂（保健活菌、活性多肽、超氧化物歧化酶抑制因子等）、氨基酸、酸化剂、酶制剂、维生素、色素等。

例如，天冬氨酰苯丙氨酸甲酯是一种低热的新型二肽甜味剂，其甜度是蔗糖的 200 倍，特别适用于糖尿病患者。它是以苄氧基羰基-L-天冬氨酸和 L-苯丙氨酸甲酯为原料，在有机溶剂中，利用固定化耐热中性蛋白酶催化合成反应，然后用钯碳催化氢解反应而制得。又如，青柑橘中含有 10%～20% 的橙皮苷，经过抽提分离后，用黑曲霉橙皮苷酶水解橙皮苷，除去分子中的鼠李糖，然后再在碱性溶液中水解、还原，便制得一种比蔗糖甜 70～100 倍的橙皮素-β-葡萄糖苷二氢查耳酮。它是一种安全、低热的甜味剂，但是溶解度很低（仅 0.1%），没有实用价值。如果将此物与淀粉溶液混合，利用环糊精葡萄糖基转移酶催化偶联反应，生产出的橙皮素二氢查耳酮-7-麦芽糖苷，其甜度不变，但溶解度提高 10 倍。

氨基酸是人体和动物的重要营养物质，具有重要的生理功能。在食品工业中，氨基酸可作为呈味物质，如甘氨酸、丙氨酸具有甜味，天冬氨酸、谷氨酸具有酸味，谷氨酸钠、天冬氨酸钠具有鲜味，它们都可作为食品添加剂。而赖氨酸、甲硫氨酸等是人体必需氨基酸，加入食品中可以提高食品的营养价值。因此，氨基酸的生产具有重要意义。

氨基酸的制备方法也有了广泛的发展。氨基酸的制备有多种途径，主要有蛋白质酸水解、化学合成和生物发酵法三种方法。传统的蛋白质水解和化学合成法由于工艺复杂、成本高，难以达到工业化生产的目的。现在发酵法生产氨基酸已经有 20 多种，已经成为氨基酸生产的主要途径。

我国常使用的生产菌株是北京棒杆菌 AS1. 299、北京棒杆菌 D110、钝齿棒杆菌 AS1.542、棒杆菌 S-914 和黄色短杆菌 T6-T13 等。在已报道的谷氨酸生产菌中，除芽孢杆菌外，虽然它们在分类学上属于不同的属种，但都有一些共同的特点，如菌体为球形、短杆至棒状、无鞭毛、不运动、不形成芽孢、呈革兰氏阳性、需要生物素作生长因子、在通气条件下培养产生谷氨酸。

谷氨酸发酵合成途径如下：葡萄糖经糖酵解（EMP 途径）和己糖磷酸支路（HMP 途径）生成丙酮酸，再氧化成乙酰 CoA，然后进入三羧酸循环，再通过乙醛酸循环、CO_2 固定作用，生成 α-酮戊二酸，α-酮戊二酸在谷氨酸脱氢酶的催化作用下生成谷氨酸。

味精的化学名称为谷氨酸钠，是通过对谷氨酸的进一步加工制得的具有特别鲜味的调味品。味精的生产工艺主要包括以下步骤：中和，谷氨酸与氢氧化钠或碳酸钠发生中和反应，控制反应条件，形成谷氨酸单钠盐；脱色和除铁，通常用活性炭来脱色，用离子交换树脂来除铁；浓缩和结晶，采用减压浓缩工艺进行浓缩后，进入结晶过程；干燥和包装，谷氨酸钠晶体需要经过干燥后，配上精盐即可包装成味精成品。

L-赖氨酸是人体的必需氨基酸，可以促进儿童发育，增强体质，已被广泛应用于食品强化剂。赖氨酸发酵生产的碳源来源丰富，一般是玉米淀粉水解后制得。常用的氮源一般是硫酸铵和氯化铵。用于生产赖氨酸的生产菌主要有两大类：一类为酵母菌，如假丝酵母、隐球酵母等；另一类是细菌，多以谷氨酸生产菌为出发菌通过诱变制得，如谷氨酸棒杆菌、黄色短杆菌和乳糖发酵短杆菌的各种突变株。由于酵母菌体内的赖氨酸的生物合成产率要低于细菌类的，因此目前的赖氨酸发酵生产都是采用细菌为生产菌种。

其他氨基酸不同，赖氨酸的生物合成途径因微生物的种类而异。例如，由细菌生物合成赖氨酸，需天冬氨酸经过反应合成二氨基庚二酸，进而合成赖氨酸；而酵母的赖氨酸合成途径需天冬氨酸经过反应合成 α-氨基己二酸，再合成赖氨酸。而且不同的细菌中，生物合成调节机制不同。

苏氨酸作为食品添加剂广泛应用于饲料工业、保健食品和医药工业。苏氨酸的需求量随赖氨酸产量的增加而逐年上升。苏氨酸的制备方法以发酵法最为先进。用于苏氨酸直接发酵的生产菌主要有大肠杆菌、黏质沙雷氏杆菌和短杆菌三类。L-苏氨酸发酵均采用基因工程菌生产。当然，这些菌株都是具有营养缺陷型或抗性的突变株，如丙氨酸、甲硫氨酸营养缺陷型；抗苏氨酸、赖氨酸结构类似物突变株。同时多重缺陷型和结构类似物抗性相结合的突变株能增加产苏氨酸的能力。

L-缬氨酸是人体必需氨基酸，同时又是三种支链氨基酸（缬氨酸、异亮氨酸、亮氨酸）之一，因其特殊的结构和功能，在人类生命代谢中占有特别重要的地位。L-缬氨酸主要用于配制复合氨基酸制剂，特别是应用于高支链氨基酸输液。由于近年来发现 L-缬氨酸是一种高效免疫抗生素的原料，使用量猛增。因此，发酵法生产 L-缬氨酸有广阔的市场。缬氨酸的生物合成是：由丙酮酸生成α-乙酰乳酸，再经还原脱水得到α-酮基异戊酸，最后生成缬氨酸。其中异亮氨酸与缬氨酸除氨基酸脱水酶外，其他酶是公共的，因此选育的突变株应该是缬氨酸结构类似物突变株及异亮氨酸营养缺陷型突变株。

异亮氨酸、亮氨酸分子中均有甲基侧链，两者化学性质相近，与其他氨基酸一样，广泛应用于食品、医药行业。异亮氨酸的发酵方法有两种：添加前体发酵法和直接发酵法。其中，添加前体发酵法生产异亮氨酸的关键酶是苏氨酸脱水酶，该酶受异亮氨酸的反馈抑制，而且异亮氨酸、缬氨酸的合成酶系还受异亮氨酸、缬氨酸、亮氨酸的多价阻遏，所以在发酵时添加 D-苏氨酸、α-氨基丁酸等前体，可以解除抑制作用和阻遏作用，从而大量积累异亮氨酸。

利用生物技术生产多糖类的食品添加剂也成为一种研究新趋势。

黄原胶（xanthan gum）是黄单孢杆菌（*Xanthomonas campestris*）发酵产生的细胞外杂多糖。在食品工业中可用作增稠剂、稳定剂，是一种新型的食品添加剂。目前，黄原胶的生产多采用发酵法。目前发现，可用于发酵生产黄原胶的菌种有甘蓝黑腐病黄单胞杆菌、锦葵黄单胞杆菌、胡萝卜黄单胞杆菌、木薯萎蔫病黄单胞杆菌、美人蕉枯叶黄单胞杆菌等。

结冷胶（gellan gum）是一种新型微生物多糖，其具有比黄原胶更为优秀的凝胶性能，如凝胶形成能力强、透明度高、稳定性强、不需要加热或稍微加热即可形成凝胶等，而且形成凝胶的温度和速度可根据需要在一定范围内变动。因此，结冷胶也可广泛用作食品添加剂。

结冷胶的原始生产菌是少动鞘脂单胞菌，但生产能力较低。之后，有人对菌种进行筛选，选出两种结冷胶生产菌 DSM6314 和 DSM6318，使发酵产胶能力提高 4～5 倍。

茁霉多糖是由出芽短梗霉（*Aureobasidium pullulans*）菌体分泌的一种黏性多糖。由茁霉多糖制成的包装膜具有较强的隔气性能，能很好地阻止氧气对食品的作用，可用于包装肉干制品、方便面、果仁等。茁霉多糖也可作为水果的涂膜保鲜剂，可以延长这些产品的保质期。此外，茁霉多糖可作为许多食品的品质改良剂。例如，茁霉多糖可明显提高肉制品的黏弹性、口感和持水性。在豆腐中添加茁霉多糖，可以保持大豆的香味，使豆腐的光泽、弹性好，且易于脱模。茁霉多糖还可应用于糕点、面包及米面制品，可防止这些淀粉老化，延长保鲜期。

目前，利用微生物发酵生产的食品添加剂还有维生素、增香剂、色素等。发酵工程生产的天然食品添加剂正逐步取代人工合成的食品添加剂，这也是现今食品添加剂研究的方向。

三、新的功能性食品的开发

（一）功能性低聚糖的制备

功能性低聚糖不能被人体吸收，但能促进人体肠道内双歧杆菌的增殖，抑制腐败菌的生长，减少有毒发酵产物的产生，促进人体健康。因此，在许多食品中，往往会添加一定量的功能性低聚糖，增加食品的保健功能。随着酶技术的迅速发展，酶在功能性低聚糖的制备中发挥着越来越重要的作用。

1. 低聚果糖

低聚果糖的主要成分是蔗果三糖和蔗果四糖，在人体中不被唾液、消化道、肝、肾中的 α-葡萄糖苷酶水解，是一种膳食纤维，使肠道中的双歧杆菌增殖，增加机体免疫力，降低血脂。低聚果糖生产中一个关键的问题是果糖转移酶的选择。工业生产上采用的果糖转移酶通常由霉菌来发酵生产。研究发现，蔗糖经黑曲霉 β-果糖基转移酶作用，可生成蔗果三糖、蔗果四糖、葡萄糖及果糖的混合物。

2. 异麦芽糖

异麦芽糖具有良好的保湿性、结晶性、甜度，可防止淀粉老化、防止龋齿，具有一定的双歧杆菌增殖效果，是一种良好的功能低聚糖。

异麦芽糖生产中最关键的酶是 α-葡萄糖苷酶，可从许多霉菌中得到，如黑曲霉（*Aspergillus niger*）、米曲霉（*Aspergillus oryzae*）等。工业生产异麦芽糖是以淀粉为原料，将淀粉调配成 25%～30% 的淀粉浆，添加 α-淀粉酶液化，再加 β-淀粉酶和 α-葡萄糖苷酶进行液化，然后灭酶、过滤和精制处理。此外，异麦芽寡糖生产也可以由淀粉制得高浓度的葡萄糖浆（80%左右），在较高温度下（70℃左右）利用固定化葡萄糖淀粉酶逆向合成异麦芽寡糖。

3. 低聚半乳糖

低聚半乳糖具有较低的热量，良好的双歧杆菌的增殖能力，能改善便秘、抑制肠内腐败菌的生长，还有一定程度的抗龋齿性和改善脂质代谢的生理功能，在食品加工中得到了广泛应用。

目前，工业化生产低聚半乳糖多采用固定化 β-半乳糖苷酶的方法连续生产。β-半乳糖苷酶可从细菌、真菌、放线菌等微生物获得，如乳酸菌（*Lactobacillus*）、芽孢杆菌（*Bacillus circulans*）、大肠杆菌（*E. coli*）、米曲霉（*Asp. oryzae*）等。其中，只有米曲霉和环状芽孢杆菌产的 β-半乳糖苷酶可以合成三聚及三聚以上的低聚半乳糖，而大肠杆菌产的 β-半乳糖苷酶以合成双糖为主。

4. 其他新型低聚糖

异构乳糖是半乳糖和果糖通过 β-1,4-糖苷键连接而成的双糖，具有双歧杆菌和乳酸菌的增殖效果。在食品中主要用于婴幼儿食品和保健食品。工业化生产主要是乳糖加碱发生异构化反应。因此，关键的生产技术还是乳糖的生物发酵生产方法。

低聚龙胆糖是指龙胆二糖、三糖、四糖的混合物，具有防淀粉老化、保水性、增殖双歧杆菌的功能。工业上利用霉菌产生的 β-葡萄糖苷酶，在较高温条件下，使葡萄糖发生转移和缩合反应，生成低聚龙胆糖。

（二）功能性糖醇的制备

功能性糖醇包括山梨糖醇、麦芽糖醇、异麦芽糖醇、甘露醇等，它们都是由淀粉经 α-淀粉酶等处理制得相应的糖，糖再经过加氢制得。例如，麦芽糖醇是由蔗糖经葡萄糖转移酶制得帕拉金糖，然后再加氢制得的；赤藓糖醇是由淀粉经酶解生成葡萄糖后，再由酵母发酵制得。

（三）功能性肽的制备

功能性肽是指很小的短链氨基酸，在体内吸收快、利用率高，并能有效地修复残缺细胞，激活细胞活力，有效地清除对人体衰老有害的自由基；清除人体内的金属化合物；抵抗 X 射线、紫外线对人体的损害；维持细胞正常的新陈代谢；有效增强机体免疫力。

目前，酶工程广泛用于功能性肽的生产中，如大豆肽、玉米肽、谷胱甘肽等功能性肽的制备。

大豆肽的制备过程是用胰蛋白酶水解大豆蛋白。玉米肽制备常用的方法是将玉米蛋白进行酶解。以玉米蛋白粉作为酶解底物，用蛋白酶进行酶解。蛋白酶种类很多，其中碱性蛋白酶使用较多，如菠萝蛋白酶、LASE7089 酶等。

谷胱甘肽的生产是利用γ-谷氨酰半胱氨酸合成酶和谷胱甘肽合成酶，以谷氨酸、半胱氨酸、甘氨酸为底物，酶法制备谷胱甘肽。γ-谷氨酰半胱氨酸合成酶是一个调节酶，受产物 GSH 的反馈抑制。当 GSH 在细胞中积累达到一定量时，GSH 与酶分子中的调节部位结合使活性中心变构失活，从而抑制 GSH 继续合成。故采用酵母细胞固定化酶制备 GSH，使产物 GSH 能自行从胞内分泌至胞外，从而减少产物对γ-谷氨酰半胱氨酸合成酶的反馈抑制，提高酶活。

酪蛋白经胰蛋白酶水解会制成一种富含磷酸、丝氨酸的活性肽——酪蛋白磷酸肽（CCP）。CCP 可与钙结合，防止钙与其他物质形成不溶性钙盐，从而减少钙的流失，促进钙的吸收。κ-酪蛋白经凝乳酶水解，可以制得糖巨肽（GMP），GMP 能够抑制人的食欲，从而起到减肥的作用。

（四）大型真菌的开发

许多药用真菌如冬虫夏草、香菇、灵芝等的有效成分，具有调节机体免疫机能、抗肿瘤、抗癌、防止衰老等生理活性，也是功能性食品开发的一个重要来源。药用真菌的来源主要有两个途径：一是直接取自天然资源，但是资源有限；二是通过发酵途径实行工业化生产。冬虫夏草、香菇、灵芝等发酵培养已经取得成功。

（五）功能性脂肪酸的制备

亚麻酸是人体必需的不饱和脂肪酸，对人体脑组织生长发育至关重要，有降血压、降胆固醇的功效。可利用鲁氏毛霉、少根根霉等蓄积油脂较高的菌株为发酵剂，深层发酵制备亚麻酸。与植物源相比，具有产量稳定、周期短、成本低、工艺简单等优点。

第四节　生物化学技术在食品分析检测上的应用

食品在原料采集、加工、储存、运输和销售过程中易受微生物污染，造成食品变质或食物中毒事件。近年来，以转基因生物或其产物为原材料的转基因食品也逐渐推向市场，可能会导致食品安全隐患。因此，食品的安全检测与评估是有效监管、保证食品安全的必要和有效手段。目前，食品安全检测方法正朝着准确、灵敏、快速、方便和低成本方向发展，先进技术主要包括聚合酶链反应（polymerase chain reaction，PCR）技术、核酸探针技术、生物芯片技术和酶联免疫技术等。

一、PCR 基因扩增技术的应用

聚合酶链反应（PCR）是基于 DNA 体内复制的原理，在耐热的 DNA 聚合酶催化下，以目的 DNA 为模板，按碱基互补配对原则在引物的 3'端添加 4 种 dNTP 形成与模板链互补的 DNA 链的体外扩增技术。由高温变性、低温退火及适温延伸三步反应组成一个周期，循环多个周期以达到快速扩增 DNA 的目的，具有特异性强、灵敏度高、操作简便、省时等特点，是食品微生物检测中较为常用的重要方法。

（一）PCR 技术在食品微生物检测中的应用

1. PCR 技术在食源性致病菌检测中的应用

目前已经建立的针对不同致病微生物的 PCR 检测方法，主要有常规 PCR 法、多重 PCR（multiple PCR）法、荧光 PCR 法等。常规 PCR 法具有快速、灵敏、操作方便等优点。多重 PCR 法是将多对引物加入含有单一或多种模板的 PCR 体系，同时扩增不同的特异性目的 DNA 序列。多重 PCR 可同时扩增多条特异性 DNA 片段，所以它具有扩增效率高、产物特异性高和经济简便等特点，非常适合食品中多种致病菌的同时快速检测。实时荧光定量 PCR 法（real-time florescent quantitative PCR）是指在 PCR 反应体系中加入荧光染料或荧光探针，利用荧光信号积累实时监测整个 PCR 进程，最后通过标准曲线对未知模板进行定量分析的方法，具有定量准确、实时监测、操作安全等特点。此外还有免疫磁分离 PCR 技术（immuno-magnetic separation-PCR，IMS-PCR）和 PCR-变性梯度凝胶电泳法（PCR and denaturing gradient gel electrophoresis，PCR-DGGE）技术等。

常用来检测食源性致病菌的目的基因主要有：①大肠杆菌 O157：H7 菌体抗原特异合成酶基因 *rfbE*、糖胺合成酶基因 *per*、H7 鞭毛抗原基因 *fliC*、肠出血大肠杆菌（EHEC）志贺样毒素基因 *stx*、EHEC 的溶血素基因 *hlyA*；②沙门氏菌（*Salmonella* spp.）编码吸附和侵袭蛋白基因 *invA~invE*、伤寒沙门氏菌鞭毛抗原基因 *sef*、Vi 抗原相关的 *viaB* 基因、编码菌毛亚单元的基因 *fimA*、沙门氏菌侵袭基因正调节蛋白基因 *hilA*、质粒毒力相关的 *spv* 基因、编码组氨酸转运操纵子的 *hut* 基因、沙门菌外膜蛋白基因 *ompC*、肠毒素基因 *stn*、质粒编码菌毛的 *pef* 基因、染色体复制起点的 DNA 序列、16S~23S rDNA 区域也常被作为沙门氏菌 PCR 检测靶点；③金黄色葡萄球菌（*Staphylococcus aureus*）的耐热核酸酶基因 *nuc*，血浆凝固酶基因 *coa*，肠毒素基因 *sea*、*seb*、*sec*、*sed*、*see*，表皮剥脱毒素基因 *eta*、*etb*，耐药性的辅助基因 *femA*；④痢疾志贺氏菌（*Shigella dysenteriae*）侵袭性质粒抗原 H 基因 *ipaH*，侵袭性质粒基因 *ial*，志贺氏菌肠毒素 1、2 基因 *shET*-1、*shET*-2，调控基因 *acrR*、*marOR* 等；⑤单增李斯特氏菌（*Listeria monocytogenes*）溶血素 O 基因 *hly*、内化素基因 *Inl*、侵袭性蛋白 P60 基因 *iap* 等；⑥霍乱弧菌（*Vibrio cholerae*）的霍乱肠毒素基因 *ctx*、毒力调节基因 *toxR*、外膜蛋白基因 *ompW*、毒素协同调节菌毛编码基因 *tcpA*；⑦副溶血性弧菌（*Vibrio parahaemolyticus*）不耐热溶血毒素基因 *tlh*、耐热直接溶血毒素基因 *tdh* 和相对耐热直接溶血毒素基因 *trh* 等。

2. PCR 技术在益生菌检测及鉴定中的应用

益生菌（probiotics）是指投入或食入后能通过改善宿主肠道菌群生态平衡而发挥有益作用，进而提高宿主健康水平的活菌制剂及其代谢产物。目前益生菌主要是指乳酸菌类，包括：①乳杆菌类（如嗜酸乳杆菌、干酪乳杆菌等）；②双歧杆菌类（如长双歧杆菌、嗜热双歧杆菌等）；③革兰氏阳性球菌（如粪链球菌、乳球菌等）。此外，还有一些酵母菌、芽孢杆菌及其酶也可归入益生菌的范畴。国内外已开发出上百种产品，如益生菌发酵的酸牛奶、酸乳酪、酸豆奶及含多种益生菌的口服液、片剂、胶囊、粉末剂等。现已有多种基于 PCR 的检测方法，能准确、灵敏地检测发酵食品、饮料、人和动物肠道中的益生菌种类和数量。

（二）PCR 技术在转基因食品检测中的应用

转基因食品（genetically modified food，GMF）就是以经过基因工程技术进行了遗传改造的转基因生物为原料加工生产的食品或直接作为食品的转基因生物本身，即利用现代分子生物技术，将某些生物的基因转移到其他受体生物中去，改造受体生物的遗传物质，使其在性状、营养品质、消费品质等方面向人们所需要的目标转变。近年来，随着转基因作物及其产品的大规模商业化，它也带来了安全隐患，如破坏生态微环境的平衡、基因逃逸、实质等同性分析（表型性状、关键营养成分、有无毒性物质和过敏性蛋白）等作物安全性问题，因此，对转基因成分的检测和监控受到国际社会的普遍关注。

1. 转基因食品的定性检测

检测转基因植物及食品的方法有 PCR 法、降落 PCR 法、多重 PCR 法等，这些方法具有简便、快捷、特异、灵敏等特点。被检测的目标基因有花椰菜叶病毒 35S 启动子 *CaMV35S*、β-葡萄糖苷酸酶基因 *gus*、胭脂碱合成酶基因 *nos*、章鱼碱合成酶基因 *ocs* 等报告基因；新霉素磷酸转移酶基因 *npt*、氯霉素乙酰转移酶基因 *cat* 等抗生素抗性基因；5-烯醇丙酮莽草酸-3-磷酸合酶基因 *epsp*、PPT 乙酰转移酶基因 *bar* 等抗除草剂基因和抗虫基因 *cry1Ac*、*cry1Ab* 等。

2. 转基因食品的定量检测

实时荧光定量 PCR 不但能对目的基因进行定性检测，而且可以利用荧光信号的积累实时监测整个 PCR 进程，通过标准曲线对未知模板进行定量检测。该法有效地解决了传统定量方法存在假阳性及准确度不高的难题。该法特异性强、敏感度高、灵活性强，对任何食品中低水平转基因成分都能进行检测。如果预先设定食品中转基因成分下限值（阈值），那么可利用该法检测出基因改造水平是否高于该阈值来决定是否对产品标注转基因标签。实践表明，尽管荧光染料技术成本低廉，但具有非特异性，实际检测中通常采用荧光探针技术。

二、核酸探针检测技术在食品微生物检测中的应用

按碱基互补配对原理，能与特定目标核酸序列互补和杂交的含标记物的核酸片段（DNA 或 RNA）称为核酸探针（nucleic acid probe）。核酸探针技术的原理是：核酸探针上事先标记同位素、荧光分子、酶或其他一些检测物质，变性后的单链核酸探针同与之序列互补的目的 DNA 通过氢键配对形成杂交双链，再根据探针的种类进行放射自显影、荧光显微镜观察、酶联放大颜色反应等方法判断样品中是否含有目的 DNA 或在何位置，进而判断是否存在含目的 DNA 的细胞，如致病菌、癌细胞等。

核酸探针按核酸类型分为 DNA 探针、RNA 探针、cDNA 探针和人工合成的寡核苷酸探针等几种，常用的是 DNA 探针和 cDNA 探针。按探针标记物分为放射性标记探针和非放射性标记探针两类。放射性标记探针为放射性同位素标记的探针，常用的同位素有 ^{32}P、^{3}H、^{35}S，以 ^{32}P 应用最普遍。放射性同位素标记的优点是灵敏度高，可以检测到 $10^{-18} \sim 10^{-14}g$；缺点是易造成放射性污染，同位素半衰期短、稳定性差、成本高，不能商品化，常用于实验室检测。非放射性标记物包括：①半抗原，如生物素（biotin）和地高辛（digoxigenin，DIG）。作为半抗原，生物素可通过连接在抗生物素蛋白上的显色物质（如酶、荧光素等）进行检测；地高辛可与其抗体结合，通过抗体上连接的碱性磷酸酶催化化学发光底物 NBT/BCIP 来检测。地高辛标记核酸探针的检测灵敏度可与放射性同位素标记的相当，而特异性优于生物素标记，其应用日趋广泛。②配体，生物素不仅是半抗原，还是亲和素（avidin）的配体，故可用生物素与亲和素反应进行杂交信号的检测。③荧光素，如 FITC、罗丹明类等，可被紫外线激发出荧光进行观察，主要适用于细胞原位杂交。④化学发光标记物，利用具有化学发光特性的标记物标记的探针，通过化学发光可以像核素一样直接使 X 线片感光来达到检测目的。非放射

性标记物的优点是无放射性污染，稳定性好，可长时间存放，更便于在科研、生产、检验中应用，如 Gene-Trak 公司已生产出用于检验食品中致病菌、腐败菌（如沙门氏菌、大肠杆菌、李氏杆菌）的试剂盒。

（一）大肠杆菌

根据毒力因子、致病机制和临床症状等不同,病原性大肠杆菌主要分为肠致病性（EPEC）、肠产毒性（ETEC）、肠侵袭性（EIEC）、肠出血性（EHEC）、肠黏附性（EaggEC）大肠杆菌五类。1982 年，首次分离到 EHEC 的大肠杆菌 O157：H7，可产生志贺样毒素（shiga-like toxin，SLT，Stx），造成肾功能不全、溶血性尿毒症综合征、血栓性血小板减少性紫癜，个别患者可因急性和慢性肾功能衰竭而死亡。姜君等（2012）以大肠杆菌 $rfbE$ 基因为靶基因，建立一种利用 TaqMan 探针标记技术的荧光定量 PCR 检测方法，能快速准确检测肠出血性大肠杆菌 O157：H7，检测的最低 DNA 浓度是 10 拷贝/反应（3cfu/mL）。

（二）金黄色葡萄球菌

金黄色葡萄球菌（$S.\ aureus$）是引起细菌性食物中毒的重要病原菌之一，在自然界中广泛存在，食品很容易受其污染，由该菌引发的食物中毒事件频有发生。对食品中金黄色葡萄球菌的检测，已成为食品安全监督、食品出入境检验检疫基本的程序。除传统的检测方法外，PCR 法、探针杂交法在食品、疾控等检测领域已得到应用。TaqMan-MGB 探针实时荧光 PCR 法具有操作简单、快捷、高效、高敏感性和高特异性等优点。高筱萍等（2009）根据 $nuc1$ 基因设计一对金黄色葡萄球菌特异性引物及探针，建立了 TaqMan-MGB 探针实时荧光 PCR 检测金黄色葡萄球菌的方法，能从多种病原菌中特异性地检测出金黄色葡萄球菌。

（三）李斯特氏菌

李斯特氏菌分布广泛，绝大多数食品中都发现有李斯特氏菌，特别是在乳及乳制品、冰激凌、牛肉、蔬菜、沙拉、海产品等中更为多见，且在低温下能生长繁殖，耐高渗，常常污染冷藏食品。单增李斯特氏菌是国际上公认的 7 株李斯特氏菌中唯一病原菌。它能引起人、畜的败血症、脑膜炎和单核细胞增多。常见病原菌的检验方法存在着检测周期长、工作量大、步骤繁多、灵敏度低、特异性差等问题。因此，基于现代分子生物学手段的检测方法的开发越来越受到人们的青睐。商品 DNA 探针（accuProbe）检测法、实时荧光 PCR 法和免疫磁分离-荧光 PCR 法，具有很高的灵敏度，检测限达数个 cfu/mL。

三、生物芯片技术在食品安全检测中的应用

生物芯片（biochip）是将大量的生物大分子，如核苷酸片段、多肽分子、组织切片和细胞等生物样品制成探针，以预先设计的方式有序地、高密度地排列在玻璃片、硅片或纤维膜等载体上，构成密集二维分子阵列，然后与已标记的待测生物样品靶分子杂交，通过特定仪器检测杂交信号，并借助计算机来完成对目标分子的快速、高效、高通量、高度并行性的检测分析技术。因为常用玻片、硅片作为固相支持物，且制备过程模拟计算机芯片的制备技术，故称为生物芯片技术。生物芯片类型很多，按原理不同分为元件型微阵列芯片、通道型微阵列芯片、生物传感芯片等；按固定探针不同分为基因芯片（gene chip）、蛋白质芯片（protein chip）、细胞芯片（cell chip）和组织芯片（tissue chip）；按其应用可分为表达谱芯片、诊断芯

片、检测芯片等。其中应用范围最广、最多的是基因芯片、蛋白质芯片和组织芯片，最强大的生物芯片当属芯片实验室，它是生物芯片技术发展的最终目标，它将样品的制备、生化反应到检测分析的整个过程集约化形成微型分析系统。生物芯片具有高通量、微型化、自动化和信息化的特点，在食品检测中有着广阔的发展前景。

基因芯片又称为 DNA 芯片、DNA 阵列或寡核苷酸阵列，是指将大量核酸探针分子固定于支持物上，再与标记的样品分子进行杂交，通过检测每个探针分子的杂交信号强度，进而获取样品分子的数量和序列信息。它是目前技术最完善、应用最广泛的一种生物芯片技术。

蛋白质芯片是利用蛋白质能与配体分子特异性结合的原理，将多肽或蛋白质固定到支持物上，来捕获能与之特异性结合的待测蛋白，然后用激光扫描系统或电感耦合器件（charge-coupled device，CCD）获取数组图像并用专门的计算机软件进行图像分析、结果定量和分析的技术。

（一）生物芯片技术在转基因食品安全检测中的应用

转基因食品代表了当今高新农业技术的发展方向，有着非常巨大的潜在效益和市场。自 1994 年第一个转基因产品上市以来，转基因食品越来越多地进入消费市场。到 2005 年底，全球转基因作物达 100 多种，由转基因作物生产、加工的转基因食品和食品成分达 4000 多种。目前常用于转基因食品检测的酶联免疫吸附测定（ELISA）和 PCR 技术，其最大缺点是检测范围窄、效率低，无法高通量、大规模地同时检测多种样品的多种待测基因或蛋白质。生物芯片具有高通量、微型化、自动化和信息化的特点，是转基因食品检测的方向。现已广泛应用于大豆、玉米、油菜、棉花等农作物样品的检测。许小丹等（2005）制备了检测及鉴定转基因大豆的寡核苷酸芯片，该芯片探针特异性好、灵敏度高，检测极限为 0.1ng DNA，灵敏度优于凝胶电泳检测。

（二）生物芯片技术在营养与食品化学、生物安全性检测中的应用

食品营养成分及生物活性物质的传统检测方法通常比较烦琐，应用生物芯片技术可以快速、准确、系统地分析和鉴定食品的营养成分与活性物质。例如，法国 Biomerieux 公司建立的食品营养分析芯片"食品专家-ID"就可以鉴定动物食品的品质，确认其真伪。Marquette 用电化学发光技术改进生物芯片，将葡萄糖氧化酶、乳酸盐氧化酶、胆碱氧化酶及发光氨结合到基片上，用来测定葡萄糖、乳酸盐及胆碱。

基因芯片还可应用于研究营养物质及其代谢对基因表达的调控，以及与疾病防治和疾病形成的内在联系。事实证明人类很多疾病如心血管病、肿瘤、糖尿病、衰老等都与人们日常的营养膳食有关，而这些疾病的形成与某些基因表达和酶的活性变化有关，利用人全部基因的 cDNA 芯片研究在营养素缺乏、适宜和过剩等状况下的基因表达图谱，检测和分析某种营养条件下基因表达与蛋白质表达的情况，将为确认人体对营养素准确需要量的生物标志物奠定坚实的基础，并为制定更准确、合理的膳食参考摄入量提供依据。

基因芯片技术应用于食品微生物特别是致病菌的检测上，表现出高效、快速、灵敏等优越性。例如，用于检测单增李斯特氏菌、金黄色葡萄球菌、沙门氏菌、大肠杆菌 O157：H7 及其分离物、霍乱弧菌、副溶血弧菌、炭疽杆菌、结核杆菌、SARS 病毒、禽流感病毒等。基因芯片专一性好，能够对食品中污染的微生物实现快速在线检测，为危害分析的关键控制点提供可行性的权威检测结果。

基因芯片技术还被应用于食品或饲料中的兽药、抗生素和有毒物质残留。博奥生物集团

有限公司暨生物芯片北京国家工程研究中心已经开发出兽药残留芯片检测平台，该平台系统可定量检测出猪肉、猪肝、鸡肉、鸡肝等组织中 10 种兽药残留量，具有前处理简单、特异性好、检测速度快、检测通量高、控制体系严密等优点，可广泛应用于进出口检验、常规筛检等领域。其还开发了用于细菌鉴定和耐药检测的基因芯片，在鉴定细菌的同时可完成耐药检测，为抗生素耐药检测提供了方案。

四、免疫学检测技术在食品检测中的应用

免疫学应用于食品检测方面的技术包括免疫荧光技术、酶免疫技术、放射免疫测定、单克隆抗体技术等。

（一）免疫荧光技术在食品检测中的应用

免疫荧光技术（immunofluorescence）是将抗原与抗体特异结合的免疫学方法与荧光标记技术结合起来研究特异蛋白抗原在细胞和组织中分布的方法。荧光素发出的荧光可在荧光显微镜下检出，进而可对抗原进行细胞定位。免疫荧光技术分为荧光抗体法、荧光抗原法，前者最常用。免疫荧光技术在食品安全领域可用于食源性致病菌的检测，如对食源性病原菌种的鉴定。与细菌的血清学鉴定方法相比，该方法具有快速、操作简单、敏感性高等特点；与 PCR 等分子生物学检测方法相比，该方法能克服 PCR 法的假阳性问题。

（二）酶免疫技术在食品检测中的应用

酶免疫技术是将抗原抗体反应的特异性与酶的高效催化作用有机结合的一种方法。其原理是把抗原或抗体用酶标记，当标记的抗体（或抗原）与相应的抗原（或抗体）发生特异性结合后，通过标记物酶催化底物产生颜色反应，目测或用酶标仪来定性或定量地检测抗原（或抗体），或通过显微镜观察，进行细胞、组织中抗原或抗体的定位研究。常用的酶有辣根过氧化物酶（HRP）和碱性磷酸酶（AP），相应的底物分别是邻苯二胺和对硝基苯磷酸盐，呈色反应分别为棕黄色和蓝色。可用目测定性，也可用酶标仪测定光密度（OD）值定量测定。酶免疫技术可分为酶联免疫吸附技术和酶免疫组织化学技术。目前应用最多的免疫酶技术是酶联免疫吸附测定（ELISA）。ELISA 技术特异性强、灵敏度高，且有多种商品化的专用试剂盒和酶标仪可供选择，已形成一种规模化、系列化、微量化、商品化的快速检测方法，是目前应用最广泛的生物检测技术之一，在食品检测领域也有广泛应用。ELISA 法在食品检测领域主要应用于安全检测中，包括转基因食品、农药残留、兽药残留和违禁药物、病原微生物、生物毒素等的定性和定量检测。

（三）放射免疫测定在食品检测中的应用

放射免疫测定（radioimmunoassay，RIA），又称为放射免疫分析法、放射免疫测定法或放免法，是一种在无须采用生物测定方法的情况下用于检测抗原的实验室测定方法。

RIA 的基本原理：放射性同位素标记的抗原（简称"标记抗原"）和非标记抗原（标准抗原或待测抗原）同时与数量有限的特异性抗体之间发生竞争性结合（抗原-抗体反应）。由于标记抗原与待测抗原的免疫活性完全相同，对特异性抗体具有同样的亲和力，当标记抗原和抗体数量恒定时，待测抗原和标记抗原的总量大于抗体上的有效结合点时，标记抗原-抗体复合物的形成将随着待测抗原量的增加而减少，而非结合的或游离的标记抗原则随着待测抗原数量的增加而增加（也就是所谓的竞争结合反应），因此测定标记抗原-抗体或标记抗原即可

推出待测抗原的数量。常用来标记抗原的放射性核素是碘。该方法适宜于阳性率较低的大量样品检测，广泛应用于水产品、肉类产品、果蔬产品中的农药残留量的检测，还可检测经食品传播的细菌及毒素、真菌及毒素、病毒和寄生虫及小分子物质和大分子物质。RIA 技术具有极高的特异性和灵敏度，但成本高，需要具备尖端复杂的设备和特殊的预防措施。因此，RIA 在很大程度上已经被 ELISA 所取代。

（四）单克隆抗体技术在食品检测中的应用

单克隆抗体技术（monoclonal antibody technique）是将产生抗体的 B 淋巴细胞与骨髓瘤细胞杂交，获得既能产生抗体，又能无限增殖的杂种细胞，并由杂交瘤细胞生产抗体的技术。其原理是：一种抗体分子是由一个 B 淋巴细胞分化增殖而形成的细胞系（即克隆）产生的。由一个抗体形成细胞大量增殖形成的克隆产生的抗体称为单克隆抗体。但 B 细胞在体外难以持久培养，而恶性肿瘤细胞则可在体外无限期地增殖。用 B 淋巴细胞和骨髓瘤细胞杂交生成杂交瘤细胞，这种细胞在体外培养时既具有肿瘤细胞无限增殖的特性，又具有体细胞不断分泌特异性抗体的特性。体外培养这种杂交瘤细胞，进而可产生针对某一个抗原决定簇的单克隆抗体。单克隆抗体在食品检测中最大的优点是特异性强，不易出现假阳性，因而在食品检测中有广泛的应用前景。该技术可以应用于食品原料采购、加工和储藏过程中营养物质含量、微生物和毒素污染等的分析检测；还可以用于制备各种经食品传播和引起食物中毒的细菌及毒素、真菌及毒素、病毒、寄生虫、农药、兽药、激素等的单克隆抗体并建立检测方法。

第五节　酶制剂与酶工程技术在食品工业中的应用

一、酶工程基本技术

（一）酶制剂的生产来源

酶制剂是从生物中提取的具有生物催化活性的物质，可用于提高食品品质、降低生产成本、开发新食品，已经广泛用于食品行业。因此，酶制剂的生产和开发也日益受到关注。

生物酶制剂主要来源于植物、动物和微生物。最早人们多从高等植物和动物组织中提取，如从麦芽中提取淀粉酶、从木瓜中提取木瓜蛋白酶；而胰蛋白酶主要是从猪或牛胰脏提取。随着发酵工业的发展，微生物已经成为酶制剂的主要来源。与植物、动物相比，微生物生产酶制剂具有很多优点：自然界微生物种类繁多，几乎所有酶都能从微生物中找到，而且其生产不受季节、气候限制，原料供应丰富；微生物容易培养，繁殖快，产量高，可在短时间内实现大量生产，降低生产成本。目前，酶的生产主要利用微生物细胞发酵生产。微生物发酵法生产酶制剂主要采用固态发酵法、液态发酵法、固定化细胞发酵法三种方式。

常用于产酶的微生物主要有细菌、酵母菌、放线菌、霉菌和担子菌等。其中，细菌中的枯草芽孢杆菌是应用最广泛的产酶微生物之一，主要用于生产α-淀粉酶、蛋白酶、碱性磷酸酶等；大肠杆菌主要用于生产天冬氨酸酶、β-半乳糖苷酶、限制性核酸内切核酸酶等。

从自然界直接分离的菌种，其发酵能力往往比较低，不能达到工业发酵生产的要求。可通过诱变育种、杂交育种、基因工程等各种遗传变异手段，对菌种进行改良。近年来，随着基因工程和分子生物学技术的迅速发展，又为酶的生产和新酶种的开发开辟了新的途径。人们可以根据需要，利用基因工程技术，生产新的酶制剂或赋予酶制剂新的功能。

（二）酶的固定化技术

作为蛋白质的酶，在外界环境中很不稳定，容易失活，而且酶对热、强酸、强碱和有机溶剂等均不够稳定，较其他种类的催化剂更加脆弱，操作稳定性较差。此外，酶的催化反应在溶液中进行，反应结束后很难分离，酶溶解在产物中影响产品质量；在酶不变性的条件下，很难回收，不能重复利用，增加了生产成本。针对以上酶的缺点，人们开始寻找一种方法，既能保持酶的催化活性，又易于回收，重复利用。因此，固定化酶技术应运而生。

固定化酶技术是利用物理或化学结合法将自由酶固定到载体上，以提高酶的操作稳定性和反复回收利用酶的技术。由于酶的特性和应用各不相同，酶的固定化方法多种多样。根据酶的性质和应用、酶与载体的结合方式，可将固定化酶的制备方法大致分为以下类别：吸附法、交联法、包埋法、共价结合法。

1）吸附法　　吸附法可分为物理吸附法和离子交换法。物理吸附法是利用物理方法将酶吸附在固体吸附剂表面的方法。固体吸附剂需对蛋白质具有高度吸附能力，如活性炭、几丁质、多孔玻璃氧化铝、硅藻土、多孔陶瓷、硅胶、羟基磷灰石等。离子交换法是利用离子交换剂吸附带相反电荷的酶蛋白的方法。

吸附法固定化酶条件温和，操作简便，不会引起酶的变性失活；载体选择范围很广，包括天然或合成的无机、有机高分子材料，且可以再生重复固化。但是吸附方法，仅靠酶和载体之间较弱的结合力，在高温、高盐等不适合的条件下，固定化酶容易脱落。

2）交联法　　交联法又叫作"架桥法"。通过交联剂的作用，使酶蛋白分子之间发生交联，形成固定化酶。酶蛋白中的游离氨基、酚基、咪唑基、巯基等均可参加交联反应。常用的交联剂有戊二醛、双偶氮苯、顺丁烯二酸酐和乙烯的共聚物等。其中以戊二醛最为常用。该方法反应条件比较剧烈，固定化酶活性较低。

3）包埋法　　包埋法是应用最广泛的一种方法，可分为微囊型和网络型。微囊型是将酶包埋在高分子聚合材料微胶囊结构中；网络型是将酶包埋于高分子凝胶网络内部。包埋法一般不需要酶蛋白的氨基酸残基参与反应，很少改变酶的高级结构，可用于很多酶和细胞的固定化；但该方法只适合作用于小分子底物和产物的酶，因为只有小分子才能通过高分子凝胶网络。常用的载体有琼脂、海藻酸钠、壳聚糖、明胶和聚丙烯酰胺等。

4）共价结合法　　共价结合法是目前研究最为活跃的一类酶固定化方法，是酶蛋白质的非活性部位功能基团和载体表面上的反应基团之间形成共价键连接的方法。但因反应条件较为剧烈，会引起酶蛋白空间构象变化，破坏酶的活性部位，因此应用此方法时，应注意酶的理化性质，如酶的 pH 适用范围、适用温度、抑制剂等。

二、酶对食品感观质量的影响

酶在食品工业中的应用已经相当广泛，包括焙烤食品、果蔬、肉制品等，技术上已经很成熟，但是仍在不断发展。酶在食品工业中广泛使用的原因之一，就是其能改善食品的感官质量。下面简单介绍几种食品加工过程中，酶对食品感官品质的影响。

（一）面制品

为改善面粉的加工性能，往往向面粉中添加特定的酶，如在面包制作工艺中，适当添加蛋白酶，可以松弛面筋结构、加快吸水过程、降低面团搅拌耐力。此外，在面包加工过程中，还可使用葡萄糖氧化酶、木聚糖酶、乳糖酶等，它们的功能各不相同，葡萄糖氧化酶可以很好地改善面包的感官品质，使面团光滑、组织状态均匀细腻等；木聚糖酶则具有增加面包体积、改善面团内部组织形态等作用；乳糖酶可将面粉中的乳糖分解成半乳糖，半乳糖可使面包色泽良好。

　　酶制剂还广泛应用在各种专用面粉中，如在饺子专用粉中添加谷氨酰胺转移酶，可以增加面团的韧性和弹力，提高面皮制品的耐冻能力，不易破碎，有效改善饺子的口感。

（二）果蔬制品

　　在果酱生产中，可通过纤维素酶和果胶酶的联合使用，降低果酱黏度。

　　果蔬汁生产过程中，如何提高果蔬汁进出率和保证果蔬汁的澄清度，是果蔬汁生产的关键技术问题。利用果胶酶就可解决这类关键问题。特定的酶制剂还可以对果蔬汁起到增香、除异味的作用。研究表明，果蔬汁中添加β-葡萄糖苷酶可释放出萜烯醇，增加香气；在柑橘类果汁中使用柚皮苷酶可水解柚皮苷，降低苦味，改善口感。

（三）乳制品

　　乳糖是哺乳动物乳汁中特有的糖类，但由于乳糖溶解度低，在冷冻制品中易形成结晶而影响乳制品的加工性能。而且，乳糖广泛存在于乳制品中，让患有"乳糖不耐症"人群无法放心食用乳制品。乳糖酶就可以解决上述问题，乳糖酶可以将乳糖水解成葡萄糖和半乳糖，既可以改善加工性能和口味，又能提高乳糖消化吸收率，克服"乳糖不耐症"。牛乳中的乳脂肪容易发生氧化反应，产生氧化味，使用胰蛋白酶可将乳脂肪水解成多肽、酰胺和酯，能有效抑制不良气味的产生。

（四）肉制品

　　酶制剂在肉制品中的主要应用是肉的嫩化。肉的总嫩度是由结缔组织中胶原蛋白含量决定的。在肉制品加工过程中，常用的是木瓜蛋白酶，该酶可使胶原蛋白中肽键断裂，破坏蛋白质紧密的空间结构，达到嫩化的目的。

（五）其他

　　酶制剂在啤酒生产中也有重要的应用。葡萄糖氧化酶可以除去啤酒中的氧，使啤酒具有良好的口味、稳定的风味和较长的保质期。避免因为啤酒中溶解氧量过高，产生短时间内劣化现象，使口味变坏，无法饮用。除此之外，葡萄糖氧化酶还可用来控制啤酒中双乙酰含量，双乙酰含量过高，影响啤酒风味，易产生馊饭味道。

三、酶对食品营养价值的影响

　　利用酶的作用可以去除食品中的抗营养因子，提高食品的营养价值。例如，在豆类和谷物中，植酸是以植酸钙、镁、钾盐的形式存在的，易同食品中的铁、锌和其他金属离子形成难溶的络合物，阻碍人体吸收。植酸还可同蛋白质形成稳定的复合物，降低豆类蛋白质的营养价值。植酸酶就能解决上述问题，植酸酶能催化植酸水解成磷酸和肌醇。此外，植酸酶还可用于酿造，以改善原料中磷的利用，以及用于去钾大豆蛋白食物的生产，成为肾病患者蛋白质的来源。

　　然而，酶作用也可能导致食品中营养组分的损失。例如，脂肪氧合酶催化胡萝卜素降解使面粉漂白；一些蔬菜的加工过程中脂肪氧合酶也参与胡萝卜素的破坏过程。在食品加工和储藏过程中，维生素 C 常常被酶氧化，含量大大降低。而具有抗氧化活性的酚类物质，也常常会很容易被多酚氧化酶氧化，使食品变色。食品中脂肪的氧化也需要酶的参与，脂肪在脂肪氧合酶的作用下，发生脂肪氧化反应，使脂肪营养下降，甚至产生有毒的氧化分解物。

四、酶促致毒与解毒作用

食品体系中的一些物质在加工、储藏过程中，在酶促作用下，会产生一些有毒物质，这是我们不期望的。所以，要对食品体系中的酶促致毒现象进行了解。

由于在生物材料中，有时本身无毒的底物会在酶催化作用下变成有害物质，如食品原料中存在一些生氰糖苷类，这些糖苷的主要特征就是在酶促作用下水解产生硫氰酸、异硫氰酸和过硫氰酸盐，这些物质都是有毒的。生氰糖苷类主要存在于木薯、利马豆、菜豆、小米、黍等作物中。例如，木薯含有生氰糖苷，它本身无毒，但在内源糖苷酶的作用下产生的氢氰酸是有毒物质。

虽然有些酶的作用会产生毒素和有害物质，但我们也可以用酶的催化作用去除食品中的毒素。例如，在蚕豆中含有有毒成分，会导致溶血性贫血，加入β-葡萄糖苷酶能降解毒素成酚类物质，进而在加热过程中迅速氧化分解。农药残留是食品外源性有害物质之一。目前广泛使用的农药主要包括拟除虫菊酯类和有机磷类。有机磷农药消解酶是净化农药污染最有潜力的方法。所有这些都证明酶法解毒是一种安全、高效的解毒方法，对食品无污染，有高度的选择性，且不影响食品的营养物质。

五、酶活性的调节在食品加工中的应用

酶的活力在食品储藏加工中是十分重要的。酶促反应速度受底物浓度、酶浓度、温度、pH、水分、离子及离子强度、离子辐射、剪切、压力和界面效应的影响。

温度可从酶反应中功能基团的解离状态、酶底物复合物的裂解速度、酶对激活剂和抑制剂的亲和力等方面影响酶的活性。温度对酶催化反应速度的影响是双重的：低温时，酶反应速度随温度的提高而增加，直至最大速度为止。当超过某一温度时，酶会受热而破坏，酶催化反应速度就迅速降低。

食品的水活度对酶活性也有重要影响。在干燥食品中水活度是有限的，但是即使在水分含量很低时酶还会发生相应的作用。如果干燥的燕麦食品没有加热灭酶，则会在保藏期间很快变苦。而面粉的酶促脂解则可在水分含量很低的情况下进行，脂解变得非常快，使脂肪分解成脂肪酸及醇类。

离子浓度对酶活力的影响主要基于盐析和盐溶作用。例如，用盐水腌制加工食品时，酶由于高浓度的电解质而失活。有些情况下，低浓度的阴离子或阳离子也能改变酶的稳定性，但因酶的种类而有所差异，这是因为酶与电解质发生了专一性的结合。

酶的活性也受 pH 的影响，每一种酶只能在一定的 pH 范围内表现出它的活性。在食品加工时对 pH 的控制十分重要。例如，酚酶能产生酶促褐变，其最适 pH 为 6.5，若将 pH 降低到 3.0 时就可防止此变化。

六、酶在食品分析和加工中的应用

（一）酶在食品分析中的应用

众所周知，酶的催化条件比较温和，可在常温、常压下进行，又有可调控性。因此，酶

工程技术已在食品工业各个领域都得到了广泛应用。近年来，将酶制剂应用于食品分析检测中，显著提高了检测效率。酶法分析包括食品组分的酶法测定、食品质量的酶法评价及食品卫生与安全等方面的内容。根据酶促反应类型，酶法检测可以分为：单酶反应检测、多酶偶联测定法和酶标免疫反应检测等。下面简单介绍几种发展较快的酶制剂参与的检测技术。

1. 聚合酶链反应技术

聚合酶链反应（PCR）可用于放大特定的 DNA 片段，可看作生物体外的特殊 DNA 复制。PCR 技术的优点是测定结果迅速、灵敏度高和特异性强，检测成本低。

PCR 技术可以用于转基因食品的检测，如大豆、玉米、番茄、马铃薯等。PCR 技术也可用于致病菌的检测，已经成功对沙门氏菌、大肠杆菌、产单核细胞李斯特氏菌、金黄色葡萄球菌等致病菌进行有效测定。

2. 酶联免疫吸附检测

酶联免疫吸附检测（ELISA）技术是从酶标记抗体技术发展起来的，是把抗原抗体的免疫反应和酶的高效催化作用原理有机结合起来的一种检测技术。

用 ELISA 技术进行食品分析具有操作简便、反应快速、定量准确、成本低廉等优点，特别适合于大批量检测。目前，该技术已经应用于食品多方面检测，如对食品致病菌、农药残留、生物毒素、过敏原、重金属污染和基因食品等。而 ELISA 也存在一定局限性，由于专一性的限制，往往会出现假阳性的结果。为提高检测的准确度，目前也发展了 PCR-ELISA、斑点-ELISA、生物素-亲和素-ELISA、免疫印迹-ELISA 等多种 ELISA 检测法。

3. 酶生物传感器

酶生物传感器是指把固定化的酶作为敏感元件的传感器，通过各种信号转换器捕捉目标物与敏感基元之间的反应所产生的与目标物浓度成比例关系的可测信号，实现对目标物定量测定的分析仪器。

酶生物传感器发展很快，现在已经发展出很多种，可用在食品加工和食品分析过程。在食品加工过程中，酶生物传感器可用于监控食品加工流程、控制发酵过程中微生物的浓度，也可用在包装材料上检测食品储存过程中微生物含量变化。而在食品分析中，酶生物传感器已能用于测定多种氨基酸、糖类、酚类、农药残留等物质。随着生物技术的不断发展，酶生物传感器在食品分析检测中的应用也越来越广泛。

4. 酶抑制技术

酶抑制技术是利用有机磷农药能抑制昆虫中枢神经系统中乙酰胆碱酯酶的活性，造成乙酰胆碱累积，导致昆虫死亡的原理，快速检测果蔬中的农药残留。此法具有操作简单、准确性高、检测速度快、成本低等优点。但是，此方法也有一定的局限性，就是在检测韭菜、蒜苗等辛辣蔬菜时，会产生假阳性反应，干扰检测结果。

5. 其他

除上述先进的以酶促反应为基础的检测技术外，还有一些单酶反应检测技术。食品体系中的各种物质（糖、氨基酸、有机酸、胆固醇、亚硝酸盐等）几乎都可以用酶法进行检测。

（二）酶在食品加工中的应用

酶在食品工业中主要应用于淀粉加工，乳品加工，水果加工，酒类酿造，肉、蛋、鱼类加工，面包与焙烤食品的制造，食品保藏及甜味剂制造等工业。

1）酶在食品保鲜方面的应用　　用于食品保鲜的酶主要有葡萄糖氧化酶、溶菌酶等。

葡萄糖氧化酶能有效降低或消除密封容器中的氧气，从而防止食品氧化，起到保鲜作用。因此，它是一种理想的除氧保鲜剂。

溶菌酶是一种催化细菌细胞壁中肽多糖水解的酶。在食品工业中，溶菌酶是无毒的蛋白质，可以安全地替代有害人体健康的化学防腐剂，以达到延长食品货架期的目的，是一种很好的天然防腐剂。在奶酪加工过程中，添加一定量的溶菌酶，不仅可以防止奶酪的后期起泡、风味变差，还能起到抑菌作用，这是一般防腐剂做不到的。溶菌酶现已广泛用于干酪、水产品、低度酿造酒、乳制品及香肠、奶油、湿面条等食品的保鲜。

2）酶在淀粉加工中的应用　　用于淀粉加工的酶有α-淀粉酶、β-淀粉酶、葡萄糖淀粉酶、葡萄糖异构酶、脱支酶及环糊精葡萄糖基转移酶等。以淀粉为原料，选择合适的淀粉酶，通过酶法水解可以生产一系列低聚糖。例如，麦芽寡糖酶水解淀粉后，可制成 3～8 个葡萄糖分子组成的新型淀粉糖。这种新型淀粉糖具有易消化、低甜度、低渗透等优点。

3）酶在乳品加工中的应用　　用于乳品工业的酶有凝乳酶、乳糖酶、过氧化氢酶、溶菌酶及脂肪酶等。在干酪制作过程中，用凝乳酶将酸奶中可溶性 κ-酪蛋白水解成不溶性 Para-κ-酪蛋白和糖肽，以便制成干酪。另外，在干酪加工中添加适量脂肪酶可增强奶酪的香味；乳糖酶还可用于分解干酪生产副产物乳清中的乳糖，使乳清可以作为饲料和生产酵母的培养基。溶菌酶是一种非特异性免疫因子，是婴儿食品中的抗菌蛋白，是一种必需的添加因子。溶菌酶可以促进胃肠道内乳酪蛋白形成凝乳，有利于消化吸收；可以增强抵抗力，预防消化器官疾病，是婴儿食品及配方奶粉等的良好添加剂。

4）酶在面包与焙烤食品中的应用　　由于陈面粉的酶活力低和发酵力低，因而用陈面粉制造的面包，体积小、色泽差。向陈面粉的面团中添加霉菌的α-淀粉酶和蛋白酶制剂，则可以提高面包的质量。添加β-淀粉酶，可以防止糕点老化；加蔗糖酶，可以防止糕点中的蔗糖从糖浆中析晶；添加蛋白酶，可以使通心面条风味佳、延伸性好。

5）酶在水果加工中的应用　　水果蔬菜加工用酶中最常用的有果胶酶、纤维素酶、半纤维素酶、淀粉酶、阿拉伯糖酶等。其中果胶酶常用来提高果汁澄清度，增加果汁出汁率，降低果汁相对黏度，提高果汁过滤效果。葡萄糖氧化酶的作用则是用于果汁脱氧化。用纯化的果胶酯酶处理果汁，降低果胶的甲基化程度，从而在低糖度下与钙离子作用形成稳定的果冻。在果酒生产中通常使用复合酶制剂，包含果胶酶、蛋白酶、纤维素酶、半纤维素酶等。使用这些复合酶制剂，不仅可以提高果汁和果酒的得率，有利于过滤和澄清，还可以提高产品质量。

6）酒类酿造　　在啤酒酿造过程中，添加微生物的淀粉酶、中性蛋白酶和β-葡聚糖酶等酶制剂，可以弥补原料中酶活力不足的缺陷，从而增加发酵度，缩短糖化时间。另外，在啤酒巴氏灭菌前，加入木瓜蛋白酶或菠萝蛋白酶或霉菌酸性蛋白酶处理啤酒，可以防止啤酒混浊，延长保存期。糖化酶代替麸曲，用于制造白酒、黄酒，可以提高出酒率，节约粮食，简化设备等。

7）酶在肉、蛋、鱼类加工中的应用　　用于肉类人工嫩化的酶是各种蛋白酶，如木瓜蛋白酶、菠萝蛋白酶、无花果蛋白酶等植物蛋白酶及枯草杆菌蛋白酶、黑曲酶蛋白酶、米曲酶蛋白酶、根霉蛋白酶等微生物蛋白酶。其中木瓜蛋白酶最常用，其嫩化效果较好。此外，在开发蛋白质资源时，利用蛋白酶水解废弃的动物血、杂鱼及碎肉中的蛋白质，提取其中的可溶性蛋白质，用于蛋白质的综合利用。

关键术语表

基因工程菌（genetic engineering bacteria）　　酶制剂（enzyme）

下游工程（down stream processing）　　　　　酶工程（enzyme engineering）

固定化酶（immobilized enzyme）　　　　　　发酵工程（fermentation engineering）

基因工程（genetic engineering）　　　　　　限制性内切核酸酶（restriction endonuclease）

质粒（plasmid）　　　　　　　　　　　　RNA 干扰（RNAi）

聚合酶链反应（polymerase chain reaction，PCR）　多重 PCR（multiple PCR）

实时荧光定量 PCR（real-time florescent quantitative PCR）

探针（probe）

转基因食品（genetically modified food，GMF）　生物芯片（biochip）

基因芯片（gene chip）　　　　　　　　　　蛋白质芯片（protein chip）

免疫荧光技术（immunofluorescence technique）　免疫技术（immunoenzymatic technique）

放射免疫技术（radioimmunoassay，RIA）　　单克隆抗体技术（monoclonal antibody）

单元小结

　　基因工程作为生命科学领域的前沿科学，在近几十年得到了迅速的发展和广泛的应用。本章对基因工程在食品原料改良、食品菌种改良及功能性食品成分的生物合成等方面的应用进行了介绍。

　　生物技术中基因工程、酶工程、生物量的转化等研究成果使传统的发酵工艺焕发活力，使微生物发酵制品的品种不断增加。发酵工程技术在改造传统食品生产工艺方面的应用主要有：氨基酸的生物合成（如谷氨酸、赖氨酸等）、食用色素的生物合成（如红曲色素、β-胡萝卜素）。通过基因工程技术改性，微生物可以生产出"基因工程菌"，进而提高整体发酵水平。基因工程菌的开发很广，主要有α-淀粉酶、酵母菌、乳酸菌等。生物工程的下游加工过程可分为原料的预处理、固液分离、提取、精制及成品加工等阶段。该过程成为许多生物工程技术生产中最重要、成本费用最高的环节。

　　生物化学技术对新产品的开发作用主要涉及以下方面：新的酶种开发、新的食品添加剂的开发、新的功能性食品的开发。

　　生物酶制剂主要来源于植物、动物和微生物。常用于产酶的微生物主要有细菌、酵母菌、放线菌、霉菌和担子菌等。可通过诱变育种、杂交育种、基因工程等各种遗传变异手段，对菌种进行改良。酶制剂可用于提高食品品质、降低生产成本、开发新食品，已经广泛用于食品行业。

复习思考习题

（扫码见习题）

主要参考文献

敖金霞, 高学军, 于艳波, 等. 2010. 转基因大豆、玉米、水稻深加工产品的五重巢式 PCR 技术检测. 中国农业大学学报, (2): 93~99.

白卫滨, 孙建霞, 程国灵, 等. 2009. 实时荧光 PCR 技术定量检测转基因豆粉的研究. 食品科学, (6): 238~242.

曹健. 2011. 食品酶学. 北京: 化学工业出版社.

陈洁. 2004. 油脂化学. 北京: 化学工业出版社.

陈守文. 2008. 酶工程. 北京: 科学出版社.

陈晓平. 2011. 食品生物化学. 郑州: 郑州大学出版社.

丁旭贝, 熊友华, 陈爱军. 2010. 单克隆抗体在食品安全和临床中的应用. 标记免疫分析与临床, 17 (5): 338~340.

冯凤琴, 叶立扬. 2005. 食品化学. 北京: 化学工业出版社.

高孔荣, 黄惠华, 梁照为. 2006. 食品分离技术. 广州: 华南理工大学出版社.

高筱萍, 梅玲玲, 黎超仕, 等. 2009. TaqMan-MGB 探针实时荧光 PCR 检测金黄色葡萄球菌的研究. 中国卫生检验杂志, 19 (1): 120~123.

郭勇. 2009. 酶工程. 北京: 科学出版社.

何国庆, 丁立孝. 2006. 食品酶学. 北京: 化学工业出版社.

黄俊明, 李文立, 胡帅尔, 等. 2008. TaqMan 探针检测转基因大豆含量方法的建立及应用. 华南预防医学, (5): 26~29.

黄愈玲, 李少彤, 龚玉姣. 2010. 间接免疫荧光检测技术检测沙门菌的实验研究. 热带医学杂志, 10 (8): 935~936.

黄卓烈, 朱利泉. 2004. 生物化学. 北京: 中国农业出版社.

姜君, 王鹏志, 刘利成, 等. 2012. 肠出血性大肠杆菌 (O157: H7) 的特异性荧光探针检测方法的建立. 现代生物医学进展, 12 (12): 2201~2204.

金长振. 1989. 酶学的理论与实际. 北京: 科学技术出版社.

静国忠. 2009. 基因工程及其分子生物学基础. 2 版. 北京: 北京大学出版社.

坎普 RM, 利伯德 B, 帕帕多普洛 T. 2003. 蛋白质结构分析、制备鉴定与微量测序. 北京: 科学出版社.

阚建全. 2009. 食品化学. 北京: 中国计量出版社.

李庆章, 吴永尧. 2011. 生物化学. 2 版. 北京: 中国农业出版社.

李莘, 王毓平. 2004. 生物化学. 北京: 科学出版社.

李盛贤, 刘松梅, 赵丹丹. 2005. 生物化学. 哈尔滨: 哈尔滨工业大学出版社.

李晓华, 覃益民. 2005. 生物化学. 北京: 化学工业出版社.

刘立明, 陈坚, 李华钟, 等. 2005. 氧化磷酸化抑制剂对光滑球拟酵母糖酵解速度的影响. 生物化学与生物物理研究进展, 32 (3): 251~257.

刘鹏. 2010. 基因工程菌生产 D-乳酸研究进展. 现代化工, 30 (10): 13~19.

刘新光, 罗德生. 2007. 生物化学. 北京: 科学出版社.

刘玉兰. 2009. 油脂制取与加工工艺学. 2 版. 北京: 科学出版社.

路福平. 2011. 食品酶工程关键技术及其安全性评价. 中国食品学报, 11 (09): 188~193.

罗贵民. 2002. 酶工程. 北京: 化学工业出版社.

罗云波. 2006. 食品生物技术导论. 2 版. 北京: 化学工业出版社.

马俊孝, 孔健, 季明杰. 2009. 利用 PCR-DGGE 技术分析乳制品中的乳酸菌. 应用与环境生物学报, 15 (4): 534~539.

马晓燕, 张会彦, 贾春凤, 等. 2011. 荧光定量 PCR 检测单核细胞增生性李斯特氏菌. 安徽农业科学, 39 (15): 9274~9276.

梅乐和, 岑沛霖. 2006. 现代酶工程. 北京: 化学工业出版社.

聂剑初, 吴国利, 张翼伸. 2006. 生物化学简明教程. 3 版. 北京: 高等教育出版社.

宁正祥, 赵谋明. 2003. 食品生物化学. 广州: 华南理工大学出版社.

宁正祥. 2006. 食品生物化学. 广州: 华南理工大学出版社.

宁正祥. 2011. 食品生物化学. 2 版. 广州: 华南理工大学出版社.

宁正祥. 2013. 食品生物化学. 3 版. 广州: 华南理工大学出版社.

潘宁, 杜克生. 2006. 食品生物化学. 北京: 化学工业出版社.

潘宁, 杜克生. 2014. 食品生物化学. 2 版. 北京: 化学工业出版社.

彭志英. 2002. 食品酶学导论. 北京: 中国轻工业出版社.

沈同，王镜岩. 1991. 生物化学. 北京：高等教育出版社.

宋艳，李建林，郑铁松. 2011. 食源性致病菌 PCR 检测中常用的靶基因及其参考引物. 食品工业科技，32 (1)：371～376.

苏小青. 2001. 植物叶蛋白——蛋白质的新资源. 中国林副特产，05 (2)：42～43.

孙建全. 2008. 基因工程技术在食品工业中的应用. 山东农业科学，(2)：3.

唐亚丽，卢立新，赵伟. 2010. 生物芯片技术及其在食品营养与安全检测中的应用. 食品与机械，26 (5)：164～168.

唐咏. 1995. 基础生物化学. 长春：吉林科学技术出版社.

万志刚，汤慕瑾，吕敬章，等. 2012. 多种食源性致病菌检测的多重 PCR 方法的研究现代生物医学进展，12 (11)：2177～2181.

汪东风. 2006. 食品中有害成分化学. 北京：化学工业出版社.

汪东风. 2007. 食品化学. 北京：化学工业出版社.

王冬梅，吕淑霞. 2010. 生物化学. 北京：科学出版社.

王继峰. 2010. 生物化学. 北京：中国中医药出版社.

王金胜，王冬梅，吕淑霞，等. 2007. 生物化学. 北京：科学出版社.

王镜岩，朱圣庚，徐长法. 2002. 生物化学上册. 3 版. 北京：高等教育出版社.

王镜岩，朱圣庚，徐长法. 2008. 生物化学教程. 北京：高等教育出版社.

王立光. 2010. 苏云金杆菌 cry7Ab7 基因的克隆表达及融合基因和工程菌构建. 保定：河北农业大学硕士学位论文.

王淼. 2009. 食品生物化学. 北京：中国轻工业出版社.

王淼，吕晓玲. 2010. 食品生物化学. 北京：中国轻工业出版社.

王廷华，邹晓莉. 2005. 蛋白质理论与技术. 北京：科学出版社.

王希成. 2005. 生物化学. 2 版. 北京：清华大学出版社.

王希成. 2010. 生物化学. 3 版. 北京：清华大学出版社.

魏述众. 2002. 生物化学. 北京. 中国轻工业出版社.

沃森 JD，贝克 TA，贝尔 SP，等. 2009. 基因的分子生物学. 6 版. 杨焕明译. 北京：科学出版社.

吴士良，魏文祥，何凤田，等. 2017. 医学生物化学与分子生物学. 北京：科学出版社.

吴梧桐. 2015. 生物化学. 4 版. 北京：中国医药科技出版社.

吴仲梁，李晓虹，韩伟，等. 2002. 利用商品 DNA 探针对食品中单核细胞增生李斯特菌的快速检测评估. 中国人兽共患病杂志，18 (5)：64～68.

武玉涛. 2005. 基因工程在食品领域中的应用. 邯郸职业技术学院学报，18 (02)：62～64.

肖丽. 2011. tmTNF-α 通过 TNFR2 诱导凋亡的信号途径和 sTNF 抗体的制备及鉴定. 武汉：华中科技大学硕士学位论文.

谢笔钧. 2011. 食品化学. 3 版. 北京：科学出版社.

谢达平. 2004. 食品生物化学. 北京：中国农业出版社.

辛嘉英. 2013. 食品生物化学. 北京：科学出版社.

修志龙. 2008. 生物化学. 北京：化学工业出版社.

许激扬. 2010. 生物化学. 南京：东南大学出版社.

许小丹，文思远，王升启，等. 2005. 检测及鉴定 Roundup Ready 转基因大豆寡核苷酸芯片的制备. 农业生物技术学报，13 (4)：429～434.

颜真，张英起. 2007. 蛋白质研究技术. 西安：第四军医大学出版社.

杨昌鹏. 2006. 酶制剂生产与应用. 北京：中国环境出版社.

杨荣武 2006. 生物化学原理. 北京：高等教育出版社.

杨志敏，蒋立科. 2010. 生物化学. 2 版. 北京：高等教育出版社.

姚文兵. 2011. 生物化学. 7 版. 北京：人民卫生出版社.

姚文兵. 2016. 生物化学. 8 版. 北京：人民卫生出版社.

易美华. 2000. 食品营养与健康. 北京：中国轻工业出版社.

于国萍，邵美丽. 2015. 食品生物化学. 北京：科学出版社.

于自然，黄熙泰. 2001. 现代生物化学. 北京：化学工业出版社.

余蓉. 2015. 生物化学. 2 版. 北京：中国医药科技出版社.

袁磊，赵蕾，孙红炜，等. 2009. 转基因玉米的定性 PCR 检测. 山东农业科学，(11)：8～10.

袁勤生. 2007. 现代酶学. 2 版. 上海：华东理工大学出版社.

袁勤生，赵健. 2009. 酶与酶工程. 上海：华东理工大学出版社.

查锡良. 2008. 生物化学. 7 版. 北京：人民卫生出版社.

查锡良，药立波. 2013. 生物化学与分子生物学. 8 版. 北京：人民卫生出版社.

查锡良，周春燕. 2012. 生物化学. 北京：人民卫生出版社.

张柏林，裴家伟. 2008. 畜产品加工学. 北京：化学工业出版社.

张东杰. 2011. 重金属危害与食品安全. 北京：人民卫生出版社.

张恒. 2013. 应用生物化学. 徐州：中国矿业大学出版社.

张洪渊，万海清. 2006. 生物化学. 2 版. 北京：化学工业出版社.

张丽萍，杨建雄. 2009. 生物化学简明教程. 4 版. 北京：高等教育出版社.

张蔺蘅. 1999. 生物化学. 2 版. 北京：北京医科大学、中国协和医科大学联合出版社.

张占军，王富花. 2011. 基因工程技术在食品工业中的研究进展. 生物技术通报，(2)：75～79.

张忠，郭巧玲，李凤林. 2009. 食品生物化学. 北京：中国轻工业出版社.

赵宝昌. 2004. 生物化学. 北京：高等教育出版社.

赵丰丽. 2002. 新型面包改良剂的研制. 北京：中国农业大学出版社.

赵健. 2009. 蛋白质在食品加工中的变化. 肉类研究，11：44～47.

赵文恩. 2003. 生物化学. 北京：化学工业出版社.

赵永芳. 2002. 生物化学技术原理及应用. 3 版. 北京：科学出版社.

郑宝东. 2006. 食品酶学. 南京：东南大学出版社.

郑集，陈钧辉. 2007. 普通生物化学. 4 版. 北京：高等教育出版社.

周爱儒，查锡良. 2000. 生物化学. 5 版. 北京：人民卫生出版社.

周如金，郭桦，彭志英. 2002. 基因工程及其在食品中应用. 粮食与油脂，(4)：4.

Amir RGG. 2003. Approaches to improve the nutritional values of transgenic plants by increasing their methionine content. *In*: Hemantaranjan A. Advances in Plant Physiology V. 6. Jodhpur: Scientific Publishers: 61～77.

Cahoon EB. 2003. Metabolic redesign of vitamin E biosynthesis in plants for tocotrienol production and increased antioxidant content. Nature Biotechnology, 21(9): 1082～1087.

Dodo HW. 2008. Alleviating peanut allergy using genetic engineering: the silencing of the immunodominant allergen Ara h 2 leads to its significant reduction and a decrease in peanut allergenicity. Plant Biotechnology Journal, 6(2): 135～145.

Horton HR, Moran LA, Ochs RS, et al. 2002. Principles of Biochemistry. 3rd ed. New York: Pearson Education Inc.

Kinney AJ. 2006. Metabolic engineering in plants for human health and nutrition. Current Opinion in Biotechnology, 17(2): 130～138.

Lonnerdal B. 2003. Genetically modified plants for improved trace element nutrition. Journal of Nutrition, 133(5): 1490S～1493S.

Lucca P, Poletti S, Sautter C. 2006. Genetic engineering approaches to enrich rice with iron and vitamin A. Physiologia Plantarum, 126(3): 291～303.

Murray RK, Granner DK, Mayes PA, et al. 2003. Harper's Illustrated Biochemistry. 26th ed. New York: Medical Publishing Division.

Nelson DL, Cox MM. 2005. Lehninger Principles of Biochemistry. 4th ed. New York: Worth Publishers Inc.

Singh MB, Bhalla PL.2008. Genetic engineering for removing food allergens from plants. Trends in Plant Science, 13(6): 257～260.

Suzuki YA. 2003. Expression, characterization, and biologic activity of recombinant human lactoferrin in rice. Journal of Pediatric Gastroenterology and Nutrition, 36(2): 190～199.

van Eenennaam AL. 2003. Engineering vitamin E content: From Arabidopsis mutant to soy oil. Plant Cell, 15(12): 3007～3019.

Ye X. 2000. Engineering the provitamin A (β-carotene)biosynthetic pathway into (Carotenoid-Free) rice endosperm. Science, 287(5451): 303～305.

Yucker GA，Woods LF. 2002. 酶在食品加工中的应用. 李雁群，肖功年译. 北京：中国轻工业出版社.